Harald Rösler

Dokumente zur Eisenbahn=Aktenkunde

Harald Rösler

Dokumente zur Eisenbahn=Aktenkunde

Alphabetischer Aktenplan

der Deutschen Reichsbahn=Gesellschaft und ihrer Nachfolger

sowie einschlägige Dienstvorschriften

zur Behandlung der Geschäftssachen

und der Verschlußsachen

Ein Beitrag zur Eisenbahngeschichte

Duisburg 2019

Bibliographische Information Der Deutschen Bibliothek.
Die Deutsche Bibliothek verzeichnet diese Publikation
in der Deutschen Nationalbibliographie;
detaillierte bibliographische Daten sind im Internet über
http://dnb.ddb.de abrufbar.

Auf der Internetseite zum Buch
http://www.buerokunde.de
– betreut von Georg Allmacher –
finden sich auch zu diesem Buch
ergänzende Informationen

Gesetzt in der Kühne-Antiqua, der Century Nova,
der Rhode-Mediäval, der Futura und weiteren Schriften

Preis: 34,95 €

ISBN 978-3-96103-522-9

Inhalt

Danksagung

Dieses Buch hätte ohne die freundliche Mithilfe vieler Personen, Behörden und Unternehmen gar nicht erscheinen können. Sie haben bei der Beschaffung der Vorlagen geholfen, Hinweise gegeben und Sachverhalte erläutert und anderes mehr. Bei ihnen möchte ich mich an dieser Stelle ausdrücklich bedanken.

Den Damen und Herren des Bundesarchivs, insbesondere Frau Sperling danke ich für die Hilfe bei der Bereitstellung von Originalvorlagen der Aktenpläne.

Herr Brünnler vom Landesarchiv Sachsen-Anhalt, Abteilung Dessau, hat mir durch Beratung und die Bereitstellung von Scans verschiedener VS-Vorschriften sehr geholfen, wofür ich an dieser Stelle herzlich danke.

Frau Hartwig vom Institut für Zeigeschichte in München war eine große Hilfe bei der Beschaffung von Scans einiger seltener Originale.

Ebenfalls danken möchte ich Frau Dr. Kill von der Historischen Sammlung der Deutschen Bahn AG und Frau Gierens, die mir Scans der dort vorhandenen Unterlagen zur Verfügung gestellt hat.

Herr Allmacher betreut die von ihm erstellte Netzseite **www.buerokunde.de** zu meinen Büchern, auf der auch Inhalte des vorliegenden Bandes berücksichtigt sind. Dafür gilt ihm mein herzlicher Dank.

Duisburg im März 2019
Der Verfasser.

PARTA TUERI

Erworbenes bewahren

Einführung

Ein Aktenplan als Buchausgabe? Geschäftsanweisungen und Schriftgutvorschriften? So ein trockenes Thema? Ausführungen zu längst untergegangenen Organisationsstrukturen? Wem soll das nützen, wird sich mancher fragen. Nun, dem Verfasser fallen dazu gleich vier Zielgruppen ein:

- geschichtlich interessierte Eisenbahnfreunde,
- Historiker, die sich mit Eisenbahnarchivalien befassen,
- Archivare, die ihre Dienstbibliothek ergänzen wollen, denn die hier veröffentlichten Informationen waren bisher fast nicht verfügbar,
- Schriftgutorganisatoren und Registratoren, die sich Anregungen für künftige Aufgaben holen können. Dabei spielt das Medium eine untergeordnete Rolle. Ob die Systematik für papierbasierte Arbeit oder für elektronische Vorgangsbearbeitung angewandt wird, ist nachrangig. Das Aktenzeichen heißt dann Deskriptor oder ähnlich, die dahinterstehende Methode bleibt dieselbe.

Spannung kann nur im Geiste des Lesers aufkommen, so wie auch Schönheit allein im Auge des Betrachters entstehen kann. Dem einen sind die Konstruktionszeichnungen von Maschinen nur unverständliches Liniengewirr, während der andere mit geübtem Auge *eben die* Information auffindet, die ihm für *seine* Interessen noch fehlte. Grundrisse oder Schaltpläne langweilen den einen über alle Maßen, während ein anderer *genau so etwas* gesucht hat, um einen lange vermißten Puzzlestein ins Gesamtbild einfügen zu können. Ähnlich verhält es sich mit Aktenplänen. Den meisten werden sie als magere Spielwiese für langweilige Bürokraten erscheinen. Wer sich aber einmal in ein Thema vertieft hat, wer wissen will, *nach welcher Systematik ein interessantes Dokument auf seinen Ursprung zurückzuführen* ist - und was in diesem Umfeld dazu noch existieren könnte -, er wird gerade diese Information zu schätzen wissen.

Ein Aktenplan und die flankierenden Vorschriften sind Werkzeuge. So wie Hobel und Beitel für den Tischler, wie Farbe und Pinsel für den Maler oder wie Lineal und Tusche den Ingenieur oder Architekten. Nicht mehr, aber auch nicht weniger. Nützlich sind sie. Spektakulär müssen sie nicht sein, ebensowenig wie Werkbank, Leinwand oder Reißbrett. Der eigentliche Reiz am Werkzeug ist die Möglichkeit, es *gekonnt* anzuwenden. Dazu braucht man Hintergrundwissen:

um die Besonderheiten vieler Hölzer der Tischler, um die Lichtwirkungen und Perspektiven der Maler, um die naturwissenschaftlichen Grundlagen der Architekt und der Ingenieur.

So ist der Zweck dieses Buches die Bereitstellung von Werkzeugen; genauer gesagt, die Wiederbereitstellung selten gewordener Werkzeuge für eine breitere Anwendergemeinschaft. Denn die ursprünglichen Druckstücke wurden zu Ihrer Entstehungszeit nicht veröffentlicht, wie wir das heute verstehen, sondern sie waren nur einem eingeschränkten Benutzerkreis zugänglich. Im Laufe der Jahrzehnte sind nur wenige Stücke erhalten geblieben, und ihr Inhalt soll nun allen Interessierten zur Verfügung stehen.

Nicht einmal den sehr überschaubaren Bestand der Originale bekommt man leicht zur Hand – meist ist er nur in Archiven oder im Präsenzbestand von Bibliotheken vorhanden, und nicht jeder kann immer reisen. Am leichtesten ist es noch über die Fernleihe der Bibliotheken, doch selbst diese Stücke dürfen teilweise nur im Lesesaal der entleihenden Bücherei benutzt werden. Manche der Exemplare sind sogar ausschließlich im Privatbesitz überliefert und sind damit nicht für eine breitere Öffentlichkeit verfügbar.

Diese Lücke – die bisher fehlende Zusammenführung der sachlich zusammenhängenden Informationen über lange Zeit und verschiedene Originalquellen hinweg – soll das vorliegende Buch schließen.

Den Kern bildet die Darstellung der Aktenpläne von 1928 bis 1992 in *einer* Tabelle (Synopse), flankiert von den komprimierten Aktenplänen für die kleineren, hierarchisch niedriger stehenden Einheiten wie Ämter und Werkstätten sowie die Dienststellen des Außendienstes. Weiterhin sind Vorschriften zum Komplex der Büroarbeit zusammengetragen: Organisation und Geschäftsgang, Schriftgutverwaltung und Aktenwesen, Umgang mit Geheimsachen.

Schließlich wurden Informationen eingearbeitet, die sonst gefährdet sind, ganz vergessen zu werden: zum organisatorischen Aufbau der Eisenbahnverwaltung, zu systematischen Zusammenhängen und ähnlichem; auch ungewöhnliche oder inzwischen ungebräuchliche Begriffe und Abkürzungen sind näher erläutert.

Möge das Buch seinen Benutzern ein solides Werkzeug sein!

Duisburg im März 2019
Der Verfasser.

Das Kernstück: die Aktenpläne

Die Aktenpäne der Deutschen Reichsbahn-Gesellschaft und ihrer Nachfolger tragen ein gemeinsames Alleinstellungsmerkmal in der deutschen Verwaltung: die rein alphabetische Struktur im Gegensatz zum alphanumerischem oder numerischem Aufbau in anderen Organisationen. Ein tiefergehender Blick mag sich lohnen: wozu ist ein Aktenplan überhaupt gut?*

Der Aktenplan (nicht zu verwechseln mit dem Aktenverzeichnis!) gibt den Rahmen vor, nach dem Akten zu bilden sind. Er ist das Gerüst der Schriftgutverwaltung, er schafft Ordnung von Anfang an.

Aktenpläne orientieren sich idealerweise *nicht* an Aufgaben oder gar an der Struktur von Organisationseinheiten, sondern an Sachthemen. Das macht sie stabil.

Ein Kleingewerbebetrieb wird ohne Aktenplan auskommen können, eine sehr kleine Gemeindeverwaltung vielleicht auch, der Privathaushalt sowieso. Dort reichen in der Regel beschriftete Ablagebehälter (Ordner, Mappen, Stehsammler). Je mehr unterschiedliches Schriftgut aber anfällt oder je mehr Personen mit verschiedenen Aufgaben befaßt sind, desto eher wird der Aktenplan zweckmäßig.

Ein Muß ist ein Aktenplan immer dann, wenn eines oder mehrere der folgenden Kriterien zutreffen:

- Die Dokumente lassen sich weder rein alphabetisch noch numerisch logisch so zuordnen, daß sie *leicht* wiederzufinden sind.
- Dokumente können nach mehreren Kriterien abgelegt werden.
- Es fallen größere Mengen an Unterlagen an, die aufbewahrt werden müssen.
- Mehrere Mitarbeiter müssen auf eine Ablage zugreifen.
- Es gibt eine zentrale Ablage für mehrere Abteilungen bis hin zum ganzen Unternehmen.

Das *Prinzip* des Aktenplans nach Sachthemen kann sogar für ein Privatarchiv oder eine umfangreiche Sammlung sinnvoll sein, besonders mit Blick auf die ersten beiden Punkte der Aufzählung.

Wenn ein Aktenplan nur für eine Organisationseinheit einer Behörde gültig ist, wird er als Teilaktenplan bezeichnet. Gilt er für die gesamte Behörde, spricht man vom Gesamtaktenplan.

---

* vgl. Rösler: *Bürokunde*, S. 54 ff.

Der Einheitsaktenplan wird in mehreren Behörden angewandt. In der DDR wurde der Einheitsaktenplan auch als Rahmenaktenplan bezeichnet.

Analog gilt die Struktur Teil-/Gesamt-/Einheitsaktenplan auch für große Wirtschaftsunternehmen. Eine Struktur ist ja nicht für Behörden reserviert, sondern ein freies Prinzip, das allen zur Verfügung steht.

Ein guter Aktenplan muß *vor* seiner Aufstellung sorgfältig durchdacht sein, damit er später möglichst wenig geändert zu werden braucht und dadurch langlebig wird. Deshalb sollte er dem *Sachprinzip* und nicht dem Organisationsaufbau oder gar der Aufgabenverteilung folgen.

Am weitesten verbreitet sind hierarchische Aktenpläne mit rein numerischem Aufbau aus Haupt-, Ober-, Mittel- und Untergruppen (Dezimalklassifikation). Das ist *inhaltsneutral*, das heißt aus dem Aktenzeichen läßt sich *nicht unmittelbar* auf den Inhalt schließen.

Werden Gruppen, meist die Hauptgruppen, statt mit Zahlen mit Buchstaben bezeichnet, ergibt sich ein alphanumerischer Aktenplan. Das ist ein Zwischenschritt zum „redenden Aktenzeichen", denn der Buchstabe enthält in der Regel eine Merkhilfe, einen Hinweis auf das Sachthema, sei dieser auch noch so verblaßt oder versteckt.

Der seltenste Aktenplan - aber auch der mit der stärksten Tendenz zum „Reden" des Aktenzeichens - ist der alphabetische. Bei ihm dominiert das Gegenteil der inhaltsneutralen Zahl, denn *der Buchstabe ist die Merkhilfe* und weist gerade dadurch auf den Inhalt der Akte.

Die rein alphabetische Systematik der Eisenbahn-Aktenpläne ist einmalig, nur in der Justiz findet sich Vergleichbares. Die Fallakten an deutschen Gerichten folgen einem alphabetischen System.

Das Prinzip des alphabetischen Aktenplanaufbaus ist inzwischen über 100 Jahre alt. Es hat sich Anfang des 20. Jahrhundert bei den bayrischen Eisenbahnen herausgebildet,* wurde ab 1920 von der Deutschen Reichsbahn-Gesellschaft, dann 1937-1945 von der Deutschen Reichsbahn übernommen und weiterentwickelt und nach dem Krieg von der Deutschen Bundesbahn fortgeführt. Die Deutsche Reichsbahn in der DDR folgte dagegen dem numerischen Rahmenaktenplan des zentralgeleiteten Verkehrswesens.

Auch nach dem Aufgehen der Behörde Deutsche Bundesbahn im Unternehmen Deutsche Bahn AG im Jahre 1994 finden sich heute, über 20 Jahre später, in

* vgl. Hoffmann: *Behördliche Schriftgutverwaltung*, S. 214

einigen Abteilungen noch Rudimente dieses durchaus zweckmäßigen Aktenplans. Nicht mehr vorgeschrieben - aber auch nicht verboten oder durch neue Vorgaben verdrängt - zeigt sich das bewährte Prinzip überlebensfähig und sorgt für Beständigkeit, solange nichts wirklich Besseres ihm den Platz streitig macht.

Elektronische Hilfen wie Volltextindizierung, Verschlagwortung und dergleichen sind wertvolle Ergänzungen.

Die Wahl des alphabetischen Aufbauprinzips könnten damals folgenden Überlegungen gefolgt sein: „Die Ansicht, das Nummern-System erlaube einen beliebig reichhaltigen Stoff zwangsläufig zu unterteilen, ist ein Irrtum. Zudem ist die zehnteilige Zahlenreihe eine viel schmalere Unterteilungsgrundlage als die 26teilige ABC-Reihe, wie aus folgender Vergleichsrechnung hervorgeht:

	Obergruppe		Gruppe		Untergruppe
Zahlen	0 bis 9 = 10 Teile	× 10	= 100 Teile	× 10	= 1.000 Teile
Buchstaben	A bis Z = 26 Teile	× 26	= 676 Teile	× 26	= 17.576 Teile

Die ABC-Reihe besitzt in der dritten Stufe schon die 17½fache Dehnbarkeit gegenüber der zehnteiligen Zahlenreihe.

Hinzu kommt noch folgendes: sicht-, schreib- und sprechbare Groß- und Kleinzahlen gibt es nicht, wohl aber Groß- und Kleinbuchstaben. Bei Häufung gleicher Anfangsbuchstaben kann man hinzukommende Stoffteile durch Kleinbuchstaben einschalten oder klar unterscheiden, ohne die Gruppe zu durchbrechen. Bei Zahlen ist das unmöglich.

Zwingt der Stoffreichtum, bei Zahlen über die 10 hinauszugehen, so muß man schon bei nur 11 Teilen die übrigen 9 Einer sperren oder durch eine tote Null andeuten, und wegen dieser einen Sprengung der engen Zehnerreihe das Zeichen um eine Stelle größer machen, als es bei Buchstaben nötig wäre.

Nach diesen Darlegungen könnte man annehmen, daß Zahlen für die Schriftgutablage überhaupt nicht als zweckmäßig anzusehen seien. Das trifft nicht zu. Man sollte sie aber nur dort benutzen, wo ihre Verwendung natürlich ist, d. h. sich aus der Natur der Sache oder der besten Zweckerfüllung ergibt."*

* Breiter: *Schriftgutkunde*, S. 63 f.; Rösler: *Bürokunde*, S. 60 f.

Ähnliche Überlegungen dürften dazu geführt haben, daß Autokennzeichen in den meisten Ländern auch Buchstaben enthalten: so läßt sich auf engem Raum mehr Information unterbringen als durch bloße Zahlen.

Bei den deutschen Eisenbahnen entschied man sich jedenfalls, beginnend um 1907 in Bayern, im Zuge der Büroreform einen alphabetischen Aktenplan zu entwickeln.

Aktenpläne von Behörden sind zu veröffentlichen, wenn sie keine personen=bezogenen Daten enthalten (§ 11 Abs. 2 Informationsfreiheitsgesetz).

Das Gesetz stammt aus dem Jahre 2005; die Behörde Deutsche Bundesbahn ist indes zu Silvester 1993 untergegangen. Dem Sinn des Gesetzes kann es nicht zuwiderlaufen, wenn der Aktenplan einer nicht mehr existenten Behörde, die sonst zur Offenlegung verpflichtet wäre, veröffentlicht wird.

Auch die Tatsache, daß Bundesbahn=Aktenpläne in öffentlichen Archiven ein=schränkungslos von jedermann eingesehen werden können, spricht dafür. Der Herausgabe alter Bundesbahn=Aktenpläne dürfte damit niemand gerichtsfest widersprechen können.

Andererseits ist es nachvollziehbar, wenn Nachfolgebehörden keine Ressourcen damit binden möchten, Unterlagen ihrer Vorgänger herauszugeben. Diese Lücke will das vorliegende Buch schließen. Das Eisenbahn=Bundesamt hat sich für un=zuständig erklärt; das Bundeseisenbahnvermögen erhebt keine Einwände.

Der im Internet veröffentlichte Aktenplan des BEV, ein rein alphabetischer, läßt übrigens sehr deutlich seine Herkunft aus dem Bundesbahn=Aktenplan erkennen.

Zu klären war die Frage, wie dies bei einem mehr als 20 Jahre alten Aktenplan eines 100%igen Staatsbetriebes aussieht, sei er auch privatwirtschaftlich organisiert. Ist er näher an der Behörde oder am Privatunternehmen?

Der letzte zentral angelegte Aktenplan der Deutschen Bahn AG stammt aus dem Jahre 1994, danach wurde durch Organisationsänderungen wie die Auf=teilung in Eisenbahninfrastruktur= und Eisenbahnverkehrsunternehmen und in Geschäftsbereiche sowie durch Ausgründungen die zentrale Systematik obsolet, und die einzelnen Organisationseinheiten gingen ab da verschiedene Wege bei der Schriftgutorganisation.

Gerade dieser Aktenplan aus der Übergangszeit von der Behörde zum Un=ternehmen wäre für Vergleiche durchaus interessant gewesen: was wurde unter den neuen Rahmenbedingungen beibehalten, was wurde geändert, welche neuen Begriffe kamen ins Spiel?

Die Deutsche Bahn AG hat auf die Anfragen des Verfassers leider nicht eindeutig geantwortet. Aus Gründen der äußersten Vorsicht, zum Beispiel, um Differenzen mit Blick auf das Copyright zu vermeiden, ist deshalb die Einarbeitung dieses letzten zentralen Aktenplans in das vorliegende Buch unterblieben.

Die Deutsche Reichsbahn und die Deutsche Bundesbahn gingen mit der Verteilung ihres Aktenplans relativ sparsam um. Er wurde in seiner ganzen Tiefe nur in der Hauptverwaltung, in einigen Zentralstellen und in den Direktionen verwendet. Für die Reichsbahnämter und Ausbesserungswerke oder für die Bundesbahn-Generalvertretungen gab es einen eigenen Aktenplan, der sich bei näherem Hinsehen als stark reduzierte Variante des „großen" Aktenplans erweist. Teils enthält er nur Hauptgruppen, teils ist er bis in die Untergruppen geführt. Schließlich gab es für die unterste Hierarchieebene, die Dienststellen des Außendienstes, einen Aktenplan, der nur noch aus den Hauptgruppen bestand. Er war Bestandteil der „Schriftvo", der Dienstvorschrift für den Schriftverkehr der Dienststellen des Außendienstes, die von 1932 bis 1960 und - nahtlos anschließend, lediglich etwas überarbeitet - von 1960 bis zum Ende der Deutschen Bundesbahn galt.*

Das ist für die aktenkundliche Arbeit in der Eisenbahngeschichte durchaus von Bedeutung, *denn ein Schriftstück kann für denselben Sachverhalt unterschiedliche Aktenzeichen erhalten haben* - abhängig davon, ob es in einer Dienststelle des Außendienstes, einem Amt oder in einer Direktion entstanden ist.

Aktenkundlich ebenfalls wichtig ist ein unauffälliger Unterschied zu anderen Verwaltungen bei der Verfügung „zu den Akten". Während anderswo das „z. d. A." üblich ist, war die Eisenbahn sparsamer und verfügte nur knapp „A!" oder „A".

Für Weglegesachen wurde ein schlichtes „W!" oder „W" verwendet, in anderen Verwaltungen kennt man auch „wegl.".

Mit dem Weglegen war aber nicht regelmäßig - wie in anderen Behörden - die Vernichtung nach Ende der Aufbewahrungsfrist verbunden, sondern die Weglegesachen mußten vor ihrer Vernichtung nochmals daraufhin durchgesehen werden, ob sich noch Stücke von Bedeutung darin befanden. So konnte es vorkommen, daß ein ursprünglich als Weglegesache behandeltes Schriftstück später doch noch mit „A" zu den Akten verfügt wurde.

---

* siehe Abdruck in diesem Buch ab Seite 795 - Bei der Deutschen Reichsbahn der DDR galten dagegen die „DV 0185 - Dienstvorschrift über den Umgang mit dienstlichem Schriftgut (Schriftgutvorschrift)" und die „DV 182 - Ordnung der Verwaltungsarbeit für die Deutsche Reichsbahn - OV (DR) -". Sie gaben einen numerischen Aktenplan vor.

Andererseits sollten die Schriftgutbehälter regelmäßig geprüft werden, ob noch alle enthaltenen Schriftstücke für die weitere Arbeit erforderlich waren. Überholtes war zu entnehmen und entweder zu den Weglegesachen des laufenden Jahres zu nehmen oder sofort zu vernichten. Man könnte darüber streiten, ob dadurch „Akten geflöht" oder die Schriftgutablagen um Entbehrliches entlastet wurden; die Vorschriften enthielten in dieser Hinsicht weder trennscharfe Begriffe noch feste Aufbewahrungsfristen.

Zum Aufbau und zur typographischen Gestaltung des Aktenplanteils dieses Buches

Vor der Wahl stehend, die Verzeichnisse einzeln nacheinander abzudrucken, oder aber sie zu kombinieren, hat sich der Verfasser für letzteres entschieden. Es bietet nämlich die Möglichkeit des *direkten* Vergleichs von Akteninhalten und erspart ein Hin- und Herblättern. Eine solche Darstellung nennt man Synopse.

Etliche Einträge sind über die Jahrzehnte stabil und erscheinen deshalb bis zu fünf Mal wortgleich, während sich bei anderen Einträgen Unterschiede zeigen, seien sie nun sprachlich oder sachlich. Der Vergleich dieser Unterschiede wiederum kann dem Historiker Hinweise geben, was wann für wichtig genug gehalten wurde, daß es inhaltlich für eine eigene Sachgruppe taugte. Erkennbar wird an diesen Stellen aber auch, wie sich die Sprache allmählich veränderte. So wird man heute, 2019, den unter dem Aktenzeichen Stbbh genannten Begriff Reiserwellen* (bei Brennholz) wohl erst nach seiner Bedeutung recherchieren müssen.

Selbst Änderungen im Recht lassen sich bei genauem Hinsehen ausmachen. So wurden die Übertretungen des alten Strafgesetzbuches 1974 in Ordnungswidrigkeiten überführt, und damit wechselte das sachlich zugehörige Aktenzeichen Asbü (1954) nach Asbo (1980).

Die Systematik der Hauptgruppen und Gruppen steht einmal – für den Überblick – als Block vor dem Aktenplan und ist zum anderen im Aktenplanteil selbst nochmals eingearbeitet.

---

* Reiserwellen, auch Reiswellen oder Reisigwellen, sind Bündel von Reisig, also dünnem Holz aus Zweigen. Reisig hat selbst keinen sehr hohen Brennwert, ist aber zum Feueranmachen gut geeignet, indem es brennend unter dickere Holzscheite und Kohlen gelegt wird. War das 1954 für die weit verbreiteten Dampflokomotiven noch ein Thema, verlor es später an Bedeutung und ist 1980 schon nicht mehr aufgeführt.

An den Stellen, an denen sich ganze Hauptgruppen oder Gruppen unterscheiden, war es zweckmäßig, von der zeilenweisen Darstellung abzugehen und stattdessen sinnvolle Blöcke zu bilden. So stand etwa die Hauptgruppe G von 1928 bis 1980 für „Geräte", während sie ab Juni 1992 mit „Güterverkehr" belegt war. Ähnlich verhält es sich mit der Hauptgruppe V, die von 1954 bis 1992 für „Verkehr" insgesamt galt und dann nur noch für den Personenverkehr verwendet wurde, weil ab 1992 der Güterverkehr in der neuen Hauptgruppe G untergebracht war.

Wenn sich innerhalb einer Hauptgruppe die Gruppen blockweise geändert haben, sind die Jahre der zutreffenden Aktenplanausgabe jeweils in eckigen Klammern zur Gruppenüberschrift gesetzt.

Vor Ihnen liegt die Synopse der Aktenpläne von 1928 (Deutsche Reichsbahn-Gesellschaft), 1943 (Deutsche Reichsbahn), 1954 (Deutsche Bundesbahn), 1980 (Deutsche Bundesbahn) und 1992 (gemeinsam Deutsche Bundesbahn und Deutsche Reichsbahn).

Um die Unterschiede optisch deutlich zu machen, hat der Verfasser, als Eisenbahner mit Kursbüchern vertraut, auf das bewährte Prinzip zurückgegriffen, Inhalte durch typographische Gestaltung anzudeuten: durch Schriftart und -schnitt und durch Symbole. So erscheinen

- die Einträge des Aktenplans von 1928 in Frakturschrift
- die Einträge des Aktenplans der Reichsbahn-Ämter und Ausbesserungswerke von 1928 in Frakturschrift und mit einem Sternchen * versehen *– da sie im Wortlaut mitunter verschieden sind, findet sich dieser Aktenplan nochmals im Vollabdruck ab Seite 163
- die Einträge des Aktenplans von 1943 in gezeichneter Antiqua-Schrift
- die Einträge des Aktenplans von 1954 in Groteskschrift (Schriftart Futura)
- die Einträge des Aktenplans von 1980 in Schreibmaschinenschrift
- die Einträge des Aktenplans für die Generalvertretungen, Ämter und Ausbesserungswerke in Schreibmaschinenschrift und mit * Sternchen versehen+ — *Der Vollabdruck dieses Aktenplans beginnt auf Seite 191.*
- die Einträge des gemeinsamen Aktenplans der Deutschen Bundesbahn und der Deutschen Reichsbahn vom Juli 1992 in einer engen Groteskschrift.

+ Einträge in Fraktur oder Maschinenschrift ohne Sternchen sind also nur im „großen" Aktenplan enthalten, die mit Sternchen auch in der Version für die Ämter, Generalvertretungen usw.

Hauptgruppen beginnen stets auf einer ungeraden Seite. Sie erscheinen im Tabellenkopf, die Gruppentitel im Fettdruck mittig über der Gruppe, und zwar in der Typographie ihres *ersten* Auftretens. Dadurch können bei verschiedener Betitelung einer Gruppe mehrere Gruppentitel auftreten. Schließlich ist innerhalb der Gruppen die Staffelung nach Gruppen und Untergruppen durch Einzüge deutlich gemacht.

Offensichtliche Fehler der Vorlagen wurden stillschweigend beseitigt, Auffälligkeiten dagegen mit Fußnoten versehen.

Die Dienst= und Verschlußsachenvorschriften sind jeweils in einer Schrift gesetzt, die im Entstehungszeitraum verwendet wurde, etwa in der Futura die Aktenvorschrift von 1954 oder eben in Fraktur die Verschlußsachenweisung von 1935.

Bei den Texten in Fraktur hat sich der Verfasser für die Schriftart Offenbacher Schwabacher entschieden. Diese Schrift entstand um 1900 in Offenbach in der Rudhardschen Schriftgießerei als sogenannter Hausschnitt. Sie war unter anderem dafür geschaffen worden – und hatte damit Erfolg –, deutsche Literatur originalgetreu ins Ausland zu verkaufen. Die größere Nähe der Großbuchstaben A, K und S und des zweibeinigen kleinen k zur Antiqua gaben eine gewisse Hilfe für Leser, die mit Frakturschrift sonst wenig Übung hatten. Der gleiche Grund hat zur Wahl dieser Schrift im vorliegenden Buch geführt: weil Fraktur (im engeren Sinne)* für längere Fließtexte heute unüblich geworden ist und dadurch bei vielen die Übung abhanden gekommen ist, soll die antiqua=ähnlichere Offenbacher Schwabacher das flüssige Lesen erleichtern und doch die Gesamtanmutung des Textes zu seiner Entstehungszeit erhalten.

Die Besonderheit der S=Laute in der deutschen Schrift liegt darin, daß im Wortinneren (auch bei Verdopplungen) stets das Lang=s steht: Reiſig, Statiſtik, Eſſen, Düſſeldorf, Kenntniſſe. Das Schluß=s steht dagegen nur im Auslaut, d.h. am Wort= oder Teilwortende, auch wenn das anschließende Teilwort mit einem Lang=s beginnt: Kenntnis, Königsberg, Geheimnisſchutz, Ausſicht. Im Wortinneren steht für die Buchstabenverbindung st der Buchstabenverbund ſt: haſtig, Dienſt, aber nicht in Zusammensetzungen: Haustür, Amtstracht, Ausſichtsturm. Deshalb hieß es in den alten Duden auch nur lapidar: „ſt bleibt ungetrennt". Am Silben= oder Wortende und vor t wird Doppel=s zu ß: müſſen, ich muß, du mußt, er mußte, gegoſſen, Guß, Gußſtahl.

* Fraktur wird zum einen als Oberbegriff für gebrochene Schriften (deutsche Schrift) verwendet, zum anderen für die Bezeichnung einer Schriftgattung innerhalb der gebrochenen Schriften [Gotische, Schwabacher, Fraktur i.e.S., Kanzlei sowie spitze Handschriften (Kurrent)]. Übrigens ist „Sütterlin" keineswegs die Sammelbezeichnung für „altdeutsche" Schriften, sondern der Name einer genau definierten senkrechten deutschen Schulausgangsschrift (Handschrift), die sich auch deutlich von den anderen, geneigten Kurrentschriften unterscheidet.

Verschiedene Alphabete zum Vergleich

Antiqua	Offenbacher Schwabacher	Fraktur i.e.S. „Normalfraktur"	dt. Handschrift Kurrent	dt. Handschrift Sütterlin	Gotisch
A a	A a	A a	A a	A a	A a
B b	B b	B b	B b	B b	B b
C c	C c	C c	C c	C c	C c
D d	D d	D d	D d	D d	D d
E e	E e	E e	E e	E e	E e
F f	F f	F f	F f	F f	F f
G g	G g	G g	G g	G g	G g
H h	H h	H h	H h	H h	H h
I i	I i	I i	I i	I i	I i
J j	J j	J j	J j	J j	J j
K k	K k	K k	K k	K k	K k
L l	L l	L l	L l	L l	L l
M m	M m	M m	M m	M m	M m
N n	N n	N n	N n	N n	N n
O o	O o	O o	O o	O o	O o
P p	P p	P p	P p	P p	P p
Q q	Q q	Q q	Q q	Q q	Q q
R r	R r	R r	R r	R r	R r
S s ß	S ſ s ß	S ſ s ß	S ſ s ß	S ſ s ß	S ſ s ß
T t	T t	T t	T t	T t	T t
U u	U u	U u	U u	U u	U u
V v	V v	V v	V v	V v	V v
W w	W w	W w	W w	W w	W w
X x	X x	X x	X x	X x	X x
Y y	Y y	Y y	Y y	Y y	Y y
Z z	Z z	Z z	Z z	Z z	Z z

2 *

Abkürzungspunkte - warum fehlen sie so oft?

In der Schule lernen wir, daß Abkürzungen, die *ungekürzt ausgesprochen* werden, mit einem Punkt enden, etwa z. B. (zum Beispiel), Dr. (Doktor), Tsd. (Tausend) usw. (und so weiter). Abkürzungen, deren Bestandteile *einzeln gesprochen* werden, erhalten dagegen keinen Punkt, beispielsweise BGB (be-ge-be = Bürgerliches Gesetzbuch) oder EVO (e-vau-o = Eisenbahnverkehrsordnung), LKW/Lkw (el-ka-we = Lastkraftwagen) und ähnliche.

Diese Regeln finden sich im Duden, in den Regeln für das Maschinenschreiben oder in Lehrbüchern zu Schriftsatz und Typographie.

Bei der Eisenbahn (und übrigens auch bei der Post) ist dagegen das *Weglassen von Abkürzungspunkten* sehr verbreitet; ganz besonders im innerdienstlichen Schreibwerk, aber auch in Orts-, Fernsprech- oder Bahnhofsverzeichnissen für die Allgemeinheit.

Den Quellen läßt sich nur entnehmen, *daß* innerdienstliche Abkürzungen (oft) ohne schließenden Punkt zu schreiben waren, das *Warum* liegt noch im Dunkel der Geschichte. Der folgende Versuch eines Rückschlusses verwendet die bekannten Tatsachen und bildet aus diesen eine logische Kette - ob es aber so war, oder ob es ganz andere, logisch ebenso einwandfreie Erklärungen gibt, muß der Verfasser offen lassen.

Bei Eisenbahn und Post wurden frühzeitig die Möglichkeiten der Morsetelegraphie genutzt. Dort kostet jedes übermittelte Zeichen Zeit sowie Papier und Tinte für die Schreibstreifen, Papier und Klebstoff für aufzuklebende Streifen und nicht zuletzt Geld für die Unterhaltung der Morseapparate, die sich mit jedem Zeichen abnutzten. Das *könnte* dazu geführt haben, daß im Streben nach möglichst großer Kürze alles Entbehrliche weggelassen wurde - eben Abkürzungspunkte, aber auch andere Zeichen wie Schrägstriche oder Klammern. Wurden solche Zeichen im gebührenpflichtigen Telegrammverkehr noch vom Kunden bezahlt und waren somit kostenneutral (oder gar einträglich), bildeten sie dagegen im innerdienstlichen Verkehr einen reinen Kostenfaktor. Und im 19. und frühen 20. Jahrhundert rechnete man *sehr* spitz!

Unübersichtlich wurde die Sache dadurch, daß auch noch zwischen internem und nach außen gehendem Schriftverkehr unterschieden wurde: intern waren die

Punkte wegzulassen, bei Schreiben an Außenstehende sollten sie gesetzt werden; oder die interne Abkürzung war untersagt, stattdessen mußte der Begriff ausgeschrieben werden. Die oben beschriebene Sparsamkeit war nur nach innen gerichtet.

Die Vorgabe, nämlich das Weglassen von Abkürzungspunkten ist das eine; das andere ist die nicht zu unterschätzende Gewohnheit. So werden eine Sekretärin oder ein Schriftsetzer der Vorlage gemäß wohl die Punkte weglassen, aber im Hinterkopf dürfte ihnen das fremd bleiben. Wenn es schnell gehen mußte, ist es daher nicht ungewöhnlich, wenn ein solcher Punkt gesetzt wurde, obwohl er eigentlich an dieser Stelle nach der reinen Eisenbahn- oder Postlehre nicht vorgesehen war.

Umgekehrt wird es geübten Vollbluteisenbahnern gelegentlich unterlaufen, daß sie beim raschen Schreiben Abkürzungspunkte weglassen, wo an sich - zumindest im Schriftverkehr mit Außenstehenden - welche hingehören. Dem sollte man mit Nachsicht begegnen.

In den Vorlagen zu den hier abgedruckten Aktenplänen fiel die unsystematische Verwendung der Abkürzungspunkte besonders im Exemplar von 1943 auf. Es ist mit der Schreibmaschine geschrieben, hochwahrscheinlich von verschiedenen Personen (ja, man kann sogar an Kleinigkeiten auf einer Schreibmaschinenseite eine „Handschrift" ausmachen). Diese extreme Platzausnutzung, keine Überraschung bei der kriegsbedingten Papierknappheit, hat nicht nur die Ableitungsvermerke („Unterakten nach Bedarf") in die Hauptzeile rutschen lassen, sondern auch zu eher ungewohnten und freien Abkürzungen geführt.

Doch das sind typographische Fragen, die am Informationsgehalt des abgekürzten Begriff nichts ändern.

Unauffällig, aber wichtig: der Punkt als Informationsträger

Wichtig als Informationsträger ist der unauffällige Punkt an anderer Stelle: nicht, um Abkürzungen abzuschließen, sondern um deutlich zu machen, wer ein Schriftstück bearbeitet hat. Diese Information befindet sich im Geschäftszeichen, das meist mehr enthält als das bloße Aktenzeichen. Es nennt nämlich auch, und sei es verschlüsselt, die herausgebende Stelle des Schriftstücks. In den 80er Jahren* heißt es dazu: „Alle Schreiben der

* Vorher wurde der Bürobearbeiter im Geschäftszeichen direkt angegeben, siehe S. 113 ff.

Bundesbahndirektion haben ein Geschäftszeichen, das aus dem Kennzeichen des Schlußzeichnenden, dem Kennzeichen desjenigen, der den Entwurf ausgearbeitet hat, und dem Aktenzeichen gebildet wird. - Angenommen, die Schlußzeichnung erfolgt durch den Präsidenten der BD, die Vorbereitung oblag dem Sachbearbeiter B 3101, so lautet das Geschäftszeichen ‚Pr B 3101'. Bei Schlußzeichnung durch den Sachgebietsleiter B 3 und Vorbearbeitung durch den Sachbearbeiter B 3101 ergibt sich das Geschäftszeichen ‚B 3.101'. Ist der Gruppenleiter der Schlußzeichner und war der Sachbearbeiter B 3101 der Vorbearbeiter, so heißt das Geschäftszeichen ‚B 31.01'. Und liegt beides, Schlußzeichnung und Sachbearbeitung in der Hand des Sachbearbeiters, lautet das Geschäftszeichen ‚B 3101'. - Hinzu kommt in allen Fällen das Aktenzeichen." *

Das hat es in sich, denn hieraus ergeben sich Folgen für die Bewertung von Schriftstücken! Die Befugnis zur Schlußzeichnung eines Dokuments und die damit verbundene Verantwortlichkeit für den Inhalt *im Außenverhältnis* erfordert nicht zwingend Detailwissen. Zur Einschätzung, wer was detailliert gewußt hat, muß man auch den Bearbeiter kennen, nicht nur den Unterzeichner eines Schriftstücks. Die inhaltliche Verantwortung *im Innenverhältnis* liegt beim Sachbearbeiter. Er zeichnet das Konzept bzw. das Aktenexemplar gegen; der nach außen zeichnungsberechtigte Vorgesetzte unterschreibt die abgehende Reinschrift nur, wenn das zurückbleibende Aktenexemplar die Gegenzeichnung des Sachbearbeiters trägt - jedenfalls nach der reinen Lehre der Büro- und Verwaltungskunde.

Aus diesem Grunde sind auch für die Forschung die Entwürfe mit all ihren Bearbeitungsspuren wie Marginalien, Paraphen, Vermerken, Verfügungen usw. von größerem Wert als die ausgefertigten, unterzeichneten, abgesandten Reinschriften. Schon der Übergang vom Konzept- zum Durchschlagsverfahren hat Informationen in Verlust gebracht (Berwinkel: „Im Prinzip hat jeder Durchschlag eine Geschichtsquelle vernichtet"**). In unserer Zeit der E-Mails und Dateianhänge ist das noch viel ausgeprägter.

Welches Schreiben man auch immer in der Hand hat, den Entwurf oder eine behändigte Ausfertigung, wenn man das Geschäftszeichen rückwärts bis zum Bearbeiter auflösen will, wird man nicht ohne Kenntnis der Organisationsstruktur und des Personals der Quellbehörde auskommen.

---

* Geyer/Kübler: *Die mündliche Prüfung m Prüfungsfach Verwaltungsdienst*, Frankfurt am Main, 1981, S. 87 [eingebesserter Nachtrag]; vgl. a. S. 113 ff.

** vgl. Berwinkel: Blog *Aktenkunde*; Rösler: *Bürokunde*, S. 250

Die geschichtliche und organisatorische Entwicklung der deutschen Eisenbahnen

Vom Anfang bis zur Schaffung der Reichseisenbahnen (1920)

Am 7. Dezember 1835 wurde die erste Eisenbahn in Deutschland, die 6 km lange Strecke von Nürnberg nach Fürth, dem Betrieb übergeben. Dieser Tag gilt als das Geburtsdatum der deutschen Eisenbahnen. In kurzen Abständen folgten weitere Eisenbahnlinien, zumeist von Privatgesellschaften mit staatlicher Genehmigung gebaut und betrieben. Die deutschen Staaten behielten sich nur eine strenge Aufsicht über die Eisenbahnen vor. So hatte z. B. Preußen in dem 1838 verkündeten „Gesetz über die Eisenbahnunternehmungen" grundsätzliche Bestimmungen über das Verhältnis der Eisenbahngesellschaften zum Staat und zum Publikum sowie über alle wichtigen eisenbahnpolitischen Fragen festgelegt. Dieses Gesetz verpflichtete z. B. die Eisenbahnunternehmen, die Transport=Anstalt fortwährend in sicherem Zustand zu erhalten und von allen Kunden einen gleichmäßigen Fuhrlohn zu erheben. Weiter bestimmte es den gemeinwirtschaftlichen Charakter der Eisenbahnen, nämlich dadurch, daß der Ertrag der Eisenbahn=Unternehmungen die Kosten der Erhaltung und Verwaltung einschließlich eines *angemessenen* Gewinns nicht übersteigen durfte. Das Gesetz wirkte somit dem Bestreben nach ungezügelter Gewinnmaximierung entgegen.

Die Entwicklung in den einzelnen deutschen Staaten verlief verschieden. Einige Staaten bauten schon frühzeitig auf Staatskosten Eisenbahnen und verwalteten sie selbst. Die erste Staatsbahn war im Herzogtum Braunschweig die Linie von Braunschweig nach Wolfenbüttel. Es folgten das Großherzogtum Baden 1840 mit der Strecke Mannheim-Heidelberg, das Königreich Bayern 1844 mit der Stecke Nürnberg-Bamberg und das Königreich Württemberg 1845 mit der Strecke von Cannstatt nach Untertürkheim. Auch im Herzogtum Oldenburg und anderen deutschen Staaten wurden bald Staatsbahnen errichtet oder Privatbahnen als Staatsbahnen übernommen.

Die Königreiche Preußen und Sachsen jedoch überließen den Bau und Betrieb der Eisenbahnen zunächst den Privatbahnunternehmen und beschränkten sich auf eine genau geregelte Staatsaufsicht.

Die Verschiedenheit der deutschen Eisenbahnsysteme und vor allem die private Tätigkeit förderten zwar die schnelle Entwicklung, hatten aber auch Nachteile, denn der Bau von Konkurrenzlinien führte zu Unwirtschaftlichkeit. Volkswirtschaftliche Interessen wurden nicht genügend berücksichtigt, verkehrsarme und wirtschaftlich schwache Gebiete wurde in der Verkehrsbedienung vernachlässigt.

Die verschiedenen technischen Entwicklungen sowie das Fehlen eines übergeordneten Reichsorgans hinderten den Zusammenschluß der einzelnen Netze.

Schon die landesinterne Koordination war nicht einfach. Noch schwieriger war es, den Verkehr aufeinander abzustimmen, wenn er die Landesgrenzen überschritt. Hierfür war als Koordinierungsgremium von Staats- und größeren Privatbahnen bereits 1847 der Verein deutscher Eisenbahnvewaltungen gegründet worden. Trotz dieser notwendigen Kooperation waren die Eisenbahnverwaltungen der Länder selbständig und unabhängig.

Allmählich setzte sich in den deutschen Staaten das Staatsbahnsystem durch, zuletzt in Preußen. Um 1870 war die Streckenlänge der Staatsbahnen bereits größer als die der Privatbahnen:

8 600 km Staatsbahnen,
8 200 km Privatbahnen,
2 000 km Privatbahnen unter Staatsverwaltung.

Die Reichsverfassung von 1871 brachte den Gedanken einer Einheit des deutschen Eisenbahnwesens. Maßgebend dafür waren neben Gründen des allgemeinen Verkehrs in erster Linie Gesichtspunkte der Landesverteidigung. Die Staatsbahnen blieben allerdings im Eigentum und in der Verwaltung der einzelnen Länder, das Reich behielt sich nur die Gesetzgebung und die Aufsicht über alle Eisenbahnen vor (Staatsbahnen und Privatbahnen), außer über die Bahnen in Bayern.

Als Organ zur Wahrnehmung dieser Aufgaben wurde im Jahre 1873 das Reichs-Eisenbahn-Amt in Berlin errichtet. Aus seiner Tätigkeit stammen unter anderem die wichtigsten Grundlagen des Eisenbahnbetriebs, -baues und -verkehrs, nämlich die Eisenbahn-Bau-und Betriebsordnung, die Eisenbahn-Signalordnung und die Eisenbahn-Verkehrsordnung, die heute noch, sei es auch mehrfach abgeändert, weiter gelten.

Das Amt wurde bei der Vereinheitlichung der deutschen Eisenbahnen durch die Gründung der Deutschen Reichsbahn am 1. April 1920 aufgelöst.

Der Versuch Bismarcks im Jahre 1876, die gesamten preußischen Bahnen in der Hand des Reichs zu vereinen und letzten Endes alle Eisenbahnen Deutschlands zu einer einheitlichen Reichseisenbahn zusammenzuschließen, scheiterte am Widerstand vor allem der süddeutschen Staaten.

Preußen ging 1879 daran, die Mehrzahl der Privatbahnen *seines* Landes zu verstaatlichen. Diese Verstaatlichungsaktion war etwa in den Jahren 1890 bis 1895 abgeschlossen. Im Jahre 1900 hatte Preußen 33015 km Staatsbahnen und nur noch 2257 km Privatbahnen.

Preußen bildete dann 1896 mit Hessen durch Staatsvertrag die Preußisch-Hessische Eisenbahngemeinschaft, die einen weiteren Schritt zur Einheit des deutschen Eisenbahnwesens darstellte. Um 1900 war die Verstaatlichung der Privatbahnen in ganz Deutschland so gut wie abgeschlossen. Nur wenige Privatbahnen, die teils heute noch als nichtbundeseigene Eisenbahnen bestehen, blieben erhalten.

Das große Netz der deutschen Staatseisenbahnen setzte sich aus sieben selbständigen Staatseisenbahnverwaltungen zusammen. Dies waren die preußisch-hessische, die bayerische, die sächsische, die württembergische, die badische, die mecklenburgische und die oldenburgische Staatsbahnverwaltung.

Einen Überblick über die deutschen Staatsbahnverwaltungen, wie sie bis zur Verreichlichung 1920 bestanden, vermittelt die Übersicht auf Seite 26.

Ein ständig steigendes Transportvolumen, der technische Fortschritt, die stabilen politischen Verhältnisse und die Geldwertstabilität bewirkten, daß die Zeit bis zum Ersten Weltkrieg die größte Wachstumsphase der deutschen Eisenbahnen war. Das Streckennetz erreichte 1913 mit Ausnahme der Kleinbahnen (immerhin über 100000 km) mehr als 63000 km; das bedeutete einen Zuwachs seit 1895 um nunmehr 17000 km.

Bis 1914 erzielten die Länderbahnen große Gewinne und finanzierten sogar die einzelnen Staatshaushalte zu einem großen Teil. Prächtige Bahnhöfe, luxuriöse Hofzüge und selbst ausgedehnte Eisenbahner-Wohnsiedlungen wurden gebaut.

Es kam zur weiteren Annäherung der deutschen Eisenbahnverwaltungen, so z. B. durch die gemeinsame Eisenbahn-Bau- und Betriebsordnung (1904), einen einheitlichen Personen- und Gepäcktarif aller deutschen Staatsbahnen (1907) und die Gründung des Staatsbahnwagenverbandes (1909). *

---

* vgl. Roeske: *Reichsbahnakten* In: *Mitteilungen aus dem Bundesarchiv*

Bayern	Preußen-Hessen	Sachsen	Württemberg	Baden	Meckl.-Schwerin	Oldenburg
Staatsministerium für Verkehrs- angelegenheiten	Ministerium der öffentlichen Arbeiten	Finanzministerium	Ministerium der Auswärtigen Angelegenheiten	Ministerium des Großherzogl. Hauses und der auswärtigen Anlgelegenheiten	Großherzogliches Ministerium des Innern	Großherzogliches Ministerium der Finanzen
10 zentrale Ämter: Personalamt Versicherungsamt Verkehrsamt Tarifamt Reklamationsamt Baukonstruktionsamt Maschinenkonstruktionsamt Revisionsamt Verkehrskontrolle I Verkehrskontrolle II 6 Eisenbahndirektionen: Augsburg, München, Nürnberg, Regensburg, Würzburg, Ludwigshafen	1 Eisenbahn-Zentralamt Abnahmeämter 1 chemische Versuchsanstalt 21 Eisenbahndirektionen: Berlin, Breslau, Bromberg, Danzig, Erfurt, Essen, Frankfurt (Main), Halle (Saale), Altona, Hannover, Kassel, Kattowitz, Köln, Königsberg, Magdeburg, Mainz, Münster (Westf), Posen, Saarbrücken, Stettin, Elberfeld	Generaldirektion der Staatseisenbahnen in Dresden	Generaldirektion der Staatseisenbahnen in Stuttgart	Großherzogliche Generaldirektion der Staatsbahnen in Karlsruhe	Großherzogliche General-Eisenbahn-Direktion in Schwerin	Eisenbahndirektion in Oldenburg
Betriebsinspektionen Maschineninspektionen Bauinspektionen Betriebs- und Bauinsp. Werkstätteninspektionen Neubauinspektionen	Betriebsämter Maschinenämter Bauabteilungen Werkstättenämter Verkehrsämter	Betriebsdirektionen Maschinenämter Elektrotechnische Ämter Bauämter Neubauämter	Betriebsinspektionen Maschineninspektionen Werkstätteninspektionen Bauinspektionen 1 Telegrapheninspektion 1 Dampfschiffinspektion	Betriebsinspektionen Maschineninspektionen Bahnbauinspektionen	Bauinspektion 1 Maschinenamt	Bezirksinspektoren Bezirkskontrolleure Verkehrskontrolleure
Bahnstationen Güterstationen Bahnmeistereien Brückenmeistereien Wagenmeistereien Betriebswerkstätten Lokomotivstationen Elektrizitätswerkstätten Gasanstalten Hauptwerkstätten	Bahnhöfe Haltestellen Haltepunkte Güterabfertigungen Eilgutabfertigungen Fahrkartenausgaben Gepäckabfertigungen Bahnmeistereien Nebenwerkstätten Betriebswerkstätten Gasanstalten Hauptwerkstätten Magazine	Bahnverwaltereien Stationen Güterabfertigungen Bahnmeistereien Betriebswerkstätten Heizhauswerkstätten Nebenwerkstätten Hauptwerkstätten	Bahnstationen Güterstellen Bahnmeistereien Betriebswerkstätten Heizhauswerkstätten	Stationsämter Güterverwaltungen Bahnmeistereibezirke Telegraphenmeisterbezirke Betriebswerkstätten Elektrizitätswerke Gasanstalten	Außendienststellen	Außendienststellen

Die Schaffung der Reichseisenbahnen (1920)

Die Notwendigkeit zum Zusammenschluß der deutschen Staatseisenbahnen war schon während des ersten Weltkriegs erkannt worden. Betriebsschwierigkeiten führten im Winter 1916 zur Bildung einer Kriegsbetriebsleitung mit drei Generalbetriebsleitungen in Berlin, Essen und Frankfurt (Main), um die einheitliche Betriebsführung im gesamten Bereich des deutschen Eisenbahnnetzes sicherzustellen.

Der Versuch des Deutschen Reichstags in den Jahren 1917/1918, eine Vereinheitlichung der deutschen Staatsbahnen herbeizuführen, scheiterte am Widerstand einzelner Länderregierungen.

Unabhängig von diesen Bestrebungen versuchte man im Jahre 1917, zwischen den Ländern mit Staatsbahnbesitz Preußen, Württemberg und Baden eine Betriebs- und Finanzgemeinschaft zu gründen, ähnlich wie die seit 1896 gebildete Preußisch-Hessische Eisenbahngemeinschaft, die schließlich auf alle Staatsbahnen ausgedehnt werden sollte. Die Verhandlungen führten zum sogenannten „Heidelberger Programm", das auf einigen Gebieten eine Vereinheitlichung der Staatsbahnen unter Führung einer Bundesgeschäftsstelle vorsah - jedoch unter Beibehaltung der Selbständigkeit der einzelnen Staatsbahnen, das heißt ohne Überführung auf das Reich. Aber auch diese Pläne wurden kriegsbedingt nicht zu Ende geführt.

Eine grundlegende Änderung der Organisationsform der Eisenbahnen trat erst nach dem Ersten Weltkrieg ein.
Die deutsche Nationalversammlung von 1919 verlangte aus politischen Gründen zur Stärkung der Reichseinheit eine Vereinheitlichung der deutschen Eisenbahnen. Die Reichsverfassung von 1919 machte es in Artikel 89 dem Reich zur Aufgabe, die dem allgemeinen Verkehr dienenden Eisenbahnen in sein Eigentum zu übernehmen und als einheitliche Verkehrsanstalt zu verwalten.*

Daher schloß das Reich mit den acht Ländern mit Staatseisenbahnbesitz am 1. April 1920 einen gemeinsamen Staatsvertrag, der durch ein Reichsgesetz und entsprechende Ländergesetze in Kraft gesetzt wurde. Der Staatsvertrag sah unter

---

* **Weimarer Verfassung, Artikel 89:** Aufgabe des Reichs ist es, die dem allgemeinen Verkehre dienenden Eisenbahnen in sein Eigentum zu übernehmen und als einheitliche Verkehrsanstalt zu verwalten.
Die Rechte der Länder, Privateisenbahnen zu erwerben, sind auf Verlangen dem Reiche zu übertragen.

anderem eine Abfindung der Länder vor, außerdem Bestimmungen zur Wahrung der Länderinteressen und zur Übernahme und den Rechten des Personals.

Die Vereinheitlichung der Staatseisenbahnen wurde am 1. April 1920 unter der Leitung des für die Vorbereitung der Übernahme bereits am 1. Oktober 1919 neu errichteten Reichsverkehrsministeriums durchgeführt. Damit waren die „Reichs=eisenbahnen" geschaffen, waren die Ländereisenbahnen „verreichlicht".

Das Reichsverkehrsministerium, in dem das frühere Reichs=Eisenbahn=Amt und die Eisenbahnabteilungen des Preußischen Ministeriums der öffentlichen Arbeiten aufgingen, übernahm die Leitung der Reichseisenbahnen. Dadurch wurden die Verwaltung der Reichseisenbahnen und die Reichsaufsicht über die Eisenbahnen des allgemeinen Verkehrs vereinigt.

Die Reichseisenbahnen waren an den Reichshaushalt und das Parlament gebunden. Der organisatorische Unterbau der bisherigen Ländereisenbahnen wurde zunächst fast unverändert übernommen, aber allmählich vereinheitlicht. Das Bayerische Verkehrsministerium in München wurde in eine Zweigstelle Bayern des Reichsverkehrsministeriums umgebildet.

Die Generaldirektionen der Staatsbahnen in Dresden, Stuttgart, Karlsruhe und Schwerin wurden, ebenso wie die preußischen und die bayerischen Eisenbahn=direktionen und die Eisenbahndirektion Oldenburg, im Jahre 1922 zu Reichs=bahndirektionen.

Der Übergang zur Selbstverwaltung
1. Das „Unternehmen Deutsche Reichsbahn" (1924)

Unter Selbstverwaltung (Autonomie) der Eisenbahnen versteht man eine möglichst große Selbständigkeit der Staatsbahnen gegenüber der Staatsverwaltung und den Staatsfinanzen. Die Reichseisenbahnen waren Teil der Reichsverwaltung und damit politischen Schwankungen unterworfen und an das starre System des Reichshaushalts gebunden. Da dies für ein wirtschaftlich beweglich zu leitendes Unternehmen nicht tragbar ist, forderte man die Heraus=lösung aus dem Reichshaushalt und eine möglichst selbständige Verwaltung.

Dazu kam, daß die Reichseisenbahnen durch die Kriegsfolgen und besonders durch die Rhein=Ruhr=Besetzung 1923 (französisch=belgische Eisenbahnregie) sowie durch die Geldentwertung während der Hyperinflation von 1923 in eine schwere Finanzkrise geraten waren und dauernd Zuschüsse aus dem Reichshaushalt benötigten. Die Maßnahmen zur Festigung der Währung im Jahre 1923 gaben den äußeren Anlaß, die von der Reichseisenbahnverwaltung erstrebte Herauslösung aus dem Reichshaushalt durchzuführen. Der Reichsfinanzminister entzog nämlich den Reichseisenbahnen ihre bisherigen Reichszuschüsse, um die Reichsfinanzen zu sanieren.

Um der Reichseisenbahnverwaltung die Möglichkeit zu geben, Kredite zur Erfüllung ihrer Verbindlichkeiten und zur Ergänzung und Verbesserung ihrer Anlagen aufzunehmen, wurde die Verordnung über die Schaffung des „Unternehmens Deutsche Reichsbahn" vom 12. Februar 1924 erlassen. Dadurch wurde die Reichseisenbahnverwaltung in ein selbständiges wirtschaftliches „Unternehmen Deutsche Reichsbahn" mit eigener Rechtspersönlichkeit verwandelt, das die Reichsbahn für das Reich nach wirtschaftlichen Grundsätzen verwalten sollte. Das Reich blieb Eigentümer des „Reichseisenbahnvermögens".

Das Unternehmen führte eine vom Reichshaushalt getrennte Wirtschaft, erhielt das Recht, Kredite aufzunehmen, mußte aber seine Ausgaben selbst bestreiten und erhielt vom Reich keine Zuschüsse.

Geleitet wurde das Unternehmen vom Reichsverkehrsminister; Reichsaufsicht und Leitung lagen also in einer Hand. Im Reichsverkehrsministerium wurde der Teil des Ministeriums, der die Reichsbahn verwaltete, als Hauptverwaltung der Deutschen Reichsbahn bezeichnet.

Der Aufbau der Reichsbahnverwaltung bei den Reichsbahndirektionen usw. blieb unverändert bestehen. Die Zeit des „Unternehmens Deutsche Reichsbahn" bildete indes nur einen Übergang zur weiteren Entwicklung.*

Der Übergang zur Selbstverwaltung
2. Die Deutsche Reichsbahn-Gesellschaft (1924 - 1937)

Während bisher rein innerdeutsche Rücksichten die Entwicklung der Organisation der Reichsbahn bestimmten, waren nunmehr die Reparationszahlungen für die Neuregelungen ausschlaggebend. Nach dem Vertrag von Versailles 1919 haftete das gesamte Eigentum des Reiches für seine Reparationsschulden. Deshalb wurde 1924 durch den sogenannten *Dawesplan* die Reichsbahn als Pfandgegenstand herangezogen.

* vgl. *Organisation der DB* 1954 und 1958 [o. Autorenangabe], 1982 [Riemann] sowie Sarter/Kittel: *Die Deutsche Bundesbahn ...*

Karl Ottmann (1892-1970) hatte schon an der Verordnung zur Schaffung des „Unternehmens Deutsche Reichsbahn" mitgewirkt und war nun mit Arbeiten am Reichsbahngesetz befaßt. In seinen persönlichen Erinnerungen schreibt er dazu:

„Der Dawesplan war nicht schlecht. Er gab Deutschland auf jeden Fall eine Atempause. Man durfte hoffen, daß sich in jedem Jahr die Vernunft auf beiden Seiten, bei den Siegern und den Besiegten mehr durchsetzen werde. ... In unbedeutenden Einzelheiten zeigten die Alliierten schließlich ein kleines Entgegenkommen.

So hatte der Dawesplan für die Reichsbahn die Form einer Aktiengesellschaft vorgesehen. Die Bestimmungen des deutschen Aktienrechts wären völlig ungeeignet gewesen, und die Alliierten begnügten sich mit der Bezeichnung „Gesellschaft" und der Bezeichnung „Aktien", obwohl in Wahrheit etwas geschaffen wurde, was weder Gesellschaft noch Aktien waren. Die Reichsbahn wurde eine öffentliche Anstalt sui generis.*

Es gelang ferner, für die Beamten der Reichsbahn den öffentlich rechtlichen Beamtenstatus zu erhalten, obwohl das Wesen dieses Status den Ausländern unverständlich war, und sie ein Angestelltenverhältnis lieber gesehen hätten. Zum Ausgleich und zur Beruhigung der Alliierten wurde deutscherseits in allen Verlautbarungen betont, daß trotz des Beamtenstatus ein ganz neuer Geist, den man als ‚Kaufmännischen Geist' bezeichnete, in die Verwaltung einziehen würde.

Diese Beschwörung des kaufmännischen Geistes wurde in den nächsten fünfzig Jahren in unregelmäßigen Abständen jedesmal wiederholt, wenn die Bahnen unter eine neue Leitung kamen. Er vertrat das Gespenst in alten Schlössern, das sich jedesmal zeigt, um ein neues, meist unheilvolles Ereignis anzukündigen. Die Unklarheit des Begriffs ‚kaufmännisch' macht diese Phrase außerordentlich geeignet, im Bedarfsfall unverbindlich aber wirkungsvoll eingesetzt zu werden. Es gibt für kaufmännisch ebensowenig eine allgemeingültige Definition wie für demokratisch. Es steht jedem frei, sich hier seine eigene Definition zu bilden, und so kehren diese beiden Ausdrücke immer wieder, wenn es etwas zu vernebeln gilt.

Die Regierung war im Jahre 1924 entschlossen, den Dawesplan anzunehmen und die zur Ausführung notwendigen Gesetze zu verabschieden. ... Das Reichsbahngesetz trat im Jahre 1924 in Kraft."**

---

* sui generis (lat.) = „[von] eigener Art", in etwa „einzigartig in seinen Charakteristika"

** Ottmann: ... *im Spiegel persönlicher Erinnerungen*, S. 49 f.

Durch das Reichsbahngesetz vom 30. August 1924 wurde im Oktober 1924 das „Unternehmen Deutsche Reichsbahn" in die „Deutsche Reichsbahn=Gesellschaft" umgewandelt. Sie war eine juristische Person des öffentlichen Rechts neben dem Reich und hatte „unter Wahrung der Interessen der deutschen Volkswirtschaft nach kaufmännischen Grundsätzen" den Betrieb zu führen, und zwar unter Aufsicht des Reichsverkehrsministers und gewisser ausländischer Überwachungsorgane. Die Gesellschaft mußte 11 Milliarden Reparationsschuldverschreibungen ausgeben, verzinsen und tilgen. Das bedeutete eine Belastung von jährlich 660 Millionen Goldmark. Das Eigentum an den Bahnanlagen, Fahrzeugen usw. (Reichseisen=bahnvermögen) verblieb dem Reich.

„Der Status der Reichsbahn wurde durch das international gebundene Reichs=bahngesetz und die als Bestandteil dieses Gesetzes geltende Satzung der DRG bestimmt: Als deutsche Gesellschaft war sie dem deutschen Recht unterworfen, aber sie entsprach keiner der im Handelsgesetzbuch vorgesehenen Gesellschafts=formen; sie wurde nicht in das Handelsregister eingetragen und war auch keine Aktiengesellschaft, denn es gab keine Gesellschafter. Die gesamten Stammaktien gehörten dem Deutschen Reich. Die DRG verfügte über kein Sachvermögen; das ganze bewegliche und unbewegliche Vermögen, das sie bewirtschaftete - Grund=eigentum, Gebäude, Bahnstrecken, Fahrzeuge - gehörte nicht ihr, sondern dem Deutschen Reich. Sie besaß nur das Betriebsrecht an den Anlagewerten, bis die Reparationslasten abgetragen sein würden (im Gesetz war dafür der 31. Dezember 1964 vorgesehen!)." *

Die Organe waren ein Verwaltungsrat zur Entscheidung grundsätzlicher Fragen und ein ihm verantwortlicher Vorstand, an dessen Spitze der Generaldirektor stand. Vorstandsmitglieder waren Abteilungsleiter der neugegründeten Hauptverwal=tung. Die Verantwortung und letzte Entscheidung hatte aber der Generaldirektor (Präsidialsystem). Der Reichsverkehrsminister selbst war auf gesetzlich festgelegte Aufsichtsrechte beschränkt. Aufsicht und Leitung waren also wieder getrennt.

Der Einfluß des Auslandes zeigte sich besonders darin, daß ein ausländischer Eisenbahnkommissar mit besonderen Befugnissen bestellt war und daß vier Mit=glieder des 18köpfigen Verwaltungsrates Ausländer waren.

Der sogenannte *Young=Plan* und das danach geänderte Reichsbahngesetz vom 13. März 1930 (in Kraft getreten am 17. Mai 1930) beseitigte die ausländischen Mitglieder des Verwaltungsrats und den ausländischen Eisenbahnkommissar.

---

* Roeske: *Reichsbahnakten* In: *Mitteilungen aus dem Bundesarchiv*

Gliederung der Deutschen Reichsbahn-Gesellschaft 1930

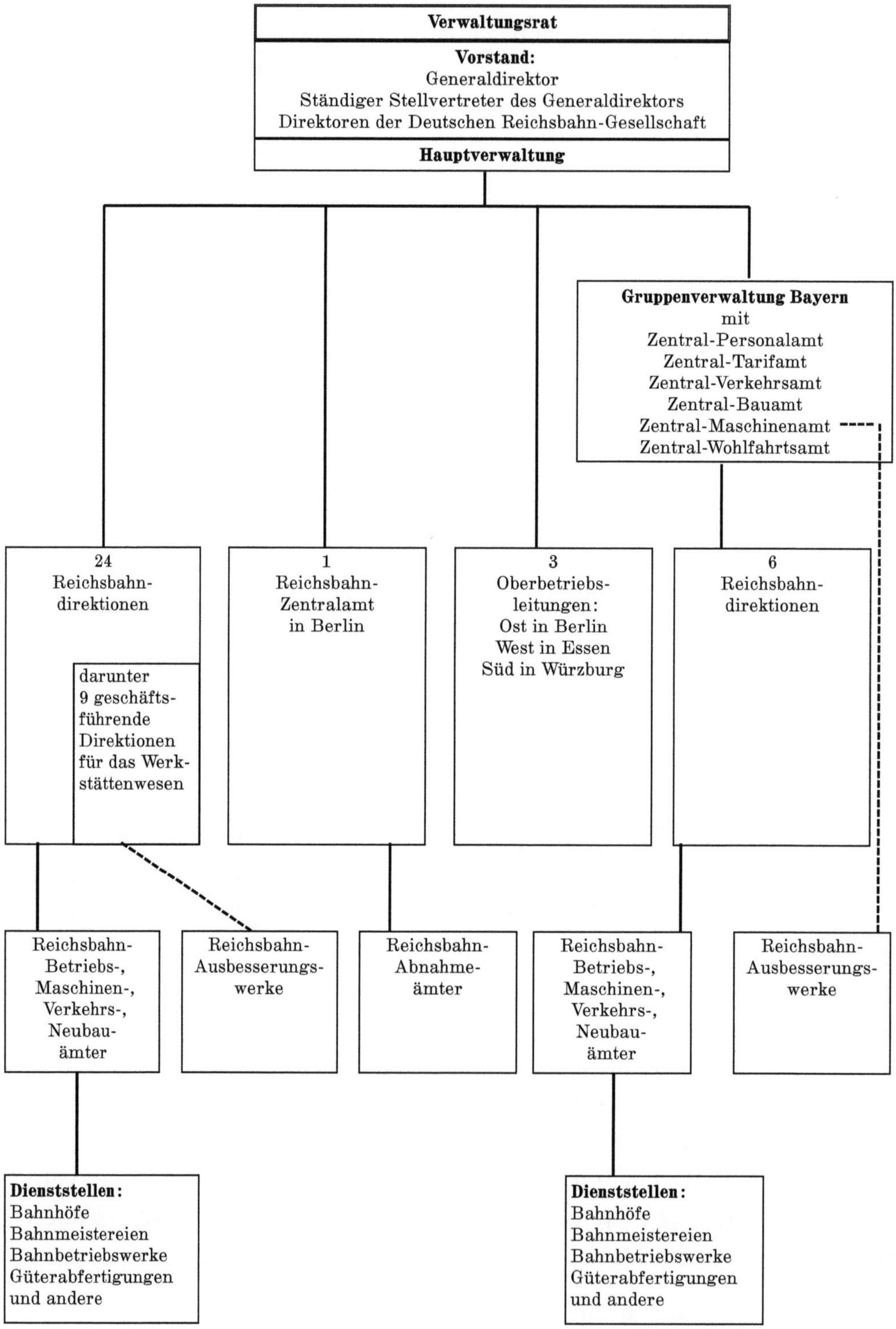

Für die Reichsbahn fielen zwar die Reparationsschuldverschreibungen weg, aber an ihre Stelle trat eine innerdeutsche Steuer in gleicher Höhe (660 Millionen), so daß die Reichsbahn dadurch finanziell nicht entlastet wurde.

Die Reparationszahlungen wurden schließlich 1932 auf Grund des Lausanner Abkommens eingestellt. Die Reichsbahn hatte aber den Betrag der bisherigen Reparationssteuer weiterhin an das Reich zu zahlen.

Mit den Schlagworten Personalabbau, kaufmännische Buchführung, Modernisiserung und Motorisierung kann man die wichtigsten Vorgänge in der Betriebsführung der DRG in dieser Periode kennzeichnen. Das Bahnstreckennetz erfuhr zwar keine nennenswerte Bereicherung, jedoch schritt die bereits vor dem Ersten Weltkrieg begonnene Elektrifizierung zügig voran, vor allem in Berlin und Hamburg sowie in Bayern, Schlesien und Mitteldeutschland. Die Erneuerung des Oberbaus (Schienen, Weichen, Kreuzungen) bildete eine bedeutsame Grundlage für höhere Geschwindigkeiten der Züge und für größere Zuglasten. An die Stelle der aus Länderbahnzeiten übernommenen Vielfalt an Lokomotiven traten neue standardisierte Baureihen. Durch die Einführung von Großgüterwagen und Spezialfahrzeugen wie Kühlwagen oder die bereits Ende der 1920er Jahre zu verzeichnenden Anfänge des Containerverkehrs wurde das Transportangebot wesentlich erweitert. Ende der 1920er Jahre hatte das RVM mit 58 „Bauanstalten" für Personen-, Gepäck- und Güterwagen Geschäftsverbindungen.
Trotzdem verlor die Eisenbahn in dieser Zeit ihr faktisches Monopol im Land-Transportwesen, denn mit der Entwicklung des Kraftfahrzeugs entstand für die Eisenbahn ein gefährlicher Konkurrent. Das galt für den Personenverkehr und erst recht für den Güterverkehr, der für die Reichsbahn von existentieller Bedeutung war. Lastkraftwagen- und Omnibusunternehmen begannen, sich immer stärker zu entwickeln. Dem versuchte die DRG entggenzuwirken, indem sie einen eigenen Kraftverkehr aufbaute. Außerdem betrieb sie zusammen mit der Deutschen Reichspost unter der Bezeichnung ‚Kraftpost' gemeinsame Linien. Um das Eindringen des LKW in den angestammten Verkehrsmarkt der Eisenbahn zu stoppen, verbilligte die DRG seit 1927 ihre Tranporttarife und führte eine Fülle von speziellen Ausnahmetarifen für einzelne Güterarten ein. Des weitern übernahm sie im Februar 1931 heimlich die Spedition Schenker & Co., eines der größten europäischen Fuhrunternehmen.

Das Konkurrenzverhältnis Schiene - Straße konnte jedoch nicht dauerhaft gelöst werden. Die DRG verlor während der Weltwirtschaftskrise, die unter anderem durch einen Rückgang der Transporte auf allen Gebieten gekennzeichnet war, zwischen

1930 und 1932 ca. 39 % ihrer Güterverkehrseinnahmen und 36 % ihrer Personen=verkehrseinnahmen, so daß sie am Ende der Weltwirtschaftskrise in eine kritische wirtschaftliche Lage geriet. Da die Eisenbahn aber trotz der Reparationszahlungen zwischen 1925 und 1929 erhebliche Überschüsse erzielt und daraus Rücklagen gebildet hatte, überstand sie die Krise besser als andere Wirtschaftszweige.

Schon in der Weimarer Republik trug die Reichsbahn dazu bei, daß sich der Fremdenverkehr zu einem wesentlichen Faktor der Volkswirtschaft entwickelte. Geringere Arbeitszeiten sowie bezahlter Urlaub waren Voraussetzungen für das neue Freizeitverhalten der Bevölkerung. Die Reichsbahn war größter Anteilseigner des Mitteleuropäischen Reisebüros und erwarb 1925 die Aktienmehrheit der „Mitteleuropäischen Schlagwagen= und Speisewagen AG“ (Mitropa). Sie setzte seit 1925 verstärkt Werbung ein und schuf sich 1928 in Gestalt der Reichsbahnzentrale für den deutschen Reiseverkehr eine eigene Tochtergesellschaft, die Plakate, Werbeschriften und Filme herausgab.

Erhebliche Mittel wandte die DRG für soziale Belange und für das Wohl=fahrtswesen auf. Sie leistete Zuschüsse zu Versicherungen und förderte zahl=reiche Selbsthilfeeinrichtungen des Personals wie Sterbekassen, Waisenhorte, Erholungsheime, Spar= und Darlehnsvereine sowie Turn= und Sportvereine. Besondere Bedeutung kam dem Wohnungsbau zu.*

Die Deutsche Reichsbahn 1937 bis 1945

Die zwölf Jahre NS=Herrschaft waren für die Reichsbahn durch mehrere äußerlich als widersprüchlich erscheinende Maßnahmen gekennzeichnet, die allerdings nicht gleichzeitig in Erscheinung traten, sondern sich zeitlich voneinander abhoben. Teils griffen allgemeine *politische* Anordnungen gleich auf die Reichsbahn über.

Die zwischen der Hauptverwaltung und den Reichsbahndirektionen in Bayern stehende „Gruppenverwaltung Bayern“ und die ihr angegliederten Ämter wur=den am 1. September 1933 aufgelöst. Als Äquivalent erhielt das Land Bayern ein für das gesamte Reichsgebiet zuständiges neues Zentralamt für Konstruktion und Beschaffung in München.

Am 27. Juni 1933 wurde das Gesetz über die Errichtung des Unternehmens Reichsautobahn veröffentlicht. Insgesamt war der Bau von 7 000 km Autobahnen

* vgl. Roeske: *Reichsbahnakten* In: *Mitteilungen aus dem Bundesarchiv*

vorgesehen. Für die Durchführung dieses Vorhabens wurde am 23. August die „Gesellschaft Reichsautobahn" als Zweigunternehmen der Deutschen Reichsbahn gegründet. Die DRG stellte 10 % des Grundkapitals von 50 Millionen Reichsmark. Generaldirektor Dorpmüller übernahm den Vorsitz des Verwaltungsrats, doch die Reichsbahn blieb auf die Rolle des Kapitalgebers beschränkt. Der Generalinspekteur für das deutsche Straßenwesen, Fritz Todt, führte die „Gesellschaft Reichsautobahn" faktisch autonom, wenn auch an der Spitze der verschiedenen Bauleitungen hohe Eisenbahnbeamte standen.

Im April 1934 wurden mit Hilfe des Gesetzes zur Vereinfachung und Verbilligung der Verwaltung* vom 27. Februar 1934 der Staatsvertrag zwischen den Ländern und dem Reich vom 30. April 1920 aufgehoben. Dadurch wurde der Weg für weitere Vereinfachungen der inneren Betriebsorganisation durch Aufhebung von Direktionsbezirken frei; bis dahin hatten die Länder ihre Zustimmung für solche Maßnahmen versagt. Zum Jahresende wurde die Reichsbahndirektion Oldenburg aufgelöst. Ferner wurde die Rückgliederung des Saargebietes vorbereitet.** Mit der Rückkehr des Saarlandes am 1. März 1935 wurde die Reichsbahndirektion Trier nach Saarbrücken verlegt und mit der dortigen Eisenbahndirektion des Saargebietes zur Reichsbahndirektion Saarbrücken vereinigt.

Durch eine Regierungserklärung vom 30. Januar 1937 und das unmittelbar darauf folgende „Gesetz zur Neuregelung der Verhältnisse der Reichsbank und der Deutschen Reichsbahn" vom 10. Februar 1937 wurden die Reparationsbindungen für endgültig erloschen erklärt und die Reichsbahn (ebenso wie die Reichsbank) wieder ganz in die Hoheit des Reiches zurückgeführt. Die Reichsbahn wurde unter Beseitigung der „Gesellschaftsform" wieder zum unmittelbaren Reichsunternehmen (Sondervermögen) und zu einem Bestandteil der Reichsverwaltung.

Die damit verbundene Vereinigung des Amts des Reichsverkehrsministers mit dem des Generaldirektors brachte Aufsicht und Leitung wieder in eine Hand. Die Hauptverwaltung wurde wieder in das Reichsverkehrsministerium eingegliedert und führte die Bezeichnung „Eisenbahnabteilungen des Reichsverkehrsministeriums". Die Reichsbahnbehörden wurden wieder unmittelbare Reichsbehörden und die Reichsbahnbeamten unmittelbare Reichsbeamte.

---

* Das sog. Gleichschaltungsgesetz, RGBl 1934 I, S. 130-132

** vgl. Kreidler: *Die Eisenbahnen im Zweiten Weltkrieg*, S. 29

Das Sondervermögen „Deutsche Reichsbahn" erhielt eine eigene Wirtschafts- und Rechnungsführung.

Hier wurde also die durch Artikel 92 der Verfassung von 1919* angebahnte und durch die späteren Gesetze (Notverordnung von 1924, Gesetze von 1924 und 1930) verwirklichte *finanzielle* Autonomie der Reichsbahn anerkannt und weiter fortgeführt.

Die Ernennung des bisherigen Generaldirektors der Gesellschaft zum Reichsverkehrsminister und die Zusammenfassung der Aufgaben machte dagegen der *staatsrechtlichen* Autonomie der Reichsbahn ein Ende.

Der Reichsverkehrsminister behielt *in seiner Eigenschaft als Leiter der Deutschen Reichsbahn* die Bezeichnung „Generaldirektor" bei, was aber einen rein äußerlichen Vorgang darstellte, um damit die eigene Wirtschaft des Unternehmens und die Verantwortlichkeit des Leiters für diese Wirtschaftsführung besonders in Erscheinung treten zu lassen. Der Staatssekretär des Reichsverkehrsministeriums wurde gleichzeitig „Stellvertretender Generaldirektor", die Ministerialdirektoren wurden gleichzeitig „Vorstandsmitglieder". Die oberste Verantwortung in der Geschäftsführung hatte aber allein der Generaldirektor (Präsidialsystem).

An die Stelle des Verwaltungsrats trat ein Beirat von 14 Mitgliedern unter dem Vorsitz des Reichsverkehrsministers. Dieser Beirat hatte keine leitenden, sondern nur beratende Aufgaben.**

Am 1. April 1937 wurde die Reichsbahndirektion Ludwigshafen aufgelöst und am 1. Juli eine Reichsbahnbaudirektion für die Anpassung der Eisenbahnanlagen an die städtebauliche Umgestaltung Berlins eingerichtet. Eine weitere Reichsbahnbaudirektion wurde zum 1. Januar 1938 in München geschaffen.***

„Ein neues Reichsbahngesetz vom 4. Juli 1939 bestätigte den bisherigen Status und bezog vor allem die österreichischen, sudetendeutschen und memelländischen Bahnen ausdrücklich ein. Das Gesetz hielt dem gemeinwirtschaftlichen Zweck der Reichsbahn ausdrücklich fest: Sie war kein Gewerbebetrieb und ihre

---

* **Weimarer Verfassung, Artikel 92:** Die Reichseisenbahnen sind, ungeachtet der Eingliederung ihres Haushalts und ihrer Rechnung in den allgemeinen Haushalt und die allgemeine Rechnung des Reichs, als ein selbständiges wirtschaftliches Unternehmen zu verwalten, das seine Ausgaben einschließlich Verzinsung und Tilgung der Eisenbahnschuld selbst zu bestreiten und eine Eisenbahnrücklage anzusammeln hat. Die Höhe der Tilgung und der Rücklage sowie die Verwendungszwecke der Rücklage sind durch besonderes Gesetz zu regeln.

** vgl. *Organisation der DB* und *Einführung in den Eisenbahndienst*

*** vgl. Kreidler: *Die Eisenbahnen im Zweiten Weltkrieg*, S. 31 ff.

Betriebsführung musste nicht um jeden Preis Gewinne erzielen wie die Privat=wirtschaft, sondern, ... die Erfüllung der Aufgaben der Deutschen Reichsbahn ist öffentlicher Dienst'. Mit dieser spezifischen Unternehmensform nahm die Reichs=bahn eine ganz besondere Position ein. Als nach wie vor größter Arbeitgeber in Deutschland und durch die Höhe ihres Betriebsvermögens ließ sie sich mit keiner anderen Firma oder Gesellschaft vergleichen.

Zwischen 1933 und 1938 erhöhte sich die Zahl der von der Reichsbahn gefahrenen Personenkilometer um 95,7 %. Die weitaus beste Einnahmequelle des Personen=verkehrs bildete die 3. Klasse der Reichsbahn. Später gab es immer mehr Fahr=preisermäßigungen. Besonders billig waren Urlaubsfahrten mit der ,Kraft=durch=Freude'=Organisation hauptsächlich per Bahn. Auf diese Weise reisten z.B. 1937 über 70 % aller Fahrgäste zu reduzierten Preisen. So nimmt es nicht wunder, dass der Güterverkehr, der trotz weiterhin gewährter verbilligter Transporttarife hohe Erträge brachte, die zunehmenden Defizite im Personenverkehr auszugleichen hatte: Etwa zwei Drittel aller Einnahmen brachten in dieser Zeit die Güterzüge.

Kontinuität und Wandel, stetige Entwicklung und spektakulärer Fortschritt kennzeichneten das Verhältnis der Reichsbahn zur Technik in diesem Zeitraum. Ihr gesamtes System gewann an Geschwindigkeit und Sicherheit. Hitler verfolgte zeitweise den utopischen Plan, quer durch Europa eine ,transkontinentale Breit=spurbahn' zu bauen. Im Wettbewerb mit den anderen Verkehrsträgern suchte die Reichsbahn ihre Marktchance im stetigen Ausbau des Containerverkehrs. Sie betrieb nicht nur eigene Omnibusse, sondern sogar eigene Schiffe, beispielsweise auf dem Bodensee oder im Fahrbetrieb auf See. Bereits 1934 hatte die Reichsbahn Anteile an der Deutschen Lufthansa erworben, die es nicht zuletzt ermöglichten, dass zwei ,Reichsbahn=Flugstrecken' von Berlin nach Königsberg und nach Breslau besonders für Expressgut eingerichtet werden konnten.

Bleibende Leistungen sind im Ausbau der S=Bahnen, vor allem der Berliner, zu verzeichnen. Damals war Berlin der wichtigste Eisenbahnknotenpunkt Europas.

Ein enormes Wachstum war auch bei den von der Reichsbahn geförderten Wohlfahrts= und Selbsthilfeeinrichtungen zu verzeichnen.

Der Zweite Weltkrieg

Für die am 21. August 1939 beginnende Mobilmachung, die das Heer um drei Millionen Soldaten sowie einige Hunderttausend Pferde und Fahrzeuge ergänzte, hatte die Reichsbahn außerordentliche logistische Leistungen zu erbringen. Schon bald nach Beginn des Zweiten Weltkrieges wurde das polnische Eisenbahnwesen im Generalgouvernement mit der Gründung der sog. ‚Generaldirektion der Ost=bahn' (Gedob) in Krakau den Bedürfnissen des Reiches untergeordnet. Deren rechtliche Stellung blieb jedoch trotz einer ‚Verordnung über die Verwaltung des Eisenbahnwesens im Generalgouvernement' vom 9. November 1939 umstritten.*

Für die anderen im Verlauf des Zweiten Weltkrieges besetzten Nachbarländer Deutschlands galten andere Regelungen: Das französische, belgische, niederlän=dische und dänische Eisenbahnwesen wurde nach anfänglicher Verwaltung durch die Wehrmacht der Aufsicht des RVM unterstellt und durch die Hauptverkehrs=direktionen in Paris und Brüssel ... bzw. durch Bahnbevollmächtigte in Utrecht und Aarhus geleitet. Dagegen wurden nach dem Überfall auf die UdSSR deren Eisenbahnen zunächst ab Januar 1942 einer ‚Zweigstelle Ost(en)' des RVM und ab Dezember 1942 der daraus hervorgegangenen ‚Generalverkehrsdirektion Osten' in Warschau ... unmittelbar unterstellt. Auf dem Höhepunkt der Aus=dehnung des deutschen Machtbereichs betrieb oder beaufsichtigte die Reichsbahn 1942 ein Streckennetz von 152 000 km, das bedeutete das Dreifache des deutschen Vorkriegsnetzes.

...

Die letzte große Aufgabe stellte sich der Reichsbahn und ihrem Personal mit dem Transport der großen Flüchtlingsströme aus den Ostgebieten ins Altreichsgebiet. Allein aus dem Danziger Raum benutzten innerhalb weniger Wochen mehr als 500 000 Menschen die Eisenbahn zur Flucht in den Westen. Hinzu kam, dass die Bahn ab Frühjahr 1943 mit zunehmenden Schwierigkeiten infolge der englischen und amerikanischen Bombenangriffe zu kämpfen hatte. Bis Anfang 1945 konnten beschädigte Strecken zwar meist noch repariert werden, aber gezielte Bomben=angriffe auf die großen Rangier= und Verschiebebahnhöfe machten es der Reichs=bahn seitdem unmöglich, die Leistungsfähigkeit des Eisenbahnnetzes durch Notreparaturen wiederherzustellen. Mehr und mehr kam der gesamte Zugverkehr zum Erliegen, Verbindungen bestanden schließlich nur noch streckenweise, von Bahnhof zu Bahnhof. Schienen, Brücken, Signalanlagen und Fernmeldekabel waren weitgehend zerstört." **

---

* siehe Folgeseiten

** Roeske: *Reichsbahnakten* in: *Mitteilungen aus dem Bundesarchiv*

Exkurs: abgetrennte, angeschlossene und besetzte Gebiete 1919 - 1945

Im 19. Jahrhundert waren in Preußen „Königliche Eisenbahndirectionen" in Stettin, Bromberg, Königsberg, Posen, zeitweise in Ratibor, in Breslau und Kattowitz geschaffen worden. Die Eisenbahnen in den österreichischen „Ländern der Böhmischen Krone" (Königreich Böhmen, Markgrafschaft Mähren, Herzogtum Ober- und Niederschlesien = Österreichich-Schlesien) waren in ihrer Verwaltung anders strukturiert als die preußischen Eisenbahnen. Sie fielen nach dem Ersten Weltkrieg an die Tschechoslowakische Republik und deren Eisenbahn ČSD.

Auch von den ursprünglich preußischen Eisenbahnen mußten ab 1919 weite Teile an Polen und den Freistaat Danzig abgetreten werden. Das machte große Umstrukturierungen des östlichen Streckennetzes erforderlich. ‚Durch Erlaß des Preußischen Ministers für das Eisenbahnwesen und die öffentlichen Arbeiten vom 10. Januar 1920, haben mit dem gleichen Tage die Eisenbahndirektionen in Bromberg und Posen aufgehört, als Behörden der Preußisch-Hessischen Staatseisenbahnverwaltung zu bestehen. In Berlin-Charlottenburg ist gleichzeitig die Eisenbahndirektion Osten errichtet worden. Die deutschbleibenden Teile der ehemaligen Eisenbahndirektionsbezirke Bromberg, Danzig und Posen werden ... den Eisenbahndirektionen Königsberg, Stettin, Breslau, Kattowitz und der Eisenbahndirektion Osten in Berlin-Charlottenburg (Zoologischer Garten) zugeteilt.' ... Durch den Genfer Spruch vom 18. Juni 1922 kam es trotz der zugunsten des Deutschen Reiches ausgegangenen Volksabstimmung zur Teilung Oberschlesiens. Durch eine Note der Botschafterkonferenz der Siegermächte vom 20. Oktober 1922 wurde als Folge der Teilung Oberschlesiens die ED Kattowitz nach Oppeln verlegt und als neue Rbd Oppeln eingesetzt."* In Kattowitz residierte danach eine Staatsbahndirektion der PKP für die an Polen gefallenen Strecken.

„Am 1. September 1923 wurde der Sitz der Rbd Osten von Berlin nach Frankfurt (Oder) verlegt, und die Direktion führte die Bezeichnung ‚Reichsbahndirektion Osten in Frankfurt (Oder)'. Eine Gebietsänderung war damit nicht verbunden."**

Durch das Münchner Abkommen vom 29./30. September 1938 kamen Gebietsteile zum Deutschen Reich, deren ursprünglich österreichische (böhmische, mährische) Eisenbahnen nach dem I. Weltkrieg von der ČSD betrieben worden waren. Die neuen Grenzen zwischen der Tschechoslowakischen Republik und dem Deutschen Reich wurden nach ethnographischen Gesichtspunkten gezogen

---

* Scharf: *Eisenbahnen zwischen Oder und Weichsel*, S. 31 ff.

** a. a. O.

und richteten sich wenig an den staatsrechtlichen Vorkriegsgrenzen aus; durch den Anschluß Österreichs und Verwaltungsänderungen im „Großdeutschen Reich" traten solche Grenzfragen noch weiter den Hintergrund. Dadurch wurde aber auch das bis dahin einheitliche Netz der ČSD zerrissen, was zu unerwünschten betrieblichen und verkehrlichen Folgen führte. So war z. B. das Eisenbahnnetz im Norden und Nordosten des Sudetenlandes im Raum Aussig - Böhmisch Leipa - Trautenau mit dem Netz im Südosten im Raum Mährisch Schönberg - Troppau nur über erhebliche Umwegstrecken der ČSR oder über Gebiete des Altreiches verbunden. Auf Grund dieser Situation wurde für das Sudetenland keine eigene Reichbahndirektion geschaffen, sondern die sudetendeutschen Strecken wurden auf die angrenzenden Rbd des Altreichs Oppeln, Breslau, Dresden, Regensburg, Linz und Wien aufgeteilt.

Nach dem Einmarsch deutscher Truppen in das Restgebiet der ČSR und der Errichtung eines Protektorats Böhmen und Mähren übte das Reich die unmittelbare Aufsicht über das Verkehrswesen aus. Umfang und Durchführung dieser Aufsicht wurden vom Reichsverkehrsminister gemeinsam mit dem Reichsprotektor in Böhmen und Mähren geregelt, und *letzterer* bestimmte als Repräsentant des Reichs die Grundzüge der Verkehrspolitik. Aus der ČSD wurden die „Böhmisch-Mährischen Bahnen BMB - ČMD" gebildet, deren innere Organisation der ihrer Vorgängerbahn ČSD angeglichen blieb. Trotz einiger Annäherungen an die Reichsbahn blieben die BMB immer eine eigenständige Bahnverwaltung mit eigener Rechnungsführung und Firmierung nach außen.

Durch die Eingliederung des Freistaates Danzig in das Deutsche Reich am 1. September 1939 wurden dessen bisher von der PKP mitverwalteten Bahnen in die Deutsche Reichsbahn eingegliedert und zunächst der Rbd Königsberg zugeteilt. Nach Beendigung des Feldzugs gegen Polen wurden die Gebiete der neu geschaffenen Reichsgaue Westpreußen und Posen sowie die Regierungsbezirke Zichenau und Kattowitz in das Deutsche Reich eingegliedert.

Nachdem bereits am 1. November 1939 provisorisch eine in Berlin aufgestellte Rbd Posen ihren Dienst aufgenommen hatte und alle Gebiete in Polen nördlich der Linie Reichsgrenze - Tschenstochau - Kielce - Rozwadow verwaltete (die südlich gelegenen Strecken wurden in die Verwaltung der Rbd Oppeln genommen), erfolgte durch Erlaß des Reichsverkehrsministers die Bildung neuer Reichsbahndirektionen in Danzig und Posen. Gleichzeitig wurden die Direktionen, auch die Rbd Oppeln und Königsberg, neu abgegenzt. Im Großen und Ganzen kamen die Strecken im Reichsgau Wartheland (Posen) zur Rbd Posen, Reichsgau Danzig-Westpreußen zur Rbd Danzig*, Regierungsbezirk Zichenau zur Rbd Königsberg und Regierungsbezirk Kattowitz zur Rbd Oppeln. Hierzu sei noch angemerkt, daß die bis 1919 bestandenen preußischen Provinzen Westpreußen und Posen nicht wiederhergestellt wurden, sondern an ihrer Stelle „Reichsgaue" traten, an deren Spitze Reichsstatthalter standen. Es erfolgte also nicht die Eingliederung in das Reichsland Preußen, sondern die Herstellung reichsunmittelbarer Verwaltungseinheiten, wie sie erstmalig beim Anschluß Österreichs und des Sudetenlandes (Errichtung der Reichsgaue Ostmark und des Sudetenlandes) praktiziert wurde.

Die übrigen ehemals zur PKP gehörenden und im neu geschaffenen Generalgouvernement gelegenen Eisenbahnstrecken wurden in der „Ostbahn" mit Sitz der Generaldirektion in Krakau zusmmengefaßt.

Zum 1. August 1941 übernahm der Oberpräsident der preußischen Provinz Ostpreußen die Zivilverwaltung im Bezirk Bialystok, der bei der Aufteilung Polens 1939 an die Sowjetunion gefallen und nun durch den Krieg mit dieser wieder unter deutsche Oberhoheit gekommen war. Etliche Strecken wurden von da ab von der Rbd Königsberg verwaltet, andere von der Ostbahn.

Durch Erlaß des RVM vom 6. Oktober 1943 fiel bei der Rbd Königsberg (Pr) der bisherige Klammerzusatz fort, und die Direktion firmierte künftig als „Reichsbahndirektion Königsberg".

Sofort nach Beginn des Polenfeldzuges 1939 wurden in Berlin die Stäbe für zwei Reichsbahndirektionen und in Oppeln ein weiterer Stab eingerichtet. Mit dem militärischen Vormarsch übernahmen zunächst die eine in Berlin aufgestellte Rbd in Posen und der Stab in Oppeln die Strecken in Polen. Die Rbd Oppeln richtete eine ihr unterstellte Betriebsabteilung in Krakau ein. Am 25. September 1939 wurde in Polen eine Militärverwaltung eingerichtet, die am 26. Oktober 1939 ihr Ende fand. An diesem Tag ging die Regierungsgewalt des neu geschaffenen Generalgouvernements (GG) auf den Generalgouvaneur über. Dessen in Lodz zusammengestelltes Amt wurde am 15. November 1939 nach Krakau verlegt.

Die zweite in Berlin aufgestellte Reichsbahndirektion wurde Ende September 1939 nach Lodz verlegt und nach dort ihre Tätigkeit für den Gesamtbereich des Generalgouvernements als Eisenbahndirektion Lodz auf. Die von den Rbd'en Posen und Oppeln bis dahin wahrgenommenen Aufgaben gingen auf diese neue

* Deshalb finden sich in der Graphik des Reichsbahn-Aufbaus (S. 52) die neu errichteten Rbd'en Posen und Danzig, die im Organisationsaufbau von 1920 noch nicht vorhanden waren.

Direktion über. Mit der Übernahme der Regierungsgewalt durch den Generalgouverneur erhielt sie den Namen „Generaldirektion der Ostbahn (Gedob)" und hatte ihren Sitz ab 26. Oktober 1939 in Krakau.

Durch eine Vereinbarung des Generalgouverneurs mit dem Reichsverkehrsminister vom 9. November 1939 wurde die rechtliche Grundlage für die Ostbahn geschaffen. Darin wurde das Eigentumsrecht des GG an den früheren Polnischen Staatsbahnen (PKP) im Bereich des GG und die Verwaltung dieser Bahnen unter der Bezeichnung „Ostbahn" festgelegt. Diese Verwaltung oblag dem Leiter der Abteilung Eisenbahnen im Amt des Generalgouverneurs. Er führte die Bezeichnung „Präsident der Generaldirektion der Ostbahn".

Mit der Errichtung der Generaldirektion der Ostbahn (Gedob) in Krakau wurden am Sitz der Distrikts-Gouverneure der Ostbahn unterstellte Betriebsdirektionen (OBD) in Krakau, Lublin, Radom und Warschau eingerichtet. Diese übernahmen von ihren Vorgängerinnen, den Rbd'en Posen und Oppeln und der ED Lodz die Geschäfte der bereits bestehenden Eisenbahnämter.

Die Gedob war eine Reichsbehörde und führte das Reichssiegel. Die deutschen Beamten wurden durch das RVM abgeordnet und abberufen, blieben Reichsbahnbeamte und wurden keine Beamte des GG. Lediglich der Präsident und die leitenden Beamten sollten mit Zustimmung des Generalgouverneurs eingesetzt werden. Die Weisungsbefugnis des RVM an die Gedob lag bei den Sachgebieten Verkehr, Betrieb, Betriebsmaschinendienst, Bauwesen, Werkstättendienst und Personalfragen des deutschen Personals. Der Generalgouverneur dagegen hatte im Einvernehmen mit dem RVM als Aufsichtsbehörde ein Mitbestimmungsrecht auf den Gebieten Haushalt/Finanzen, Geldwesen, Tarifwesen, einheimisches und nichtdeutsches Personal, soziale Betreuung des Personals einschließlich Sozialversicherungen, Eisenbahnrecht, Pressewesen und Grundverwaltung.

Die Ostbahn war somit der Teil des deutschen Eisenbahnnetzes, der sich im Eigentum des GG befand und daher *unter einem von der Reichsbahnverwaltung abweichenden Aufbau* stand. In der Gedob waren die Stellung einer Rbd mit der einer Generalbetriebsleitung und die Interessen der Ostbahn beim Generalgouverneur vereinigt. Ihre innere Organisation entsprach voll einer großen Rbd.

Versuche des Reichsverkehrsministeriums, sich die Ostbahn komplett einzuverleiben, scheiterten - es blieb bei der Trennung von Aufgaben und Befugnissen. *

* vgl. Scharf: *Eisenbahnen zwischen Oder und Weichsel*, S. 31 ff.

Die Nachkriegszeit von 1945 bis 1955

Nach Kriegsende hörte die Reichsregierung auf zu bestehen, und damit verlor auch die Reichsbahn ihre oberste Leitung, das Reichsverkehrsministerium. Die Besatzungsmächte übernahmen die oberste Regierungsgewalt in Deutschland.

Der zunächst zum Erliegen gekommene Eisenbahnbetrieb wurde aus kleinen örtlichen Anfängen heraus zunächst unter Leitung der Besatzungsmächte und dann unter ihrer Aufsicht und Kontrolle wieder aufgenommen und ganz allmählich wieder aufgebaut. Die äußeren Dienststellen, die Ämter und Direktionen waren anfangs auf sich allein angewiesen. Erst nach Wiederaufnahme des Nachrichtenverkehrs konnten die Verwaltungsstellen wieder miteinander in Verbindung treten. Die oberste Leitung in den Bezirken übernahmen zunächst die Reichsbahndirektionen, da Zentralinstanzen fehlten. Der Wiederaufbau der Deutschen Reichsbahnverwaltung vollzog sich nicht einheitlich, sondern in jeder der vier Besatzungszonen verschieden. Statt einer Zentralbehörde für den Gesamtbereich errichteten die Besatzungsmächte in jeder Zone eine besondere Verwaltung.

Amerikanische Besatzungszone

Auf Befehl der amerikanischen Besatzungsbehörde wurde am 19. Juli 1945 als Zentralbehörde die „Oberbetriebsleitung United States Zone" (OBL USZ) in Frankfurt am Main gebildet. Zu ihrem Geschäftsbereich gehörten die Reichsbahndirektionen Augsburg, Frankfurt (Main), Kassel, München, Nürnberg, Regensburg und Stuttgart mit den in der amerikanischen Zone gelegenen Strecken sowie das Reichsbahn-Zentralamt in München. Die OBL USZ führte in ihrem Bereich die Aufgaben und Geschäfte der früheren obersten Leitung der Deutschen Reichsbahn nach den Weisungen der Besatzungsmacht. Sie nahm auch die Aufgaben der früheren Generalbetriebsleitungen und des Hauptwagenamts wahr.

In der US-Zone wurden bald wieder Länder gebildet (Bayern, Hessen und Württemberg-Baden), die im „Länderrat" zusammengefaßt waren. Die Verkehrshoheit war auf die Länder übergegangen.

Die Oberbetriebsleitung wurde am 3. Januar 1947 aufgelöst. Ihre Geschäfte gingen im Zuge des Zusammenschlusses der amerikanischen und britischen Zone auf die Hauptverwaltung der Eisenbahnen des amerikanischen und britischen Besatzungsgebiets (HVE) in Bielefeld über.

Britische Besatzungszone

In der britischen Besatzungszone wurde auf Befehl der Besatzungsmacht am 20. August 1945 als oberste Eisenbahnbehörde die „Reichsbahn=Generaldirektion in der britischen Besatzungszone" (RBGD) in Bielefeld geschaffen. Ihr Geschäfts=bereich umfaßte die Reichsbahndirektionen Essen, Hamburg, Hannover, Köln, Münster und Wuppertal mit den in der britischen Zone gelegenen Strecken sowie das Reichsbahn=Zentralamt im Göttingen, später Minden (Westf). Die Aufgaben entsprachen im wesentlichen denen der OBL USZ in Frankfurt (Main).

Die in der britischen Zone verhältnismäßig spät eingerichteten Länder (Schleswig=Holstein, Hansestadt Hamburg, Niedersachsen, Bremen und Nordrhein=Westfalen) hatten geringere Hoheitsbefugnisse als die Länder der US=Zone. So gehörten auch nicht die Eisenbahnangelegenheiten zu ihren Zuständigkeiten. Hierüber be=hielt die Militärregierung die Verfügungsgewalt.

Die Reichsbahn=Generaldirektion wurde am 1. Januar 1947 aufgelöst. Ihre Ge=schäfte gingen ebenfalls auf die Hauptverwaltung (HVE) in Bielefeld über.

Die Zwei=Zonen=Verwaltung (Vereinigtes Wirtschaftsgebiet)

Im September 1946 schlossen auf Veranlassung der britischen und der amerika=nischen Militärregierung die Länder der US=Zone und Vertreter der britischen Zone vorläufige Abkommen über die Bildung deutscher Verwaltungen. So ent=stand neben den Verwaltungsräten für Wirtschaft, für Ernährung und Landwirt=schaft, für Finanzen und für Post= und Fernmeldewesen auch der „Verwaltungsrat für Verkehr". Dieser setzte sich aus den Verkehrsministern der Länder zusammen und hatte wie die übrigen Verwaltungsräte einen hauptamtlichen Vorsitzenden mit einer Geschäftsstelle (Sitz Bielefeld). Er hatte unter anderem die Aufgabe, grundlegende Weisungen über die Verkehrspolitik und über die Tarife für sämt=liche Verkehrszweige zu geben.

Dem Verwaltungsrat für Verkehr unterstanden die Hauptverwaltung der Eisen=bahnen des amerikanischen und britischen Besatzungsgebiets (HVE) in Bielefeld, die Hauptverwaltung Straßen in Bielefeld, die Hauptverwaltung Binnenschiffahrt in Windelsbleiche bei Bielefeld und die Hauptverwaltung des Seeverkehrs in Hamburg.

Durch ein Abkommen der beiden Militärregierungen vom 29. Mai 1947 wurde die Zwei=Zonen=Verwaltung neu gestaltet. Beide Zonen wurden zu einem staats=rechtlichen Körper, dem „Vereinigten Wirtschaftsgebiet" zusammengeschlossen, dessen Organe ein „Wirtschaftsrat" mit dem Recht beschränkter Gesetzgebung und ein „Exekutivrat" (später umgebildet in den Länderrat) waren. An der Spitze der Verwaltungen standen Direktoren.

Damit trat an die Stelle des bisherigen Verwaltungsrates für Verkehr als Behörde die „Verwaltung für Verkehr" (VfV) mit dem Direktor der Verwaltung an der Spitze. Die vier Hauptverwaltungen des Verkehrs blieben zunächst mit ihren bis=herigen Zuständigkeiten bestehen und wurden lediglich dem Direktor der VfV unterstellt.

Der Aufbau der Verkehrsverwaltung wurde 1948 durch das vom Wirtschaftsrat beschlossene „Gesetz über den Aufbau der Verwaltung für Verkehr" neu geregelt. Die Hauptverwaltung der Eisenbahnen, die inzwischen ihren Sitz von Bielefeld nach Offenbach (Main) verlegt hatte und nunmehr die Bezeichnung „Hauptver=waltung der Deutschen Reichsbahn im Vereinigten Wirtschaftsgebiet (HVR)" führte, blieb bestehen und wurde zugleich „Hauptabteilung Eisenbahnen" in der VfV, während die Hauptverwaltungen Straßen, Binnenschiffahrt und Seeverkehr als Abteilungen in die VfV eingegliedert wurden. Die Verwaltung der Eisenbahnen war somit eine in sich geschlossene Sonderverwaltung mit eigener Wirtschafts= und Rechnungsführung, wie sie es auch vor dem Kriege war. Der Leiter der Hauptverwaltung führte unter Aufsicht und nach den allgemeinen Weisungen des Direktors für Verkehr als „Präsident der Deutschen Reichsbahn" die Geschäfte der Reichsbahn. Für die Verwaltung der Reichsbahn im Vereinigten Wirtschafts=gebiet galt im übrigen das Reichsbahngesetz von 1939 mit einigen Abänderungen bis zum Erlaß des Bundesbahngesetzes weiter.

Französische Besatzungszone

Die Entwicklung in der französischen Besatzungszone ging andere Wege. Die drei Reichsbahndirektionen Karlsruhe, Mainz und Saarbrücken leiteten den Eisen=bahnbetrieb zunächst unter der Befehlsgewalt der Besatzungsmacht als Eisenbahn=direktionen je für sich ohne eine gemeinsame deutsche Spitze. Auf Anordnung der französischen Besatzungsmacht wurde erst am 8. Januar 1946 als deutsche Zentralbehörde die „Oberdirektion der Deutschen Eisenbahnen in der französi=schen Besatzungszone" mit Sitz in Speyer errichtet. Aber noch im gleichen Jahr

übernahm die Besatzungsmacht die Eisenbahnen wieder in eigene Verwaltung, wobei die Oberdirektion in ein „Verbindungsamt der Deutschen Eisenbahnen" (VADE) mit nur beratenden Aufgaben umgewandelt wurde.
Anfang 1947 wurde das Saarland aus der französischen Zone herausgelöst und politisch und wirtschaftlich von Deutschland getrennt. Die Eisenbahndirektion Saarbrücken schied damit aus dem Verband der Eisenbahnen der französischen Zone aus. Die außerhalb des Saarlandes gelegenen Strecken der Eisenbahndirektion Saarbrücken gingen auf die neu errichtete Eisenbahndirektion Trier und die Eisenbahndirektion Mainz über.

Die Eisenbahnen in der französischen Zone erhielten im Sommer 1947 eine neue Verfassung. Am 25. Juni 1947 schlossen die drei Länder der französischen Zone (Rheinland-Pfalz, Baden und Würtemberg-Hohenzollern) ein Abkommen zur Errichtung einer „Betriebsvereinigung der Südwestdeutschen Eisenbahnen" (SWDE). Die Betriebsvereinigung war ein selbständiges Unternehmen (gemeinnützige Anstalt des öffentlichen Rechts mit Rechtspersönlichkeit). Träger der Eisenbahnhoheit und Eigentümer der Eisenbahnen wurden die Länder.

Die Eisenbahnen im Saarland

Nach dem Kriegsende gehörte das Saarland zunächst zur französischen Besatzungszone. Die Eisenbahnen bildeten einen Teil der deutschen Eisenbahnen der Zone. Wie bereits erwähnt, wurde das Saarland 1947 durch Maßnahmen Frankreichs aus der französischen Zone herausgelöst und politisch und wirtschaftlich von Deutschland getrennt. In diesem Zusammenhang wurden auch die Eisenbahnen des Saarlandes mit der Eisenbahndirektion Saarbrücken auf Anordnung des französischen Oberkommandierenden in Deutschland vom übrigen deutschen Eisenbahnnetz losgelöst und als selbständige Organisation unter der Bezeichnng „Saarländische Eisenbahnen" eingerichtet. Sie wurden vorläufig von einem Direktor und einem Aufsichtsrat geleitet.

Die Regierungen Frankreichs und des Saarlandes schlossen am 3. März 1950 unter verschiedenen anderen Abkommen auch eine „Konvention über den Betrieb der Eisenbahnen des Saarlandes". Hierurch erhielten die Eisenbahnen eine neue Verfassung. Die „Eisenbahnen des Saarlandes" (EdS) bildeten hiernach ein Unternehmen mit eigener Rechtspersönlichkeit und finanzieller Selbständigkeit mit dem Sitz in Saarbrücken, das die ehemaligen Reichsbahnstrecken im Saarland zu verwalten und zu betreiben hatte. Der Verkehrsminister des Saarlandes übte die allgemeine Aufsicht über das Unternehmen aus.

Am 1. Januar 1957 ist das Saarland auf Grund des „Vertrages zwischen der Bundesrepublik Deutschland und der Französischen Republik zur Regelung der Saarfrage vom 27. Oktober 1956" und des „Gesetzes über die Eingliederung des Saarlandes vom 23. Dezember 1956" politisch in die Bundesrepublik eingegliedert worden. Das Saarland ist seit diesem Zeitpunkt wieder ein Bundesland der Bundesrepublik Deutschland.

Auch das Unternehmen „Eisenbahnen des Saarlandes" wurde am 1. Januar 1957 mit dem Gesamtpersonal in die Deutsche Bundesbahn überführt und die Direktion der EdS in die „Bundesbahndirektion Saarbrücken" umgewandelt.

Zunächst gab es eine Übergangszeit bis zum 31. Dezember 1959 mit gewissen Einschränkungen der Souveränität der Bundesrepublik und einer noch weiterbestehenden Zoll- und Währungsunion zwischen dem Saarland und Frankreich. Aus Gründen der Währungsverschiedenheit wurde auch die Rechnung für den Bezirk der BD Saarbrücken zunächst als Sonderrechnung getrennt von der des übrigen Bundesbahnbereichs geführt. Die organisatorischen Verhältnisse im Bezirk Saarbrücken wurden an die Organisation der DB schrittweise angeglichen. So wurden am 1. Januar 1958 auch wieder Bundesbahnämter eingerichtet, die bis dahin nicht bestanden hatten.

Zur Verwaltungsvereinfachung wurden am 1. Januar 1960 die Bundesbahndirektionsbezirke Trier und Saarbrücken mit Direktionssitz in Saarbrücken vereinigt. Die Bundesbahndirektion Trier wurde zum gleichen Zeitpunkt aufgelöst.

Mit gleichem Datum zog die neu gebildete „Verkehrskontrolle für den internationalen Verkehr" in das ehemalige Direktionsgebäude in Trier ein, die um 1984 etwa 550 Mitarbeiter beschäftigte.*

Sowjetische Besatzungszone / DDR

In der sowjetischen Besatzungszone entstand unter dem Einfluß der sowjetischen Besatzungsmacht am 1. August 1945 die „Deutsche Zentralverwaltung des Verkehrs" in Berlin, die sich aus der Hauptverwaltung der Deutschen Reichsbahn, der Generaldirektion Schiffahrt und der Generaldirektion Kraftverkehr und Straßenwesen zusammensetzte.

* vgl. Schnitzius: *Entwicklung der Eisenbahn im Trierer Raum*, S. 54

1948 wurde von der sowjetischen Besatzungsmacht die deutsche Verwaltung neu geordnet und als obestes Organ die „Deutsche Wirtschaftskommission für die sowjetische Besatzungszone" eingesetzt. In diesem Zusammenhang wurde die Zentralverwaltung Verkehr in eine „Hauptverwaltung Verkehr" und die Spitzen-behörde der Reichsbahn in eine „Generaldirektion Reichsbahn" umgewandelt. Nach Bildung der Deutschen Demokratischen Republik (DDR) im Oktober 1949 wurde die Hauptverwaltung Verkehr in das „Ministerium für Verkehr" umge-wandelt. Die Generaldirektion Reichsbahn, an deren Spitze ein Generaldirektor stand, wurde dem Verkehrsminister der DDR unterstellt.

Das Ministerium für Verkehr wurde am 30. April 1953 aufgelöst. Seine Auf-gaben und die der Generaldirektion Reichsbahn gingen auf ein neu errichtetes „Ministerium für Eisenbahnwesen", ein Staatssekretariat für Schiffahrt und ein Staatssekretariat für Kraftverkehr und Straßenwesen über.

Anfang 1955 wurde das „Ministerium für Eisenbahnwesen" als solches aufge-löst und mit dem Staatssekretariat für Schiffahrt sowie dem Staatssekretariat für Kraftverkehr und Straßenwesen zum „Ministerium für Verkehrswesen" vereinigt. Für das Eisenbahnwesen bestanden innerhalb des Ministeriums sogenannte Hauptverwaltungen, wie die Hauptverwaltung für Betrieb und Verkehr, für Maschinenwirtschaft, Wagenwirtschaft, Reichsbahnausbesserungswerke, Bahn-anlagen, Sicherungs- und Fernmeldewesen. Das gesamte Eisenbahnnetz der DDR mit einer Betriebslänge von etwa 14 000 km, wozu auch die Reichsbahn in West-Berlin gehörte, wurde von den acht Reichsbahndirektionen Berin, Cottbus, Dresden, Erfurt, Greifswald, Halle, Magdeburg und Schwerin verwaltet.

Der innere Aufbau dieser Direktionen wich wesentlich vom Aufbau der west-deutschen Bundesbahndirektionen ab. Auch die Ämter-Organisation war anders als bei der 1951 gegründeten Deutschen Bundesbahn. Anstelle der selbständigen Betriebs-, Maschinen- und Verkehrsämter wurden Einheits-Ämter mit der Bezeichnung „Reichsbahnamt" eingerichtet, die zunächst die Fachbereiche aller Dienstzweige umfaßten. Seit 1955 war den Reichsbahnämtern aber nur noch die Leitung und Kontrolle des Betriebs- und Verkehrswesens übertragen; die Dienst-stellen der anderen Dienstzweige wurden den Reichsbahndirektionen unmittelbar unterstellt.

Die Verantwortlichen in der DDR waren sich nicht sicher, ob man in West-Berlin die Betriebsrechte behalten würde, wenn sich der Name der Deutschen Reichs-bahn ändere, weil nur dieser seitens der Westalliierten die Betriebsrechte gewährt worden waren. Es bestand die Befürchtung, daß einer DDR=Staatsbahn, wie auch immer sie firmiert hätte, die Rechte hätten verweigert werden können. Für die DDR war es aber auch propagandistisch wichtig, die DR=Strecken in West=Berlin als eigenes Territorium zu deklarieren. Dies führte bis zur Wiedervereinigung 1990 immer wieder zu Streitigkeiten zwischen östlichen, westlichen und alliierten Behörden wegen unterschiedlicher Rechtsauffassungen. Auch spielten Vermögens=werte der DR im Ausland im Streit zwischen DB und DR hinsichtlich der Bei=behaltung des Namens eine Rolle. Dies betraf besonders die Schlafwagen= und Speisewagengesellschaft Mitropa. Eine Diskussion zum Namen der Staatsbahn in der DDR wurde in den späten 1950er Jahren von offizieller Seite unterbunden. Als äußerlich erkennbarer Unterschied zu anderen uniformierten DDR=Diensten (Polizei, Feuerwehr, Militär, Zoll und dergleichen) war auf den Dienstmützen der Deutschen Reichsbahn der DDR die schwarz=rot=goldene Kokarde *ohne* das DDR=Staatswappen angebracht.

Die Deutsche Bundesbahn

Die Gründung der Bundesrepublik Deutschland im Jahre 1949 wirkte sich auch auf die Organisation der westdeutschen Eisenbahnen aus. Zunächst griffen noch Übergangsregelungen. Durch einen Erlaß des Bundesministers für Verkehr vom 11. Oktober 1949 wurde gemäß den Bestim=mungen des Grundgesetzes die „Deutsche Bundesbahn“ (DB) zwar formell bereits als Einheit konstituiert, sie bestand aber noch aus zwei selbständigen Verwal=tungsteilen - der Reichsbahn im ehemaligen Vereinigten Wirtschaftsgebiet und der Betriebsvereinigung der Südwestdeutschen Eisenbahnen -, die bis zum Erlaß des Bundesbahngesetzes nach verschiedenem Recht verwaltet wurden. Auch das Saarland gehörte 1949 noch nicht wieder zu Deutschland.

Durch Verwaltungsvereinbarungen und dergleichen wurden allmählich die Aufgaben vereinigt und die Verwaltungen miteinander verschmolzen.

Das Bundesbahngesetz (BbG) trat am 18. Dezember 1951 in Kraft; im Saarland wurde es durch das Gesetz über die Eingliederung des Saarlandes vom 23. De=zember 1956 rechtskräftig. Durch das Bundesbahngesetz erhielten die staatlichen Eisenbahnen der Bundesrepublik wieder eine einheitliche Eisenbahnverfassung und einen einheitlichen Verwaltungsaufbau.

Die Deutsche Bundesbahn war keine Körperschaft des öffentlichen Rechts wie früher die Deutsche Reichsbahn=Gesellschaft, sondern eine selbständige, nicht rechtsfähige Verkehrsanstalt des Bundes. Im Geschäftsverkehr hatte sie jedoch eine gewisse eigene Handlungsfähigkeit, auch wenn sie der eigenen Rechtspersönlichkeit entbehrte. Sie konnte im Rechtsverkehr unter eigenem Namen handeln (z.B. Verträge schließen), klagen und verklagt werden. Sie war unter der Verantwortung ihrer Organe wie ein Wirtschaftsunternehmen mit dem Ziel bester Verkehrsbedienung nach kaufmännischen Grundsätzen so zu führen, daß die Erträge die Aufwendungen einschließlich der erforderlichen Rückstellungen deckten; eine angemessene Verzinsung des Eigenkapitals war anzustreben. In diesem Rahmen hatte sie ihre gemeinwirtschaftliche Aufgabe zu erfüllen.

Da die Bundesrepublik Deutschland ein föderaler Staat ist, räumte das Bundesbahngesetz auch den Ländern in bestimmtem Umfang eine Mitwirkung bei der Verwaltung der Deutschen Bundesbahn ein. So war eine gegenseitige Pflicht zur Unterrichtung über wichtige Vorgänge und ein gegenseitiges Auskunftsrecht vorgesehen. Ferner sollte den Obersten Landesverkehrsbehörden von der Deutschen Bundesbahn Gelegenheit zur Stellungnahme bei wichtigen organisatorischen Veränderungen, bei Planungen für größere Eisenbahnbauten, bei der Tarif fortbildung, bei der Bearbeitung des Reisezugfahrplans und bei Streckenstilllegungen gegeben werden. Die Posten der Präsidenten der Bundesbahndirektionen sollten im Benehmen mit den Länderregierungen, deren Bereich wesentlich berührt wurde, besetzt werden.

Auf Antrag eines Landes sollte die Deutsche Bundesbahn Geschäfte der Landesverkehrsverwaltung nach den Weisungen und für Rechnung des Landes übernehmen. Hier kam vor allem die Aufsicht über die nichtbundeseigenen Eisenbahnen in Frage, die nach dem Grundgesetz nicht mehr in die Zuständigkeit des Bundes, sondern in die der Länder gehört.

Von ihrer Gründung bis ins Jahr 1993 bewegte sich die Deutsche Bundesbahn in einem sich immer stärker verändernden Umfeld von wachsender Konkurrenz durch den Kraftverkehr, von Veränderungen in den politischen Auffassungen über Gemeinwohl, Daseinsvorsorge und gemeinwirtchaftliche Versorgung, von wachsendem Einfluß außerstaatlicher Stellen. Am Ende stand die Zerschlagung der Verkehrsanstalt und Anfang 1994 die Umwandlung in eine Aktiengesellschaft, die später immer stärker in einzelne Unternehmen zerteilt wurde.

Diese Entwicklung vertiefend nachzuzeichnen, ist nicht das Anliegen des vorliegenden Buches, sondern muß anderen Werken überlassen werden.
Es sei lediglich festgestellt, daß die tiefgreifenden Organisationsänderungen nach der Auflösung der Deutschen Bundesbahn darin münden, daß wegen völlig veränderter Strukturen Vergleiche mit „früher" nur noch sehr eingeschränkt möglich sind - vom Zweck und Anliegen bis hin zur Ergebnisstatistik.

Die grundlegende Verwaltungsorganisation der Deutschen Reichsbahn und der Deutschen Bundesbahn

Von der Verfassung der Deutschen Reichsbahn (Gesellschaft) und der Deutschen Bundesbahn ist ihre Verwaltungsorganisation zu unterscheiden. Darunter verstehen wir den Aufbau des Geschäftsapparates, den die Eisenbahn zur Durchführung ihrer Aufgaben braucht, das heißt, die Gliederung in die verschiedenen über- und nebeneinander arbeitenden Dienststellen. Während die Bestimmungen über die Organisation der Geschäftsleitung (Vorstand, Verwaltungsrat, ggf. Ministerium, Beirat usw.) in den Gesetzen ausführlich enthalten waren, sagten die Gesetze nur wenig über die übrige Organisation im einzelnen. Sie bestimmten lediglich, daß die Verwaltungsorganisation durch besondere „Verwaltungsordnung" geregelt wird, und von wem diese aufzustellen und ggf. zu genehmigen ist.

Trotz verschiedener tiefgreifender Veränderungen in den äußeren Bedingungen waren die Grundstrukturen der Verwaltungsorganisation von der Verreichlichung der Ländereisenbahnen bis zur Auflösung der Deutschen Bundesbahn bemerkenswert stabil. So gab es vom Anfang bis zum Ende die Aufteilung in Zentral-, Mittel-, Ämter- und Vollzugsinstanz. Die Aufgaben der verschiedenen Fachressorts (auch als Geschäftszweige bezeichnet) liefen in den unteren örtlichen Instanzen zusammen; Eifersüchteleien dürfte es zwischen gleichrangigen Dienststellen wohl gegeben haben, aber letztendlich war der jeweilige Amtsvorstand oder Direktionspräsident für die Erfüllung der Aufgaben aller Dienstzweige in seinem Bereich verantwortlich.

Die vier Instanzen waren:

- **Zentralinstanz:** (Hauptverwaltung mit dem Vorstand an der Spitze; zeitweise RVM mit dem Generaldirektor (Personalunion)

Aufbau der Geschäftsstellen der Deutschen Reichsbahn 1940

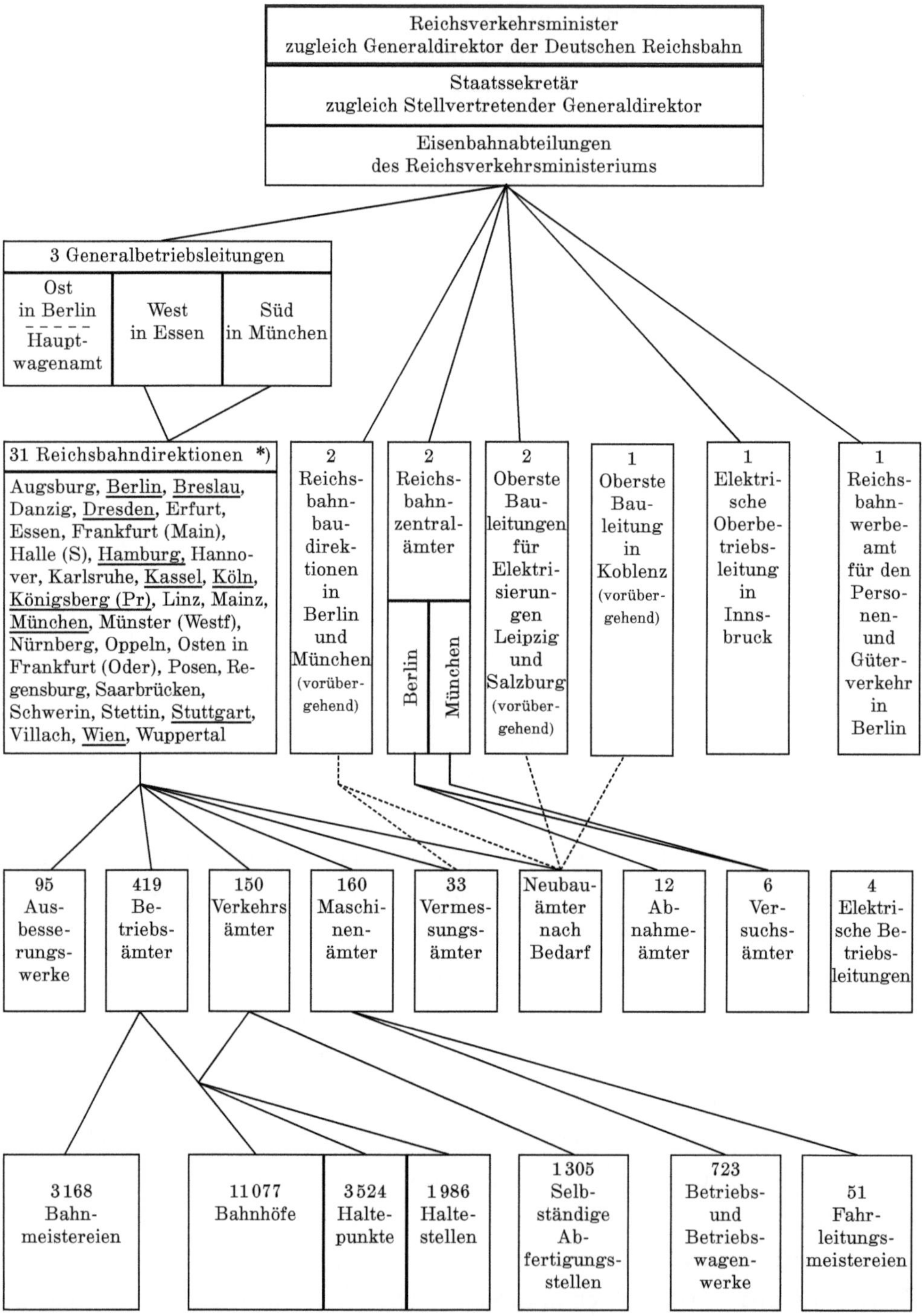

*) Die unterstrichenen Direktionen sind Geschäftsführende Direktionen des Werkstättenwesens

- **Mittelinstanz:** Direktionen und zentrale Ämter
- **Ämterinstanz:** Ämter und Ausbesserungswerke; die Verkehrsämter später als Generalvertretungen
- **Vollzugsinstanz:** Dienststellen des Außendienstes

Die Verwaltungsordnungen regelten die Verwaltungsorganisation nur in ihren Grundzügen, sie gaben gewissermaßen den großen Rahmen. So enthielten sie zum Beispiel nichts über die Zahl der Reichs- bzw. Bundesbahndirektionen, Ämter usw., über ihre räumliche Aufteilung oder Einzelheiten über den Aufbau und die Abgrenzung der Zuständigkeiten aller Diensttellen. Diese Fragen wurden durch die vom Vorstand zu erlassenden Geschäftsanweisungen und durch Einzelanordnungen geregelt.

Für jede Gattung von Dienststellen bestand eine Geschäftsanweisung, in der die Aufgaben der Dienststellen, ihre Gliederung und ihre Arbeitsweise geregelt war. Es gab zum Beispiel Geschäftsanweisungen für die Direktionen, die zentralen Ämter, die Amtsvorstände, die Werkdirektoren und die Dienststellenvorsteher.

Bei den deutschen Eisenbahnen hatten sich im wesentlichen folgende fünf **Fachgebiete** (Dienstzweige, Ressorts) herausgebildet: **Baudienst, Betriebsdienst, Maschinentechnischer Dienst, Verkehrsdienst** und **Verwaltungsdienst.**

Jedes dieser Fachgebiete gliederte sich wiederum in Teilgebiete, zum Beispiel der Verwaltungsdienst in Finanz-, Personal- und Rechtsangelegenheiten. Die Dienststellen der einzelnen Instanzen umfaßten entweder alle Fachgebiete oder nur ein oder mehrere Fachgebiete, entweder für einen bestimmten örtlichen Bereich oder für die ganze Eisenbahn. Die Direktion vereinigte zum Beispiel alle Fachgebiete für den Direktionsbezirk, das Betriebsamt nur den Bau und Betrieb für den Amtsbezirk, die Güterabfertigung nur den örtlichen Güterverkehr.

Für den **Verwaltungsdienst** gab es in der Ämterstufe und in den Dienststellen des Außendienstes keine eigenen Behörden; eine eigene Organisation dafür bestand nur in der Zentral- und der Mittelinstanz (bei den Direktionen besondere Dezernate, zum Teil eigene Abteilungen). Die Ämter und Dienststellen des Außendienstes nahmen die in ihren Bereich fallenden Verwaltungsaufgaben mit wahr.

Die Eigenart des Eisenbahndienstes führte dazu, für die Mitarbeiter der DB neben den allgemeinen, für alle öffentlichen Verwaltungen geltenden Personalvorschriften, noch Sonderbestimmungen für das **Personalwesen** zu erlassen (z.B. Dienstdauervorschriften, Laufbahn- und Befähigungsvorschriften).

Organe und Dienststellen der Deutschen Bundesbahn (1958)

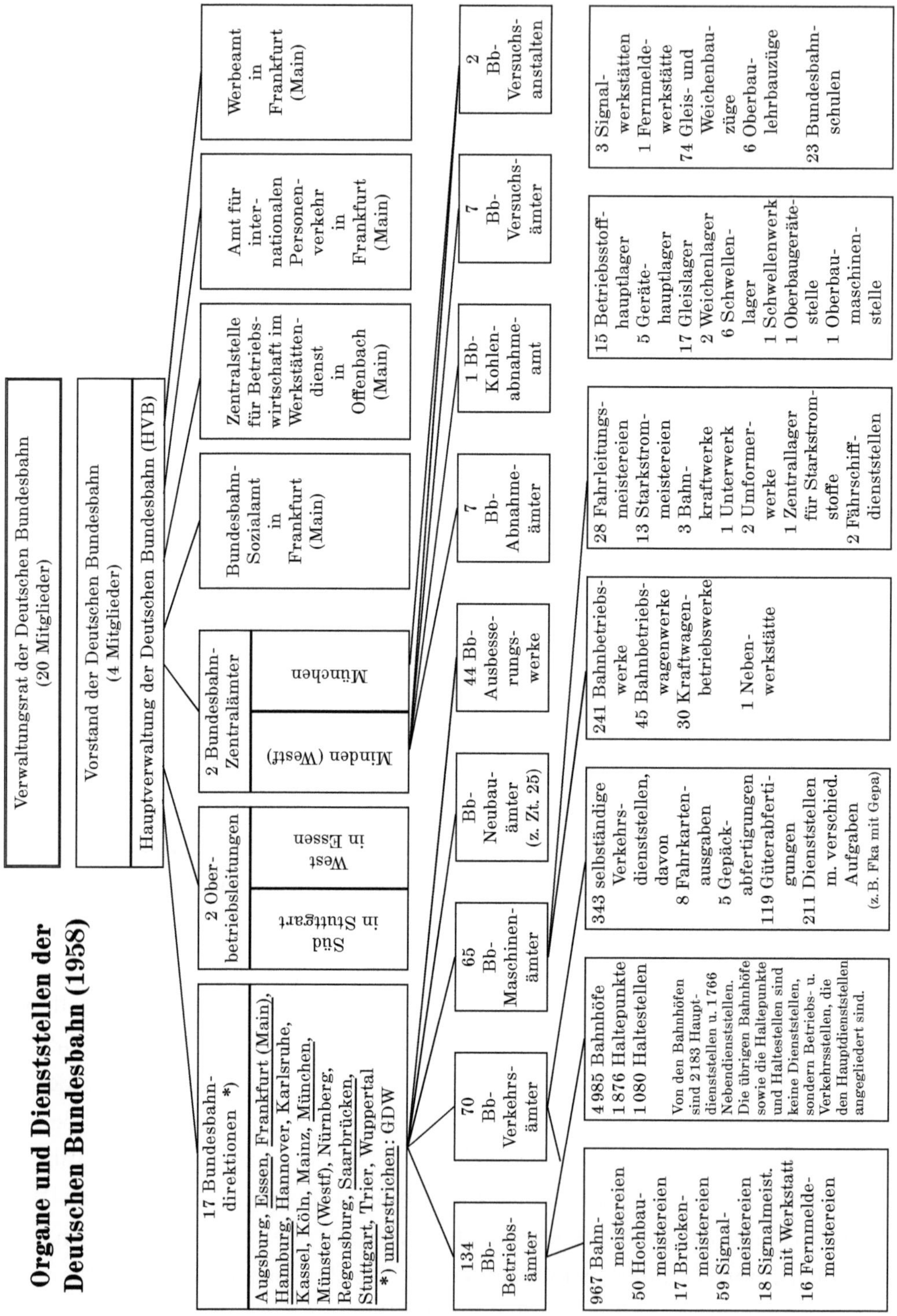

Neben dem Beamten=, Arbeits= und Personalvertretungsrecht nahm das **Sozial=wesen** einen breiten Raum ein, da man der Auffassung war, daß die besonderen Anforderungen des Eisenbahndienstes die DR und die DB zu verstärkter sozialer Betreuung ihrer Mitarbeiter verpflichtete. Hier sei ein Blick in die Hauptgruppe U des Aktenplans empfohlen, um den Umfang auch nur zu erahnen.
Der **Betriebsdienst** war in gewissem Umfang gegliedert in die Geschäfte der eigentlichen Betriebsverwaltung und der *Betriebsleitung*. Für diese bestand eine *straffere Organisation* für die Disposition über den Lauf der Züge (Betriebs=abteilung der Hauptverwaltung - Generalbetriebsleitung / Oberbetriebsleitung - Betriebsleiter der Direktion (Dez 30) mit der Oberzugleitung (Ozl) - Zugleitungen (Zl) und Zugüberwachungen (Zü), beide in der Regel beim Betriebsamt - Betriebs=überwachung (Bü) auf größeren Bahnhöfen. Bei der Deutschen Reichsbahn der DDR nannte sich die vergleichbare Struktur Dispatcherdienst mit Haupt=, Bezirks=, Amts= und Bahnhofsdispatchern.

Das Wort **Betrieb** - zunehmend durch „Produktion" ersetzt - wird in der Eisen=bahnfachsprache in einem weiteren und einem engeren Sinne gebraucht, wobei hier von den besonderen Betriebsbegriffen im Sinne des Haftpflicht=, des Arbeits= und des Sozialversicherungsrechts abgesehen wird. Im weiteren Sinne umfaßt der Betrieb die gesamte Eisenbahnbetriebsführung und die Betriebsleistung des Eisenbahnunternehmens. Betrieb im engeren Sinne sind Bewegungen von Schienenfahrzeugen, die zum Bilden, Durchführen und Auflösen von Zügen notwendig sind. Erst wenn Betriebsleistungen von Kunden in Anspruch genommen werden, entstehen Verkehrsleistungen. Die erforderlichen Bewegungen der Schienenfahrzeuge sind mit höchstmöglicher Sicherheit, Schnelligkeit und unter geringstmöglichem Aufwand auszuführen. Neben der Aufstellung der Fahrpläne, der Zugbildungs= und Rangierpläne, gehören die Erstellung und Fortbildung der Sicherheitsvorschriften, die Bedienung der Sicherheitseinrichtungen, die ein=heitliche Leitung und Überwachung aller dieser Vorgänge zum Betrieb.

Unter dem Begriff **Verkehr** - zunehmend auch als „Absatz" bezeichnet - faßt die Eisenbahnfachsprache die Aufgaben zusammen, die als Bindeglied zwischen der Leistungserstellung und den Kunden bzw. dem Markt aufzufassen sind. Grundlage der Beziehungen zwischen den Kunden und der Eisenbahn sind die Beförderungsverträge. Wesentliche verkehrsdienstliche Aufgaben sind:
- Marktforschung, Marktbeobachtung
- Preisbildung (Tarifgestaltung) und Angebotsgestaltung

- Werbung, Akquisition
- Gestaltung der Beförderungsbedingungen und Verträge
- Abwicklung der Beförderungsverträge (z.B. Aufstellen von Beförderungsplänen, Güterwagengestellung, Erstellung der Frachtpapiere)
- Erledigung von Reklamationen
- Kundenbetreuung

Unter betrieblichen Gesichtspunkten läßt sich der Verkehrsdienst in die Bereiche
- Personenverkehr (auch: Reiseverkehr) - Fernverkehr, Nahverkehr auf Schiene und Straße, Gepäckverkehr und
- Güterverkehr - Ganzzugverkehr, Wagenladungsverkehr (darunter auch der kombinierte Wagenladungsverkehr = Containerverkehr usw.), Kleingutverkehr (Stückgut, Eilgut, Expreßgut)

unterteilen.

Der **maschinentechnische Dienst** umfaßte
- Einsatzplanung, Disposition und Bedienung aller Triebfahrzeuge, Kraftfahrzeuge und Schiffe sowie die Bereitstellung der notwendigen Energie
- Einsatzuntersuchung, Pflege, Instandhaltung und Konstruktion aller Fahrzeuge
- Planung, Erstellung und Instandhaltung aller maschinen- und elektrotechnischen Anlagen

Einsatz und Bedienung sowie Einsatzuntersuchung und Pflege der Fahrzeuge werden auch unter der Bezeichnung **Betriebsmaschinendienst** zusammengefaßt.

Dem **Werkstättendienst** oblag die Instandhaltung der Fahrzeuge in den Ausbesserungswerken.

Entwicklung, Beschaffung und Bauartbetreuung der Fahrzeuge war Aufgabe der Reichsbahn- bzw. Bundesbahn-Zentralämter.

Die Eisenbahn mußte im Gegensatz zu anderen Verkehrsunternehmen neben den Fahrzeugen auch ihre Schienenwege mit den Anlagen selbst erhalten. Durch die vielgestaltigen Bedürfnisse des Personen- und Güterverkehrs, des Betriebes, des Sicherungswesens und des Maschinendienstes brauchte sie zahlreiche bauliche Anlagen. Alle diese waren vom **Baudienst** so instandzuhalten und zu erneuern sowie fortzuentwickeln, daß sie den Anforderungen, insbesondere denen der Betriebssicherheit nach dem Stand der Technik entsprachen. Eine wesentliche Aufgabe lag in der ständigen Beobachtung des betriebssicheren Zustandes der Strecken. Der Baudienst war auch zuständig für den Bau neuer Eisenbahnstrecken sowie für Planung, Erstellung und Unterhaltung der Signal- und Fernmeldeanlagen.

Die Verwaltungsorganisation der Zentralistanz der Deutschen Reichsbahn und der Deutschen Bundesbahn

Zum 6. Oktober 1919 wurden das bisherige Reichsamt für die Verwaltung der Reichseisenbahnen und das Reichseisenbahnamt im Reichsverkehrsministerium (RVM) vereinigt, das selbst als Zentralbehörde für die neuen Reichseisenbahnen in der Entstehung begriffen war. Neben Abteilungen für Wasserstraßen sowie für Luft- und Kraftwahrwesen wurden Ende 1919 die folgenden drei Eisenbahnabteilungen gebildet:

- E I: Eisenbahnverwaltungsabteilung mit der Aufgabe, die Übernahme der Staatseisenbahnen auf das Reich vorzubereiten und die Reichseisenbahnen in Elsaß-Lothringen zu liquidieren,
- E A: Eisenbahnaufsichtsabteilung für die bisher vom Reichseisenbahnamt wahrgenommenen Geschäfte und
- E III: Verkehrsabteilung für das Zusammenwirken der verschiedenen Verkehrszweige und die Ausnutzung des Transportraums einschließlich des Beförderungs- und Abfertigungsdienstes.

Davon blieben nur die Eisenbahnverwaltungs- und die -aufsichtsabteilung beim RVM, nachdem 1924 die Deutsche Reichsbahn-Gesellschaft (DRG) gegründet worden war; alle anderen Eisenbahnabteilungen gehörten bis 1937 zur Hauptverwaltung der DRG und danach wieder zum RVM. Bis 1924 änderte sich die Struktur mehrmals, danach blieb sie relativ konstant:

- E I: **Verkehrs- und Tarifabteilung**: Wagen-, Beförderungs- und Abfertigungsdienst; Güter-, Tier- und Personentarife,
- E II: **Betriebs- und Bauabteilung**: Fahrpläne und Zugbildung; Lokomotiv- und Wagendienst;
  Unterabteilung E II a: Bauabteilung: Sicherungs- und Vermessungwesen, Bau und Unterhaltung der Bahnanlagen,
- E III: **Maschinentechnische Abteilung**: Lokomotiv- und technischer Wagendienst; Bau von Fahrzeugen und Fahrzeugteilen, Maschinen und Geräten;
  Unterabteilung E III a: zeitweise für Werkstätten,
- E IV: **Finanz- und Rechtsabteilung**: Geld- und Kreditfragen, Betriebs- und Vermögensfragen; **Unterabteilung E IV a: Rechtsabteilung**,

- E V: **Personalabteilung**: Personalhaushalt; Beamten= und Arbeitsrecht; Laufbahn= und Ausbildungswesen; Wohnungs= und Wohlfahrtswesen,
- E VI: **Verwaltungsabteilung**: Organisations= und Hausangelegenheiten, Beziehungen zur Reichsregierung, internationale Angelegenheiten, Verwaltungsrat, Freifahrtwesen, Statistik, Geschäftsberichte, Pressedienst, Propaganda, Auskünfte an Ausländer;
  Unterabteilung E VI a: Personalien der oberen Beamten,
- E VII: neu gebildet 1924 als **Einkaufsabteilung**: Beschaffung von Oberbau=, Werk= und Betriebsstoffen, Lokomotiven, Wagen, Maschinen und Geräten; im Februar 1936 zusammengelegt mit der Maschinentechnischen Abteilung zur neuen Maschinentechnischen und Einkaufsabteilung E III.

Außerdem gab es an der Spitze der DRG zwei „Gruppen", die dem Generaldirektor bzw. seinem Stellvertreter direkt unterstanden:

- **Gruppe A (Allgemeine Gruppe)**: entsprach der Allgemeinen Verwaltung. In ihr ist anscheinend die Abteilung E VI aufgegangen.
- **Gruppe L (Landesverteidigung)**: 1935 für Eisenbahnmilitärische Angelegenheiten gebildet: Zusammenarbeit mit der Wehrmacht vor allem in Transport=, Material=, Organisations=, Bau= und Bahnschutzangelegenheiten.

Die Auflösung der DRG und die Überführung ihrer Abteilungen ins RVM war mit keinen nennenswerten Änderungen der Geschäftsverteilung und des Personals verbunden, d. h. die Struktur der Eisenbahnabteilungen des RVM blieb zunächst die gleiche wie die der Hauptverwaltung der DRG.*

Nach einigen kleineren Änderungen galt 1941 der folgender Aufbau:

„1. Eisenbahnabteilungen des Reichsverkehrsministeriums

An der Spitze: Der Reichsverkehrsminister Dr=Ing e h Dorpmüller, zugleich Generaldirektor der Deutschen Reichsbahn. Sein ständiger Stellvertreter ist Staatssekretär Kleinmann, zugleich Stellvertretender Generaldirektor.

Gruppe A: Allgemeine Verwaltung

Leiter: Ministerialdirigent Dr jur Kittel

Personalien aller Beamten des höheren Dienstes sowie der Beamten, Angestellten und Arbeiter der Eisenbahnabteilungen *), Organisation, Reichsbahngesetz, internationale Angelegenheiten, Freifahrt, Hausangelegenheiten, Statistik, Lochkartenwesen, Angelegenheiten des Beirats, Pressedienst und Propaganda *), Schriftleitung der ‚Reichsbahn".

*) Diese Geschäfte werden von den Referenten unmittelbar unter dem Staatssekretär bearbeitet.

---

* vgl. Roeske: *Reichsbahnakten II*

In der Gruppe A werden auch die Geschäfte der Allgemeinen Verwaltung für das Reichsverkehrsministerium im ganzen (auch Kabinettssachen) bearbeitet.

Abteilung I. Verkehrs= und Tarifabteilung

Leiter: Ministerialdirektor Treibe

Güterwagendienst, Abfertigungs= und Beförderungsdienst, Kraftwagenverkehr, Bahnrollfuhrdienst, Sammelgutverkehr, Güter= und Personentarife, Verkehrswerbung, Reichszentrale für den Deutschen Reiseverkehr.

Abteilung II. Betriebsabteilung

Leiter: Ministerialdirektor Dr=Ing e h Leibbrand

Oberste Betriebsleitung, Reisezugfahrplan, Zugbildung, Verteilung und Verwendung der Personen=, Gepäck= und Triebwagen, Postbeförderung, Betriebswissenschaft, Betriebswirtschaft, Güterzugfahrplan, betrieblicher Wagendienst, allgemeine Vorschriften für den Betriebsdienst, Bau= und Betriebsordnung, Betriebsunfälle, Lokomotivbetrieb, elektrische Zugförderung und Triebwagenbeförderung.

Abteilung III. Maschinentechnische und Einkaufsabteilung

Leiter: Ministerialdirektor Bergmann

Bau und Einkauf von Lokomotiven, Triebwagen, Wagen aller Art, Schiffen und Kraftwagen, Betriebsmaschinendienst, Schiffsdienst und technischer Wagendienst, Lokomotiv= und Wagenbehandlungsanlagen, maschinenartige Anlagen, elektrische Licht= und Kraftanlagen, Anlagen und Wirtschaftlichkeit des elektrischen Zugbetriebs, Einkauf von Kohle, Oberbaustoffen, Geräten, Werkstoffen, Ersatzstücken usw, Stoffkunde und Werkstoffprüfung, Patentangelegenheiten, Bau, Ausrüstung und Unterhaltung von Ausbesserungswerken, Betriebsführung und Arbeitsverfahren in Ausbesserungswerken und Werkstätten.

Abteilung IV. Finanz= und Rechtsabteilung

Leiter: Ministerialdirektor Prang

Verwaltung der Geldmittel, Bankverkehr, Kredite, Beteiligungen, Wirtschaftsplan, Jahresabschluß, Gewinn= und Verlustrechnung, Bilanz, Finanzvorschriften, Rechnungsprüfungswesen, Betriebskostenrechnung, Beschaffungspläne.

Unterabteilung IV A. Rechtsabteilung

Leiter: Ministerialdirigent Dr Pischel

Rechtsfragen aus dem Gebiet des öffentlichen und Privatrechts einschl der Mitwirkung bei Gesetzesentwürfen, allgemeine Angelegenheiten der Privatgleisanschlüsse, der Reichsplanung und Raumordnung, der Energieversorgung, der Verpachtungen und Vermietungen, Nutzungsvergütungen, Kreuzungsgebühren,

Gemeinschaftsverhältnisse mit fremden Eisenbahnen und Eisenbahnverträge mit fremden Staaten.

Unterabteilung IV B. Abteilung für Privat= und Kleinbahnaufsicht

Leiter: Ministerialdirigent Drache

Aufsicht über die nichtreichseigenen Bahnen des allgemeinen Verkehrs und die Kleinbahnen, Gewerberecht, gewerbliche Nebenbetriebe (Werbe= und Aus=hangwesen, Bahnhofswirtschaften usw), Steuern, Verdingungswesen.

Abteilung V. Personalabteilung

Leiter: Ministerialdirektor Osthoff

Personalhaushalt, Personalwirtschaft, Arbeitsrecht, Beamtenrecht, Dienststrafrecht, Besoldungs= und Lohnwesen, Laufbahnen, Angestelltengrundsätze, bahnärztlicher Dienst, Wohlfahrtseinrichtungen, Unterrichts= und Bildungswesen, Sport, Woh=nungsbau und Wohnungsverwaltung, Unfallverhütung, Unterstützungen.

Abteilung VI. Bauabteilung

Leiter: Ministerialdirektor Meilicke

Ausgestaltung und Unterhaltung der Bahnanlagen, Sicherungs= und Fernmelde=wesen, Bau= und Betriebsordnung, technische Vereinbarungen, rangiertechnische Forschung.

Abteilung VII. Bauabteilung

Leiter: Ministerialdirektor Rudolphi

Zwanzig=Jahres=Programm für den Ausbau der Reichsbahn, Planung und Durchführung besonders großer Bauten, Brücken= und Ingenieurhochbauten, Oberbauwesen, Vermessungsangelegenheiten, Hochbau.

Gruppe L: Eisenbahnwehrmachtliche Angelegenheiten

Leiter: Ministerialdirigent Dr=Ing Ebeling.

2. Hauptprüfungsamt

Leiter: Präsident des Hauptprüfungsamts Dr jur, Dr rer pol h c Weirauch

Die Deutsche Reichsbahn besitzt eine eigene Prüfungseinrichtung; sie besteht aus dem Hauptprüfungsamt in Berlin und den Prüfungsämtern bei den Reichsbahn=direktionen und den Reichsbahn=Zentralämtern.

Das Hauptprüfungsamt leitet und überwacht die Tätigkeit der Prüfungsämter. Außerdem prüft es die Wirtschafts= und Rechnungsführung der Eisenbahnabtei=lungen des Reichsverkehrsministeriums. Ferner prüft das Hauptprüfungsamt den Jahresabschluß nebst Bilanz, Gewinn= und Verlustrechnung der Deutschen

Reichsbahn und erstattet über diese Prüfung einen Prüfungsbericht an den Reichsverkehrsminister.

Die Prüfungsämter überwachen die Wirtschafts- und Rechnungsführung der Reichsbahndirektionen und der Reichsbahn-Zentralämter nach den Vorschriften der Rechnungsprüfungsordnung und den Bestimmungen des Hauptprüfungsamts.

Der Prüfungsdienst ist in seiner Prüfungstätigkeit unabhängig.

3. Generalbetriebsleitungen

Aufgabe der Generalbetriebsleitungen ist die Hebung der Leistungsfähigkeit und die größtmögliche Steigerung der Leistungen der Reichsbahn sowie die Förderung der Einheitlichkeit und Wirtschaftlichkeit des Betriebes, des Betriebsmaschinen- und Beförderungsdienstes.

Der Geschäftskreis der Generalbetriebsleitung umfaßt insbesondere Maßnahmen von allgemeiner und größerer Bedeutung für die Abwicklung des Betriebs, des Betriebsmaschinen- und Beförderungsdienstes, Kleindienst in diesen Dienstzweigen und die Sorge für die Betriebssicherheit gehören nicht zum Aufgabengebiet der Generalbetriebsleitungen.

Die Generalbetriebsleitungen haben für die Durchführung des Betriebs und die Abwicklung des Verkehrs Anordnungsbefugnis gegenüber allen Reichsbahndirektionen ihres Bezirks.

An der Spitze jeder Generalbetriebsleitung steht ein Präsident. Unter dem Präsidenten stehen als Leiter der Betriebsabteilung der Oberbetriebsleiter und als Leiter der Verkehrsabteilung der Oberverkehrsleiter sowie die erforderlichen Dezernenten.

Der Generalbetriebsleitung Ost ist als eine selbständige Abteilung das Hauptwagenamt angegliedert. Es führt seine Geschäfte unter der Bezeichnung ‚Deutsche Reichsbahn, Hauptwagenamt'.

Bei der Generalbetriebsleitung Ost werden auch die Geschäfte des Personenwagendienstes (Verteilung und Ausgleich, Zugbildung) behandelt."*

Nach dem II. Weltkrieg und der darauffolgenden Aufteilung Deutschlands in Besatzungszonen mit jeweils eigenen zentralen Eisenbahnverwaltungen sowie dem anschließenden Zusammenwachsen der alten Strukturen in Westdeutschland folgte die Hauptverwaltung der Deutschen Bundesbahn zunächst grundsätzlich dem bekannten und bewährten Vorkriegsaufbau.

* *Organisation der Deutschen Reichsbahn, 1941, S. 14 ff.*

„Im Jahre 1973 wurde eine Neuorganisation der HVB vorgenommen, die ihren bis dahin vorwiegend fachdienstlich ausgerichteten Aufbau durch eine stärkere funktionale Aufgabengliederung ersetzte.

Dabei entstanden aus den früheren sechs Abteilungen und den Gruppen Betriebswirtschaft, Planung sowie Einkauf und Materialwirtschaft vier Abteilungen mit Fachbereichen und ein neben dem Sekretariat des Vorstandes eingerichteter Stab ‚Unternehmensplanung', dessen vier Referate später in anderen Bereichen aufgingen.

Auf der Grundlage der Neufassung des Bundesbahngesetzes vom 12. Dezember 1981 wurde mit dem Vorstandswechsel am 13. Mai 1982 eine Neuordnung der seit 1976 bestehenden Ressorts und der 1973 eingerichteten elf Fachbereiche eingeleitet, die die bisherigen vier Ressorts mit einem Generalbevollmächtigten für Absatz und Produktion ablöst." *

Nach der Geschäftsordnung des Vorstandes der Deutschen Bundesbahn vom 13. Mai 1987 bestanden folgende Ressorts, Bereiche und Hauptabteilungen:

V V **Vorsitzender des Vorstandes**

Bereiche
- Organisation und Datenverarbeitung (Br O)
- Finanz und Verwaltung (Br F)

Hauptabteilungen
- Sekretariat des Vorstandes (Ha V 1) mit Verbindungsstelle Bonn
- Unternehmensbild (Ha V 2)
- Internationale Beziehungen (Ha V 3)
- Presse und Öffentlichkeitsarbeit (Ha V 4)

V G **Leiter des Ressorts Güterverkehr**

Bereiche
- Verkauf - Güterverkehr (Br G)
- Marketing und Leistungsplanung Güterverkehr (Br Gm)
- Strategie Güterverkehr (Br Gs)
- Einkauf (Br E)

Hauptabteilung - Steuerung - DV-Projekte - Güterverkehr (Ha Gv 1)

---

* *Organisation der DB, Stand 1982, S. 58 f.*

V P **Leiter des Ressorts Personenverkehr**

Bereiche

- Verkauf - Personenverkehr (Br P)
- Marketing und Leistungsplanung Personenverkehr (Br Pm)

Hauptabteilungen

- Bahnbuszentrale (Ha BBZ)
- Servicebetriebe (Ha Pv 1)
- Marketing und Kommunikation (Ha Pv 2)
- Koordination Personenverkehr Ausland (Ha Pv 3)

V PN **Leiter des Ressorts Produktion**

Bereiche

- Produktion (Br Pn)
- Betriebliche Infrastrukturplanung (Br Pi)

V T **Leiter des Ressorts Technik**

Bereiche

- Maschinentechnik (Br M)
- Werke (Br W)
- Bautechnik (Br B)
- Neubaustrecken (Br N)

V PS **Leiter des Ressorts Personal und Soziales**

Bereich Personal

Hauptabteilungen

- Bildungs- und Vorschlagswesen (Ha 14)
- Sozialwesen (Ha 15)

V SP **Leiter des Ressorts Steuerung und Planung**

Bereiche

- Planung (Br Pl)
- Rechnungswesen (Br Rw)
- Recht (Br R)

Revisionsstelle des Vorstandes

St V Stellvertretendes Vorstandsmitglied für Informations= und Steuerungsprojekte ; Projekte Hochgeschwindigkeitsverkehr (HGV), Personalstrategie

Hauptabteilung Fachdienstkoordinator IS

Die Mitglieder des Vorstandes vermerkten ihre Beteiligung (z. B. auf Entwürfen zu Vorlagen zur Beschlußfassund des Gesamtvorstandes) in folgenden Farben:

V V:	grün	V G:	orange	V P:	blau
V T:	schwarz	V PN:	violett	V PS:	rot
V SP:	gelb	St V:	braun		

Diese Regelung galt auch für Geschäftsgangsvermerke. *

Diese Strukturen wurden von der Zentrale in die Mittelinstanzen weitergeführt, so daß die bisherige Aufteilung in Abteilungen und Direktionsbüros entfiel. Auch die Ämterinstanz (ehemalige Bundesbahn=Verkehrsämter nun als Generalvertretungen) wurde zu „Regionalbereichen" umstrukturiert.

Im Zuge der Wiedervereinigung der beiden deutschen Staaten näherten sich die beiden Staatseisenbahnen - die Deutsche Reichsbahn (DDR) und die Deutsche Bundesbahn - einander wieder an. Bei allen Unterschieden aus der Zeit der Trennung gab es doch noch deutliche Gemeinsamkeiten, die dies erleichteten.

Verschiedene Entwicklungen bis Anfang der 90er Jahre ** brachten die Politik dazu, eine Bahnreform durchzusetzen. Dadurch wurden gewachsene Strukturen *einer* hochkomplexen Eisenbahn zerschlagen, deren Teile *miteinander* arbeiteten, und gegen verschiedene Unternehmen ausgetauscht, die nebeneinander wirken. Die Behörde Deutsche Bundesbahn mit ihrem Auftrag zur Daseinsvorsorge wurde aufgelöst, ebenso die Quasi=Behörde Deutsche Reichsbahn. Man versprach sich von der Schaffung der privatwirtschaftlich organisierten, nach kaufmännischen Prinzipien handelnden *** Deutschen Bahn AG eine Entlastung der öffentlichen Haushalte und eine Stärkung des Verkehrs auf der Schiene.

---

* Zu Farbkonventionen bei Sicht= und Geschäftsgangsvermerken in anderen Verwaltungen, Unternehmen usw. vgl. a. Rösler: *Bürokunde*, S. 116 f.

** z. B. Verlust von Verkehren an Konkurrenten, insbesondere den Straßenverkehr, Vorgaben der EG, veränderte Ansichten über Daseinsvorsorge und Versorgungsauftrag und ihre staatliche Finanzierung, prognostizierter Anstieg des Gesamtverkehrs (mehr Mobilität Einzelner, mehr Güterverkehr)

*** vgl. a. oben, S. 30, Ottmann zum „kaufmännischen Geist" in den 20er Jahren

Die Verwaltungsorganisation der Mittelinstanz der Deutschen Reichsbahn und der Deutschen Bundesbahn

Zur Mittelinstanz gehörten die Reichbahn= bzw. Bundesbahndirektionen und die Zentralstellen wie General= bzw. Oberbetriebsleitungen, Bau=direktionen und Oberste Bauleitungen, Zentralämter, später die Zentrale Transportleitung, die Zentrale Verkaufsleitung, die Zentralstelle für den Werk=stättendienst, das Bundesbahn=Sozialamt und weitere, unten näher beschriebene.

Bestimmte Reichsbahn= bzw. Bundesbahndirektionen waren gleichzeitig so=genannte *„Geschäftsführende Direktionen"*. Bei ihnen waren bestimmte Geschäfte (z. B. im Werkstättendienst, im Tarifdienst, im statistischen Dienst, im Verkehrs=kontrolldienst oder in der Drucksachenverwaltung) zusammengefaßt, die sie aus wirtschaftlichen Gründen für mehrere Direktionsbezirke oder für den Gesamt=bereich der Eisenbahn bearbeiteten. Den nicht geschäftsführenden Direktionen konnten dabei bestimmte Geschäfte überhaupt entzogen werden, so daß die Geschäftsführende Direktion allein mit ihnen befaßt war (z. B. im Werkstätten=dienst), oder die Geschäftsführung bestand in der federführenden Bearbeitung bestimmter Geschäfte unter Beteiligung einiger oder aller Direktionen (z. B. die Geschäftsführung für die Gütertarife mit dem Ausland).

Am stärksten ausgeprägt war die Geschäftsführung im Werkstättenwesen. Der Werkstättenbezirk einer „Geschäftsführenden Direktion für das Werkstättenwesen (GDW)"* umfaßte die Bezirke mehrerer Direktionen (1940: 31 Rbd, davon 10 GDW; 1958: 17 BD, davon 5 GDW). Die GDW bearbeiteten die Angelegenheiten des Werkstättendienstes der in ihrem „Werkstättenbezirk" liegenden Ausbesserungs=werke, und zwar sowohl in sachlicher als auch in personeller Hinsicht. Die örtli=chen Direktionen hatten mit der Verwaltung der in ihrem Bezirk gelegenen Ausbesserungswerke - von wenigen Ausnahmen abgesehen (z. B. bahnärztlicher Dienst) - nichts zu tun. Jede GDW hatte eine eigene Werkstättenabteilung, die nicht aus dem Organismus der örtlichen Direktion herausgelöst war, sondern als echte Direktionsabteilung die Werkstättenangelegenheiten nach den für die Direktionen geltenden Grundsätzen bearbeitete, und zwar in Zusammenarbeit mit den übrigen Abteilungen der Direktion.

---

* In den graphischen Übersichten auf S. 52 und S. 54 durch Unterstreichung kenntlich gemacht

Die nachfolgende Tabelle zeigt den Stand der GDW von 1941.

Geschäftsführende Direktion für das Werkstättenwesen	im Bereich der örtlichen Reichsbahndirektionen	Reichsbahnausbesserungswerke (Stand 1941)
Hamburg	Hamburg	Glückstadt (angegliedert Werkstättenabteilung Harburg)
		Neumünster
		Wittenberge
	Hannover	Braunschweig
		Hannover
		Magdeburg
		Stendal
	Münster	Bremen (angegliedert Werkabteilung Oldenburg)
		Lingen
		Osnabrück
	Schwerin	Lübeck
		Rostock (angegliedert Werkabteilung Malchin)
Berlin	Berlin	Berlin
		Grunewald
		Schöneweide
		Tempelhof
		Potsdam
		Brandenburg West
	Osten	Schneidemühl
	Posen	Ostrowo
		Posen
	Stettin	Eberswalde
		Stargard (Pom)
Breslau	Breslau	Breslau
		Lauban
		Oels
		Schweidnitz
	Oppeln	Oppeln
		Jägerndorf
		Gleiwitz - Lokomotivwerk mit 1 Abteilung in Kattowitz
		Gleiwitz - Wagenwerk mit 1 Abteilung in Petrowitz
Dresden	Dresden	Aussig (angegliedert Betriebsabteilung Bodenbach)
		Böhm Leipa (angegliedert Betriebsabteilung Reichenberg)
		Chemnitz
		Dresden
		Komotau
		Zwickau
	Erfurt	Gotha
		Jena
	Halle (Saale)	Cottbus
		Delitzsch
		Dessau
		Halle
		Leipzig
		Meiningen
München	München	München-Freimann
		Neuaubing
	Augsburg	Augsburg
		Ingolstadt
		Innsbruck
	Nürnberg	Nürnberg
	Regensburg	Weiden (Opf)

Geschäftsführende Direktion für das Werkstättenwesen	im Bereich der örtlichen Reichsbahndirektionen	Reichsbahnausbesserungswerke (Stand 1941)
Kassel	Kassel	Göttingen Kassel Paderborn Hbf Paderborn Nord
	Frankfurt (Main) ...	Frankfurt (Main) Fulda Limburg (Lahn) Nied
	Mainz	Darmstadt Lokomotivwerk Darmstadt Wagenwerk mit Betriebsabt Ludwigshafen
Köln	Köln	Jülich Köln-Nippes mit Werkabteilung für Güterwagenausbesserung in Köln-Deutz Krefeld-Oppum
	Essen	Duisburg Mülheim-Speldorf Recklinghausen Witten
	Wuppertal	Opladen Siegen Schwerte
Stuttgart	Stuttgart	Aalen Eßlingen (Neckar) Friedrichshafen Stuttgart-Bad Cannstatt Stuttgart Nord
	Karlsruhe	Karlsruhe Offenburg Schwetzingen
	Saarbrücken	Kaiserslautern Saaarbrücken-Burbach St Wendel Trier
Königsberg (Pr)	Königsberg (Pr)	Königsberg (Pr) Osterode (Ostpr)
	Danzig	Bromberg Danzig
Wien	Wien	Florisdorf Gmünd St Pölten mit Werkabteilung Obergrafendorf Simmering St Pölten-Wörth
	Linz	Linz
	Villach	Knittelfeld

Quelle: Eisenbahnabteilungen des Reichsverkehrsministeriums (Bearb.): *Organisation der Deutschen Reichsbahn.* Nur für amtliche Zwecke! Veröffentlichung oder Weitergabe verboten! Gedruckt in der Reichsdruckerei. Berlin, 1941

Im Jahre 1958 waren die Zuständigkeiten der GDW der DB wie folgt abgegrenzt:
- GDW Essen für die Direktionsbezirke Essen, Köln und Wuppertal
- GDW Frankfurt (Main) für die Bezirke der BD Frankfurt (Main), Kassel, Mainz und Trier
- GDW Hamburg für die Direktionsbezirke Hamburg, Hannover und Münster
- GDW München für die Bezirke der Direktionen Augsburg, München, Nürnberg und Regensburg
- GDW Stuttgart für die BD-Bezirke Karlsruhe und Stuttgart
- BD Saarbrücken nahm für ihren Bezirk die Aufgaben einer GDW selbst wahr.

Die Geschäftsführung im Verkehrskontrolldienst war bestimmten Direktionen (Kontrolldirektionen) übertragen worden. Bei ihnen waren die Verkehrskontrollen I und II (I: Personen- Gepäck- und Expreßgutverkehr; II: Güter- und Tierverkehr) im Range von Direktionsbüros eingerichtet.

Im Jahre 1940 waren die Kontrolldirektionen wie folgt aufgeteilt:

Kontrolldirektion	**Sitz der Verkehrskontrolle I und II**	**Kontrollführung im**	
		Personenverker	**Güterverkehr**
		für den Bezirk der Reichsbahndirektionen	
Berlin	Berlin	Berlin	Berlin
Breslau	Breslau	Breslau, Oppeln	Breslau, Oppeln
Dresden	Dresden	Dresden	Dresden
Erfurt	Erfurt	—	Erfurt, Kassel
Hannover	Magdeburg	Erfurt, Halle, Hamburg, Hannover, Kassel	Halle, Hamburg, Hannover
Karlsruhe	Karlsruhe	—	Karlsruhe
Köln	Köln	—	Essen
Köln	Trier	Köln, Saarbrücken	Köln, Saarbrücken
Königsberg	Königsberg	Königsberg, Danzig	Königsberg, Danzig
Mainz	Ludwigshafen	Frankfurt (Main), Mainz, Karlsruhe, Stuttgart	Frankfurt (Main), Mainz
München	Innsbruck	Augsburg, München, Nürnberg, Regensburg	—
München	Weiden (Opf)	—	Augsburg, München, Nürnberg, Regensburg
Münster	Oldenburg	Münster, Essen	Münster
Osten	Frankfurt (Oder)	Osten, Stettin, Posen	Osten, Stettin, Posen
Schwerin	Lübeck	Schwerin	Schwerin
Stuttgart	Stuttgart	—	Stuttgart
Wien	Wien	Linz, Villach, Wien	Linz, Villach, Wien
Wuppertal	Wuppertal	Wuppertal	Wuppertal

Den Verkehrskontrollen oblag die Abrechnung der Verkehrseinnahmen, darunter auch die Abrechnung mit fremden Eisenbahnverwaltungen im internationalen Verkehr. Bei der DB bestanden zunächst folgende Verkehrskontrollen (1962):

Kontrolldirektion	**Sitz der Verkehrskontrolle**	**Kontrollführung für den Bezirk der Bundesbahndirektionen**
1. Verkehrskontrolle für den internationalen Verkehr		
Saarbrücken	Trier	alle Bundesbahndirektionen
2. Verkehrskontrolle I für den Personen-, Gepäck- und Expreßgutverkehr		
Hannover	Lübeck	Essen, Hamburg, Hannover, Münster
Kassel	Kassel	Frankfurt (Main), Kassel, Stuttgart, Wuppertal
Mainz	Ludwigshafen (Rh)	Karlsruhe, Köln, Mainz, Saarbrücken
München	Kempten (Allg)	Augsburg, München, Nürnberg, Regensburg
3. Verkehrskontrolle II für den Güter- und Tierverkehr		
Hannover	Oldenburg (Oldbg)	alle Bundesbahndirektionen (Wagenladungsverkehr)
Regensburg	Weiden (Oberpf)	alle Bundesbahndirektionen (Stückgutverkehr)
Stuttgart	Stuttgart	alle Bundesbahndirektionen (Militärverkehr)
Wuppertal	Wuppertal	alle Bundesbahndirektionen (Güterkraftverkehr)

Anfang der 70er Jahre wurden die Bundesbahndirektionen Augsburg, Kassel, Mainz, Münster, Regensburg und Wuppertal aufgelöst, andererseits wurden Zentralstellen geschaffen. Damit waren auch Zuständigkeiten neu zu regeln. Nach verschiedenen Konzentrationsprozessen zeigte sich 1982 die folgende Struktur:

Kontrolldirektion	**Dienstsitz**	**Verkehre**
1. Verkehrskontrolle für den internationalen Verkehr		
Saarbrücken	Trier	Internationaler Personen-, Gepäck- und Expreßgutverkehr, Güter- und Tierverkehr
2. Zentrale Abrechnungsstelle für den Personen-, Gepäck- und Expreßgutverkehr		
Frankfurt	Kassel	Zentrale Buchungsstelle für die gesamten Einnahmen aus Personen-, Gepäck- und Expreßgutverkehr; Abrechnung dieser Verkehre mit Ausnahme des internationalen Verkehrs
3. Verkehrskontrolle II für den Güter- und Tierverkehr		
Hannover	Oldenburg (Oldbg)	Zentrale Frachtbe- und Abrechnung des Wagenladungs-, Dienstgut-, Spediteur-Sammelgut- und Großcontainerverkehrs Frachtrückvergütungen, Rabatte
Stuttgart	Stuttgart	Militärverkehr der Bundeswehr und der in der Bundesrepublik Deutschland stationierten Streitkräfte

Die Reichsbahndirektionen, Eisenbahndirektionen bzw. Bundesbahndirektionen waren in Abteilungen untergliedert. Jede Direktion umfaßte je nach Größe fünf bis sieben Abteilungen. Einer der Abteilungspräsidenten (Abteilungsleiter) war „Vizepräsident"*, später „[Erster] Stellvertreter des Präsidenten". Bei Abwesenheit oder Verhinderung des Vizepräsidenten wurde der Präsident in der Regel durch den dienstältesten der anwesenden Abteilungsleiter vertreten.

In der Regel hatten die Direktionen zunächst folgende Abteilungen:

I. Verwaltungs- und Finanzabteilung (Bezeichnung nicht einheitlich, z. B. auch Finanz- und Rechtsabteilung); einschließlich Rechtsangelegenheiten
II. Personalabteilung
III. Verkehrsabteilung / Verkehrs- und Tarifabteilung (bei größeren Direktionen)
IV. Betriebsabteilung
V. Bauabteilung
VI. Maschinentechnische Abteilung
VII. (bei den GDW) Werkstättenabteilung

Ab spätestens 1958 wurden die Abteilungen neu sortiert und für alle Bundesbahndirektionen einheitlich belegt:

I. Personalabteilung
II. Maschinentechnische Abteilung
III. Betriebsabteilung
IV. Bauabteilung
V. Verkehrsabteilung
VI. Finanz- und Rechtsabteilung
VII. (bei den GDW) Werkstättenabteilung

Wenn keine besondere Verkehrsabteilung bestand, wurde die Abteilung V zur „Finanz-, Rechts- und Verkehrsabteilung" zusammengefaßt.

Die Abteilungspräsidenten (später: Abteilungsleiter) nahmen neben ihren Aufgaben als Leiter der Abteilung auch ein Dezernat wahr.

Innerhalb der Abteilungen waren die Geschäfte nach einem vom Präsidenten aufgestellten Geschäftsplan in Dezernate aufgeteilt, die von Dezernenten verwaltet wurden. Die Dezernenten waren für die sach- und formgerechte Erledigung der ihnen zugeteilten Geschäftsaufgaben verantwortlich.

---

* Die Amtsbezeichnung „Vizepräsident" fiel mit Inkrafttreten des Bundesbesoldungsgesetzes vom 27. Juli 1957 weg, die bisherigen Vizepräsidenten führten jedoch ihre Amtsbezeichnung weiter.

Die Abteilungen waren mit römischen, die Dezernate mit arabischen Zahlen bezeichnet. Die Dezernatsbezeichnungen waren so abgestimmt und vereinheitlicht, daß die gleichen Dezernate bei allen Direktionen vorkamen, zum Beispiel:

- Dez 1 Finanzdezernat
- Dez 6 Gütertarifdezernat (Dez 8 ebenfalls Gütertarifdezernat)
- Dez 7 Güterbeförderungsdezernat
- Dez 10 Kassendezernat
- Dez 21 Zugförderungsdezernat
- Dez 30 Betriebsleiter
- Dez 33 Fahrplandezernat (Reisezugfahrplan)
- Dez 34 Fahrplandezernat (Güterzugfahrplan)
- Dez 39 Signaldezernat

Verwandte Geschäftsaufgaben verschiedener Dezernate wurden in den **Direktionsbüros** erledigt. Den Geschäftskreis der Direktionsbüros setzte der Präsident durch den Geschäftsplan fest. Soweit erforderlich, konnten innerhalb der Direktionsbüros Geschäftsgruppen gebildet werden; umgekehrt war es auch möglich, mehrere Direktionsbüros zu einem zusammenzufassen Die Direktionsbüros waren keine Dienststellen im Sinne der Verwaltungsordnung, sondern Teile der Dienststelle „Reichsbahndirektion" bzw. „Bundesbahndirektion".

Es gab folgende Direktionsbüros (die eingezogen dargestellten nur bei Bedarf):

A Präsidialbüro
P Personalbüro
Ps Sozialbüro, wenn in diesem auch die Aufgaben der gesetzlichen Versicherung bearbeitet wurden
F Finanz- und Rechtsbüro (wenn sie vereint geführt wurden) oder
 F Finanzbüro (wenn es kein gemeinsames Finanz- und Rechtsbüro gab)
 R Rechtsbüro (wenn es kein gemeinsames Finanz- und Rechtsbüro gab)
HK Hauptkasse
B Betriebsbüro
 Bf Fahrplanbüro
 Sf Signal- und Fernmeldebüro
V Verkehrsbüro
 Vt Tarifbüro
 L Lochkartenbüro

T Bautechnisches Büro
  Tb Brückenbaubüro
  Th Hochbaubüro
  To Oberbaubüro
  Tv Vermessungsbüro
M Maschinentechnisches Büro
  W Werkstättenbüro (nur bei den GDW)
    St Stoffbüro (nur bei den GDW)
  VK Verkehrskontrollen I bzw II (nur bei den Kontrolldirektionen)

Eine bildliche Darstellung findet sich auf der gegenüberliegenden Seite.

Diese Struktur hielt sich bis in die 80er Jahre. Danach wurde bei der Deutschen Bundesbahn eine „Sachgebietsverfassung" eingeführt, die tiefgreifende Umstrukturierungen mit sich brachte, beispielsweise die Auflösung der 1970 bzw. 1971 errichteten Zentralen Transportleitung und der Zentralen Verkaufsleitung, dem Aufgehen der 1968 aus den früheren Bundesbahn-Verkehrsämtern gebildeten Generalvertretungen in den Bundesbahndirektionen, der Einrichtung neuer zentraler Stellen und anderes mehr.*

Von dem „Projekt ‚Weiterentwicklung der Resultatsverantwortung bei der DB'" versprach man sich

- das Leistungsbild der DB auf die .. Gegebenheiten des Marktes auszurichten, um sie wettbewerbsfähiger zu machen und
- das Unternehmen so zu führen, daß die Handlungsfähigkeit der DB im Wettbewerb mit anderen Verkehrsträgern verbessert wird.

Die Frage, wie ein großes Unternehmen zu führen sei, wurde dahingehend beantwortet, *„daß die besten Erfolge dann erzielt werden, wenn Selbständigkeit und Initiative, Kreativität und Arbeitsfreude der Mitarbeiter und insbesondere der Führungskräfte optimal zur Geltung gebracht werden. Möglichst viel delegierte Entscheidungsfreiheit, möglichst wenig zentrale Reglementierung, Führen und Handeln nach vereinbarten Zielen, verbunden mit der Bereitschaft zur individuellen Verantwortung für die Zielerreichung, sind einige der Grundsätze, die Anwendung finden sollen."***

---

* siehe auch ab S. 103 (Dienstposten-Kennzeichnungssystem [1991])

** Fieseler / Geyer / Kübler: *Leifaden für den Verwaltungsdienst*, Frankfurt am Main, 1981, S. 119 f.

Aufbau einer Bundesbahndirektion, GDW, aber keine Kontrolldirektion, vor 1958:

Präsident

Vizepräsident (zugleich Abteilungsleiter einer Abteilung)

Abteilungen

Abteilungsleiter (Abteilungspräsidenten)

I	II	III	IV	V	VI	VII
Finanz- und Rechtsabteilung	Personalabteilung	Verkehrs- und Tarifabteilung	Betriebsabteilung	Bauabteilung	Maschinentechnische Abteilung	Werkstättenabteilung (=Werkstättenbezirksleiter)

Dezernate mit Dezernenten (Oberräten und Räten)

Direktionsbüros

Präsidialbüro	Grundverwaltungsbüro	Finanzbüro	Hauptkasse	Personalbüro	Sozialbüro	Verkehrsbüro	Tarifbüro	Betriebsbüro	Fahrplanbüro	Signalbüro	Bautechnisches Büro	Oberbaubüro	Hochbaubüro	Brückenbüro	Maschinentechnisches Büro	Werkstattbüro	Stoffbüro

mit Bürovorständen (Amtmännern), Bürobeamten (Amtmänner, Oberinspektoren, Inspektoren) und Hilfskräften

Weitere Dienststellen der Mittelinstanz

Neben den gebietsweise ausgerichteten Reichsbahn- bzw. Bundesbahndirektionen gab es weitere Dienststellen im Direktionsrang, zum Beispiel das Bundesbahn-Sozialamt und das Bundesbahn-Werbeamt (beide in Frankfurt am Main), die Ober- bzw. Generalbetriebsleitungen (die später in der Zentralen Transportleitung aufgingen), das Hauptwagenamt, zentrale Bauämter, die Zentralstelle für die Bahnstromversorgung, die Zentralstelle für den Werkstättendienst und die Reichsbahn- bzw. Bundesbahn-Zentralämter im Minden und München.

Die Bundesbahnzentralämter * hatten zentrale Aufgaben bei der Beschaffung und Konstruktion für die ganze Eisenbahn. Ihre Aufgaben waren nach technischen Gebieten aufgeteilt, das heißt, es gab keine Aufteilung der Aufgaben nach Bezirken. Der Geschäftskreis des **BZA Minden** ** umfaßte im wesentlichen:

- allgemeine Fragen der Rangiertechnik,
- Entwurf, Entwicklung, Bauartbetreuung und Beschaffung von Personen-, Gepäck-, Güter- und Spezialwagen, der Flurfördergeräte und Behälter,
- Fragen der Zug- und Stoßeinrichtungen,
- Entwicklung der zur zentralen Beschaffung vorgesehenen Maschinen, maschinenartigen Anlagen, Flurförderzeuge, Geräte und Werkzeugmaschinen,
- Wärme- und Energiewirtschaft (ausgenommen Starkstrom), Kerntechnik, Umweltschutz, technische Fragen der Mechanisierung des Ladedienstes, des Förderwesens und der Umschlagtechnik,
- Beschaffung bestimmter Ersatzstücke und Werkzeuge, fester Brennstoffe (Kohlen), bestimmter Werkstoffe aus Eisen, Nichteisen und Nichtmetall, bestimmter Geräte, Schreib- und Zeichenwaren,
- Stoffwirtschaft (einschl. Oberbaustoffe), zentraler Stoffausgleich und Stoffnummerung,
- Versuchswesen und Güteprüfdienst.

Dem BZA Minden waren vier Güteprüfbezirke (früher: Abnahmeämter) für die Fertigungsüberwachung und Güteprüfung von Leistungen und Lieferungen für die DB unterstellt; außerdem die **Bundesbahn-Versuchsanstalt Minden** mit ihren Abteilungen Bremsen, Lauf- und Schwingungstechnik, Mechanik, Schweißtechnik, Wärmetechnik sowie Zentrale Gruppe Meß- und Auswertetechnik.

---

* hervorgegangen aus dem Reichsbahn-Zentralamt in Berlin und dem nach Auflösung der Gruppenverwaltung Bayern 1933 gebildeten Reichsbahn-Zentralamt München

** von 1946 bis 1950 Bundesbahnzentralamt Göttingen, dann Sitzverlegung nach Minden

Der Geschäftskreis des **BZA München** umfaßte im wesentlichen:
- Brücken= und konstruktiver Ingenieurbau sowie Tunnelbau,
- zentrale Aufgaben des Hochbaus, Baustatik,
- Planung und Koordinierung der Oberbauforschung und =entwicklung,
- allgemeine Angelegenheiten der Sicherung der Bahnübergänge, Entwicklung der Signaltechnik und der Nachrichtentechnik, betriebstechnische Grundsatz=fragen der neuen Signaltechnik,
- Technik der Datenverarbeitungsanlagen,
- Entwurf, Entwicklung, Bauartbetreuung und Beschaffung der schienen=gebundenen Triebfahrzeuge mit elektrischem Antrieb und Brennkraftantrieb, der Kleinwagen, der Straßenroller, Zugmaschinen und Schiffe der DB,
- Weiterentwicklung des Rad=Schiene=Systems für hohe Geschwindigkeiten,
- Bauartfragen der Straßenkraftfahrzeuge,
- allgemeine Fragen der Starkstromtechnik, Licht= und Strahlungstechnik, Akustik,
- Beschaffung bestimmter Ersatzstücke von Großteilen für die elektrischen Zug=förderungsanlagen, der Betriebsstoffe und Starkstromstoffe, Signal= und Fernmeldestoffe,
- Preisprüfungsdienst, Normungsdienst, Versuchswesen.

Dem BZA München unterstand die **Bundesbahn=Versuchsanstalt München** mit ihren Abteilungen Zentrale Gruppe Meß= und Auswertetechnik, Brennkraft=technik, Chemie, Elektrotechnik und Elektrophysik.

Die Deutsche Reichsbahn (DDR) unterhielt mit ihrer VES=M = Versuchs= und Entwicklungsstelle Maschinenwirtschaft in Halle eine ähnliche Einrichtung.

Das **Bundesbahn=Sozialamt (BSA)** * in Frankfurt am Main bearbeitete zentrale Aufgaben des Sozialdienstes, soweit sie nicht der Hauptverwaltung vorbehalten waren, und zwar im wesentlichen Angelegenheiten der gesetzlichen Sozialver=sicherungen und der betrieblichen Sozialeinrichtungen, des Gesundheitsdienstes, des bahnärztlichen Dienstes, des Sanitäts= und Rettungswesens, der zentralen Unfallverhütung und der Bezirksfürsorge. Ferner wurden im BSA überbezirkliche Fragen des betrieblichen Bildungswesens, des Wohnungswesens und des Fahr=vergünstigungswesens behandelt.

---

* vgl. a. Buchborn: *Der Sozialdienst bei der Deutschen Bundesbahn.*

Im BSA waren die Hauptverwaltungen der sozialen Versicherungen zusammengefaßt, und zwar
- der Bundesbahn-Versicherungsanstalt,
- der Bundesbahn-Betriebskrankenkasse,
- der Bundesbahn-Ausführungsbehörde für Unfallversicherung.

sowie die Zentralstellen der zahlreichen betrieblichen Sozialeinrichtungen, wie
- der Krankenversorgung der Bundesbahnbeamten,
- der Kleiderkasse der Deutschen Bundesbahn,
- der Sparda-Banken*,
- der Bundesbahn-Hausbrandversorgung,
- der Bundesbahn-Landwirtschaft,
- des Verbandes deutscher Eisenbahner-Sportvereine,
- des Bundesbahn-Sozialwerks**,
- des Eisenbahn-Waisenhorts,
- der Bundesbahn-Zentralstelle gegen die Alkoholgefahren.

Die **Deutsche Eisenbahn-Versicherungskasse (DEVK)***** als soziale Einrichtung der Eisenbahn hatte ihren Sitz schon damals nicht in Frankfurt (Main), sondern in Köln.

Das von einem Präsidenten geleitete **Bundesbahn-Sozialamt** hatte innerhalb seiner Zuständigkeiten Anordnungsbefugnisse gegenüber den Bundesbahndirektionen.

Die **Eisenbahn-Wohnungsgesellschaften****** waren, ebenso wie die Eisenbahn-Siedlungsgesellschaften und die Eisenbahn-Baugenossenschaften wurden nicht zentral vom BSA geführt, sondern waren örtlich organisiert.

---

* Eisenbahn-**Spar**- und Darlehnskassen

** hervorgegangen aus dem 1904 gegründeten „Allgemeinen Verband der Eisenbahnvereine der preußisch-hessischen Staatsbahn und der Reichsbahnen", seit 1951 BSW; betrieb gesundheitliche Bezirksfürsorge, Kinder-, Kur- und Erholungsheime, Betriebsküchen und Kantinen, Büchereien und kulturelle Einrichtungen.

*** Deutsche Eisenbahn-Versicherungskasse, Lebensversicherungsverein a. G. und Allgemeiner Versicherungsverein a. G. *[a. G. = auf Gegenseitigkeit]*

**** Die Deutsche Bundesbahn war mit durchschnittlich 99 % des Stammkapitals beteiligt. Die Gesellschaften gingen auf das Bundeseisenbahnvermögen über; 2001 wurden sie verkauft. Ein Großkäufer solcher Eisenbahnerwohnungen war die Deutsche Annington, die heutige Vonovia - ein auf Profitmaximierung ausgerichtetes Wirtschaftsunternehmen, in dessen Gedankenwelt soziale Belange offensichtlich nicht vorkommen.

Das Reichsbahn= bzw. Bundesbahn=**Werbeamt**, im Dienstverkehr kurz WER genannt, bearbeitete zentrale Aufgaben der Verkehrswerbung. Es hatte insbesondere die Aufgabe, die allgemeine Verkehrswerbung der Eisenbahn zu pflegen, für einheitliches Arbeiten und die Wirtschaftlichkeit der Werbetechnik zu sorgen und den mit der Einzelwerbung befaßten Stellen (Direktionen) Anregungen zu geben. Das Werbeamt bearbeitete auch Aufgaben der inneren Werbung und wirkte bei der Schulung der Eisenbahner zu kundendienstlichem Verhalten mit. Ferner gehörte auch das Ausstellungswesen und die Beratung der Verkehrsinteressenten zu seinen Aufgaben. Darüber hinaus oblag dem Werbeamt die Überwachung der Wirtschaftswerbung im Bereich der Eisenbahn.

Seit 1979 gab es in der **Fachhochschule des Bundes für öffentliche Verwaltung** einen **Fachbereich Eisenbahnwesen** mit Sitz in Mainz, dessen Fachaufsicht dem Vorstand der DB im Benehmen mit dem Bundesminister des Innern oblag. Dieser Fachbereich wurde bei der DB als selbständige Dienststelle der Mittelinstanz geführt. Zum 31. Dezember 1999 wurde er aufgelöst.

Nach Anfängen als Sonderabteilung der BD Frankfurt am Main wurde 1970 die **Zentralstelle für Betriebswirtschaft und Datenverarbeitung (ZfB)** als eigenständige, von einem Direktor geleitete Dienststelle der Mittelinstanz geschaffen. Ihre zentralen und überbezirklichen Aufgben waren im wesentlichen Datenverarbeitung, innerbetriebliches Rechnungswesen, Kosten= und Erfolgsrechnungen für alle Verkehrszweige, Kalkulation für Transportleistungen, Investitionsrechnungen für Bahnanlagen, örtliche Kosten=Leistungsberechnungen und ihre Auswertung, Anlagenwirtschaft, betriebswirtschaftliche Untersuchungen, Statistik, Personalwirtschaft, Arbeitsstudienwesen und Sonderaufträge für die HVB.

Die seit 1961 bestehende, 1970 in die ZfB eingegliederte Großrechenanlage bediente zahlreiche Anwendungsgebiete, etwa Stoffwirtschaft, =abrechnung und =statistik, Tariferstellung, Abrechnung und Statistik verschiedener Verkehre, Wagenmietabrechnung, Rentenabrechnung und =statistik, Reisendenzählung, Ermittlung und Fortschreibung des Anlagevermögens (Bahnanlagen und Fahrzeuge) und vieles andere mehr.

In der ZfB bestand als besonderes, dem Direktor unmittelbar unterstelltes Dezernat der „**Dokumentationsdienst der DB**". Er hatte die Aufgabe, das für den Eisenbahndienst in Frage kommende in= und ausländische Schrifttum plan=

mäßig zu sammeln, auszuwerten und den einzelnen Bundesbahnstellen und Fachdiensten zur Verfügung zu stellen. Im „Verzeichnis der Spezialbibliotheken ..." von 1970 wird er als Präsenzbibliothek mit 6000 Bänden und 656 laufenden gehefteten Zeitschriften aufgeführt.

Die Ämterinstanz

Zwischen den Direktionen und den Dienststellen des Außendienstes standen die Betriebs- und Maschinenämter, die Verkehrsämter (die späteren Generalvertretungen), Neubauämter, Abnahmeämter usw. Die Ausbesserungswerke hatten ebenfalls Ämterrang. Die 1963 in einigen Direktionen versuchsweise eingerichtetetn fünf Bundesbahn-Betriebs- und Verkehrsämter (Bu VÄ), in denen Betriebs-, Bau- und Verkehrsdienst zusammengefaßt waren, wurden im Zusammenhang mit der Errichtung der Generalvertretungen 1968 wieder aufgelöst, weil die Zusammenfassung mehrerer Fachgebiete besonders bei schwierigen Betriebs- und Verkehrsverhältnissen sich nicht bewährte.

Die **Betriebsämter** (BÄ) waren für den Betriebs- und Baudienst zuständig, dazu gehörten auch Bahnbewachung, Bahnunterhaltung und die Verwaltung des Grundeigentums.

Die Hauptaufgaben der **Maschinenämter** (MÄ) lagen im maschinentechnischen Dienst: Lokbetriebsdienst, Instandhaltung und Reinigung der Fahrzeuge im Betrieb usw.

Neubauämter wurden von Fall zu Fall zur Entlastung der Betriebsämter für die Dauer der Ausführung umfangreicher Bauvorhaben eingerichtet.

Die Ämter wurden von einem Amtsvorstand geleitet, der für die ordnungsgemäße, wirtschaftliche und zweckentsprechende Erledigung der Aufgaben seines Amtes verantwortlich war. Dem Amtsvorstand waren zu seiner Unterstützung für die Überwachung des Außendienstes und für die Geschäftsprüfungen ein oder mehrere Betriebsingenieure und zur Bearbeitung der Verwaltung der Geschäftssachen einige Bürobeamte und Hilfskräfte beigegeben. Vertreter des Amtsvorstandes war ein Mitarbeiter des höheren Dienstes oder ein Betriebsingenieur.

Aus den **Verkehrsämtern** wurden im Zuge der Neuordnung des kommerziellen Dienstes die **Generalvertretungen** (GV) der Deutschen Bundesbahn gebildet. Sie sollten in erster Linie „verlängerter Arm" der Bundesbahndirektionen im kommerziellen Bereich gegenüber den Kunden sein. Das Schwergewicht ihrer Aufgaben lag daher in der Kundengewinnung und der Kontaktpflege zur Wirtschaft sowie anderen mit Verkehrsfragen befaßten Stellen. Nach innen hatten sie als Bindeglied zwischen der Bundesbahndirektion und den Dienststellen des Außendienstes für die einheitliche Ausrichtung, Fortentwicklung und Überwachung des Verkehrsdienstes zu sorgen. Die Generalvertretungen wurden von einem Generalvertreter geleitet. Ihm wurden zur Unterstützung besonders geschulte Kundenberater zugeteilt, ein Ständiger Vertreter des Generalvertreters leitete den inneren Dienst der GV. Außenbeamte (früher Verkehrskontrolleure) unterstützten den Generalvertreter und seinen Ständigen Stellvertreter bei der Erfüllung ihrer Aufgaben, insbesondere bei der Überwachung des Verkehrs- und Kassendienstes und bei Geschäftsprüfungen. Einzelne Stadtbüros und die Dienststellen des Außendienstes betreuten ebenfalls die Firmen und Kunden in ihrem Bereich.

Soweit GV, BA, MA, NA in demselben Gebäude untergebracht waren, wurden sowohl Geschäfte für das Ämtergebäude und den Dienstbetrieb als auch gleichartige Geschäftssachen mehrerer GV und Ämter im Büro eines Amtes (gemeinsames Ämterbüro) zusammengefaßt. Die dort tätigen Mitarbeiter (Gemeinschaftsraten*, unter anderem für Wirtschaftswesen, Personal-, Betriebs- und Baudienst) waren in der Regel den Betriebsämtern zugeordnet. Dienstvorgesetzter der Inhaber von Gemeinschaftsraten war in diesen Fällen der Amtsvorstand des BA, fachlich weisungsbefugt waren die beteiligten Generalvertreter und Amtsvorstände jeweils für die Angelegenheiten ihres Geschäftsbereichs.

Außer den Ämtern mit einheitlichen Aufgaben in allen Direktionsbezirken gab es in dieser Ebene noch folgende Organisationseinheiten (dem Range nach den Ämtern gleichgestellt):

Abnahmeämter (später **Güteprüfbezirke**), denen die Fertigungsüberwachung, Güteprüfung und ggf. die Gütebeobachtung der bei den Lieferwerken bestellten Fahrzeugen und sonstigen größeren Lieferungen.

* Arbeitsrate oder, wie hier, Gemeinschaftsrate war in diesem Zusammenhang eine andere Bezeichnung für den Arbeitsanteil (AA) oder Geschäftsanteil (GA), das heißt, das Arbeitsgebiet und den Aufgabenumfang eines bestimmten Dienstpostens. Der jeweilige Mitarbeiter war Inhaber des Arbeitsanteils bzw. der Arbeitsrate. Allgemeiner gesprochen waren A-Raten Dienstposten des gehobenen [mittleren] Dienstes, B-Raten Dienstposten des mittleren Dienstes und C-Raten Dienstposten des einfachen Dienstes (siehe auch im Aktenplan Az. Pgvc bzw. Povc).

Zwei **Bundesbahn-Versuchsanstalten** (1980) , die aus den früheren **Versuchsämtern und -abteilungen** hervorgegangen waren, und zwar in **Minden** die Abteilungen für Bremsen (B), für Lauf- und Schwingungstechnik (L), für Mechanik (M), für Schweißtechnik (S) und für Wärmetechnik (W) sowie in **München** die Abteilungen für Brennkrafttechnik (B), für Chemie (C), für Elektrotechnik (E) und für Elektrophysik (P). Beide Versuchsanstalten hatten jeweils eine Zentrale Gruppe für Meß- und Auswertetechnik (Z).

Die **Ausbesserungswerke** (AW) der Reichsbahn und der Bundesbahn hatten ebenfalls Ämterrang. Sie wurden vom Werkdirektor geleitet, dem Abteilungsleiter zur Seite standen. Die AW hatten die planmäßigen Untersuchungen und die größeren AW auch Ausbesserungen der Fahrzeuge, Geräte usw. auszuführen. In den meisten AW wurden nur bestimmte Fahrzeugarten ausgebessert (Lokwerke, Güterzug- bzw. Reisezugwagenwerke) Die Zahl der Abteilungen richtete sich nach der Bedeutung und den Aufgaben des Werkes. So gab es zum Beispiel die Verwaltungsabteilung (V), Betriebstechnische Abteilung (B), Technische Abteilung (T), Stoffabteilung (S) und die Fertigungsabteilung wie Lokabteilung (L) oder Güterwagenabteilung (G). Neben der Fertigungsabteilung gab es in den größeren AW noch eine Zubringerabteilung (Z), die Teilarbeiten für die Hauptfertigung und andere Arbeiten ausführte.

Im Zusammenhang mit der Auflösung von Bundesbahndirektionen in den 70er Jahren wurden für bestimmte Sozialaufgaben der ehemaligen Sozialbüros der BD und die der Sozialversicherungsstelle Rosenheim fünf überbezirkliche **Sozialverwaltungen** zusammengefaßt, und zwar
- SV Nord in Münster für die BD'en Hamburg und Hannover,
- SV West in Wuppertal für die BD'en Essen und Köln,
- SV Mitte in Kassel für die BD'en Frankfurt (Main) und Saarbrücken,
- SV Südwest in Karlsruhe für die BD'en Karlsruhe und Stuttgart und die
- SV Süd in Rosenheim für die BD'en München und Nürnberg.

Die Sozialverwaltungen waren organisatorisch selbständige Stellen im Range von Bundesbahnämtern. Fachlich waren sie dem Bundesbahn-Sozialamt (BSA) und verwaltungsmäßig einer Bundesbahndirektion unterstellt.

Die Vollzugsinstanz: die Dienstellen des Außendienstes

Die Dienststellen des Außendienstes führten den örtlichen Dienst der verschiedenen Dienstzweige aus. In der Regel waren sie einem Amt unterstellt. Sie waren fachlich und verwaltungsmäßig selbständige Behörden und wurden von einem Vorsteher (später Dienststellenleiter, DL) geleitet, der in bestimmten Grenzen Disziplinarverfügungen erlassen, gewisse Beschaffungen selbst durchführen ober formlose Prüfungen abnehmen durfte. Ansonsten hatte er dafür zu sorgen, daß der Dienst in seinem Geschäftsbereich nach den eisenbahnweit geltenden Vorschriften, den allgemeinen Weisungen und besonderen Anordnungen der Direktionen und Ämter ordnungsgemäß, wirtschaftlich und zweckentsprechend ausgeführt wurde.

Nach Fachgebieten wurden bei den Dienststellen des Außendienstes hauptsächlich unterschieden:

- **Betriebsdienststellen**, nämlich Bahnhöfe, Haltepunkte und Haltestellen,
- **Verkehsdienststellen** (selbständige Dienststellen), nämlich Güterabfertigungen (GA), Fahrkartenausgaben (Fka), Gepäck- und Expreßgutabfertigungen (Gepa), Bezirkskassen (später Bahnhofskassen, Bfk) und Dienststellen mit verschiedenen Aufgaben des Verkehrsdienstes,
- **Bautechnische Dienststellen**, nämlich Bahnmeistereien (Bm), Hochbaubahnmeistereien (Hbm), Gleisbauhöfe, Brückenbauhöfe, Signalmeistereien (Sm), Fernmeldemeistereien (Fm), Nachrichtenmeistereien (Nm), Signalwerkstatt und Fernmeldewerkstatt,
- **Maschinentechnische Dienststellen**, nämlich Bahnbetriebswerke (Bw), Bahnbetriebswagenwerke (Bww), Kraftwagenbetriebswerke (Kbw), Fahrleitungsmeistereien (Flm) und Schiffsdienststellen.

Mehrere der Verkehrsdienststellen konnten entweder untereinander oder bei geringer Verkehrsbedeutung mit einer Betriebsdienststelle vereinigt sein. Dann sprach man von vereinigtem Dienst. Bei mittleren und kleineren Bahnhöfen umfaßte der Bahnhof als Dienststelle meist den gesamten Dienst (z. B. Betriebsdienst, GA, Fka, Gepa). Der Dienststellenleiter unterstand dann fachlich in den Geschäften des Betriebsdienstes dem Betriebsamt, in den Geschäften des Verkehrs dem Verkehrsamt (später der Generalvertretung der Bundesbahndirektion).

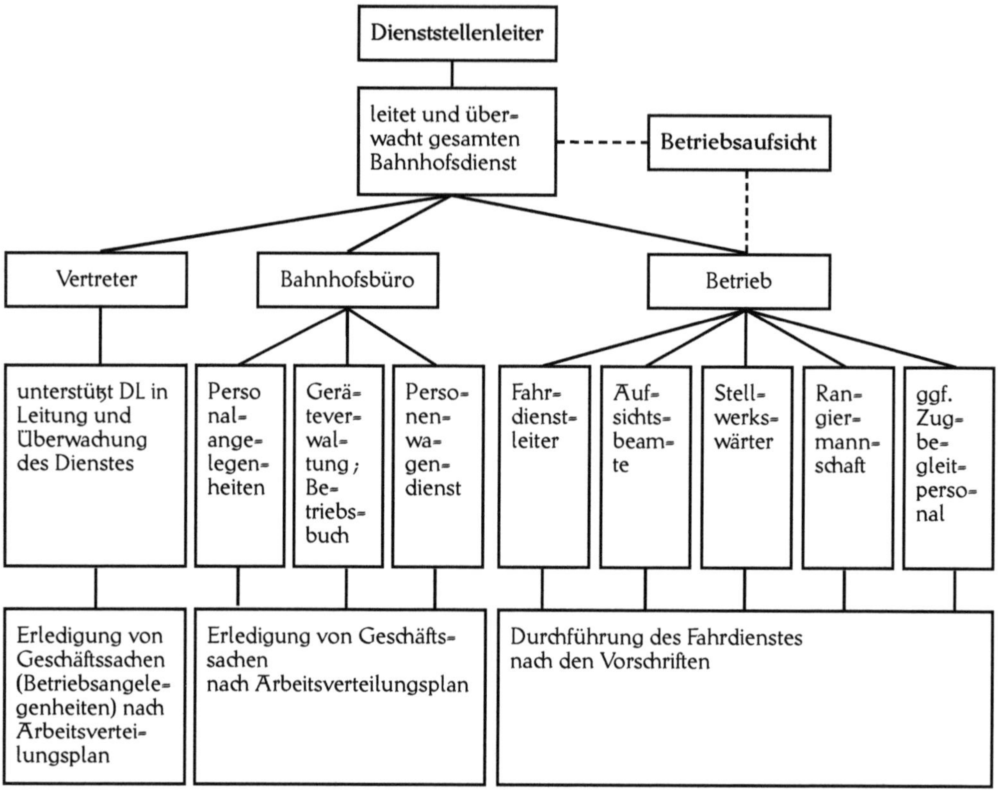

Auch der Bahnbau= und Unterhaltungsdienst mit den Bahnmeistereien als Dienststellen des Außendienstes erfuhr eine Straffung der Strukturen, ebenso das Nachrichten=, Signal= und Fernmeldewesen, etwa mit der Einrichtung von Signal= und Fernmeldemeistereien (Sfm).

War seit der Frühzeit der Eisenbahnen in Deutschland eine Vielzahl selbständiger kleiner Dienststellen herangewachsen, so verlief eine jahrzehntelange Entwicklung zu mehr Zentralisierung. Der ursprüngliche Abstand der Stationen orientierte sich noch an den Strecken, die Pferdefuhrwerke zurücklegen konnten. Seit dem Aufkommen der Kraftfahrzeuge mit ihrer größeren Reichweite in kürzerer Zeit verloren viele, vor allem kleine Dienststellen an Bedeutung. Daher wurden nach und nach Ladestraßen und =rampen für Güter reduziert, Kassen zusammengelegt, Abfertigungen den Bahnhöfen angegliedert usw. Sie wandelten sich allmählich in Nebendienststellen als Teile der selbständig bleibenden Hauptdienststellen.

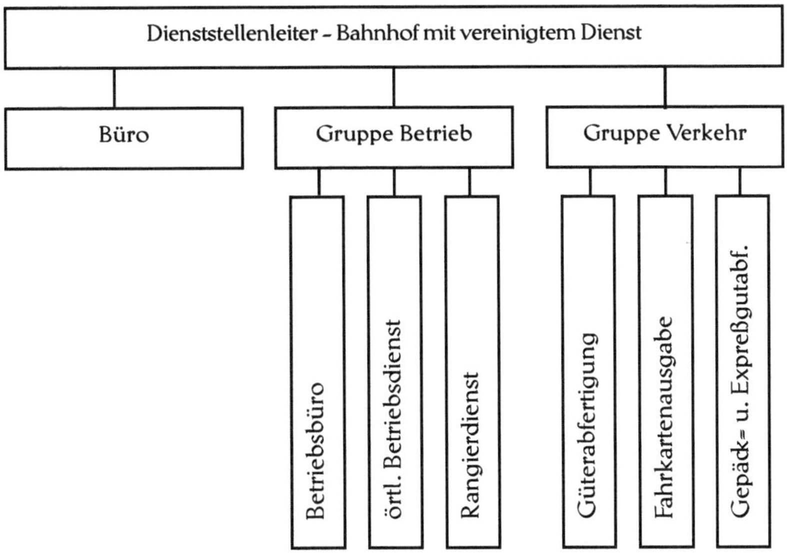

Grundlage der Geschäftserledigung und der Schriftgutorganisation der Dienststellen des Außendienstes war die DV/DS 176, Dienstvorschrift für den Schriftverkehr der Dienststellen [des Außendienstes]. Die Fassung von 1960 ist im vorliegenden Buch ab Seite 893 abgedruckt.

Ihre unmittelbare Vorläuferin galt von 1932 bis 1960.

Eine sehr bemerkenswerte Regelung fand sich in § 7 (3) [Ausgabe 1932] bzw. in § 4 (4) [Ausgabe 1969] und damit formal gültig von 1930 bis 1992, also 62 Jahre lang: „Auf ‚GR'=Verfügungen,* die den Dienststellen nur zur Kenntnis zugehen, genügt der Vermerk ‚K g' (Kenntnis genommen) oder ‚ges' (gesehen), die Erledigung eines Auftrags wird bestätigt durch ‚erl' (erledigt) je rechts neben dem Eingangsstempel mit Tag und Unterschrift. **Können bestimmte Fragen mit ‚Ja' oder ‚Nein' erschöpfend beantwortet werden, so genügt das Wort auch vorgesetzten Dienststellen gegenüber.**"

Eine so klare und uneitle Festlegung hat der Verfasser in keiner anderen Vorschrift der verschiedensten Behörden und Unternehmen je gelesen. Verbunden mit dem urschriftlichen Lauf der Schriftstücke, sicherte das eine Effizienz, die unerreicht bleibt. Elektronisch läßt sich das kaum „nachbauen", schon gar nicht mit E=Mail, deren Anhängen und verführerischen Kopie=Empfänger=Funktionen.

---

* GR = gegen Rückgabe (urschriftlich – und damit die Akten der Dienststelle nicht belastend.)

Die internationale Zusammenarbeit (Organisationen)

Ähnlich wie sich aus freiwilligen Vereinbarungen der deutschen Eisenbahnverwaltungen Rechtsvorschriften (z. B. die Eisenbahn-Bau- und Betriebsordnung oder die Eisenbahn-Verkehrsordnung) entwickelt haben, so entstanden internationale Verwaltungsvereinbarungen und Rechtsnormen im Eisenbahnwesen. Zum Teil hatten sich die Eisenbahnen, zum Teil die Staaten zu internationalen Gemeinschaften oder Verbänden zusammengeschlossen, so daß zwischen internationalen Organisationen der Eisenbahnen (nichtstaatlich) und denen der Staaten zu unterscheiden ist. Zwischen beide Kategorien schob sich als eine Organisation, die gemischten Charakter hatte, die weltweite „Internationale Eisenbahn-Kongreßvereinigung" (AICCF = *Association Internationale du Congrès des Chemins de Fer*), der neben Eisenbahnen und Eisenbahnorganisationen auch Regierungen als Mitglieder angehörten.

Die folgenden Übersichten enthalten die wesentlichen internationalen Organisationen der Eisenbahnen.

- **Interntionaler Eisenbahnverband** (Union Internationale des Chemins de Fer - UIC); gegründet 1922, Sitz Paris
- **Europäische Güterzug-Fahrplankonferenz** (Conférence Européenne des Horaires des Trains de Marchandises - CEM); gegründet 1924, Sitz Prag
- **Europäische Reisezug-Fahrplan- und Wagenbeistellungskonferenz** (Conférence Européenne des Horaires des Trains de Voyageurs et des Services directs - CEH); gegründet 1923 [als ständige internationale Organisation, vorher von 1872 - 1914 zweimal jährlich zusammengetreten), Sitz Bern
- **Internationaler Personen- und Gepäckwagen-Verband** (Union Internationale des Voitures et Fourgons - RIC*); gegründet 1899 (in der späteren Form 1923), Sitz Wien
- **Internationaler Güterwagenverband** (Union Internationale des Wagons - RIV**); Sitz Brüssel
- **Europäische Güterwagengemeinschaft** (Communauté Européenne des Wagons à Marchandises - EUROP); gegründet 1953, Sitz Brüssel

---

* aus der italienischen Bezeichnung „Regolamento Internazionale Carrozze"

** aus der italienischen Bezeichnung „Regolamento Internazionale Veicoli"

- **Internationales Eisenbahntransortkomitee** (Comité International des Transports par Chemins de Fer - CIT); gegründet 1902, Sitz Bern
- **Forschungs= und Versuchsamt (des UIC)** (Office de Recherches et d' Essais - ORE); gegründet 1950, Sitz Utrecht
- **Internationale Gesellschaft der Eisenbahnen für Kühltransporte** (Société Ferroviaire Internationale de Transports Frigorifiques - INTERFRIGO); gegründet 1949, Sitz Brüssel, Generaldirektion in Basel
- **Internationale Gesellschaft für den Transport in Transcontainern** (Société Internationale pour le Transport par Transcontainer - INTERCONTAINER); gegründet 1967, Sitz Brüssel, Generaldirektion in Basel
- **Verband der Straßenverkehrsdienste der europäischen Eisenbahnen** (Union des Service Routiers des Chemins de Fer Européens - URF); gegründet 1951, Sitz Bern
- **Europäische Gesellschaft für die Finanzierung von Eisenbahnmaterial** (Société Européenne pour le Financement de Matériel Ferroviaire - EURO= FIMA); gegründet 1955, Sitz Basel
- **Trans=Europ=Express=Gruppe** (Groupement Trans=Europ=Express - TEE); gegründet 1957, Sitz Utrecht
- **Internationaler Schlafwagenpool** (Pool Internationale de Voitures=lits - TEN); gegründet 1971, Sitz Paris
- **Gruppe der Zehn - Gemeinsamer Markt** (Group des Dix - Marché Com= mun); gegründet 1959, Sitz des Sekretariats Brüssel [Mitglieder: die zehn Eisenbahnen der Mitgliedsstaaten der Europäischen Gemeinschaft (Stand 1980)]
- **Organisation für die Zusammenarbeit der Eisenbahnen** (Организация Сотрудничества Железных Дорог (ОСЖД) – Organisazija sotrudnitschestwa shelesnych dorog - OSShD); gegründet 1957, Sitz Warschau [Geschäftsführung für die Abkommen über den internationalen Personen= und Eisenbahngüter= verkehr - SMPS und SMGS - der östlichen Einflußsphäre, Organisation der technisch=wissenschaftlichen Zusammenarbeit auf allen Gebieten des Eisen= bahn= und Kraftverkehrs]
- **Internationale Eisenbahn=Kongreßvereinigung** (Association Internationale du Congrès des Chemins de Fer - AICCF); gegründet 1884/1919, Sitz Brüssel

Einige dieser Organisationen existieren bis heute.

Die nationale Zusammenarbeit (Organisationen)

In der Eisenbahn-Frühzeit, als zunächst nur Privatbahnen und dann auch Staatsbahnen entstanden, entwickelte sich trotz aller Konkurrenz doch rasch das Bedürfnis nach Zusammenarbeit und Abstimmung über wichtige Themen, zumal der Rahmen der staatlichen Eisenbahngesetze und -verordnungen für alle Eisenbahngesellschaften galten - zunächst auf Landesebene und nach 1871 reichsweit. Daher entstanden in Deutschland unter anderem:

- 1846 der Verband der Preußischen Eisenbahnen, 1847 umbenannt in **Verein Deutscher Eisenbahn-Verwaltungen (VDEV)**, 1932 in Verein mitteleuropäischer Eisenbahnverwaltungen (VMEV) und
- 1895 der **Verein Deutscher Straßen- und Kleinbahnverwaltungen**, deren Aufgabe die Förderung der Zusammenarbeit zwischen den Mitgliedsunternehmen und dem Erfahrungsaustausch untereinander sowie deren Interessenvertretung gegenüber der Politik, den Industriebetrieben und anderen Verkehrsträgern war.
- 1886 der **Deutsche Eisenbahn-Verkehrsverband (DEVV)**. Er gab mit seinen „Kundmachungen" abgestimmte, für alle Mitglieder verbindliche Tarife und Vorschriften des Verkehrsdienstes heraus. Die Federführung lag bei der DR bzw. DB. Ohne förmliche Auflösung hatte er 2018 „keine aktiven Mitglieder mehr, so daß eine Veröffentlichung der Satzung ... nicht mehr erforderlich ist".
- 1950 der **Bundesverband Deutscher Eisenbahnen, Kraftverkehre und Seilbahnen (BDE)**
- 1991 der **Verein Deutscher Verkehrsunternehmen (VDV)**. Der VDV existiert in seiner heutigen Form seit Anfang 1991, nachdem der Verband öffentlicher Verkehrsbetriebe (VÖV), der BDE sowie der VÖV der ehemaligen DDR den Zusammenschluss zum VDV beschlossen hatten. Der VDV gibt mit seinen „Schriften" Regelwerke mit Normcharakter heraus, z. B. die Fahrdienstvorschrift für Nichtbundeseigene Eisenbahnen (FV-NE) oder das Betriebsregelwerk für Eisenbahnverkehrsunternehmen (BRW-EVU).

Die Geschäftsverteilung

Im Jahre 1930 waren die Geschäftsverteilung zwischen dem Generaldirektor bzw. der Hauptverwaltung und die Verteilung der Geschäftssachen in den Büros der Reichsbahndirektion Berlin wie in den folgenden Übersichten geregelt. Im Großen und Ganzen wurde diese Struktur in anderen Direktionen auch angewendet und nach dem II. Weltkrieg bei der Deutschen Bundesbahn weitergeführt.

Folgende Geschäfte hatten sich der Generaldirektor und die Hauptverwaltung vorbehalten:

A. Allgemeine Angelegenheiten

1. Oberste Leitung und allgemeine Überwachung der Geschäftsführung.
2. Angelegenheiten des Verwaltungsrats der Deutschen Reichsbahn-Gesellschaft.
3. Verkehr mit den obersten Reichsbehörden und den Regierungen der Länder, mit diesen, soweit nicht einzelne Stellen besonders ermächtigt sind.
4. Angelegenheiten des Eisenbahnkommissars.
5. Organisationsangelegenheiten grundsätzlicher Art.
6. Einheitliche Regelung des Dienstes, einheitliche Geschäftsanweisungen, Dienstanweisungen und Dienstvorschriften.
7. Genehmigung der wesentlichen Grundlagen für Verträge über Gemeinschaftsverhältnisse mit in- und ausländischen Bahnen des allgemeinen und nichtallgemeinen Verkehrs.
8. Eisenbahnverträge mit dem Ausland.
9. Angelegenheiten der internationalen Eisenbahnverbände, soweit sie nicht nachgeordneten Stellen übertragen worden sind.
10. Ausführung des Staatsvertrages vom 31. März 1920.
11. Genehmigung der Abänderung von Verträgen zum Nachteil der Reichsbahn sowie der Ermäßigung und Niederschlagung von Vertragsstrafen, soweit die den Reichsbahndirektionen vom Generaldirektor allgemein bestimmten Grenzen überschritten werden.
12. Regelung des Freifahrwesens. Austausch von Freikarten. Austausch von Freischeinen mit ausländischen Eisenbahnverwaltungen, soweit nicht einzelne Stellen besonders ermächtigt sind.
13. Wahrnehmung der Rechte der Deutschen Reichsbahn-Gesellschaft aus den §§ 10 und 11 des Reichsbahngesetzes. Sicherung des Eisenbahnmonopols der Deutschen Reichsbahn-Gesellschaft.
14. Übertragung des Betriebsrechts (§§ 5, 12, 41 RBahnG).
15. Gnadenbewilligungen an unfallgeschädigte Personen oder deren Hinterbliebene, die keine Rechtsansprüche haben.
16. Grundsätzliche und allgemeine Fragen
    a) der Statistik, Gesamtstatistik der Reichsbahn, Reichsstatistik, internationaler Statistik, Geschäftsberichte;
    b) der Selbstkostenberechnung;
    c) der Bahnpolizei;
    d) der Bahnbetretung;

e) der Haftpflicht;
f) der Hoheitszeichen (Dienstsiegel usw.) und des Beflaggungswesens;
g) des Verkehrs mit der Presse (insbesondere bei politischen Fragen) und der Propagandatätigkeit für die Reichsbahn;
h) der Auskunftserteilung an Ausländer über Angelegenheiten und Einrichtungen der Reichsbahn;
i) der Beteiligung an Ausstellungen;
j) des Reklamewesens der Reichsbahn und der gewerblichen Nebenbetriebe der Reichsbahn;
k) der finaziellen Auseinandersetzung mit den Reichs-, Länder- und Gemeindeverwaltungen auf Grund des § 13 des RBahnG;
l) der Verfolgung der Rechtsprechung. Fortbildung der Gesetzgebung;
m) des Patentwesens sowie der Prämiierung nützlicher Erfindungen und Anregungen.

B. Betrieb

1. Allgemeine Vorschriften für den Betrieb, wie Eisenbahnbau- und betriebsordnung, Signalordnung, Fahrdienstvorschriften.
2. Genehmigung der Änderung des Betriebs durch Einführung des Haupt- oder Nebenbahnbetriebs. Änderung der Betriebsweise, Änderung der Aufgaben wichtiger Betriebsstellen.
3. Betriebseinstellung auf Strecken und wichtigen Bahnhöfen (§ 31 Ziffer 2 a RBahnG).
4. Festsetzung der Schnell- und Personenzugkilometer; Genehmigung der Fahrpläne der Schnellzüge (einschließlich der Eilzüge und beschleunigten Personenzüge) mit Ausnahme solcher von nur lokaler Bedeutung.
5. Allgemeine Vorschriften und Richtlinien zur Sicherung des Bahnbetriebes sowie über den Fahndungs-, Streif- und Wächterdienst.
6. Grundsätzliche und allgemeine Fragen
   a) der Betriebsabwicklung, der Leistungsfähigkeit, Sicherheit und Wirtschaftlichkeit des Betriebsdienstes;
   b) der Bildung und Durchführung des Personenzug- und Güterzugfahrplans sowie der Bewältigung des außerordentlichen Personenzug- und Güterzugverkehrs;
   c) der Bearbeitung der Kursbücher;
   d) der Zugbildung und Wagenbeistellung, der Benutzung, Belastung und Zusammensetzung der Züge, der Verteilung der Rangieraufgaben und der Abwicklung des Rangierdienstes;
   e) der Wahl der Leitungswege in betrieblicher Hinsicht;
   f) der Verwendung und Verteilung der Personen- und Gepäckwagen, der Einstellung von Salon-, Schlaf-, Kranken- und Speisewagen, der Zugbenutzung für Postzwecke, der betrieblichen Regelung des Güterwagenumlaufs;
   g) der Zulassung von Privatgleisanschlüssen;
   h) der Ermittlungen und Versuche über neue Einrichtungen;
   i) der Unfallangelegenheiten und der Unfallstatistik;
   j) der eisenbahnmilitärischen Angelegenheiten;
   k) der technischen Nothilfe und des Notfahrplanes;
   l) der Ermittlung der Betriebsleistung und Betriebskosten.

C. Maschinentechnik

1. Festsetzung und Fortbildung der Normalentwürfe und Normalanordnungen für maschinentechnische, wärmetechnische und elektrische Anlagen und Betriebe, deren Normalisierung und Typisierung, soweit nicht einzelne Stellen besonders ermächtigt sind.

2. Durchbildung der Fahrzeuge (einschließlich Schiffe, Kraftwagen, Fahrräder und Draisinen mit Kraftantrieb sowie Elektrokarren), deren Normalisierung und Typisierung, soweit nicht einzelne Stellen besonders ermächtigt sind.
3. Ermittlung und Feststezung des Bedarfs zur Neubeschaffung von Fahrzeugen aller Art, jedoch ausschließlich der Draisinen und Schienenfahrräder mit Kraftantrieb sowie Elektrokarren.
4. Verteilung und Ausgleich der Lokomotiven jeder Art.
5. Überwachung der Wirtschaftlichkeit des technischen Lokomotiv- und Wagendienstes sowie der maschinentechnischen und elektrischen Betriebsanlagen und Betriebe, wie Kraftwerke, Wasserwerke.
6. Allgemeine technische Lieferungsbedingungen sowie Abnahme- und Güteprüfungsvorschriften für Betriebs-, Bau-, Oberbau- und Werkstoffe sowie für Gas, Wasser, elektrische Kraft und sonstige Energieformen.
7. Allgemeine Bahnkreuzungsvorschriften für elektrische, Gas-, Wasser- und Dampfleitungen.
8. Allgemeine Regelung des Abnahmewesens.
9. Oberleitung des maschinentechnischen Versuchswesens.
10. Angelegenheiten der obersten Gewerbeaufsicht im Reichsbahnbereich.
11. Allgemeine Richtlinien
    a) für die Verwaltung des Bestandes sowie die Bezeichnung und Nummerung der Fahrzeuge;
    b) für die Unterbringung der Lokomotiven, Triebwagen und Schiffe sowie für Anordnung und Einrichtung der Lokomotivschuppen und Betriebswerke für den Lokomotivdienst;
    c) für den Bau, die Ergänzung, Ausrüstung und Unterhaltung der Anlagen für die Behandlung von Lokomotiven und Triebwagen;
    d) für Bau, Ergänzung, Unterhaltung und Betrieb der Kraftwerke und Unterwerke, der Leitungsanlagen für elektrischen Zugbetrieb sowie der Einrichtungen zum Schutz der Fernmeldeleitungen gegen Beeinflussung durch Bahnstrom;
    e) für die Anlage und den Betrieb von Dampfkesseln, Gasanstalten und sonstigen maschinentechnischen, wärmetechnischen und elektrotechnischen Anlagen;
    f) für die Durchbildung und Vereinheitlichung der Geräte.
12. Grundsätzliche und allgemeine Fragen
    a) des Umbaus und der Änderung von Fahrzeugen;
    b) der Einstellung von Fahrzeugen in den Park der Deutschen Reichsbahn;
    c) der Ausmusterung von Fahrzeugen;
    d) der Bauweise, Einrichtung, Unterhaltung und Bedienung der durchgehenden Bremsen;
    e) der Überwachung, Lagerung, des Bestandes und des Verbrauchs der Stoffe, Geräte und Ersatzteile;
    f) der Stoffersparnisprämien im Lokomotivdienst, in Kraftwerken und sonstigen maschinellen Anlagen;
    g) der Elektrotechnik im Eisenbahnbetrieb;
    h) der Brennstoff-, Wärme- und Energiewirtschaft;
    i) des Betriebes der bahneigenen Wasserwerke.

D. Werkstättenwesen

1. Ermittlung des Bedarfs und Umfanges neuer Ausbesserungswerke.
2. Nachprüfung der Belastung des Werkstättenwesens und Anordnung des Arbeitsausgleichs zwischen den Bezirken der geschäftsführenden Reichsbahndirektionen für das Werkstättenwesen.
3. Einstellung des Betriebes in Ausbesserungswerken, Haupt- und Nebenwerkstätten und Ausbesserungsstellen der Bahnbetriebswerke.
4. Genehmigung zur Heranziehung der Privatindustrie zur Fahrzeugunterhaltung.

5. Allgemeine Richtlinien
   a) für die Normalisierung, Typisierung und Spezialisierung der Werkstättenanlagen und Einrichtungen;
   b) für die Unterhaltung der Fahrzeuge in den Ausbesserungswerken, Hautp- und Nebenwerkstätten sowie in den Ausbesserungsstellen der Betriebswerke;
   c) für den Bau und die Einrichtung von Telegraphen- und Stellwerkswerkstätten.
6. Grundsätzliche und allgemeine Fragen
   a) der Aufstellung von Musterentwürfen für die Anlage und Ausrüstung von Ausbesserungswerken und Ausbesserungsstellen der Betriebswerke;
   b) der Ausrüstung der Werkstätten mit Werkzeugmaschinen, Hebezeugen sowie anderen maschinellen Einrichtungen und Werkzeugen;
   c) der Altstoffverwendung.

E. Verkehr

1. Allgemeine Angelegenheiten des Verkehrs, internationales Transportrecht.
2. Feststellung der Einheitssätze im Personen-, Gepäck-, Expreßgut-, Güter- und Tierverkehr und für die Beförderung von Leichen.
3. Einführung, Änderung und Aufhebung von Ausnahmetarifen.
4. Einführung, Änderung und Aufhebung von direkten Tarifen mit anderen Eisenbahnen.
5. Militäreisenbahnanordnung einschließlich Tarif.
6. Festsetzung der allgemeinen Vorschriften über die Benutzung und Ausnutzung des Wagenparks für den Güter- und Tierverkehr; Genehmigung grundsätzlicher Vereinbarungen mit anderen Verwaltungen;
7. Handelsvertragsfragen;
8. Allgemeine Angelegenheiten
   a) der Reisebüros sowie des Schlafwagen-, Speisewagen- und Expreßgutdienstes;
   b) der Verkehrswerbung. Errichtung von Verkehrsagenturen im Ausland;
   c) betreffend die Landeseisenbahnräte. Angelegenheiten des Reichseisenbahnrats, des Reichswasserstraßenbeirats und des Beirats für das Kraftwahrwesen.
9. Grundsätzliche und allgemeine Fragen
   a) der Aufstellung der Tarife, insbesondere der Berechnung der Tarifentfernungen;
   b) der Verkehrsleitung. Genehmigung von grundsätzlichen Vereinbarungen mit anderen Eisenbahnverwaltungen über Verkehrsteilung, Verkehrsleitung, Anteilsausscheidung und Abrechnung;
   c) der Stellungnahme gegenüber anderen Verkehrsmitteln.

Anmerkung: Die Gruppenverwaltung Bayern ist ermächtigt, die inneren Angelegenheiten ihres Bezirks auf dem Gebiete des Verkehrs- und Tarifwesens im Rahmen der allgemeinen für die ganze Reichsbahn erlassenen Bestimmungen selbständig zu regeln mit der Maßgabe, daß in Angelegenheiten von grundsätzlicher Bedeutung und in solchen Angelegenheiten, die über den Bezirk der Gruppenverwaltung hinauswirken können oder größere finanzielle Bedeutung haben die Mitwirkung der Hauptverwaltung vorbehalten ist. Insbesondere hat bei der Festsetzung von Ausnahmetarifen die Hauptverwaltung stets mitzuwirken.

F. Bauangelegenheiten

1. Grundsätzliche, allgemeine bautechnische Fragen.
2. Prüfung von Entwürfen und Kostenanschlägen
   a) soweit es zur Bewilligung der Mittel notwendig ist;
   b) soweit Interessen anderer Bezirke berührt werden;
   c) soweit es Interessen der Landesverteidigung erfordern;
   d) soweit im Einzelfalle von Aufsichts wegen bei besonders wichtigen Angelegenheiten die Vorlage der Entwürfe angeordnet wird.
3. Festsetzung und Fortbildung der Normalentwürfe, Normalanordnungen (Normalisierung, Typisierung) für bauliche Anlagen (einschließlich Oberbau, Brückenbau, Hochbau, Sicherungs- und Fernmeldeanlagen).
4. Entscheidung über den Bau neuer Reichseisenbahnen und die Errichtung neuer Bahnhöfe.
5. Genehmigung der Betriebseröffnung neuer Reichseisenbahnen.
6. Entscheidung über die Zulassung von Privatgleisanschüssen auf freier Strecke.
7. Genehmigung des Baues und der Anmietung neuer Fernmeldeleitungen zwischen den Reichsbahndirektionen. Grundsätze für die Betreuung des Fernmeldenetzes und für den Schutz der Fernmeldeleitungen gegen Fremdstrom.
8. Oberleitung des bautechnischen Versuchswesens.
9. Untersuchung von Aufsehen erregenden Bauunfällen von Aufsichts wegen.
10. Grundsätzliche und allgemeine Fragen
    a) der Ausgestaltung (auch Unterhaltung) der Eisenbahnstrecken und Bahnhofsanlagen einschließlich des Sicherungswesens;
    b) der Bewirtschaftung des Oberbaus;
    c) der Ausgestaltung des Reichsbahnfunkwesens;
    d) des Vermessungswesens.

G. Vergebungen und Beschaffungen

1. Allgemeine Vorschriften für das Verdingungswesen und allgemeine Lieferungsbedingungen.
2. Allgemeine Beschaffungsfragen, besonders im Zusammenhang mit der Konjunkturgestaltung.
3. Entscheidung bei Auslandsgeschäften.
4. Grundsätzliche Stellungnahme zu Syndikaen und Verbänden.
5. Regelung der Beschaffung und Bewirtschaftung von
   a) wichtigen Betriebs-, Oberbau- und Werkstoffen;
   b) Fahrzeugen (Lokomotiven, Personen-, Gepäck- und Güterwagen, Triebwagen, Fährschiffen usw.);
   c) wichtigen Geräten und Ersatzteilen.
6. Allgemeine Fragen der Arbeitsbeschaffung.

H. Grundbesitzverwaltung, Verkauf entbehrlicher Gegenstände

1. Allgemeine Vorschriften für den An- und Verkauf von Grundstücken und für den Verkauf entbehrlicher Gegenstände (Altstoffe usw.).
2. Genehmigung von Grundstücksveräußerungen (Verkauf oder Tausch), soweit die vom Generaldirektor den Reichsbahndirektionen allgemein bestimmten Grenzen (Flächengröße und Wert) überschritten werden.
3. Genehmigung der Bestellung von Erbbaurechten, soweit diese nicht den Reichsbahndirektionen überlassen ist (für Siedlungszwecke).
4. Grundsätze für die Verpachtung und Vermietung, insbesondere für Lagerplatzverpachgungen. Allgemeine Vertragsbedingungen. Richtlinien für die Erhebung von Nutuzungsgebühren. Gebühren für Bahnkreuzungen u. dgl.

I. Finanz=, Kassen= und Rechnungswesen

1. Allgemeine Angelegenheiten des Finanzwesen.
2. Aufstellung des Voranschlags, der Bilanz sowie der Gewinn= und Verlustrechnung.
3. Verteilung der Mittel auf die Reichsbahnbezirke.
4. Allgemeine Wirtschaftskontrolle.
5. Verfügung über die Verwendung ersparter Mittel, soweit nicht der Ausgleich innerhalb der Bezirke zugelassen ist.
6. Genehmigung von Mittelüberschreitungen.
7. Aufnahme von Anleihen, Annahme oder Gewährung von Darlehen oder Krediten, soweit nicht allgemein geregelt.
8. Eingehung von Wechselverbindlichkeiten.
9. Effektenverwaltung.
10. Erwerb von Unternehmungen oder Beteiligung an solchen.
11. Allgemeine Fragen der Besteuerung der Deutschen Reichsbahn=Gesellschaft und der Erhebung und Abführung der Beförderungssteuer.
12. Allgemeine Fragen der Abrechnung unter den Reichsbahndirektionen und mit fremden Verwaltungen.
13. Kassendefekte, soweit nach der Personalordnung eine Mitwirkung des Generaldirektors vorbehalten ist.
14. Ertragsberechnung und Finanzierung neuer Reichseisenbahnen.

K. Personalangelegenheiten

1. Grundsätzliche und allgemeine Fragen
   a) der Personalwirtschaft (Personalveranschlagung und wirtschaftliche Personalverwendung);
   b) des Beamtenrechts (insbesondere Personalordnung);
   c) der Behandlung der gesetzlichen und sonstigen Beamtenvertretungen (insbesondere Beamtenräteerlaß);
   d) des Dienststrafrechts. Einzelangelegenheiten in Disziplinarsachen, soweit sie nach der Personalordnung der Zuständigkeit des Generaldirektors unterliegen. Begnadigungs=angelegenheiten;
   e) der Gewährung von Unterstützungen und Notstandsbeihilfen;
   f) des Dienst= und Mietwohnungswesens. Richtlinien auf dem Gebiete der Wohnungsfürsorge;
   g) der Förderung von Eisenbahnerwohn= und =siedlungsbauten;
   h) der Regelung der Arbeitszeit der Beamten, Angestellten und Arbeiter;
   i) des Umfangs und der Durchführung der freiwilligen Wohlfahrtspflege. Einheitliche Vorschriften über die Förderung der anerkannten Selbsthilfeeinrichtungen des Personals;
   j) der Angestellten (insbesondere Mitwirkung beim Abschluß des Angestelltentarifvertrags).
2. Allgemeine Vorschriften und Richtlinien
   a) über Besoldungsangelegenheiten, Ruhegehalt, Wartegeld und Unfallfürsorge für Beamte und deren Hinterbliebene. Außerdem auch Einzelanordnungen auf diesen Gebieten, soweit für Reichsbeamte besondere Zuständigkeiten der obersten Reichsbehörden und des Reichsrats vorgesehen sind;
   b) für die Gewährung von Reisekosten bei Dienstreisen der Beamten, von Umzugskosten und Trennungsentschädigungen an versetzte Beamte, von Umzugskostenbeihilfen an Wartegeld= und Ruhegehaltsempfänger sowie deren Hinterbliebene. Außerdem auch Regelung von Einzelfällen auf diesen Gebieten, soweit ür Reichsbeamte besondere Zuständigkeiten der obersten Reichsbehörden und des Reichsrats vorgesehen sind;

c) für Aufwandsentschädigungen des Fahrpersonals, Nachtdienstzulagen, Schmierprämien, Rangiergelder, Leistungszulagen, Spitzenverkehrsleistungsprämien sowie für Prämien für Entdeckung oder Verhütung von Schäden an Bahnanlagen und für die Ermittlung der Urheber von Bahnfreveln und Diebstählen;
d) über die Annahme, Ausbildung und Prüfung für den Beamtendienst sowie über die Anstellung und Beförderung der Beamten;
e) über das Unterrichts- und Bildungswesen, das Lehrlingswesen und die Psychotechnik. Anerkennung von Lehranstalten;
f) für die Behandlung des Arbeitsrechts (insbesondere Betriebsrätewesen und Schlichtungswesen) und der sonstigen Arbeiterangelegenheiten;
g) zur Durchführung des Schwerbeschädigtengesetzes und der Arbeitslosenversicherung.

3. Regelung
a) des Urlaubs für die Beamten;
b) der Beschäftigungsbedingungen und Lohnverhältnisse der Arbeiter, soweit nicht anderes bestimmt ist;
c) des Dienst- und Schutzkleidungswesens;
d) des Unfallverhütungs- und Rettungswesens;
e) des bahn- und kassenärztlichen Dienstes.

4. Allgemeine Überwachung
a) der gesetzlichen Versicherungseinrichtungen der Reichsbahn;
b) der Reichsbahnbeamten-Krankenversorgung, der Reichsbahnarbeiter-Pensionskasse B, sowie der Kranken- und Hinterbliebenenkasse der Reichsbahn.

5. Personalangelegenheiten der planmäßigen Beamten von Gruppe X an aufwärts, soweit nicht nachgeordneten Stellen besondere Befugnisse erteilt worden sind.
[Solche besonderen Befugnisse hatten 1930 für die Beamten der Gruppen X bis XII die Gruppenverwaltung Bayern sowie die Reichsbahndirektionen Dresden, Karlsruhe und Stuttgart.]
6. Versorgungswesen für Angehörige der Reichswehr und der Schutzpolizei.
7. Vorschriften für die körperliche Tauglichkeit des Personals.
8. Amtliche Herausgabe und Einführung von Lehrbüchern für den Unterricht.
9. Allgemeine Personalangelegenheiten der Beamten der abgetrennten und besetzten Gebiete.

In den Reichsbahndirektionen wurden verwandte Geschäftsaufgaben verschiedener Dezernate in den **Direktionsbüros** erledigt. Den Geschäftskreis der Direktionsbüros setzte der Präsident durch den Geschäftsplan fest. Soweit erforderlich, konnten innerhalb der Direktionsbüros Geschäftsgruppen gebildet werden. In der Reichsbahndirektion Berlin galt 1930 die folgende Geschäftsverteilung, die großteils auch in anderen Direktionen galt.

A Präsidialbüro

darin Gruppe Lochkarten; aufsichtsführender Dezernent: 2

Öffnen und Verteilen der Eingänge, Auszeichnen der Verfügungen der Hauptverwaltung und der Ministerialerlasse, Personalangelegenheiten der oberen Beamten, allgemeine Verwaltungs- und Organisationsangelegenheiten, Geschäftsgang, Aktenwesen, allgemeine Karteiangelegenheiten mit Ausnahme der Beschaffung, Ausbildung der Reichsbahnbauführer und Gerichtsassessoren, Ausbildung von Hochschulpraktikanten und von Studenten im Lokomotivfahrdienst,

Ausschmückung und Beflaggung, Geschäftsprüfungen, Dienststunden für die Beamten des inneren Dienstes, Privatbahnaufsicht, Verein Deutscher Eisenbahnverwaltungen (Allgemeines), Einspruchs- und Beschwerdeausschuß-Angelegenheiten, Unterstützungen an Beamte und Arbeiter und deren Hinterbliebene, Amtsblatt, Freifahrwesen, Presse, Lohnabrechnung für die Direktionsbüros, Bücherei, Bürokasse, Dienstbriefe, Verkauf von Ausschreibungsbedingungen, Fernsprechzentrale, Kanzlei, Steindruckerei, Lochkartenstelle, Hausverwaltung, Haus- und Amtsgehilfendienst, Geheimaktei, Verwaltung der bis 31. 12. 1927 abgeschlossenen allgemeinen Akten des Präsidial- und Personalbüros.

Pa Personalbüro A

aufsichtsführender Dezernent: 3

Personalhaushalt, Personalwirtschaft, Personalangelegenheiten und die besonderen Personalangelegenheiten der Beamten aus dem Dezernat 3 und der Oberstellwerksmeister, Oberweichenwärter, Weichenwärter und Schrankenwärter mit Ausnahme der Feststetzung der Ruhegehälter und Hinterbliebenenbezüge, Prüfungsangelegenheiten, Prüfungsausschüsse, Kunderzuschläge für sämtliche Beamte, Angelegenheiten der Lohnempfänger, Besoldungs- und Lohnangelegenheiten, Einkomensteuer (soweit nicht kassentechnischer Art), Dienstdauervorschriften, Unterrichts- und Bildungswesen, Beamten- und Arbeitervertretungen, Gewerkschaftsangelegenheiten.

Pb Personalbüro B

aufsichtsführender Dezernent: 4

Personalhaushalt, Personalwirtschaft, allgemeine Personalangelegenheiten der Beamten des mittleren und unteren Dienstes aus dem Dezernat 4, Angelegenheiten der Angestellten, Besoldungsangelegenheiten, Durchführung des Zurruhesetzungsverfahrens für alle Beamten der Gruppen 1 bis 17 a, Festsetzung der Ruhegehälter und Hinterbliebenenbezüge, allgemeine und besondere Angelegenheiten der Ruhe- und Wartestandsbeamten ausschließlich Unterstützungen, Verwaltung der Personalakten aller Versorgungsämpfänger (Kartei).

Das Pb wurde später in eine Gruppe umgewandelt; danach führte das Personalbüro die Abkürzung P.

Pw Wohlfahrtsbüro

darin Gruppen Bez.-Ltg. der R.K.V. und Rb-Kleiderkasse I; aufsichtsführender Dezernent: 5 B

Bahnarztwesen, Reichsbahnbeamten-Krankenversorgung, Dienstkleidungswesen, Wohnungswesen, Eisenbahnvereinswesen und sonstige Wohlfahrtseinrichtungen (Tuberkulosefürsorge, Jugendpflege, Sport, Personalkantinen, amtliche Küchen usw.), Reichsbahn-Betriebskrankenkasse Brandenburg-West, Kranken- und Medizinkasse der ehem. Berlin-Potsdam-Magdeburger Eisenb.-Ges.

Ps Sozialversicherungsbüro

aufsichtsführender Dezernent: 5

Geschäfte des Verbandes der Reichsbahnbetriebskrankenkassen, des Vorstandes der Reichsbahnbetriebskrankenkasse Berlin, des Bezirksvorstandes Berlin der Kranken- und Hinterbliebenenkasse, des Bezirksausschusses 2 der Reichsbahn-Arbeiter-Pensionskasse I, Unfallversicherung, Angestelltenversicherung.

F Finanzbüro

darin Gruppe Drucksachenverwaltung; aufsichtsführender Dezernent: 10

Haushalts- und Finanzwesen, Kassen- und Rechnungssachen, Bank- und Postscheckverkehr, Abrechnung der Reichsbahnbezirke, Vereinsabrechnung, Endabrechnung aus der Brüsseler Saldierung*, Konkurssachen, Pfändungen, Steuerabzug vom Arbeitseinkommen (soweit kassenmäßig), Vergütungen der Leistungen für Dritte (auch Post und Stadt Berlin), Vearbeitung aller Rechnungssachen, auch Reise- und Umzugsentschädigungen (einschl. Aufwandsentschädigungen), Gas-, Wasser- und Elektrizitätsrechnungen, Stempel- und Umsatzsteuer, Dienstgelderbeförderung, Defektenwesen, Stoff- und Geräteprüfungen, Fuhrwesen (einschl. Kraftwagengestellung), Dienstgutfrachten, Einnehmekontrolle, Schaden- und Schuldnerliste, Drucksachenverwaltung; nachrichtlich: Reichsbahn-Waisenhort.

B Betriebsbüro

darin Gruppen Wagenbüro, Statistik, Kursbuchstelle und Büro des Bbv [Bahnbevollmächtigten]; aufsichtsführender Dezernent: 32

Fahrpläne, Kursbücher, Zugbildungspläne und Vorschriften, Wagenübergangspläne, Sonderzüge, Gesellschaftsreisen, Kindertransporte, Bestellung von besonderen Wagen, Diensteinteilung des Zugbegleitpersonals, Aufwandsentschädigung des Zug- und Lokpersonals, Nachprüfung der Dienstpläne für das stationäre Betriebspersonal, Militärbeförderung, Angelegenheiten des Bahnbevollmächtigten, Verhältnis zur Reichspost, Mitropa und I. S. G. im Betriebe und Abrechnung mit diesen Stellen, Bau- und Betriebsordnung, Fahrdienstvorschriften, Signalbuch, Dienstanweisungen für Betriebsbeamte, Unregelmäßigkeiten im Betriebe und Beschwerden, Geschäfte der Oberzugleitung, Fahrtberichte, Betriebsunfälle mit Ausnahme der Unfälle in den Reichsbahnausbesserungswerken, Unfallmeldevorschriften, Unfallverhütungsvorschriften, Rettungswesen, Kleinbahnen und Privatbahnen in betrieblicher Beziehung, Bahnpolizei, Bahnbetretungskarten, Bahnschutz, Beleidigungen und Körperverletzungen von Beamten durch Private, Personalbetriebshilfe, Technische Nothilfe, Betriebskostenrechnung, Selbstkosten und Wirtschaftlichkeitsberechnung, Wirtschaftsstatistik, Film- und photographische Aufnahmen auf Bahnanlagen ausschl. Reichsbahnausbesserungswerken, Beleuchtung, Heizung und Reinigung der Züge, Güterwagendienst, Güterwagenverteilung, Wagenübergang auf Privatbahnen und Kleinbahnen, Einstellung von Privatgüterwagen, Ladefristen und Wagenstandgeld, Decken, Bindematerial, bahneigene Lademittel.

V Verkehrsbüro

darin Gruppe Fahrkartenverwaltung; aufsichtsführender Dezernent: 7

Deutsche und internationale Personen-, Gepäck- und Expreßguttarife, Angelegenheiten des Personen-, Gepäck- und Expreßgutverkehrs des Vereins Deutscher Eisenbahnverwaltungen, des Internationalen Eisenbahn-Transportkomitees und des Internationalen Eisenbahnverbandes, Militärtarif (Personenverkehr), Fahrpreisermäßigungen, Erstattungen und Nachforderungen aus dem Personen-, Gepäck-, Expreßgut- und Leichenverkehr, Fahrgeldhinterziehungen,

---

* Brüsseler Saldierung: Die heute (2019) noch bestehende Clearingstelle BCC in Brüssel wurde 1924 als „Bureau Central de Compensation" gegründet und hat die Aufgabe, die Abrechnung der Eisenbahnen des Internationalen Eisenbahnverbandes (UIC) mit möglichst wenig Geldbewegungen, insbesondere von Devisen, abzuwickeln, indem für die gegenseitigen Schulden und Forderungen der Mitglieder (der Eisenbahnen) zentralisiert die Salden gebildet und verrechnet werden.

Personenverkehrsteuer, Mitteleuropäisches Reisebüro und private Reisebüros, Versicherung von Gepäck und Expreßgut, Schlafwagenverkehr, Sonderzüge und Sonntagsrückfahrkarten, Dauerkarten für Reichsrat, Abgeordnete usw., Reisekissenvermietung, Einrichtung und Eröffnung neuer Strecken und Bahnhöfe für den Personen-, Gepäck- und Expreßgutverkehr, Flugeisenbahnverkehr, Fundvorschriften und allgemeine Fundangelegenheiten, Deutscher Eisenbahn-Verkehrsverband, Abfertigung und Beförderung von Personen, Gepäck, Expreßgut, Leichen, Gütern und lebenden Tieren, Kassen- und Abrechnungswesen im Personen-, Gepäck-, Expreßgut-, Güter- und Tierverkehr, Ermittlungsvorschriften und Angelegenheiten des Deutschen Ausgleichsamtes, Fahrgeld- und Frachtstundungen, Zoll- und Steuerangelegenheiten im Gepäck- und Güterverkehr, Ladevorschriften und Reichsbahn-Leitungsvorschriften, Beförderungspläne im Güter- und Tierverkehr, verkehrliche Bearbeitung der Wagenübergangs- und Bahnhofsbedienungspläne, Gedingeverfahren bei den Güterabfertigungen, Gepäckträgergemeinschaften, Geräte des Verkehrsdienstes, Bahnagenten, bahnamtliches Rollfuhrwesen, landespolizeiliche Anordnungen gegen Viehseuchen, Kraftwagenangelegenheiten des Personen- und Güterverkehrs, Verkehrswerbung und Wettbewerbsmaßnahmen, Verkehrsbeschränkungen und Verkehrsstörungen, Aufstellen von Fuhrwerken auf den Güterbahnhöfen, Bahnamtliche Fuhrwerkswaagen, Landes- und Reichseisenbahnrat, Privattelegrammverkehr, Herstellung, Verausgabung und Buchung der Fahrkarten, Beschaffung von Druckmaschinen, Schneidemaschinen, Heftmaschinen, Einwickelmaschinen für die Fahrkartendruckerei, Beschaffung von Fahrkartenpappen und sonstigem Material für die Fahrkaretendruckerei, Beschaffung von Schalterdruckmaschinen, Fahrkarten- und Bahnsteigkartenautomaten, Dienstanweisung für die Bedienung der Druckeinrichtung in den Fahrkartenausgaben (Schalterdruckvorschrift), Einrichtung und technische Entwickelung der AEG-Schalterdruckmaschinen, Preisfestsetzung für diese Maschinen nebst Zubehörteilen.

T Tarifbüro

aufsichtsführender Dezernent: 6

Eisenbahn-Verkehrsordnung, Ständige Tarifkommission, Tarife für die Beförderung von Gütern und lebenden Tieren, Militärtarif, soweit der Güterverkehr in Frage kommt, Leitungsvorschriften im Verkehr mit Privatbahnen (Verzeichnis der Übergangspunkte), Anteilsausscheidung mit den deutschen Privatbahnen, Frachterstattungen und Frachtnacherhebungen, Internationales Übereinkommen, soweit der Güterverkehr in Frage kommt, Internationales Transportkomitee, Internationaler Eisenbahnverband, Umrechnungskurse für den internationalen Güterverkehr, Vereinsbetriebsreglement mit Übereinkommen, Güterverkehrsausschuß des Vereins Deutscher Eisenbahnverwaltungen, Übergangskilometerzeiger, Frachtvergünstigung bei Notständen, Tarifverzeichnis, Tarif- und Verkehrsanzeiger für den Güter- und Tierverkehr (TVA I) und verkehrsdienstliche Mitteilungen (TVA II), Frachtenkontrolle, Güterverkehrssteuer, Amtliches Bahnhofs- und Ortsverzeichnis, Einrichtung neuer Bahnhöfe und Ladestellen des Bezirks Berlin, Erweiterung der Abfertigungsbefugnisse, soweit der Güterverkehr in Frage kommt, Benennung der Bahnhöfe des Bezirks Berlin, örtliche Gebühren und außervertragliche Gebühren für die Bedienung von Anschlüssen für Bahnhöfe des Bezirks Berlin, Ertragsberechnungen für neue Bahnen und Bahnhöfe des Bezirks Berlin, Privat- und Kleinbahnprojekte vom Standpunkt der Reichsbahn, Dienstanweisung zur Ermittlung der Vergütung an Kleinbahnen, Abrechnung der Reichsbahnbezirke unter sich, soweit die Güter- und Tiertarife in Frage kommen, Aufstellung der Frachten- und Fahrgeldvergleiche der deutschen mit ausländischen Bahnen, Sammlung von Vorschriften für die Gütertarife (Berliner Sammlung).

Lg Grundverwaltungsbüro

aufsichtsführender Dezernent: 12

Verwaltung (Erwerb, Veräußerung, Tausch, Pacht und Miete) des Grundeigentums, ausgenommen Wohnungen, Grunddienstbarkeiten, Enteignung, Wege-, Wasser- und Deichsachen, Straßen- und Baufluchtliniensachen, Jagd- und Fischereiangelegenheiten, Siedlungswesen, Kleinbahnaufsicht (Finanz-, Rechts-, Tarif- und Verkehrsangelegenheiten), Privatgleisanschlüsse, Gemeinschaftsverhältnisse, Genehmigung zu Anlagen Dritter in der Nähe oder auf der Bahn, Steuersachen ausschl. Einkommensteuer, Umsatzsteuer und Stempelsteuer, Bahnwirtschaften, Bahnhofsbuchhandel, Wechselstuben, Friseurstuben, Verkaufsstände, Automaten, Reklame, Aushangewesen.

Lv Vermessungsbüro

aufsichtsführender Dezernent: 12

Ausführung von Grunderwerbsmessungen, Grenzwiederherstellungen, Vermessungsarbeiten in den Kohlenfeldergebieten bei Bitterfeld, Lübbenau und Ziebingen, Wahrnehmung von Grenzterminen mit anderen Behörden und vereideten Landmessern, Mitwirkung bei der Absteckung von Baufluchtlinien am Bahngelände, Ausführung von Feinnivellements, Höhenbeobachtung von Brücken und Bauwerken, Absteckung von Bauwerken, Absteckung von Weichen- und Gleisanlagen einschl. des Entwurfs und Herstellung der Absteckpläne, Absteckung für das Setzen der Gleisfestpunkte, Aufstellung und Fortführung der Verzeichnisse der Geraden und Krümmungen in den Personenzuggleisen, Beschaffung der Unterlagen und Ausführung der Vermessungsarbeiten bei Vorarbeiten, Beschaffung und Verwaltung der Vermessungsinstrumente und Meßgeräte, Aufmesung von Bahnhöfen und Anfertigung der Pläne, Neuanfertigung und Ergänzung aller Strecken- und Höhenpläne, Aufstellung und Fortführung der Liegenschaftsbücher und der Verzeichnisse der Rechtsverhältnisse, Reichsgrundbesitzverzeichnis, Feststellung und Bescheinigung der Landwegentfernungen für den ganzen Bezirk.

T Bautechnisches Büro

aufsichtsführender Dezernent: 43

Bautechnische Angelegenheiten der Dezernate 41, 42, 43, 44, 51, 52, zeichnerische Arbeiten, bildliche Fahrpläne, Fahrzeitenermittlung, Arbeits- und Zeitstudien im Betriebsdienst und betriebswissenschaftliche Untersuchung, Statistik in technischer und allgemeiner Beziehung, Gas-, Be- und Entwässerungsanlagen, Beschaffung und Unterhaltung der Bürogeräte, Bauprüfstoffstelle, Lichtbild- und Lichtpausanstalt, Planverwaltung, Hauptaktei I (Hai).

To Oberbaubüro

aufsichtsführender Dezernent: 47

Lagerüberweisungen von Oberbau- und Baustoffen an andere und von anderen R.B.D.'en und vom R.Z.A., einschl. Abrechnungsarbeiten, Aufklärung von Unstimmigkeiten bei der Prüfung der Stoffbewegung, Überweisung von Oberbau- und Baustoffen an die Verbrauchsstellen.

Ts Sicherungsbüro

aufsichtsführender Dezernent: 39

Sicherungs- und Fernmeldewesen, Fernsprechverkehr mit der Reichspost, Beschaffung und Bewirtschaftung der Stoffe für Sicherungs- und Fernmeldeanlagen zur sofortigen Verwendung, Stellwerks- und Telegraphenwerkstätte, Telegraphenstelle, Benutzung und Unterhaltung von Posttelegraphenlinien auf Bahngebiet

Tb Brückenbüro

aufsichtsführender Dezernent: 48

Unterhaltung und Erneuerung der Brücken und Hallen in Eisen und Eisenbeton mit Ausschluß der Widerlager der Brücken und der Umfassungswände der Hallen, Entwürfe, Festigkeitsberechnungen, Erläuterungsberichte und Kostenanschläge für diese Bauwerke, Brückenverstärkungen, Brücken= und Hallenanstriche, Brückenbalken und Bohlen, Beschaffung der für sämtliche Neubauten, Verstärkung und für die Unterhaltung der Bauwerke erforderlichen Mittel, Aufstellung der Entwürfe für die Anmeldung der Mittel zum Haushalt, Hauptprüfungen der Brücken und Hallen, Prüfungen der nicht im Brückenbüro aufgestellten Entwürfe für die Widerlager der Brücken, für die Gründungen von Bauwerken, für das Eisenwerk von Hochbauten, Prüfungen der von Kleinbahnen und Privatbahnen, im besonderen von den Untergrundbahnen eingehenden Entwürfe, Prüfung und Verwaltung der von den Ämtern aufgestellten Brücken= und Hallenbücher sowie der Bauwerksakten, Material= und Werkabnahme für neue und zu verstärkende Brücken.

Th Hochbaubüro

aufsichtsführender Dezernent: 49

Allgemeine hochbautechnische Angelegenheiten und Hochbaustatistik, Entwürfe zu allen Um= und Neubauten jeder Art von Hochbauten, unabhängig von der Höhe des Kostenbetrages, Bauausführung größerer hochbautechnischer Neu= und Umbauten, Mitwirkung bei der Überwachung der Bauausführung aller sonstigen im Bezirk auszuführenden Hochbauten, Unterhaltung und Bauausführungen in den Dienstgebäuden der Hauptverwaltung und der Reichsbahndirektion, dem Verkehrs= und Baumuseum, dem Töchterheim Marienfelde und auf den Gütern im Luckauer und Calauer Kreise, Mitwirkung bei größeren Unterhaltungsarbeiten sowie bei der Unterhaltung der Umformer= und Gleichrichterwerke, Unterhaltung und Umgestaltung von Bahnhofsempfangszimmern, bautechnische Begutachtung über Instandsetzungsarbeiten in den von der Wohnungsfürsorge der Reichsbahndirektion zugeteilten Wohnungen, architektonische Durchbildung der Bahnsteighallen, Personentunnel, Unterführungen, Brücken und Futtermauern, der Salonwagen und elektrischen Fahrzeuge, Farbtonbestimmung aller Anstriche an Brücken, Hallen, Überdachungen und Aufbauten auf den Bahnsteigen, Eisenbahnreklame und bahnamtliches Aushangwesen in hochbautechnischer Hinsicht, techn. Angelegenheiten des genossenschaftlichen Siedlungswesens und Überwachung der Bauausführung, städtebauliche Ausgestaltung der Vorplätze an Empfangsgebäuden und sonstigen wichtigen Bauten.

M Maschinentechnisches Büro

aufsichtsführender Dezernent: 26

Angelegenheiten des Lokomotiv= und Triebwagendienstes, Technische Untersuchung, Reinigung, Entseuchung, Heizung und Beleuchtung der Züge, Bauart und Versuche an Fahrzeugen, Privatgüterwagenangelegenheiten techn. Art, Selbstkosten der Zugförderung, Achsdruckverzeichnis, Werkstättendienst der Ausbesserungsstellen, der Bahnbetriebs= und Bahnbetriebswagenwerke, Gedinge in den Bahngetriebs= und Bahnbetriebswagenwerken, Maschinentechnische Angelegenheiten des Vereins deutscher Eisenbahnverwaltungen, Lokomotivleitung, Ausrüstung der Hilfszüge und Hilfsgerätewagen, Anforderung, Verteilung der Lokomotivbrennstoffe, Verwertung der Feuerungsrückstände, Patentwesen und Prämiierung nützlicher Erfindungen, mechanische, maschinelle und elektrische Anlagen, Starkstrom=, Ölgas=, Wasser=, Preßluft= usw. Versorgungsanlagen außerhalb der RAW., Anlagen des elektrischen Zugbetriebes, Kraftwagen aller Art, Elektrokarren, Druckerei= und Buchbindereimaschinen, Bezug und Abgabe von Elektrizität und Ölgas und Herstellung der Anschlüsse hierzu, Kreuzung der Bahnanlagen durch fremde Starkstromleitungen.

W Werkstättenbüro

aufsichtsführender Dezernent: 61

Organisation der Reichsbahnausbesserungswerke, Vorschriten für den Werkdienst, Instandsetzung der Fahrzeuge in den Reichsbahnausbesserungswerken, Ermittlung, Verteilung und Ausgleich des Auftragsbestandes und Ausgleich der Belegschaftsstärken in den RAW., Ausbildung der Werkstättenlehrlinge, Unterhaltung und Ausrüstung der RAW., Werkstättenhaushalt, Vermietung und Verwertung des stillgelegten Werkstättenvermögens, Brennstoff-, Wärme- und Energiewirtschaft im Wärmewirtschaftsbezirk 2, Gedinge, Zeitaufnahmen, Unfallverhütung für die Gesamtwerkstättenwirtschaft, allgemeine Fragen dies Gießereiwesens (Rotguß) und der Federnbearbeitung für alle RBD. (Werkstätten), Werkstättenstatistik für den Gesamtbereich der Deutschen Reichsbahn-Gesellschaft, Sportsachen.

St Stoffbüro

aufsichtsführender Dezernent: 62

Beschaffung, Bewirtschaftung und Abrechnung der Betriebsstoffe, Stoffe für elektrische Anlagen, Werkstoffe, Ersatzstücke ausschl. Beschaffung und Geräte, Prüfung der Bestandsübersichten (Rapporte), Überwachung der Hausordnung für das Geschäftsgebäude Linkstr. 44

E Entschädigungsbüro

aufsichtsführender Dezernent: 13 A

Verfolgung der Gesetzgebung und Rechtsprechung, allgemeine Verkehrsangelegenheiten, soweit sie sich auf die Regelung von Entschädigungsansprüchen beziehen, Entschädigungsansprüche aus dem Güter-, Gepäck- und Expreßgutverkehr wegen Verlustes, Beschädigung, Minderung und Lieferfristüberschreitung über 500 ℛℳ im Reichsbahn-Binnenverkehr, über 10 ℛℳ im Vereinsverkehr und alle Ansprüche im internationalen Verkehr, Entschädigungsansprüche aus dem Privatgüterwagen-, Personen- und Privattelegrammverkehr, Fundsachen, Mahnverfahren, Pfändungs- und Überweisungsbeschlüsse sowie sonstige einstweilige gerichtliche Anordnungen, ferner Unregelmäßigkeiten im Güter-, Gepäck- und Expreßgutverkehr (soweit sie nicht den Verlade-, Abfertigungs-, Wagen- und Beförderungsdienst betreffen), insbesondere Ablieferungshindernisse, Nachnahmeangelegenheiten, Rückgriff gegen Bedienstete, Beschwerden gegen Bescheide der Verkehrsämter auf Entschädigungsansprüche, Schadenersatzansprüche aus dem Haftpflicht- und Eisenbahngesetz, Ersatzansprüche gegen Dritte bei Verlust und Beschädigung bahneigener Wagendecken sowie wegen Beschädigung von Bahnanlagen und Fahrzeugen, Druck von Frachtbriefen und Expreßgutkarten durch Private, Rechtsansprüche von Reichsbahnbeamten aus ihrem Dienstverhältnis auf Grund des BGB.

Pk Pensionskassenbüro

aufsichtsführender Dezernent: 5 C

Angelegenheiten des Verbandes der Reichsbahn-Arbeiterpensionskassen und des Hauptvorstandes der Kranken- und Hinberbliebenenkasse der Deutschen Reichsbahn-Gesellschaft, Geschäfte des Vorstandes der Arbeiterpensionskasse I, Verfügungen an die Bezirksausschüsse, Prüfung der von diesen festgesetzten Renten, Berufungen und Beschwerden gegen deren Rentenfestsetzungen, Klagesachen in Renten- und Beitragsangelegenheiten, Revisionssachen beim Reichsversicherungsamt, Rentenkarteien uns Statistik, Anlegung zeitweilig verfügbarer Gelder, Ankauf von Wertpapieren, Hypothekengewährung, Jahresabschlüsse für das Reichsversicherungsamt, Voranschlag, Durchführung von Heilverfahren, Verwaltung der eigenen Heilstätten, Kuranstalten, Kinder-, Invaliden- und Frauenheime, Güter.

HK Hauptkasse

aufsichtsführender Dezernent: 10

Abwickelung aller Kassengeschäfte mit Privaten, Banken und sonstigen Kassen, der Zentralkassse der Deutschen Reichsbahn-Gesellschaft, den fremden Hauptkassen, den Stations- und Werkkassen, Erledigung aller dazugehörigen Buchungsgeschäfte nach dem Wirtschafts- und Buchungsplan sowie nach der Fobu*, Wirtschaftsabrechnung mit anderen RBD.-Bezirken - soweit kassenmäßig -, Rechnungslegung, Kassen- und Buchungsgeschäfte für Wohlfahrtseinrichtungen, Aufbewahrung von Wertpapieren.

V. K. I Verkehrskontrolle I

aufsichtsführender Dezernent: 9

Prüfung, Feststellung und Abrechnung der Einnahmen aus dem Personen-, Gepäck- und Expreßgutverkehr einschl. der gemischten Beförderungen auf Militärfahrschein, Statistik, Abrechnung unter den Reichsbahnbezirken, Ermittlung der Wirtschaftseinnahmen, Beiträge zu den Finanzberichten und zum Voranschlag für den Wirtschaftsplan; wichtigere Sonderaufgaben: Prüfung und Feststellung des Rechnungswerks sämtlicher ausländischer MER-Ausgabestellen**, zentrale Feststellung der von den RBD.'en haushaltsmäßig zu verrechnenden Einnahmenanteile, zentrale Bearbeitung der Statistik für den gesamten Reichsbahnbereich, geschäftsführende Arbeiten für die verkehrsstatistischen Vorschriften Versta P und Persta.***

V. K. II Verkehrskontrolle II

aufsichtsführender Dezernent: 6

Prüfung, Feststellung und Abrechnung der Einnahmen aus dem Güter-, Militär-, Leichen- und Tierverkehr, Dienstgutverkehr, Statistik, Abrechnung unter den Reichsbahnbezirken, Ermittlung der Wirtschaftseinnahmen, Beiträge zu den Finanzberichten und zum Voranschlag für den Wirtschaftsplan, Frachterstattungen; wichtigere Sonderaufgaben: zentrale Bearbeitung der Statistik und der Beförderungssteuer für den gesamten Reichsbahnbereich, geschäftsführende Arbeiten für die verkehrsstatistischen Vorschriften Versta G und Güsta.****

Ausk. Auskunftei für den Güterverkehr

aufsichtsführender Dezernent: 6

Auskunftsdienst und Tarifverkauf nach Maßgabe der für die Auskunftei bestehenden besonderen Dienstanweisung.

---

* Fobu = Dienstvorschrift über die Fortbildung der Buchungs-Ordnung

** MER = Mitteleuropäisches Reisebüro

*** Versta P = Vorschrift für die verkehrsstatistischen Arbeiten der äußeren Dienststellen Personen-, Gepäck- und Expreßgutverkehr (DV 745); Persta = Dienstvorschrift für die Aufstellung der Statistik des Personen-, Gepäck- und Expreßgutverkehrs und des Militärverkehrs auf Fahrscheine durch die Verkehrskonrollen I (DV 716)

**** Versta G = Vorschrift für die verkehrsstatistischen Arbeiten der äußeren Dienststellen Güterverkehr (DV 746), mit Anhängen 746/I Bahnhofsverzeichnis für die Güterbewegungsstatistik, 746/II Güterverzeichnis für die Güterbewegungsstatistik sowie zu 746/II Güterverzeichnis nach Warengruppen für die Güterbewegungsstatistik; Güsta = Vorschrift für die Aufstellung der Statistik des Güterverkehrs durch die Verkehrskontrollen II (DV 717)

Die Struktur zum Ende der Deutschen Bundesbahn

Ende der 80er wurde noch einmal kräftig umstrukturiert. * Daraus ergab sich das folgende Kennzeichnungssystem für Dienstposten (Arbeitsanteile) in den Bundesbahndirektionen:

Für die Kennzeichnung der Dp in der Zentrale wurde ein alphanumerisches System eingeführt, das nur bedingt auf die BD zu übertragen war, da

- in Zentrale und BD keine kongruenten Führungsebenen bestehen

Zentrale	BD
Ressortleiter Bereichsleiter	Präsident
Hauptabteilungsleiter	Hauptabteilungsleiter
Abteilungsleiter	Abteilungsleiter

- einzelne Verantwortungs- bzw. Aufgabenbereiche in der Zentrale anders als auf der BD-Ebene zusammengestellt sind (z. B. Bahnpolizei, Brücken und Bahnübergänge, Signal- und Telekommunikationstechnik),
- wegen personalwirtschaftlicher Zwänge in kleineren BD eine stärkere Zusammenfassung einzelner Verantwortungs- bzw. Aufgabebereiche notwendig werden kann,
- bei völlig kongruenter Abbildung des Dp-Kennzeichnungssystems der Zentrale in den BD jede aus organisatorischen Gründen notwendig werdende Veränderung der Zentrale in allen BD zu analogen Veränderungen führen müßte.

Das bei den BD eingeführte Dp-Kennzeichnungssystem berücksichtigt deshalb nur die Grundelemente des Kennzeichnungssystems der Zentrale.

1. Jedes Dp-Kennzeichen besteht aus bis zu sechs Stellen

Stellen 1-2				Stellen 3-6	
Alpha-Teil				Numerischer Teil	
1	2	3	4	5	6

Stellen	**zur Kennzeichnung von**
1 und 2	Hauptabteilungen
3	Abteilungen
4	Hauptgruppen
5 und 6	Gruppen und Mitarbeiter

* siehe auch S. 62 ff. (Einführung der Sachgebietsverfassung)

2. Geschäftsbereich des Präsidenten und Hauptabteilungen werden im Alpha-Teil mit ein oder zwei Buchstaben* gekennzeichnet und haben unterschiedliche Dst-Nummern. Die Reihenfolge ergibt sich aus folgender Tabelle:

Funktion / Bezeichnung	Kennzeichnung
Präsident Hauptabteilung Steuerung und Planung Regionalabteilungen	Pr SP Ra
Hauptabteilung Güterverkehr	G
Hauptabteilung Personenverkehr	P
Hauptabteilung Produktion - mit Untergliederung	PN, Pn *), Pi *)
Hauptabteilung Maschinentechnik und Werke	MW
Hauptabteilung Bautechnik - mit Untergliederung	B, B *), Bv *)
Hauptabteilung Personal und Soziales	PS
Hauptabteilung Finanzwirtschaft und Recht	FR
Hauptabteilung Projekte Bautechnik	PB
Hauptabteilung Nahverkehr	NV
ggf. Projektgruppe Neubaustrecken (BZ)	N
Resultatsverantwortungsbereiche	RV

*) Pn = Produktion; Pi = Infrastrukturplanung in der Produktion;
Bv = Maßnahmen des Bundesverkehrswegeplanes

3. Hinsichtlich Groß- und Kleinschreibung gelten die Weisungen des Vst-Schreibens vom 2. 1. 1986 - Vst O 3002 Ovd 12 -. Danach wird bei Hauptabteilungen und Hauptabteilungsleitern auch der zweite Buchstabe einer möglichen Buchstabenkombination groß geschrieben, z. B. PS, MW.
Bei Abteilungen, Hauptgruppen und Gruppen bzw. Abteilungsleitern, Hauptgruppenleitern und Gruppenleitern sowie allen anderen Dp bzw. Mitarbeitern wird der zweite Buchstabe klein geschrieben, z. B. Sp 0002, Ps 3, Mw 4201.

* Das bis dahin stets für Betrieb verwendete B wurde hier komplett neu belegt, der Betrieb in Produktion umbenannt, Tarif beseitigt sowie mit NV eine neue Hauptabteilung geschaffen, obwohl im Nahverkehr Personen befördert werden.

4. Das Kennzeichen läßt die Einordnung des Dp in die Aufbauorganisation erkennen.

Präsident (Pr), Hauptabteilungsleiter (HaL)	- nur Buchstabe(n)
Abteilungsleiter (AbL)	- Buchstabe(n) + einstellige Zahl
Hauptgruppenleiter (HgL)	- Buchstabe(n) + zweistellige Zahl
Gruppenleiter	- Buchstabe(n) + vierstellige Zahl
Sachbearbeiter	- Buchstabe(n) + vierstellige Zahl

Dp-Kennzeichnungen mit Buchstabe(n) und einer dreistelligen Zahl sind in der Region nicht vorgesehen.

5. Neben diesen Kennzeichnungen erhält grundsätzlich jeder Dp eine davon abgeleitete fünfstellige Arbeitsplatz-Nummer (Apz-Nr.), ausgenommen Pr und HaL.

6. Im Rahmen von Aufgabenverzahnungen kann es in Einzelfällen vorkommen, daß für die **Aufgabengebiete eines Dienstpostens zwei Dp-Kennzeichen** eingeführt werden.

Im Geschäftsverkehr ist nur das jeweils zutreffende Dp-Kennzeichen zu verwenden. Diese Mitarbeiter dürfen jedoch **nur eine Arbeitsplatznummer** (Apz-Nr.) - in der Regel die des überwiegenden Einsatzgebiets - erhalten.

Beispiele:

Die den HaL unterstellten AbL werden im Regelfall fortlaufend numeriert,

z. B. - HaL Personal und Soziales	PS
- AbL in der Ha Personal und Soziales	Ps 1 - Ps 5

Hat eine Hauptabteilung mehr als neun Abteilungen, muß ein weiterer Buchstabe verwendet werden,

z. B. - HaL Bautechnik	B
- Abl in der Ha Bautechnik	B 1 - B 9
- Abl „Vorhaben der Bundesverkehrswegeplanung“	Bv 1

Dies kann auch aus Gründen einer besseren Zuordnung zu entsprechenden Fb der Zentrale angezeigt sein,

z. B. - HaL Produktion	PN
- AbL Produktion	Pn 1 - Pn 5
- AbL Infrastruktur	Pi 1 - Pi 5

Die Kennzeichnung von HgL-Dp richtet sich nach ihrer Unterstellung:

- direkt einem HaL unterstellt, z. B.	HgL P 01
- einem AbL unterstellt, z. B.	HgL Fr 42

Innerhalb des gleichen Unterstellungsverhältnisses werden mehrere Haupt=gruppen im Regelfall fortlaufend numeriert:

z. B. Ab Ps 2 mit Hauptgruppen Ps 21, Ps 22, Ps 23

7. Die Kennzeichnung der Dp der übrigen Mitrarbeiter - auch der GrL - richtet sich ebenfalls nach ihrer Unterstellung:
   - direkt einem HaL unterstellt, z. B. B 0001, Fr 0001
   - direkt einem AbL unterstellt, z. B. Ps 2001
   - einem HgL unterstellt, z. B. Mw 4107, Pn 2303

Es stehen für die Numerierung der Mitarbeiter=Dp in jeder Organisationsein=heit 99 Zahlen - jeweils mit 01 beginnend - zur Verfügung.

Sind weniger Dp zu numerieren, muß dies nicht fortlaufend vorgenommen werden, sondern es können für unterschiedliche Aufgaben entsprechende Nummerngruppen gebildet werden,

z. B. Fr 2101 - Fr 2110
Fr 2131 - Fr 2135
Fr 2140 - Fr 2147

Insbesondere können damit Gruppenbildungen kenntlich gemacht werden, wobei für GrL jeweils durch 10 teilbare Zahlen angewendet werden können,

z. B. Fr 2210
Fr 2220

Reichen diese 99 Zahlen nicht aus, ist eine weitere freie Hauptgruppennummer zu verwenden,

z. B. Fr 2201 - Fr 2299
Fr 2301 - Fr 2386

Es gibt hier keine Hauptgruppe Fr 23, die folgende Hauptgruppe heißt Fr 24.

Bildung der Arbeitsplatznummern

Die Arbeitsplatznummern (Apz=Nr.) werden in jeder Hauptabteilung einheitlich gebildet.

Die Apz=Nr. des Pr und der HaL lautet 01000.

Die Apz=Nr. der dem Pr/HaL direkt unterstellten HgL, GrL und Sb beginnen mit 1, der dann die Zahlen des Dp=Kennzeichens folgen.

Die Apz=Nr. der AbL und der den AbL unterstellten Mitarbeiter beginnen i. a. jeweils mit 2. Danach folgt das jeweilige Dp=Kennzeichen in vierstelliger Schreib=weise, d. h. ggf. am Schluß um die entsprechende Zahl von Nullen ergänzt. Dies gilt auch für die Regionalabteilungen.

Bei Verwendung einer weiteren Buchstabenkombination für Dp in derselben Ha können deren Apz-Nr. mit der Ziffer 3 beginnen.

Werden drei Buchstabenkombinationen verwendet, können die Apz-Nr. mit 2, 3 oder 4 beginnen.

Für die Generalvertretungen werden b. a. w. neben der Ziffer 2 zum Teil die Ziffern 3 und 4 zur Bildung der Apz-Nr. dem Dp-Kennzeichen vorangestellt.

Hauptabteilung Personal und Soziales	**Dst-Nr.: ...**	
Funktion	**AA**	**Apz-Nr.**
HaL PS	PS	01000
Sachbearbeiter Ps 0001	Ps 0001	10001
AbL Ps 3	Ps 3	23000
HgL Ps 51	Ps 51	21500
Sachbearbeiter Ps 5103	Ps 5103	25103

Hauptabteilung Bautechnik	**Dst-Nr.: ...**	
Funktion	**AA**	**Apz-Nr.**
HaL B	B	01000
Sachbearbeiter B 0011	B 0011	10011
AbL B 5	B 5	25000
HgL B 52	B 52	25200
Sachbearbeiter B 5211	B 5211	25211
AbL Bv 1	Bv 1	31000
Sachbearbeiter Bv 1005	Bv 1005	31005

Regionalabteilung	**Dst-Nr.: ...**	
Funktion	**AA**	**Apz-Nr.**
RaL	Ra 3	23000
1. Vertreter	Ra 31	23100
Bing (B)*	Ra 3010	23010
Sachbearbeiter Produktion	Ra 3021	23021

* Bing = Betriebsingenieur

Generalvertretung Güterverkehr	Dst-Nr.: ...	
Funktion	AA	Apz-Nr.
AbL (GV)	G 4	24000
Leiter Verkaufsbüro	G 4001	24001
KB I*	G 4021	24021

Generalvertretung Personenverkehr	Dst-Nr.: ...	
Funktion	AA	Apz-Nr.
AbL (GV)	P 4	34000
Leiter Verkaufsbüro	P 4001	34001
KB I	P 4061	34061

* KB = Kundenberater

Begriffe aus der Verwaltung

Bei der Bearbeitung des vorliegenden Buches hat sich herausgestellt, daß die angezogenen Vorschriften mit größter Selbstverständlichkeit Begriffe verwenden und die Kenntnis von Abläufen voraussetzen, die heute, beim Erscheinen des Buches im Jahre 2019, nicht mehr gelehrt werden, vielmehr schon weitgehend vergessen oder inzwischen anders gedeutet sind und die sich in ihrer ursprünglichen Bedeutung weder leicht noch schnell über Suchmaschinen im Netz finden lassen. Deshalb sind hier folgend einige solcher Begriffe, Abläufe und Zusammenhänge erläutert. *

Hilfsarbeiter in den Eisenbahnbüros waren zum Beispiel alles andere als mit untergeordneten Tätigkeiten befaßte, geringqualifizierte Handlanger. Im Gegenteil, es waren Beamte des höheren Dienstes, die - um Erfahrungen für spätere herausgehobene Dienstposten zu sammeln - einen Dezernenten bei seiner Arbeit unterstützten und dabei Einblick in die komplizierte Materie erhielten.

Der Begriff **Aktei** begegnet uns häufiger (Beamtenaktei, Geheimaktei, Hauptaktei I [Hai], Akteivorlage). Mit Aktei wurde in der Verwaltungssprache der Eisenbahn eine Registratur (Ablage, genau bestimmter Aktenbestand, auch der Aufbewahrungsort der Akten) bezeichnet. In den 20er Jahren des 20. Jahrhunderts wurden Bezeichnungen modern, die auf -ei endeten, zum Beispiel Kartei, Blattei (Sonderform der Kartei mit sehr großen Karteiblättern statt steifer Karteikarten), Kontei (Blattei für Kontenblätter), Planei (Sammlung von Plänen)** und eben auch Aktei. Die Kartei ist noch heute allgemein bekannt, Aktei, Blattei, Kontei oder Planei dagegen sind als Begriffe nahezu vergessen.

Sowohl Behörden als auch Unternehmen brauchen eine (innere) Verwaltung, und zentrale Bausteine dieser Verwaltung sind die Schriftgutorganisation und die damit verbundene **Registratur.** Bis in die 20er Jahre des 20. Jahrunderts herrschte eine zentrale Registratur vor, bei der alle Schriftstücke ins (Brief-)Tagebuch eingetragen wurden und auch während des Geschäftsgangs bei der Weiterleitung an andere beteiligte Stellen über die Registratur geführt wurden. Das Verfahren erwies sich mit steigender Masse des zu Verwaltenden als zu schwerfällig, und

---

* hierzu ausführlich: Rösler: *Bürokunde und ein Blick ins Archiv* mit weiteren Nachweisen

** siehe z. B. Aktenzeichen Ivp im Aktenplan von 1954 (siehe S. 400)

so kam es in den 20er Jahren zu einer Büroreform, die im Kern eine Registratur=reform war. Statt der Zentralregistratur wurden Abteilungs= oder auch Bearbeiter=registraturen geschaffen, bei denen der Aktenbestand eben nicht mehr zentral, sondern in der Abteilung oder beim Bearbeiter aufbewahrt und verwaltet wurde. Registriert im Sinne von erfaßt und geordnet wurden Schriftstücke, Vorgänge und Akten dabei durchaus, deshalb ist der Begriff der „registraturlosen Arbeit" leider stark irreführend. Er meint nur, daß es ohne die Zentralregistratur und damit ohne die Aufbewahrung und Verwaltung der Akten *an einer Stelle* ging. Hätte man nämlich tatsächlich nicht mehr registriert (und in den nächsten Arbeits=gängen planvoll geordnet und abgelegt), wären Aktenzeichen und die daraus gebildeten Geschäftszeichen gegenstandslos gewesen. Offensichtlich war es anders, lediglich der Ort der Aktenaufbewahrung wechselte: von einer Registratur (Zen=tralablage, Hauptaktei) zunehmend zur Bearbeiterablage (Beamtenaktei, Sach=bearbeiterregistratur). Die Ordnungsprinzipien blieben: der Aktenplan mit den Aktenzeichen für die Schriftgutorganisation im engeren Sinne, Vorgaben für die Geschäftszeichenbildung in anderen Vorschriften (Dienstvorschriften, Geschäfts=anweisungen, allgemeine Verfügungen).

In der Reichsbahndirektion Berlin ging man zwar in den 20er Jahren zur Bear=beiterablage (Beamtenaktei) über, aber es wurde eine Zentralablage, die „Haupt=aktei I" (Hai), weitergeführt. Außerdem gab es die Geheimaktei (Aktei G).

Das **Geschäftszeichen** enthält (meistens) mehr Informationen als das Akten=zeichen: es kombiniert Angaben zur bearbeitenden Stelle mit dem Aktenzeichen. Lediglich dort, wo entweder das bloße Aktenzeichen oder die bloße Bezeichnung des Bearbeiters genannt werden, ist der Informationsgehalt reduziert. *

Verfügungen sind Schriftstücke der Überordnung, sie geben Anweisungen nach unten. Kommt eine Verfügung von „ganz oben" (z. B. vom Ministerium), so spricht man vom Erlaß.

Schriftstücke der Unterordnung dagegen sind die **Berichte**. Jedes Schriftstück, das an eine übergeordnete Behörde oder einen persönlichen Vorgesetzten ge=richtet ist, heißt in der Amtssprache Bericht. Von einem Bericht spricht man also auch dann, wenn es sich in Wirklichkeit um eine Anfrage handelt. Der Bericht kann – das ist der Regelfall – auf Anordnung der höheren Dienststelle, er kann aber auch „ohne Erlaß" von Amts wegen [„ex officio"] erstattet werden. Eine Anfrage zum Beispiel ist nur ohne Erlaß denkbar – und wird dennoch als Bericht bezeichnet.

* siehe ausführlich im Kapitel „Geschäftszeichen in Eisenbahnakten" ab Seite 113

Auch die **Meldung**, ein Begriff der aus der Militärsprache in die Verwaltungssprache eingewandert ist, wurde vor dem Krieg noch als Bericht bezeichnet. Der **Befehl** dagegen ist bei der Eisenbahn ganz anders zu verstehen als beim Militär. Die Eisenbahn kennt den Befehl nur im eng abgegrenzten Begriffsbereich des Betriebsdienstes, dort in der Fahrdienstvorschrift. Der Fahrdienstleiter erteilt in bestimmten, genau festgelegten betrieblichen Situationen dem Zugpersonal einen Befehl (z. B. Befehl A, Befehl B / Falschfahrbefehl / Linksfahrbefehl oder Befehl C / Vorsichtsbefehl), der mit vorgeschriebenem Wortlaut exakt bestimmte Erlaubnisse gibt oder betriebliche Handlungen vorschreibt. Mit dem militärischen Befehl hat er nur gemein, daß darüber nicht zu diskutieren ist; mit Schriftverkehr in der Verwaltung hat dieser Befehl nichts zu tun.

Wendet sich eine Dienststelle an eine andere Dienststelle, der gegenüber sie weder weisungsberechtigt noch gehorsamspflichtig ist, so spricht man einfach von einem **Schreiben.** Diese Schreiben sind Schriftstücke der Gleichordnung, in denen der anderen Seite etwas mitgeteilt oder in denen sie um Auskunft gebeten wird.

Neben Erlassen / Verfügungen, Berichten und Schreiben gibt es noch **Aktenvermerke**, die sich nicht in das Schema von (nach außen gehendem) Schriftgut der Über-, Unter- oder Gleichordnung einsortieren lassen. Aktenvermerke sind „immobil" (bleiben innen) gehören also zum Innenschriftgut und werden aktenkundlich als Memorialschreibwerk bezeichnet. Sie dienen dazu, Verwaltungshandeln nachvollziehbar zu machen und auch dazu, Vertreter oder Nachfolgern die Arbeit zu erleichtern. Aktenvermerke werden über wichtige Sachverhalte, etwa Telefonate oder Absprachen, oder zur Zusammenfassung von Zwischenständen erstellt. Soweit sie nicht handschriftlich als Randbemerkung (Marginal) auf einem Geschäftsstück angebracht sind, sondern als eigenes Schriftstück gefertigt werden, sind sie auch mit dem Geschäfts- oder Aktenzeichen zu versehen.

Der **Entwurf** ist in der Verwaltung viel mehr als nur die Niederschrift einiger Vorstellungen zum Endprodukt. Es ist vielmehr das in den Akten verbleibende Schriftstück, auf dem sowohl der Inhalt eines ausgehenden Schriftstücks (ob nun Verfügung, Bericht oder Schreiben) als auch Bearbeitungsspuren konserviert sind: Eingangs-, Geschäftsgangs- und Bearbeitungsvermerke, interne Verfügungen (Anweisungen zur weiteren Behandlung), Hinweise zu Mitbearbeitung, Kenntnisnahmen, Verteiler von Ausfertigungen, Ausfertigungs-, Kollationierungs- und Absendevermerke und am Schluß die Zu-den-Akten-Verfügung.

Bei einfachen Sachverhalten und genügend Platz auf dem „Eingang" (dem eingehenden Schriftstück) konnte die Antwort direkt auf dem vorliegenden Schriftstück entworfen werden, und es nahm auch alle anderen Bearbeitungspuren bis hin zur zdA-Verfügung auf (bei der Eisenbahn nur A ! bzw. A). Das war papiersparend und übersichtlich, und es konnte auch nichts verloren gehen. Wohl auch aus diesem Grunde war es bis in die erste Hälfte des 20. Jahrhunderts sehr üblich, Berichte (auch Anfragen, Gesuche usw.) halbbrüchig zu schreiben: der Bogen wurde einmal längs gefaltet (gebrochen) und nur die rechte Seite beschrieben. Die linke Seite blieb für Zwecke der angeschriebenen Stelle frei - nämlich für deren Entwurf der Antwort nebest allen Vermerken und Verfügungen.

Bei komplexeren Sachverhalten wurde der Entwurf als besonderes Schriftstück gefertigt, das in der Regel nach „Angaben" gegliedert war. Es konnte z. B. einen Vermerk mit einer Zusammenfassung enthalten, Hinweise auf Abstimmungen und sonstige Mitwirkung, Stellungnahmen anderer Stellen usw. - und enthielt in aller Regel *den Text* des abzusendenden Schriftstücks und die internen Verfügungen für die weitere Behandlung. Durch die **Kanzlei** wurde dann die Reinschrift des Ausgangsschriftstücks ausgefertigt*, mit dem Entwurf verglichen (kollationiert), dann die Reinschrift (das Mundum) zur Unterschrift (Vollziehung) vorgelegt, danach abgesandt und auf dem Entwurt die Absendung bestätigt. Am Ende stand die Verfügung zu den Akten. - - Das war, hier sehr gedrängt dargestellt, das *Entwurfsverfahren.*

Im *Reinschriftverfahren* (Durchschlagverfahren) wurde dagegen gleich das versandfertige Ausgangsschreiben erstellt, und erst der Durchschlag wurde mit den nötigen Angaben, Bearbeitungsanweisungen und Vermerken ergänzt und dann zu den Akten genommen.** In Zeiten der Schreibmaschine waren die Durchschläge leicht am Papier und am Schriftbild von einer Reinschrift zu unterscheiden. Darüber hinaus ist es üblich, daß nur die Reinschrift „vollzogen", d. h. mit dem vollen Namen des Zeichnungsberechtigten unterschrieben wird, während auf dem Entwurf lediglich Paraphen (Namenszeichen) erscheinen, diese stets ergänzt mit der Tagesangabe. ***

---

* vgl. § 8 Abs. 17 Geschäftssachenanweisung BD, im vorliegenden Buch S. 842 f.

** vgl. § 5 Abs. 3 Geschäftssachenanweisung BD, im vorliegenden Buch S. 835

*** zu den Bearbeitungsverfahren ausführlich in Rösler: *Bürokunde ...* ; auch unter http://buerokunde.de/buerokunde/Leseprobe_files/BK_Leseprobe2k.pdf

Geschäftszeichen in Eisenbahnakten

Während das **Aktenzeichen** lediglich die Zugehörigkeit eines Schriftstücks zur Sachakte zeigt, enthält ein **Geschäftszeichen** meist mehr Informationen, nämlich auch Angaben zur bearbeitenden Stelle (Büro, Sachbearbeiter). Wenn in Antwortschreiben auf das Geschäftszeichen Bezug genommen wird, ist es für die Poststelle einfach, diesen neuen „Eingang" unverzüglich an den richtigen Bearbeiter zu leiten. Deshalb trugen Behördenschreiben und Geschäftsbriefe von Wirtschaftsunternehmen einen Vermerk der Art „unser Zeichen, bei Antwort bitte angeben". Heute wird meist nur das eigene Zeichen *genannt* (wenn überhaupt), ohne ausdrücklich um Erwähnung im zugehörigen Schriftverkehr zu bitten.

Diese Angaben finden sich im Bezugszeichenblock („Ihr Zeichen/Bearbeiter, Ihr Datum, unsere Zeichen/Bearbeiter"). Das Verwenden des Bezugs auf das fremde Geschäftszeichen gilt als professionell; das Weglassen führt dagegen zu verzögerter Bearbeitung, weil erst der zuständige Bearbeiter gesucht werden muß.

Der Bearbeiter kann dabei über den Arbeitsanteil (auch als Arbeitsrate oder Geschäftsanteil bezeichnet) angedeutet werden. Einen Hinweis auf den Namen des Bearbeiters gibt das *nicht*. Der Arbeitsanteil ist ein Organisationshilfsmittel, bei dem die organisatorische Zuordnung und das Aufgabengebiet eines Dienstpostens numerisch oder alphanumerisch bezeichnet ist, zum Beispiel

- 2 für den Bearbeiter 2 in einem Bundesbahn-Verkehrsamt oder einer GV
- S 2 für den Bearbeiter 2 in der Stoffe-Abteilung eines AW *
- Bf 8 für den Bearbeiter 8 im Fahrplanbüro einer Rbd oder BD **

und ab den 80er Jahren nach umfangreichen Organisationsänderungen

- B 3101 für den Bearbeiter 310<u>1</u> in der Hauptabteilung Bautechnik, Abteilung 3, Hauptgruppe 1***
- Pn 2303 für den Bearbeiter 230<u>3</u> in der Hauptabteilung Produktion, Abteilung Produktion 2, Hauptgruppe 3***

---

* siehe auch S. 80 (Organisation von AW)

** siehe auch S. 65 ff. (Organisation von Direktionen)

*** siehe auch S. 64 (Sachgebeitesverfassung) und 103 ff. (Kennzeichnungssystem für die Dienstposten in den Bundesbahndirektionen)

Der Arbeitsanteil behält seine Bezeichnung beim Bearbeiterwechsel; der AA ist organisations- und nicht personengebunden.

Teilweise wurden auch Personenkürzel in das Geschäftszeichen eingebunden. Bei der Eisenbahn waren sie zweistellig und durften sich in einer Organisationseinheit (Büro, Dezernat o. ä.) nicht wiederholen. In der Regel bestanden sie aus den ersten beiden Buchstaben des Nachnamens (beim Verfasser also Rö); wenn dieses Kürzel bereits vergeben war, aus dem ersten und letzten Buchstaben des Nachnamens (z. B. Rr) oder einer anderen sinnvollen, noch freien Kombination (z. B. Rs). Wenn auch das nicht möglich war, zum Beispiel bei sehr kurzen oder häufigen Nachnamen, konnte man noch auf den Vornamen ausweichen (z. B. Müller, Bodo = Mb oder Abt, Christiane = Ac). Das Personenkürzel blieb beim Wechsel des Arbeitsanteils innerhalb einer Abteilung erhalten, auch wenn das Aufgabengebiet (der Arbeitsanteil) wechselte.

Bei der Eisenbahn waren die Geschäftszeichen unterschiedlich komplex, je nach Struktur der bearbeitenden Stelle.

Vollzugsinstanz:

Für die **Dienststellen des Außendienstes** war in § 7 Abs. 2 der Schriftvo festgelegt: „Die Schriftstücke erhalten **im allgemeinen kein Geschäftszeichen.** Bei größeren Dienststellen kann der Arbeitsanteil als Geschäftszeichen angegeben werden. Schreiben über Entschädigungsanträge aus dem Frachtvertrag erhalten als Geschäftszeichen die laufende Nummer der Entschädigungsliste (z. B. Rf 121)."

Das resultierte daraus, daß der Mitarbeiterbestand überschaubar war und der Vorsteher oder sein Beauftragter die Eingänge leicht dem Bearbeiter zuschreiben konnte.

Ämterinstanz

In den Ausbesserungswerken war § 6 Abs. 3 der Geschäftssachenanweisung Aw von 1965 anzuwenden: „Das Geschäftszeichen wird aus der Bezeichnung des Arbeitsanteils und dem Aktenzeichen gebildet, z. B. S 2 Stb."

Für die Reichsbahnämter galt ab 1932 die DV 174, Geschäftsanweisung für die Büros der Reichsbahn-Ämter (Büroordnung Ämter), in der es in § 18 - Kennzeichnung der Geschäftssachen - hieß: „Jedes Schriftstück erhält das Aktenzeichen (ohne jeden Zusatz) als Geschäftszeichen. Bei eingehenden Schriftstücken ist es über den Eingangsstempel, bei ausgehenden unter die Firma zu setzen. Bei Erstattungs- und Entschädigungsanträgen aus dem Verkehrsdienst gilt die laufende Nummer des Entschädigungsverzeichnisses mit etwaigen Unterscheidungsmerkmalen, z. B. E I 758 (vgl. § 23 Ziff. 2) als Geschäftszeichen." § 23 - Schriftwechselnachweis - Ziffer 2 lautete: „Erstattungs- und Entschädigungsanträge aus dem Verkehrsdienst (auch Irrläufer - vgl. § 9 Ziff. 8 -) sind sind in ein für jedes Kalenderjahr neu anzulegendes Entschädigungsverzeichnis - E - nach Muster 4 der ‚Dienstvorschrift für die Abfertigungsstellen über die Erledigung von Entschädigungsanträgen aus dem Frachtvertrage (DV 704)' einzutragen. Bearbeiten mehrere Beamte solche Anträge, so wird das Entschädigungsverzeichnis in so vielen Teilen geführt, als Beamte beteiligt sind. Werden für den Personen- und Gepäckverkehr und für den Güterverkehr getrennte Entschädigungsverzeichnisse geführt, so sind erste mit E I, letztere mit E II zu bezeichnen. Erstattungs- und Entschädigungsanträge erhalten die laufende Nummer, unter der sie in das Entschädigungsverzeichnis eingetragenn sind. Der Nummer wird die Bezeichnung des Entschädigungsverzeichnisses, z. B. E I, E II vorangesetzt." Der § 9 - Eingang -, auf den hier verwiesen wird, bestimmte in seiner Ziffer 8: „Irrläufer oder Geschäftssachen, die erkennbar den Geschäftskreis einer anderen Stelle berühren, werden nach der Abstempelung ohne weitere Behandlung (vgl. jedoch § 23 Ziff. 2) an die zuständige Stelle geleitet, die unter dem Eingangsstempel abgekürzt zu vermerken ist. Erforderlichenfalls ist ein Abgabebescheid zu erteilen und dies beim Eingangsstempel zu vermerken."

Die in der Gültigkeit an diese DV unmittelbar anschließende* Geschäftssachenanweisung Ämter von 1960 enthielt folgende Regelungen: § 5 - Äußere Form der Schreiben - Abs. 3: „Das Geschäftszeichen wird aus der Bezeichnung des Arbeitsanteils und dem Aktenzeichen gebildet, z. B. 2 Kb." sowie § 13 - Kennzeichnung der Schriftstücke, Aktenplan - Abs. 1: „Die Schriftstücke erhalten ein Aktenzeichen, das zusammen mit dem Arbeitsanteil das Geschäftszeichen bildet. Das Aktenzeichen dient dazu, die Schriftstücke nach ihrer sachlichen Zugehörigkeit (Sachgebiete) einheitlich zu kennzeichnen; es wird dem Aktenplan entnommen." Abs. 2: „Bei Erstattungs- und Entschädigungsanträgen aus dem Verkehrsdienst sind dem Aktenzeichen die laufende Nummer des Fahrgelderstattungsverzeichnisses, des Erstattungsverzeichnisses oder der Entschädigungsliste anzufügen, z. B. Tpr 7/58, Rf 30/58."

Die Geschäftssachenanweisung Ämter galt auch für die später aus den Bundesbahn-Verkehrsämtern hervorgegangenen Generalvertretungen.

* Einführungsbestimmungen: Diese Geschäftsanweisung tritt am 1. März 1960 in Kraft. Die Geschäftsanweisung für die Büros der Reichsbahnämter (Büroordnung Ämter), gültig vom 1. Februar 1932 an, wird aufgehoben.

Mittelinstanz

Die Direktionen und andere Zentralstellen hatten stark ausgebaute Geschäftszeichen. In ihnen war ab 1958 erkennbar, wer das Schriftstück verantwortlich zeichnete und wer es vorbearbeitet hatte, außerdem enthielt es stets das Aktenzeichen.

Die „Richtlinien für den Gang der Geschäftssachen und die Formen ihrer Erledigung bei den Reichsbahndirektionen, Gültig vom 1. August 1930 ab" regelten:

„Das Geschäftszeichen besteht nur aus der Dezernatsnummer des Sachbearbeiters, der Arbeitsrate und dem Aktenzeichen. Alle sonstigen Mitdezernenten, Abteilungsleiter oder das Zeichen „Pr" dürfen nicht aufgeführt werden. Um die Mitwirkung dieser Dezernenten unter allen Umständen sicherzustellen, sind in den Verfügungsentwürfen am Schluß an der linken Seite alle zur Mitwirkung berufenen Mitdezernenten und Abteilungsleiter untereinander aufzuführen, und zwar in der Reihenfolge in der sie zu zeichnen haben, z. B.

14
44
6
III
I
Pr

Wegen der Reihenfolge der Zeichnung siehe auch § 12 Ziffer 1."

§ 12, Ziffer 1 lautete:

„Zeichnung der Entwürfe und in Urschrift hinausgehenden Schrifstücke

1. Für die Zeichnung sind die §§ 15 und 16 der Geschäftsanweisung für die RBDen maßgebend. Den Entwurf und das urschriftlich hinausgehende Schreiben zeichnen der Reihe nach:

Sachbearbeiter,
Mitbearbeiter,
Leiter der mitwirkenden Abteilung (falls er zu beteiligen ist),
Leiter der federführenden Abteilung,
Präsident.

Der Unterschrift unter Verfügungsentwürfe haben die Vertreter auch den Vertretungszusatz, z. B. ‚für 2', zuzusetzen." *

---

* *Richtlinien ...,* enthalten als Teil C in: *Geschäftsanweisung für den Bürodienst in der Reichsbahndirektion Berlin,* S. 71 ff.

Die DV 139 - Geschäftssachenanweisung BD von 1958 * - machte im Gegensatz zu den Richtlinien von 1930 die Präsidialgeschäftssachen im Geschäftszeichen durch das Zeichen „Pr" erkennbar. Sie legte dazu fest:

Das Geschäftszeichen wird gebildet:

bei Präsidialgeschäftssachen,

- die vom Präsidenten bearbeitet werden, aus dem Zeichen des Präsidenten, der Bezeichnung des Bürobearbeiters und dem Aktenzeichen, z. B. Pr A 1 Polh,
- die den Abteilungsleitern zur ständigen Erledigung übertragen sind, aus dem Zeichen Pr, dem Zeichen des Abteilungsleiters, der Bezeichnung des Bürobearbeiters und dem Aktenzeichen, z. B. Pr I P 1 Polb,
- die von Dezernenten vorbearbeitet werden, aus dem Zeichen des Präsidenten, dem Zeichen des Vorbearbeiters in Klammern, der Bezeichnung des Bürobearbeiters und dem Aktenzeichen, z. B. Pr (12) A 3 Ar 56;

bei Direktionsgeschäftssachen,

- die von Dezernenten bearbeitet werden, aus dem Zeichen des federführenden Dezernenten, der Bezeichnung des Bürobearbeiters und dem Aktenzeichen, z. B. 7 V 2 Va
- die federführend von einem Bürovorstand, Gruppenleiter oder Bürobearbeiter bearbeitet werden (§ 3 Abs. 3 der Geschäftsanweisung für die Bundesbahndirektionen), aus der Bezeichnung des Bürovorstandes, Gruppenleiters oder Bürobearbeiters und dem Aktenzeichen, z. B. Ps 2 Uwbg.

Im Zuge von Umorganisationen einschließlich Auflösung der Direktionsbüros Mitte der 80er Jahre ** wurde eine „Geschäftsanweisung für die Bundesbahndirektionen (GA BD), Gültig vom 1. 10. 1986 an" herausgegeben, in der die bisherigen DV/DS 137 bis 139 aufgingen. Sie regelte zum Geschäftszeichen:

„Geschäftszeichen werden gebildet aus

- dem Kennzeichen des Schlußzeichnenden,
- dem Kennzeichen desjenigen, der den Entwurf ausarbeitet,
- dem Aktenzeichen.

Die beiden Kennzeichen werden durch einen Punkt getrennt.

Nähere Einzelheiten sind in Teil III Nr. 6 geregelt." ***

---

* Vollabdruck der Vorschrift in diesem Buch ab Seite 821

** siehe auch Seite 103 ff.

*** GA BD (1986), enthalten in: GDED: *Der Ratgeber. Einführung II*, S. 94 ff.

Teil III Nr. 6 lautete:

„Geschäftszeichen - Bildung des Geschäftszeichens

Das Geschäftszeichen (Gz) faßt das Zeichen der abschließend entscheidenden (schlußzeichnenden) Stelle mit dem Zeichen der Stelle, die den Entwurf erarbeitet, in verkürzter Form zusammen; daran schließt sich das Aktenzeichen an.

Beispiele:

Gz (Kurzzeichen)	**Schlußzeichnung**		**Bearbeiter**
Pr.Ps 2101	Pr		AA Ps 2101
PS.0001	PS	(HaL)	AA Ps 0001
SP.1001	SP	(HaL)	AA Sp 1001
B 1.101	B 1	(AbL)	AA B 1101
Ag11.01	Ag 11	(HgL)	AA Ag 1101
Ps 2001	AA Ps 2001		AA Ps 2001"

Hier wurde eine alte Technik wieder eingeführt, die offenbar schon ab den 20er Jahren in der Hauptverwaltung der Deutschen Reichsbahn und im Reichsbahn=Zentralamt angewandt worden war - die durch einen simplen Punkt kenntlich gemachte Unterscheidung, wer in der Hierarchie den Entwurf erarbeitet hatte und wer ihn zeichnen durfte.

Zentralinstanz

Die Quellenlage ist dünn, einschlägige Organisationsanweisungen lagen dem Verfasser nicht vor. Lediglich die Geschäftszeichen von Verfügungen der Haupt=verwaltung oder des RZA in Vorschriften ließen Rückschlüsse zu. So lassen z. B.

- Erlaß des RVM 52.501 Pad 022 (Einführung der DA für die Rangierbeamten)
- Verfügung der Hauptverwaltung 51.533 Plt Nr. 46 [1934] bzw. Erlaß des RVM 56.533 Plt [1938] (Einführung / Änderung der Dilo)
- Erlaß des RVM 52.504 Pada (Einführung der ADA)
- RZA: Erlaß 60.604 Safv 1 (Einführung der Reichsbahn=Fernsprechvorschrift)
- HV, der Generaldirektor: 2.604 ^{b} 68 (Einführung der Aktenvorschrift)

darauf schließen, daß die in den 80er Jahren eingeführte Kennzeichnung von Schlußzeichnendem und Sachbearbeiter durch einen Punkt die Wiedereinführung einer Technik aus den 20er Jahren war - zu allen Zeiten der Anwendung gefolgt vom Aktenzeichen.

Hauptgruppen und Gruppen des Aktenplans der Deutschen Reichsbahn-Gesellschaft von 1928

A Allgemeine Verwaltung

a Allgemeines
b Büchereiwesen
d Verein Deutscher Eisenbahnverwaltungen
f Freifahrwesen
g Gebühren und Steuern
i Internationale Verwaltungsangelegenheiten
k Kleinbahnen (Landesaufsicht)
n Neuerungen (Erfindungen und Verbesserungen)
p Privatbahnen (Reichsaufsicht)
r Reichs-, Landes- usw Angelegenheiten
s Schutz- und Sicherheitsmaßnahmen
ü Übersichten (Statistik)
w Werbewesen
z Zeitungswesen

B Betrieb

a Allgemeines, Betriebsleitung
b Bildung der Züge
d Verein Deutscher Eisenbahnverwaltungen
e Wirtschaftliche Ertragsberechnungen und Ersparnismaßnahmen im Betriebe
f Fahrplan
i Internationale Betriebsangelegenheiten
l Lokomotivdienst
m Militärtransporte
r Umstell- (Rangier-) -Dienst
s Fahrdienst auf Betriebsstellen, Zugabfertigung
u Unfälle und Rettungswesen
ü Übersichten (Statistik)
w Wagendienst
z Zugförderungs- und -begleitdienst

E Elektrische Zugförderung

a Allgemeines
b Bau und Ausrüstung von Strecken für den elektrischen Betrieb
d Verein Deutscher Eisenbahnverwaltungen
k Elektrische Kraftwerke
s Schutzeinrichtungen
ü Übersichten (Statistik)
w Elektrische Bahnbetriebswerke
z Elektrischer Zugbetrieb

F Fahrzeuge

a Allgemeines
d Verein Deutscher Eisenbahnverwaltungen
e Einkauf von Fahrzeugen und Fahrzeugteilen
k Bauart (Konstruktion) von Fahrzeugen und Fahrzeugteilen
n Normung von Fahrzeugen und Fahrzeugteilen
p Planverwaltung
u Unterhaltung von Fahrzeugen und Fahrzeugteilen
ü Übersichten (Statistik)

G Gemeinschaftsverhältnisse und Zusammenarbeit mit fremden Bahnen und Behörden

a Allgemeines
f Reichsfinanzverwaltung
g Grenz- und Gemeinschaftsbahnen
l Landesbehörden
m Militärverwaltung
p Reichspost- und -telegraphenverwaltung
sch Schiffahrtsverwaltungen
ü Übersichten (Statistik)
w Wirtschaftliche Verbände

H Hochbau

a Allgemeines
f Feuerlöschwesen
g Dienstgebäude

h Heizungs- und Lüftungsanlagen
r Reinigung
ü Übersichten (Statistik)
w Wohnungen

I Ingenieurbau
a Allgemeines
b Brücken-, Eisen- und Ingenieurhochbauten
d Verein Deutscher Eisenbahnverwaltungen
f Fluß-, Kanal-, Ufer- usw -bauten
o Oberbau
p Planverwaltung
s Bahnhofs- (Stations-) anlagen
t Tunnels
u Unterbau
ü Übersichten (Statistik)
w Wegesachen

K Kassen- und Rechnungswesen, Mittelwirtschaft
a Allgemeines
b Bezirksabrechnung
d Verein Deutscher Eisenbahnverwaltungen
f Finanzierung der Reichsbahn
k Kassenwesen
m Mittelwirtschaft
r Rechnungswesen
ü Übersichten (Statistik)

L Liegenschaften
a Allgemeines
e Eigentumsverhältnisse
g Gewerbebetriebe
l Lagerplätze
m Miet- und Pachtsachen
p Privatanschlußgleise
ü Übersichten (Statistik)

v Vermessungswesen
w Widerrufliche Einrichtungen, Gestattungen

M Maschinen und maschinenartige Anlagen

a Allgemeines
b Bohr- und Gewindeschneidemaschinen
d Verein Deutscher Eisenbahnverwaltungen
f Form-, Gießerei-, Beförderungs- und Hebemaschinen
h Versorgung mit Heizung
k Kraftanlagen und elektrische Maschinen
l Licht- und Kraftversorgung
m Misch-, Sieb-, Zerkleinerungs- und sonstige Aufbereitungsmaschinen, ortsfeste
p Biege-, Preß-, Zieh- und Feinblechbearbeitungsmaschinen, Hammer- und Walzmaschinen
s Drehbänke, Hobel-, Stemm-, Stoß-, Feil-, Fräs- und Sägemaschinen
sch Loch-, Scher- und Schneidemaschinen
t Transmissionsanlagen
ü Übersichten (Statistik)
v Maschinen und maschinenartige Vorrichtungen für verschiedene Zwecke
w Wasserversorgung

N Neubau

a Allgemeines
b Bauausführung
ü Übersichten (Statistik)
v Vorermittelungen und allgemeine Vorarbeiten

O Organisation

a Allgemeines
g Gliederung der Verwaltung
p Geschäfts- und Arbeitsverteilungspläne, Geschäftsprüfungen
r Eisenbahn-Beiräte und Verkehrsausschüsse
ü Übersichten (Statistik)
v Organisatorische Vereinfachungen und Verbesserungen

P Personalwesen

a Allgemeines
b Besoldungswesen, Nebeneinnahmen des Personals
k Reise- und Umzugskosten, Aufwandsentschädigungen
l Lohnempfänger (Lohnwesen)
m Versorgungsanwärter
o Personalordnung (Perso), allgemeine und besondere Personalvorschriften
p Prüfungswesen
r Ruhestandswesen
y Psychotechnik
u Unterrichts- und Bildungswesen
ü Übersichten (Statistik)
v Personalvertretungen
w Personalwirtschaft
z Dienst- und Ruhezeiten

Q Wärme- und Energie- (Quellen-) wirtschaft

a Allgemeines
b Brennstoffwirtschaft
e Energiewirtschaft
l Laboratorium für Brennschoff-, Wärme- und Energiewirtschaft
ü Übersichten (Statistik)
w Wärmewirtschaft

R Rechtswesen

a Allgemeines
b Beitreibungen (Pfändungen, Beschlagnahmungen, Abtretungen)
d Verein Deutscher Eisenbahnverwaltungen
f Entschädigungsansprüche aus dem Frachtvertrage
h Haftpflicht
p Prozeßwesen
ü Übersichten (Statistik)
v Vertrags- und Verdingungswesen

S Sicherungs- und Fernmeldewesen
a Allgemeines
f Fernmeldewesen
m Meldeanlagen
s Sicherungswesen
ü Übersichten (Statistik)
w Werkstätten

Sch Schiffahrt
a Allgemeines
b Schiffsbetrieb
s Schiffe und Anlagen
ü Übersichten (Statistik)
v Schiffsverkehr
w Werften

St Stoffe
a Allgemeines
b Betriebsstoffe
d Verein Deutscher Eisenbahnverwaltungen
e Stoffe für elektrische Anlagen
i Baustoffe (Stoffe für Ingenieurbauten)
o Oberbaustoffe
s Drucksachen, Schreib- und Zeichenstoffe
ü Übersichten (Statistik)
v Verwendung von Abfallstoffen (ausschließl. d. Abfallstoffe aus Oberbaustoffen)
w Werkstoffe

T Tarife
a Allgemeines
b Transport- (Beförderungs-) recht
g Gütertarife
l Leichen
m Militärtarif
p Personen- und Gepäcktarife
r Reisegepäck

t Tiertarife
ü Übersichten (Statistik)
x Expreßgut

U **Unterstützungen und Wohlfahrtseinrichtungen**

a Allgemeines
ä Bahnärztlicher Dienst
b Reichsbahnbeamten-Krankenversorgung (RKV)
h Kranken- und Hinterbliebenenkasse der Deutschen Reichsbahn-Gesellschaft
i Invalidenversicherung
k Krankenversicherung (RBKK)
s Sonstige Fürsorgeeinrichtungen
u Unfallversicherung
ü Übersichten (Statistik)
v Vereinswohlfahrt
w Wohnungsfürsorge
z Unterstützungen, Zuwendungen

V **Verkehr**

a Allgemeines
d Verein Deutscher Eisenbahnverwaltungen
g Güterverkehr
i Internationale Verkehrsbestimmungen
k Verkehrskonkurrenz
l Leichen
p Personenverkehr
r Reisegepäckverkehr
s Seuchen und Krankheiten
st Beförderungssteuern
t Tierverkehr
u Unregelmäßigkeiten und Verkehrsstörungen
ü Übersichten (Statistik)
v Deutscher Eisenbahn-Verkehrsverband
w Güterwagen
x Expreßgutverkehr
z Zoll-, Steuer- und polizeiliche Vorschriften

W Werkstättenwesen

a Allgemeines
b Werkbetrieb
d Verein Deutscher Eisenbahnverwaltungen
ü Übersichten (Statistik)

Z Zeugwirtschaft

a Allgemeines
g Geräte
ü Übersichten (Statistik)
w Werkzeuge

Hauptgruppen und Gruppen des Aktenplans der Deutschen Reichsbahn von 1943

A Allgemeine Verwaltung

a Allgemeines
b Büchereiwesen
d Verein Mitteleuropäischer Eisenbahnverwaltungen
f Freifahrwesen
g Gebühren und Steuern
h Historisches (neu)
i Internationale Verwaltungsangelegenheiten
k Kleinbahnen (Landesaufsicht)
n Neuerungen (Erfindungen und Verbesserungen)
p Privatbahnen (Reichsaufsicht)
r Reichs=, Landes= usw Angelegenheiten
ü Übersichten (Statistik)
w Werbewesen
z Zeitungswesen

B Betrieb

a Allgemeines, Betriebsleitung
b Bildung der Züge
d Verein Mitteleuropäischer Eisenbahnverwaltungen
e Wirtschaftliche Ertragsberechnungen und Ersparnisnamßnahmen im Betriebe
f Fahrplan
i Internationale Betriebsangelegenheiten
k Kraftwagendienst (neu)
l Lokomotivdienst
m Militärtransporte
p Privatbahnen im Betriebe der Reichsbahn (neu)
r Umstell= (Rangier=) Dienst
s Fahrdienst auf Betriebsstellen, Zugabfertigung
u Unfälle und Rettungswesen

ü Übersichten (Statistik)
w Wagendienst
z Zugförderungs- und -begleitdienst

E Elektrische Zugförderung

a Allgemeines
b Bau und Ausrüstung von Strecken für den elektrischen Betrieb
d Verein Mitteleuropäischer Eisenbahnverwaltungen
k Elektrische Kraftwerke
s Schutzeinrichtungen
ü Übersichten (Statistik)
w Bahnbetriebswerke
z Elektrischer Zugbetrieb

F Fahrzeuge

a Allgemeines
d Verein Mitteleuropäischer Eisenbahnverwaltungen
e Einkauf von Fahrzeugen und Fahrzeugteilen
k Bauart (Konstruktion) von Fahrzeugen und Fahrzeugteilen
n Normung von Fahrzeugen und Fahrzeugteilen
p Planverwaltung
u Unterhaltung von Fahrzeugen und Fahrzeugteilen
ü Übersichten (Statistik)

G Gemeinschaftsverhältnisse und Zusammenarbeit mit fremden Bahnen und Behörden

a Allgemeines
f Reichsfinanzverwaltung
g Grenz- und Gemeinschaftsbahnen
l Landesbehörden
m Militärverwaltung
p Reichspost- und -telegraphenverwaltung
sch Schiffahrtsverwaltungen
ü Übersichten (Statistik)
w Wirtschaftliche Verbände

H	**Hochbau**
a	Allgemeines
f	Feuerlöschwesen
g	Dienstgebäude
h	Heizungs- und Lüftungsanlagen
r	Reinigung
ü	Übersichten (Statistik)
w	Wohnungen
I	**Ingenieurbau**
a	Allgemeines
b	Brücken-, Eisen- und Ingenieurhochbauten
d	Verein Mitteleuropäischer Eisenbahnverwaltungen
f	Fluß-, Kanal-, Ufer- usw -bauten
o	Oberbau
p	Planverwaltung
s	Bahnhofsanlagen
t	Tunnels
u	Unterbau
ü	Übersichten (Statistik)
w	Wegesachen
K	**Kassen- und Rechnungswesen, Mittelwirtschaft**
a	Allgemeines
b	Bezirksabrechung
d	Verein Mitteleuropäischer Eisenbahnverwaltungen
f	Finanzierung der Reichsbahn
k	Kassenwesen
m	Mittelwirtschaft
r	Rechnungswesn
ü	Übersichten (Statistik)
L	**Liegenschaften**
a	Allgemeines
e	Eigentumsverhältnisse
f	Fondshäuser

g Gewerbebetriebe
l Lagerplätze
m Miet= und Pachtsachen
p Privatanschlußgleise
ü Übersichten (Statistik)
v Vermessungswesen
w Widerrufliche Einrichtungen, Gestattungen

M Maschinen und maschinenartige Anlagen

a Allgemeines
b Bohr= und Gewindeschneidemaschinen
d Verein Mitteleuropäischer Eisenbahnverwaltungen
f Form=, Gießerei=, Beförderungs= und Hebemaschinen
h Versorgung mit Heizung
k Kraftanlagen und elektrische Maschinen
l Licht= und Kraftversorgung
m Misch=, Sieb=, Zerkleinerungs= und sonstige Aufbereitungsmaschinen, ortsfeste
p Biege=, Preß=, Zieh= und Feinblechbearbeitungsmaschinen, Hammer= und Walzmaschinen
s Drehbänke, Hobel=, Stemm=, Stoß=, Feil=, Fräs= und Sägemaschinen
sch Loch=, Scher= und Schneidemaschinen
t Transmissionsanlagen
ü Übersichten (Statistik)
v Maschinen und maschinenartige Vorrichtungen für verschiedene Zwecke
w Wasserversorgung

N Neubau

a Allgemeines
b Bauausführung
ü Übersichten (Statistik)
v Vorermittlungen und allgemeine Vorarbeiten

O Organisation

a Allgemeines
g Gliederung der Verwaltung
p Geschäfts= und Arbeitsverteilungspläne, Geschäftsprüfungen
r Eisenbahn=Beiräte und Verkehrsausschüsse
ü Übersichten (Statistik)
v Organisatorische Vereinfachungen und Verbesserungen

P Personalwesen

a Allgemeines
b Besoldungswesen, Nebeneinnahmen des Personals
e (bisher y) Eignungstechnik
g (bisher o) Deutsches Beamtengesetz (DBG), allgemeine und besondere Personalvorschriften
k Reise= und Übernachtungskosten, Aufwandsentschädigungen
l Lohnempfängr (Lohnwesen)
m Versorgungsanwärter (Militär= usw)
p Prüfungswesen
r Ruhestandswesen
u Unterrichts= und Bildungswesen
ü Übersichten (Statistik)
v Personalvertretungen
w Personalwirtschaft
z Dienst= und Ruhezeiten

Q Wärme= und Energie (Quellen=) wirtschaft

a Allgemeines
b Brennstoffwirtschaft
e Energiewirtschaft
l Laboratorium für Brennstoff=, Wärme= und Energiewirtschaft
ü Übersichten (Statistik)
w Wärmewirtschaft

R	**Rechtswesen**
a	Allgemeines
b	Beitreibungen (Pfändungen, Beschlagnahmungen, Abtretungen)
d	Verein Mitteleuropäischer Eisenbahnverwaltungen
f	Entschädigungsansprüche aus dem Frachtvertrage
h	Haftpflicht
p	Prozeßwesn
ü	Übersichten (Statistik)
v	Vertrags- und Verdingungswesen

S	**Sicherungs- und Fernmeldewesen**
a	Allgemeines
d	Verein Mitteleuropäischer Eisenbahnverwaltungen
f	Fernmeldewesen
m	Meldeanlagen
s	Sicherungswesen
ü	Übersichten (Statistik)
w	Werkstätten

Sch	**Schiffahrt**
a	Allgemeines
b	Schiffsbetrieb
s	Schiffe und Anlagen
ü	Übersichten (Statistik)
v	Schiffsverkehr
w	Werften

St	**Stoffe**
a	Allgemeines
b	Betriebsstoffe
d	Verein Mitteleuropäischer Eisenbahnverwaltungen
e	Stoffe für elektrische Anlagen
i	Baustoffe (Stoffe für Ingenieurbauten)

n Normung der Stoffe (neu)
o Oberbaustoffe
s Drucksachen, Schreib= und Zeichenstoffe
ü Übersichten (Statistik)
v Verwendung von Abfallstoffen (ausschließlich der Abfallstoffe aus Oberbaustoffen)
w Werkstoffe

T Tarife

a Allgemeines
b Transport= (Beförderungs=) recht
g Gütertarife
l Leichen
m Wehrmacht= (Militär=) tarif
p Personen= und Gepäcktarife
r Reisegepäck
t Tiertarife
ü Übersichten (Statistik)
x Expreßgut

U Untestützungen und Wohlfahrtseinrichtungen

a Allgemeines
ä Bahnärztlicher Dienst
b Reichsbahnbeamten=Krankenversorgung (RKV)
i Invalidenversicherung
k Krankenversicherung (RBKK)
ö Krankenkase der ehemaligen österreichischen Bundesbahnen
s Sonstige Fürsorgeeinrichtungen
u Unfallversicherung
ü Übersichten (Statistik)
v Vereinswohlfahrt
w Wohnungsfürsorge
z Unterstützungen, Zuwendungen

V Verkehr

a	Allgemeines
d	Verein Mitteleuropäischer Eisenbahnverwaltungen
g	Güterverkehr
i	Internationale Verkehrsbestimmungen
k	Kraftwagenverkehr (neu)
l	Leichen
p	Personenverkehr
r	Reisegepäckverkehr
s	Seuchen und Krankheiten
st	Beförderungssteuern
t	Tierverkehr
u	Unregelmäßigkeiten und Verkehrsstörungen
ü	Übersichten (Statistik)
v	Deutscher Eisenbahn=Verkehrsverband
w	Güterwagen
z	Zoll=, Steuer= und polizeiliche Vorschriften

W Werkstättenwesen

a	Allgemeines
b	Werkbetrieb
d	Verein Mitteleuropäischer Eisenbahnverwaltungen
ü	Übersichten (Statistik)

Z Zeugwirtschaft (Geräte und Werkzeuge)

a	Allgemeines
g	Geräte
ü	Übersichten (Statistik)
w	Werkzeuge

Hauptgruppen und Gruppen des Aktenplans der Deutschen Bundesbahn von 1954

A Allgemeine Verwaltung

a Allgemeines
b Büchereiwesen
f Fahrvergünstigungen
g Gemeinschaftsverhältnisse und Zusammenarbeit mit fremden Bahnen und Behörden
i Internationale Verwaltungsangelegenheiten
n Neuerungen (Erfindungen, Verbesserungen)
p Nichtbundeseigene Eisenbahnen (früher Privatbahnen – Eisenbahnaufsicht)
r Angelegeheiten der Bundesrepublik und der Länder
s Schutz- und Sicherheitsmaßnahmen
ü Übersichten (Statistik)
w Werbewesen
z Zeitungswesen

B Betrieb

a Allgemeines, Betriebsleitung
b Bildung der Züge
e Wirtschaftliche Ertragsberechnungen und Ersparnismaßnahmen im Betrieb
f Fahrplan
i Internationale Betriebsangelegenheiten
m Militärtransporte
r Rangierdienst
s Fahrdienst auf Betriebsstellen
u Unfälle und Rettungswesen
ü Übersichten (Betriebsleistungsstatistik)
w Wagendienst in betrieblicher Hinsicht
z Zugbetrieb und Zugbegleitdienst

D	**Fernmeldetechnik** (Drahtgebundene und drahtlose Anlagen, Bau und Betrieb)
a	Allgemeines
b	Fernmeldebetrieb
l	Fernmeldeleitungen
m	Meldeanlagen
p	Prüf- und Meßeinrichtungen
q	Stromversorgungsanlagen (Stromquellen)
r	Rohrpost- und Schriftgut-Förderanlagen
s	Fernsprechanlagen
sch	Fernschreibanlagen
u	Unterbringung von Fernmeldeanlagen
ü	Übersichten (Statistik)
w	Nachrichtentechnische Werkstätten

E	**Elektrotechnik**
a	Allgemeines
b	Bau und Ausrüstung von Strecken für den elektrischen Zugbetrieb
k	Kraft- und Unterwerke für den elektrischen Zugbetrieb
l	Elektrische Licht- und Kraftversorgung
m	Elektrische Maschinen und Anlagen (Verzeichnis der Maschinen Teil 3)
s	Schutz- und Meßeinrichtungen
ü	Übersichten (Statistik)

F	**Fahrzeuge für Schienen- und Straßenverkehr**
a	Allgemeines
b	Bremsen, Zug- und Stoßvorrichtungen
h	Heizung, Beleuchtung, Lüftung
i	Internationale Fahrzeugangelegenheiten
k	Straßen-Kraftfahrzeuge
l	Lokomotiven
t	Triebwagen
ü	Übersichten (Statistik)
w	Wagen

G Geräte, Behälter, Werkzeuge
a Allgemeines
b Behälter
g Geräte
ü Übersichten (Statistik)
w Werkzeuge

H Hochbau
a Allgemeines
f Feuerschutz
g Bau und Unterhaltung von Gebäuden
r Reinigung von Gebäuden, Plätzen usw.
ü Übersichten (Statistik)
w Wohnungen

I Ingenieurbauten
a Allgemeines
b Brücken- und Ingenieurhochbauten
f Fluß-, Kanal-, Ufer- und sonstige Wasserbauten
o Oberbau
s Bahnhofs- (Stations-) anlagen
t Tunnels
u Unterbau
ü Übersichten (Statistik)
v Ingenieurtechnische Vermessungen
w Wege

K Wirtschaftsführung, Kassen- und Rechnungswesen
a Allgemeines
b Buchungswesen
f Finanzierung der Bundesbahn
k Kassenwesen
m Mittelwirtschaft
r Rechnungswesen
ü Übersichten (Statistik)

L Liegenschaften
a Allgemeines
e Eigentumsverhältnisse
g Gewerbebetriebe
l Lagerplätze
m Miet- und Pachtsachen
p Privatanschlußgleise
v Vermessungswesen
w Widerrufliche Einrichtungen, Gestattungen

M Maschinen und maschinentechnische Anlagen *)
a Allgemeines
d Dampfkesselanlagen u. a., Gaserzeuger
f Hebe- und Fördermaschinen
g Knet-, Misch-, Zerkleinerungs-, Sieb-, Form-, Gieß-, Metallspritz- und ähnliche Maschinen
h Holzbearbeitungsmaschinen
k Kraftmaschinen und Triebwerke
l Licht- und Kraftversorgung (außer Starkstrom)
m Werkzeugmaschinen für Metallformung
ü Übersichten (Statistik)
v Maschinen und maschinenartige Anlagen für verschiedene Zwecke
w Wasserversorgung
*) außer elektrische Maschinen und Anlagen – siehe unter Em –

N Neubau von Strecken
a Allgemeines
b Bauausführung
v Vorarbeiten für neue Linien

O Organisation
a Allgemeines
g Gliederung der Verwaltung
l Lochkartenverfahren
p Geschäfts- und Arbeitsverteilungspläne, Geschäftsprüfungen

ü Übersichten (Statistik)
v Verwaltungsvorschriften

P Personalwesen
a Allgemeines
b Besoldungswesen, Nebeneinnahmen des Personals
d Angestellte auf Dienstvertrag
k Reise- und Umzugskosten, Aufwandsentschädigungen
l Lohnempfänger, Lohnwesen
o Ordnung der Dienstverhältnisse der Beamten
p Prüfungswesen
r Ruhestandswesen
u Ausbildungs- und Unterrichtswesen
ü Übersichten (Statistik)
v Personalvertretungsrecht
w Personalwirtschaft
y Psychologische Eignungsuntersuchung
z Dienst- und Ruhezeit

Q Wärme- und Energie- (Quellen-) wirtschaft
a Allgemeines
b Brennstoffwirtschaft
e Energiewirtschaft
l Laboratorium für Brennstoff-, Wärme- und Energiewirtschaft
ü Übersichten (Statistik)
w Wärmewirtschaft

R Rechtswesen
a Allgemeines
b Beitreibungen (Pfändungen, Beschlagnahmen, Abtretungen)
f Entschädigungsansprüche aus dem Frachtvertrag
g Steuern und Gebühren
h Haftpflicht
p Prozeßwesen
ü Übersichten (Statistik)
v Vertrags- und Verdingungswesen

S Signalwesen
a Allgemeines
ä Änderungen und Ergänzungen von Signalanlagen
b Bahnhofstellwerks-, Bahnhofsblock-, Streckenblock- und Streckenstellwerksanlagen
m Meldeanlagen
q Stromversorgungsanlagen (Stromquellen)
s Signale
ü Übersichten (Statistik)
w Signalwerkstätten

Sch Schiffahrt
a Allgemeines
b Schiffsbetrieb
s Schiffe und Anlagen
ü Übersichten (Statistik)
v Schiffsverkehr
w Werften

St Stoffe
a Allgemeines
b Betriebsstoffe
d Drucksachen, Schreib- und Zeichenstoffe
e Starkstromstoffe (Elektrische Anlagen)
f Fernmeldestoffe
i Baustoffe (Stoffe für Ingenieurbauten usw.)
o Oberbaustoffe
s Signalstoffe
ü Übersichten (Statistik)
v Verwendung von Abfallstoffen (ausschließlich der Abfallstoffe aus Oberbaustoffen)
w Werkstoffe

T Tarife
a Allgemeines
f Frachtrecht

g Gütertarife
k Kraftwagentarife
l Leichen
m Militärtarif
p Personen- und Gepäcktarife
r Reisegepäck
sch Schiffstarife
t Tiertarife
ü Übersichten (Statistik)
x Expreßguttarife

U Sozialwesen (Unterstützungen usw.)
a Allgemeines (im allgemeinen *mehrere* Versicherungsträger usw. betreffend)
ä Bahnärztlicher Dienst
b Krankenversorgung der Bundesbahnbeamten
d Kleiderkasse, Schutzkleiderverwaltung (Dienstkleidung)
e Betriebliche und sonstige Sozialeinrichtungen (Verwaltungsgeschäfte der Deutschen Bundesbahn)
f Berufsfürsorge
g Gesundheitsdienst
h Heimverwaltug der Versicherungsträger
i Invaliden- und Zusatzversicherung
k Krankenversicherung
l Landwirtschaft
m Mitglieds- und Beitragswesen
o Sonstige Sozialaufgaben
r Beamtenunfallfürsorge (Unfallfürsorgerecht)
s Sozialwerk
t Tierschadenskasse
u Unfallversicherung
ü Krankenstandsüberwachung und -meldeverfahren
v Unfallverhütung
w Wohnungswesen
z Unterstützungen (Zuwendungen)

V	**Verkehr**
a	Allgemeines
f	Fortbildung der Verkehrsvorschriften
g	Güterverkehr
k	Kraftwagenverkehr
l	Leichen
p	Personenverkehr
r	Reisegepäck
s	Seuchen und Krankheiten
st	Beförderungssteuern
t	Tierverkehr
u	Unregelmäßigkeiten und Verkehrsstörungen im Schienenverkehr
ü	Übersichten (Statistik)
w	Güterwagen
x	Expreßgutverkehr
z	Zoll-, Steuer- und polizeiliche Vorschriften

W	**Werkstättenwesen**
a	Allgemeines
b	Werkbetriebe
ü	Übersichten (Statistik)

Z	**Zugförderung und technischer Wagendienst**
a	Allgemeines
b	Bremsbetrieb
l	Lokomotivdienst
t	Triebwagendienst
ü	Übersichten (Statistik)
w	Technischer Wagendienst

Hauptgruppen und Gruppen des Aktenplans der Deutschen Bundesbahn von 1980

A	**Allgemeine Verwaltung**
a	Allgemeines
b	Büchereiwesen
f	Fahrvergünstigungen
g	Gemeinschaftsverhältnisse und Zusammenarbeit mit fremden Bahnen und Behörden
i	Internationale Verwaltungsangelegenheiten
n	Neuerungen (Erfindungen, Verbesserungen)
p	Nichtbundeseigene Eisenbahnen (früher Privat- und Kleinbahnen – Eisenbahnaufsicht)
r	Angelegeheiten der Bundesrepublik und der Länder
s	Schutz- und Sicherheitsmaßnahmen
ü	Übersichten (Statistik)
v	Verkehrspolitik
w	Werbewesen
z	Pressedienst und Öffentlichkeitsarbeit (früher Zeitungswesen)

B	**Betrieb**
a	Allgemeines, Betriebsleitung
b	Bildung der Züge
e	Wirtschaftsergebnisberechnung der DB
f	Fahrplan
m	Militärische Angelegenheiten
p	Betriebliche Grundlagen und Planungen
r	Rangierdienst
s	Fahrdienst auf den Betriebsstellen
u	Unfälle und Rettungswesen
ü	Übersichten (Betriebsleistungsstatistik)
z	Zugbetrieb und Zugbegleitdienst

D Fernmeldetechnik (Drahtgebundene und drahtlose Anlagen, Bau und Betrieb)

a Allgemeines
b Fernmeldebetrieb
d Mittlere Daten-, Büro- und Verkaufstechnik
f Funkanlagen
l Leitungen, Übertragungsanlagen
m Meldeanlagen
n Daten- (Nachrichten-) verarbeitungstechnik (außer bei Signalanlagen)
p Prüf- und Meßwesen
q Stromversorgungsanlagen (Stromquellen)
r Rohrpost- und Schriftgut-Förderanlagen
s Fernsprechanlagen
sch Fernschreibanlagen
ü Übersichten (Statistik)
v Fernseh- (Video-) anlagen
w Nachrichtentechnische Werkstätten

E Elektrotechnik

a Allgemeines
b Bau und Ausrüstung von Strecken für den elektrischen Zugbetrieb
k Kraft- und Unterwerke für den elektrischen Zugbetrieb
l Licht- und Kraftstromversorgung
m Elektrische Betriebsmittel und Anlagen für die Licht- und Kraftstromversorgung
s Schutz- und Meßeinrichtungen
ü Übersichten (Statistik)

F Fahrzeuge für Schienen- und Straßenverkehr

a Allgemeines
b Bremsen
h Heizung, Beleuchtung und Lüftung der Fahrzeuge

i Internationale Fahrzeugangelegenheiten
k Straßenkraftfahrzeuge
l Lokomotiven
n Nebenfahrzeuge
t Triebwagen
ü Übersichten (Statistik)
v Verbindungselemente
w Wagen

G Geräte und Werkzeuge
a Allgemeines
g Geräte
w Werkzeuge

H Hochbau
a Allgemeines
g Bau und Unterhaltung von Gebäuden
r Reinigung von Gebäuden, Plätzen usw.
ü Übersichten (Statistik)
v Bauliche Versorgungsanlagen

I Ingenieurbauten
a Allgemeines
b Brücken- und konstruktiver Ingenieurbau
f Fluß-, Kanal-, Ufer- und sonstige Wasserbauten
o Oberbau
s Strecken- und Bahnhofsanlagen
t Tunnel
u Unterbau
ü Übersichten (Statistik)
v Ingenieurvermessungen
w Wege

K Finanzwesen [früher Kassenwesen]
a Allgemeines
b Finanzbuchführung

d Drucksachen- und Druckereiangelegenheiten
f Kredite (fremde Mittel)
k Kassenwesen
r formelles Rechnungswesen
s sonstige Finanzangelegenheiten
w Wirtschaftsführung

L Liegenschaften
a Allgemeines
e Eigentumsverhältnisse
g Gewerbebetriebe
l Lagerplätze
m Miet- und Pachtsachen
p Privatanschlüsse
v Vermessungswesen
w Widerrufliche Einrichtungen, Gestattungen

M Maschinen und maschinentechnische Anlagen
a Allgemeines
b Baumaschinen
f Hebe- und Fördermaschinen
m Meß- und Prüfmaschinen
s sonstige Maschinen
v Versorgungsanlagen
w Werkzeugmaschinen

N Neubau von Strecken
a Allgemeines
b Bauausführung
v Vorarbeiten für neue Linien

O Organisation
a Allgemeines
d Datenverarbeitung
g Gliederung der Verwaltung

p Geschäfts- und Arbeitsverteilungspläne, Geschäftsprüfungen
s Arbeits- und Zeitstudien
v Verwaltungsvorschriften

P Personalwesen
a Allgemeines
b Besoldungswesen, Nebeneinnahmen des Personals
d Angestellte auf Dienstvertrag
k Reisekosten, Umzugskostenvergütung, Aufwandsentschädigungen und -vergütungen
l Lohnwesen
o Ordnung der Dienstverhältnisse der Beamten
p Prüfungswesen
r Ruhestandswesen
u Betriebliches Bildungswesen (Ausbildung, Fortbildung, Umschulung)
ü Übersichten (Statistik)
v Personalvertretungsrecht
w Personalwirtschaft
y Psychologische Eignungsuntersuchung
z Arbeitszeit

Q Wärme- und Energie- (Quellen-) wirtschaft
a Allgemeines
b Brennstoffwirtschaft
e Energiewirtschaft
ü Übersichten (Statistik)
w Wärmewirtschaft

R Rechtswesen
a Allgemeines
b Beitreibungen (Pfändungen, Beschlagnahmen, Abtretungen)
f Entschädigungsansprüche aus dem Frachtvertrag

g Steuern, Gebühren, Beiträge uns sonstige öffentliche Abgaben
h Haftpflicht
p Prozeßwesen
v Vertrags- und Verdingungswesen

S Signalwesen
a Allgemeines
m Meldeanlagen
s Signalanlagen
w Signalwerkstätten

Sch Schiffahrt
a Allgemeines
s Schiffe und Anlagen
ü Übersichten (Statistik)
v Schiffsverkehr

St Stoffe
a Allgemeines
b Betriebsstoffe
e Ersatzstücke
f Fernmeldestoffe
i Baustoffe für Ingenieurbauten
o Oberbaustoffe
s Signalstoffe
st Starkstromstoffe
t Sonderteile der Werkstatt
ü Übersichten (Statistik)
v Verwendung von Abfallstoffen (ausschließlich Abfallstoffe aus Oberbaustoffen)
w Werkstoffe

T Tarife
a Allgemeines
f Frachtrecht

g Gütertarife
k Kraftwagentarife
l Leichen
m Militärtarif
p Personen- und Gepäcktarife
r Reisegepäcktarife
sch Schiffstarife
t Tiertarife
x Expreßguttarife

U Sozialwesen (Unterstützungen usw.)

a Allgemeines
ä Ärztlicher Dienst
b Krankenversorgung der Bundesbahnbeamten
d Kleiderkasse, Schutzzeugverwaltung (Dienstkleidung)
e Betriebliche und sonstige Sozialeinrichtungen (Verwaltungsgeschäfte der Deutschen Bundesbahn)
f Berufsfürsorge
g Gesundheitshilfe
h Verwaltung der Heilstätten und Eigenbetriebe
i Gesetzliche Rentenversicherung und Zusatzversorgung (früher Invaliden- und Zusatzversicherung)
k Krankenversicherung
l Bundesbahn-Landwirtschaft
m Mitglieds- und Beitragswesen der Versicherungsträger
o Sonstige Sozialaufgaben
s Bundesbahn-Sozialwerk
u Unfallversicherung
ü Übersichten (Statistik)
v Unfallverhütung
w Wohnungswesen
z Unterstützungen (Zuwendungen)

V Verkehr

a Allgemeines
e Absatzplanung und Erfolgskontrolle

f Fortbildung der Verkehrsvorschriften
g Güterverkehr
k Kraftwagenverkehr
l Leichen
m Marktforschung
p Personenverkehr
r Reisegepäck und Handgepäck
s Seuchen und Krankheiten
t Tierverkehr
u Unregelmäßigkeiten und Verkehrsstörungen im Schienenverkehr
ü Übersichten (Statistik)
v Verkaufsförderung
w Güterwagen
x Expreßgutverkehr
z Zoll-, Steuer- und polizeiliche Vorschriften

W Werkstättenwesen
a Allgemeines
b Werkbetriebe
ü Übersichten (Statistik)

X Langfristige Planungen bei der HVB
(belegt nur für Angelegenheiten der HVB)

Z Zugförderung und technischer Wagendienst
a Allgemeines
b Bremsdienst
l Lokomotivdienst
t Triebwagendienst
ü Übersichten (Statistik)
w Technischer Wagendienst

Der wiedervereinigte Aktenplan ab 1992

Die Deutsche Reichsbahn in der DDR hatte nach 1945 den alten, alphabetischen Aktenplan nicht mehr weitergeführt, stattdessen verwendete sie den numerischen Rahmenaktenplan des zentralgeleiteten Verkehrswesens.

Grundlagen waren die DV 0184 – Ordnung über die Arbeit in den Archiven des Verkehrswesens – und die DV 0185 – Dienstvorschrift über den Umgang mit dienstlichem Schriftgut (Schriftgutvorschrift) –, Herausgeber und Geschäftsführung: Ministerium für Verkehrswesen, Abteilung Recht.

Im Zuge der Wiedervereinigung – auch der deutschen Eisenbahnen – wurde der alphabetische Aktenplan der alten Reichsbahn und der Bundesbahn überarbeitet und für die Deutsche Reichsbahn und die Deutsche Bundesbahn gemeinsam in Kraft gesetzt.

Bei dieser Überarbeitung gab es bei einigen Hauptgruppen große Veränderungen; die späteren Strukturänderungen kündigten sich beispielsweise schon durch die Aufteilung in Güter- und Personenverkehr an.

Einführungsschreiben zum Aktenplan 1992 (Auszug)

Datum und Zeichen: **25.06.1992 – O 310.2 Ovv (140 00 01)**

Thema: **Aktenzeichen verwenden – Aktenplan – (DS 140 00 01); Bekanntgabe 2**

Nach Herausgabe der Bekanntgabe 1 zum Aktenplan der DB zum 1.1.1990 haben sich wesentliche Veränderungen im Güterverkehr und Personenverkehr ergeben. Folgende Hauptgruppen des Aktenplans sind davon betroffen:

- der Güterverkehr schreibt nunmehr unter „G",
- „Geräte und Werkzeuge", die bisher unter „G" zu finden waren, wurden nach „St" (Stoffe") verlagert,
- der Personenverkehr verwendet „V" und
- die Hauptgruppe „T" (Tarife) ist nicht mehr erforderlich, da Güterverkehr und Personenverkehr jeweils die Tarifangelegenheiten in ihre Hauptgruppe aufgenommen haben.

Schreiben Sie die neuen Aktenzeichen auf die vorhandenen Schriftgutbehälter. Um unnötige Sucharbeit zu vermeiden, können Sie das Aktenzeichen mit einer Gegenüberstellung „Aktenzeichen alt / neu" erweitern.

Da auch die Deutsche Reichsbahn den Aktenplan für ihren Bereich einführt, erscheint ein völliger Neudruck.

Wechseln Sie bitte den gesamten Inhalt der DS 140 00 01, gültig vom 1.1.1990 sowie den Rückeneinschub der Universalmappe gegen die beiliegenden Blätter aus und legen Sie den alten Inhalt weg.

Wir weisen nochmals auf die Notwendigkeit eines Aktenverzeichnisses für Ihre Organisationseinheit hin. Darin können Sie:

- auch Feingliederungen über die Aktenzeichen des Aktenplans hinaus erfassen,
- die Zuscheidung aller in der Organisationseinheit verwendeten Aktenzeichen eindeutig darstellen,
- in einer überschaubaren Übersicht „ihre" Aktenzeichen erkennen, ohne den Aktenplan zu wälzen,
- der Leitung der Organiationseinheit sowie der Poststelle einen Überblick über die geführten Akten geben.

Wenn Sie das Aktenverzeichnis erstellt haben, brauchen Sie für jede Organisationseinheit nur noch einen Aktenplan.

Hauptgruppen und Gruppen des Aktenplans der Deutschen Bahnen (DB / DR) vom Juli 1992

A Allgemeine Verwaltung

a Allgemeines
b Büchereiwesen
d Informations- und Dokumentationsdienst
f Fahrvergünstigungen
g Gemeinschaftsverhältnisse und Zusammenarbeit mit fremden Bahnen und Behörden
i Internationale Verwaltungsangelegenheiten
n Neuerungen (Erfindungen, Verbesserungen, Vorschläge)
p Nichtbundeseigene (private) Eisenbahnen
r Angelegenheiten der Bundesrepublik und der Länder
s Schutz- und Sicherheitsmaßnahmen
u Unternehmensbild
ü Übersichten, Statistik
v Verkehrspolitik
w Werbewesen
z Pressedienst und Öffentlichkeitsarbeit (früher: Zeitungswesen)

B Produktion (Betrieb)

a Allgemeines, Betriebsleitung
b Bilden der Züge
e Internes Rechnungswesen (früher: Wirtschaftsergebnisrechnung der DB)
f Fahrplan
m Militärische Angelegenheiten
p Betriebliche Grundlagen und Planungen
r Rangierdienst
s Fahrdienst auf Betriebsstellen
u Unfälle und Rettungswesen
ü Übersichten (Betriebsleistungsstatistik)
w Wagendienst in betrieblicher Hinsicht
z Zugbetrieb und Zugbegleitdienst

D	**Fernmeldetechnik (Drahtgebundene und drahtlose Anlagen, Bau und Betrieb)**
a	Allgemeines
b	Fernmeldebetrieb
d	Mittlere Daten-, Büro- und Verkaufstechnik
f	Funkanlagen
l	Übertragungsanlagen (Leitungen)
m	Meldeanlagen
n	Daten- (Nachrichten-) verarbeitungstechnik (außer an Signalanlagen)
p	Prüf- und Meßwesen
q	Stroversorgungsanlagen (Stromquellen)
r	Rohrpost-, Schriftgut-Förderanlagen
s	Fernsprechanlagen
sch	Fernschreibanlagen
ü	Übersichten (Statistik)
v	Fernseh (Video-) Anlagen
w	Nachrichtentechnische Werkstätten

E	**Elektrotechnik**
a	Allgemeines
b	Bau und Ausrüstung von Strecken für den elektrischen Zugbetrieb
k	Kraft- und Unterwerke für den elektrischen Zugbetrieb
l	Licht- und Kraftstromversorgung
m	Elektrische Betriebsmittel und Anlagen für die Licht- und Kraftstromversorgung
s	Schutz- und Meßeinrichtungen
ü	Übersichten (Statistik)

F	**Fahrzeuge für Schienen- und Straßenverkehr**
a	Allgemeines
b	Bremsen
h	Heizung, Beleuchtung und Lüftung der Fahrzeuge
i	Internationale Fahrzeugangelegenheiten

k Straßenkraftfahrzeuge
l Lokomotiven
n Nebenfahrzeuge
t Triebwagen
ü Übersichten (Statistik)
v Verbindungselemente
w Wagen

G Güterverkehr
a Allgemeines
b Budgetierung, Wirtschaftsplanung, Allgemeines
d EDV, Datenmanagement
e Ermittlung, Entschädigung
f Frachtrecht
i Infrastruktur
k Güterkraftverkehr
l Leistungsplanung, -abwicklung, -kontrolle, Logistik
m Marketing
o Organisation
p Personalangelegenheiten
r Abfertigungsrecht, Abrechnung
s Strategie, Langfristplanung
t Tarife, Preise
u Unregelmäßigkeiten, Beschwerden
ü Übersichten, Statistik, Lageberichte
v Verkauf, Verkaufsplanung, Verkaufsförderung
w Transportmittel, Güterwagen
z Zoll-, Steuer-, polizeiliche Vorschriften

H Hochbau
a Allgemeines
b Brand-, Blitzschutz- und Feuerlöschwesen
g Bau und Unterhaltung von Gebäuden
r Reinigung von Gebäuden, Plätzen usw.
ü Übersichten (Statistik)
v bauliche Versorgungsanlagen

I	**Ingenieurbauten**
a	Allgemeines
b	Brücken und konstruktiver Ingenieurbau
f	Fluß-, Kanal-, Ufer- und sonstige Wasserbauten
h	Haushaltsangelegenheiten
o	Oberbau
s	Strecken- und Bahnhofsanlagen
t	Tunnel
u	Unterbau
ü	Übersichten (Statistik)
v	Ingenieurvermessungen
w	Wege
K	**Finanzwesen**
a	Allgemeines
b	Finanzbuchführung
f	Kredite (fremde Zahlungsmittel)
k	Kassenwesen
r	Formelles Rechnungswesen
w	Wirtschaftsführung
z	Bezügeabrechnung
L	**Liegenschaften**
a	Allgemeines
e	Eigentumsverhältnisse
g	Gewerbebebetriebe
l	Lagerplätze
m	Miet- und Pachtangelegenheiten
p	Privatgleisanschlüsse
v	Vermessungswesen
w	Widerrufliche Einrichtungen, Gestattungen
M	**Maschinen und maschinentechnische Anlagen**
a	Allgemeines
b	Baumaschinen

f Hebe- und Fördermaschinen
m Meß- und Prüfmaschinen
s Sonstige Maschinen
v Versorgungsanlagen
w Werkzeugmaschinen

N Neubau von Stecken
a Allgemeines
b Vorbereitung und Bauausführung
v Vorarbeiten für neue Linien

O Organisation
a Allgemeines
b Büro
d Datenverarbeitung
g Gliederung der Verwaltung
i Informationslogistik, Informations- und Steuerungssysteme
p Geschäfts- und Arbeitsverteilungspläne
s Arbeits- und Zeitstudien
ü Übersichten (Statistik)
v Vorschriftenwesen

P Personalwesen
a Allgemeines
b Besoldungswesen, Nebeneinnahmen des Personals
d Angestellte auf Dienstvertrag
f Personalführung und Zusammenarbeit
k Reisekosten, Umzugskostenvergütung, Aufwandsentschädigungen und -vergütungen
l Lohnwesen
o Ordnung der Dienstverhältnisse
p Prüfungswesen
r Beamtenrechtliche Versorgung
u Betriebliches Bildungswesen (Ausbildung, Fortbildung, Umschulung)

ü Übersichten (Statistik)
v Personalvertretungsrecht
w Personalwirtschaft
y Psychologische Eignungsuntersuchung
z Arbeitszeit

Q Wärme- und Energie- (Quellen-) wirtschaft
a Allgemeines
b Brennstoffwirtschaft
e Energiewirtschaft
ü Übersichten (Statistik)
w Wärmewirtschaft

R Rechtswesen
a Allgemeines
b Beitreibungen (Pfändungen, Beschlagnahmen, Abtretungen)
f Entschädigungsansprüche aus dem Frachtvertrag
g Steuern und sonstige öffentliche Abgaben
h Haftpflicht
p Prozeßwesen
v Vertrags- und Verdingungswesen

S Signaltechnik
a Allgemeines
m Meldeanlagen
r Rangieranlagen
s Signalanlagen
w Signalwerkstätten

Sch Schiffahrt
a Allgemeines
s Schiffe und Anlagen
ü Übersichten (Statistik)
v Schiffsverkehr

St	**Stoffe**
a	Allgemeines
b	Betriebsstoffe
e	Eratzstücke
f	Fernmeldestoffe
g	Geräte und Werkzeuge
i	Baustoffe für Ingenieurbauten
o	Oberbaustoffe
s	Signalstoffe
st	Starkstromstoffe
t	Sonderteile der Werkstatt
ü	Übersichten (Statistik)
v	Verwendung von Abfallstoffen (ausschließlich Abfallstoffe aus Oberbaustoffen)
w	Werkstoffe

U	**Sozialwesen**
a	Allgemeines
ä	Ärztlicher Dienst
b	Krankenversorgung der Bundesbahnbeamten
d	Kleiderkasse, Schutzzeugverwaltung (Dienstkleidung)
e	Betriebliche und sonstige Sozialeinrichtungen (Verwaltungsgeschäfte der Deutschen Bundesbahn)
f	Berufsfürsorge
g	Gesundheitshilfe
h	Verwaltung der Behandlungsstätten der Bundesbahn-Versicherungsträger
i	Gesetzliche Rentenversicherung und Zusatzversorgung (früher Invaliden- und Zusatzversicherung)
k	Krankenversicherung
l	Bundesbahn-Landwirtschaft
m	Mitglieds- und Beitragswesen der Versicherungsträger
o	Sonstige Sozialaufgaben
s	Bundesbahn-Sozialwerk
u	Unfallversicherung

ü	Krankheitsüberwachung, Übersichten (Statistik)
v	Unfallverhütung
w	Wohnungswesen

V	**Personenverkehr**
a	Allgemeines
b	Bus
c	Controlling, Budgetierung, Wirtschaftsplanung
d	EDV-Konzeptionen Personenverkehr, Distributionssysteme, Verkaufstechniken
e	Erstattung, Entschädigung, Fahrgeldnachforderung
f	Fernverkehr
h	Handgepäck, Reisegepäck
i	Infrastruktur, Bahnhöfe, Parkplätze
k	Kooperation, Beteiligungen (ERV, DLH, Touristik ...)
m	Marketing, Marktforschung
n	Nahverkehr (weitere Unterteilung siehe Aktenplan Nahverkehr)
o	Organisation
ö	Öffentlichkeitsarbeit
p	Personal
q	Kundenorientiertes Qualitätswesen
r	Reisebüro
s	Service
sch	Schiff
t	Tarife, Preise
u	Unregelmäßigkeiten, Beschwerden
ü	Übersichten (Statistik)
v	Verkauf, Verkaufsplanung, Verkaufsförderung, Verkaufsabrechnung
w	Werbung, CI*
x	Technische Produktionsmittelplanung
z	Zugförderung

* CI = Corporate Identity

W Werkstättenwesen
a Allgemeines
b Werkbetrieb
ü Übersichten (Statistik)

X Planungen
a Allgemeines
k Kassen-Rechnungswesen, Wirtschaftsplanung, Budgetierung und Berichtswesen
o Organisation
p Personalwesen
u Planungsrunde, Investitionsplan, Planungsmethoden
v Verkehrspolitik
y Strategische Langfristplanung, Verkehrswegeplanung, Maßnahmenplanung

Y Revisionsangelegenheiten
a Allgemeine Verwaltung
b Produktion (Betrieb)
d Fernmeldetechnik
e Elektrotechnik
f Fahrzeuge für Schienen- und Straßenverkehr
g Güterverkehr
h Hochbauten
i Ingenieurbauten
k Finanzwesen (Kassenwesen)
l Liegenschaften
m Maschinen und maschinentechnische Anlagen
n Neubaustrecken
o Organisation
p Personalwesen
q Wärme- und Energie- (Quellen-) wirtschaft
r Rechtswesen
s Signaltechnik
sch Schiffahrt

st Stoffe, Geräte und Werkzeuge
u Sozialwesen (Unterstützungen)
v Personenverkehr
w Werkstättendienst
z Zugförderung und technischer Wagendienst

Z Zugförderung und technischer Wagendienst
a Allgemeines
b Bremsbetrieb
e Elektronische Datenverarbeitung
f Fahrzeugbezogene Angelegenheiten
i Investitions- und Wirtschaftsplan
l Lokomotivdienst
n Nahverkehr Reisezug
s S-Bahn-Angelegenheiten
t Triebwagendienst
ü Übersichten (Statistik)
w Technischer Wagendienst
z Zugbegleitpersonal

Sonderabdruck aus dem Amtlichen Nachrichtenblatt
der Deutschen Reichsbahn-Gesellschaft „Die Reichsbahn“
Heft 47 vom 21. November 1928

146) **Aktenplan für die Reichsbahn-Aemter und -Ausbesserungswerke (2 Ova vom 7. November 1928)**

Seit Anfang dieses Jahres ist bei der Gruppenverwaltung Bayern, den Reichsbahndirektionen und dem Reichsbahn-Zentralamt ein neuer Aktenplan in Gebrauch (vgl. Verfügung 2.604 b. 68 vom 21. November 1927 in der „Reichsbahn“ Nr. 48 vom 20. November 1927, Ziffer 144). Wir nehmen an, daß jetzt die Einführung eines entsprechenden Aktenplans bei den Aemtern und Ausbesserungswerken keine Schwierigkeiten machen wird.

In der Anlage wird der neue Aktenplan für die Reichsbahn-Aemter und -Ausbesserungswerke übersandt. Er ist nach dem Vorbild des Aktenplans für die Reichsbahndirektionen usw. aufgestellt, enthält jedoch entsprechend dem geringeren Geschäftsumfang der Aemter und Werke auch bedeutend weniger Akten. Gleichwohl ist dieser Aktenplan auf den Höchstbedarf der größten Aemter jedes Fachgebiets zugeschnitten. Der Grundsatz, daß Akten nur soweit angelegt werden dürfen, als es unbedingt erforderlich ist, gilt auch für die Aemter und Werke. Nach der Art und Größe des einzelnen Amtes (Werks) muß es sich richten, ob in der einen oder anderen Hauptgruppe nur ein Aktenstück nach der Hauptgruppe (also mit einem Buchstaben), oder ob mehrere Akten (also mit zwei oder mehr Buchstaben) zu bilden sind. Während z. B. bei einem großen Amt vielleicht ein besonderes Aktenstück „Ab“ gebildet werden muß, wird ein kleineres Amt mit einem Aktenstück „A“ auskommen. Kommt dann z. B. ein Schriftstück der Reichsbahndirektion „Abaa“, so wird es bei dem großen Amt in das Aktenstück „Ab“, bei dem kleinen Amt in das Aktenstück „A“ genommen.

Andere Akten, als die nach dem Aktenplan vorgesehenen, oder andere Aktenzeichen als die des Aktenplans dürfen zunächst nicht gewählt werden. Müssen unbedingt noch weitere Akten gebildet werden, so bedarf es in jedem einzelnen Falle der Genehmigung der Reichsbahndirektion, die auch das Aktenzeichen festsetzt.

Die Vorbemerkungen zu dem Aktenplan der Reichsbahndirektionen gelten im übrigen sinngemäß; ebenso § 2 Absatz 4 (Geschäftszeichen und Sachbetreff), § 6 (Aktenbestandskartei) und § 9 (Fristen) der Dienstvorschrift über das Aktenwesen. Als Geschäftszeichen gilt lediglich das Aktenzeichen. Einmalige Fristen werden nur bei Bedarf, und zwar, soweit nicht § 9 Absatz 3 anwendbar ist, in einem Fristenverzeichnis vermerkt.

Die im § 13 der Dienstvorschrift über das Aktenwesen vorgesehene Aufsicht durch einen Dezernenten der Reichsbahndirektion gilt auch für das Aktenwesen der Aemter und Ausbesserungswerke.

Keinesfalls darf diese Umstellung der Aktenhaltung, die doch eine Maßnahme der Geschäftsvereinfachung sein soll, dazu führen, daß etwa mehr als bisher Akten geführt werden. Die Reichsbahndirektionen müssen sowohl jetzt bei der ersten Einrichtung wie auch dauernd bei Geschäftsprüfungen in den Aemtern und Werken darauf achten, daß die Zahl der Akten gegen früher nicht vermehrt, sondern womöglich vermindert wird. Wir behalten uns vor, nach einiger Zeit uns hierüber berichten zu lassen.

Wir sehen davon ab, einen bestimmten Zeitpunkt festzulegen, bis zu dem der neue Aktenplan überall eingeführt sein muß, überlassen es vielmehr den Reichsbahndirektionen, den Zeitpunkt zu wählen, der nach den örtlichen Verhältnissen am zweckmäßigsten erscheint. Falls jedoch bis zum 1. Mai 1929 der Aktenplan noch nicht eingeführt ist, ersuchen wir um Bericht.

Sobald sich die Aemter und Ausbesserungswerke mit dem neuen Aktenplan vertraut gemacht haben, wird auch noch ein einfacher Aktenplan für die Dienststellen eingeführt werden.

Sonderdrucke dieser Verfügung samt Anlage können von der Schriftleitung der „Reichsbahn" bezogen werden. Wir ersuchen, etwaigen Bedarf bis zum 15. November d. J. dort anzumelden.

Vfg 146/1928 wird aufgehoben und durch Sonderabdruck „Vorbemerkungen zum Aktenplan für Reichsbahnämter und Reichsbahn-Ausbesserungswerke" ersetzt. – Vfg v. 2./3. 32 – 12 A 2 Oava (Ä) –

handschriftlich: Vfg 146/1928 wird aufgehoben und durch Sonderabdruck „Vorbemerkungen zum Aktenplan für Reichsbahnämter und Reichsbahn-Ausbesserungswerke" ersetzt. – Vfg v. 2./3. 32 – 12 A 2 Oava (Ä) –

Akteninhalt	Aktenzeichen
A. Allgemeine Verwaltung.	
Allgemeine Verwaltung	A
Allgemeines (Mitteilungen, Sitzungen, Ehrungen usw.)	Aa
Büchereiwesen	Ab
Freifahrwesen	Af
Kleinbahnen (Landesaufsicht)	Ak
Neuerungen (Erfindungen und Verbesserungen)	An
Privatbahnen (Reichsaufsicht)	Ap
Reichs-, Landes- usw. Angelegenheiten	Ar
Schutz- und Sicherheitsmaßnahmen (Bahnschutz, Fahndungswesen, Streifdienst usw.)	As
Unruhen, Streiks (Personalbetriebshilfe, Technische Nothilfe usw.)	Asu
Übersichten (Statistik)	Aü
Werbewesen	Aw
Zeitungswesen	Az

Akteninhalt	Aktenzeichen
B. Betrieb.	
Betrieb	B
Allgemeines, Betriebsleitung	Ba
Ordnungen im Betriebsdienst	Bao
Bahnpolizei	Bap
Unregelmäßigkeiten im Betriebe (Betriebsschwierigkeiten, -stockungen, Verspätungen usw.)	Bau
Überwachung des Betriebsdienstes	Baü
Vorschriften für den Betriebsdienst	Bav
Bildung der Züge (leichte Züge, Triebwagen usw.)	Bb
Bildung der Güterzüge	Bbg
Wirtschaftliche Ertragsberechnungen und Ersparnismaßnahmen	Be
Fahrplan	Bf
Eilgüterzugfahrplan	Bfe
Güterzugfahrplan	Bfg
Personenzugfahrplan	Bfp
Sonderzüge (Arbeitszüge usw.)	Bfs

Akteninhalt	Aktenzeichen
Lokomotivdienst	Bl
Lokomotivanforderung, -austausch, -bestand und -verteilung, Lokomotivverzeichnis	Bla
Brenn- und Schmierstoffverbrauch	Blst
Bahnbetriebswerke *Unterakten nach Bedarf*	Blw
Militärtransporte, Militärtransportordnung (MTO)	Bm
Umstell- (Rangier-) dienst	Br
Fahrdienst auf Betriebsstellen (Bahnhofsfahrordnungen usw.)	Bs
Unfälle *Unterakten nach Bedarf*	Bu
Arzthilfszüge und Gerätewagen	Bua
Unfallmeldevorschriften	Bum
Dienstvorschriften für das Rettungswesen bei Unfällen	Bur
Übersichten (Statistik)	Bü
Wagendienst	Bw
Bahnbetriebswagenwerke *Unterakten nach Bedarf*	Bww

Akteninhalt	Aktenzeichen
Zugförderungs- und -begleitdienst	Bz
(siehe Fußnote)	*
Bremsbetrieb	Bzb
Zugbegleitung, Bemessung der Stärke des Zugbegleitpersonals	Bzp
E. Elektrische Zugförderung.	
Elektrische Zugförderung	E
Bau und Ausrüstung von Strecken für den elektrischen Betrieb	Eb
Elektrische Kraftwerke — *Unterakten nach Bedarf*	Ek
Schutzeinrichtungen für elektrische Zugförderung	Es
Elektrische Bahnbetriebswerke	Ew
Elektrischer Zugbetrieb	Ez
Betriebsberichte über den elektrischen Zugbetrieb	Ezb

* Beachte, daß die Gruppe „Bza" in diesem Aktenplan gar nicht genannt ist, sie erscheint nur im großen Aktenplan der Hauptverwaltung und Direktionen. Ein Mitarbeiter eines Reichsbahnamtes oder einer vergleichbaren Dienststelle *konnte* also anhand *seines* Aktenplans das Aktenplankennzeichen „Bza" nicht korrekt auflösen. Das mag zur nachvollziehbaren, wenn auch irrigen, Folgerung geführt haben, dahinter würde die Abkürzung für „**B**etriebliche **Z**usatz-**A**nweisung" oder (zu Bundesbahnzeiten) ein **B**undesbahn-**Z**entral-**A**mt stecken.

Akteninhalt	Aktenzeichen
Störungen an Fahrleitungen elektrisierter Strecken	Ezs
Unregelmäßigkeiten und Unfälle im elektrischen Betrieb	Ezu
F. Fahrzeuge.	
Fahrzeuge	F
Allgemeines	Fa
Ausschüsse	Faa
Dienstvorschriften für die Fahrzeugwirtschaft, Bau, Unterhaltung usw. der Fahrzeuge	Fav
Verein Deutscher Eisenbahnverwaltungen, Fahrzeuge	Fd
Planverwaltung über Austauschbau, Normenblätter, Musterblätter der Fahrzeuge, Maschinen und maschinenartigen Anlagen	Fdp
Einkauf von Fahrzeugen und Fahrzeugteilen	Fe
Einkauf von Bremsen und Ersatzteilen	Feb
Einkauf von Lokomotiven und Ersatzteilen	Fel
Eigentumsbezeichnung und Nummerung der Fahrzeuge	Fen
Einkauf von Triebwagen und Ersatzteilen	Fet

Akteninhalt	Aktenzeichen
Einkauf von Wagen und Ersatzteilen	Few
Bauart (Konstruktion) von Fahrzeugen und Fahrzeugteilen	Fk
Bauart von Bremsen und Ersatzteilen	Fkb
Bauart von Lokomotiven und Ersatzteilen	Fkl
Bauart von elektrischen Lokomotiven und Ersatzteilen	Fkle
Bauart von Triebwagen und Ersatzteilen	Fkt
Bauart von Wagen und Ersatzteilen	Fkw
Normung von Fahrzeugen und Fahrzeugteilen	Fn
Normung von Bremsen und Ersatzteilen	Fnb
Normung von Lokomotiven und Ersatzteilen	Fnl
Normung von Triebwagen und Ersatzteilen	Fnt
Normung von Wagen und Ersatzteilen	Fnw
Planverwaltung: Fahrzeuge, Maschinen und maschinenartige Anlagen	Fp
Unterhaltung von Fahrzeugen und Fahrzeugteilen	Fu
Unterhaltung von Bremsen und Ersatzteilen	Fub
Unterhaltung von Lokomotiven und Ersatzteilen	Ful
Unterhaltung von elektrischen Lokomotiven und Ersatzteilen	Fule

Akteninhalt	Aktenzeichen
Vermessen von Lokomotiven	Fulv
Unerhaltung von Triebwagen und Ersatzteilen	Fut
Ausmusterung, Verwertung und Verkauf unbrauchbarer Fahrzeuge	Fuv
Unterhaltung von Wagen und Ersatzteilen	Fuw
Ausbesserung von Wagen in Privatbetrieben	Fuwb
Unterhaltung von Bahndienstwagen	Fuwd
Unterhaltung von Güterwagen	Fuwg
Unterhaltung von Personenwagen	Fuwp
Übersichten (Statistik)	Fü
G. Gemeinschaftsverhältnis und Zusammenarbeit mit fremden Bahnen und Behörden.	
Gemeinschaftsverhältnisse und Zusammenarbeit mit fremden Bahnen und Behörden	G
Beziehungen zur (Reichsfinanz-) Zollverwaltung	Gf
Beziehungen zu Grenz- und Gemeinschaftsbahnen *Unterakten nach Bedarf*	Gg
Betriebsdienst im Verkehr mit Grenz- und Gemeinschaftsbahnen	Ggb

Akteninhalt	Aktenzeichen
Beziehungen zu Landesbehörden	Gl
Beziehungen zur Polizeiverwaltung	Glp
Beziehungen zur Militärverwaltung	Gm
Beziehungen zur Reichspost- und Telegraphenverwaltung	Gp
Beziehungen zu Schiffahrtsverwaltungen	Gsch
Beziehungen zu wirtschaftlichen Verbänden	Gw
H. Hochbau.	
Hochbau	H
Allgemeines	Ha
Feuerlöschwesen, Vorsichtsmaßregeln und bauliche Einrichtungen	Hf
Bau, Unterhaltung und Erweiterung von Dienstgebäuden *Unterakten nach Bedarf*	Hg
Bauliche Heizungs- und Lüftungsanlagen	Hh
Reinigung von Gebäuden, Plätzen usw. *Unterakten nach Bedarf*	Hr
Herstellung von Reichsbahnwohnungen	Hw
Unterhaltung und Erweiterung von Reichsbahnwohnungen *Unterakten nach Bedarf*	Hwu

Akteninhalt	Aktenzeichen
I. Ingenieurbau	
Ingenieurbau	I
Allgemeines	Ia
Bahnbewachung und Bahnaufsicht	Iaw
Brückenwesen, allgemeine Bestimmungen	Ib
Beton- und Eisenbetonbauten	Ibb
Dächer und Hallen	Ibd
Holzbaukonstruktionen	Ibh
Rostschutz, Vorschrift für die Lieferung von Farben usw. (FAB)	Ibr
Untersuchung der Brücken (Brückenprüfung, Brückenbücher)	Ibu
Wasserbauten (Fluß-, Kanal-, Ufer- usw. Bauten)	If
Oberbau, Allgemeines	Io
Verwendung von Arbeitsmaschinen und Geräten	Iom
Oberbauarbeitspläne	Iop
Prüfung und Unterhaltung des Oberbaues	Iou
Versuche mit neuen Oberbauformen und -konstruktionen; Bewährung	Iov
Weichen und Kreuzungen	Iow

Akteninhalt	Aktenzeichen
Planverwaltung: Ingenieurbau	Ip
Bau, Unterhaltung und Erweiterung der Bahnhofs (Stations-)anlagen *Unterakten nach Bedarf*	Is
Bahngärtnerei, Pflanzungen	Isg
Rangieranlagen	Isr
Tunnels	It
Unterbau	Iu
Markierungszeichen (Neigungszeiger, Krümmungstafeln, Geschwindigkeitstafeln)	Ium
Einfriedungen, Schneeschutzstreifen, Feuerschutzstreifen	Ius
Übersichten (Statistik)	Iü
Wegesachen *Unterakten nach Bedarf*	Iw

K. Kassen- und Rechnungswesen, Mittelwirtschaft.

Akteninhalt	Aktenzeichen
Kassen- und Rechnungswesen, Mittelwirtschaft	K
Allgemeines	Ka
Bezirksabrechnung *Unterakten nach Bedarf für die einzelnen Abrechnungsvorschriften*	Kb

Akteninhalt	Aktenzeichen
Kassenwesen	Kk
Kassenprüfungen und Übergabe von Kassen	Kkp
Giro- und Scheckverkehr	Kksch
Mittelwirtschaft	Km
Anlagezuwachsrechnung	Kma
Betriebsrechnung	Kmb
Übersichten und Abschlüsse	Kmü
Rechnungswesen	Kr
Leistungen zugunsten Dritter (fremde Verwaltungen und Private)	Krl
Vollabrechnung der Reichsbahnausbesserungswerke	Krw
L. Liegenschaften.	
Liegenschaften	L
Eigentumsverhältnisse, Erwerb, Tausch, Verkauf und Grunddienstbarkeiten *Unterakten nach Bedarf*	Le
Grundbesitzverzeichnisse (Immobilieninventar)	Lev
Gewerbebetriebe auf Bahngelände	Lg

Akteninhalt	Aktenzeichen
Aushangwesen	Lga
Reklamewesen (Reklame A)	Lgr
Aufstellung von Automaten und Verkaufsständen	Lgs
Bahnhofswirtschaften	Lgw
Lagerplätze *Unterakten nach Bedarf*	Ll
Miet- und Pachtsachen	Lm
Obst-, Holz-, Weiden- und sonstige Nutzungen	Lmn
Privatanschlußgleise *Unterakten nach Bedarf*	Lp
Vermessungswesen	Lv
Widerrufliche Einrichtungen, Gestattungen	Lw
Bebauungs- und Baufluchtlinienpläne, Baugesuche	Lwb
Starkstromkreuzungen	Lwk

Akteninhalt	Aktenzeichen
M. Maschinen und maschinenartige Anlagen.	
Maschinen und maschinenartige Anlagen	M
Allgemeines	Ma
Bohr- und Gewindeschneidemaschinen (Gruppe 941 – 944)	Mb
Form-, Gießerei-, Beförderungs- und Hebemaschinen (Gruppe 921 – 940)	Mf
Drehscheiben, Schiebebühnen und Wagenkipper	Mfd
Achssenken, Hebeböcke usw.	Mfh
Krane	Mfk
Versorgung mit Heizung	Mh
Kraftanlagen und elektrische Maschinen (Gruppe 901 – 910)	Mk
Licht- und Kraftversorgung *Unterakten nach Bedarf*	Ml
Beleuchtung von Signal- und Weichenanlagen	Mls
Misch-, Sieb-, Zerkleinerungs- und sonstige Aufbereitungsmaschinen (Gruppe 915 – 920)	Mm
Biege-, Preß-, Zieh- und Feinblechbearbeitungsmaschinen, Hammer- und Walzmaschinen (Gruppe 945 – 954)	Mp
Drehbänke, Hobel-, Stemm-, Stoß-, Feil-, Fräs- und Sägemaschinen (Gruppe 955 – 970)	Ms

Akteninhalt	Aktenzeichen
Loch-, Scher- und Schneidemaschinen (Gruppe 971 – 980)	Msch
Transmissionsanlagen	Mt
Übersichten (Statistik)	Mü
Maschinen und maschinenartige Anlagen für verschiedene Zwecke (Gruppe 981 – 999)	Mv
Meß- und Prüfmaschinen, ortsfeste (Gruppe 982) (Gleiswagen* usw.)	Mvm
Reinigungs- und Wäschereimaschinen, ortsfeste (Gruppe 083) (Entfeuchungsanlagen usw.)	Mvr
Sonstige Maschinen und maschinenartige Anlagen (Gruppe 999)	Mvs
Wasserversorgung	Mw

* Zur Vermeidung von Verwechslungen, besonders in Mehrzahlformen (Wagenbau vs. Waagenbau, Wasserwagen vs. Wasserwaagen), wurde mit Erlaß des Reichsministers des Innern vom 5. Juli 1927 (Reichsministerialblatt 1927, Nr. 29, S. 205) die Schreibung *Waage* in die amtliche Rechtschreibung aufgenommen. Der Aktenplan der RBA von 1928 enthält noch die ältere Schreibung mit einfachem a, der große Aktenplan der Rbd usw. bereits die mit zwei a (Az. Mvmg).

Akteninhalt	Aktenzeichen
N. Neubau.	
Neubau	N
Allgemeines	Na
Allgemeine Bedingungen über Leistungen und Lieferungen	Nal
Baupolizeiliche Bestimmungen	Nap
Bauausführung	Nb
Vorermittelungen und allgemeine Vorarbeiten	Nv
O. Organisation.	
Organisation	O
Allgemeines	Oa
Gliederung der Verwaltung, Bezirkseinteilung	Og
Gliederung der Dienststellen (Einrichtung, Umwandlung, Zusammenlegung, Bewertung, Aufhebung, Bahnagenturen, Güternebenstellen usw.)	Ogs
Organisation und Neuordnung der R. A. W.	Ogw
Geschäfts- und Arbeitsverteilungspläne, Geschäftsprüfungen	Op
Organisatorische Vereinfachungen und Verbesserungen	Ov

Akteninhalt	Aktenzeichen
P. Personalwesen.	
Personalwesen	P
Allgemeines	Pa
Besoldungswesen	Pb
Nebeneinnahmen des Personals (Leistungszulagen usw.)	Pbn
Reise- und Umzugskosten, Aufwandsentschädigungen	Pk
Lohnempfänger (Lohnwesen)	Pl
Dienstverhältnisse, Arbeitsordnung (AO)	Pld
Zeit- und Aushilfsarbeiter	Pldh
Stammarbeiter	Plds
Gedingewesen	Plg
Lohntarif (LTV, Reichslohntarif), allgemeine Bestimmungen	Plt
Personalordnung (Perso), allgemeine und besondere Personalvorschriften	Po
Heranziehung von Bediensteten zum Schadenersatz (Ersa), Haftung	Poh
Annahme, Ausbildung und Laufbahnen (§ 4 Perso) *Unterakten nach Bedarf*	Pol
Urlaub, Dienstbefreiungen	Pou

Akteninhalt	Aktenzeichen
Verwendung des Personals (besondere Zwecke usw.)	Pov
Verwendung von Lehrlingen, Lehrlingswesen	Povl
Prüfungswesen, Prüfungsordnung	Pp
Unterrichts- und Bildungswesen	Pu
Werkschulen	Puw
Übersichten (Statistik)	Pü
Personalvertretungen	Pv
Personalwirtschaft	Pw
Dienstpostenbesetzungsplan (Kopfplan)	Pwp
Tagewerksköpfe	Pwt
Psychotechnik	Py
Dienst- und Ruhezeiten (Dienstdauervorschriften DDV)	Pz

Q. Wärme- und Energie- (Quellen-) Wirtschaft.

Wärme- und Energie- (Quellen-) Wirtschaft	Q

Akteninhalt	Aktenzeichen
R. Rechtswesen.	
Rechtswesen	R
Allgemeines	Ra
Beitreibungen (Pfändungen, Beschlagnahmungen, Abtretungen)	Rb
Entschädigungsansprüche aus dem Frachtvertrag	Rf
Allgemeine verkehrsrechtliche Urteilssammlung	Rfr
Haftpflicht	Rh
Prozeßwesen	Rp
Vertrags- und Verdingungswesen	Rv
S. Sicherungs- und Fernmeldewesen.	
Sicherungs- und Fernmeldewesen	S
Allgemeines	Sa
Fernmeldewesen	Sf
Fernmeldebetrieb	Sfb
Fernmeldetechnik (Fernsprech-, Fernschreibanlagen usw.) *Unterakten nach Bedarf*	Sft

Akteninhalt	Aktenzeichen
Meldeanlagen (Läutewerke, Zugabrufer, mechanische und elektrische Uhren usw.)	Sm
Sicherungswesen	Ss
Stellwerks-, Stationsblock- und Streckenblockanlagen *Unterakten nach Bedarf*	Ssb
Signalwesen, Haupt-, Vor-, Wärtersignale, Gleissperren und Rangiersignale	Sss
Werkstätten für das Sicherungs- und Fernmeldewesen	Sw
Sch. Schiffahrt.	
Schiffahrt	Sch
Allgemeines	Scha
Schiffsbetrieb	Schb
Schiffe und Anlagen *Unterakten nach Bedarf*	Schs
Hafenanlagen	Schsh
Landestellen	Schsl
Trajektanlagen	Schst
Unterhaltung der Schiffe	Schsu

Akteninhalt	Aktenzeichen
Schiffsverkehr	Schv
Zoll- und Paßwesen auf den Schiffen, Reichswasserschutz	Schvz
Werften	Schw
St. Stoffe	
Stoffe	St
Allgemeines	Sta
Lieferungs- und Abnahmebedingungen, Güteproben	Stal
Versuche mit Neuerungen (Erfindungen und Verbesserungen)	Stan
Veränderungs- und Sortennachweise	Stas
Betriebsstoffe (Gruppe 101 – 199)	Stb
Stoffe für elektrische Anlagen (Gruppe 401 – 499)	Ste
Baustoffe (Stoffe für Ingenieurbauten) (Gruppe 201 – 299)	Sti
Oberbaustoffe (Gruppe 301 – 399)	Sto
Drucksachen, Schreib- und Zeichenstoffe (Gruppe 701 – 799)	Sts
Übersichten (Statistik)	Stü
Verwendung von Abfallstoffen, ausschließlich der Abfallstoffe aus Oberbaustoffen (Gruppe 601 – 699)	Stv
Werkstoffe (Gruppe 501 – 599)	Stw

Akteninhalt	Aktenzeichen
T. Tarife.	
Tarife	T
Allgemeines	Ta
Transport- (Beförderungs-) Recht	Tb
Gütertarife	Tg
Leichen	Tl
Militärtarif	Tm
Personen- und Gepäcktarife	Tp
Fahrpreisermäßigungen	Tpe
Fahrgelderstattungen (Rückvergütungen)	Tpr
Reisegepäck	Tr
Tiertarif	Tt
Übersichten (Statistik)	Tü
Expreßguttarife	Tx

Akteninhalt	Aktenzeichen
U. Unterstützungen und Wohlfahrtseinrichtungen.	
Unterstützungen und Wohlfahrtseinrichtungen	U
Allgemeines	Ua
Reichsbahnbeamten-Krankenversorgung (RKV)	Ub
Kranken- und Hinterbliebenenkasse der DRG (KHK)	Uh
Invalidenversicherung (APK Abteilung A und B)	Ui
Krankenversicherung (RBKK)	Uk
Sonstige Fürsorgeeinrichtungen	Us
Unfallverhütungsvorschriften (Unf.V.)	Usu
Unfallversicherung	Uu
Vereinswohlfahrt	Uv
Wohnungsfürsorge	Uw

Akteninhalt	Aktenzeichen
V. Verkehr.	
Verkehr	V
Allgemeines	Va
Wirtschaftliche Ertragsberechnungen und Ersparnismaßnahmen im Verkehr	Vae
Güterverkehr, allgemeine Bestimmungen	Vg
Güterabfertigungswesen	Vga
Vorschriften für die Abfertigung von Leichen, lebenden Tieren, Gütern und Milch (GAV)	Vga (GAV)
Rollfuhrwesen, Güterzu- und -abfuhr von den Bahnhöfen (Rollfuhr-Grundsätze)	Vgar
Frachtstundungen (Sicherheitsleistungen)	Vgas
Beförderung von Frachtstückgut, allgemeine Bestimmungen, Güterbeförderungsvorschriften (GBV)	Vgb
Beförderung bestimmter Güter (Milch, leichtverderbliche Güter usw.)	Vgbb
Güterübergabe auf den Grenzbahnhöfen in verkehrsdienstlicher Beziehung, güterdienstliche Zugabfertigung, Dienstanweisung für Zugabfertiger	Vgbg
Bildung von Kurswagen	Vgbk
Nachweise für Verkehrsbewegungen (Verkehrsaufschreibungen)	Vgbn

Akteninhalt	Aktenzeichen
Lade- (Wege-) Vorschriften (Ladepläne usw.)	Vgbw
Verkehrskonkurrenz (Kraftwagen- und Luftverkehr usw.) *Unterakten nach Bedarf für Eisenbahnkraftwagenlinien usw.*	Vk
Leichen	Vl
Personenverkehr	Vp
Allgemeine Abfertigungsvorschriften, Teil I (AVV I)	Vpa I
Allgemeine Abfertigungsvorschriften, Teil III (AVV III)	Vpa III
Fahrkartenwesen	Vpf
Reisegepäckverkehr, Annahme, Beförderung, Auslieferung usw.	Vr
Gepäckträger (Gep.D.A.), auch Gepäckträgergemeinschaften	Vrt
Seuchen und Krankheiten	Vs
Tierverkehr	Vt
Unregelmäßigkeiten im Verkehrsdienst und Verkehrsstörungen	Vu
Fahrgeld- und Frachthinterziehungen	Vuh
Übersichten (Statistik)	Vü
Verkehrsberichte	Vüb
Güterwagen, allgemeine Bestimmungen, Güterwagenvorschriften (GWV), Ausführungsbestimmungen	Vw

Akteninhalt	Aktenzeichen
Übereinkommen über die gegenseitige Benutzung von Wagen im internationalen Verkehr (RIV)	Vwi
Privatwagen, Dienstvorschrift für die Behandlung der Privatwagen (PV) (Kdm. 8 des DEVV)	Vwp
Reinigung und Entseuchung der Wagen	Vwr
Vereinswagenübereinkommen (VWÜ)	Vwü
Expreßgutverkehr	Vx
Zoll-, Steuer- und polizeiliche Vorschriften I. und II. Teil (Kdm. 6 des DEVV)	Vz
W. Werkstättenwesen.	
Werkstättenwesen	W
Allgemeines	Wa
Kostenermittelungen, Arbeitszeitaufnahmen	Wak
Deutscher Industrienormenausschuß, Werkstättenwesen	Wan
Unfallverhütung in den Werkstätten	Wau
Übernahme und Ausführung von Arbeiten für andere Werkstätten und Fremde	Waü
Wissenschaftliche Betriebsführung in Hauptwerkstätten, Arbeitsprüfung, neue Arbeitsverfahren	Waw

Akteninhalt	Aktenzeichen
Werkbetrieb *Unterakten nach Bedarf für Sonderbetriebe (Gießerei, Weichenwerkstatt usw.)*	Wb
Versuche in den Werkbetrieben (Versuchsanstalten, Laboratorien usw.) *Unterakten nach Bedarf*	Wbv
Prüfwerkstätten	Wbw
Übersichten (Statistik)	Wü
Z. Zeugwirtschaft.	
Zeugwirtschaft	Z
Allgemeines	Za
Instandsetzung von Geräte und Werkzeugen	Zai
Kontrolle, Prüfung und Verwertung der Geräte und Werkzeuge	Zak
Gerätesammelstellen	Zas
Überweisung, Verleihung und Verkauf von Geräen und Werkzeugen an Fremde	Zaü
Einkauf von Geräten	Zg
Einkauf von Werkzeugen	Zw

DS 174/I

Deutsche Bundesbahn

Aktenplan

für die

Generalvertretungen der Bundesbahndirektionen, Bundesbahnämter und Bundesbahn-Ausbesserungswerke

Gültig vom 1. Juli 1980 an

Geschäftsführung: Projektgruppe Bürorationalisierung bei der BD Frankfurt (M)

Druck: Bundesbahndirektion Karlsruhe

Verteilungsplan

Hauptverwaltung der Deutschen Bundesbahn
Hauptprüfungsamt und Prüfunsämter
Bundesbahndirektionen
Zentralstelle für den Werkstättendienst
Generalvertretungen für die Bundesbahndirektionen
Bundesbahnämter
Bundesbahn-Ausbesserungswerke
Bundesbahnschulen

Herausgegeben mit Schreiben der
Projektgruppe Bürorationalisierung bei der BD Frankfurt (M)
vom 04.06.1980 - A 100 Ova 2 -

(Tabelle der Berichtigungen – leer, hier nicht abgedruckt)

Inhaltsverzeichnis

I. Allgemeines

Gliederung (1) Der Aktenplan für die GV, Ämter und AW ist nach Sachgebieten für die Hauptgruppen, Gruppen und Untergruppen gegliedert; er stellt einen Auszug aus dem für die BD und zentralen Stellen herausgegebenen Aktenplan - DS 140/I - dar. Der erste, große Buchstabe des Aktenzeichens gibt die **Hauptgruppe** an (z. B. B = Betrieb), der zweite Buchstabe innerhalb der Hauptgruppe die **Gruppe** (z. B. Bf = Fahrplan); die weiteren Buchstaben bezeichnen die **Untergruppen** (z. B. Bfg = Güterzugfahrplan). Im Abschnitt III sind in der Spalte „Akteninhalt" die Merkbuchstaben, die zur Bildung des Aktenzeichens verwendet wurden, unterstrichen.

Sammelakten (2) Akten sind nur anzulegen, wenn vorauszusehen ist, daß die abzuheftenden Schriftstücke die Aktenordner in absehbarer Zeit füllen. Vielfach wird es genügen, die Schriftstücke in Sammelakten für eine Hauptgruppe zusammenzufassen (z. B. Akten R oder V für ein Maschinenamt). Es können auch mehrere verwandte Hauptgruppen in Sammelakten zusammengefaßt werden (z. B. H, I und N für eine Generalvertretung). Der Inhalt ist dann nach Hauptgruppen zu unterteilen. Hierfür eignen sich Trennblätter oder Einlegehefter.

Beispiel:

Aktenzeichen der BD	Aktenzeichen des Amtes		
	Hauptgruppe o.	Gruppe o.	Untergruppe
Fko	F	Fk	Fko

(3) Die Angaben im Aktenplan über Akteninhalt und Aktenzeichen sind bindend.

neue Akten

Für Sachgebiete, die nicht im Aktenplan genannt sind, dürfen Akten nur mit Genehmigung der Bundesbahndirektion bzw. der ZW gebildet werden.

Unterakten

(4) Akten über Gruppen und Untergruppen können in sich nach Personen, Strecken, Bahnhöfen, Ortsnamen u. dgl. weiter unterteilt werden (Unterakten). Dem Aktenzeichen sind dann die Personen-, Orts- usw. -namen und -bezeichnungen abgekürzt in Klammern anzufügen. Bei der Unterteilung nach Strecken ist nur die Streckennummer nach den „Vorbemerkungen zu den Buchfahrplänen und Streckenlisten“ in Klammern anzufügen.

II. Übersicht der Hauptgruppen des Aktenplans

Allgemeine Verwaltung	A
Betrieb	B
Fernmeldetechnik (Drahtgebundene und drahtlose Anlagen, Bau und Betrieb)	D
Elektrotechnik	E
Fahrzeuge für den Schienen- und Straßenverkehr	F
Geräte und Werkzeuge	G
Hochbau	H
Ingenieurbauten	I
Finanzwesen (früher Kassenwesen usw.)	K
Liegenschaften	L
Maschinen und maschinenartige Anlagen	M
Neubau von Strecken	N
Organisation	O
Personalwesen	P
Wärme- und Energie (Quellen-) wirtschaft	Q
Rechtswesen	R
Signaltechnik	S
Schiffahrt	Sch
Stoffe	St
Tarife	T
Sozialwesen (Unterstützungen usw.)	U
Verkehr	V
Werkstättenwesen	W
Zugförderung und technischer Wagendienst	Z

Akteninhalt	Aktenzeichen
A Allgemeine Verwaltung	
Allgemeine Verwaltung	A
Allgemeines (Mitteilungen, Besichtigungen, Sitzungen)	Aa
Fahrvergünstigungen	Af
Gemeinschaftsverhältnisse und Zusammenarbeit mit fremden Bahnen und Behörden	Ag
Neuerungen (Erfindungen, Verbesserungen, Vorschläge)	An
Nichtbundeseigene (private) Eisenbahnen	Ap
Schutz- und Sicherheitsmaßnahmen (Bahnpolizei, Fahndungswesen)	As
Übersichten (Statistik)	Aü
Werbewesen	Aw
Werbewesen für den Eisenbahnverkehr	Awv
Werbung für den Güterverkehr	Awvg
Werbung für den Personen-, Gepäck- und Expreßgutverkehr	Awvp
Pressedienst und Öffentlichkeitsarbeit (Zeitungswesen)	Az

B

Akteninhalt	Aktenzeichen
B Betrieb	
Betrieb	B
Allgemeines, Betriebsleitung	Ba
Ordnungen im Betriebsdienst	Bao
Unregelmäßigkeiten im Betrieb (Betriebsschwierigkeiten, -stockungen usw.)	Bau
Bilden der Züge	Bb
Fahrplan	Bf
Güterzugfahrplan	Bfg
Reisezugfahrplan	Bfr
Sonderzüge	Bfs
Rangierdienst	Br
Fahrdienst auf Betriebsstellen (Bahnhofsfahrordnung, Bahnhofsbuch usw.)	Bs
Unfälle und Rettungswesen *Unterakten nach Bedarf*	Bu
Übersichten (Statistik)	Bü
Wagendienst in betrieblicher Hinsicht	Bw

B – D

Akteninhalt	Aktenzeichen
Zugbetrieb und Zugbegleitdienst	Bz*
D Fernmeldetechnik (Drahtgebundene und drahtlose Anlagen, Bau und Betrieb	
Fernmeldetechnik (Drahtgebundene und drahtlose Anlagen, Bau und Betrieb)	D
Fernmeldebetrieb	Db
Übertragungsanlagen (Leitungen)	Dl
Meldeanlagen	Dm
Fernsprechanlagen	Ds

* Beachte, daß die Gruppe „Bza" in diesem Aktenplan gar nicht genannt ist, sie erscheint nur im großen Aktenplan der Hauptverwaltung und Direktionen. Ein Mitarbeiter eines Reichsbahnamtes oder einer vergleichbaren Dienststelle *konnte* also anhand *seines* Aktenplans das Aktenplankennzeichen „Bza" nicht korrekt auflösen. Das mag zur nachvollziehbaren, wenn auch irrigen, Folgerung geführt haben, dahinter würde die Abkürzung für „**B**etriebliche **Z**usatz-**A**nweisung" oder (zu Bundesbahnzeiten) ein **B**undesbahn-**Z**entral-**A**mt stecken.

E

Akteninhalt	Aktenzeichen
E Elektrotechnik	
Elektrotechnik	E
Bau und Ausrüstung von Strecken für den elektrischen Zugbetrieb	Eb
Kraft- und Unterwerke für den elektrischen Zugbetrieb	Ek
Licht- und Kraftstromversorgung	El
Elektrische Betriebsmittel und Anlagen für die Licht- und Kraftstromversorgung	Em
Schutz- und Meßeinrichtungen	Es
Übersichten (Statistik)	Eü

Akteninhalt	Aktenzeichen
F Fahrzeuge für Schienen- und Straßenverkehr	
Fahrzeuge für Schienen- und Straßenverkehr	F
Allgemeines	Fa
Bremsen	Fb
Heizung, Beleuchtung und Lüftung der Fahrzeuge	Fh
Straßenkraftfahrzeuge	Fk
Kraftfahrzeugbetrieb, ausgenommen innerdienstlicher Kraftverkehr)	Fkb
Kraftfahrzeugunfälle	Fkbu
Kraftfahrzeuge für den innerdienstlichen Verkehr	Fkd
Flurförderzeuge	Fkdf
Lastkraftwagen und Anhänger	Fkl
Kraftomnibusse einschl. Gepäckanhänger	Fko
Straßenroller und andere Schwerlastanhänger	Fkr
Lokomotiven	Fl

F

Akteninhalt	Aktenzeichen
Diesellokomotiven	Fld
Elektrische Lokomotiven	Fle
Kleinlokomotiven	Flk
Nebenfahrzeuge (kraftbetriebene Schienenfahrzeuge für den innerdienstlichen Verkehr)	Fn
Triebwagen	Ft
Dieseltriebwagen (einschl. Steuer-, Mittel- und Beiwagen)	Ftd
Elektrische Triebwagen (einschl. Steuer-, Mittel- und Beiwagen)	Fte
Übersichten	Fü
Verbindungselemente (Puffer, Selbsttätige Kupplung, Zugeinrichtungen)	Fv
Wagen	Fw
Bahndienstwagen	Fwb
Dienstgüterwagen	Fwd
Güterwagen	Fwg
Reisezugwagen	Fwr

Akteninhalt	Aktenzeichen
Radsätze für Wagen	Fws
Groß- und Mittelcontainer	Fwt
G Geräte, Werkzeuge	
Geräte, Werkzeuge	G
Geräte	Gg
Werkzeuge	Gw
H Hochbau	
Hochbau	H
Brand-, Blitzschutz- und Feuerlöschwesen	Hb
Bau und Unterhaltung von Gebäuden und Plätzen *Unterakten nach Bedarf*	Hg
Reinigung von Gebäuden, Plätzen usw.	Hr
Bauliche Versorgungsanlagen	Hv

I

Akteninhalt	Aktenzeichen
I Ingenieurbau	
Ingenieurbau	I
Brücken- und konstruktiver Ingenierubau	Ib
Rostschutz für Stahlbauwerke	Ibr
Fluß-, Kanal-, Ufer- und sonstige Wasserbauten	If
Oberbau, Allgemeines	Io
Oberbaumaschinen und -geräte	Iom
Oberbauarbeitspläne	Iop
Prüfung und Unterhaltung des Oberbaus (Bettung, Schienen und Schwellen)	Iou
Weichen und Kreuzungen	Iow
Strecken- und Bahnhofsanlagen (Bau und Unterhaltung)	Is
Tunnel	It
Unterbau	Iu
Einfriedungen, Schneeschutzanlagen, Feuerschutzstreifen	Ius
Ingenieurvermessungen	Iv

Akteninhalt	Aktenzeichen
Wege	Iw
K Finanzwesen (früher Kassenwesen usw.)	
Finanzwesen (früher Kassenwesen usw.)	K
Finanzbuchführung	Kb
Stoffbuchführung	Kbs
Werkstättenabrechnung – DS 286 –	Kbw
Drucksachen- und Druckereiangelegenheiten	Kd
Kassenwesen	Kk
Kassensicherung	Kks
Formelles Rechnungswesen	Kr
Leistungen für Dritte (Fremde)	Krf
Wirtschaftsführung	Kw

L

Akteninhalt	Aktenzeichen
L Liegenschaften	
Liegenschaften	L
Eigentumsverhältnisse, Erwerb, Tausch, Verkauf, Grunddienstbarkeiten, Allgemeines *Unterakten nach Bedarf*	Le
Gewerbebetriebe	Lg
Aushangwesen	Lga
Reklamewesen	Lgr
Verkaufsstände	Lgs
Wirtschaften, Hotels, Imbißstuben, Erfrischungshallen, Milchstuben	Lgw
Lagerplätze *Unterakten nach Bedarf*	Ll
Miet- und Pachtangelegenheiten	Lm
Privatgleisanschlüsse	Lp
Vermessungswesen	Lv
Widerrufliche Einrichtungen, Gestattungen *Unterakten nach Bedarf*	Lw
Bebauungs- und Baufluchtlinienpläne, Baugesuche	Lwb

Akteninhalt	Aktenzeichen
M Maschinen und maschinentechnische Anlagen	
Maschinen und maschinentechnische Anlagen	M
Baumaschinen	Mb
Hebe- und Fördermaschinen	Mh
Meß- und Prüfmaschinen	Mm
Sonstige Maschinen *Unterakten nach Bedarf*	Ms
Versorgungsanlagen *Unterakten nach Bedarf* *Anlagen für die Licht- und Kraftstromversorgung siehe Em*	Mv
Werkzeugmaschinen	Mw
N Neubau von Strecken	
Neubau von Strecken	N

O – P

Akteninhalt	Aktenzeichen
O Organisation	
Organisation	O
Gliederung der Verwaltung	Og
Geschäfts- und Arbeitsverteilungspläne	Op
Verwaltungsvorschriften	Ov
P Personalwesen	
Personalwesen	P
Besoldung	Pb
Nebeneinnahmen des Personals	Pbn
Reisekosten, Umzugskostenvergütung, Aufwandsentschädigung und -vergütung	Pk
Lohnwesen	Pl
Gedingewesen	Plg
Lohntarif (LTV)	Plt

P

Akteninhalt	Aktenzeichen
Ordnung der Dienstverhältnisse der Beamten	Po
Annahme, Ausbildung und Laufbahnen, allgemeine Vorschriften	Pol
Urlaub, Dienstbefreiung	Pou
Prüfungswesen	Pp
Betriebliches Bildungswesen (Ausbildung, Fortbildung, Umschulung)	Pu
Berufsausbildung Jugendlicher	Puj
Ausbildungsstätten	Pus
Übersichten (Statistik)	Pü
Personalvertretungsrecht	Pv
Personalwirtschaft	Pw
Psychologische Eignungsuntersuchung	Py
Arbeitszeit	Pz

Q – R

Akteninhalt	Aktenzeichen
Q Wärme- und Energie- (Quellen-) wirtschaft	
Wärme- und Energie- (Quellen-) wirtschaft	Q
R Rechtswesen	
Rechtswesen	R
Beitreibungen (Pfändungen, Beschlagnahmungen, Abtretungen)	Rb
Entschädigungsansprüche aus dem Frachtvertrag	Rf
Steuern und sonstige öffentliche Abgaben	Rg
Vertrags- und Verdingungswesen	Rv

S – Sch

Akteninhalt	Aktenzeichen
S Signaltechnik	
Signaltechnik	S
Meldeanlagen	Sm
Signalanlagen	Ss
Sch Schiffahrt	
Schiffahrt, Schiffsbetrieb	Sch
Schiffe und Anlagen	Schs
Schiffsverkehr	Schv

St

Akteninhalt	Aktenzeichen
St Stoffe	
Stoffe	St
Betriebsstoffe	Stb
Ersatzstücke	Ste
Fernmeldestoffe	Stf
Baustoffe für Ingenieurbauten	Sti
Oberbaustoffe	Sto
Signalstoffe	Sts
Starkstromstoffe	Stst
Sonderteile der Werkstatt	Stt
Verwendung von Abfallstoffen (außer Abfallstoffe aus Oberbaustoffen)	Stv
Werkstoffe	Stw

Akteninhalt	Aktenzeichen
T Tarife	
Tarife	T
Frachtrecht	Tf
Gütertarife	Tg
Personen- und Gepäcktarife	Tp
Fahrpreisermäßigungen	Tpe
Reisegepäcktarife	Tr
Schiffstarife	Tsch
Expreßguttarife	Tx

U

Akteninhalt	Aktenzeichen
U Sozialwesen (Unterstützungen usw.)	
Sozialwesen (Unterstützunge usw.)	U
Ärztlicher Dienst	Uä
Krankenversorgung der Bundesbahnbeamten	Ub
Kleiderkasse, Schutzzeugverwaltung (Dienstkleidung)	Ud
Berufsfürsorge	Uf
Gesetzliche Rentenversicherung und Zusatzversorgung (früher Invaliden- und Zusatzversicherung)	Ui
Krankenversicherung	Uk
Bundesbahn-Landwirtschaft	Ul
Bundesbahn-Sozialwerk	Us
Unfallversicherung (BUVB)	Uu
Unfallverhütung	Uv
Wohnungswesen	Uw
Unterstützungen (Zuwendungen)	Uz

Akteninhalt	Aktenzeichen
V Verkehr	
Verkehr	V
Güterverkehr	Vg
Abfertigung von Gütern, Güterabfertigungsvorschrift	Vga
Beförderung von Gütern, Güterbeförderungsvorschrift	Vgb
Ermittlungsdienst	Vge
Rollfuhrwesen	Vgr
Verkehrsüberwachung	Vgü
Kraftwagenverkehr	Vk
Güterkraftverkehr	Vkg
Straßenrollerverkehr	Vkgr
Kraftwagenwettbewerb im Güterverkehr	Vkgw
Personenkraftverkehr	Vkp
Kraftwagenwettbewerb im Personenverkehr	Vkpw
Personenverkehr	Vp

V

Akteninhalt	Aktenzeichen
Abfertigung von Personen, Personenabfertigungsvorschrift	Vpa
Beförderung von Personen, Personenbeförderungsvorschrift	Vpb
Fahrkartenwesen	Vpf
Reisegepäck und Handgepäck	Vr
Gepäckträger, Gepäckträgergemeinschaften	Vrt
Bekämpfung von Seuchen und Krankheiten im Eisenbahnverkehr	Vs
Abfertigung und Beförderung von Tieren	Vt
Unregelmäßigkeiten im Verkehrsdienst, Verkehrsstörungen	Vu
Beschwerden und Unregelmäßigkeiten	Vub
Fahrgeld- und Frachthinterziehungen	Vuh
Verkehrssperren	Vus
Übersichten (Statistik)	Vü
Güterwagendienst, Güterwagenvorschriften	Vw
Expreßgutverkehr	Vx
Zoll-, Steuer- und polizeiliche Vorschriften	Vz

Akteninhalt	Aktenzeichen
W Werkstättenwesen	
Werkstättenwesen	W
Allgemeines	Wa
Arbeitschschutzaufsicht	Was
Betrieb der Werke	Wb
Schweißtechnik	Wbs
Überwachung der Leistungen in den Werken, Arbeitsausgleich	Wbü
Übersichten (Statistik)	Wü
Unfallverhütung siehe Uv	

Z

Akteninhalt	Aktenzeichen
Z Zugförderung und technischer Wagendienst	
Zugförderung und technischer Wagendienst	Z
Bremsbetrieb	Zb
Lokomotivdienst	Zl
Triebwagendienst	Zt
Übersichten (Statistik)	Zü
Technischer Wagendienst	Zw

Eisenbahn-Aktenkunde

Synopse

der Aktenpläne

- 1928 (Deutsche Reichsbahn-Gesellschaft)
- 1943 (Deutsche Reichsbahn),
- 1954 (Deutsche Bundesbahn),
- 1980 (Deutsche Bundesbahn),
- 1992 (Deutsche Bundesbahn und Deutsche Reichsbahn)

Harald Rösler

Duisburg 2019

Vor Ihnen liegt die Synopse der Aktenpläne von 1928 (Deutsche Reichsbahn-Gesellschaft), von 1943 (Deutsche Reichsbahn), von 1954 (Deutsche Bundesbahn), von 1980 (Deutsche Bundesbahn) und von 1992 (gemeinsam Deutsche Bundesbahn und Deutsche Reichsbahn).

Der bereits eingearbeitete Aktenplan der Deutschen Bahn AG von 1994 wurde aus Gründen äußerster Vorsicht wieder entfernt: die DB AG hat sich leider nicht eindeutig geäußert, ob sie einer Veröffentlichung ohne weiteres zustimmt. Zur Vermeidung z. B. von Kostenforderungen aus dem Copyright oder anderen, nicht absehbaren Schwierigkeiten hat der Verfasser daher mit Bedauern darauf verzichtet, mit diesem letzten Aktenplan der Gesamt-Eisenbahn die vorliegende Ausgabe zu komplettieren.

Um die Unterschiede zwischen den einzelnen Aktenplänen optisch deutlich zu machen, hat der Verfasser, als Eisenbahner mit Kursbüchern vertraut, auf das bewährte Prinzip zurückgegriffen, Inhalte durch typographische Gestaltung anzudeuten: durch Schriftart und -schnitt und durch Symbole. So erscheinen

- die Einträge des Aktenplans von 1928 in Frakturschrift
- die Einträge des Aktenplans der Reichsbahn-Ämter und Ausbesserungswerke von 1928 in Frakturschrift und mit einem Sternchen * versehen †– da sie im Wortlaut mitunter verschieden sind, findet sich dieser Aktenplan nochmals im Vollabdruck ab Seite 163
- die Einträge des Aktenplans von 1943 in gezeichneter Antiqua-Schrift
- die Einträge des Aktenplans von 1954 in Groteskschrift (Schriftart Futura)
- die Einträge des Aktenplans von 1980 in Schreibmaschinenschrift
- die Einträge des Aktenplans für die Generalvertretungen, Ämter und Ausbesserungswerke in Schreibmaschinenschrift und mit * Sternchen versehen † – da sie im Wortlaut mitunter verschieden sind, findet sich dieser Aktenplan nochmals im Vollabdruck ab Seite 191
- die Einträge des gemeinsamen Aktenplans der Deutschen Bundesbahn und der Deutschen Reichsbahn vom Juli 1992 in einer engen Groteskschrift

Die Hauptgruppen beginnen stets auf einer ungeraden Seite und erscheinen im Tabellenkopf.

Die Gruppentitel erscheinen im Fettdruck mittig über der Gruppe, und zwar in der Typographie ihres *ersten* Auftretens. Dadurch können bei verschiedener Betitelung einer Gruppe mehrere Gruppentitel auftreten.

Schließlich ist innerhalb der Gruppen die Staffelung nach Gruppen und Untergruppen durch Einzüge deutlich gemacht.

Offensichtliche Fehler der Vorlagen wurden stillschweigend beseitigt, Auffälligkeiten dagegen kenntlich gemacht.

---

† Einträge in Fraktur- bzw. Maschinenschrift ohne Sternchen sind also nur im „großen“ Aktenplan enthalten, die mit Sternchen auch in der Fassung für die Ämter, Ausbesserungswerke, Generalvertretungen usw.

Allgemeine Verwaltung

A

Akteninhalt	Aktenzeichen
a Allgemeines	
Allgemeine Verwaltungsangelegenheiten, allgemeine Bestimmungen	Aa *
Allg Verwaltungsangelegenheiten, allg Bestimmungen	Aa
Allgemeine Verwaltungsangelegenheiten, Allgemeines	Aa
Allgemeine Verwaltungsangelegenheiten	Aa *
Allgemeine Verwaltungsangelegenheiten	Aa
Ausschüsse, allgemeine Bestimmungen	Aaa
Ausschüsse, allgemeine Bestimmungen	Aaa
Ausschüsse	Aaa
Ausschüsse	Aaa
Dienstanweisungsausschuß	Aaad
Dienstanweisungsausschuß	Aaad
Ehrungen	Aae
Ehrungen	Aae
Einladungen, Festlichkeiten	Aae
Einladungen, Festlichkeiten	Aae
Einladungen, Festlichkeiten	Aae
Auszeichnungen, Orden, Titel	Aaea
Anerkennung für langjährige Dienstzeit	Aaed
Einladungen, Festlichkeiten	Aaee
Einladungen, Festlichkeiten	Aaee
Beflaggen und Schmücken der Dienstgebäude, Fahrzeuge und Schiffe	Aaef
Beflaggen und Schmücken der Dienstgebäude, Fahrzeuge und Schiffe	Aaef
Glückwünsche und Beileidsbezeugungen	Aaew

A

Allgemeine Verwaltung

Akteninhalt	Aktenzeichen
Glückwünſche und Beileidsbezeugungen	Aaew
Beflaggung und Schmücken der Dienstgebäude, Fahrzeuge und Schiffe	Aaf
Beflaggung und Schmücken der Dienstgebäude, Fahrzeuge und Schiffe	Aaf
Beflaggung und Schmücken der Dienstgebäude, Fahrzeuge und Schiffe	Aaf
Perſonenkraftwagen für Dienſtzwecke (Benutzungsordnungen uſw)	Aak
Personenkraftwagen für Dienstzwecke (Benutzungsordnungen usw)	Aak
Mitteilungen, Auskünfte und Beſichtigungen, allgemeine Beſtimmungen	Aam
Mitteilungen, Auskünfte und Besichtigungen, allgemeine Bestimmungen	Aam
Mitteilungen, Auskünfte und Besichtigungen	Aam
Mitteilungen, Auskünfte und Besichtigungen	Aam
Mitteilungen an fremde Behörden und Private und von ſolchen	Aamf
Mitteilungen an fremde Behörden und Private und von solchen	Aamf
Mitteilungen an fremde Behörden und Private und von solchen	Aamf
Mitteilungen an fremde Behörden und Private und von solchen	Aamf
Studium und Beſichtigung von Bahnanlagen	Aams
Studium und Besichtigung von Bahnanlagen	Aams
Studium und Besichtigung von Bahnanlagen	Aams
Studium und Besichtigung von Bahnanlagen	Aams
Studium und Besichtigung von Bahnanlagen	Aams
Mitteilungen über Stellenwechſel und Stellenbezeichnungen anderer Behörden	Aamw
Mitteilungen über Stellenwechsel und Stellenbezeichnungen anderer Behörden	Aamw
Sitzungen (Konferenzen, Kongreſſe, Beſprechungen), allgemeine Beſtimmungen	Aas

Allgemeine Verwaltung

Akteninhalt	Aktenzeichen
Sitzungen (Konferenzen, Kongresse, Besprechungen, Tagungen), allgemeine Bestimmungen	Aas
Sitzungen (Konferenzen, Kongresse, Besprechungn, Tagungen), Allgemeines	Aas
Sitzungen (Konferenzen, Kongresse, Besprechungen, Tagungen)	Aas
Sitzungen (Konferenzen, Kongresse, Besprechungen, Tagungen)	Aas
Besprechungen mit den Vorständen der Ämter	Aasä
Besprechungen mit den Vorständen der Ämter	Aasä
Besprechungen mit den Vorständen der Ämter	Aasä
Direktionssitzungen	Aasd
Direktionssitzungen	Aasd
Direktionssitzungen	Aasd
Direktionssitzungen	Aasd
Direktionssitzungen	Aasd
Präsidentenbesprechungen	Aasp
Präsidentenbesprechungen	Aasp
Präsidentenbesprechungen	Aasp
Präsidentenbesprechungen	Aasp
Präsidentenbesprechungen	Aasp
Förderung von Vereinen und Verbänden	Aav
Förderung von Vereinen und Verbänden	Aav
Ehrungen siehe Pae	
Auszeichnungen, Orden, Titel siehe Paea	
Anerkennung für langjährige Dienstzeit siehe Paed	
Glückwünsche und Beileidsbezeigungen siehe Paew	

Akteninhalt	Aktenzeichen
b Büchereiwesen	
Büchereiwesen, allgemeine Bestimmungen	Ab *
Büchereiwesen, Allgemeines	Ab
Büchereiwesen, Allgemeines	Ab
Büchereiwesen, Allgemeines	Ab
Büchereiwesen, Allgemeines	Ab
Amtliche Blätter	Aba
Amtliche Blätter	Aba
Amtliche Blätter	Aba
Amtliche Blätter	Aba
Amtliche Blätter	Aba
Amtsblatt der eigenen RBD	Abaa
Amtsblatt der eigenen RBD	Abaa
Amtsblatt der Bundesbahndirektionen	Abaa
Fremde amtliche Blätter, Gesetzsammlungen und Geschäftsberichte	Abaf
Fremde amtliche Blätter, Gesetzessammlungen und Geschäftsberichte	Abaf
Fremde amtliche Blätter, Gesetzessammlungen und Geschäftsberichte	Abaf
Sonstige amtliche Blätter der Deutschen Reichsbahn-Gesellschaft (Reichsbahn usw)	Abar
Sonstige Amtliche Blätter der Deutschen Reichsbahn	Abas
Sonstige Amtliche Blätter der Deutschen Bundesbahn (Die Bundesbahn usw.)	Abas
Beschaffung von Büchern und Zeitschriften, allgemeine Bestimmungen	Abb
Beschaffung von Büchern und Zeitschriften, allgemeine Bestimmungen	Abb
Beschaffung von Büchern und Zeitschriften, Allgemeines	Abb

Allgemeine Verwaltung

A

Akteninhalt	Aktenzeichen
Beschaffung von Büchern	Abb
Beschaffung von Büchern	Abb
Beschaffung von Büchern	Abbb
Beschaffung von Büchern	Abbb
Beschaffung von Büchern	Abbb
Rechnungen über gelieferte Bücher und Zeitschriften	Abbr
Rechnungen über gelieferte Bücher und Zeitschriften	Abbr
Beschaffung von Zeitschriften	Abbz
Beschaffung von Zeitschriften	Abbz
Beschaffung von Zeitschriften	Abbz
Fremde Zeitschriften	Abf
Fremde Zeitschriften	Abf
Fremde Zeitschriften	Abf
Übersichtskarten und Atlanten *Beschaffung von Übersichtskarten und Atlanten siehe Stsk*	Abk
Übersichtskarten und Atlanten *Beschaffung von Übersichtskarten und Atlanten siehe Stsk*	Abk
Beschaffung von Loseblattwerken	Abl
Orts- und Bahnhofsverzeichnisse	Abo
Austausch von Drucksachen und amtlichen Blättern zwischen deutschen und außerdeutschen Behörden und Verwaltungen	Abt
Austausch von Drucksachen und amtlichen Blättern zwischen deutschen und außerdeutschen Behörden und Verwaltungen	Abt
Austausch von Drucksachen und amtlichen Blättern zwischen deutschen und außerdeutschen Behörden und Verwaltungen	Abt
Druckschriftenumlauf	Abu

A

Allgemeine Verwaltung

Akteninhalt	Aktenzeichen
Druckschriftenumlauf	Abu
Druckschriftenumlauf	Abu
Adreßbücher, Orts- und Stationsverzeichnisse	Abv
Adreßbücher, Orts- und Stationsverzeichnisse	Abv
Adreßbücher (Deutsches Bundesbahn-Adreßbuch, Anschriftenverzeichnisse usw.)	Abv
Beschaffung von Zeitschriften	Abz
Beschaffung von Zeitschriften *	Abz
Karten und Pläne siehe Stdk	
Beschaffung von Dienstvorschriften siehe Stdv	
d Verein deutscher Eisenbahnverwaltungen	
d Verein Mitteleuropäischer Eisenbahnverwaltungen	
Verein deutscher Eisenbahnverwaltungen: Vereinsverwaltung, Satzungen	Ad
Verein Mitteleurop (Deutscher) Eisenbahnverwaltungen: Vereinsverwaltung, Satzungen	Ad
Ausschüsse des VDEV	Ada
Ausschüsse des VMEV	Ada
Fachblattausschuß des VDEV	Adaf
Fachblattausschuß des VMEV	Adaf
Zeitung des VDEV	Adafz
Zeitung des VMEV	Adafz
Preisausschuß des VDEV	Adap
Preisausschuß des VMEV	Adap

* vgl. aber 1992: Azb = Pressedienst und Öffentlichkeitsarbeit (Zeitungswesen), Beschaffung von *Zeitungen*

Allgemeine Verwaltung

Akteninhalt	Aktenzeichen
Satzungsausschuß des VDEV	Adas
Satzungsausschuß des VMEV	Adas
Beiträge des VDEV	Adb
Beiträge des VMEV	Adb
Schiedsgericht im VDEV	Adg
Schiedsgericht im VMEV	Adg
Statistische Nachrichten (Übersichten) des VDEV	Adü
Statistische Nachrichten (Übersichten) des VMEV	Adü
Versammlungen des VDEV	Adv
Versammlungen des VMEV	Adv
d Informations- und Dokumentationsdienst	
Information und Dokumentation, Allgemeines	Ad
Einsatz elektronischer Datenverarbeitung	Add
Finanzen, Budget	Adf
Organisationsangelegenheiten	Ado
Personalangelegenheiten	Adp
Zusammenarbeit mit anderen Stellen	Adz
f Freifahrwesen	
f Fahrvergünstigungen	
Freifahrwesen, allgemeine Bestimmungen (Freifahrvorschrift der DRG (Freivo) nebst Ausführungsbestimmungen und Erläuterungen)	Af *
Freifahrwesen, allg Bestimmungen (Freifahrvorschrift der DR (FFV) nebst Erläuterungen	Af

A

Allgemeine Verwaltung

Akteninhalt	Aktenzeichen
Fahrvergünstigungen (Freifahrt und Personalfahrt), Allgemeines	Af
Fahrvergünstigungen, Allgemeines	Af *
Fahrvergünstigungen, Allgemeines	Af
Perſonenausweiſe	Afa
Personenausweise	Afa
Personenausweise	Afa
Fahrvergünstigungen für aktive Mitarbeiter und deren Angehörige	Afa
Fahrvergünstigungen für aktive Mitarbeiter und deren Angehörige	Afa
Freifahrt für Bahnärzte	Afä
Freifahrt für Bahnärzte	Afä
Fahrvergünstigungen für Bahnärzte	Afä
Fahrvergünstigungen für Versorgungsberechtigte, deren Angehörige, Witwen und Waisen	Afb
Fahrvergünstigungen für Versorgungsberechtigte, deren Angehörige, Witwen und Waisen	Afb
Freifahrt für Mitglieder des Reichseiſenbahnrats und der Landeseiſenbahnräte	Afe
Freifahrt, Allgemeines	Aff
Dienstfreifahrkarten	Aff
Dienstfreifahrkarten	Aff
Freifahrt für Angehörige des Bundesbahnpersonals	Affa
Freifahrt für die Bundsbahnbediensteten (Beamte, Angestellte und Arbeiter)	Affb
Freifahrt für die Betriebsräte	Affbb
Wagen und Schiffsklassen, zuschlagpflichtige Züge, Sperrung von Reisezügen, Mitfahrt in Packwagen und Güterzügen	Affk
Freifahrt für Nichteisenbahner (Personen, Vereine, Verbände usw.)	Affn

Allgemeine Verwaltung

Akteninhalt	Aktenzeichen
Frachtfreie Beförderung von **R**eisegepäck, Fahr- und Motorrädern (einschl. Aufbewahrung), Leichen und Umzugsgut	Affr
Freifahrt für Zwecke der **s**ozialen Versicherungseinrichtungen und der betrieblichen Sozialeinrichtungen	Affs
Freifahrt für Zwecke der **S**ozialversicherungsträger und deren betriebliche Sozialeinrichtungen	Affs
Freifahrt zum **Sch**ulbesuch und zur Berufsausbildung	Affsch
Freifahrt zum **Sch**ulbesuch und für Ausbildungszwecke	Affsch
Freifahrt für Ausbildungs- und **U**nterrichtszwecke	Affu
Freifahrt für **V**ersorgungsberechtigte	Affv
Freifahrt zwischen **W**ohn- und Dienstort	Affw
Freifahrt zum Besuch des **G**ottesdienstes	Afg
Freifahrt zum Besuch des **G**ottesdienstes	Afg
Arten der Frei**k**arten und Fahrscheine	Afk
Arten der Frei**k**arten und Fahrscheine	Afk
Abgabe von Frei**k**arten	Afk
Wagen und Schiffs**k**lassen, zuschlagpflichtige Züge, Sperrung von Reisezügen, Mitfahrt in Packwagen und Güterwagen	Afk
Zuweisung der Wagen- und Schiffs**k**lassen, Benutzung zuschlagpflichtiger Züge	Afk
Freifahrt zum Einkauf von **L**ebensmitteln	Afl
Freifahrt zum Einkauf von **L**ebensmitteln	Afl
Mißbräuchliche Inanspruchnahme der Freifahrt= und Frachtvergünstigungen	Afm
Mißbräuchliche Inanspruchnahme der Freifahrt= und Frachtvergünstigungen	Afm
Muster und Ausfertigungen der Freifahrausweise und Personalfahrkarten; Ausrüstung der Verbrauchsstellen	Afm

Akteninhalt	Aktenzeichen
Freifahrt für **N**ichteisenbahner (Personen, Vereine, Verbände, Gewerkschaften usw.)	Afn
Freifahrt für **N**ichteisenbahner	Afn
Freifahrt für **R**eichstagsabgeordnete, Landtagsabgeordnete, Mitglieder des Reichswirtschaftsrats u a	Afr
Freifahrt für **R**eichstagsabgeordnete, Landtagsabgeord, Mitgl des Reichswirtschaftsrats u a	Afr
Freifahrt für **S**chlafwagen	Afs
Freifahrt für **S**chlafwagen	Afs
Freifahrt für Zwecke der **S**ozialversicherungsträger und deren betriebliche Sozialeinrichtungen	Afs
Gebührenfreie Benutzung von **Sch**lafwagen	Afsch
Gebührenfreie Benutzung von **Sch**lafwagen bei Dienstreisen	Afsch
Gebührenfreie Benutzung von **Schl**afwagen	Afschl
Freifahrt zum **Schu**lbesuch und für Ausbildungszwecke	Afschu
Be**st**euerung der Fahrvergünstigungen des Bundesbahnpersonals	Afst
Freifahrtaus**t**ausch	Aft
Freifahrtaus**t**ausch	Aft
Aus**t**ausch von Fahrvergünstigungen, Allgemeines	Aft
Aus**t**ausch von Fahrvergünstigungen	Aft
(Anm. d. Verf.: 1992 kein allgemeiner Eintrag „Aft")	
Freifahrtaustausch mit **a**ußerdeutschen Verkehrsunternehmen	Afta
Freifahrtaustausch mit **a**ußerdeutschen Verkehrsunternehmungen	Afta
Austausch von Fahrvergünstigungen mit dem **A**usland	Afta
Austausch von Fahrvergünstigungen mit **a**usländischen Verkehrsunternehmen	Afta

Allgemeine Verwaltung

Akteninhalt	Aktenzeichen
Austausch von Fahrvergünstigungen mit ausländischen Verkehrsunternehmen	Afta
Freifahrtaustausch mit deutchen Verkehrsunternehmungen außerhalb des Deutschen Eisenbahn-Verkehrsverbandes	Aftd
Freifahrtaustausch mit deutschen Verkehrsunternehm außerhalb des Deutschen Eisenb-Verkehrsverbandes	Aftd
Austausch von Fahrvergünstigungen mit deutschen Verkehrsunternehmungen	Aftd
Austausch von Fahrvergünstigungen mit deutschen Verkehrsunternehmen	Aftd
Austausch von Fahrvergünstigungen mit deutschen Verkehrsunternehmen	Aftd
Unberechtigte Inanspruchnahme der Fahr- und Frachtvergünstigungen	Afu
Unregelmäßigkeiten bei der Inanspruchnahme von Fahrvergünstigungen	Afu
Unregelmäßigkeiten bei der Inanspruchnahme von Fahrvergünstigungen	Afu
Prüfung und Überwachung der Fahrvergünstigungen, Verlust von Freikarten	Afü
Prüfung und Überwachung der Fahrvergünstigungen	Afü
Freifahrtbestimmungen des Deutschen Eisenbahn-Verkehrsverbandes (Freibe)	Afv
Freifahrtbestimmungen des Deutschen Eisenbahn-Verkehrsverbandes	Afv
Deutsche Freikarten und deutsche Freischeine	Afvk
Freifahrt zwischen Wohn- und Dienstort	Afw
Freifahrt für Zoll-, Post- und Polizeipersonal	Afz
Freifahrt für Zoll-, Post- und Polizeipersonal	Afz
g Gebühren und Steuern	
Gebühren und Steuern, allgemeine Bestimmungen	Ag
Gebühren und Steuern, allgemeine Bestimmungen	Ag

A

Allgemeine Verwaltung

Akteninhalt	Aktenzeichen
Beſteuerung der Reichsbahn	Agb
Besteuerung der Reichsbahn	Agb
Beſteuerung der Freifahrt der Reichsbahnbedienſteten	Agf
Besteuerung der Freifahrt der Reichsb Bediensteten	Agf
Kapital- und Körperſchaftsſteuer, Reichsnotopfer	Agk
Kapitalertrags- und Körperschaftssteuer, Reichsnotopfer	Agk
Grunderwerbsſteuer ſiehe Lage *Grunderwerbssteuer siehe Lage*	
Wertzuwachsſteuer ſiehe Lagw *Wertzuwachssteuer siehe Lagw*	
Lohnſteuer ſiehe Pagl *Lohnsteuer siehe Pagl*	
Kirchenſteuer ſiehe Ragk *Kraftfahrzeugsteuer siehe Ragk*	
Umſatzſteuer ſiehe Ragu *Umsatzsteuer siehe Ragu*	
g Gemeinschaftsverhältnis und Zusammenarbeit mit fremden Bahnen und Behörden*	
Gemeinschaftsverhältnisse, Allgemeines	Ag
Gemeinschaftsverhältnisse, Allgemeines	Ag *
Gemeinschaftsverhältnisse, Allgemeines	Ag
Beziehungen zur Finanz- und Zollverwaltung	Agf
Beziehungen zu Finanz- und Zollverwaltung	Agf
Beziehungen zu Finanz- und Zollverwaltung	Agf
Bau und Unterhaltung von Anlagen für die Finanz- und Zollverwaltung	Agfb
Überlassung von Grundstücken, Gebäuden und Diensträumen zu Zoll- und Bahnzwecken	Agfü
Überlassung von Grundstücken, Gebäuden und Diensträumen zu Zoll- und Bahnzwecken	Agfü

* 1928 und 1943 noch als eigene Hauptgruppe G vorhanden; siehe dort

Allgemeine Verwaltung

A

Akteninhalt	Aktenzeichen
Beziehungen zu Grenz- und Gemeinschaftsbahnen, Allgemeines	Agg
Beziehungen zu Nachbarverwaltungen über Eisenbahngrenzverkehre	Agg
Beziehungen zu Nachbarverwaltungen über Eisenbahngrenzverkehre	Agg
Abrechnungsverfahren mit Grenz- und Gemeinschaftsbahnen	Agga
Betriebsdienst im Verkehr mit Grenz- und Gemeinschaftsbahnen, Allgemeines	Aggb
Vergütung und Naturalausgleich für Lokomotivleistungen	Aggl
Vergütung und Naturalausgleich für Personalleistungen	Aggp
Vergütung und Naturalausgleich für Wagenleistungen	Aggw
Beziehungen zu Landesbehörden, Allgemeines	Agl
Beziehungen zu Landesbehörden, Allgemeines	Agl
Beziehungen zu Landesbehörden, Allgemeines	Agl
Beziehungen zur Landeshafenverwaltung	Aglh
Beziehungen zur Landeshafenverwaltung	Aglh
Beziehungen zur Landeshafenverwaltung	Aglh
Beziehungen zur Polizeiverwaltung	Aglp
Beziehungen zur Polizeiverwaltung	Aglp
Beziehungen zur Polizeiverwaltung	Aglp
Polizeidiensträume auf Bahnhöfen	Aglpr
Beziehungen zur Bundespost	Agp
Beziehungen zur Bundespost	Agp
Beziehungen zur Bundespost	Agp
Bau und Unterhaltung von Anlagen für die Bundespost	Agpb
Verkehr von Fahrzeugen der Bundespost (Hand-, Elektrokarren usw.) auf Bahngebiet	Agpf

Allgemeine Verwaltung

Akteninhalt	Aktenzeichen
Abgeltung der Leistungen der Bundesbahn für die Bundespost im Postbeförderungsdienst	Agpl
Briefbeutel- und Postpäckereiverkehr	Agpp
Privattelegrammvorschrift (DV 485)	Agpt
Privattelegrammvorschrift – DV 485 –	Agpt
Überlassung von Grundstücken, Gebäuden und Diensträumen zu Post- und Bahnzwecken	Agpü
Überlassung von Grundstücken, Gebäuden und Diensträumen zu Post- und Bahnzwecken	Agpü
Überlassung von Grundstücken, Gebäuden und Diensträumen zu Post- und Bahnzwecken	Agpü
Stangenlagerplätze*	Agpüs
Bahnpostwagen und -abteile siehe Bbrp	
Postfernsprechanschlüsse siehe Dsap	
Postsendungen der Deutschen Bundesbahn siehe Ovsp	

* entspringt den „Bestimmungen des Bundesraths über die den Eisenbahnverwaltung im Interesse der Reichs-Telegraphen-Verwaltung obliegenden Verpflichtungen“ vom 21. Dezember 1868 sowie „Vertrag vom 28. August / 8. September 1888 über die Verpflichtungen der Königlichen Staatseisenbahnen gegenüber der Reichs- Post- und Telegraphen-Verwaltung“ — „Die Eisenbahnverwaltung hat die Lagerung der zur Unterhaltung der Linien erforderlichen Vorräthe von Stangen auf den dazu geeigneten Bahnhöfen unentgeltlich zu gestatten und diese Vorräthe ebenmäßig von ihrem Pesonale bewachen zu lassen“ (1868) und „Die Staats-Eisenbahn-Verwaltung gestattet der Reichs-Post- und Telegraphen-Verwaltung die unentgeltliche Lagerung der zur Unterhaltung gemeinschaftlich genutzter Gestänge erforderlichen Stangenvorräthe auf näher anzuweisenden Plätzen der dazu geeigneten Bahnhöfe. Diese Stangenvorräthe werden, gleichwie die Eisenbahn-Baumaterialien, durch die Bahnbeamten mit beaufsichtigt und bewacht, ohne daß die Eisenbahnverwaltung in dieser Hinsicht eine Gewähr übernimmt.“ (1888) — vgl Fritsch: *Eisenbahngesetzgebung,* 3. Aufl. Springer, Berlin 1930, S. 548 ff.

Allgemeine Verwaltung

Akteninhalt	Aktenzeichen
h Historisches (neu)	
Verkehrsarchiv	Aha
Pläne	Ahap
Schriften	Ahas
Urkunden	Ahau
Eisenbahnmuseum	Ahm
i Internationale Verwaltungsangelegenheiten	
Internationale Verwaltungsangelegenheiten, Allgemeines	Ai
Internationale Verwaltungsangelegenheiten, Allgemeines	Ai
Internationale Verwaltungsangelegenheiten, Allgemeines	Ai
Internationaler Eisenbahnverband (IEV)	Aiv
Internationaler Eisenbahnverband (IEV)	Aiv
Internationaler Eisenbahnverband (IEV)	Aiv
Ausschuß des IEV für den Austausch und die gegenseitige Benutzung der Fahrzeuge	Aivf
Ausschuß des IEV für den Güterverkehr	Aivg
Ausschuß des IEV für den Güterverkehr	Aivg
Ausschuß des IEV für den Personenverkehr	Aivp
Ausschuß des IEV für den Personenverkehr	Aivp
Ausschuß des IEV für Abrechnung und Währungen	Aivr
Ausschuß des IEV für Abrechnung und Währungen	Aivr
Ausschuß des IEV für technische Fragen	Aivt
Ausschuß des IEV für technische Fragen	Aivt
[handschrifl eingefügt] Abt. Fahrzeuge	Aivtf

A

Allgemeine Verwaltung

Akteninhalt	Aktenzeichen
Liste der dem internationalen Übereinkommen über den Eisenbahnfrachtverkehr unterworfenen Eisenbahnen siehe Vigl	
Die Gruppen „Ak“ unterscheiden sich stark, deshalb folgt hier die blockweise Darstellung.*	
k Kleinbahnen (Landesaufsicht)	
k Nichtbundeseigene Eisenbahnen (früher Kleinbahnen — Landesaufsicht)	
Kleinbahnaufsicht	Ak *
Kleinbahnaufsicht	Ak
Nichtbundeseigene Eisenbahnen (früher Kleinbahnen — Landesaufsicht), Allgemeines	Ak
Kleinbahnen, allgemeine Verwaltung (Genehmigungsurkunden, Verträge, Konzessionen, Satzungen usw)	Aka
Kleinbahnen, allgemeine Verwaltung (Genehmigungsurkunden, Verträge, Konzessionen, Satzungen usw)	Aka
Kleinbahnen, allgemeine Verwaltung (Genehmigungsurkunden, Verträge, Konzessionen, Satzungen usw.)	Aka
Betrieb, Unfälle usw	Akb
Betrieb, Unfälle usw	Akb
Betrieb, Unfälle usw.	Akb
Fahrzeuge	Akf
Fahrzeuge	Akf
Fahrzeuge	Akf
Gemeinschaftsverhältnisse und Zusammenarbeit, Zoll-, Post- und Steuerverhältnisse usw	Akg
Gemeinschaftsverhältnisse und Zusammenarbeit, Zoll, Post- und Steuerverhältnisse usw	Akg

* Gruppe Ak bestand 1928, 1943 und 1954, nicht 1980 und 1992; 1994 wurde sie neu belegt.

Allgemeine Verwaltung

Akteninhalt	Aktenzeichen
Ingenieurtechnischer Dienst, Neubau, Hochbau usw	Aki
Ingenieurtechnischer Dienst, Neubeu, Hochbau usw.	Aki
Ingenieurtechnischer Dienst, Neubeu, Hochbau usw.	Aki
Kassen- und Rechnungswesen: Rechnungsabschlüsse, Regulative, Geschäftsberichte usw	Akk
Kassen- und Rechnungswesen: Rechnungsabschlüsse, Regulative, Geschäftsberichte usw.	Akk
Kassen- und Rechnungswesen: Rechnungsabschlüsse, Regulative, Geschäftsberichte usw.	Akk
Liegenschaften: Grunderwerb, Veräußerungen usw	Akl
Liegenschaften: Grunderwerb, Veräußerungen usw.	Akl
Liegenschaften: Grunderwerb, Veräußerungen usw.	Akl
Personalwesen: Personalangelegenheiten, persönliche Dienstanweisungen, Dienst- und Ruhezeiten usw	Akp
Personalwesen: Personalangelegenheiten, persönliche Dienstanweisungen, Dienst- und Ruhezeiten usw	Akp
Personalwesen: Personalangelegenheiten, persönliche Dienstanweisungen, Dienst- und Ruhezeiten usw.	Akp
Tarife	Akt
Tarife	Akt
Tarife	Akt
Verkehr *Die Akten sind für jede Kleinbahn gesondert anzulegen. Den Aktenzeichen ist zur Unterscheidung die abgekürzte Streckenbezeichnung der Kleinbahn beizufügen.*	Akv
Verkehr *Die Akten sind für jede Kleinbahn gesondert anzulegen. Den Aktenzeichen ist zur Unterscheidung die abekürzte Streckenbezeichnung der Kleinbahn beizufügen.*	Akv
Verkehr	Akv

A Allgemeine Verwaltung

Akteninhalt	Aktenzeichen
Kleinbahnstatistik siehe Aük	
Kleinbahnstatistik siehe Aük	
Kleinbahnstatistik siehe Aük	
Straßenbahnaufsicht	Aks
Straßenbahnaufsicht	Aks
Umwandlung von Kleinbahnen in Bahnen des allgemeinen Verkehrs und umgekehrt	Aku
Umwandlung von Kleinbahnen in Bahnen des allgemeinen Verkehrs und umgekehrt	Aku
Übernahme von Kleinbahnen auf das Reich	Akü
Übernahme von Kleinbahnen auf das Reich	Akü
– 1980 und 1992 gab es keinen Eintrag „Ak“ –	
n Neuerungen (Erfindungen, Verbesserungen)	
Neuerungen (Erfindungen und Verbesserungen), allgemeine Bestimmungen	An *
Neuerungen (Erfindungen und Verbesserungen), allg Bestimmungen	An
Neuerungen (Erfindungen, Verbesserungen), Allgemeines	An
Neuerungen (Erfindungen, Verbesserungen, Vorschläge), Allgemeines	An *
Neuerungen (Erfindungen, Verbesserungen, Vorschläge), Allgemeines	An
Geldpreise für nützliche Erfindungen und Verbesserungen	Ang
Geldpreise für nützliche Erfindungen und u Verbesser.	Ang
Geldpreise für nützliche Erfindungen und und Verbesserungen	Ang
Geldpreise für Erfindungen und Verbesserungen	Ang
Geldpreise für Erfindungen und Verbesserungen	Ang
Patentwesen, allgemeine Bestimmungen	Anp

Allgemeine Verwaltung

Akteninhalt	Aktenzeichen
Patentwesen, Allgemeine Bestimmungen	Anp
Patentwesen, Allgemeines	Anp
Rechte der Beamten an ihren Erfindungen	Anr
Rechte der Beamten an ihren Erfindungen	Anr
Rechte der Beamten an ihren Erfindungen	Anr
Vorschlagswesen, Allgemeines	Anv
Aktensachen über Erfindungen und Verbesserungen und Versuche mit ihnen siehe bei den einzelnen Sachgebieten	
Aktensachen über Erfindungen und Verbesserungen und Versuche mit ihnen siehe bei den einzelnen Sachgebieten	
Aktensachen über Erfindungen, Verbesserungen und Vorschläge siehe auch bei den einzelnen Sachgebieten	
handschriftlich: Ao = Arbeitsorganisation, allgemein	
handschriftlich: Aob = *[nicht ergänzt]*	
p Privatbahnen (Reichsaufsicht)	
p Nichtbundeseigene Eisenbahnen (früher Privatbahnen — Landesaufsicht)	
Privatbahnaufsicht	Ap *
Privatbahnaufsicht	Ap
Nichtbundeseigene Eisenbahnen (früher Privatbahnen — Landesaufsicht), Allgemeines	Ap
Nichtbundeseigene (private) Eisenbahnen, Verwaltung (Urkunden, Verträge, Konzessionen, Satzungen usw.), Allgemeines	Ap *
Nichtbundeseigene (private) Eisenbahnen, Verwaltung (Urkunden, erträge, Konzessionen, Satzungen usw.), Allgemeines	Ap
Privatbahnen, allgemeine Verwaltung (Genehmigungsurkunden, Verträge, Konzessionen, Satzungen usw)	Apa

A

Allgemeine Verwaltung

Akteninhalt	Aktenzeichen
Privatbahnen, allgemeine Verwaltung (Genehmigungsurkunden, Verträge, Konzessionen, Satzungen usw)	Apa
Landeseisenbahnaufsicht	Apa
Nebenbetriebe der Privatbahnen (Kraftwagen usw)	Apan
Nebenbetriebe der Privatbahnen (Kraftwagen usw)	Apan
Betrieb, Unfälle usw	Apb
Betrieb, Unfälle usw.	Apb
Betrieb, Unfälle usw.	Apb
Betrieb, Unfälle usw.	Apb
Betrieb, Unfälle usw.	Apb
Fahrzeuge	Apf
Fahrzeuge	Apf
Fahrzeuge	Apf
Fahrzeuge (Loks, Wagen Schienenkräne)	Apf
Fahrzeuge (Loks, Wagen Schienenkräne)	Apf
Gemeinschaftsverhältnisse und Zusammenarbeit, Zoll-, Post- und Steuerverhältnisse	Apg
Ingenieurtechnischer Dienst, Neubau, Hochbau usw	Api
Ingenieurtechnischer Dienst, Neubau, Hochbau usw.	Api
Ingenieurtechnischer Dienst, Neubau, Hochbau usw.	Api
Ingenieurtechnischer Dienst	Api
Ingenieurtechnischer Dienst	Api
Kassen- und Rechnungswesen: Rechnungsabschlüsse, Regulative, Geschäftsberichte usw	Apk
Kassen- und Rechnungswesen: Rechnungsabschlüsse, Regulative, Geschäftsberichte usw.	Apk

Allgemeine Verwaltung

Akteninhalt	Aktenzeichen
Kassen- und Rechnungswesen: Rechnungsabschlüsse, Regulative, Geschäftsberichte usw.	Apk
Liegenschaften: Grunderwerb, Veräußerungen usw	Apl
Liegenschaften: Grunderwerb, Veräußerungen usw	Apl
Liegenschaften: Grunderwerb, Veräußerungen usw.	Apl
Personalwesen: Personalangelegenheiten, persönliche Dienstanweisungen, Dienst= und Ruhezeiten usw	App
Personalwesen: Personalangelegenheiten, persönliche Dienstanweisungen, Dienst= und Ruhezeiten usw	App
Personalwesen: Personalangelegenheiten, persönliche Dienstanweisungen, Dienst- und Ruhezeiten usw.	App
Tarife	Apt
Tarife	Apt
Tarife	Apt
Verkehr *Die Akten sind für jede Privatbahn gesondert anzulegen. Den Aktenzeichen ist zur Unterscheidung die abgekürzte Streckenbezeichnung der Kleinbahn beizufügen, z B Mittelsteine – Ottendorf = Mi – O*	Apv
Verkehr *Die Akten sind für jede Privatbahn besonders anzulegen. Den Aktenzeichen ist zur Unterscheidung die abgekürzte Streckenbezeichnung der Privatbahn beizufügen, z B Mittelsteine – Ottendorf = Mi – O*	Apv
Verkehr	Apv
Privatbahnstatistik siehe Aüp	
Privatbahnstatistik siehe Aüp	
Privatbahnstatistik siehe Aüp	
Übernahme von Privatbahnen auf das Reich	Apü
Übernahme von Privatbahnen auf das Reich	Apü

Allgemeine Verwaltung

Akteninhalt	Aktenzeichen
— (neu) —	
Seilbahnaufsicht, Allgemeines	Apa
" Betrieb, Unfälle	Apb
" Fahrzeuge	Apf
" Unterhaltung maschineller Anlagen	Apm
" Personalangelegenheiten	App
r Reichs-, Landes- usw Angelegenheiten	
r Angelegenheiten der Bundesrepublik und der Länder	
Reichs-, Landes- usw Angelegenheiten, allgemeine Bestimmungen	Ar *
Reichs-, Landes- usw Angelegenheiten, allgemeine Bestimmungen	Ar
Angelegenheiten der Bundesrepublik und der Länder, Allgemeines	Ar
Angelegenheiten der Bundesrepublik und der Länder, Allgemeines	Ar
Angelegenheiten der Bundesrepublik und der Länder, Allgemeines	Ar
Staatsangehörigkeit	Ara
Staatsangehörigkeit	Ara
Gesetz über die Deutsche Reichsbahn-Gesellschaft (Reichsbahngesetz)	Arb
Gesetz über die Deutsche Reichsbahn (Reichsb.Gesetz)	Arb
Bundesbahngesetz	Arb
Friedensvertrag von Versailles	Arf
Friedensvertrag von Versailles	Arf
Flüchtlingsfürsorge, Verdrängungsgesetz	Arff
Flüchtlingsfürsorge, Verdrängungsgesetz	Arff
Friedensverträge	Arf

Allgemeine Verwaltung

Akteninhalt	Aktenzeichen
Hoheitszeichen (Flaggen, Stempel, Wappen, Flaggenführung)	Arh
Beflaggen und Schmücken der Dienstgebäude usw siehe Aaef	
Hoheitszeichen (Flaggen, Stempel, Wappen, Flaggenführung)	Arh
Beflaggen und Schmücken der Dienstgebäude usw siehe Aaef	
Hoheitszeichen (Flaggen, Stempel, Wappen, Flaggenführung)	Arh
Beflaggen und Schmücken der Dienstgebäude siehe Aaf	
Hoheitszeichen (Flaggen, Stempel, Wappen, Flaggenführung) -	Arh
Hoheitszeichen (Flaggen, Stempel, Wappen, Flaggenführung)	Arh
Kammern	Ark
Kammern	Ark
Handels- und Handwerkskammern	Arkh
Handels- und Handwerkskammern	Arkh
Landwirtschaftskammern	Arkl
Landwirtschaftskammern	Arkl
Kammern (Industrie- und Handels-, Handwerks-, Landwirtschaftskammern usw.)	Ark
Verreichlichung der Ländereisenbahnen	Arl
Verreichlichung der Ländereisenbahnen	Arl
Options- (Abstimmungs-) fragen	Aro
Options- (Abstimmungs-) fragen	Aro
Paßangelegenheiten	Arp
Paßangelegenheiten	Arp
Paßangelegenheiten	Arp
Paßangelegenheiten, Dienstausweise der Bundesrepublik Deutschland	Arp
Paßangelegenheiten, Dienstausweise der Bundesrepublik Deutschland	Arp

A

Allgemeine Verwaltung

Akteninhalt	Aktenzeichen
Gesetz zum Schutze der Republik	Arr
Gesetz zum Schutze der Republik	Arr
Polizei- und Sicherheitsbestimmungen (Verwendung von Sprengstoffen und dergleichen)	Ars
Polizei- und Sicherheitsbestimmungen (Verwendung von Sprengstoffen und dergleichen)	Ars
Reichswirtschaftsrat, Reichstag, Landtag, Verkehr mit Abgeordneten	Art
Reichswirtschaftsrat, Reichstag, Landtag, Verkehr mit Abgeordneten	Art
Bundesrat, Bundestag, Landtag, Abgeordnete, Allgemeines	Art
Verkehrsausschuß des Bundestages	Artv
Völkerbund	Arv
Völkerbund	Arv
Übernahme der Eisenbahnen im Saargebiet	Arvs
Übernahme der Eisenbahnen im Saargebiet	Arvs
Wahlen	Arw
Wahlen	Arw
Wahlen	Arw
Reichsangelegenheiten auf den Gebieten des Eisenbahnwesens (Reichszuständigkeit)	Arz
Reichsangelegenheiten aufa den Gebieten des Eisenbahnwesens (Reichszuständigkeit)	Arz
— (neu) —	
Nationalsozialistische Deutsche Arbeiterpartei (NSDAP)	Arn
NSDAP, Kraft durch Freude	Arnk
NSDAP, NS Volkswohlfahrt	Arnv

Allgemeine Verwaltung

Akteninhalt	Aktenzeichen
*Die gesamte Gruppe „As – Schutz- und Sicherheitsmaßnahmen" fehlt in der Aktenplanausgabe von 1943.**	
s **Schutz- und Sicherheitsmaßnahmen**	
Schutz- und Sicherheitsmaßnahmen, allgemeine Bestimmungen	As *
Schutz- und Sicherheitsmaßnahmen, Allgemeines	As
Schutz- und Sicherheitsmaßnahmen, Allgemeines	As *
Schutz- und Sicherheitsmaßnahmen, Allgemeines	As
Bahnschutz, allgemeine Bestimmungen	Asb
Hauptamtliche Bahnpolizei, Allgemeines	Asb
Bahnpolizei, Allgemeines	Asb
Bahnpolizei, Allgemeines	Asb
Ausbildung, Unterricht, Sport	Asba
Ausbildung, Unterricht, Sport	Asba
Ausbildung, Unterricht, Sport	Asba
Dienstausrüstung	Asbd
Dienstausrüstung, Geräte, Stoffe	Asbd
Dienstausrüstung, Geräte, Stoffe	Asbd
Einsatz der Bahnpolizei	Asbe
Einsatz der Bahnpolizei	Asbe
Einsatz der Bahnpolizei	Asbe
Bahnschutzfunkverkehr	Asbf
Geräte und Stoffe	Asbg

* Auffällig ist auch, daß die Seite 12 der 124seitigen Ausgabe 1943 die einzige Seite mit leerer Tabelle ist. Angesichts der Papierknappheit ist das ungewöhnlich: dort wäre die unmittelbare Fortsetzung mit dem Block „Aü" zu erwarten gewesen. Neue Seiten wurden nur für Hauptgruppen angefangen, und das auch auf linken (geraden) Seiten.

A

Allgemeine Verwaltung

Akteninhalt	Aktenzeichen
Polizei- und Diensthunde	Asbh
Dienst- und Wachhunde	Asbh
Dienst- und Wachhunde	Asbh
Ordnungswidrigkeiten	Asbo
Ordnungswidrigkeiten	Asbo
Bahnpolizeireserve	Asbr
Bahnpolizeischulen	Asbs
Strafrechtliche Verfolgung	Asbs
Strafrechtliche Verfolgung	Asbs
Bahnpolizeischulen	Asbsch
Bahnpolizeischulen	Asbsch
Tätigkeitsberichte	Asbt
Tätigkeitsberichte	Asbt
Tätigkeitsberichte	Asbt
Unfallversicherung für Bahnschutzbedienstete	Asbu
Bahnpolizeiübertretungen	Asbü
Verpflegung der Bahnschutzbediensteten	Asbv
Vorschriften für den Bahnpolizeidienst	Asbv
Vorschriften für den Bahnpolizeidienst	Asbv
Vorschriften für den Bahnpolizeidienst	Asbv
Waffen- und Munitionsangelegenheiten	Asbw
Waffen- und Munitionsangelegenheiten	Asbw
Waffen- und Munitionsangelegenheiten	Asbw
Waffen- und Munitionsangelegenheiten	Asbw

Allgemeine Verwaltung

Akteninhalt	Aktenzeichen
Wiederherstellungszüge	Asbz
Fahndungswesen, allgemeine Bestimmungen *Unterakten nach Bedarf*	Asf
Fahndungswesen, Allgemeines	Asf
Fahndungswesen	Asf
Fahndungswesen	Asf
Erfolgsberichte, Belohnungen	Asfe
Hilfsbeamte der Staatsanwaltschaft	Asfh
Hilfsbeamte der Staatsanwaltschaft	Asfh
Hilfsbeamte der Staatsanwaltschaft	Asfh
Hilfsbeamte der Staatsanwaltschaft	Asfh
Zivil- und strafrechtliche Verfolgung *Unterakten nach Bedarf*	Asfr
Strafrechtliche Verfolgung	Asfs
Strafrechtliche Verfolgung	Asfs
Strafrechtliche Verfolgung	Asfs
Übersichten, Erfolgberichte, Belohnungen	Asfü
Übersichten	Asfü
Übersichten (Statistik)	Asfü
Übersichten (Statistik)	Asfü
Ziviler Luftschutz. Allgemeines	Asl
Streifdienst	Ass
Polizei- und Diensthunde	Assh
Wächter	Assw
Unruhen, Streike, allgemeine Bestimmungen	Asu *

Akteninhalt	Aktenzeichen
Unruhen, Streiks, Allgemeines	Asu
Aufrührerische Schriften	Asua
Aufrührerische Schriften	Asua
Notfahrpläne	Asuf
Personalbetriebshilfe	Asuh
Technische Nothilfe, allgemeine Bestimmungen	Asun
Ausbildung von Nothelfern	Asuna
Verhalten des Personals bei Streiken	Asup
Verhalten des Personals bei Streiken	Asup
Entschädigungen für Tumultschäden	Asus
Verschlußsachen	Asv
Verschlußsachen	Asv
Wächter	Asw
Zivile Verteidigung, Allgemeines	Asz
Zivile Verteidigung, Allgemeines	Asz
Sicherstellung der Versorgung (einschl. Verkehr)	Aszv
Sicherstellung der Versorgung (einschl. Verkehr)	Aszv
Zivilschutz, Allgemeines	Aszz
Zivilschutz, Allgemeines	Aszz
Schutzbau	Aszzb
Schutzbau	Aszzb
Katastrophenschutzerweiterung	Aszzk
Katastrophenschutzerweiterung	Aszzk
Selbstschutz	Aszzs

Akteninhalt	Aktenzeichen
Selbstschutz	Aszzs
Warndienst	Aszzw
Warndienst	Aszzw
u **Unternehmensbild [nur 1992]**	
Unternehmensbild	Au
ü **Übersichten (Statistik)**	
Übersichten (Statistik) über allgemeine Verwaltung. Vorschrift für die allgemeine Eisenbahnstatistik (Allsta), allgemeine Bestimmungen	Aü *
Übersichten (Statistik) über allg Verwaltung. Vorschrift für die allgemeine Eisenbahnstatistik (Allsta), allgemeine Bestimmungen	Aü
Übersichten (Statistik) über allgemeine Verwaltung; Allgemeine Vorschrift für die Eisenbahn-Statistik (Allsta – DV 718), Allgemeines	Aü
Übersichten (Statistik)	Aü *
Übersichten (Statistik)	Aü
Allgemeine Statistik	Aüa
Allgemeine Angelegeheiten der Wirtschaftsmathematik	Aüaw
Geschäftsbericht der Deutschen Reichsbahn-Gesellschaft	Aüb
Geschäftsbericht der Deutschen Reichsbahn	Aüb
Geschäftsbericht der Deutschen Bundesbahn	Aüb
Blaubuch*	Aüb
Statistik der im Betrieb befindlichen Eisenbahnen Deutschlands (Reichsstatistik)	Aüe
Statistik der im Betrieb befindlichen Eisenbahnen Deutschlands (Reichsstatistik)	Aüe

* Ausführliche Erläuterungen zum Blaubuch siehe S. 953 f.

Allgemeine Verwaltung

Akteninhalt	Aktenzeichen
Statistik der im Betrieb befindlichen Eisenbahnen Deutschlands (Bundesgebiet)	Aüe
Statistiken fremder Verwaltungen	Aüf
Eisenbahn-Handbuch (Übersicht über Direktionen und Ämter)	Aüh
Direktions-Handbuch	Aüh
Kleinbahnstatistik	Aük
Kleinbahnstatistik	Aük
Kleinbahnstatistik	Aük
Statistische Mitteilungen	Aüm
Statistische Mitteilungen	Aüm
Statistische Mitteilungen	Aüm
Statistische Monatsübersichten	Aüm
Statistische Mitteilungen der eigenen Verwaltungen (Deutsche Reichsbahn-Gesellschaft)	Aüme
Statistische Mitteilungen der eigenen Verwaltungen (Deutsche Reichsbahn)	Aüme
Statistische Mitteilungen der eigenen Verwaltung	Aüme
Statistische Mitteilungen fremder Verwaltungen	Aümf
Statistische Mitteilungen fremder Verwaltungen	Aümf
Statistische Mitteilungen fremder Verwaltungen	Aümf
Monatsberichte über die Lage der Reichsbahn	Aümm
Monatsberichte über die Lage der Reichsbahn	Aümm
Monatsberichte	Aümm
Wochenberichte	Aümw
Privatbahnstatistik	Aüp
Privatbahnstatistik	Aüp

Allgemeine Verwaltung

Akteninhalt	Aktenzeichen
Privatbahnstatistik	Aüp
Reichsbahn-Handbuch	Aür
Reichsbahn-Handbuch	Aür
Sonderstatistiken	Aüs
Stichprobenverfahren	Aüst
Stichprobenverfahren im Ballungsverkehr	Aüstb
Statistisches Reichsamt (Volks-, Berufs-, Betriebs-, Viehzählungen usw)	Aüz
Statistisches Reichsamt (Volks-, Berufs-, Betriebs-, Viehzählungen usw)	Aüz
Statistisches Bundesamt (Volks-, Berufs-, Betriebs-, Viehzählungen usw.)	Aüz
v Verkehrspolitik	
Verkehrspolitik, Allgemeines	Av
Verkehrspolitik, Allgemeines	Av
w Werbewesen	
Werbewesen, allgemeine Bestimmungen	Aw *
Werbewesen, allgemeine Bestimmungen	Aw
Werbewesen, Allgemeines	Aw
Werbewesen, Allgemeines	Aw *
Werbewesen, Allgemeines	Aw
Ausstellungen und Museen	Awa
Ausstellungen und Museen	Awa
Ausstellungen und Museen	Awa

A

Allgemeine Verwaltung

Akteninhalt	Aktenzeichen
Ausstellungen und Messen*	Awa
Ausstellungen und Messen	Awa
Werbemittel (Vorträge, Vorführungen, Filme, Plakate, Werbeschriften usw)	Awm
Werbemittel (Vorträge, Vorführungen, Filme, Plakate, Werbeschriften usw)	Awm
Werbemittel (Vorträge, Vorführungen, Filme, Plakate, Werbeschriften usw.)	Awm
Werbemittel (Verträge**, Vorführungen, Filme, Plakate, Werbeschriften usw.)	Awm
Werbemittel (Verträge***, Vorführungen, Plakate, Werbeschriften usw.)	Awm
Filme	Awmf
Filme	Awmf
Film	Awmf
Rundfunkvorträge	Awmr
Beteiligung der Deutschen Reichsbahn-Gesellschaft an Verkehrsunternehmungen	Awu
Beteiligung der Deutschen Reichsbahn an Verkehrsunternehmungen	Awu
Beteiligung der Deutschen Bundesbahn an Verkehrsunternehmungen	Awu
Werbewesen für den Eisenbahnverkehr, allgemeine Bestimmungen	Awv
Werbewesen für den Eisenbahnverkehr, Allg Best	Awv
Werbewesen für den Eisenbahnverkehr, Allgemeines	Awv
Werbewesen für den Eisenbahnverkehr, Allgemeines	Awv *
Werbewesen für den Eisenbahnverkehr, Allgemeines	Awv
Verkehrsagenturen der Deutschen Reichsbahn-Gesellschaft	Awva
Verkehrsagenturen der Deutschen Reichsbahn	Awva

* Kein Irrtum: 1928, 1943 und 1954 „Museen“, später „Messen“

** „Verträge“ dürfte dagegen ein Satzfehler sein; wahrscheinlich war hier, wie 1928, 1943 und 1954, „Vorträge“ gemeint.

*** Allerdings steht auch im Exemplar von 1992 „Verträge“

Allgemeine Verwaltung

Akteninhalt	Aktenzeichen
Werbebüro der Deutschen Reichsbahn-Gesellschaft für den Güterverkehr in Berlin	Awvb
Werbebüro der Deutschen Reichsbahn für den Güterverkehr in Berlin	Awvb
Stadtbüros der Deutschen Bundesbahn	Awvb
Werbung für den Güterverkehr	Awvg
Werbung für den Güterverkehr	Awvg
Werbung für den Güterverkehr	Awvg
Werbung für den Güterverkehr (einschl. Verkaufsförderung, Marktforschung, Absatzplanung, Erfolgskontrolle) *Unterakten nach Bedarf*	Awvg *
Werbung für den Güter- und Expreßgutverkehr	Awvg
Mitteleuropäische Schlaf- und Speisewagen-Aktiengesellschaft (Mitropa)	Awvm
Mitteleuropäische Schlaf- und Speisewagen-Aktiengesellschaft (Mitropa)	Awvm
Verkaufsorganisation im Personenverkehr	Awvo
Werbung für den Personenverkehr	Awvp
Werbung für den Personenverkehr	Awvp
Werbung für den Personen-, Gepäck- und Expreßgutverkehr	Awvp
Werbung für den Personen-, Gepäck- und Expreßgutverkehr (einschl. Verkaufsförderung, Marktforschung, Absatzplanung, Erfolgskontrolle) *Unterakten nach Bedarf*	Awvp *
Werbung für den Personen- und Gepäckverkehr	Awvp
Mitteleuropäisches Reisebüro (MER)	Awvr
Mitteleuropäisches Reisebüro (MER)	Awvr
Reisebüros (DER usw.)	Awvr
Reisebüros (DER usw.)	Awvr

Allgemeine Verwaltung

Akteninhalt	Aktenzeichen
Reisebüros (DER usw.)	Awvr
Werbesonderzüge	Awvs
Werbesonderzüge	Awvs
Deutsche Schlaf- und Speisewagengesellschaft m b H (DSG)	Awvs
Deutsche Schlaf- und Speisewagengesellschaft m b H (DSG)	Awvs
Deutsche Service-Gesellschaft m b H (DSG)	Awvs
Verkaufsförderung, Marktforschung, Absatzplanung und Erfolgskontrolle siehe Hauptgruppe V	
Reichszentrale für deutsche Verkehrswerbung	Awvz
Reichszentrale für deutsche Verkehrswerbung	Awvz
Deutsche Zentrale für den Fremdenverkehr (ZFV)	Awvz
Wettbewerbsmaßnahmen gegenüber dem Kraftwagenverkehr siehe Vkkw	
Wettbewerbsmaßnahmen gegenüber dem Kraftwagenverkehr siehe Vawk	
Kraftwagenwettbewerb im Güterverkehr siehe Vkgw	
Kraftwagenwettbewerb im Personenverkehr siehe Vkpw	
z Zeitungswesen	
z Pressedienst und Öffentlichkeitsarbeit (Zeitungswesen)	
Zeitungswesen, allgemeine Bestimmungen	Az *
Zeitungswesen, allgemeine Bestimmungen	Az
Zeitungswesen, Allgemeines	Az
Pressedienst und Öffentlichkeitsarbeit (Zeitungswesen), Allgemeines	Az *
Pressedienst und Öffentlichkeitsarbeit (Zeitungswesen), Allgemeines	Az
Zeitungsausschnitte	Aza

Allgemeine Verwaltung

Akteninhalt	Aktenzeichen
Zeitungsausschnitte	Aza
Zeitungsausschnitte	Aza
Anzeigen	Aza
Beschaffung von Zeitungen *	Azb
Pressenachrichten der Eis.Abt. des RVM	Aze
Fahrvergünstigungsangelegenheiten	Azf
Pressenachrichten der Hauptverwaltung	Azh
Pressenachrichten der Hauptverwaltung	Azh
Mitteilungen an Zeitungen	Azm
Mitteilungen an Zeitungen	Azm
Mitteilungen an Zeitungen	Azm
Mitteilungen	Azm
Mitteilungen	Azm
Veröffentlichung von Aufsätzen durch Eisenbahnbeamte	Azmb
Veröffentlichung von Aufsätzen durch Eisenbahnbeamte	Azmb
Veröffentlichung von Aufsätzen durch Bundesbahnbeamte	Azmb
Bekanntmachungskosten	Azmk
Bekanntmachungskosten	Azmk
Öffentlichkeitsarbeit	Azö
Öffentlichkeitsarbeit	Azö
Publikationen	Azp
Presseveranstaltungen, Pressefahrten	Azv
Presseveranstaltungen Pressefahrten	Azv

* vgl. aber Aktenzeichen Abz = Büchereiwesen, Beschaffung von Zeit*schriften*

Allgemeine Verwaltung

Akteninhalt	Aktenzeichen
Presseveranstaltungen Pressefahrten	Azv
Presseveranstaltungen	Azv
Presseveranstaltungen	Azv

Betrieb

B

Akteninhalt	Aktenzeichen
a Allgemeines, Betriebsleitung	
Betrieb, allgemeine Bestimmungen	Ba *
Betrieb, allgemeine Bestimmungen	Ba
Betrieb, Allgemeines	Ba
Betrieb, Allgemeines	Ba *
Betrieb, Allgemeines	Ba
Ausschüsse im Betriebsdienst	Baa
Ausschüsse im Betriebsdienst	Baa
Ausschüsse im Betriebsdienst	Baa
Fahrdienstausschuß	Baaf
Fahrdienstausschuß	Baaf
Fahrdienstausschuß	Baaf
Betriebsbesprechungen, Betriebsleiterbesprechungen	Bab
Betriebsbesprechungen, Betriebsleiterbesprechungen	Bab
Betriebsbesprechungen, Betriebsleiterbesprechungen	Bab
Betriebs-, Betriebsleiterbesprechungen	Bab
Besprechungen	Bab
Betriebsführung auf den Durchgangsstrecken	Bad
Betriebsführung auf den Durchgangsstrecken	Bad
Betriebseröffnungsvorschriften	Bae
Betriebseröffnungsvorschriften	Bae
Betriebseröffnungsvorschriften	Bae
Integriertes Transportsteuersystem (ITS)	Bai
Systemtechnik, Informationstechnik	Bai

Betrieb

Akteninhalt	Aktenzeichen
Betriebsleitungen	Bal
Betriebsleitungen	Bal
Betriebsleitungen	Bal
Betriebsleitstellendienst	Bal
Betriebsleitstellendienst	Bal
Zugleitungen, Oberzugleitungen, Dienstvorschriften	Balz
Zugleitungen, Oberzugleitungen, Dienstvorschriften	Balz
Zugleitungen, Oberzugleitungen, Dienstvorschriften	Balz
Kraftverkehrsleitung — neu —	Balzk
Meldungen über die Betriebslage	Bam
Meldungen über die Betriebslage	Bam
Meldungen über die Betriebslage	Bam
Meldungen über die Betriebslage	Bam
Meldungen über die Betriebslage	Bam
Monatliche Betriebsberichte	Bamm
Monatliche Betriebsberichte	Bamm
Monatliche Betriebsberichte	Bamm
Tägliche Meldungen an Oberbetriebsleitungen und Hauptverwaltung	Bamt
Tägliche Meldungen an Generalbetriebsleitungen und RVM	Bamt
Tägliche Meldungen an Generalbetriebsleitungen und Hauptverwaltung	Bamt
Wöchentliche Berichte über die Betriebslage auf den Strecken der Reichsbahn	Bamw
Wöchentliche Berichte über die Betriebslage auf den Strecken der Reichsbahn	Bamw

Betrieb

Akteninhalt	Aktenzeichen
Wöchentliche Berichte über die Betriebslage auf den Strecken der Bundesbahn	Bamw
Ordnungen im Betriebsdienst	Bao *
Ordnungen im Betriebsdienst	Bao
Ordnungen im Betriebsdienst	Bao
Ordnungen im Betriebsdienst	Bao *
Ordnungen im Betriebsdienst	Bao
Eisenbahn-Bau- und Betriebsordnung	Baob
Eisenbahnn-Bau- und Betriebsordnung	Baob
Eisenbahn-Bau- und Betriebsordnung	Baob
Eisenbahn-Bau- und Betriebsordnung	Baob
Eisenbahn-Bau- und Betriebsordnung	Baob
Grundzüge für den Bau und die Betriebseinrichtungen der Lokalbahnen (Grz)	Baog
Grundzüge für den Bau und die Betriebseinrichtungen der Lokalbahnen (Grz)	Baog
Betrieb auf Nebenbahnen	Baon
Betrieb auf Nebenbahnen	Baon
Betrieb auf Nebenbahnen	Baon
Betrieb auf Nebenstrecken *	Baon
Betrieb auf Nebenstrecken	Baon

* sehr auffällig, denn es gibt deutliche Unterschiede zwischen Neben*bahnen* und Neben*strecken*. Zur Neben*bahn* (betriebliche Sicht) passen auch betriebliche Ordnungen und die Stellung in dieser Gruppe. Neben*strecke* deutet die verkehrliche Sicht an und bezieht sich auf die Bedeutung der Strecke. Systematisch würde daher ein Eintrag über …*strecken* in die Hauptgruppe V = Verkehr passen. Wahrscheinlich ist den Aktenplanbearbeitern 1980 hier ein Fehler unterlaufen, der 1992 fortgeschrieben wurde.
Im Aktenplan von 1994 gibt es keinen Eintrag „Bao" mehr.

Betrieb

Akteninhalt	Aktenzeichen
Betrieb auf Privatanschlußgleisen	Baop
Betrieb auf Privatanschlußgleisen	Baop
Betrieb auf Privatanschlußgleisen	Baop
Betrieb auf Privatgleisanschlüssen	Baop
Betrieb auf Privatgleisanschlüssen	Baop
Signalordnung (Signalbuch)	Baos
Signalordnung (Signalbuch)	Baos
Signalordnung (Signalbuch, DV 301)	Baos
Eisenbahn-Signalordnung (Signalbuch (SB) – DS 301 –)	Baos
Eisenbahn-Signalordnung, Signalbuch – DS 301 –	Baos
Betrieb in Tunnels	Baot
Betrieb in Tunnels	Baot
Betrieb auf Stadt- und Vorortbahnen	Baov
Betrieb auf Stadt- und Vorortbahnen	Baov
Bahnpolizei allgemeine Bestimmungen	Bap *
Bahnpolizei, allgemeine Bestimmungen	Bap
Bahnpolizei, Allgemeines	Bap
Hauptamtliche Bahnpolizei siehe Asb	
Bahnpolizeirecht, Allgemeines	Bap
Bahnpolizeirecht, Allgemeines	Bap
Bahnbetretungskarten	Bapk
Bahnbetretungskarten	Bapk
Bahnbetretungskarten	Bapk
Bahnbetretungskarten	Bapk

Betrieb

Akteninhalt	Aktenzeichen
Bahnbetretungskarten	Bapk
Bahnhofsmiſſionen, Bekämpfung des Mädchenhandels	Bapm
Bahnhofsmissionen, Bekämpfung des Mädchenhandels	Bapm
Bahpolizeiübertretungen	Bapü
Bahnpolizeiübertretungen	Bapü
Maßnahmen zur Sicherung des Betriebes, Sicherheitskonferenzen	Bas
Maßnahmen zur Sicherung des Betriebes, Sicherheitskonferenzen	Bas
Maßnahmen zur Sicherung des Betriebes, Sicherheitskonferenzen	Bas
Maßnahmen zur Sicherung des Betriebes, Sicherheitskonferenzen	Bas
Maßnahmen zur Sicherung des Betriebes, Sicherheitskonferenzen	Bas
Maßnahmen zur Durchführung des Eisenbahnluftschutzes	Basl
Betriebliche Behandlung und Bezeichnung von Schadwagen	Basch
Betriebliche Behandlung und Bezeichnung von Schadwagen	Basch
Betriebliche Behandlung und Bezeichnung von Schadwagen	Basch
Betriebliche Behandlung und Bezeichnung von Schadwagen	Basch
Betriebliche Behandlung und Bezeichnung von Schadwagen	Basch
Unregelmäßigkeiten im Betriebe (Betriebsſchwierigkeiten, -ſtockungen uſw) *Betriebsſtörungen durch Unfälle ſiehe jedoch Bust*	Bau *
Unregelmäßigkeiten im Betriebe (Betriebsschwierigkeiten, -stockungen usw) *Betriebsstörungen durch Unfälle siehe jedoch Bust*	Bau
Unregelmäßigkeiten im Betrieb (Betriebsschwierigkeiten, -stockungen usw.)	Bau
Unregelmäßigkeiten im Betrieb (Betriebsschwierigkeiten, -stockungen usw.)	Bau *
Unregelmäßigkeiten im Betrieb (Betriebsschwierigkeiten, -stockungen usw.)	Bau
Beſchwerden im Betriebsdienſt	Baub
Beschwerden im Betriebsdienst	Baub

Betrieb

Akteninhalt	Aktenzeichen
Beschwerden im Betriebsdienst	Baub
Beschwerden im Betriebsdienst	Baub
Beschwerden im Betriebsdienst	Baub
Rückhaltsperren	Baur
Rückhaltsperren	Baur
Rückhaltsperren	Baur
Rückhaltsperren	Baur
Rückhaltsperren	Baur
Zugverspätungen*	Bauz
Zugverspätungen	Bauz
Zugverspätungen	Bauz
Zugverspätungen	Bauz
Zugverspätungen	Bauz
Verspätung der Güterzüge	Bauzg
Verspätung der Güterzüge	Bauzg
Verspätung der Güterzüge	Bauzg
Verspätung der Reisezüge	Bauzr
Verspätung der Reisezüge	Bauzr
Verspätung der Reisezüge	Bauzr
Überwachung des Betriebsdienstes	Baü *
Überwachung des Betriebsdienstes	Baü
Überwachung des Betriebsdienstes	Baü

* In der DV 455 – Richtlinien für die Bearbeitung der Fahrtberichte – sind die Vordrucke, die zwischen den Direktionen, Ämtern und Dienststellen urschriftlich hin und zurückliefen, mit dem Az. Bauz versehen. siehe auch S. 952 f.

Betrieb

Akteninhalt	Aktenzeichen
Überwachung des Betriebsdienstes (Betriebsprüfungen)	Baü
Überwachung des Betriebsdienstes, Betriebsprüfungen	Baü
Überwachung des Güterverkehrs	Baüg
Dienst der Betriebskontrolleure	Baük
Dienst der Betriebskontrolleure	Baük
Dienst der Betriebskontrolleure	Baük
Betriebliche Überwachung des Reiseverkehrs	Baür
Schiffahrtsverhältnisse, Beeinflussung des Eisenbahnbetriebes bei Betriebsstörungen	Baüsch
Schiffahrtsverhältnisse, Beeinflussung des Eisenbahnbetriebes bei Betriebsstörungen	Baüsch
Verhütung von Betriebsschwierigkeiten (Merkblatt MVB)	Baüv
Verhütung von Betriebsschwierigkeiten (Merkblatt MVB)	Baüv
Vorschriften im Betriebsdienst	Bav *
Vorschriften im Betriebsdienst	Bav
Vorschriften im Betriebsdienst	Bav
Vorschriften im Betriebsdienst	Bav
Vorschriften im Betriebsdienst	Bav
Fahrdienstvorschriften	Bavf
Fahrdienstvorschriften	Bavf
Fahrdienstvorschriften (FV, DV 408)	Bavf
Fahrdienstvorschrift (FV) – DS 408 –	Bavf
Fahrdienstvorschrift (FV) – DS 408 –	Bavf
Anhang zu den Fahrdienstvorschriften	Bavfa
Vorschriften für den Kraftwagenbetrieb — neu —	Bavk

Akteninhalt	Aktenzeichen
Streckenliste	Bavl
Betriebliche Merkblätter	Bavm
Betriebliche Merkblätter	Bavm
Sammlung betrieblicher Vorschriften (SBV)	Bavs
Sammlung betrieblicher Vorschriften (SBV)	Bavs
Sammlung betrieblicher Verfügungen (SBV)	Bavs
Zugförderung (Lokomotiv- und Triebwagendienst) siehe unter Z	
Störungen und Unregelmäßigkeiten im elektrischen Zugbetrieb siehe unter Ebu	
Kybernetik im Betriebsdienst	Bay
b Bildung der Züge	
b Bilden der Züge	
Bildung der Züge, allgemeine Bestimmungen	Bb *
Bildung der Züge, allgemeine Bestimmungen	Bb
Bildung der Züge. Allgemeines	Bb
Bilden der Züge, Allgemeines	Bb *
Bilden der Züge. Allgemeines	Bb
Bereitstellung besonderer Abteile in den Personenwagen	Bba
Bereitstellung besonderer Abteile in den Pers.Wg	Bba
Bereitstellung besonderer Abteile in Reisezugwagen	Bba
Bereitstellen besonderer Abteile in Reisezugwagen	Bba
Bereitstellung besonderer Abteile in Reisezugwagen	Bba
Wagenbeistellungspläne	Bbb

Betrieb

B

Akteninhalt	Aktenzeichen
Wagenbeistellungspläne	Bbb
Wagenbeistellungspläne	Bbb
Deutscher Wagenbeistellungsplan (DWP)	Bbbd
Deutscher Wagenbeistellungsplan (DWP)	Bbbd
Deutscher Wagenbeistellungsplan (DWP)	Bbbd
Europäischer Wagenbeistellungsplan (EWP)	Bbbe
Europäischer Wagenbeistellungsplan (EWP)	Bbbe
Europäischer Wagenbeistellungsplan (EWP)	Bbbe
Bedingungen für den ausnahmsweise stattfindenden Übergang einzelner Wagen in Schnell- und Personenzüge (Lübecker Bedingungen)	Bbbl
Bedingungen für den ausnahmsweise stattfindenden Übergang einzelner Wagen in Schnell- u Personenzüge (Lübecker Bedingungen)	Bbbl
Durchgangsverkehr	Bbd
Durchgangsverkehr	Bbd
Bildung der Güterzüge, allgemeine Bestimmungen	Bbg *
Bildung der Güterzüge, allgemeine Bestimmungen	Bbg
Bildung der Güterzüge, Allgemeines	Bbg
Bilden der Güterzüge	Bbg
Bilden der Güterzüge	Bbg
Güterzugbildungspläne	Bbgp
Umlaufpläne für Güterzuggepäckwagen	Bbgu
Umlaufpläne der Güterzuggepäckwagen	Bbgu
Umlaufpläne für Güterzuggepäckwagen	Bbgu
Wagenübergang und Wagenübergangsplan	Bbgü
Wagenübergang und Wagenübergangsplan	Bbgü

Betrieb

Akteninhalt	Aktenzeichen
Wagenübergang und Wagenübergangsplan	Bbgü
Wagenübergänge und Wagenübergangsplan	Bbgü
Wagenübergänge und Wagenübergangsplan	Bbgü
Güterzugbildungsvorschriften	Bbgv
Güterzugbildungsvorschriften	Bbgv
Güterzugbildungsvorschriften	Bbgv
Güterzugbildungsvorschriften	Bbgv
Zugbildungsplan für Güterzüge (früher Güterzugbildungsvorschriften)	Bbgv
Wirtschaftlichkeit im Güterzugdienst	Bbgw
Wagenbeistellungskonferenzen	Bbk
Wagenbeistellungskonferenzen	Bbk
Wagenbeistellungskonferenzen	Bbk
Deutsche Wagenbeistellungskonferenz	Bbkd
Deutsche Wagenbeistellungskonferenz	Bbkd
Deutsche Wagenbeistellungskonferenz	Bbkd
Europäische Wagenbeistellungskonferenz	Bbke
Europäische Wagenbeistellungskonferenz	Bbke
Europäische Wagenbeistellungskonferenz	Bbke
Leichte Züge	Bbl
Leichte Züge	Bbl
Leichte Güterzüge (Leig)	Bbl
Zugbildungsplan für Personenzüge	Bbp
Zugbildungsplan für Personenzüge	Bbp
Bahnpostwagen und -abteile	Bbpo

Betrieb

Akteninhalt	Aktenzeichen
Bahnpostwagen und -abteile	Bbpo
Zugbildungsplan für Reisezüge	Bbr
Zugbildungsplan für Reisezüge	Bbr
Zugbildungsplan für Reisezüge	Bbr
Bahnpostwagen und -abteile	Bbrp
Bahnpostwagen und -abteile	Bbrp
Bahnpostwagen und -abteile	Bbrp
Platzreservierung in Reisezügen	Bbrr
Platzreservierung in Reisezügen	Bbrr
Beiſtellung von Schlafwagen	Bbsch
Beistellung von Schlafwagen	Bbsch
Beistellung von Schlafwagen	Bbsch
Internationale Eiſenbahn-Schlafwagengeſellſchaft	Bbschi
Internationale Eisenbahn-Schlafwagengesellschaft	Bbschi
Internationale Eisenbahn-Schlafwagengesellschaft	Bbschi
Beiſtellung von Speiſewagen	Bbsp
Beistellung von Speisewagen	Bbsp
Beistellung von Speisewagen	Bbsp
Triebwagen	Bbt
Triebwagen	Bbt
Triebwagen und Triebwagenzüge	Bbt
Übereinkommen für die gegenſeitige Benutzung der Perſonen- und Gepäckwagen im Bereich des Vereins deutſcher Eiſenbahnverwaltungen (VPÜ)	Bbü

Betrieb

Akteninhalt	Aktenzeichen
Übereinkommen für die gegenseitige Benutzung der Personen- und Gepäckwg im Bereich des VMEV (VPÜ)	Bbü
Übereinkommen über die gegenseitige Benutzung der Personen- und Gepäckwagen im Bereich des Vereins Deutscher Eisenbahnverwaltungen (VPÜ)	Bbü
Verminderung der Wagenklassen	Bbv
Verminderung der Wagenklassen	Bbv
Beistellung besonderer Wagen, allgemeine Bestimmungen	Bbw
Beistellung besonderer Wagen, allg Bedingungen	Bbw
Beistellung von Wagen	Bbw
Wagenbeistellung	Bbw
Wagenbeistellung	Bbw
Wagenbeistellung	Bbw
Krankenwagen	Bbwk
Beförderung von Sträflingen (Gefangenenkurswagen)	Bbws
Beförderung von Sträflingen (Gefangenenkurswagen)	Bbws
Beförderung von Sträflingen (Gefangenenkurswagen)	Bbws
Wagenzuteilung und Wagenausnutzung; Verleihen von Wagen	Bbz
Wagenzuteilung und Wagenausnutzung; Verleihen von Wg	Bbz
Wagenzuteilung und Wagenausnutzung, Verleihen von Wagen	Bbz
Wagenzuteilung und Wagenausnutzung, Verleihen von Wagen	Bbz
Wagenzuteilung und Wagenausnutzung, Verleihen von Wagen	Bbz

Betrieb

Akteninhalt	Aktenzeichen
d Verein Deutscher Eisenbahnverwaltungen	
d Verein Mitteleuropäischer Eisenbahnverwaltungen	
Verein Deutscher Eisenbahnverwaltungen: Betrieb	Bd
Verein Mitteleuropäischer (Deutscher) Eisenbahnverwaltungen: Betrieb	Bd
Betriebsausschuß des V. D. E. V.	Bdb
Betriebsausschuß des VMEV	Bdb
Technische Vereinbarungen über den Bau und die Betriebseinrichtungen der Haupt- und Nebenbahnen (TV)	Bdv
Technische Vereinbarungen über den Bau und die Betriebseinrichtungen der Haupt- und Nebenbahnen (TV)	Bdv
Übereinkommen für die gegenseitige Benutzung der Personen- und Gepäckwagen im Bereich des Vereins Deutscher Eisenbahnverwaltungen (VPÜ) siehe Bbü	
Übereinkommen für die gegenseitige Benutzung der Personen- und Gepäckwagen im Bereich des VMEV (VPÜ) siehe Bbü	
Vereinsbetriebsreglement (VBR) siehe Vdr	
Vereinsbetriebsreglement (VBR) siehe Vdr	
Übereinkommen zum Vereinsbetriebsreglement (Übk zum VBR) siehe Vdrü	
Übereinkommen zum VBR siehe Vdrü	
Übereinkommen betr den Diensttelegrammverkehr siehe Bsü	
Übk betr den Diensttelegrammverkehr siehe Bsü	

Akteninhalt	Aktenzeichen
e **Wirtschaftliche Ertragsberechnungen und Ersparnismaßnahmen im Betrieb**[e]	
e **Wirtschaftsergebnisberechnung der Deutschen Bundesbahn**	
e **Internes Rechnungswesen**	
Wirtschaftliche Ertragsberechnungen und Ersparnismaßnahmen, allgemeine Bestimmungen	Be *
Wirtschaftliche Ertragsberechnungen und Ersparnismaßnahmen, allgemeine Bestimmungen	Be
Wirtschaftliche Ertragsberechnungen und Ersparnismaßnahmen im Betrieb, Allgemeines	Be
Wirtschaftsergebnisberechnung der DB, Allgemeines	Be
Internes Rechnungswesen, Allgemeines (früher: Wirtschaftsergebnisberechnung der DB)	Be
Arbeits- und Zeitstudien	Bea
Arbeits- und Zeitstudien	Bea
Arbeits- und Zeitstudien	Bea
Betriebskostenrechnung	Beb
Betriebskostenrechnung	Beb
Betriebskostenrechnung	Beb
Gesamtkostenrechnung (früher Betriebskosten–), Allgemeines	Beb
Gesamtkostenrechnung (früher: Betriebskosten), Allgemeines	Beb
Betriebskosten des Reichsbahnkraftwagenbetriebs	Bebk (neu)
Kostenberechnung für den Lokomotivdienst	Bebl
Kostenberechnung für den Lokomotivdienst	Bebl
Wirtschaftsberechnungen für Umstell- (Rangier-) bahnhöfe	Bebr
Wirtschaftsberechnungen für Umstell- (Rangier-) Bfe	Bebr

Betrieb

Akteninhalt	Aktenzeichen
Wirtschaftsberechnungen für Rangierbahnhöfe	Bebr
Wirtschaftsberechnungen für Rangierbahnhöfe	Bebr
Wirtstaftliche Sonderberechnungen	Bebs
Wirtschaftliche Sonderberechnungen	Bebs
Wirtschaftliche Sonderberechnungen	Bebs
Wirtschaftliche Sonderberechnungen	Bebs
Wirtschaftliche Sonderberechnungen	Bebs
Wirtschaftliche Wertung der Strecken	Bebst
Wirtschaftliche Wertung der Strecken	Bebst
Kostenrechnung für den Verbund	Bebv
Kostenrechnung für den Ballungsverkehr (Verbund)	Bebv
Kostenberechnung für Zugfahrten	Bebz
Kostenberechnung für Zugfahrten	Bebz
Kostenträgerzeit- / Deckungsbeitragsrechnung	Bed
Kostenrechnung Fahrzeuge	Bef
Kostenrechnung Kraftfahrzeuge	Befk
Grundrechnung	Beg
Maßnahmen zur Steigerung der betriebstechnischen Leistungen und der Wirtschaftlichkeit im Betriebe	Bem
Maßnahmen zur Steigerung der betriebstechnischen Leistungen und der Wirtschaftlichkeit im Betriebe	Bem
Maßnahmen zur Steigerung der betriebstechnischen Leistungen und der Wirtschaftlichkeit im Betrieb	Bem
Maßnahmen zur Steigerung der betriebstechnischen Leistungen und der Wirtschaftlichkeit im Betrieb	Bem
Bemessung der Stärke des Zugbegleitpersonals siehe Bzp	

Akteninhalt	Aktenzeichen
Bemessung der Stärke des Zugbegleitpersonals s. Bzp	
Organisation des innerbetrieblichen Rechnungswesens	Beo
Örtliche Kosten-Leistungsrechnungen, Allgemeines	Beö
Sonderrechnungen	Bes
Kostenrechnung Schiffsdienst	Besch
Wertung der Strecken	Best
Wirtschaftlichkeit im Güterzugdienst siehe Bbgw	
Streckenleistungsfähigkeit	Best
Transportleistungsrechnung	Bet
Kosten- / Leistungsrechnung nach Vorgaben in DS und Richtlinien	Bev
Sonderuntersuchungen und Kostenvergleich im Werkstättendienst	Bew
Kostenrechnung Zugförderung	Bez
f Fahrplan	
Fahrplan, allgemeine Bestimmungen	Bf *
Fahrplan, allgemeine Bestimmungen	Bf
Fahrplan, Allgemeines	Bf
Fahrplan, Allgemeines	Bf *
Fahrplan, Allgemeines	Bf
Fahrzeitenberechnungen, Fahrzeitenverzeichnis	Bfb
Fahrzeitenberechnungen, Fahrzeitenverzeichnis	Bfb
Fahrzeitenberechnung im Kraftwagenbetrieb	Bfbk (neu)
Fahrplandrucksachen	Bfd
Fahrplandrucksachen	Bfd

Betrieb

Akteninhalt	Aktenzeichen
Fahrplandrucksachen	Bfd
Fahrplandrucksachen	Bfd
Fahrplandrucksachen	Bfd
Aushangfahrpläne	Bfda
Aushangfahrpläne	Bfda
Aushangfahrpläne	Bfda
Abfahrts- und Ankunftspläne	Bfda
Abfahrts- und Ankunftspläne	Bfda
Fahrplanentwurf	Bfdae
Fahrschaubilder	Bfdf
Güterkursbuch und Auslandsgüterkurse	Bfdg
Güterkursbuch und Auslandsgüterkursbuch	Bfdg
Bundesbahn-Güterkursbuch und Internationales Güterkursbuch	Bdfg
Güterzugkursbuch	Bfdg
Güterzugkursbuch	Bfdg
Bildfahrpläne	Bfdi
Bildfahrpläne	Bfdi
Bildfahrpläne	Bfdi
Reichsbahnkursbücher für den Personenverkehr	Bfdp
Reichsbahnkursbücher für den Personenverkehr	Bfdp
Reichskursbuch	Bfdr
Reichskursbuch	Bfdr
Amtliche Kursbücher für den Reiseverkehr	Bfdr
Kursbücher für den Reiseverkehr	Bfdr

B

Betrieb

Akteninhalt	Aktenzeichen
Kursbücher für den Reiseverkehr	Bfdr
Buchfahrpläne	Bfdu
Buchfahrpläne	Bfdu
Buchfahrpläne	Bfdu
Zugschaubilder	Bfdz
Eilgüterzugfahrplan	Bfe *
Eilgüterzugfahrplan	Bfe
Eilgüterzugfahrplan *[ab 1980 unter Bfge]*	Bfe
Güterzugfahrplan	Bfg *
Güterzugfahrplan	Bfg
Güterzugfahrplan	Bfg
Güterzugfahrplan	Bfg *
Güterzugfahrplan	Bfg
Güterzugfahrplanbesprechungen	Bfgb
Güterzugfahrplanbesprechungen	Bfbg
Güterzugfahrplanbesprechungen	Bfbg
Güterzugfahrplanbesprechungen und Konferenzen	Bfgb
Güterzugfahrplanbesprechungen und Konferenzen	Bfgb
Eilgüterzugfahrplan [1954 noch unter Bfe]	Bfge
Eilgüterzugfahrplan	Bfge
Großgüterwagen-Lastenzüge	Bfgg
Großgüterwagen-Lastenzüge	Bfgg
Großgüterwagen-Lastenzüge	Bfgg
Internationale Güterzugfahrplanberatungen	Bfgi

Betrieb

Akteninhalt	Aktenzeichen
Internationale Güterzugfahrplanberatungen	Bfgi
Internationale Güterzugfahrplanberatungen	Bfgi
Internationaler Güterzugfahrplan	Bfgi
Internationaler Güterzugfahrplan	Bfgi
Fahrplankonferenzen für Güterzüge	Bfgk
Fahrpläne für Güterkraftwagenlinien	Bfgk (neu)
Fahrplankonferenzen für Güterzüge	Bfgk
Leerwagenzugliste *Leerwagenzüge siehe Vwbl*	Bfgl
Leerwagenzugliste *Leerwagenzüge siehe Vwbl*	Bfgl
Fahrplan für die Beförderung bestimmter Massengüter	Bfgm
Fahrplan für die Beförderung bestimmter Massengüter	Bfgm
Fahrplan für die Beförderung bestimmter Massengüter	Bfgm
Fahrplan für die Beförderung bestimmter Massengüter	Bfgm
Fahrplan für die Beförderung bestimmter Massengüter	Bfgm
Nummerung der Güterzüge [1954 unter Bfng]	Bfgn
Nummerung der Güterzüge	Bfgn
Personenbeförderung mit Güterzügen	Bfgp
Personenbeförderung mit Güterzügen	Bfgp
Personenbeförderung mit Güterzügen	Bfgp
Sonntagsruhevorschriften	Bfgr
Sonntagsruhevorschriften	Bfgr
Sonntagsruhevorschriften	Bfgr
Sonntagsruhevorschriften	Bfgr

Betrieb

Akteninhalt	Aktenzeichen
Verkehrstageregelung (früher Sonntagsruhevorschriften)	Bfgr
Schnellgüterzüge	Bfgs
Umleitung vvon Güterzügen	Bfgu
Umleitung von Güterzügen	Bfgu
Umleitung von Güterzügen	Bfgu
Umleitung von Güterzügen	Bfgu
Umleitung von Güterzügen	Bfgu
Fahrplan für die Beförderung von Gütern in bestimmten Verkehrsbeziehungen	Bfgv
Fahrplan für die Beförderung von Gütern in bestimmten Verkehrsbeziehungen	Bfgv
Leitungswege und **W**egekarten	Bfgw
Leitungswege und **W**egekarten	Bfgw
Leitungswege und Wegekarten	Bfgw
Zugkilometer für Reisezüge	Bfk
Zugkilometer für Reisezüge	Bfk
Zug**k**ilometer für Reisezüge [1980 unter Bfrk]	Bfk
Zugkilometer für Reisezüge [1980 unter Bfrk]	Bfk
Nummerung der Züge [ab 1980: Bfgn]	Bfn
Nummerung der Züge [ab 1980: Bfgn]	Bfn
Nummerung der Züge	Bfn
Nummerung der Güterzüge	Bfng
Nummerung der Güterzüge	Bfng
Nummerung der **G**üterzüge [ab 1980 unter Bfgn]	Bfng
Nummerung der Personenzüge	Bfnp

Betrieb

Akteninhalt	Aktenzeichen
Nummerung der Personenzüge	Bfnp
Nummerung der Reisezüge [ab 1980 unter Bfrn]	Bfnr
Personenzugfahrplan (Fahrplan für 19..)	Bfp *
Personenzugfahrplan (Fahrplan für 19..)	Bfp
Fahrplanbesprechungen für Personenzüge	Bfpb
Fahrplanbesprechungen für Personenzüge	Bfpb
Durchgehende Zugverbindungen (Auslandsverbindungen)	Bfpd
Durchgehende Zugverbindungen (Auslandsverbindungen)	Bfpd
Internationale Personenzugfahrplanberatungen (Europäische Fahrplankonferenz)	Bfpi
Internationale Personenzugfahrplanberatungen (Europäische Fahrplankonferenz)	Bfpi
Fahrpläne für Personenkraftwagenlinien	Bfpk (neu)
Luxuszüge	Bfpl
Luxuszüge	Bfpl
Beeinflussung des Fahrplans durch Paß- und Zollvorschriften	Bfpp
Beeinflussung des Fahrplans durch Paß- und Zollvorschriften	Bfpp
Freigabe von Schnellzügen für Reisende mit ermäßigten Fahrkarten	Bfps
Freigabe von Schnellzügen für Reisende mit ermäßigten Fahrkarten	Bfps
Umleitung von Personenzügen	Bfpu
Umleitung von Personenzügen	Bfpu
Wartezeitvorschriften	Bfpw
Wartezeitvorschriften	Bfpw
Zählung von Reisenden (Dienstanweisung für die Zählung der Reisenden und Plätze, DfZ)	Bfpz

Betrieb

Akteninhalt	Aktenzeichen
Zählung von Reisenden (Dienstanweisung für die Zählung der Reisenden und Plätze, DfZ)	Bfpz
Reisezugahrplan	Bfr
Reisezugfahrplan	Bfr *
Reisezugahrplan	Bfr
Durchgehende Zugverbindungen (Auslandsverbindungen)	Bfra
Durchgehende Zugverbindungen (Auslandsverbindungen)	Bfra
Durchgehende Zugverbindungen (Auslandsverbindungen)	Bfra
Fahrplanbesprechungen für Reisezüge	Bfrb
Fahrplanbesprechungen für Reisezüge	Bfrb
Fahrplanbesprechungen für Reisezüge	Bfrb
Regel-Dienstzüge	Bfrd
Reisezugeinschränkungen	Bfre
Internationale Reisezugfahrplanberatungen (Europäische Fahrplankonferenz)	Bfri
Internationaler Reisezugfahrplan	Bfri
Internationaler Reisezugfahrplan	Bfri
Zugkilometer für Reisezüge [1954, 1992 und 1994 unter Bfk]	Bfrk
Autoreisezüge (Kfz)	Bfrk
Nahschnellverkehr [ab 1980 für Nummerung der Reisezüge]	Bfrn
Nummerung der Reisezüge [1954 unter Bfnr]	Bfrn
Nummerung der Reisezüge	Bfrn
Schienenomnibusfahrplan	Bfro
Beeinflussung des Fahrplans durch Paß- und Zollvorschriften	Bfrp
Beeinflussung des Fahrplans durch Paß- und Zollvorschriften	Bfrp

Betrieb

Akteninhalt	Aktenzeichen
Beeinflussung des Fahrplans durch Paß- und Zollvorschriften	Bfrp
Reisendeninformation (Zuganzeiger, Sonderanzeiger, Informationstafeln, Standortmarkierung, Wagenstandanzeiger, Wagenlaufschilder)	Bfrr
Städteschnellverkehr	Bfrs
Fernschnelltriebwagen	Bfrt
Umleitung von Reisezügen	Bfru
Umleitung von Reisezügen	Bfru
Umleitung von Reisezügen	Bfru
Wartezeitvorschriften	Bfrw
Wartevorschriften	Bfrw
Zählung von Reisenden und Plätzen	Bfrz
Zählen von Reisenden und Plätzen *	Bfrz
Zählen von Reisenden und Plätzen *	Bfrz
Verkehrsstromzählungen in Fernzügen	Bfrzv
Sonderzüge	Bfs *
Sonderzüge	Bfs
Sonderzüge	Bfs
Sonderzüge	Bfs *
Sonderzüge	Bfs
Arbeitszüge	Bfsa
Arbeitszüge	Bfsa
Arbeitszüge	Bfsa
Reisen bestimmter Persönlichkeiten	Bfsb

* Unter Büzr gibt es 1980 und 1992 auch einen Eintrag „Reisendenzählung"; Querverweise fehlen. Vgl. auch Cüzr [1994].

Betrieb

Akteninhalt	Aktenzeichen
Reisen bestimmter Persönlichkeiten	Bfsb
Reisen bestimmter Persönlichkeiten	Bfsb
Reisen bestimmter Persönlichkeiten	Bfsb
Reisen bestimmter Persönlichkeiten	Bfsb
Dienſtzüge	Bfsd
Dienstzüge	Bfsd
Dienstzüge	Bfsd
Eiſenbahnvereinszüge	Bfse
Eisenbahnvereinszüge	Bfse
Feiertags-, Feſt- und Ferienverkehr	Bfsf
Feiertags-, Fest- und Ferienverkehr	Bfsf
Feiertags-, Fest- und Ferienverkehr	Bfsf
Feiertags-, Fest- und Ferienverkehr	Bfsf
Feiertags-, Fest- und Ferienverkehr	Bfsf
Güterſonderzüge	Bfsg
Gütersonderzüge	Bfsg
Gütersonderzüge	Bfsg
Gütersonderzüge	Bfsg
Sondergüterzüge	Bfsg
Kleinwagenfahrten	Bfsk
Kleinwagenfahrten	Bfsk
Lokomotivzüge, Fahrten der Lokomotive mit Packwagen	Bfsl
Lokomotivzüge, Fahrten der Lok mit Packwagen	Bfsl
Poſtſonderzüge	Bfsp

Betrieb

Akteninhalt	Aktenzeichen
Postsonderzüge	Bfsp
Sommer-(Ferien)-Sonderzüge	Bfss
Sommer-(Ferien)-Sonderzüge	Bfss
Gesellschaftssonderzüge	Bfss
Gesellschaftssonderzüge	Bfss
Gesellschaftssonderzüge	Bfss
Schneepflüge	Bfssch
Schneepflüge	Bfssch
Verwaltungs- und Gesellschaftssonderzüge	Bfsv
Verwaltungs- und Gesellschaftssonderzüge	Bfsv
Verwaltungssonderzüge	Bfsv
Verwaltungssonderzüge	Bfsv
Verwaltungssonderzüge	Bfsv
Wintersportsonderzüge	Bfsw
Wintersportsonderzüge	Bfsw
Wintersportsonderzüge	Bfsw
Fahrplan der Schiffe	Bfsch
Fahrplan der Schiffe	Bfsch
Fahrplan der Schiffe	Bfsch
24-Stundenzeit, West- und mitteleuropäische Zeit, Sommerzeit	Bfz
24-Stundenzeit, West- und Mitteleuropäische Zeit, Sommerzeit	Bfz
24-Stundenzeit, West- und Mitteleuropäische Zeit, Sommerzeit	Bfz

Betrieb

Akteninhalt	Aktenzeichen
i Internationale Betriebsangelegenheiten	
Übereinkommen über die gegenseitige Benutzung der Personen- und Gepäckwagen im internationalen Verkehr (RIC)*	Bip
Übereinkommen für die gegenseitige Benutzung der Personen- und Gepäckwagen im internationalen Verkehr (RIC)*	Bip
k Kraftwagendienst (neu)	
Kraftwagenbetrieb. Allgemeines	Bka
Betriebsbücher für Kraftwagen	Bkb
Beförderung von Schwerlasten mit Kraftwagen „Culemeyer" **	Bkc
Leihen und Verleihen von Kraftwagen	Bkl
Betriebsstoffverbrauch der Kraftwagen	Bkst
Kraftwagenbetriebswerke *Unterakten nach Bedarf für die einzelnen Werke*	Bkw
Tankanlagen *Unterakten nach Bedarf für die einzelnen Anlagen*	Bkwt

* aus der italienischen Bezeichnung „Regolamento Internazionale Carrozze"

** Der Straßenroller (umgangssprachlich „Culemeyer") war ein Fahrzeuganhänger zum Transport von Eisenbahnwagen und Schwerlasten auf der Straße; er wurde ab 1930 von Reichsbahn-Oberbaurat Ing. Johann Culemeyer für die Deutsche Reichsbahn-Gesellschaft (DRG) entwickelt. Auf einem Straßenroller konnte ein Güterwagen von einem Güterbahnhof über die Straße zu einem Unternehmen gebracht werden. Dadurch wurde es möglich, Güter in einem Waggon von und zu einem Unternehmen zu transportieren, das über keinen Gleisanschluß verfügte. Die Güter konnten so direkt in den Waggon ein- bzw. ausgeladen werden oder Treibstoff direkt aus dem Kesselwagen in die Tanks einer Tankstelle gepumpt werden. Wenn das Verladen beendet war, wurde der Waggon zurück auf die Gleise gesetzt und konnte wieder über die Schienen befördert werden. Die Deutsche Bundesbahn beendete die Zustellung von Güterwagen mit Straßenrollern im Jahr 1987.

Betrieb

B

Akteninhalt	Aktenzeichen
1 Lokomotivdienst	
Lokomotivdienst, allgemeine Bestimmungen	Bl *
Lokomotivdienst, allgemeine Bestimmungen	Bl
Lokomotivanforderung, -austausch, -bestand und -verteilung; Lokomotivverzeichnis	Bla *
Lokomotivanforderung, -austausch, -bestand und -verteilung; Lokomotivverzeichnis	Bla
Besetzung der Lokomotiven	Blb
Besetzung der Lokomotiven	Blb
Leistungsfähigkeit der Lokomotiven	Blf
Leistungsfähigkeit der Lokomotiven	Blf
Streckenkenntnis des Lokomotivpersonals	Blk
Streckenkenntnis des Lokomotivpersonals	Blk
Leihen und Verleihen von Lokomotiven	Bll
Leihen und Verleihen von Lokomotiven	Bll
Merkbuch der Lokomotiven	Blm
Merkbuch der Lokomotiven	Blm
Benutzung von Lokomotiven auf Steilstrecken	Bls
Benutzung von Lokomotiven auf Steilstrecken	Bls
Brenn- und Schmierstoffverbrauch	Blst *
Brenn- und Schmierstoffverbrauch	Blst
Vorspann- und Schiebedienst	Blv
Vorspann- und Schiebedienst	Blv
Bahnbetriebswerke, allgemeine Bestimmungen *Unterakten nach Bedarf*	Blw *

B

Betrieb

Akteninhalt	Aktenzeichen
Bahnbetriebswerke, allgemeine Bestimmungen *Unterakten nach Bedarf*	Blw
Vergütungen für Stoffersparnisse siehe Pbnst	
Vergütungen für Stoffersparnisse siehe Pbnst	
Wirtschaftlichkeitsübersicht für den Lokomotivdienst siehe Bebl	
Wirtschaftlichkeitsübersicht für den Lokomotivdienst siehe Bebl	
Kostenberechnung für den Lokomotivdienst siehe Bebl	
Kostenberechnung für den Lokomotivdienst siehe Bebl	
Triebwagen siehe Bbt	
Triebwagen siehe Bbt	
Leichte Züge siehe Bbl	
Leichte Züge siehe Bbl	
Persönl. Dienstanweisungen für das Lokomotivbetriebspersonal siehe Padl	
Persönl. Dienstanweisungen für das Lokomotivbetriebspersonal siehe Padl	
Fahrgeschwindigkeit siehe Bzg	
Fahrgeschwindigkeit siehe Bzg	
Tonnenbremsberechnung, Belastung der Züge siehe Bzbt	
Tonnenbremsberechnung, Belastung der Züge siehe Bzbt	

Akteninhalt	Aktenzeichen
m **Militärtransporte***	
m **Militärische Angelegenheiten**	
Militärtransporte, Militärtransportordnung (MTO)	Bm *
Militärtransporte, Militärtransportordnung (MTO)	Bm
Militärische Angelegenheiten, Allgemeines	Bm
Militärische Angelegenheiten, Allgemeines	Bm
Militärische Angelegenheiten, Allgemeines	Bm
Betrieb, Allgemeines	Bmb
Betrieb, Allgemeines	Bmb
Fahrplanwesen	Bmbf
Fahrplanwesen [1994 unter Bmf]	Bmbf
Leistungen der Strecken und Bahnhöfe	Bmbl
Leistungen der Strecken und Bahnhöfe	Bmbl
Militärtransporte	Bmbt
Militärtransporte	Bmbt
Zugförderung und Zugbegleitdienst	Bmbz
Zugförderung und Zugbegleitdienst	Bmbz
Organisationsangelegenheiten	Bmo
Organisationsangelegenheiten	Bmo
Vorschriften für militärische Angelegenheiten	Bmv
Vorschriften für militärische Angelegenheiten	Bmv

* siehe auch Verschlußsachenvorschriften, S. 855 ff., darin insbesondere S. 918

B

Betrieb

Akteninhalt	Aktenzeichen
Die Gruppen „Bp“ unterscheiden sich stark, deshalb folgt hier die blockweise Darstellung.	
p Privatbahnen im Betriebe der Reichsbahn (neu)	
Privatbahnen im Betriebe der Reichsbahn, allg Best	Bpa
Übersichten	Bpaü
Betrieb	Bpb
Elektrische Zugförderung	Bpe
Fahrzeuge	Bpf
Gemeinschaftsverhältnisse	Bpg
Hochbau	Bph
Ingenierubau	Bpi
Kassen- und Rechnungswesen, Mittelwirtschaft	Bpk
Liegenschaften	Bpl
Maschinen und maschinenartige Anlagen	Bpm
Neubau	Bpn
Personalwesen	Bpp
Rechtswesen, Vertragsverhältnisse	Bpr
Stoffwesen	Bpst
Tarifwesen	Bpt
Unterstützungen, Sozialversicherung, Wohlfahrtseinrichtungen	Bpu
Verkehrswesen	Bpv
Werkstättenwesen	Bpw
Zeugwirtschaft (Geräte und Werkzeuge)	Bpz

Betrieb

Akteninhalt	Aktenzeichen
Bp-Akten sind nur von der Stelle anzulegen, die die Verträge mit den Privatbahnen abschließt und die Kosten abrechnet. Den Aktenzeichen ist zur Unterscheidung die abgekürzte Bezeichnung der Privatbahn beizufügen, z B Friedberg – Pinkafeld = F – P *Die Akten sind nach Bedarf für jede Privatbahn besonders anzulegen.* **Aufsichtstätigkeit** *fällt unter das Aktenzeichen „Ap".*	
p Betriebliche Grundlagen und Planungen	
Betriebliche Grundlagen und Planungen, Allgemeines	Bp
Betriebliche Grundlagen und Planungen, Allgemeines	Bp
Betriebliche Grundlagen und Planungen für bauliche Maßnahmen und Elektrifizierung der Bahnhöfe und Strecken	Bpb
Betriebliche Grundlagen und Planungen für bauliche Maßnahmen und Elektrifizierung der Bahnhöfe und Strecken	Bpb
r Umstell- (Rangier-) dienst	
r Rangierdienst	
Umstell- (Rangier-) dienst, allgemeine Bestimmungen	Br *
Umstell- (Rangier-) dienst, allgemeine Bestimmungen	Br
Rangierdienst, Allgemeines	Br
Rangierdienst, Allgemeines	Br *
Rangierdienst, Allgemeines	Br
Ablaufbetrieb (Rangierzettelverfahren)	Bra
Ablaufbetrieb (Rangierzettelverfahren)	Bra
Ablaufbetrieb (Rangierzettelverfahren)	Bra
Bahnhofsbedienungspläne	Brb

Betrieb

Akteninhalt	Aktenzeichen
Bahnhofsbedienungspläne	Brb
Bahnhofsbedienungpläne	Brb
Bahnhofsbedienungspläne (einschl. Bedienung der Privatanschlüsse und Ladestraßen)	Brb
Bedienungspläne (einschl. Bedienung der Privatanschlüsse und Ladestraßen)	Brb
Bedienung der Privatanschlüsse und Ladestraßen	Brba
Bedienung der Privatanschlüsse und Ladestraßen	Brba
Bedienung der Privatanschlüsse und Ladestraßen	Brba
Gleisbremsen und andere Bremsmittel in betrieblicher Hinsicht *Beschaffung von Gleisbremsen siehe Zgvb*	Brg
Gleisbremsen und andere Bremsmittel in betrieblicher Hinsicht *Beschaffung von Gleisbremsen siehe Zgvb*	Brg
Umstell- (Rangier-) dienst mit Kleinlok	Brk
Kleinlok	Brk
Kleinlok	Brk
Kleinlok	Brk
Umstellen (Rangieren) der Postwagen	Brp
Umstellen (Rangieren) der Postwagen	Brp
Studiengesellschaft für Rangiertechnik	Brs
Studiengesellschaft für Rangiertechnik	Brs
Schäden im Rangierdienst	Brs
Schäden im Rangierdienst	Brs
Schäden im Rangierdienst	Brs
Schäden im Umstell- (Rangier-) dienst	Brsch
Schäden im Umstell- (Rangier-) dienst	Brsch

Betrieb

Akteninhalt	Aktenzeichen
Überwachung des Rangieraufwandes, Vorschrift für die Überwachung des Rangieraufwandes (VÜR) – DS 435 –	Brü
Planung der Rangierarbeiten und Überwachung des Rangieraufwandes (PÜR) – DS 435 –	Brü
Umſtell-(Rangier-)dienſt mit Zugtieren	Brt
Umstell-(Rangier-)dienst mit Zugtieren	Brt
Wagenübergangspläne	Brw
Wagenübergangspläne	Brw
Verſchiebegelder und Vergütungen für Spitzenverkehrsleiſtungen ſ. Pbnsp	
Verschiebegelder und Vergütungen für Spitzenverkehrsleistungen s.Pbnsp	
Wirtſchaftsberechnungen für Umſtell-(Rangier-)bahnhöfe ſiehe Bebr	
Wirtschaftsberechnungen für Umstell-(Rangier-)bahnhöfe siehe Bebr	
s Fahrdienſt auf Betriebsſtellen, Zugabfertigung	
s Fahrdienst auf Betriebsstellen	
Fahrdienſt auf Betriebsſtellen, allgemeine Beſtimmungen	Bs *
Fahrdienst auf Betriebsstellen, allg Bestimmungen	Bs
Fahrdienst auf den Betriebsstellen, Allgemeines	Bs
Fahrdienst auf den Betriebsstellen, Allgemeines	Bs *
Fahrdienst auf Betriebsstellen, Allgemeines	Bs
Befehlsbücher	Bsb
Befehlsbücher	Bsb
Dienſtbeſchränkung und Einrichtung von Nachtdienſt auf Betriebsſtellen	Bsd
Dienstbeschränkungen und Einrichtung von Nachtdienst auf Betriebsstellen	Bsd

B

Betrieb

Akteninhalt	Aktenzeichen
Dienstbeschränkungen und Einrichtung von Nachtdienst auf Betriebsstellen	Bsd
Bahnhofsfahrordnungen, Bahnhofsdienstanweisungen, Merkbücher und Merkblätter *Unterakten nach Bedarf*	Bsf
Bahnhofsfahrordnungen, Bahnhofsdienstanweisungen, Merkbücher und Merkblätter *Unterakten nach Bedarf*	Bsf
Bahnhofsfahrordnungen, Bahnhofsdienstanweisungen, Merkbücher und Merkblätter	Bsf
Bahnhofsfahrordnung, Bahnhofsbuch, Auftragsbücher und Merkblätter	Bsf
Bahnhofsfahrordnung, Bahnhofsbuch, Auftragsbücher und Merkblätter	Bsf
Abweichungen von den Fahrordnungen	Bsfa
Abweichungen von den Fahrordnungen	Bsfa
Lautsprecheransagen in Personenbahnhöfen	Bsl
Hinweise und Schilder für Reisende, Vorschrift für die Anbringung der Bahnhofsnamen und Wegweiser, Bekanntmachungen, Aushänge (DV 417)*	Bss
Schilder und Orientierungspläne für Reisende auf Bahnanlagen; Vorschrift für Namen und Wegweiser auf Bahnhöfen – DS 417 – und Anhänge	Bss
Fahrgastinformation (früher: Schilder und Orientierungspläne für Reisende)	Bss
Hinweise und Schilder für Reisende; Vorschrift für die Anbringung der Bahnhofsnamen und Wegweiser, Bekanntmachungen und Aushänge**	Bssch
Hinweise und Schilder für Reisende; Vorschrift für die Anbringung der Bahnhofsnamen und Wegweiser, Bekanntmachungen, Aushänge	Bssch

* Dienstvorschrift über Namen und Wegweiser auf den Bahnhöfen (Naweba), eingeführt durch Verfügung der Hauptverwaltung vom 14. Juli 1930 — 85 Bsschs 5

** Es *muß* eine Unterakte gegeben haben: die DV 417 (Naweba) von 1930 wurde mit Gz. 85 Bsschs 5 eingeführt.

Betrieb

B

Akteninhalt	Aktenzeichen
Fernschreib-(Telegraphen-)dienst, allgemeine Bestimmungen, Diensttelegrammverkehr (ETV), Vorschriften für den Diensttelegrammverkehr, Vorschriften über Telegramme gleichen Inhalts an verschiedene Empfänger	Bst
Fernschreib-(Telegraphen-)dienst, allg Best, Diensttelegrammverkehr (ETV), Vorschriften für den Diensttelegrammverkehr; Vorschriften über Telegramme gleichen Inhalts an versch. Empfänger	Bst
Fernschreib (Telegraphen-) dienst (siehe auch Dbsch)	Bst
Eisenbahn-Fernsprechdienst in betrieblicher Hinsicht	Bstf
Eisenbahn-Fernsprechdienst in betrieblicher Hinsicht	Bstf
Übereinkommen betreffend den Diensttelegrammverkehr	Bsü
Übereinkommen betreffend den Diensttelegrammverkehr	Bsü
Betriebliche Zugabfertigung	Bsz
Betriebliche Zugabfertigung	Bsz
Güterdienstliche Zugabfertigung und Dienstanweisung für Zugabfertiger siehe Vgbz	
Güterdienstliche Zugabfertigung und Dienstanweisung für Zugabfertiger siehe Vgbz	
Persönliche Dienstanweisungen des Bahnhofsbetriebs- und Abfertigungspersonals siehe Padb	
Persönliche Dienstanweisungen des Bahnhofsbetriebs- und Abfertigungspersonals siehe Padb	
Diensteinteilungen für das Bahnhofs- und Abfertigungspersonal (äußerer Dienst) siehe Pzä	
Diensteinteilungen für das Bahnhofs- und Abfertigungspersonal (äußerer Dienst) siehe Pzä	
Diensteinteilung für das Bahnhofs- und Abfertigungspersonal (äußerer Dienst) siehe Pzä	

Akteninhalt	Aktenzeichen
u Unfälle und Rettungswesen	
Unfälle, allgemeine Bestimmungen *Unterakten nach Bedarf*	Bu *
Unfälle, allgemeine Bestimmungen *Unterakten nach Bedarf*	Bu
Unfälle, Allgemeines *Unterakten nach Bedarf*	Bu
Unfälle und Rettungswesen, Allgemeines *Unterakten nach Bedarf*	Bu *
Unfälle und Rettungswesen, Allgemeines	Bu
Arzthilfszüge und Gerätewagen	Bua *
Arzthilfszüge und Gerätewagen	Bua
Beraubungen und Überfälle in den Zügen	Bub
Beraubungen und Überfälle in den Zügen	Bub
Beraubungen und Überfälle in den Zügen	Bub
Einrichtung eingleisiger Betriebe (Dienstanweisungen usw)	Bue
Einrichtung eingleisiger Betriebe (Dienstanweisungen usw)	Bue
Eingriffe in den Bahnbetrieb	Bue
Eingriffe in den Bahnbetrieb	Bue
Bahnfrevel (Vorsätzliche Zuggefährdungen)	Buf
Bahnfrevel (vorsätzliche Zuggefährdungen)	Buf
Bahnfrevel (vorsätzliche Zuggefährdungen)	Buf
Gefährdung von Eisenbahntransporten	Bug
Gefährdung von Eisenbahntransporten	Bug
Gefährdungen der Sicherheit des Eisenbahnbetriebs	Bug
Gefährdungen der Sicherheit des Eisenbahnbetriebes	Bug

Betrieb

Akteninhalt	Aktenzeichen
Gefährdungen der Sicherheit des Eisenbahnbetriebes	Bug
Unfälle im Kraftwagenbetrieb. Allgemeines	Buk (neu)
Unfälle mit Kraftfahrzeugen der Deutschen Bundesbahn	Buk
Unfallmeldevorschriften (UMV)	Bum *
Unfallmeldevorschriften (UMV)	Bum
Unfallmeldewesen und Betriebsunfallvorschrift (Buvo, DV 423)	Bum
Betriebsunfallvorschrift (Buvo) - DS 423 - (früher Unfallmeldewesen)	Bum
Betriebsunfallvorschrift (BUVO) – DS 423 – (früher Unfallmeldewesen)	Bum
Unfallmeldewesen im Kraftwagenbetrieb – neu –	Bumk
Dienstvorschriften für das Rettungswesen bei Unfällen	Bur *
Dienstvorschriften für das Rettungswesen bei Unfällen	Bur
Dienstvorschrift für das Rettungswesen im Eisenbahnbetrieb (DV 433)	Bur
Vorschrift über das Rettungswesen im Eisenbahnbetrieb - DS 433 -	Bur
Rettungs- und Sanitätsdienst organisieren – DS 133 – *	Bur
Rettungskästen *Beschaffung von Rettundskästen siehe Zggr.*	Burk
Rettungskästen *Beschaffung von Rettungskästen siehe Zggr.*	Burk
Rettungskästen	Burk
Samariterdienst	Burs
Samariterdienst	Burs
Sanitätsdienst	Burs
Sanitätsdienst	Burs

* offensichtlicher Fehler des Aktenplans von 1992; ob es eine DS 133 überhaupt gab, ist unklar; die Nr. 133 des Drucksachenverzeichnisses – DV 133 – war der „Vertrag und Preisverzeichnis für Fertigung und Lieferung von Drucksachen. Er ist in den Quellen nur einmal 1927 erwähnt.

Betrieb

Akteninhalt	Aktenzeichen
Sanitätsdenst	Burs
Beschaffung von Geräten für ärztliche Hilfe und Samariterdienste siehe Gggä	
Krankentragen, auch fahrbare *Beschaffung von Krankentragen siehe Zggä*	Burt
Krankentragen, auch fahrbare *Beschaffung von Krankentragen siehe Zggä*	Burt
Sicherung von Gleisen (Umbau, Störungen)	Bus
Sicherung von Gleisen (Umbau, Störungen)	Bus
Betriebsstörungen durch Unfälle	Bust
Betriebsstörungen durch Unfälle	Bust
Betriebsstörungen und Unfälle im Kraftwagendienst	Bustk (neu)
Unfälle auf Bahnübergängen *	Buü
Unfälle auf Bahnübergängen	Buü
Betriebsunfallverhütung	Buv
Unfälle auf Wegübergängen*	Buw
Belohnungen für Entdeckung betriebsgefährlicher Schäden siehe Pbnsch	
Belohnungen für Entdeckung betriebsgefährlicher Schäden siehe Pbnsch	
Belohnungen für die Entdeckung betriebsgefährlicher Schäden siehe Pbnsch	
Unfallstatistik (Tabelle 28 der Reichsstatistik) siehe Büu	
Unfallstatistik (Tabelle 28 der Reichsstatistik) siehe Büu	
Unfallstatistik siehe Büu	

* In der alten Eisenbahn-Bau- und Betriebsordnung (BO) von 1928 ging der Blick von der Eisenbahn aus, daher wurde von *Weg*übergängen gesprochen (bei der DR in der DDR bis 1990). Die EBO von 1967 blickt dagegen in Richtung Eisenbahn und verwendet aus Sicht der Straße den Begriff *Bahn*übergang.

Betrieb

Akteninhalt	Aktenzeichen
ü Überſichten (Statiſtik)	
ü Übersichten (Betriebsleistungsstatistik	
Überſichten (Statiſtik), allgemeine Beſtimmungen auch Sonderfälle	Bü *
Übersichten (Statistik), allg Best, auch Sonderfälle	Bü
Übersichten (Statistik), Allgemeines und Sonderfälle; Dienstvorschrift für die Ermittlung der Betriebsleistungen (VBL, DV 407)	Bü
Übersichten (Betriebsleistungstatistik); Vorschrift über die Ermittlung der Betriebsleistungen (VBL) – DS 407 –	Bü *
Übersichten (Betriebsleistungstatistik); Vorschrift über die Ermittlung der Betriebsleistungen (VBL) – DS 407 –	Bü
Belaſtungsnachweiſe (BNN)	Büb
Belastungsnachweise (BNN)	Büb
Ermittlung von örtlichen Leistungen (Betriebsbuch)	Büb
Ermittlung von örtlichen Leistungen (Betriebsbuch)	Büb
Ermittlung der Dienstleistungen im Zugbegleit- und Triebfahrzeugdienst	Büd
Ermittlung der Dienstleistungen im Zugbegleit- und Triebfahrzeugdienst	Büd
Internationale Unfallſtatiſtik	Büi
Internationale Unfallstatistik	Büi
Ermittlung der Leistungen des Kraftwagenverkehrs	Bük (neu)
Ermittlung der Kraftwagenleistungen *(Verkehrsübersichten siehe unter Vük)*	Bük
Ermittlung der Kfz-Leistungen	Bük
Ermittlung der Kfz-Leistungen	Bük
Vorſchrift für die Ermittlung der Leiſtungen der Lokomotiven und Triebwagen (VLL)	Bül
Vorschrift für die Ermittlung der Leistungen der Lokomotiven und Triebwagen (VLL)	Bül

Akteninhalt	Aktenzeichen
Ermittlung der Lokmotiv- und Triebwagenleistungen	Bül
Militärstatistik	Büm
Militärstatistik	Büm
Wirtschaftsstatistik der Umstell- (Rangier-) bahnhöfe	Bür
Wirtschaftsstatistik der Umstell- (Rangier-) bahnhöfe	Bür
Wirtschaftsstatistik der Rangierbahnhöfe	Bür
Ermittlung der Rangierleistungen, Wirtschaftsstatistik der Rangierbahnhöfe	Bür
Ermittlung der Rangierleistungen, Wirtschaftsstatistik der Rangierbahnhöfe	Bür
Statistik über Leistungen und Stoffverbrauch der Lokomotiven und Triebwagen (Leistungsbuch)	Büst
Statistik über Leistungen und Stoffverbrauch der Lokomotiven und Triebwagen (Leistungsbuch)	Büst
Unfallstatistik (Tabelle 28 der Reichsstatistik)	Büu
Unfallstatistik (Tabelle 28 der Reichsstatistik)	Büu
Unfallstatistik	Büu
Statistik der Bahnbetriebsunfälle	Büu
Statistik der Bahnbetriebsunfälle	Büu
Verspätungsnachweise	Büv
Verspätungsnachweise	Büv
Verspätungsnachweise	Büv
Verspätungsnachweise für Güterzüge	Büvg
Verspätungsnachweise für Güterzüge	Büvg
Verspätungsnachweise für Güterzüge	Büvg
Verspätungsnachweise für Personenzüge	Büvp
Verspätungsnachweise für Personenzüge	Büvp

Betrieb

Akteninhalt	Aktenzeichen
Verspätungsnachweise für Reisezüge	Büvr
Wirtschaftlichkeitsübersicht für den Lokomotivdienst	Büw
Wirtschaftlichkeitsübersicht für den Lokomotivdienst	Büw
Zählung der Personen- und Gepäckwagen	Büw
Güterwagenumlaufermittlungen, Vorschrift für die Ermittlung des Güterwagenumlaufs (VWU) – DS 444 –, Güterwagenstromermittlung	Büw
Vorschrift für die Ermittlung der Zugleistungen (VZL)	Büz
Vorschrift für die Ermittlung der Zugleistungen (VZL)	Büz
Ermittlung der Zugleistungen	Büz
Ermittlung der Zugleistungen	Büz
Ermittlung der Zugleistungen	Büz
Bildliche Datstellungen der Betriebsleistungen auf den einzelnen Strecken	Büzb
Bildliche Darstellungen der Betriebsleistungen auf den einzelnen Strecken	Büzb
Bildliche Darstellung der Betriebsleistungen auf den einzelnen Strecken	Büzb
Streckenbelastung und Streckenbelegung	Büzb
Streckenbelastung und Streckenbelegung	Büzb
Statistik über den Güterzugverkehr und -fahrplan	Büzg
Statistik über den Güterzugverkehr und -fahrplan	Büzg
Statistik über den Personenzugverkehr und -fahrplan	Büzp
Statistik über den Personenzugverkehr und -fahrplan	Büzp
Reisendenzählung*	Büzr
Reisendenzählung*	Büzr

* Unter Bfrz gibt es bereits einen Eintrag „Zählen von Reisenden und Plätzen“; Querverweise fehlen. *Vgl. auch Cüzr [1994]*

Akteninhalt	Aktenzeichen
Streckenübersicht nach VZL	Büzs
Streckenübersicht nach VZL	Büzs
w Wagendienst	
w Wagendienst in betrieblicher Hinsicht	
Wagendienst, allgemeine Bestimmungen	Bw *
Wagendienst, allgemeine Bestimmungen	Bw
Wagendienst, Allgemeines	Bw
Wagendienst, Allgemeines	Bw *
Wagendienst, Allgemeines	Bw
Achs- und Radreifenbrüche, Heißläufer	Bwa
Achs- und Radreifenbrüche, Heißläufer	Bwa
Beschädigung von Eisenbahnfahrzeugen, allgemeine Bestimmungen	Bwb
Beschädigung von Eisenbahnfahrzeugen, allg Best	Bwb
Abrechnung von Wagenbeschädigungen mit fremden Eisenbahnverwaltungen	Bwbf
Abrechnung von Wagenbeschädigungen mit fremden Eisenbahnverwaltungen	Bwbf
Abrechnung von Wagenbeschädigungen mit der Postverwaltung und Privaten	Bwbp
Abrechnung von Wagenbeschädigungen mit der Postverwaltung und Privaten	Bwbp
Untersuchung und Unterhaltung der Wagen in betrieblicher Hinsicht	Bwbu
Untersuchung und Unterhaltung der Wagen in betrieblicher Hinsicht	Bwbu
Güterwagenangelegenheiten, Umlauf der Güterwagen	Bwg
Güterwagenangelegenheiten	Bwg

Betrieb

Akteninhalt	Aktenzeichen
Güterwagenangelegenheiten	Bwg
Heizung der Züge	Bwh
Heizung der Züge	Bwh
Abrechnung der Heizungskosten mit fremden Verwaltungen und der Mitropa	Bwhf
Abrechnung der Heizungskosten mit fremden Verwaltungen und der Mitropa	Bwhf
Kuppeln der Wagen	Bwk
Kuppeln der Wagen	Bwk
Beleuchtung der Züge (Dienstvorschrift für die Gasbeleuchtung der Wagen und Lokomotiven)	Bwl
Beleuchtung der Züge (Dienstvorschrift für die Gasbeleuchtung der Wagen und Lokomotiven)	Bwl
Abrechnung der Beleuchtungskosten mit fremden Verwaltungen und der Mitropa	Bwlf
Abrechnung der Beleuchtungskosten mit fremden Verwaltungen und der Mitropa	Bwlf
Merkbuch für Wagen	Bwm
Merkbuch für Wagen	Bwm
Reinigung der Züge (Vorschriften für die Personenwagenreinigung PRV)	Bwr
Reinigung der Züge (Vorschriften für die Personenwagenreinigung PRV)	Bwr
Reisezugwagenangelegenheiten	Bwr
Reisezugwagenangelegenheiten	Bwr
Reisezugwagenangelegenheiten	Bwr
Ausrüstung der Packwagen mit Signalmitteln	Bws
Ausrüstung der Packwagen mit Signalmitteln	Bws

B

Betrieb

Akteninhalt	Aktenzeichen
Beschilderung der Wagen	Bwsch
Beschilderung der Wagen	Bwsch
Technische Untersuchung von Wagen und Zügen	Bwt
Technische Untersuchung von Wagen und Zügen	Bwt
Technische Voruntersuchung und Wagenübergabe an den Grenzbahnhöfen und den Vorbahnhöfen *(siehe auch Vwüt)*	Bwtg
Technische Voruntersuchung und Wagenübergabe an den Grenzbahnhöfen und Vorbahnhöfen *(siehe auch Vwüt)*	Bwtg
Technische Untersuchung der Personen- und Güterzüge	Bwtz
Technische Untersuchung der Personen- und Güterzüge	Bwtz
Umlauf der Güterwagen, Vorschriften für die Ermittelung des Güterwagenumlaufs	Bwu
Umlauf der Güterwagen, Vorschriften für die Ermittelung des Güterwagenumlaufs	Bwu
Stationierung und Umlauf der Gaswagen	Bwug
Stationierung und Umlauf der Gaswagen	Bwug
Bahnbetriebswagenwerke, allgemeine Bestimmungen *Unterakten nach Bedarf*	Bww *
Bahnbetriebswagenwerke, allg Best	Bww
Zählung der Personen- und Gepäckwagen	Bwz
Zählung der Personen- und Gepäckwagen	Bwz
Zählung der Güterwagen siehe Vwaz	
Zählung der Güterwagen siehe Vwaz	
Wagenzuteilung und Wagenausnutzung; Verleihen von Wagen siehe Bbz	
Wagenzuteilung und Wagenausnutzung ; Verleihen von Wagen siehe Bbz	
Persönliche Dienstanweisungen für das Wagenaufsichts- und -untersuchungspersonal siehe Padw	

Betrieb

Akteninhalt	Aktenzeichen
Persönliche Dienstanweisungen für das Wagenaufsichts= und =untersuchungspersonal siehe Padw	
Belohnungen für die Entdeckung von Rad=, Achs= und Schienen=brüchen siehe Pbnb	
Belohnungen für die Entdeckung von Rad=, Achs= und Schienen=brüchen siehe Pbnb	
Adressenverzeichnis der Wagenverwaltungen, Nachweisung der Eigentumsmerkmale der Eisenbahn=Güter=, Personen= und Gepäck=wagen, Alphabetisches Verzeichnis siehe Vwüa	
Adressenverzeichnis der Wagenverwaltungen, Nachweisung der Eigentumsmerkmale der Eisenbahn=Güter=, Personen= und Gepäck=wagen, Alphabetisches Verzeichnis siehe Vwüa	
z Zugförderungs= und =begleitdienst	
z Zugbetrieb und Zugbegleitdienst	
Zugförderungsdienst, allgemeine Bestimmungen	Bz *
Zugförderungsdienst, allgemeine Bestimmungen	Bz
Zugbetrieb und Zugbegleitdienst, Allgemeines	Bz
Zugbetrieb und Zugbegleitdienst, Allgemeines	Bz *
Zugbetrieb und Zugbegleitdienst, Allgemeines	Bz
Beförderung von Gegenständen außergewöhnlicher Art* (Lademaßüberschreitungen, Explosivstoffe usw)	Bza
Beförderung von Gegenständen außergewöhnlicher Art (Lademaßüberschreitungen, Explosivstoffe usw)	Bza

* Der Aktenplan galt für die Zentrale und die Direktionen, selbst die Ämter hatten nur Auszüge. Damit war eine korrekte Auflösung der Abkürzung „Bza“ nicht überall möglich. In Fernschreiben gab auch keine Unterscheidung nach Groß- und Kleinbuchstaben. Da der Mensch nach Erklärungen strebt, kam die irrige, aber logisch nachvollziehbare Meinung auf, es handle sich um die Abkürzung für „Betriebliche Zusatz-Anweisung“ oder für ein in die Genehmigung einbezogenes „Bundesbahnzentralamt“.

Betrieb

Akteninhalt	Aktenzeichen
Beförderung von Gegenständen außergewöhnlicher Art (Lademaßüberschreitungen, Explosivstoffe usw.)	Bza
Beförderung von Gegenständen außergewöhnlicher Art (Lademaßüberschreitungen, Schwerwagen usw.)	Bza
Beförderung von Gegenständen außergewöhnlicher Art (Lademaßüberschreitungen, Schwerwagen usw.)	Bza
Bremsbetrieb, allgemeine Bestimmungen	Bzb *
Bremsbetrieb, allgemeine Bestimmungen	Bzb
Vorschrift für die Ausführung der bremstechnischen Untersuchung von Fahrzeugen in luftgebremsten Güterzügen (Dienstanweisung für die Kunze-Knorr-Bremse)	Bzbk
Vorschrift für die Ausführung der bremstechnischen Untersuchung von Fahrzeugen in luftgebremsten Güterzügen (Dienstanweisung für die Kunze-Knorr-Bremse)	Bzbk
Vorschrift für die bahnamtliche Untersuchung der Druckluftbremsen an Wagen	Bzbl
Vorschrift für die bahnamtliche Untersuchung der Druckluftbremsen an Wagen	Bzbl
Tonnenbremsberechnung, Belastung der Züge	Bzbt
Tonnenbremsberechnung, Belastung der Züge	Bzbt
Fahrberichte (Fahrberichtsvorschriften)	Bzf
Fahrberichte (Fahrberichtsvorschriften)	Bzf
Fahrtberichte	Bzf
Fahrberichte im Kraftwagendienst	Bzfk (neu)
Fahrgeschwindigkeit	Bzg
Fahrgeschwindigkeit	Bzg
Fahrgeschwindigkeit	Bzg
Fahrgeschwindigkeit	Bzg

Betrieb

Akteninhalt	Aktenzeichen
Fahrgeschwindigkeit	Bzg
Halten von Zügen auf freier Strecke aus besonderem Anlaß, Ver- und Entladung von Güterwagen auf freier Strecke	Bzh
Halten von Zügen auf freier Strecke aus besonderem Anlaß, Ver- und Entladung von Güterwagen auf freier Strecke	Bzh
Halten von Zügen auf freier Strecke aus besonderem Anlaß, Be- und Entladung von Güterwagen auf freier Strecke	Bzh
Langsamfahrstellen	Bzl
Langsamfahrstellen	Bzl
Langsamfahrstellen	Bzl
Langsamfahrstellen	Bzl
Langsamfahrstellen	Bzl
Mitfahrten auf der Lokomotive	Bzm
Mitfahrten auf der Lokomotive	Bzm
Bemessung der Nutzlängen von Ausweichgleisen nach der Zugstärke und Verkehrsdichte	Bzn
Bemessung der Nutzlängen von Ausweichgleisen nach Zugstärke und Verkehrsdichte	Bzn
Bemessung der Nutzlängen von Ausweichgleisen nach Zuglänge und Verkehrsdichte	Bzn
Bemessung der Nutzlängen von Ausweichgleisen nach Zuglänge und Verkehrsdichte	Bzn
Zugbegleitung, Bemessung und Stärke des Zugbegleitpersonals	Bzp *
Zugbegleitung, Bemessung der Stärke des Zugbegleitpersonals	Bzp
Zugbegleitdienst, Besetzung der Züge mit Zugbegleitpersonal	Bzp
Zugbegleitdienst, Besetzung der Züge mit Personal	Bzp
Zugbegleitdienst, Besetzung der Züge mit Personal	Bzp

Betrieb

Akteninhalt	Aktenzeichen
Beförderung von **S**chwerwagen und Großgüterwagen (Vorschriften für die Beförderung von Schwerfahrzeugen)	Bzs
Beförderung von **S**chwerwagen und Großgüterwagen (Vorschriften für die Beförderung von Schwerfahrzeugen)	Bzs
Ausrüstung der Packwagen mit **S**ignalmitteln	Bzs
Ausrüstung der Packwagen mit **S**ignalmitteln	Bzs
Ausrüstung der Züge mit **S**ignalmitteln	Bzs
Zug**t**rennungen	Bzt
Zug**t**rennungen	Bzt
Achsdruck**v**erzeichnis (AV), Verzeichnis der Radstände und Raddrucke und der Lademaße	Bzv
Achsdruck**v**erzeichnis (AV), Verzeichnis der Radstände und Raddrucke und der Lademaße	Bzv

Persönliche Dienstanweisungen für das Zugbegleitpersonal siehe Padz

Persönliche Dienstanweisungen für das Zugbegleitpersonal siehe Padz

Elektrischer Zugbetrieb siehe Eaz

Technischer Wagendienst siehe unter Zw

Diensteinteilung für das Zugbegleitpersonal siehe Pzz

Akteninhalt	Aktenzeichen
Vorbemerkung: 1928 und 1943 sind die einschlägigen Sachgruppen noch unter der Hauptgruppe S = Signal- und Fernmeldewesen eingeordnet.	
Fernmeldewesen (Drahtgebundene und drahtlose Anlagen, Bau und Betrieb)	
Fernmeldetechnik (Drahtgebundene und drahtlose Anlagen, Bau und Betrieb)	
a Allgemeines	
Fernmeldewesen (Drahtgebundene und drahtlose Anlagen, Bau und Betrieb), Allgemeines	Da
Fernmeldetechnik (Drahtgebundene und drahtlose Anlagen, Bau und Betrieb), Allgemeines	Da
Fernmeldetechnik (Drahtgebundene und drahtlose Anlagen, Bau und Betrieb), Allgemeines	Da
Fernmeldeausschuß	Daa
Besprechungen in Fernmeldeangelegenheiten	Dab
Erfindungen (Patentangelegenheiten)	Dae
Beziehungen zur Bundespost	Dap
Beziehungen zur Bundespost	Dap
Vorschriften	Dav
Vorschriften	Dav
Vorschriften	Dav
Weiterbildung der Bediensteten im nachrichtentechnischen Dienst	Daw
Weiterbildung der Bediensteten im nachrichtentechnischen Dienst	Daw
b Fernmeldebetrieb	
Fernmeldebetrieb, Allgemeines	Db

D Fernmeldewesen (Drahtgebundene u. drahtlose ...)

Akteninhalt	Aktenzeichen
Fernmelde**b**etrieb, Allgemeines	Db *
Fernmelde**b**etrieb, Allgemeines	Db
Fernmelde**g**ebühren	Dbg
Fernmelde**g**ebühren	Dbg
Fernmelde**g**ebühren	Dbg
Bahnfernmeldegebühren	Dbgb
Postfernmeldegebühren	Dbgp
Fern**s**prechbetrieb, Anweisungen für das Fernsprechbetriebspersonal und für die Benutzung des Fernsprechers, Leittafeln	Dbs
Fern**sch**reibbetrieb, Anweisungen für das Fernschreibbetriebspersonal, Leittafeln	Dbsch
Fern**sch**reibbetrieb	Dbsch
Fern**sch**reibbetrieb	Dbsch
Privattelegramme	Dbschp
Vorschriften	Dbv
Sprechstellen**v**erzeichnisse	Dbv
d Mittlere Daten-, Büro- und Verkaufstechnik	
Mittlere **D**aten-, Büro- und Verkaufstechnik, Allgemeines	Dd
Anlagen und Geräte der **D**atenverarbeitung sowie der Verkaufs- und Bürotechnik, Allgemeines	Dd
Bürotechnik	Ddb
Bürotechnik	Ddb
Datenverbindung und Daten**ü**bertragung	Ddü
Verkaufstechnik	Ddv
Verkaufstechnik	Ddv

Fernmeldewesen (Drahtgebundene u. drahtlose ...) D

Akteninhalt	Aktenzeichen
f Funkanlagen	
Funkanlagen, Allgemeines	Df
Funkanlagen, Allgemeines	Df
Funkanlagen, Allgemeines	Df
Richtfunk	Dfi
Richtfunkanlagen	Dfi
Richtfunkanlagen	Dfi
Kraftwagenfunk	Dfk
Notfunk	Dfn
Funkortungsanlagen	Dfo
Funkortungsanlagen	Dfo
Rangierfunk	Dfr
Funksprechanlagen	Dfs
Funksprechanlagen	Dfs
Funksprechanlagen für Alarmierungszwecke	Dfsa
Funksprechanlagen für Alarmierungszwecke	Dfsa
Funksprechanlagen für den Instandhaltungsdienst	Dfsi
Funksprechanlagen für den Instandhaltungsdienst	Dfsi
Funksprechanlagen für Kraftfahrzeuge	Dfsk
Funksprechanlagen für Kraftfahrzeuge	Dfsk
Funksprechanlagen für den öffentlichen Fermnsprechdienst in Zügen (Zugpostfunk)	Dfsp
Funksprechanlagen für den öffentlichen Fernsprechdienst in Zügen (Zugpostfunk)	Dfsp
Funksprechanlagen für den Rangierdienst	Dfsr

Akteninhalt	Aktenzeichen
Funksprechanlagen für den **R**angierdienst	Dfsr
Funksprechanlagen für den **Z**ugfahrdienst	Dfsz
Funksprechanlagen für den **Z**ugfahrdienst	Dfsz
Tragbare Funkgeräte	Dft
R**u**ndfunk	Dfu
R**u**ndfunk (Hör- und Fernsehfunk)	Dfu
R**u**ndfunk (Hör- und Fernsehfunk)	Dfu
Frequenz**v**erteilung	Dfv
Funkfrequenz**v**erteilung	Dfv
Zugfunk	Dfz
Betriebszugfunk	Dfzb
Zug**e**ndfunk	Dfze
öffentlicher Zugfunk	Dfzö
I Fernmeldeleitungen	
1 Übertragungsanlagen (Leitungen)	
Fernmelde**l**eitungen, Allgemeines	Dl
Übertragungsanlagen (**L**eitungen), Allgemeines	Dl *
Übertragungsanlagen (**L**eitungen), Allgemeines	Dl
Beeinflussung der Fernmeldeleitungen durch Starkstromanlagen	Dlb
Beeinflussung durch Starkstromanlagen	Dlb
Beeinflussung durch Starkstromanlagen	Dlb
Fernmeldeleitungen für **D**ritte	Dld
Übertragungswege für **D**ritte	Dld

Fernmeldewesen (Drahtgebundene u. drahtlose ...)

Akteninhalt	Aktenzeichen
Übertragungswege für Dritte	Dld
Freileitungen	Dlf
Freileitungen	Dlf
Freileitungen	Dlf
Fernmeldebauzüge	Dlfz
Kabelleitungen	Dlk
Fernmeldekabel	Dlk
Fernmeldekabel	Dlk
Bahnhoffernmeldekabel	Dlkb
Bahnhofskabel (Ortskabel)	Dlkb
Bahnhofskabel (Ortskabel)	Dlkb
Gemeinschaftskabel	Dlkg
Gemeinschaftskabel	Dlkg
Gemeinschaftskabel	Dlkg
Streckenfernmeldekabel	Dlks
Streckenkabel (Fernkabel)	Dlks
Streckenkabel (Fernkabel)	Dlks
Kabelunterbringung, Verlegung	Dlku
Kabelunterbringung, Verlegung	Dlku
Kabelzubehör	Dlkz
Kabelzubehör	Dlkz
Kabelzubehör	Dlkz
PCM-Systeme *	Dlp

* PCM = Puls-Code-Modulation, Technik zur Umwandlung analoger Signale in digitale und zurück (Codec = Codierung/Decodierung)

D Fernmeldewesen (Drahtgebundene u. drahtlose ...)

Akteninhalt	Aktenzeichen
Schaltaufträge, Schaltstelle	Dls
Schaltaufträge, Schaltstelle	Dls
Trägerfrequenzeinrichtungen	Dlt
Trägerfrequenzsysteme	Dlt
Trägerfrequenzsysteme	Dlt
Niederfrequenz-Verstärkeranlagen und Echosperren	Dlv
Niederfrequenz-Verstärkeranlagen (einschl. Zubehör, z. B. Echosperren)	Dlv
Niederfrequenz-Verstärkeranlagen (einschl. Zubehör, z. B. Echosperren)	Dlv
WT-Systeme *	Dlw
WT-Systeme	Dlw
Frequenz- und Zeitmultiplexsysteme	Dlx
Frequenz- und Zeitmultiplexsysteme	Dlx
Fernmeldestoffe siehe Stf	
m Meldeanlagen	
Meldeanlagen, Allgemeines	Dm
Meldeanlagen, Allgemeines	Dm *
Meldeanlagen, Allgemeines	Dm
Alarmanlagen	Dma
Alarmanlagen	Dma
Bildfernüberwachung	Dmb
Überwachungs- und Kontrollanlagen	Dmk
Überwachungs- und Kontrollanlagen	Dmk

* WT = Wechselstromtelegraphie

Fernmeldewesen (Drahtgebundene u. drahtlose ...) D

Akteninhalt	Aktenzeichen
Läutewerke	Dml
Uhren	Dmu
Uhrenanlagen	Dmu
Uhrenanlagen	Dmu
Überwachungsanlagen für Fahrgeschwindigkeit und Heißläufer	Dmü
Überwachungsanlagen für betriebliche Gefahrenmeldungen	Dmü
Zuglauf- und Zugzielanzeiger	Dmz
Zuganzeiger	Dmz
n Daten- (Nachrichten-) verarbeitungstechnik (außer an Signalanlagen)	
Daten- (Nachrichten-) verarbeitungstechnik, Allgemeines	Dn
Daten- (Nachrichten-) verarbeitungstechnik, Allgemeines	Dn
Daten-Endstationen einschl. Ein- und Ausgabegeräte der Rechnerperipherie und Datenerfassungseinrichtungen	Dne
Daten-Endeinrichtung einschl. Ein- und Ausgabegeräte der Rechnerperipherie und Datenerfassungseinrichtungen	Dne
Instandhaltung von Datenverarbeitungsanlagen	Dni
Instandhaltung von Datenverarbeitungsanlagen	Dni
Verbindungen für Datenverarbeitungsanlagen	Dnv
Zentraleinheiten von Datenverarbeitungsanlagen einschl. periphere Einrichtungen, jedoch ohne Ein- und Ausgabegeräte	Dnz
Zentraleinheiten von Datenverarbeitungsanlagen einschl. periphere Einrichtungen, jedoch ohne Ein- und Ausgabegeräte	Dnz
p Prüf- und Meßeinrichtungen	
Prüf- und Meßeinrichtungen, Allgemeines	Dp

Akteninhalt	Aktenzeichen
Prüf- und Meßeinrichtungen, Allgemeines	Dp
Prüf- und Meßeinrichtungen, Allgemeines	Dp
Entstörungen (Unregelmäßigkeiten)	Dpe
q Stromversorgungsanlagen (Stromquellen)	
Stromversorgungsanlagen (Stromquellen), Allgemeines	Dq
Stromversorgungsanlagen (Stromquellen), Allgemeines	Dq
Stromversorgungsanlagen (Stromquellen), Allgemeines	Dq
Stromverteilung und Erdung	Dqe
Stromverteilung und Erdung	Dqe
r Rohrpost, Schriftgut-Förderanlagen	
Rohrpost, Schriftgut-Förderanlagen, Allgemeines	Dr
Rohrpost, Schriftgut-Förderanlagen, Allgemeines	Dr
s Fernsprechanlagen	
Fernsprechanlagen, Allgemeines	Ds
Fernsprechanlagen, Allgemeines	Ds *
Fernsprechanlagen, Allgemeines	Ds
Fernsprechanschlüsse	Dsa
Fernsprechanschlüsse	Dsa
Fernsprechanschlüsse	Dsa
Bahnfernsprechanschlüsse für Bahndienststellen	Dsab

Fernmeldewesen (Drahtgebundene u. drahtlose ...)

Akteninhalt	Aktenzeichen
Bahnfernsprechanschlüsse für Bahndienststellen	Dsab
Bahnfernsprechanschlüsse für Bahndienststellen	Dsab
Bahnfernsprechanschlüsse für Dritte	Dsad
Bahnfernsprechanschlüsse für Dritte	Dsad
Bahnfernsprechanschlüsse für Dritte	Dsad
Postfernsprechanschlüsse und Postleitungen für Bahndiensträume	Dsap
Postfernsprechanschlüsse und Postleitungen für Bahndienststellen	Dsap
Postfernsprechanschlüsse und Postleitungen für Bahndienststellen	Dsap
Fersnprechanschlüsse (einschl. Leitungen) in Wohnungen	Dsaw
Wohnungs-Fernsprechanschlüsse	Dsaw
Wohnungs-Fernsprechanschlüsse	Dsaw
Fernsprechbuden und -kästen	Dsb
Fernsprechanlagen für den elektrischen Zugbetrieb	Dse
Fernsprecher (Sprechstelleneinrichtungen), Allgemeines	Dsf
Fernsprecher (Sprechstelleneinrichtungen), Allgemeines	Dsf
Konferenz-Fernsprechanlagen	Dsk
Konferenz-Fernsprechanlagen	Dsk
Lautsprecheranlagen	Dsl
Lautsprecheranlagen	Dsl
Lautsprecheranlagen	Dsl
Einfachlautsprecheranlagen	Dsle
Lautsprecheranlagen in Fahrzeugen	Dslf
Wechsellautsprecheranlagen	Dslw
Fernsprechanlagen des OB-Systems	Dso

D Fernmeldewesen (Drahtgebundene u. drahtlose ...)

Akteninhalt	Aktenzeichen
Fernsprechanlagen des **O**B-Systems	Dso
Fernsprechanlagen des **O**b-Systems	Dso
Fernsprechanlagen des **S**elbstanschlußsystems (Basa)	Dss
Fernsprechanlagen des **S**elbstwählsystems	Dss
Fernsprechanlagen des **S**elbstwählsystems	Dss
Basa-Anlagen für den **B**etriebsdienst (Fahrdienst-Basa, Basa-Befehlsanlagen)	Dssb
Klein-Basa	Dssk
Tonaufzeichnungseinrichtungen (Sprachspeicher)	Dst
Tonaufzeichnungs- und Wiedergabeeinrichtungen	Dst
Tonaufzeichnungs- und Wiedergabeeinrichtungen	Dst
Fernsprech-**U**nfallverbindungen	Dsu
Fernsprechanlagen der **W**ähl-Befehlstechnik	Dsw
Fernsprechanlagen der **W**ähl-Befehlstechnik	Dsw
Fernsprechanlagen des **Z**B-Systems	Dsz
Fernsprechangelegenheiten des Starkstromdienstes siehe Eaf	
Fernmeldestoffe siehe Stf	
sch Fernschreibanlagen	
Fern**sch**reibanlagen, Allgmeines	Dsch
Fern**sch**reibanlagen, Allgmeines	Dsch
Fern**sch**reibanlagen, Allgmeines	Dsch
Bahn-Fernschreibanschlüsse	Dschb
Bahn-Fernschreibanschlüsse	Dschb

Fernmeldewesen (Drahtgebundene u. drahtlose ...)

Akteninhalt	Aktenzeichen
Hell-Fernschreibanlagen	Dschh
Streifenschreiber- (Hellfernschreib-) anlagen	Dschh
Hellfernschreibanlagen	Dschh
Morse-Fernschreibanlagen	Dschm
Postfernschreibanschlüsse (Telexanschlüsse)	Dschp
Postfernschreibanschlüsse (Telexanschlüsse)	Dschp
Springschreiberanlagen	Dschs
Blattfernschreibanlagen (Springschreiber)	Dschs
Blattfernschreibanlagen (Springschreiber)	Dschs
Postspringschreibanschlüsse	Dschsp
Fernschreibverbindungen	Dschv
Fernschreibverbindungen	Dschv
Vermittlungsanlagen (Wählanlagen)	Dschw
Vermittlungsanlagen (Wählanlagen)	Dschw
u Unterbringung von Fernmeldeanlagen	
Anordnung und Unterbringung von Fernmeldeanlagen im Freien und in Gebäuden	Du
ü Übersichten (Statistik)	
Übersichten (Statistik), Allgemeines	Dü
Übersichten (Statistik), Allgemeines	Dü
Übersichten (Statistik), Allgemeines	Dü
Funknetz	Düf

D Fernmeldewesen (Drahtgebundene u. drahtlose ...)

Akteninhalt	Aktenzeichen
Fernsprechnetz	Düs
Fernschreibnetz	Düsch
v Fernseh- (Video-) Anlagen	
Fernseh- (Video-) Anlagen, Allgemeines	Dv
Fernseh- (Video-) Anlagen, Allgemeines	Dv
Bewegliche Anlagen	Dvb
Bewegliche Anlagen	Dvb
Ortsfeste Anlagen	Dvo
Ortstfeste Anlagen	Dvo
w Fernmeldewerkstätten	
w Nachrichtentechnische Werkstätten	
Fernmeldewerkstätten, Allgemeines	Dw
Fernmeldestoffe siehe Stf	
Nachrichtentechnische Werkstätten, Allgemeines	Dw

Elektrische Zugförderung / Elektrotechnik

Akteninhalt	Aktenzeichen
a Allgemeines	
Elektrische Zugförderung, allgemeine Bestimmungen	Ea
Elektrische Zugförderung, allgemeine Bestimmungen	Ea
Elektrotechnik, Allgemeines	Ea
Elektrotechnik, Allgemeines	Ea
Elektrotechnik, Allgemeines	Ea
Ausschüsse	Eaa
Ausschüsse	Eaa
Ausschüsse und Agm-Angelegenheiten	Eaa
Ausschüsse und Agm-Angelegenheiten	Eaa
Ausschüsse und Agm-Angelegenheiten	Eaa
Fahrleitungsausschuß und Unterausschuß	Eaaf
Fahrleitungsausschuß und Unterausschuß	Eaaf
Fachausschuß für Starkstromanlagen	Eaas
Fachausschuß für Starkstromanlagen	Eaas
Besprechungen über die elektrische Zugförderung	Eab
Besprechungen über die elektrische Zugförderung	Eab
Verband deutscher Elektrotechniker (VDE)	Eae
Fernsprechangelegenheiten des Starkstromdienstes	Eaf
Weltkraftkonferenz	Eak
Weltkraftkonferenz	Eak
Kreuzungen von Bahngebiet durch Starkstromleitungen	Eak
Kreuzungen von Bahngebiet durch Starkstromleitungen (Vorschriften und Vereinbarungen)	Eak

Elektrische Zugförderung / Elektrotechnik

Akteninhalt	Aktenzeichen
Kreuzungen von Bahngebiet durch Starkstromleitungen (Vorschriften und Vereinbarungen)	Eak
Deutſcher Induſtrienormenausſchuß für Starkſtrom	Ean
Deutscher Industrienormenausschuß für Starkstrom	Ean
Patente, Erfindungen und Verbesserungen	Eap
Unfallverhütung, Arbeitsschutzaufsicht	Eau
Geſetzliche und Verwaltungsvorſchriften für die elektriſche Zugförderung	Eav
Gesetzliche und Verwaltungsvorschriften f. d. elektrische Zugförderung	Eav
Vorschriften	Eav
Richtlinien und Vorschriften für den Starkstromdienst	Eav
Richtlinien und Vorschriften für den Starkstromdienst	Eav
Reichselektrizitätsgeſetz	Eavg
Reichselektrizitätsgesetz	Eavg
Elektrischer Zugbetrieb, Allgemeines *(Zugbetrieb siehe auch unter Bz)*	Eaz
Elektrischer Zugbetrieb, Allgemeines *(Zugbetrieb siehe auch Bz)*	Eaz
Elektrischer Zugbetrieb, Allgemeines *(Zugbetrieb siehe auch Bz)*	Eaz
b Bau und Ausrüſtung von Strecken für den elektriſchen Betrieb	
b Bau und Ausrüstung von Strecken für den elektrischen Zugbetrieb	
Bau und Ausrüſtung von Strecken für den elektriſchen Betrieb *Unterakten nach Bedarf*	Eb *
Bau und Ausrüstung von Strecken für den elektrischen Betrieb *Unterakten nach Bedarf*	Eb

Elektrische Zugförderung / Elektrotechnik

Akteninhalt	Aktenzeichen
Bau und Ausrüstung von Strecken für den elektrischen Zugbetrieb, Allgemeines; Bauerfordernisse, Streckenbelastung, Neubau *Unterakten nach Bedarf*	Eb
Bau und Ausrüstung von Strecken für den elektrischen Zugbetrieb, Allgemeines; Bauerfordernisse, Streckenbelastung, Neubau *Unterakten nach Bedarf*	Eb *
Bau und Ausrüstung von Strecken für den elektrischen Zugbetrieb, Allgemeines; Bauerfordernisse, Streckenbelastung, Neubau	Eb
Elektrisierung der Anschlußgleise	Eba
Elektrisierung der Anschlußgleise	Eba
Bauberichte	Ebb
Bauberichte	Ebb
Entwürfe für elektrische Zugförderstrecken *Unterakten nach Bedarf*	Ebe
Entwürfe für elektrische Zugförderungsstrecken *Unterakten nach Bedarf*	Ebe
Einrichtung der Fahrleitungsmeistereien *(siehe auch unter Ogs)*	Ebe
Einrichtung der Fahrleitungsmeistereien *(siehe auch Ogs)*	Ebe
Fuhrpark der Fahrleitungsmeistereien	Ebef
Fernleitungen	Ebf
Fernleitungen	Ebf
Fernleitungen für den elektrischen Zugbetrieb	Ebf
110-kV-Bahnstromleitungen (früher Fernleitungen für den elektrischen Zugbetrieb)	Ebf
110-kV-Bahnstromleitungen (früher Fernleitungen für den elektrischen Zugbetrieb)	Ebf
Bauteile der Fernleitungen; Erfahrungen, Verbesserungen, Neugestaltung	Ebft
Elektrische Zugvorheizanlagen *(siehe auch Zwh)*	Ebh

Elektrische Zugförderung / Elektrotechnik

Akteninhalt	Aktenzeichen
Brückenkonstruktionen	Ebk
Brückenkonstruktionen	Ebk
Streckenkuppelstellen	Ebk
Streckenkuppelstellen	Ebk
Streckenkuppelstellen	Ebk
Lagerwesen für Fahr- und Fernleitungsstoffe	Ebl
Meßfahrten	Ebm
Meßfahrten	Ebm
Meßfahrten	Ebm
Preisbildung im Fahr- und Fernleitungsbau	Ebp
Preisbildung im Fahr- und 110-kV-Bahnstromleitungsbau *Unterakten nach Bedarf*	Ebp
Preisbildung im Fahr- und 110-kV-Bahnstromleitungsbau	Ebp
Speiseleitungen	Ebs
Speiseleitungen	Ebs
Speiseleitungen	Ebs
Speiseleitungen	Ebs
Speiseleitungen	Ebs
Rauhreif auf Speiseleitungen	Ebsr
Rauhreif auf Speiseleitungen	Ebsr
Streckenleitungen	Ebst
Streckenleitungen	Ebst
Streckenfahrleitungen	Ebst
Streckenfahrleitungen	Ebst

Elektrische Zugförderung / Elektrotechnik

Akteninhalt	Aktenzeichen
Streckenfahrleitungen	Ebst
Bauteile für Fahr- und Speiseleitungen; Erfahrungen, Verbesserungen, Neugestaltung	Ebt
Sonstige Bauteile	Ebt
Sonstige Bauteile	Ebt
Rostschutz	Ebtr
Störungen und Unregelmäßigkeiten im elektrischen Zugbetrieb	Ebu
Störungen und Unregelmäßigkeiten im elektrischen Zugbetrieb	Ebu
Störungen und Unregelmäßigkeiten im elektrischen Zugbetrieb	Ebu
Ausführungs- und Berechnungsvorschriften	Ebv
Ausführungs- und Berechnungsvorschriften	Ebv
Windabtrieb	Ebw
Windabtrieb	Ebw
Stoffe und Geräte für die elektrische Zugförderung siehe Ste und Zg	
Stoffe und Geräte für die elektrische Zugförderung siehe Ste und Zg	
Fernsprechanlagen für den elektrischen Zugbetrieb siehe Dse	
Geräte siehe unter Gg *Geräte siehe Gg* *Geräte siehe Gg*	
Starkstromstoffe siehe unter Ste *Starkstromstoffe siehe Stst*	
Starkstromstoffe siehe Stst	
d Verein deutscher Eisenbahnverwaltungen	
d Verein Mitteleuropäischer Eisenbahnverwaltungen	
Verein deutscher Eisenbahnverwaltungen: Elektrotechnik	Ed
Verein Mitteleuropäischer (Deutscher) Eisenbahnverwaltungen: Elektrotechnik	Ed

E Elektrische Zugförderung / Elektrotechnik

Akteninhalt	Aktenzeichen
Technischer Ausschuß siehe Fdt — Technischer Ausschuß siehe Fdt	
Elektrotechnischer Ausschuß	Ede
Elektrotechnischer Ausschuß	Ede
k Elektrische Kraftwerke	
k Kraft- und Unterwerke für den elektrischen Zugbetrieb	
Elektrische Kraftwerke, allgemeine Bestimmungen *Unterakten nach Bedarf*	Ek *
Elektrische Kraftwerke, allgemeine Bestimmungen *Unterakten nach Bedarf*	Ek
Kraft- und Unterwerke für den elektrischen Zugbetrieb, Allgemeines *Unterakten nach Bedarf*	Ek
Kraft- und Unterwerke für den elektrischen Zugbetrieb, Allgemeines *Unterakten nach Bedarf*	Ek *
Kraft- und Unterwerke für den elektrischen Zugbetrieb, Allgemeines	Ek
Betrieb von Kraftwerken	Ekb
Betrieb von Kraftwerken	Ekb
Bau und Betrieb der Kraft- und Umformerwerke	Ekb
Bau und Betrieb der Kraft- und Umformerwerke	Ekb
Bau und Betrieb der Kraft- und Umformerwerke	Ekb
Betrieb von Umformwerken	Ekf
Betrieb von Umformwerken	Ekf
Fernmessung und Fernsteuerung	Ekf
Fernmessung und Fernsteuerung	Ekf
Fernmessung und Fernsteuerung	Ekf

Elektrische Zugförderung / Elektrotechnik

Akteninhalt	Aktenzeichen
Hochspannungsleitungen *Unterakten nach Bedarf*	Ekh
Hochspannungsleitungen *– Unterakten nach Bedarf –*	Ekh
Leistungsschalter	Ekl
Netzbetrieb, Stromversorgung	Ekn
Netzbetrieb, Stromversorgung	Ekn
Netzbetrieb, Stromversorgung	Ekn
Betrieb von Stromlieferungswerken *Unterakten nach Bedarf*	Eks
Betrieb von Stromlieferungswerken *– Unterakten nach Bedarf –*	Eks
Betriebsstörungen im Hochvoltnetz (Kraft- u. Unterwerke, Fernleitungen)	Eks
Betriebsstörungen	Ekst
Betriebsstörungen	Ekst
Transformatoren für Bahnstrom	Ekt
Betrieb von Unterwerken	Eku
Betrieb von Unterwerken	Eku
Bau und Betrieb der Unterwerke (Umspann, Umrichter, Gleichrichter und Schaltwerke)	Eku
Bau und Betrieb der Unterwerke (Umspann, Umrichter, Gleichrichter und Schaltwerke)	Eku
Bau und Betrieb der Unterwerke (Umspann, Umrichter, Gleichrichter und Schaltwerke)	Eku
Bau und Betrieb der fahrbaren Unterwerke	Ekuf
Verschwelungsanlagen *– Unterakten nach Bedarf –*	Ekv
Verschwelungsanlagen *– Unterakten nach Bedarf –*	Ekv
Stromlieferungsverträge *(siehe auch Elv)*	Ekv

E Elektrische Zugförderung / Elektrotechnik

Akteninhalt	Aktenzeichen
Ausnutzung der Wasserkräfte zur Gewinnung elektrischer Kraft *Unterakten nach Bedarf*	Ekw
Ausnutzung der Wasserkräfte zur Gewinnung el. Kraft *Unterakten nach Bedarf*	Ekw
l Elektrische Licht- und Kraftstromversorgung	
Elektrische Licht- und Kraftstromversorgung, Allgemeines	El
Licht- und Kraftstromversorgung, Allgemeines	El *
Licht- und Kraftstroversorgung, Allgemeines	El
Abgabe elektrischer Energie an Dritte	Ela
Abgabe elektrischer Energie an Dritte	Ela
Abgabe elektrischer Energie an Dritte	Ela
Beleuchtung und Kraftstromversorgung der Bahnanlagen	Elb
Lagerwesen	Ell
Stromlieferungsverträge, Sonder- und Tarifverträge	Elv
Stromlieferungsverträge, Sonder- und Tarifverträge	Elv
Elektrizitätswerke	Elw
m Elektrische Maschinen und Anlagen (Verzeichnis der Maschinen, Teil 3)	
m Elektrische Betriebsmittel und Anlagen für die Licht- und Kraftstromversorgung	
Elektrische Maschinen und Anlagen, Allgemeines	Em
Elektrische Betriebsmittel und Anlagen für die Licht- und Kraftstromversorgung, Allgemeines	Em *
Elektrische Betriebsmittel und Anlagen für die Licht und Kraftstromversorgung, Allgemeines	Em

Elektrische Zugförderung / Elektrotechnik

Akteninhalt	Aktenzeichen
Akkumulatoren	Ema
Akkumulatoren	Ema
Akkumulatoren	Ema
Betriebsmittel für Beleuchtungsanlagen, Lichtquellen und Leuchten, nichttechnische Grundlagen	Emb
Betriebsmittel für Beleuchtungsanlagen, Lichtquellen und Leuchten, nichttechnische Grundlagen	Emb
Gleichrichter- und Ladeanlagen	Emg
Gleichrichter- und Ladeanlagen	Emg
Gleichrichter und Ladeanlagen	Emg
Bau und Betrieb der Kraftwerke	Emk
Elektrische Maschinen (Generatoren, Motoren, Umformer)	Emm
Notstromanlagen	Emn
Netzersatzanlagen	Emn
Netzersatzanlagen	Emn
Isolieröle für Umspanner und Schalter, Ölprüfung	Emö
Umspanner (Transformatoren)	Emt
Umspannanlagen	Emu
Umspannanlagen, Hochspannungs-, Schalt- und Verteilungsanlagen	Emu
Umspannanlagen, Hochspannungs-, Schalt- und Verteilungsanlagen	Emu
Elektrische Weichenheizungsanlagen	Emw
Elektrische Weichenheizungsanlagen	Emw
Elektrische Zugvorheizanlagen	Emz
Elektrische Zugvorheizanlagen	Emz
Fernmeldeanlagen siehe unter D	

E Elektrische Zugförderung / Elektrotechnik

Akteninhalt	Aktenzeichen
Fernmeldetechnische Anlagen siehe D	
Fernmeldetechnische Anlagen siehe D	
Signalanlagen siehe unter S *Signalanlagen siehe S*	
Signalanlagen siehe S	
Maschinen für elektrotechnische Werkstätten siehe Mve	
s Schutzeinrichtungen	
s Schutz- und Meßeinrichtungen	
Schutzeinrichtungen für die elektrische Zugförderung	Es *
Schutzeinrichtungen für elektrische Zugförderung	Es
Schutzeinrichtungen, Allgemeines	Es
Schutz- und Meßeinrichtungen, Allgemeines	Es *
Schutz- und Meßeinrichtungen, Allgemeines	Es
Erdschlußschutz (Drosselspule)	Esd
Erdungen, Nullung, Schutzschaltung	Ese
Meß- und Zähleinrichtungen, Zählereichungen	Esm
Elektrische Meß- und Prüfgeräte	Esp
Selektivschutzeinrichtungen	Ess
Überspannungsschutz, Blitzschutz	Esü
Verkabelung der Freileitungen siehe Sftk	
Verkabelung der Freileitungen siehe Sftk	
Stoffe für elektrische Anlagen (Starkstromstoffe) siehe Ste	
Stoffe für elektrische Anlagen (Starkstromstoffe) siehe Ste	
Prüf- und Meßeinrichtungen des Fernmeldewesens siehe unter Dp	

Elektrische Zugförderung / Elektrotechnik

Akteninhalt	Aktenzeichen
Prüf- und Meßeinrichtungen der Nachrichtentechnik siehe Dp	
Prüf- und Meßeinrichtungen der Nachrichtentechnik siehe Dp	
Stoffe für elektrische Anlagen (Starkstromstoffe) siehe Ste	
Stoffe für elektrische Anlagen (Starkstromstoffe) siehe Ste	
Stoffe für elektrische Anlagen (Starkstromstoffe) siehe Stst	
ü Übersichten (Statistik)	
Übersichten (Statistik) über elektrische Zugförderung	Eü
Übersichten (Statistik) über elektrische Zugförderung	Eü
Übersichten (Statistik), Allgemeines und Sonderfälle	Eü
Übersichten (Statistik), Allgemeines	Eü *
Übersichten (Statistik), Allgemeines	Eü
Jahresberichte, Betriebsbericht, Meldung über Stromverbrauch und -abgabe	Eüb
Jahresberichte, Betriebsberichte, Meldungen über Stromverbrauch und -abgabe	Eüb
Jahresberichte, Betriebsbericht, Meldung über Stromverbrauch u. -abgabe	Eüb
Stromverbrauchsstatistik für Licht- und Kraftversorgung	Eül
Übersicht über Störungen und Unregelmäßigkeiten	Eüs
Unfallstatistik für den Starkstromdienst	Eüu
w Bahnbetriebswerke	
Elektrische Bahnbetriebswerke, allgemeine Bestimmungen *Unterakten nach Bedarf*	Ew *
Elektrische Bahnbetriebswerke, allg Bestimmungen *Unterakten nach Bedarf*	Ew

Elektrische Zugförderung / Elektrotechnik

Akteninhalt	Aktenzeichen
z Elektrischer Zugbetrieb	
Elektrischer Zugbetrieb, allgemeine Bestimmungen	Ez *
Elektrischer Zugbetrieb, allgemeine Bestimmungen	Ez
Betriebsberichte über den elektrischen Zugbetrieb	Ezb *
Betriebsberichte über den elektrischen Zugbetrieb	Ezb
Betriebserfahrungen und -ergebnisse im elektrischen Zugbetrieb	Eze
Betriebserfahrungen und -ergebnisse im elektrischen Zugbetrieb	Eze
Inbetriebnahme elektrisierter Strecken	Ezi
Inbetriebnahme elektrisierter Strecken	Ezi
Probebetrieb auf elektrisierten Strecken	Ezp
Probebetrieb auf elektrisierten Strecken	Ezp
Störungen an Fahrleitungen elektrisierter Strecken	Ezs *
Störungen an Fahrleitungen elektrisierter Strecken	Ezs
Unregelmäßigkeiten und Unfälle im elektrischen Betrieb *Unterakten nach Bedarf*	Ezu
Unregelmäßigkeiten und Unfälle im elektrischen Betrieb *Unterakten nach Bedarf*	Ezu *

Fahrzeuge

F

Akteninhalt	Aktenzeichen
a Allgemeines	
Fahrzeuge, allgemeine Beſtimmungen	Fa *
Fahrzeuge, allgemeine Bestimmungen	Fa
Fahrzeuge, Allgemeines	Fa
Fahrzeuge, Allgemeines	Fa *
Fahrzeuge, Allgemeines	Fa
Ausſchüſſe	Faa *
Ausschüsse	Faa
Ausschüsse	Faa
Ausschüsse	Faa
Ausschüsse	Faa
Bremsausſchuß	Faab
Bremsausschuß	Faab
Bremsausschuß	Faab
Fachausschuß für elektrische Triebfahrzeuge	Faae
Güterwagenausſchuß	Faag
Güterwagenausschuß	Faag
Güterwagenbauausschuß	Faag
Lokomotivausſchuß	Faal
Lokomotivausschuß	Faal
Fachausschuß für Dampflokomotiven	Faal
Fachausschuß für Schienenfahrzeuge mit Brennstoffmaschinen	Faam
Normenausschüsse	Faan
Lokomotivnormenausschuß	Faanl

Fahrzeuge

Akteninhalt	Aktenzeichen
Wagennormenausschuß	Faanw
Personenwagenausschuß	Faap
Personenwagenausschuß	Faap
Personenwagenausschuß	Faap
Besprechungen in Angelegenheiten der Fahrzeugwirtschaft	Fab
Besprechungen in Angel*[egenheiten]* der Fahrzeugwirtschaft	Fab
Besprechungen in Fahrzeugangelegenheiten	Fab
Besprechungen in Kraftwagenangelegenheiten	Fabk (neu)
Eigentumsbezeichnung und Nummerung der Fahrzeuge	Fae
Ausbesserung von Fahrzeugen in fremden Werken	Faf
Induktive Zugbeeinflussung	Fai
Induktive Zugbeeinflussung	Fai
Kraftfahrzeuge. Allgemeine Bestimmungen	Fak (neu)
Merkbücher für Fahrzeuge	Fam
Merkbücher für Fahrzeuge	Fam
Merkbücher für Fahrzeuge *(siehe auch Zlm und Ztm)*	Fam
Neuerungen, Erfindungen und Patente	Fan
Patentangelegenheiten der Fahrzeugwirtschaft *(siehe auch Anp)*	Fap
Patentangel*[egenheiten]* der Fahrzeugwirtschaft *(siehe auch Anp)*	Fap
Planverwaltung	Fap
Ausmusterung, Verwertung und Verkauf unbrauchbarer Fahrzeuge, allgemeine Bestimmungen	Fau
Ausmusterung, Verwertung und Verkauf unbrauchbarer Fahrzeuge, allgemeine Bestimmungen	Fau
Ausmusterung, Verwertung und Verkauf unbrauchbarer Fahrzeuge, allgemeine Bestimmungen	Fau

Fahrzeuge

F

Akteninhalt	Aktenzeichen
Dienstvorschriften für die Fahrzeugwirtschft, Bau, Unterhaltung usw der Fahrzeuge	Fav *
Dienstvorschriften für die Fahrzeugwirtschaft, Bau, Unterhaltung usw der Fahrzeuge	Fav
Dienstvorschriften (Bau, Unterhaltung usw. der Fahrzeuge)	Fav
Vorschriften (Bau, Unterhaltung usw. der Fahrzeuge)	Fav
Dienstvorschriften über den Anstrich der Fahrzeuge	Fava
Dienstvorschriften über den Anstrich der Fahrzeuge	Fava
Dienstvorschrift über den Anstrich der Fahrzeuge	Fava
Dienstvorschrift über den Anstrich der Kraftfahrzeuge	Favak (neu)
Vorschriften über die Einrichtung, Behandlung, Benutzung, Bedienung von Bahndienstwagen	Favd
Vorschriften über die Einrichtung, Behandlung, Benutzung, Bedienung von Bahndienstwagen	Favd
Vorschriften über die Einrichtung, Behandlung, Benutzung, Bedienung von Bahndienstwagen	Favd
Dienstvorschriften für die Kraftfahrzeugwirtschaft	Favk (neu)
Zugbahnfunkeinrichtungen	Faz
Zugbahnfunkeinrichtungen	Faz
Internationaler Eisenbahnverband siehe Aiv	
Internationaler Eisenbahnverband siehe Aiv	
Zugförderung und technischer Wagendienst siehe unter Z	

Fahrzeuge

Akteninhalt	Aktenzeichen
b Bremsen, Zug- und Stoßvorrichtungen	
b Bremsen	
Bremsen, Zug- und Stoßvorrichtungen, Allgemeines	Fb
Bremsen, Allgemeines	Fb *
Bremsen, Allgemeines	Fb
Bremsen für Fahrzeuge	Fbb
Bremsen für Fahrzeuge	Fbb
Bremsen für Fahrzeuge	Fbb
Fremde Bremsbauarten	Fbbf
Bremsklötze	Fbbk
Bremsen für Lokomotiven	Fbbl
Bremsen für Lokomotiven	Fbbl
Bremsen für Lokomotiven	Fbbl
Luftpumpen	Fbbp
Bremsen für Triebwagen	Fbbt
Bremsen für Triebwagen	Fbbt
Bremsen für Triebwagen	Fbbt
Bremsen für Wagen	Fbbw
Bremsen für Wagen	Fbbw
Bremsen für Wagen	Fbbw
Stoßvorrichtungen	Fbs
Zugvorrichtungen	Fbz

Fahrzeuge

Akteninhalt	Aktenzeichen
d Verein Deutscher Eisenbahnverwaltungen	
d Verein Mitteleuropäischer Eisenbahnverwaltungen	
Verein Deutscher Eisenbahnverwaltungen: Fahrzeuge	Fd *
Verein Mitteleuropäischer (Deutscher) Eisenbahnverwaltungen: Fahrzeuge	Fd
Planverwaltung über Austauschbau, Normenblätter, Musterblätter der Fahrzeuge, Maschinen und maschinenartigen Anlagen	Fdp *
Planverwaltung über Austauschbau, Normenblätter, Musterblätter der Fahrzeuge, Maschinen u maschinenartigen Anlagen	Fdp
Technischer Ausschuß des VDEV	Fdt
Technischer Ausschuß des VMEV	Fdt
Lokomotivausschuß des VDEV	Fdtl
Lokomotivausschuß des VMEV	Fdtl
Wagenausschuß des VDEV	Fdtw
Wagenausschuß des VMEV	Fdtw
Elektrotechnischer Ausschuß siehe Ede	
Elektrotechnischer Ausschuß siehe Ede	
Wagenübergangsausschuß siehe Wdü	
Wagenübergangsausschuß siehe Wdü	
e Einkauf von Fahrzeugen und Fahrzeugteilen	
Einkauf von Fahrzeugen und Fahrzeugteilen, allgemeine Bestimmungen	Fe *
Einkauf von Fahrzeugen und Fahrzeugteilen, allg Best	Fe
Fahrzeugbauanstalten *Unterakten nach Bedarf*	Fea

Fahrzeuge

Akteninhalt	Aktenzeichen
Fahrzeugbauanstalten *Unterakten nach Bedarf*	Fea
Einkauf von Bremsen	Feb *
Einkauf von Bremsen	Feb
Einkauf von Kraftfahrzeugen, Allgemeines	Fek (neu)
Abnahme von Kraftfahrzeugen in den Werken	Feka "
Einkauf von Ersatzstücken für Kraftfahrzeuge	Feke "
Einkauf von Güterkraftfahrzeugen	Fekg "
Einkauf von Anhängern	Fekga "
Lieferungsbedingungen für Kraftfahrzeuge	Fekl "
Einkauf von Personenkraftfahrzeugen	Fekp "
Einkauf von Lokomotiven	Fel *
Einkauf von Lokomotiven	Fel
Betriebsbücher, Kesselakten und Reparaturbücher	Fela
Betriebsbücher, Kesselakten und Reparaturbücher	Fela
Einkauf von elektrischen Lokomotiven	Fele
Einkauf von elektrischen Lokomotiven	Fele
Einkauf von Öllokomotiven	Felö
Einkauf von Öllokomotiven	Felö
Einkauf von Tendern	Felt
Einkauf von Tendern	Felt
Einkauf von Turbinenlokomotiven	Feltu
Einkauf von Turbinenlokomotiven	Feltu
Übernahme und Probefahrten von Lokomotiven	Felü

Fahrzeuge

Akteninhalt	Aktenzeichen
Übernahme und Probefahrten von Lokomotiven	Felü
Eigentumsbezeichnung und Nummerung der Fahrzeuge *Unterakten nach Bedarf*	Fen *
Eigentumsbezeichnung und Nummerung der Fahrzeuge *Unterakten nach Bedarf*	Fen
Eigentumsbezeichnung und Nummerung von Kraftfahrzeugen	Fenk (neu)
Einkauf von Triebwagen	Fet *
Einkauf von Triebwagen	Fet
Einkauf von Dampftriebwagen	Fetd
Einkauf von Dampftriebwagen	Fetd
Einkauf von Gleichstromtriebwagen	Fetg
Einkauf von Gleichstromtriebwagen	Fetg
Einkauf von Speichertriebwagen	Fets
Einkauf von Speichertriebwagen	Fets
Einkauf von Verbrennungstriebwagen	Fetv
Einkauf von Verbrennungstriebwagen	Fetv
Einkauf von Wechselstromtriebwagen	Fetw
Einkauf von Wechselstromtriebwagen	Fetw
Einkauf von Wagen	Few *
Einkauf von Wagen	Few
Abnahme von Wagen in den Lieferwerken	Fewa
Abnahme von Wagen in den Lieferwerken	Fewa
Einkauf von Bahndienstwagen	Fewd
Einkauf von Bahndienstwagen	Fewd
Einkauf von Eichfahrzeugen	Fewde

F

Fahrzeuge

Akteninhalt	Aktenzeichen
Einkauf von Eichfahrzeugen	Fewde
Einkauf von Gaskesselwagen	Fewdg
Einkauf von Gaskesselwagen	Fewdg
Einkauf von Heizkesselwagen	Fewdh
Einkauf von Heizkesselwagen	Fewdh
Einkauf von fahrbaren Ladekranen	Fewdk
Einkauf von fahrbaren Ladekranen	Fewdk
Einkauf von Güterwagen	Fewg
Einkauf von Güterwagen	Fewg
Einkauf von Arbeitswagen	Fewga
Einkauf von Arbeitswagen	Fewga
Einkauf von Großgüterwagen	Fewgg
Einkauf von Großgüterwagen	Fewgg
Einkauf von Kühlwagen	Fewgk
Einkauf von Kühlwagen	Fewgk
Einkauf von Selbstentladewagen	Fewgs
Einkauf von Selbstentladewagen	Fewgs
Einkauf von Personenwagen	Fewp
Einkauf von Personenwagen	Fewp
Einkauf von Gepäckwagen	Fewpä
Einkauf von Gepäckwagen	Fewpä
Einkauf von Postwagen	Fewpo
Einkauf von Postwagen	Fewpo

Akteninhalt	Aktenzeichen
h Heizung, Beleuchtung und Lüftung der Fahrzeuge	
Heizung, Beleuchtung und Lüftung der Fahrzeuge, Allgemeines	Fh
Heizung, Beleuchtung und Lüftung der Fahrzeuge, Allgemeines	Fh *
Heizung, Beleuchtung und Lüftung der Fahrzeuge, Allgemeines	Fh
Beleuchtung der Fahrzeuge	Fhb
Beleuchtung der Fahrzeuge	Fhb
Beleuchtung der Fahrzeuge	Fhb
Beleuchtung der Lokomotiven	Fhbl
Beleuchtung der Triebwagen	Fhbt
Beleuchtung der Personenwagen	Fhbw
Heizung der Fahrzeuge	Fhh
Heizung der Fahrzeuge	Fhh
Heizung der Fahrzeuge	Fhh
Dampfheizung der Fahrzeuge	Fhhd
elektrische Heizung der Fahrzeuge	Fhhe
Luftheizung der Fahrzeuge	Fhhl
Ofenheizung der Fahrzeuge	Fhho
Warmwasserheizung der Fahrzeuge	Fhhw
Lüftung der Fahrzeuge	Fhl
i Internationale Fahrzeugangelegenheiten	
Internationale Fahrzeugangelegenheiten, Allgemeines	Fi
Internationale Fahrzeugangelegenheiten, Allgemeines	Fi
Internationale Fahrzeugangelegenheiten, Allgemeines	Fi
Internationale Fahrzeugausschüsse	Fia

Akteninhalt	Aktenzeichen
Die Gruppen „Fk“ unterscheiden sich stark, deshalb folgt hier die blockweise Darstellung.	
k Bauart von Fahrzeugen und Fahrzeugteilen [1928 und 1943]	
Bauart (Konstruktion) von Fahrzeugen und Fahrzeugteilen, allgemeine Bestimmungen	Fk *
Bauart (Konstruktion) von Fahrzeugen und Fahrzeugteilen, allgemeine Bestimmungen	Fk
Bauart von Bremsen	Fkb *
Bauart von Bremsen	Fkb
Bauart von Kraftfahrzeugen und Kraftfahrzeugteilen	Fkk (neu)
Bauart von Bremsen an Kraftfahrzeugen	Fkkb "
Bauart von Strassenfahrzeugen „Culemeyer“	Fkkc "
Bauart von Ersatzstücken für Kraftfahrzeuge	Fkke "
" " Güterkraftfahrzeugen	Fkkg "
" " Anhängern	Fkkga "
" " Personenkraftfahrzeugen	Fkkp "
Bauart von Lokomotiven	Fkl *
Bauart von Lokomotiven	Fkl
Bauart von elektrischen Lokomotiven	Fkle *
Bauart von elektrischen Lokomotiven	Fkle
Bauart von Öllokomotiven	Fklö
Bauart von Öllokomotiven	Fklö
Bauart von Tendern	Fklt
Bauart von Tendern	Fklt
Bauart von Turbinenlokomotiven	Fkltu

Fahrzeuge

Akteninhalt	Aktenzeichen
Bauart von Turbinenlokomotiven	Fkltu
Bauart von Triebwagen	Fkt
Bauart von Triebwagen	Fkt *
Bauart von Dampftriebwagen	Fktd
Bauart von Dampftriebwagen	Fktd
Bauart von Gleichstromtriebwagen	Fktg
Bauart von Gleichstromtriebwagen	Fktg
Bauart von Speichertriebwagen	Fkts
Bauart von Speichertriebwagen	Fkts
Bauart von Verbrennungstriebwagen	Fktv
Bauart von Verbrennungstriebwagen	Fktv
Bauart von Wechselstromtriebwagen	Fktw
Bauart von Wechselstromtriebwagen	Fktw
Bauart von Wagen	Fkw *
Bauart von Wagen	Fkw
Bauart von Bahndienstwagen	Fkwd
Bauart von Bahndienstwagen	Fkwd
Bauart von Güterwagen	Fkwg
Bauart von Güterwagen	Fkwg
Bauart von Arbeitswagen	Fkwga
Bauart von Arbeitswagen	Fkwga
Bauart von Großgüterwagen	Fkwgg
Bauart von Großgüterwagen	Fkwgg
Bauart von Kühlwagen	Fkwgk

Akteninhalt	Aktenzeichen
Bauart von Kühlwagen	Fkwgk
Bauart von Selbstentladewagen	Fkwgs
Bauart von Selbstentladewagen	Fkwgs
Bauart von Personenwagen	Fkwp
Bauart von Personenwagen	Fkwp
Bauart von Gepäckwagen	Fkwpä
Bauart von Gepäckwagen	Fkwpä
Bauart von Postwagen	Fkwpo
Bauart von Postwagen	Fkwpo
k Straßenkraftfahrzeuge [ab 1954]	
Kraftfahrzeuge und Kleinfahrzeuge mit Kraftantrieb, Allgemeines	Fk
Kraftfahrzeuge, Allgemeines	Fk *
Kraftfahrzeuge, Allgemeines	Fk
Ausbildung von Kraftwagenpersonal	Fka
Ausbildung zum Erwerb von Fahrerlaubnissen und andere Ausbildungen	Fka
Ausbildung zum Erwerb von Fahrerlaubnissen und andere Ausbildungen	Fka
Kraftfahrzeugbetrieb	Fkb
Kraftfahrzeugbetrieb, ausgenommen innerdienstlicher Kraftverkehr	Fkb *
Kraftfahrzeugbetrieb, ausgenommen innerdienstlicher Kraftverkehr	Fkb
Einsatz von Kraftfahrzeugen	Fkbe
Fahrzeiten	Fkbf
Fahrzeiten	Fkbf

Fahrzeuge

Akteninhalt	Aktenzeichen
Haltestellen	Fkbh
Haltestellen	Fkbh
Kraftfahrzeugunfälle	Fkbu
Kraftfahrzeugunfälle	Fkbu *
Kraftfahrzeugunfälle	Fkbu
Omnibus-Verkehrsgemeinschaft Bahn / Post	Fkbv
Kennzeichnung und Zulassung von Kraftfahrzeugen	Fkbz
Kennzeichnung und Zulassung von Kraftfahrzeugen	Fkbz
Kennzeichnung und Zulassung von Kraftfahrzeugen	Fkbz
Kraftfahrzeuge für Dienstzwecke	Fkd
Kraftfahrzeuge für den innerdienstlichen Verkehr	Fkd *
Kraftfahrzeuge für den innerdienstlichen Verkehr	Fkd
Flurförderzeuge (Gabelstapler, Schlepper, Elektrowagen)	Fkdf *
Flurförderzeuge (Gabelstapler, Schlepper, Elektrowagen)	Fkdf
Ersatzstücke für Kraftfahrzeuge	Fke
Kraftfahrräder (Motorräder, Fahrräder mit Hilfsmotor)	Fkf
Kleinfahrzeuge mit Kraftantrieb	Fkk
Förderkarren, Hubkarren und Schlepper (Gabelstapler, Hubroller, Rangierschlepper und Elektrokarren) einschl. Anhänger	Fkkf
Gleiskraftwagen, Gleiskrafträder und Anhänger für Gleiskraftfahrzeuge	Fkkg
Ladekräne (straßenfahrbar)	Fkkl
Kraftrottenwagen, Kleinturmtriebwagen	Fkkr
Lastkraftwagen	Fkl
Lastkraftwagen und Anhänger	Fkl *

Fahrzeuge

Akteninhalt	Aktenzeichen
Lastkraftwagen und Anhänger	Fkl
Lastkraftwagenanhänger	Fkla
Behälter-Zustellfahrzeuge	Fklb
Zustellfahrzeuge für Groß- und Mittelcontainer, Zugmaschinen	Fklz
Zustellfahrzeuge für Groß- und Mittelcontainer, Zugmaschinen	Fklz
Kraftomnibusse	Fko
Kraftomnibusse einschl. Gepäckanhänger	Fko *
Kraftomnibusanhänger	Fkoa
Personenkraftwagen	Fkp
Personenkraftwagenanhänger	Fkpa
Straßenroller	Fkr
Straßenroller und andere Schwerlastanhänger	Fkr *
Schwerlastfahrzeuge (früher: Straßenroller)	Fkr
Ersatzstücke für Straßenroller	Fkre
Einrichtung von Straßenrollerverkehren	Fkrv
Ausmusterung und Verkauf von Kraftfahrzeugen und Kraftfahrrädern	Fkv
Ausmusterung und Verkauf von Kraftfahrzeugen	Fkv
Zugmaschinen	Fkz
l Lokomotiven	
Lokomotiven, Allgemeines	Fl
Lokomotiven, Allgemeines	Fl *
Lokomotiven, Allgemeines	Fl

Fahrzeuge

Akteninhalt	Aktenzeichen
Betriebsbücher, Kesselakten für Lokomotiven	Flb
Brennkraftlokomotiven	Flb
Damplokomotiven	Fld
Diesellokomotiven	Fld *
Ersatzstücke für Dampflokomotiven	Flde
Induktive Zugbeeinflussung	Fldi
Lokomotivkessel	Fldk
Laufwerk	Fldl
Rahmen	Fldr
Sondereinrichtungen (Heizung, Schmierung, Läutewerk usw.)	Flds
Lokomotivtender	Fldt
Triebwerk	Fldw
elektrische Lokomotiven	Fle
Elektrische Lokomotiven	Fle *
Elektrische Lokomotiven	Fle
Ersatzstücke für elektrische Lokomotiven	Flee
Radsätze für elektrische Lokomotiven	Fler
Kleinlokomotiven	Flk
Kleinlokomotiven	Flk *
Kleinlokomotiven	Flk
Ersatzstücke für Kleinlokomotiven	Flke
Dampflokomotiven (Motorlokomotiven)	Flm
Ersatzstücke für Motorlokomotiven	Flme
Schmalspurlokomotiven	Fls

Fahrzeuge

Akteninhalt	Aktenzeichen
Turbinenlokomotiven	Flt
Übernahme und Probefahrten von Lokomotiven	Flü
Vermessen von Lokomotiven	Flv
Zahnradlokomotiven	Flz
Lokomotivdienst siehe unter Zl	
Die Gruppen „Fn" unterscheiden sich stark, deshalb folgt hier die blockweise Darstellung.	
n **Normung von Fahrzeugen und Fahrzeugteilen** [1928 und 1943]	
Normung von Fahrzeugen und Fahrzeugteilen, allgemeine Bestimmungen	Fn *
Normung von Fahrzeugen und Fahrzeugteilen, allg Best	Fn
Normenausschüsse	Fna *
Normenausschüsse	Fna
Lokomotivnormenausschuß	Fnal
Lokomotivnormenausschuß	Fnal
Wagennormenausschuß	Fnaw
Wagennormenausschuß	Fnaw
Normung von Bremsen	Fnb *
Normung von Bremsen	Fnb
Normung von Kraftfahrzeugen	Fnk (neu)
Normung von Ersatzteilen für Kraftfahrzeuge	Fnke (neu)
" " Güterkraftfahrzeugen	Fnkg "
Normung von Anhängern	Fnkga "
" " Personenkraftfahrzeugen	Fnkp "

Fahrzeuge

Akteninhalt	Aktenzeichen
Normung von Lokomotiven	Fnl *
Normung von Lokomotiven	Fnl
Normung von Dampflokomotiven	Fnld
Normung von Dampflokomotiven	Fnld
Normung von elektrischen Lokomotiven	Fnle
Normung von elektrischen Lokomotiven	Fnle
Normung von Triebwagen	Fnt *
Normung von Triebwagen	Fnt
Normung von Wagen	Fnw *
Normung von Wagen	Fnw
Normung von Bahndienstwagen	Fnwd
Normung von Bahndienstwagen	Fnwd
Normung von Güterwagen	Fnwg
Normung von Güterwagen	Fnwg
Normung von Personenwagen	Fnwp
Normung von Personenwagen	Fnwp
Normung von Gepäckwagen	Fnwpä
Normung von Gepäckwagen	Fnwpä
Normung von Postwagen	Fnwpo
Normung von Postwagen	Fnwpo
n Nebenfahrzeuge [ab 1980]	
Nebenfahrzeuge (kraftbetriebene Schienenfahrzeuge für den innerdienstlichen) Verkehr)	Fn *
Nebenfahrzeuge (kraftbetriebene Schienenfahrzeuge für den innerdienstlichen Verkehr)	Fn

Fahrzeuge

Akteninhalt	Aktenzeichen
p Planverwaltung	
Planverwaltung: Fahrzeuge, Maschinen und maschinenartige Anlagen, allgemeine Bestimmungen	Fp *
Planverwaltung: Fahrzeuge, Maschinen und maschinenartige Anlagen, allgemeine Bestimmungen	Fp
t Triebwagen	
Triebwagen, Allgemeines	Ft
Triebwagen, Allgemeines	Ft *
Triebwagen, Allgemeines	Ft
Brennkrafttriebwagen (einschl. Steuer-, Mittel- und Beiwagen) * *im Apl der GV und Aw als Ftd = Diesel ...*	Ftb *
Brennkrafttriebwagen (einschl. Steuer- und Mittelwagen)	Ftb
Dampftriebwagen	Ftd
elektrische Triebwagen	Fte
Elektrische Triebwagen (einschl. Steuer-, Mittel- und Beiwagen)	Fte *
Elektrische Triebwagen (einschl. Steuer- und Mittelwagen)	Fte
Ersatzstücke für elektrische Triebwagen	Ftee
Gleichstrom-Triebwagen	Fteg
Wechselstrom-Triebwagen	Ftew
Triebwagen mit Brennkraftmaschinen	Ftm
Ersatzstücke für Triebwagen mit Brennkraftmaschinen	Ftme
Schienenomnibusse	Fto
Schienenomnibusanhänger	Ftoa
Speichertriebwagen	Fts
Ersatzstücke für Speichertriebwagen	Ftse

Fahrzeuge

Akteninhalt	Aktenzeichen
Triebwagendienst siehe Zt Triebwagendienst siehe Zt	
Triebwagendienst siehe Zt	
u Unterhaltung von Fahrzeugen und Fahrzeugteilen	
Unterhaltung von Fahrzeugen und Fahrzeugteilen, allgemeine Bestimmungen	Fu *
Unterhaltung von Fahrzeugen und Fahrzeugteilen, allgemeine Bestimmungen	Fu
Unterhaltung von Bremsen	Fub *
Unterhaltung von Bremsen	Fub
Unterhaltung von Kraftfahrzeugen und Kraftfahrzeugteilen	Fuk (neu)
Unterhaltung von Kraftfahrzeugbremsen	Fukb "
" " Kraftfahrzeug-Ersatzteilen	Fuke "
" " Güterkraftfahrzeugen	Fukg "
" " Anhängern	Fukga "
" " Personenkraftfahrzeugen	Fukp "
" " Kraftfahrzeugreifen	Fukr "
Ausmusterung und Verwertung von Kraftfahrzeugen	Fukv "
Unterhaltung von Lokomotiven	Ful *
Unterhaltung von Lokomotiven	Ful
Ausbesserung von Lokomotiven in Privtbetrieben	Fulb
Ausbesserung von Lokomotiven in Privatbetrieben	Fulb
Vermessung von Lokomotiven	Fulv *
Vermessen von Lokomotiven	Fulv
Unterhaltung von Triebwagen	Fut *

Fahrzeuge

Akteninhalt	Aktenzeichen
Unterhaltung von Triebwagen	Fut
Ausmusterung, Verwertung und Verkauf unbrauchbarer Fahrzeuge, allgemeine Bestimmungen	Fuv *
Ausmusterung, Verwertung und Verkauf unbrauchbarer Fahrzeuge, allgemeine Bestimmungen	Fuv
Unterhaltung von Wagen	Fuw *
Unterhaltung von Wagen	Fuw
Ausbesserung von Wagen in Privatbetrieben	Fuwb *
Ausbesserung von Wagen in Privatbetrieben	Fuwb
Unterhaltung von Bahndienstwagen	Fuwd *
Unterhaltung von Bahndienstwagen	Fuwd
Unterhaltung von Güterwagen	Fuwg *
Unterhaltung von Güterwagen	Fuwg
Unterhaltung von Personenwagen	Fuwp *
Unterhaltung von Personenwagen	Fuwp
Unterhaltung von Gepäckwagen	Fuwpä
Unterhaltung von Gepäckwagen	Fuwpä
Unterhaltung von Postwagen	Fuwpo
Unterhaltung von Postwagen	Fuwpo

Fahrzeuge

F

Akteninhalt	Aktenzeichen
ü Überſichten (Statiſtik)	
Überſichten (Statiſtik), allgemeine Beſtimmungen und Sonderfälle	Fü *
Übersichten (Statistik), Allgemeines und Sonderfälle	Fü
Übersichten (Statistik), Allgemeines und Sonderfälle	Fü
Übersichten (Statistik)	Fü *
Übersichten (Statistik)	Fü
Überſichten über die durchſchnittlichen Geſamtkoſten eines Fahrzeuges	Fük
Kraftfahrzeugstatistik	Fük
Kraftfahrzeugstatistik	Fük
Überſicht über den Stand der Fahrzeuge	Füs
Übersicht über den Stand der Fahrzeuge	Füs
Übersichten über den Stand der Fahrzeuge	Füs
Übersichten und Statistik über Kraftfahrzeuge (neu)	Füsk
Kraftfahrzeugstatistik	Füsk
Übersichten und Statistik über Kraftfahrzeugersatzteile (neu)	Füske
Lokomotivstatistik	Füsl
Triebwagenstatistik	Füst
Wagenstatistik	Füsw
Triebwagenstatistik	Füt
Triebwagenstatistik	Füt

Fahrzeuge

Akteninhalt	Aktenzeichen
v Verbindungselemente	
Verbindungselemente, Allgemeines	Fv *
Verbindungselemente, Allgemeines	Fv
Puffer	Fvp
Puffer	Fvp
Selbsttätige Kupplung	Fvs
Selbsttätige Kupplung	Fvs
Zugeinrichtungen	Fvz
Zugeinrichtungen	Fvz
w Wagen	
Wagen, Allgemeines	Fw
Wagen, Allgemeines	Fw *
Wagen, Allgemeines	Fw
Bahndienstwagen	Fwb
Bahndienstwagen	Fwb *
Bahndienstwagen	Fwb
Eichfahrzeuge	Fwbe
Fahrleitungsuntersuchungswagen	Fwbf
Heizkesselwagen	Fwbh
Kranwagen	Fwbk
Kranwagen	Fwbk
Kranwagen	Fwbk

Fahrzeuge

Akteninhalt	Aktenzeichen
Dienstgüterwagen	Fwd
Dienstgüterwagen	Fwd *
Dienstgüterwagen	Fwd
Arbeitswagen	Fwda
Gaskesselwagen	Fwdg
Selbstentladewagen	Fwds
Güterwagen	Fwg
Güterwagen	Fwg *
Güterwagen	Fwg
Ersatzstücke für Güterwagen	Fwge
Gedeckte Güterwagen	Fwgg
Kalkwagen	Fwgk
Offene Güterwagen	Fwgo
Privatgüterwagen	Fwgp
Privatgüterwagen	Fwgp
Privatgüterwagen	Fwgp
Rungenwagen	Fwgr
S-Wagen	Fwgs
Tiefladewagen	Fwgst
Kühlwagen (Thermoswagen)	Fwgt
V-Wagen	Fwgv
Achslager für Wagen	Fwl
Personenwagen	Fwp
Ersatzstücke für Personenwagen	Fwpe

Fahrzeuge

Akteninhalt	Aktenzeichen
Gepäckwagen	Fwpä
Postwagen	Fepo
Radsätze für Wagen	Fwr
Reisezugwagen	Fwr *
Reisezugwagen	Fwr
Bahnpostwagen	Fwro
Bahnpostwagen	Fwro
Gepäckwagen	Fwrp
Gepäckwagen	Fwrp
Radsätze für Wagen	Fws *
Radsätze für Wagen	Fws
Groß- und Mittelcontainer	Fwt *
Groß- und Mittelcontainer	Fwt

Technischer Wagendienst siehe unter Zw

Technischer Wagendienst siehe Zw

Gemeinschaftsverhältnisse

Akteninhalt	Aktenzeichen
Vorbemerkung zur Hauptgruppe G: Sie wurde am häufigsten ganz neu belegt: 1928 und 1943 mit „Gemeinschaftsverhältnisse, 1954 und 1980 mit „Geräte, Behälter, Werkzeuge“ und ab 1992 mit „Güterverkehr“. Deshalb wurde die blockweise Darstellung gewählt, da eine zeilenweise Darstellung keinen Nutzen für Vergleiche gehabt hätte.	
G Gemeinschaftsverhältnisse und Zusammenarbeit mit fremden Bahnen und Behörden	
a Allgemeines	
Gemeinschaftsverhältnisse, allgemeine Bestimmungen	Ga
Gemeinschaftsverhältnisse, allgemeine Bestimmungen	Ga
Ausschüsse	Gaa
Ausschüsse	Gaa
Besprechungen und Sitzungen	Gab
Besprechungen und Sitzungen	Gab
f Reichsfinanzverwaltung	
Beziehungen zur (Reichsfinanz-) Zollverwaltung, allgemeine Bestimmungen (Geschäftsanweisung für die Stellung von Amtsräumen und sonstigen baulichen Einrichtungen für die Zollverwaltung und andere staatliche Behörden) (Zollraum GA)	Gf *
Beziehungen zur (Reichsfinanz-) Zollverwaltung, allgemeine Bestimmungen (Gesch.Anw. für die Stellung von Amtsräumen und sonst. baulichen Einrichtungen für die Zollverwaltung und andere staatliche Behörden) (Zollraum GA)	Gf
Bau und Unterhaltung von Anlagen für die (Reichsfinanz-) Zollverwaltung *Unterakten nach Bedarf*	Gfb
Bau und Unterhaltung von Anlagen für die (Reichsfinanz-) Zollverwaltung *Unterakten nach Bedarf*	Gfb

Gemeinschaftsverhältnisse

Akteninhalt	Aktenzeichen
Überlassung von Grundstücken, Gebäuden und Diensträumen zu Zoll- und Bahnzwecken	Gfü
Überlassung von Grundstücken, Gebäuden und Diensträumen zu Zoll- und Bahnzwecken	Gfü
Zollvorschriften im Verkehrsdienste siehe Vz	
Zollvorschriften im Verkehrsdienste siehe Vz	
g Grenz- und Gemeinschaftsbahnen	
Beziehungen zu Grenz- und Gemeinschaftsbahnen, allgemeine Bestimmungen *Unterakten nach Bedarf*	Gg *
Beziehungen zu Grenz- und Gemeinschaftsbahnen, allg Best *Unterakten nach Bedarf*	Gg
Abrechnungsverfahren mit Grenz- und Gemeinschaftsbahnen	Gga
Abrechnungsverfahren mit Grenz- und Gemeinschaftsb.	Gga
Betriebsdienst im Verkehr mit Grenz- und Gemeinschaftsbahnen, allgemeine Bestimmungen	Ggb *
Betriebsdienst im Verkehr mit Grenz- und Gemeinschaftsbahnen, allgemeine Bestimmungen	Ggb
Vergütung und Naturalausgleich für Lokomotivleistungen	Ggl
Vergütung und Naturalausgleich für Lok-Leistungen	Ggl
Vergütung und Naturalausgleich für Personalleistungen	Ggp
Vergütung und Naturalausgleich für Personalleistung.	Ggp
Vergütung und Naturalausgleich für Wagenleistungen	Ggw
Vergütung und Naturalausgleich für Wagenleistungen	Ggw

Gemeinschaftsverhältnisse

Akteninhalt	Aktenzeichen
l Landesbehörden	
Beziehungen zu Landesbehörden, allgemeine Bestimmungen	Gl *
Beziehungen zu Landesbehörden, allgemeine Bestimmungen	Gl
Beziehungen zur Bergverwaltung, allgemeine Bestimmungen	Glb
Beziehungen zur Bergverwaltung, allgemeine Bestimmungen	Glb
Beziehungen zur Forstverwaltung, allgemeine Bestimmungen	Glf
Beziehungen zur Forstverwaltung, allg Bestimmungen	Glf
Beziehungen zur Landeshafenverwaltung, allgemeine Bestimmungen	Glh
Beziehungen zur Landeshafenverwaltung, allg Best	Glh
Beziehungen zur Polizeiverwaltung, allgemeine Bestimmungen	Glp *
Beziehungen zur Polizeiverwaltung, allg Bestimmungen	Glp
Polizeidiensträume auf Bahnhöfen	Glpr
Polizeidiensträume auf Bahnhöfen	Glpr
Beziehungen zur Staatsbauverwaltung, allgemeine Bestimmungen	Gls
Beziehungen zur Staatsbauverwaltung, allg Best	Gls
m Militärverwaltung	
Beziehungen zur Militärverwaltung, allgemeine Bestimmungen	Gm *
Beziehungen zur Militärverwaltung, allg Bestimmungen	Gm
p Reichspost- und -telegraphenverwaltung	
Beziehungen zur Reichspost- und -telegraphenverwaltung, allgemeine Bestimmungen	Gp *
Beziehungen zur Reichspost- und -telegraphenverw, allgemeine Bestimmungen	Gp

Gemeinschaftsverhältnisse

Akteninhalt	Aktenzeichen
Bau und Unterhaltung von Anlagen für die Reichspost- und -telegraphenverwaltung *Unterakten nach Bedarf*	Gpb
Bau und Unterhaltung von Anlagen für die Reichspost- und Teleg.Verw — *Unterakten nach Bedarf* —	Gpb
Verkehr von Fahrzeugen der Reichspostverwaltung (Hand- und Elektrokarren usw.) auf Bahngebiet	Gpf
Verkehr von Fahrzeugen der Reichspostverwaltung (Hand- und Elektrokarren usw) auf Bahngebiet	Gpf
Reichspostgesetz	Gpg
Reichspostgesetz	Gpg
Abgeltung der Leistungen der Reichsbahn für die Reichspostverwaltung im Postbeförderungsdienst	Gpl
Abgeltung der Leistungen der Reichsbahn für die Reichspostverwaltung im Postbeförderungsdienst	Gpl
Vereinigung des Reichspost- und Telegraphendienstes mit dem Eisenbahndienst	Gplv
Vereinigung des Reichspost- und Telegraphendienstes mit dem Eisenbahndienst	Gplv
Mitbenutzung und Unterhaltung von Reichstelegraphenanlagen *Unterakten nach Bedarf*	Gpm
Mitbenutzung und Unterhaltung von Reichstelegraphenanlagen *Unterakten nach Bedarf*	Gpm
Postsendungen, allgemeine Bestimmungen	Gps
Postsendungen, allgemeine Bestimmungen	Gps
Briefbeutel- und Postpäckereiverkehr	Gpsb
Briefbeutel- und Postpäckereiverkehr	Gpsb
Beförderung von Postsendungen auf Fähren	Gpsf
Beförderung von Postsendungen auf Fähren	Gpsf

Gemeinſchaftsverhältniſſe

Akteninhalt	Aktenzeichen
Vorſchriften für den Privattelegrammverkehr	Gpt
Vorschriften für den Privattelegrammverkehr	Gpt
Abrechnung der Dienſtſtellen und Abrechnung mit der Reichs-poſtverwaltung im Privattelegrammverkehr	Gpta
Abrechnung der Dienststellen und Abrechnung mit der Reichspostverw im Privattelegrammverkehr	Gpta
Überlaſſung von Grundſtücken, Gebäuden und Dienſträumen zu Poſt- und Bahnzwecken	Gpü
Überlassung von Grundstücken, Gebäuden und Diensträumen zu Post- und Bahnzwecken	Gpü
Stangenlagerplätze*	Gpüs
Stangenlagerplätze	Gpüs
Bahnpoſtwagen und -abteile ſiehe Bbpo	
Bahnpostwagen und -abteile siehe Bbpo	
Poſtſendungen DRG ſiehe Oavsp	
Postsendungen DR siehe Oavsp	
Poſtfernſprechanſchlüſſe ſiehe Sftp	
Postfernsprech und -schreibanschlüsse siehe Sfbp, Sftfp und Sftsp.	
sch Schiffahrtsverwaltungen	
Beziehungen zu Schiffahrtsverwaltungen, allgemeine Beſtimmungen	Gsch *
Beziehungen zu Schiffahrtsverwaltungen, allg Best	Gsch

* siehe S. 232, Fußnote zu Aktenzeichen Agpüs

Gemeinschaftsverhältnisse

Akteninhalt	Aktenzeichen
ü Übersichten (Statistik)	
Übersichten (Statistik), allgemeine Bestimmungen und Sonderfälle	Gü
Übersichten (Statistik), allg Best u. Sonderfälle	Gü
w Wirtschaftliche Verbände	
Beziehungen zu wirtschaftlichen Verbänden, allgemeine Bestimmungen	Gw *
Beziehungen zu wirtschaftlichen Verbänden, allg Best	Gw

Geräte

G

Akteninhalt	Aktenzeichen
a Allgemeines	
Geräte, Behälter, Werkzeuge, Allgemeines *Unterakten bei Bedarf*	Ga
Geräte und Werkzeuge, Allgemeines *Unterakten nach Bedarf*	Ga
Ausschüsse	Gaa
Behälterausschuß	Gaab
Erfindungen und Verbesserungen, Neuerungen	Gae
Kontrolle und Verwertung der Geräte	Gak
Nummerung	Gan
Gerätesammelstellen	Gas
Gerätevorschrift	Gav
Gerätevorschrift – DS 222 –	Gav
Verzeichnis der Geräte – DS 222 / X –	Gavv
b Behälter	
Behälter, Allgemeines	Gb
Großbehälter	Gbg
Kleinbehälter	Gbk
Kühlbehälter (Thermos)	Gbt
Zusammenlegbare Kisten und Körbe	Gbz

Geräte

Akteninhalt	Aktenzeichen
g Geräte	
Geräte, Allgemeines	Gg
Geräte, Allgemeines	Gg *
Arbeitshilfen für Körperbeschädigte (Gruppe 844)	Gga
Bau- und Werkstattgeräte (Gruppen 801, 802 und 804)	Ggb
Oberbaugeräte (Gruppe 802)	Gbgo
Büro-, Druck, Vervielfältigungs- und Datenverarbeitungsgeräte (Gruppen 741 und 742)	Ggd
Geräte für Fernmeldeanlagen (Gruppen 815 und 816)	Ggf
Gesundheitspflege- und Schutzgeräte (Gruppen 822,823 und 825, *Schutzzeug Gruppe 824 siehe unter Ud)*	Ggg
Geräte für ärztliche Hilfe und Samariterdienste (Gruppe 823)	Gggä
Feuerlöschgeräte und Feuerwehrausrüstung (Gruppe 822)	Gggf
Sonstige Schutzgeräte (Gruppe 825)	Gggs
Haushaltungsgeräte (Gruppen 826 und 828)	Ggh
Geräte für Kraftfahrzeugbetrieb und Kraftfahrzeugunterhaltung (Gruppe 813)	Ggk
Beleuchtungs-, Koch- und Raumheizgeräte (Gruppen 811 und 812)	Ggl
Meß-, Prüf-, Wiege- und Laboratoriumsgeräte (Gruppen 832 – 834 und 836 – 838)	Ggm
Allgemeine Meß-, Prüf- und Wiegegeräte, ortsbewegliche (Gruppe 832)	Ggma
Meß- und Prüfgeräte für Bau, Oberbau und Betrieb (auch geodätische und nautische Instrumente) (Gruppe 833)	Ggmb
Sondergeräte für Bild- und Filmstellen (Gruppe 837)	Ggmf
Sondergeräte für Laboratorien (Gruppe 838)	Ggml
Meß- und Prüfgeräte für Werkstätten (Gruppe 834)	Ggmw

Geräte

Akteninhalt	Aktenzeichen
Bahnpolizeisondergeräte	Ggp
Raumausstattungsgeräte (Gruppen 841 – 843 und 845)	Ggr
Möbel und andere Raumausstattungsgegenstände (Gruppe 744)	Ggr
Fußläufer, Teppiche sowie Tisch- und Ruhebettdecken, Gardinen Vorhänge und Wandbehänge (Gruppen 841 und 842)	Ggrd
Möbel und sonstige Raumausstattungsgeräte (Gruppe 843)	Ggrm
Büro-, Schul-, Sport-, Spiel-, Musik- und sonstige Geräte (Gruppen 817 – 820 und 846 – 849)	Ggs
Sonstige Geräte (übrige Gruppen)	Ggs
Bürogeräte (Gruppe 817)	Ggsb
Drucktechnische Apparate und Geräte (Gruppe 818)	Ggsd
Lehr- und Lernmittel (Gruppe 819)	Ggsl
Spiel-, Sport-, Turn- und Musikgeräte (Gruppe 820)	Ggss
Geräte für verschiedene Zwecke (Gruppen 846 – 849)	Ggsv
Wärmevorrichtungen für technische Zwecke, ortsbewegliche (Gruppen 829 und 831)	Ggt
Betriebs- und Verkehrsgeräte (Gruppen 805 – 810) (ausgenommen Behälter – *siehe unter Gb*)	Ggv
Betriebs- und Verkehrsgeräte (Gruppen 711, 712, 713 und 721)	Ggv
Geräte für den Bahnhofs-, Fahr-, Lade- und Rangierdienst (Gruppe 806)	Ggvb
Beförderungs- und Hebegeräte (auch Pumpen) (Gruppe 805)	Ggvf
Geräte für den Lokomotiv-, Kessel- und Maschinendienst (Gruppe 807)	Ggvl
Signalgeräte (Gruppe 808)	Ggvs
Sonstige (verschiedene) Betriebsgeräte (Gruppe 810)	Ggvv

Geräte

Akteninhalt	Aktenzeichen
Leih-, Zubehörstücke von Fahrzeugen (Gruppe 809) (ausgenommen Behälter – *siehe unter Gb*)	Ggvz
Bettzeug, Kissen und Wäsche für Schlafräume (Gruppe 814)	Ggw
Reinigung der Wäsche	Ggwr
Untersuchungsgeräte für Eignungsuntersuchungen siehe Pyg	
ü Übersichten (Statistik)	
Übersichten (Statistik), Allgemeines und Sonderfälle	Gü
w Werkzeuge	
Werkzeuge, Allgemeines	Gw
Werkzeuge, Allgemeines	Gw *
Abricht-, Glätt-, Schleif-, Polier-, Anfaß-, Spannwerkzeuge usw. (Gruppen 851 und 852, 854 und 855)	Gwa
Anreiß-, Kennzeichen-, Ausreib-, Bohr-, Senkwerkzeuge usw. (Gruppen 857 und 858, 860 – 862)	Gwb
Dreh-, Hobelwerkzeuge usw. (Gruppen 871 und 872)	Gwd
Feil-, Fräs-, Sägewerkzeuge usw. (Gruppen 874 – 876)	Gwf
Loch-, Scher- und Schneidewerkzeuge (Gruppen 878 und 879)	Gwl
Biege-, Wickel-, Richt-, Dicht-, Niet-, Schlag-, Schmiedewerkzeuge usw. (Gruppen 864 – 866, 868 und 869)	Gwr
Löt-, Schweiß-, Brennschneidwerkzeuge (Gruppe 881)	Gws
Werkzeuge für verschiedene Zwecke (Gruppen 884 – 891, 893 – 895)	Gwv
Verzeichnis der Werkzeuge – DS 222 / XI –	

Güterverkehr

Akteninhalt	Aktenzeichen
a Allgemeines	
Güterverkehr, Allgemeines	Ga
Druckschriften	Gad
Gefahrgut	Gad
Güterverkehr international	Gai
Kombinierter Ladungsverkehr	Gak
Containerverkehr*	Gakc
Huckepackverkehr**	Gakh
Liberalisierung, Verkehrsträgerwettbewerb	Gal
Öffentlichkeitsarbeit (Werbung, Presse)	Gaö
Schriftwechsel mit BRH, HPA, PaZ u. a.	Gap
Rechnungswesen (alle Rechnungskreise)	Gar
Teilladungen	Gat
Stückfracht	Gats
Expreßgut, IC-Kurierdienst	Gatx
Verkehrspolitik	Gav
Wagenladungsverkehr	Gaw
Zusammenarbeit DB – DR	Gaz

* unbegleiteter Containerverkehr = auf dem Zug stehen nur die Container.

** auch unter dem Namen „Rollende Landstraße" [RoLa] geläufig: der Zugnimmt die kompletten LKW „huckepack", die Fahrer reisen in einem Sitz- oder Liegewagen mit, am Zielbahnhof können sie nach der Entladung direkt mit ihrem LKW auf der Straße weiterfahren.

Güterverkehr

Akteninhalt	Aktenzeichen
b Budgetierung, Wirtschaftsplanung, Wirtschaftsführung	
Budgetierung, Wirtschaftsplanung, Wirtschaftsführung; Allgemeines	Gb
Controlling	Gbc
Kombinierter Ladungsverkehr	Gbk
Containerverkehr	Gbkc
Huckepackverkehr	Gbkh
Gefahrgut	Gbg
Planung	Gbp
regional (Aktenzeichen nur für Zentrale)	Gbr
Teilladung	Gbt
Stückfracht	Gbts
Expreßgut, IC-Kurierdienst	Gbtx
Wagenladungsverkehr	Gbw
d EDV, Datenmanagement	
EDV, Datenmanagement, Allgemeines	Gd
e Ermittlung, Entschädigung	
Ermittlung, Entschädigung, Allgemeines	Ge
Fahndung	Gef
Entschädigungsdienst	Gen
Ermittlungsdienst	Ger
Schadensverhütung	Ges

Güterverkehr

Akteninhalt	Aktenzeichen
f Frachtrecht	
Frachtrecht, Allgemeines	Gf
Gefahrgut, GGVE, RID	Gfg
Internationales Frachtrecht	Gfi
Nationales Frachtrecht	Gfn
Frachtrecht mit NE-Bahnen	Gfne
i Infrastruktur	
Infrastruktur, Allgemeines	Gi
Frachtzentren	Gif
Lagerplätze, allgemein	Gil
Miet- und Pachtangelegenheiten	Gim
Privatgleisanschlüsse	Gip
Infrastruktur der Rangier- und Knotenbahnhöfe	Gir
Strecken	Gis
Umladebahnhöfe	Giu
Güterverkehrszentren	Giv
k Güterkraftverkehr	
Güterkraftverkehr, Allgemeines	Gk
Abfertigungsspediteure	Gka
Werbe-, Abfertigungs- und Frachtvorlagevergütung	Gkav
Budgetierung, Wirtschaftsplanung	Gkb
EDV, Datenmanagement	Gkd

Güterverkehr

Akteninhalt	Aktenzeichen
Öffentlicher Güterfernverkehr	Gkf
Vertragsunternehmer, national	Gkfn
international	Gkfi
Huckepackverkehr	Gkfh
Gefahrgut, GGVS	Gkg
Leistungsplanung, -abwicklung, -kontrolle (Beförderungsstatistik), Logistik	Gkl
Marketingplanung, -forschung	Gkm
Öffentlicher Güternahverkehr	Gkn
Vertragsunternehmer	Gknu
Organisation	Gko
Öffentlichkeitsarbeit	Gkö
Personal	Gkp
Abrechnung	Gkr
Druckschriften	Gks
Preise, Tarife	Gkt
Unregelmäßigkeiten, Beschwerden	Gku
Verkauf, Allgemein	Gkv
Planung	Gkvp
Verkäufertraining	Gkvt
Strategie, Langfristplanung	Gky
Zoll-, Steuer-, polizeiliche Vorschriften	Gkz

Güterverkehr

Akteninhalt	Aktenzeichen
l Leistungsplanung, -abwicklung, -kontrolle, Logistik	
Leistungsplanung, -abwicklung, -kontrolle, Logistik; Allgemeines	Gl
Kombinierter Ladungsverkehr	Glk
Containerverkehr	Glkc
Huckepackverkehr	Glkh
Logistik	Glo
Teilladung	Glt
Stückfracht	Glts
Expreß-, IC-Kurierdienst	Gltx
Wagenladungsverkehr	Glw
m Marketing	
Marketingforschung	Gmf
Kombinierter Ladungsverkehr	Gmk
Containerverkehr	Gmkc
Huckepackverkehr	Gmkh
Marketingplanung	Gmp
Teilladung	Gmt
Stückgut	Gmts
Expreß-, IC-Kuriergut	Gmtx
Wagenladungsverkehr	Gmw

Güterverkehr

Akteninhalt	Aktenzeichen
o Organisation	
Organisation, Allgemeines	Go
Allgemeine Büro- und Verkaufsangelegenheiten	Goa
Gliederung der Geschäftsbereiche, Allgemeines	Gog
Gliederung lokale Ebene	Gogl
Gliederung Generalvertretungen	Gogg
Gliederung Regionalebene (BD)	Gogr
Gliederung Zentralebene	Gogz
Projekte im Güterverkehr	Gop
Vertretungen im Ausland und Vertretungen ausländischer Bahnen in Deutschland	Gov
Vorbemerkung zur Gruppe Gp: sie unterscheidet sich komplett zwischen den Aktenplänen von 1992 (Personalangelegenheiten) und 1994 (Tarife, Preise), daher folgt hier die blockweise Darstellung.	
p Personalangelegenheiten	
Personalangelegenheiten, Allgemeines	Gp
Personaldisposition	Gpd
Personalführung und Zusammenarbeit	Gpf
Personalkosten, Erfassungsstellen	Gpk
Laufbahnangelegenheiten	Gpl
Prüfungswesen, Prüfungsordnung	Gpp
Betriebliches Bildungswesen (Ausbildung, Fortbildung), früher: Unterricht	Gpu
Personalvertretungsrecht	Gpv
Personalwirtschaft	Gpw

Güterverkehr

Akteninhalt	Aktenzeichen
Arbeitszeit, DDV*	Gpz
r Abfertigung, Abrechnung	
Abfertigung, Abrechnung, Allgemeines	Gr
Abfertigung	Gra
Zentrale Frachtabrechnung	Grf
Kombinierter Ladungsverkehr	Grk
Abrechnungs-, Kontrolldienst	Grr
Stückfracht	Grs
Wagenladungsverkehr	Grw
Expreß-, IC-Kurierdienst	Grx
Zahlungsverfahren	Grz
s Strategie, Langfristplanung	
Strategie, Langfristplanung, Allgemeines	Gs
Gesamtstrategie Güterverkehr	Gsg
Infrastrukturstrategie	Gsi
Kooperations- / Beteiligungsstrategie	Gsk
Marktstrategie	Gsm
Produktstrategie	Gso
Preisstrategie	Gsp
Transportmittelstrategie	Gst
Vertriebsstrategie	Gsv

* DDV = Dienstdauervorschrift (DS 052)

Güterverkehr

Akteninhalt	Aktenzeichen
t Tarife, Preise	
Tarife, Preise, Allgemeines	Gt
Kombinierter Ladungsverkehr	Gtk
Containerverkehr	Gtkc
Huckepackverkehr	Gtkh
Militärgütertarif	Gtm
Rückvergütungen, Erstattungen von Fracht und Gebühren sowie Rückforderungen der Bahn wegen unrichtiger Frachtberechnung *[1994: Gpr; verwendet bis 2009]*	Gtr
Teilladungen	Gtt
Stückfracht	Gtts
Expreß-, IC-Kuriergut	Gttx
Wagenladungsverkehr	Gtw
Ausnahmetarife	Gtwa
International, Zusatz: (Länderkennzeichen)	Gtwi
Regeltarif	Gtwr
u Unregelmäßigkeiten, Beschwerden	
Unregelmäßigkeiten, Beschwerden, Allgemeines	Gu
Kombinierter Ladungsverkehr	Guk
Containerverkehr	Gukc
Huckepacakverkehr	Gukh
Teilladung	Gut
Stückfracht	Guts

Güterverkehr

Akteninhalt	Aktenzeichen
Expreß-, IC-Kuriergut	Gutx
Wagenladungsverkehr	Guw
ü Übersichten, Statistiken, Lageberichte	
Übersichten, Statistiken, Lageberichte; Allgemeines	Gü
Abgabe an Dritte	Güd
Gefahrgut	Güg
Kombinierter Ladungsverkehr	Gük
Containerverkehr	Gükc
Huckepackverkehr	Gükh
Lageberichte	Gül
Teilladungsverkehr	Güt
Stückfracht	Güts
Expreß-, IC-Kurierdienst	Gütx
Wagenladungsverkehr	Güw
v Verkauf, Verkaufsplanung, Verkaufsförderung	
Verkauf, Verkaufsplanung, Verkaufsförderung, Allgemeines	Gv
Verkaufsförderung	Gvf
Verkaufsorganisation	Gvo
Verkaufsplanung	Gvp
Verkaufsrichtlinien (GW Verkauf)	Gvr

Akteninhalt	Aktenzeichen
Verkaufs-, Verkäufertraining (Seminare)	Gvt
Verkäuferunterstützung	Gvu
Vertriebswege	Gvw
w Transportmittel, Güterwagen	
Transportmittel, Güterwagen, Allgemeines	Gw
Großcontainer	Gwc
Flurförderzeuge	Gwf
Güterwagen	Gwg
Lademittel	Gwl
Triebfahrzeuge	Gwt
z Zoll-, Steuer-, polizeiliche Vorschriften	
Zoll-, Steuer-, polizeiliche Vorschriften, Allgemeines	Gz

Hochbau

H

Akteninhalt	Aktenzeichen
a Allgemeines	
Hochbau, allgemeine Beſtimmungen	Ha *
Hochbau, allgemeine Bestimmungen	Ha
Hochbau, Allgemeines	Ha
Hochbau, Allgemeines	Ha
Hochbau, Allgemeines	Ha
Beſprechungen in Hochbauangelegenheiten	Hab
Besprechungen in Hochbauangelegenheiten	Hab
Besprechungen	Hab
Denkmalschutz, Designangelegenheiten	Had
Denkmalschutz, Designangelegenheiten	Had
Gärtnerische Anlagen; Pflanzungen, Ausschmückungen	Hag
Gärtnerische Anlagen; Pflanzungen, Ausschmückungen	Hag
Gärtnerische Anlagen; Pflanzungen, Ausschmückungen	Hag
Intereſſante Bauwerke	Hai
Allgemeine Bedingungen über Leiſtungen und Lieferungen ſiehe Nal	
Interessante Bauwerke	Hai
Allg Bedingungen über Leistungen und Lieferungen s. Nal	
Interessante Hochbauten	Hai
Lichtbildwesen	Hal
Lichtbildwesen	Hal
Deutſche Induſtrienormen für den Hochbau	Han
Deutsche Industrienormen für den Hochbau	Han
Deutsche Industrienormen für Hochbauten	Han

Hochbau

Akteninhalt	Aktenzeichen
Baupolizei für Hochbauten (siehe auch Napb)	Hap
Baupolizei für Hochbauten (siehe auch Napb)	Hap
Baupolizei-Bestimmungen für Hochbauten (siehe auch Nap und Napl)	Hap
Baurechtliche (Baupolizei-) Bestimmungen für Hochbauten	Hap
Baurechtliche (Baupolizei-) Bestimmungen für Hochbauten	Hap
Unfallverhütungsvorschriften für Hochbauten	Hapu
Unfallverhütungsvorschriften für Hochbauten	Hapu
Natur- und Denkmalschutz, Altertums- und sonstige Funde	Has
Natur- und Denkmalschutz, Altertums- und sonstige Funde	Has
Naturschutz, Denkmalschutz, Altertumsfunde	Has
Unfallverhütung, Arbeitsschutzaufsicht	Hau
Bauweisen (siehe auch Nbw)	Haw
Bauweisen (siehe auch Nbw)	Haw
Bauweisen	Haw
Holzbauweise	Hawh
Holzbauweise	Hawh
Mannesmannbauweise	Hawm
Mannesmannbauweise	Hawm
Süfevabauweise	Haws
Süfevabauweise*	Haws

* Trotz intensiver Recherchen ist es dem Verfasser nicht gelungen, das Kurzwort „Süfeva" aufzulösen und auf seinen Ursprung zurückzuführen. Zweckdienliche Hinweise sind willkommen.

Hochbau

Akteninhalt	Aktenzeichen
b Brand- Blitzschutz- und Feuerlöschwesen	
Brand-, Blitzschutz- und Feuerlöschwesen	Hb *
DIN-Normen siehe Ian	
Brand-, Blitzschutz- und Feuerlöschwesen	Hb
f Feuerlöschwesen	
f Feuerschutz	
Feuerlöschwesen, Vorsichtsmaßregeln und bauliche Einrichtungen, allgemeine Bestimmungen, Dienstanweisung für die Unterhaltung und Benutzung der Feuerlöschapparate	Hf *
Feuerlöschwesen, Vorsichtsmaßregeln und bauliche Einrichtungen, allg Best, Dienst Anw f d Unterhaltung u Benutzung der Feuerlösch-Geräte	Hf
Feuerschutz, Feuerlöschwesen, Allgemeines	Hf
Bauliche Feuerlöscheinrichtungen	Hfl
Bauliche Feuerlöscheinrichtungen	Hfl
Feuerlöscheinrichtungen	Hfl
Feuerlöschordnungen	Hfo
Feuerlöschordnungen	Hfo
Feuerlöschordnungen	Hfo
Bauliche Feuerschutzeinrichtungen	Hfs
Bauliche Feuerschutzeinrichtungen	Hfs
Bauliche Feuerschutzeinrichtungen	Hfs
Geräte siehe Zggf *Geräte siehe Zggf*	
Feuerlöschgeräte und Feuerwehrausrüstung siehe Gggf	

Hochbau

Akteninhalt	Aktenzeichen
g Dienstgebäude	
g Bau und Unterhaltung von Gebäuden	
g Bau und Unterhaltung von Gebäuden und Plätzen	
Bau, Unterhaltung und Erweiterung von Dienstgebäuden, allgemeine Bestimmungen	Hg *
Bau, Unterhaltung und Erweiterung von Dienstgebäuden, allgemeine Bestimmungen	Hg
Bau und Unterhaltung von Gebäuden, Allgemeines	Hg
Bau und Unterhaltung von Gebäuden und Plätzen	Hg *
Bau und Unterhaltung von Gebäuden und Plätzen	Hg
Bau, Unterhaltung und Erweiterung von Amtsgebäuden	Hga
Bau, Unterhaltung und Erweiterung von Amtsgebäuden	Hga
Ämtergebäude	Hgä
Anlage und Prüfung von Blitzableitern	Hgb
Anlage und Prüfung von Blitzableitern	Hgb
Blitzableiter	Hgb
Dienststellengebäude	Hgd
Dienst-, Geschäfts- und Empfangsgebäude und Vorplätze	Hgd
Dienst-, Geschäfts- und Empfangsgebäude sowie Vorplätze	Hgd
Bau, Unterhaltung und Erweiterung von Entseuchungs- und Wagenwaschanlagen	Hge
Bau, Unterhaltung und Erweiterung von Entseuchungs- und Wagenwaschanlagen	Hge
Entseuchungs- und Wagenwaschanlagen	Hge
Hallen und Schuppen *(siehe auch Igd)*	Hgh
Hallen (Fahrzeug-, Güter-, Lager-, Zoll- und Posthallen, sonstige Hallen)	Hgh

Hochbau

Akteninhalt	Aktenzeichen
Hallen (Fahrzeuge-, Güter-, Lager-, Zoll- und Posthallen, sonstige Hallen)	Hgh
Kraftfahrzeughallen und -schuppen	Hghk
Lokomotivhallen und -schuppen	Hghl
Baulicher Zivilschutz (**L**uftschutzbauten)	Hgl
Baulicher Zivilschutz (**L**uftschutzbauten)	Hgl
S**o**zialgebäude (Übernachtungsgebäude, Gebäude für Verpflegungseinrichtungen, Aufenthaltsgebäude, Badeanstalten, Bahnarztgebäude)	Hgo
S**o**zialgebäude (Übernachtungsgebäude, Gebäude für Verpflegungseinrichtungen, Aufenthaltsgebäude, Badeanstalten, Bahnarztgebäude)	Hgo
Bau, Unterhaltung und Erweiterung von **R**einigungs- (Wasch- und Bade-) anstalten	Hgr
Bau, Unterhaltung und Erweiterung von **R**einigungs- (Wasch- und Bade-) anstalten	Hgr
Wasch- und Bade (**R**einigungs-) anstalten	Hgr
Bau, Unterhaltung und Erweiterung von **S**tations- und Abfertigungsgebäuden	Hgs
Bau, Unterhaltung und Erweiterung von **S**tations- und Abfertigungsgebäuden	Hgs
Stellwerksgebäude	Hgs
Stellwerksgebäude	Hgs
Stellwerksgebäude	Hgs
Bau, Unterhaltung und Erweiterung von **Sch**uppen	Hgsch
Bau, Unterhaltung und Erweiterung von **Sch**uppen	Hgsch
Bau, Unterhaltung und Erweiterung von **G**etreide- und Lagerschuppen	Hgschg
Bau, Unterhaltung und Erweiterung von **G**etreide- u Lagerschuppen	Hgschg
Bau, Unterhaltung und Erweiterung v. **K**raftwagenschuppen	Hgschk (neu)
Bau, Unterhaltung und Erweiterung von **L**okomotivschuppen	Hgschl

Hochbau

Akteninhalt	Aktenzeichen
Bau, Unterhaltung und Erweiterung von Lokomotivschuppen	Hgschl
Bau, Unterhaltung und Erweiterung von Lagerschuppen für Oberbau	Hgscho
Bau, Unterhaltung und Erweiterung von Lagerschup. f. Oberbau	Hgscho
Bau, Unterhaltung und Erweiterung von Übernachtungs- und Aufenthaltsräumen	Hgü
Bau, Unterhaltung und Erweiterung von Übernachtungs- und Aufenthaltsräumen	Hgü
Übernachtungs- und Aufenthaltsräume	Hgü
Übrige Gebäude (Kleinlok- und Kleinwagenschuppen, Garagen, Parkhäuser, Tankstellengebäude)	Hgü
Übrige Gebäude (Kleinlok- und Kleinwagenschuppen, Garagen, Parkhäuser, Tankstellengebäude)	Hgü
Gebäude für Energieversorgungsanlagen (Kraft- und Heizwerke)	Hgv
Gebäude für Energieversorgungsanlagen (Kraft- und Heizwerke)	Hgv
Bau, Unterhaltung und Erweiterung von Werkstätten	Hgw
Bau, Unterhaltung und Erweiterung von Werkstätten	Hgw
Werkstattgebäude	Hgw
Wohngebäude	Hgw
Wohngebäude	Hgw
Bau, Unterhaltung und Erweiterung von Kraftwagenwerkstätten	Hgwk (neu)

Akteninhalt	Aktenzeichen
h Heizungs- und Lüftungsanlagen	
Bauliche Heizungs- und Lüftungsanlagen, allgemeine Bestimmungen *Unterakten nach Bedarf*	Hh *
Bauliche Heizungs- und Lüftungsanlagen, allg Best *Unterakten nach Bedarf*	Hh
Bauliche Heizungs- und Lüftungsanlagen, Allgemeines *Unterakten nach Bedarf*	Hh
Bauliche Heizeinrichtungen der Gebäude, Sammelheizungen, allgemeine Bestimmungen	Hhg
Bauliche Heizeinrichtungen der Gebäude, Sammelheizungen, allgemeine Bestimmungen	Hhg
Bauliche Heizeinrichtungen von Gebäuden, Niederdrucksammelheizungen	Hhg
Unterhaltungskosten von Sammelheizungen	Hhgu
Unterhaltungskosten von Sammelheizungen	Hhgu
Bauliche Lüftungsanlagen in Gebäuden	Hhl
Bauliche Lüftungsanlagen in Gebäuden	Hhl
Bauliche Lüftungsanlagen	Hhl
Ofenheizung, Bau	Hho
Ofenheizung, Bau	Hho
Heizung von Werkstätten und Sandtrockenöfen, Bau	Hhw
Heizung von Werkstätten und Sandtrockenöfen, Bau	Hhw
Bauliche Heizeinrichtungen der Werkstätten	Hhw
Maschinen und maschinenartige Anlagen siehe Mh	
Maschinen und maschinenartige Anlagen siehe Mh	

Akteninhalt	Aktenzeichen
r Reinigung von Gebäuden, Plätzen usw.	
Reinigung von Gebäuden, Plätzen usw, allgemeine Bestimmungen	Hr *
Reinigung von Gebäuden, Plätzen usw, allg Best	Hr
Reinigung von Gebäuden, Plätzen usw., Allgemeines	Hr
Reinigung von Gebäuden, Plätzen usw., Allgemeines	Hr *
Reinigung von Gebäuden, Plätzen usw., Allgemeines	Hr
Reinigung von Bedürfnisanstalten	Hrb
Reinigung von Bedürfnisanstalten	Hrb
Reinigung von Bedürfnisanstalten	Hrb
Reinigung von Dächern	Hrd
Reinigung von Dächern	Hrd
Reinigung von Schornsteinen	Hrs
Reinigung von Schornsteinen	Hrs
Reinigung von Schornsteinen	Hrs
Vertilgung von Ungeziefer in Wohnungen	Hru
Vertilgung von Ungeziefer in Wohnungen	Hru
Vertilgung von Schädlingen und Ungeziefer	Hru
Reinigung von Wegen und Rampen	Hrw
Reinigung von Wegen und Rampen	Hrw
Reinigung von Wegen und Rampen	Hrw
Reinigung von Dienst- und Ärztezimmern	Hrz
Reinigung von Dienst- und Ärztezimmern	Hrz

Hochbau

Akteninhalt	Aktenzeichen
ü Überſichten (Statiſtik)	
Überſichten (Statiſtik), allgemeine Beſtimmungen, auch Hochbauſtatiſtik (ſiehe auch Tabelle 8 Reichsſtatiſtik)	Hü
Übersichten (Statistik), allg Best, auch Hochbaustatistik (siehe auch Tabelle 8 Reichsstatistik)	Hü
Übersichten (Statistik)	Hü
Übersichten (Statistik)	Hü
Übersichten (Statistik)	Hü
v Bauliche Versorgungsanlagen	
Bauliche Versorgungsanlagen, Allgemeines	Hv *
Bauliche Versorgungsanlagen, Allgemeines	Hv
Bauliche Heizeinrichtungen in Gebäuden, Niederdrucksammelheizungen	Hvh
Bauliche Heizeinrichtungen in Gebäuden, Niederdrucksammelheizungen	Hvh
Bauliche Klima- und Lüftungsanlagen	Hvk
Bauliche Klima- und Lüftungsanlagen	Hvk
Bauliche Sanitäranlagen	Hvs
Bauliche Sanitäranlagen	Hvs

Hochbau

Akteninhalt	Aktenzeichen
w Wohnungen	
Herstellung von Reichsbahnwohnungen, allgemeine Bestimmungen *Unterakten nach Bedarf*	Hw *
Herstellung von Reichsbahnwohnungen, allg Best *Unterakten nach Bedarf*	Hw
Bau von Wohnungen *Unterakten nach Bedarf*	Hw
Siedlungen und Behelfsheime	Hws
Unterhaltung und Erweiterung von Reichsbahnwohnungen, allgemeine Bestimmungen – *Unterakten nach Bedarf* –	Hwu *
Unterhaltung und Erweiterung von Reichsbahnwohnungen, allg Best *Unterakten nach Bedarf*	Hwu
Unterhaltung von Wohnungen *Unterakten nach Bedarf*	Hwu
Hochwasserstäden an Reichsbahnwohnungen	Hww
Hochwasserschäden an Reichsbahnwohnungen	Hww
Wohnungsfürsorge siehe Uw	
Wohnungsfürsorge siehe Uw	
Wohnungswesen siehe auch unter Uw	
Wohnungsfürsorge, Vergebung von Wohnungen usw. siehe Uwv	

Ingenieurbau

Akteninhalt	Aktenzeichen
a Allgemeines	
Ingenieurbau, allgemeine Bestimmungen	Ia *
Ingenieurbau, allgemeine Bestimmungen	Ia
Ingenieurbau, Allgemeines	Ia
Ingenieurbau, Allgemeines	Ia *
Ingenieurbau, Allgemeines	Ia
Ausschüsse	Iaa
Ausschüsse	Iaa
Ausschüsse	Iaa
Oberbauausschuß	Iaao
Oberbauausschuß	Iaao
Oberbauausschuß	Iaao
Besprechungen im Ingenieurbau	Iab
Besprechungen im Ingenieurbau	Iab
Besprechungen in Ingenieurbauangelegenheiten	Iab
Besprechungen in Ingenieurbauangelegenheiten	Iab
Besprechungen in Ingenieurbauangelegenheiten	Iab
Besprechungen in Brückenbauangelegenheiten	Iabb
Besprechungen in Brückenbauangelegenheiten	Iabb
Besprechungen in Brückenbauangelegenheiten	Iabb
Besprechungen in Brückenbauangelegenheiten	Iabb
Besprechungen in Brückenbauangelegenheiten	Iabb
Besprechungen in Oberbauangelegenheiten	Iabo
Besprechungen in Oberbauangelegenheiten	Iabo

I

Ingenieurbau

Akteninhalt	Aktenzeichen
Besprechungen in Oberbauangelegenheiten	Iabo
Besprechungen in Oberbauangelegenheiten	Iabo
Besprechungen in Oberbauangelegenheiten	Iabo
Beſprechungen in Unterbauangelegenheiten	Iabu
Besprechungen in Unterbauangelegenheiten	Iabu
Einteilung und Grenzen der Bahnmeistereien	Iae
Feuerschutz, Feuerlöschwesen	Iaf
Feuerschutz, Feuerlöschwesen	Iaf
Deutſcher Induſtrienormenausſchuß, Ingenieurbau *Unterakten nach Bedarf*	Ian
Deutscher Industrienormenausschuß, Ingenieurbau *Unterakten nach Bedarf*	Ian
Deutsche Industrienormen für Ingenieurbauten *Unterakten nach Bedarf*	Ian
Industrienormen für das Bauwesen *Unterakten nach Bedarf*	Ian
Industrienormen für das Bauwesen	Ian
Planverwaltung	Iap
Technische Unterlagen (Planwesen in der Bautechnik)	Iap
Technische Unterlagen (Planwesen in der Bautechnik)	Iap
Abgabe von Plänen	Iapa
Planvervielfältigung	Iapv
Unfallverhütung, Arbeitsschutzaufsicht	Iau
Vogelschutz	Iav
Bahnbewachung und Bahnaufſicht, allgemeine Beſtimmungen	Iaw *
Bahnbewachung und Bahnaufsicht, allg Bestimmungen	Iaw

Ingenieurbau

Akteninhalt	Aktenzeichen
Bahnbewachung, Allgemeines	Iaw
Bahnbewachung (Schranken- und Streckenwärterdienst)	Iaw
Bahnbewachung	Iaw
Begehung der Strecken, Streckenläufer	Iawl
Begehung der Strecken, Streckenläufer	Iawl
Begehung der Strecken, Streckenläufer	Iawl
Bedienung und Besetzung der Schranken	Iaws
Bedienung und Besetzung der Schranken	Iaws
Bedienung und Besetzung der Schranken	Iaws
Vertrags- und Verdingungswesen siehe Rv	
Vertrags- und Verdingungswesen siehe Rv	
Vertrags- und Verdingungswesen siehe Rv	
b Brücken-, Eisen- und Ingenieurhochbauten	
b Brücken und Ingenieurhochbauten	
b Brücken- und konstruktiver Ingenieurbau	
Brückenwesen, allgemeine Bestimmungen	Ib *
Brückenwesen, allgemeine Bestimmungen	Ib
Brücken und Ingenieurhochbauten, Allgemeines	Ib
Brücken und konstruktiver Ingenieurbau, Allgemeines	Ib *
Brücken und konstruktiver Ingenieurbau, Allgemeines	Ib
Abnahme in den Lieferwerken und sonstige Abnahmen	Iba
Abnahme in den Lieferwerken und sonstige Abnahmen	Iba

Ingenieurbau

Akteninhalt	Aktenzeichen
Abnahme, auch in den Lieferwerken	Iba
Abnahme in den Lieferwerken, Güteprüfung	Iba
Abnahme in den Lieferwerken, Güteprüfung	Iba
Beton- und Eiſenbetonbauten	Ibb *
Beton- und Eisenbetonbauten	Ibb
Beton- und Stahlbetonbauten	Ibb
Beton, Stahlbeton- und Spannbetonbauten	Ibb
Beton, Stahlbeton- und Spannbetonbauten	Ibb
Dächer und Hallen	Ibd *
Dächer und Hallen	Ibd
Dächer und Hallen *(siehe auch Hgh)*	Ibd
Dächer und Hallen *(siehe auch Hgd und Hgh)*	Ibd
Dächer und Hallen *(siehe auch Hgd und Hgh)*	Ibd
Eiſenbrücken, allgemeine Beſtimmungen	Ibe
Eisenbrücken, allgemeine Bestimmungen	Ibe
Eisen- und Stahlbrücken	Ibe
Eisen- und Stahlbrücken	Ibe
Eisen- und Stahlbrücken	Ibe
Hilfs- und Behelfsbrücken	Ibeh
Hilfs- und Behelfsbrücken	Ibeh
Holzbaukonſtruktionen	Ibh *
Holzbaukonstruktionen	Ibh
Holzbaukonstruktionen	Ibh
Rohrkanäle, Durchläſſe	Ibk

Ingenieurbau

Akteninhalt	Aktenzeichen
Rohrkanäle, Durchlässe	Ibk
Rohrkanäle, Durchlässe	Ibk
Notbrücken, allgemeine Bestimmungen	Ibn
Notbrücken, allgemeine Bestimmungen	Ibn
Notbrücken	Ibn
Oberbau auf Brücken	Ibo
Oberbau auf Brücken	Ibo
Oberbau auf Brücken	Ibo
Oberbau auf Brücken	Ibo
Oberbau und Brücken	Ibo
Aufstellung von Pegeln (Eichpfähle)	Ibp
Aufstellung von Pegeln (Eichpfähle)	Ibp
Aufstellen von Pegeln (Eichpfählen)	Ibp
Rostschutz, Vorschrift für die Lieferung von Farben usw (FAE)	Ibr *
Rostschutz, Vorschr. für die Lieferung von Farben usw (FAE)	Ibr
Rostschutz für Stahlbauwerke	Ibr
Rostschutz für Stahlbauwerke *siehe auch Stif*	Ibr *
Rostschutz für Stahlbauwerke *(siehe auch Stif)*	Ibr
Statische und Gewichtsberechnungen	Ibs
Statische und Gewichtsberechnungen	Ibs
Statische und Gewichtsberechnungen	Ibs
Statische und Gewichtsberechnungen	Ibs
Statische- und Gewichtsberechnungen	Ibs
Schweißen von Brücken- und Ingenieurhochbauten	Ibsch

Akteninhalt	Aktenzeichen
Schweißen im Brücken- und konstruktiven Ingenieurbau	Ibsch
Schweißen im Brücken- und konstruktiven Ingenieurbau	Ibsch
Steinbrücken, allgemeine Bestimmungen	Ibst
Steinbrücken, allgemeine Bestimmungen	Ibst
Tragfähigkeit der Brücken, Hallen, Dächer, Stützmauern, usw	Ibt
Tragfähigkeit der Brücken, Hallen, Dächer, Stützmauern usw	Ibt
Tragfähigkeit der Brücken, Hallen, Dächer, Stützmauern usw.	Ibt
Belastbarkeit (Tragfähigkeit)	Ibt
Belastbarkeit (Tragfähigkeit)	Ibt
Untersuchung der Brücken (Brückenprüfung, Brückenbücher)	Ibu *
Untersuchung der Brücken (Brückenprüfung, Brückenbücher)	Ibu
Untersuchung der Brücken (Brückenprüfungen)	Ibu
Untersuchungen (Prüfungen)	Ibu
Untersuchungen (Prüfungen)	Ibu
Versuche im Brückenbau	Ibv
Versuche im Brückenbau	Ibv
Versuche im Brückenbau	Ibv
Versuche	Ibv
Versuche	Ibv
Brückenbauwerkstätte	Ibw
Brückenbauwerkstätte	Ibw
Brückenbauwerkstätten	Ibw
Brückenmeistereien (-werkstätten)	Ibw
Brückenmeistereien (-werkstätten)	Ibw

Akteninhalt	Aktenzeichen
Stoffe für Ingenieurbauten siehe unter Sti	
Stoffe für Ingenieurbauten siehe Sti	
Stoffe für Ingenieurbau siehe Sti	
d Verein Deutscher Eisenbahnverwaltungen	
d Verein Mitteleuropäischer Eisenbahnverwaltungen	
Verein Deutscher Eisenbahnverwaltungen: Bauwesen	Id
Verein Mitteleuropäischer (Deutscher) Eisenbahnverwaltungen: Bauwesen	Id
Technischer Ausschuß siehe Fdt	
Technischer Ausschuß siehe Fdt	
Allgemeiner Ausschuß des VDEV	Ida
Allgemeiner Ausschuß des VMEV	Ida
Bauausschuß des VDEV	Idb
Bauausschuß des VMEV	Idb
Brückenausschuß des VDEV	Idbr
Brückenausschuß des VMEV	Idbr
Oberbauausschuß des VDEV	Ido
Oberbauausschuß des VMEV	Ido
f Fluß-, Kanal-, Ufer- usw -bauten	
f Fluß-, Kanal-, Ufer- und sonstige Wasserbauten	
Wasserbauten (Fluß-, Kanal-, Ufer- usw -bauten), allgemeine Bestimmungen	If *
Wasserbauten (Fluß-, Kanal-, Ufer- usw -bauten), allg Bestimmungen	If

I

Ingenieurbau

Akteninhalt	Aktenzeichen
Fluß-, Kanal-, Ufer- und sonstige Wasserbauten, Allgemeines	If
Fluß-, Kanal-, Ufer- und sonstige Wasserbauten, Allgemeines	If *
Fluß-, Kanal-, Ufer- und sonstige Wasserbauten, Allgemeines	If
Änderungen an Flußläufen und Deichen	Ifä
Änderungen an Flußläufen und Deichen	Ifä
Änderungen an Flußläufen und Deichen	Ifä
Hochwasserschutzanlagen, allgemeine Bestimmungen	Ifh
Hochwasserschutzanlagen, allgemeine Bestimmungen	Ifh
Hochwasserschutzanlagen	Ifh
Hochwasserschutzanlagen (Schutzdämme, Änderungen an Flußläufen, Uferbefestigungen, Deiche usw.)	Ifh
Hochwasserschutzanlagen (Schutzdämme, Änderungen an Flußläufen, Uferbefestigungen, Deiche usw.)	Ifh
Kläranlagen	Ifk
Kläranlagen	Ifk
Kanalisation, Kläranlagen	Ifk
Kanalisation, Kläranlagen und Vorflutanlagen	Ifk
Kanalisation, Kläranlagen und Vorflutanlagen	Ifk
Vorflutsachen	Ifv
Vorflutsachen	Ifv
Vorflutanlagen	Ifv
Wasserstraßen	Ifw
Wasserstraßen	Ifw
Wasserstraßen	Ifw
Bekämpfung von Schädlingen (Kaninchen, Bisamratten usw) siehe Lesch	

Ingenieurbau

Akteninhalt	Aktenzeichen
Bekämpfung von Schädlingen (Kaninchen, Bisamratten usw) siehe Lesch	
Vertilgung von Schädlingen (Bisamratten usw.) siehe Lesch	
Wassergesetz siehe Legw *Wassergesetz siehe Legw*	
h Haushaltsangelegenheiten [nur 1992]	
Haushaltsangelegenheiten	Ih
o Oberbau	
Oberbau, allgemeine Bestimmungen	Io *
Oberbau, allgemeine Bestimmungen	Io
Oberbau, Allgemeines	Io
Oberbau, Allgemeines	Io *
Oberbau, Allgemeines	Io
Schienen- und Laschenbrüche	Iob
Schienen- und Laschenbrüche	Iob
Schienen- und Laschenbrüche	Iob
Schienenbrüche	Iob
Schienenbrüche	Iob
Bildliche Darstellung des Oberbaus	Iod
Bildliche Darstellung des Oberbaues	Iod
Bildliche Darstellung des Oberbaus	Iod
Entgleisungen, technische Untersuchungen	Ioe
Entgleisungen, technische Untersuchungen	Ioe
Entgleisungen, technische Untersuchungen	Ioe

Ingenieurbau

Akteninhalt	Aktenzeichen
Form, Tragfähigkeit und Verhalten der Schienen und Schwellen	Iof
Oberbaugeräte und Beschaffung	Iog
Oberbaugeräte und Beschaffung	Iog
Markierungszeichen (Kilometersteine, Grenzzeichen, Bogentafeln usw.)	Iok
Verwendung von Arbeitsmaschinen und -geräten (Anleitung für die Verwendung von Gleismaschinen usw)	Iom *
Verwendung von Arbeitsmaschinen und -geräten (Anleitung für die Verwendung von Gleismaschinen usw)	Iom
Verwendung von Oberbaumaschinen und -geräten	Iom
Oberbaumaschinen und Beschaffung	Iom *
Oberbaumaschinen und Beschaffung	Iom
Beschaffung von Arbeitsmaschinen und -geräten siehe M und Z	
Beschaffung von Arbeitsmasch. und -geräten siehe M und Z	
Beschaffung von Arbeitsmaschinen und -geräten siehe M und G	
Neuerungen (Erfindungen, Verbesserungen) im Oberbau	Ion
Oberbauarbeitspläne	Iop *
Oberbauarbeitspläne	Iop
Oberbauarbeitspläne	Iop
Oberbauarbeitspläne	Iop *
Oberbauarbeitspläne	Iop
Unternehmerarbeiten in der Bahnunterhaltung	Iopu
Unternehmerarbeiten in der Bahnunterhaltung	Iopu
Unternehmerarbeiten in der Bahnunterhaltung	Iopu
Unternehmeroberbauarbeiten	Iopu
Unternehmeroberbauarbeiten	Iopu

Ingenieurbau

Akteninhalt	Aktenzeichen
Rückbau	Ior
Rückbau	Ior
Spurerweiterungen, Überhöhungen und Krümmungen, Leitschienen, Spurrillen bei Wegübergängen	Ios
Spurerweiterungen, Überhöhungen und Krümmungen, Leitschienen, Spurrillen bei Wegübergängen	Ios
Spurerweiterungen, Überhöhungen, Krümmungen, Leitschienen, Spurrillen	Ios
Schienen und Schwellen	Ios
Schienen und Schwellen	Ios
Schienenschweißung	Iosch
Schienenschweißung	Iosch
Schienenschweißung	Iosch
Schienenschweißung	Iosch
Schienenschweißung	Iosch
Oberbaugeometrie	Iot
Oberbaugeometrie	Iot
Prüfung und Unterhaltung des Oberbaues (Bettung, Schienen, Schwellen)	Iou *
Prüfung und Unterhaltung d Oberbaues (Bettung, Schienen, Schwellen)	Iou
Prüfung und Unterhaltung des Oberbaus (Bettung, Schienen, Schwellen)	Iou
Prüfung und Unterhaltung des Oberbaus (Bettung, Schienen, Schwellen)	Iou *
Prüfung und Unterhaltung des Oberbaus (Bettung, Schienen, Schwellen)	Iou
Versuche mit neuen Oberbauformen und -konstruktionen; Bewährung *Unterakten nach Bedarf*	Iov *
Versuche mit neuen Oberbauformen und -konstruktionen; Bewährung *Unterakten nach Bedarf*	Iov

I Ingenieurbau

Akteninhalt	Aktenzeichen
Versuche mit neuen Oberbauformen und -konstruktionen *Unterakten bei Bedarf*	Iov
Versuche mit neuen Oberbauformen u. -konstruktionen *Unterakten nach Bedarf*	Iov
Versuche mit neuen Oberbauformen und -konstruktionen	Iov
Weichen und Kreuzungen, Leitsätze für den Bau von Weichen und Kreuzungen usw	Iow *
Weichen und Kreuzungen, Leitsätze für den Bau (von Weichen und Kreuzungen) usw	Iow
Weichen und Kreuzungen	Iow
Weichen und Kreuzungen	Iow *
Weichen und Kreuzungen	Iow
Entwurf und bauliche Durchbildung der Reichsweichen	Iowr
Entwurf und bauliche Durchbildung der Reichsweichen	Iowr
Reichsbahnweichen	Iowr
Prüfung und Unterhaltung der Weichen und Kreuzungen	Iowu
Prüfung und Unterhaltung der Weichen und Kreuzungen	Iowu
Prüfung und Unterhaltung der Weichen und Kreuzungen	Iowu
Geschäftsanweisung für die Oberbaukontrolleure siehe Oavk	
Geschäfts (Dienst-) anweisung für Oberbaukontrolleure s. Oavk	
Geschäftsanweisung für die Vorstände der Oberbauhauptlager siehe Oavo	
Geschäfts (Dienst-) anweisung für die Vorstände der Oberbauhauptlager siehe Oavo	
Oberbaustoffe siehe Sto *Oberbaustoffe siehe Sto*	
Oberbaustoffe siehe unter Sto	
Oberbaustoffe siehe Sto *Oberbaustoffe siehe Sto*	

Ingenieurbau

Akteninhalt	Aktenzeichen
Oberbaugeräte siehe Zgbo *Oberbaugeräte siehe Zgbo*	
Oberbaugeräte siehe Ggbo	
p Planverwaltung	
Planverwaltung: Ingenieurbau, allgemeine Bestimmungen	Ip *
Planverwaltung: Ingenieurbau, allgemeine Bestimmungen	Ip
Abgabe von Plänen	Ipa
Abgabe von Plänen	Ipa
Planvervielfältigung, Lichtbilder	Ipv
Planvervielfältigung, Lichtbilder	Lpv
s Bahnhofsanlagen	
s Bahnhofs- (Stations-) anlagen	
s Strecken- und Bahnhofsanlagen	
Bau, Unterhaltung und Erweiterung der Bahnhofs- (Stations-) anlagen, allgemeine Bestimmungen *Unterakten nach Bedarf*	Is *
Bau, Unterhaltung und Erweiterung der Bfs. (Stations-) anlagen, allg Best *Unterakten nach Bedarf*	Is
Bau und Unterhaltung der Bahnhofs- (Stations-) anlagen, Allgemeines *Unterakten nach Bedarf*	Is
Bau und Unterhaltung der Bahnhofs- (Stations-) anlagen, Allgemeines *– Unterakten nach Bedarf –*	Is *
Bau und Unterhaltung der Strecken- und Bahnhofsanlagen, Allgemeines	Is
Bahnhofseinrichtungen außer den maschinellen (Prellböcke, Ladelehren, Bahnsteigsperren usw)	Ise
Bahnhofseinrichtungen außer den maschinellen (Prellböcke, Ladelehren, Bahnsteigsperren usw)	Ise

Ingenieurbau

Akteninhalt	Aktenzeichen
Bahnhofseinrichtungen (wie: Prellböcke, Ladelehren, Bahnsteigsperren)	Ise
Maschinen und maschinenartige Anlagen siehe M	
Maschinen und maschinenartige Anlagen siehe M	
Maschinen und maschinenartige Anlagen siehe unter M	
Maschinen und maschinenartige Anlagen siehe M	
Maschinen und maschinenartige Anlagen siehe M	
Bahngärtnerei	Isg *
Bahngärtnerei	Isg
Gärtnerische Anlagen, Pflanzungen und Ausschmückungen	Isga
Gärtnerische Anlagen, Pflanzungen und Ausschmückungen	Isga
Kanalisation, Anschlüsse von Eisenbahngebäuden	Isk
Kanalisation, Anschlüsse von Eisenbahngebäuden	Isk
Erhöhung der Leistungsfähigkeit der Eisenbahnen durch Erweiterung und Neuanlagen von Bahnhöfen; Herstellung von Gleisen	Isl
Erhöhung der Leistungsfähigkeit der Eisenbahnen durch Erweiterung und Neuanlagen von Bahnhöfen; Herstellung von Gleisen	Isl
Erhöhung der Leistungsfähigkeit der Eisenbahn durch Erweiterung und Neuanlage von Bahnhöfen und durch Herstellung von Gleisen	Isl
Erhöhung der Leistungsfähigkeit vorhandener Bahnanlagen	Isl
Erhöhung der Leistungsfähigkeit vorhandener Bahnanlagen	Isl
Rangieranlagen	Isr *
Rangieranlagen	Isr
Rangieranlagen	Isr
Rangieranlagen	Isr
Rangieranlagen	Isr
Vogelschutz	Isv

Ingenieurbau

Akteninhalt		Aktenzeichen
Vogelschutz		Isv
Bahnsteigdächer und Schutzhallen siehe Ibd		
Bahnsteigdächer und Schutzhallen siehe Ibd		
Dächer und Hallen siehe Ibd	Dächer und Hallen siehe Ibd	
Dächer und Hallen siehe Ibd	Dächer und Hallen siehe Ibd	
Wasserleitungen siehe Mwl	Wasserleitungen siehe Mwl	
Wasserleitungen siehe Mwl	Wasserstationen siehe Mws	
Wasserstationen siehe Mws	Wasserstationen siehe Mws	
t Tunnels		
Tunnels, allgemeine Bestimmungen Unterakten nach Bedarf		It *
Tunnels, allg Bestimmungen Unterakten nach Bedarf		It
Tunnels, Allgemeines Unterakten bei Bedarf		It
Tunnel, Allgemeines Unterakten nach Bedarf		It *
Tunnel, Allgemeines		It
Beleuchtung von Tunnels, Bau		Itb
Beleuchtung von Tunnels, Bau		Itb
Entlüftung von Tunnels, Bau		Itl
Entlüftung von Tunnels, Bau		Itl
Entlüftung von Tunnels		Itl
Wegeunter- und überführungen siehe Iwu		
Wegeunter- und überführungen siehe Iwu		

Ingenieurbau

Akteninhalt	Aktenzeichen
Wegeunter- und Wegeüberführungen, Personentunnels siehe Iwu	
Wegunterführungen, Personentunnel siehe Iwu	
Wegunterführungen, Personentunnel siehe Iwu	
Maschinen und maschinenartige Anlagen siehe M	
Maschinen und maschinenartige Anlagen siehe M	
Maschinen und maschinenartige Anlagen siehe unter M	
u Unterbau	
Unterbau, allgemeine Bestimmungen	Iu *
Unterbau, allgemeine Bestimmungen	Iu
Unterbau, Allgemeines	Iu
Unterbau, Allgemeines	Iu *
Bergschäden *Unterakten nach Bedarf*	Iub
Bergschäden *Unterakten nach Bedarf*	Iub
Bergschäden *Unterakten nach Bedarf*	Iub
Böschungsbefestigungen, Stütz- und Futtermauern	Iub
Forst- und Waldwirtschaft. Bewirtschaftung bahneigener Wälder	Iuf (neu)
Gefährdung des Bahngeländes durch Naturanlagen (Fels- und Erdmassen usw) und private Unternehmen in Bahnnähe	Iug
Gefährdung des Bahngeländes durch Naturanl. (Fels- u. Erdmassen usw) u. priv. Unternehmen in Bahnnähe	Iug
Gefährdung des Bahngeländes durch Naturanlagen (Fels und Erdmassen usw.) und private Unternehmen in Bahnnähe	Iug
Gefährdung des Bahngeländes durch Naturanlagen (Fels und Erdmassen usw.), Hochwasser und private Unternehmen in Bahnnähe	Iug

Ingenieurbau

Akteninhalt	Aktenzeichen
Gefährdung des Bahngeländes durch Naturanlagen (Fels und Erdmassen usw.), Hochwasser und private Unternehmen in Bahnnähe	Iug
Hochwassernachrichtendienst	Iuh
Hochwassernachrichtendienst	Iuh
Gefährdung durch Hochwasser	Iuh
Kilometereinteilung	Iuk
Kilometereinteilung	Iuk
Längemessungen und Stationierungen siehe Lvb	
Längemessungen und Stationierungen siehe Lvb	
Markierungszeichen (Neigungszeiger, Krümmungstafeln, Geschwindigkeitstafeln)	Ium *
Markierungszeichen (Neigungszeiger, Krümmungstafeln, Geschwindigkeitstafeln)	Ium
Rutschungen (Dämme und Einschnitte)	Iur
Rutschungen (Dämme und Einschnitte)	Iur
Rutschungen (Dämme und Einschnitte)	Iur
Rutschungen, Gleishebungen (Dämme und Einschnitte)	Iur
Rutschungen, Gleishebungen (Dämme und Einschnitte)	Iur
Einfriedungen, Schneeschutzanlagen, Feuerschutzstreifen	Ius *
Einfriedungen, Schneeschutzanlagen, Feuerschutzstreifen	Ius
Einfriedungen, Schneeschutzanlagen, Feuerschutzstreifen *(siehe auch Lef)*	Ius
Einfriedungen, Schneeschutzanlagen, Feuerschutzstreifen	Ius *
Einfriedungen, Schneeschutzanlagen, Feuerschutzstreifen	Ius
Bau und Unterhaltung von Stützmauern	Iust
Bau und Unterhaltung von Stützmauern	Iust

Ingenieurbau

Akteninhalt	Aktenzeichen
Stützmauern	Iust
Umweltschutz (Landschaftspflege, Naturschutz, Sauberhaltung der Bahnanlagen, Lärmschutzwände)	Iuu
Vegetationsbau	Iuv
Vegetationsbau	Iuv
Wasserschäden	Iuw
Wasserschäden	Iuw
Wasserschäden	Iuw
Wasserschäden	Iuw
Wasserschäden	Iuw
Brandschäden siehe Rheb *Brandschäden siehe Rheb*	
Haftpflichtansprüche aus Brandschäden siehe Rhsb	
Haftpflichtansprüche aus Wasser- und Bergschäden siehe Rhsw	
Haftpflichtansprüche aus Brandschäden siehe Rhsb	
Haftpflichtansprüche aus Brandschäden siehe Rhsb	
Wassergesetz siehe Legw	
ü Übersichten	
ü Übersichten (Statistik)	
Übersichten (Statistik), allgemeine Bestimmungen, auch Sonderfälle	Iü *
Übersichten (Statistik), allg Best, auch Sonderfälle	Iü
Übersichten (Statistik), Allgemeines	Iü
Übersichten (Statistik)	Iü
Übersichten (Statistik)	Iü

Ingenieurbau

Akteninhalt	Aktenzeichen
Statiſtik über **b**auliche Anlagen (Tabelle 8 und 10 der Reichsſtatiſtik)	Iüb
Statistik über **b**auliche Anlagen (Tab 8 u. 10 der Reichsstatistik)	Iüb
Statistik über **b**auliche Anlagen	Iüb
Bahn**l**änge der Haupt- und Nebenbahnen (Tabelle 1 der Reichsſtatiſtik)	Iül
Bahn**l**änge der Haupt- ud Nebenb (Tab 1 der Reichsstatistik)	Lül
Statiſtik über **N**eigungs- und Krümmungsverhältniſſe (Tabelle 4 der Reichsſtatiſtik)	Iün
Statistik über **N**eigungs- u. Krümmungsverhältnisse (Tab 4 der Reichsstatistik)	Iün
Statiſtik über **O**berbau (Tabelle 6, 9 und 10 der Reichsſtatiſtik)	Iüo
Statistik über **O**berbau (Tab 6, 9 u. 10 d. Reichsstatistik)	Iüo
Statistik über **O**berbau	Iüo
Statiſtik über **U**nterbau (Tabelle 5 und 10 der Reichsſtatiſtik)	Iüu
Statistik über **U**nterbau (Tab 5 u. 10 d. Reichsstatist.)	Iüu
Statistik über **U**nterbau	Iüu
v Ingenieurtechnische Vermessungen	
v Ingenieurvermessungen	
Ingenieurtechnische **V**ermessungen, Allgemeines	Iv
Ingenieur**v**ermessungen, Vorschriften, Allgemeines	Iv *
Ingenieur**v**ermessungen, Vorschriften, Allgemeines	Iv
Vergabe von Ingenieurvermessungen an **D**ritte	Ivd
Vergabe von Ingenieurvermessungen an **D**ritte	Ivd
Bau- und gleistechnische **H**öhenbestimmungen, Höhenpunkte, Längs- und Querprofile, tachymetrische Höhenbestimmungen, Peilungen *Unterakten nach Bedarf*	Ivh

Ingenieurbau

Akteninhalt	Aktenzeichen
Bau- und gleistechnische **H**öhenbestimmungen, Höhenpunkte, Längs- und Querprofile, tachymetrische Höhenbestimmungen, Peilungen *Unterakten nach Bedarf*	Ivh
Bau- und gleistechnische **H**öhenbestimmungen, Höhenpunkte, Längs- und Querprofile, tachymetrische Höhenbestimmungen, Peilungen	Ivh
Senkungsbeobachtungen	Ivhs
Bau- und gleistechnische **L**agevermessungen, Aufmessungen und Absteckungen *Unterakten nach Bedarf*	Ivl
Bau- und gleistechnische **L**agevermessungen, Aufmessungen und Absteckungen *Unterakten nach Bedarf*	Ivl
Bau- und gleistechnische **L**agevermessungen, Aufmessungen und Absteckungen	Ivl
Vermessungstechnische Planei,* Laufendhaltung vermessungstechnischer Planwerke, Abgabe von Vermessungsunterlagen *Unterakten nach Bedarf*	Ivp
Vermessungstechnisches **P**lanwerk einschl. Gleisanschlußpläne	Ivp
Vermessungstechnisches **P**lanwerk einschl. Gleisanschlußpläne	Ivp
Mikroverfilmung und Reproduktion	Ivpm
Mikroverfilmung und Reproduktion	Ivpm
Vervielfältigung von Karten und Plänen	Ivpv
Allgemeine Vermessungsangelegenheiten, staatliches Vermessungswesen siehe unter Lv	
Allgemeine Vermessungsangelegenheiten, staatliches Vermessungswesen siehe Lv	
Allgemeine Vermessungsangelegenheiten, staatliches Vermessungswesen siehe Lv	
Vermessungstechnische Vermarkungsstoffe siehe Stiv	

* zum Begriff „Planei“ (vgl. Aktei, Blattei, Kartei usw.) ausführlicher siehe S. 109

Ingenieurbau

Akteninhalt	Aktenzeichen
w **Wegesachen**	
w **Wege**	
Wegesachen, allgemeine Bestimmungen *Unterakten nach Bedarf*	Iw *
Wegesachen, allg Best *Unterakten nach Bedarf*	Iw
Wege, Allgemeines *Unterakten nach Bedarf*	Iw
Wege, Allgemeines *Unterakten nach Bedarf*	Iw *
Wege, Allgemeines	Iw
Beleuchtung der Wegeübergänge	Iwb
Beleuchtung der Wegeübergänge	Iwb
Maschinen und maschinenartige Anlagen siehe M	
Maschinen und maschinenartige Anlagen siehe M	
Wegeschranken, Drehkreuze, Herstellung und Unterhaltung	Iws
Wegeschranken, Drehkreuze, Herstellung u. Unterhaltung	Iws
Aufhebung von Überwegen und Schließung von Schranken, Sicherung des Verkehrs auf Wegen	Iwss
Aufhebung von Überwegen und Schließung von Schranken, Sicherung des Verkehrs auf Wegen	Iwss
Warnungs- und Ankündigungstafeln, Läutewerke	Iwt
Warnungs- und Ankündigungstafeln, Läutewerke	Iwt
Warnungs- und Ankündigungstafeln	Iwt
Wegeunter- und überführungen, sowie Personentunnels, ausschließlich Brücken, allgemeine Bestimmungen *Unterakten nach Bedarf*	Iwu

Ingenieurbau

Akteninhalt	Aktenzeichen
Wegeunter- und überführungen, sowie Personentunnels, ausschließlich Brücken, allg Best. *Unterakten nach Bedarf*	Iwu
Wegeunter- und Wegeüberführungen, Personentunnels (ausgenommen Brücken) *Unterakten nach Bedarf*	Iwu
Wegunterführungen, Personentunnel (ausgenommen Brücken) *Unterakten nach Bedarf*	Iwu
Wegunterführungen, Personentunnel (ausgenommen Brücken)	Iwu
Sicherung von Wegübergängen *	Iwü
Bahnübergänge *	Iwü
Bahnübergänge	Iwü
Beleuchtung von Wegübergängen	Iwüb
Einrichtung und Auflassung von Wegübergängen, Schranken und sonstigen Sicherungen für Wegübergänge	Iwüs
Sicherung von Bahnübergängen	Iwüs
Sicherung von Bahnübergängen	Iwüs

Bedienung und Besetzung der Schranken siehe Iaws

Bedienung und Besetzung der Schranken siehe Iaws

Bedienung und Besetzung der Schranken siehe Iaws

* Die alte BO ging von der Perspektive der Eisenbahn aus und nannte daher *Weg*übergänge; die neue EBO dagegen spricht aus der Perspektive des Straßenbenutzers von *Bahn*übergängen.

Kassen- und Rechnungswesen / Finanzwesen

Akteninhalt	Aktenzeichen
a Allgemeines	
Kassen- und Rechnungswesen, allgemeine Bestimmungen	Ka *
Kassen- und Rechnungswesen, allg Bestimmungen	Ka
Wirtschaftsführung, Kassen- und Rechnungswesen, Allgemeines	Ka
Finanzwesen (früher Kassenwesen usw.), Allgemeines	Ka
Finanzwesen (früher Kassenwesen usw.), Allgemeines	Ka
Ausschüsse	Kaa
Ausschüsse	Kaa
Finanzausschuß	Kaaf
Finanzausschuß	Kaaf
Besprechungen	Kab
Besprechungen	Kab
Besprechungen	Kab
Besprechungen, Ausschüsse	Kab
Ordnungen, allgemeine Bestimmungen	Kao
Ordnungen, allgemeine Bestimmungen	Kao
Finanzordnung	Kaof
Finanzordnung	Kaof
Reichshaushaltsordnung	Kaor
Reichshaushaltsordnung	Kaor
Vorschriften sachlichen Inhalts (FO XII)	Kaov
Vorschriften sachlichen Inhalts (FO XII)	Kaov
Wirtschaftsordnung	Kaow
Wirtschaftsordnung	Kaow

Kassen- und Rechnungswesen / Finanzwesen

Akteninhalt	Aktenzeichen
Wirtschaftsvorschrift (DV 215)	Kaw
Rechnungsprüfungsordnung siehe Oavp	
Rechnungsprüfungsordnung siehe Oavp	
Rechnungsprüfungsordnung siehe Ovr	
Die Gruppen „Kb“ unterscheiden sich stark, deshalb folgt hier die blockweise Darstellung.	
b Bezirksabrechnung	
Bezirksabrechnung, allgemeine Bestimmungen	Kb *
Bezirksabrechnung, allgemeine Bestimmungen	Kb
Abrechnungsvorschrift 1	Kb 1
Abrechnungsvorschrift 1	Kb 1
Abrechnungsvorschrift 2	Kb 2
I. Zentrale Stellen (Hauptverwaltung, Reichsbahn-Zentralamt, Versuchsabteilungen und Versuchsanstalten) II. Geschäftsführungskosten	
Abrechnungsvorschrift 2	Kb 2
I. Zentrale Stellen (RVM, RZA, Versuchsabt. u. Versuchsanstalten II. Geschäftsführungskosten	
Abrechnungsvorschrift 3 – Bilanzvorschrift –	Kb 3
Abrechnungsvorschrift 3 – Bilanzvorschrift –	Kb 3
Abrechnungsvorschrift 4	Kb 4
I. Fahrdienstgemeinschaften II. Bildung von Personen- und Güterzügen	
Abrechnungsvorschrift 4: I. Fahrdienstgemeinschaften II. Bildung v. Pers.-u. Güterzügen	Kb 4

Kassen- und Rechnungswesen / Finanzwesen

Akteninhalt	Aktenzeichen
Abrechnungsvorschrift 5 * – Zoll- und Grenzdienst –	Kb 5
Abrechnungsvorschrift 6 – Gemeinsamer Ein- und Verkauf –	Kb 6
Abrechnungsvorschrift **6**: Stoffe, Fahrzeuge, Sonstiges	Kb 6
Abrechnungsvorschrift 7 – Drucksachen, Schreib- und Zeichenwaren –	Kb 7
Abr.Vorschr. **7**: Drucksachen, Schreib- u. Zeichenwar.	Kb 7
Abrechnungsvorschrift 8 –Verwaltung der Güterwagen –	Kb 8
Abrechnungsvorschrift 9 – Arbeiten in den Ausbesserungsstellen –	Kb 9
Abrechnungsvorschrift 10 I. Verschiedene Einnahmen II. Ersatzleistungen aus dem Verkehr III. Ruhegehalts- und Hinterbliebenenbezüge	Kb 10
Abr.Vorschr. **10**:** I. Verschiedene Einnahmen II. Ersatzleistungen aus dem Verkehr III. Ruhegehalts- u. Hinterbliebenenbezüge	Kb 10
Abrechnungsvorschrift 20 – Dienstgutbeförderung –	Kb 20
Abr.Vorschr. **20**: Dienstgutbeförderung	Kb 20
Abrechnungsvorschrift 21 Abrechnung der Einnahmen und Fahrtausweise mit Wahlwegen	Kb 21
Abr.Vorschr. **21**: Abrechnung der Einnahmen und Fahrtausweise mit Wahlwegen	Kb 21
Abrechnungsvorschrift 22 Abrechnung der Einnahmen aus dem Personen-, Gepäck- und Expreßgutverkehr. – Vorschriften für die Fahrkartenausgaben –	Kb 22
Abr.Vorschr. **22**: Abrechnung der Einnahmen aus dem Personen-, Gepäck- und Expreßgutverkehr. – Vorschriften für die Fahrkartenausgaben –	Kb 22

* fehlt in der Ausgabe 1943

** folgt in der Ausgabe 1943 unmittelbar auf Kb 7

Kassen- und Rechnungswesen / Finanzwesen

Akteninhalt	Aktenzeichen
Abrechnungsvorschrift 23	Kb 23
Abrechnung der Einnahmen aus dem Personen-, Gepäck- und Expreßgutverkehr. – Vorschriften für die Verkehrskontrollen I –	
Abr.Vorschr. 23: Abrechnung der Einnahmen aus dem Personen-, Gepäck- und Expreßgutverkehr. – Vorschriften für die Verkehrskontrollen I. –	Kb 23
Abrechnungsvorschrift 24	Kb 24
Abrechnung der Einnahmen aus dem Personen-, Gepäck- und Expreßgutverkehr. – Vorschriften für die Verkehrskontrollen II –	
Abr.Vorschr. 24: Abrechnung der Einnahmen aus dem Personen-, Gepäck- und Expreßgutverkehr. – Vorschriften für die Verkehrskontrollen II. –	Kb 24
Hauptabrechnungsstelle	Kbh
Hauptabrechnungsstelle	Kbh
b Buchungswesen	
b Finanzbuchführung	
Buchungswesen, Allgemeines	Kb
Finanzbuchführung, Allgemeines	Kb *
Finanzbuchführung, Allgemeines	Kb
Sachanlagenrechnung, Jahresabschlußvorschriften – DS 217 –	Kba
Sachanlagenrechnung, Jahresabschlußvorschriften — DS 217 —	Kba
Buchungsvorschrift (DV 216 Abschn. I – III)	Kbb
Abrechnung der Bezüge der Beamten und Versorgungsberechtigten sowie der Renten (Abt. B) – DS 200 bis 203 und 206 –	Kbb
Besondere Einziehungs- und Auszahlungsverfahren – DS 272 / V –	Kbe

Kassen- und Rechnungswesen / Finanzwesen

Akteninhalt	Aktenzeichen
Jahresabschluß	Kbj
Jahresabschluß	Kbj
Kontenrahmen – DS 216 –	Kbk
Kontenrahmen — DS 216 —	Kbk
Lohn- und Vergütungsabrechnung – DS 208 –	Kbl
Lohnabrechnung	Kbll
Abrechnung der Angestelltenvergütung	Kblv
Abrechnung der Nebenbezüge – DS 272 / III –	Kbn
Buchung von Sachgebieten (DV 216 Abschn. IV)	Kbs
Stoffbuchführung	Kbs *
Stoffbuchführung	Kbs
Allgemeine Stoffe, einschl. für Betriebsführung – DS 257 –	Kbsa
Allgemeine Stoffe, einschl. für Betriebsführung — DS 257 —	Kbsa
Notstandsstoffe	Kbsn
Notstandsstoffe	Kbsn
Oberbaustoffe – DS 255 –	Kbso
Oberbaustoffe — DS 255 —	Kbso
Lagerprüfungen – DS 257 / V –	Kbsp
Lagerprüfungen — DS 257 / V —	Kbsp
Behandlung der Lieferrechnungen für Stoffe – DS 257 / VIII –	Kbsr
Behandlung der Lieferrechnungen für Stoffe — DS 257 / VIII —	Kbsr
Verbrauchsstellen – DS 257 / IV –	Kbsv
Verbrauchsstellen — DS 257 / IV —	Kbsv
Werkstättenabrechnung	Kbw *

Kassen- und Rechnungswesen / Finanzwesen

Akteninhalt	Aktenzeichen
Werkstättenabrechnung — DS 286 —	Kbw
Die Gruppen „Kd" unterscheiden sich stark, deshalb folgt hier die blockweise Darstellung.	
d Verein deutscher Eisenbahnverwaltungen	
d Verein mitteleuropäischer Eisenbahnverwaltungen	
Verein Deutscher Eisenbahnverwaltungen: Kassen- und Rechnungswesen, Mittelwirtschaft	Kd
Verein Mitteleuropäischer (Deutscher) Eisenbahnverwaltungen: Kassen- und Rechnungswesen, Mittelwirtschaft	Kd
Ständiger Unterausschuß für Abrechnungs- und Währungsfragen	Kda
Ständiger Unterausschuß für Abrechnungs- und Währungsfragen	Kda
Übereinkommen betreffend die Abrechnung im Verein (VAÜ)	Kdü
Übereinkommen betreffend die Abrechnung im Verein (VAÜ)	Kdü
d Drucksachen- und Druckereiangelegenheiten	
Drucksachen- und Druckereiangelegeheiten, Allgemeines	Kd *
Druckereiangelegenheiten der Bundesbahndruckereien – DS 209 / XI –	Kda
Drucksachenangelegenheiten, Drucksachenvorschrift – DS 209 ausgen. Anhänge V, VIII und XI –	Kdd
Schreib- und Zeichenwaren – DS 209 / VIII –	Kds
Vergabe und Abrechnung von Druckaufträgen – DS 209 / V –	Kdv

Kassen- und Rechnungswesen / Finanzwesen

K

Akteninhalt	Aktenzeichen
f Finanzierung der Reichsbahn	
f Finanzierung der Bundesbahn	
f Kredite (fremde Zahlungsmittel)	
Finanzierung der Reichsbahn, allgemeine Bestimmungen	Kf
Finanzierung der Reichsbahn, allg Bestimmungen	Kf
Finanzierung der Bundesbahn, Allgemeines	Kf
Kredite von Fremden an Fremde	Kf
Kredite von Fremden an Fremde	Kf
Anleihen, Kassenobligationen, Schatzanweisungen	Kfa
Anleihen, Kassenobligationen, Schatzanweisungen	Kfa
Andere Kredite	Kfk
Andere Kredite	Kfk
Andere Schulden	Kfs
Andere Schulden	Kfs
k Kassenwesen	
Kassenwesen, allgemeine Bestimmungen	Kk *
Kassenwesen, allgemeine Bestimmungen	Kk
Kassenwesen, Allgemeines	Kk
Kassenwesen, Allgemeines	Kk *
Kassenwesen, Allgemeines	Kk
Kassenablieferungen	Kka
Kassenablieferungen	Kka
Kassenablieferungen	Kka

K Kassen- und Rechnungswesen / Finanzwesen

Akteninhalt	Aktenzeichen
Allgemeine Kassenangelegenheiten – DS 261 –	Kka
Allgemeine Kassenangelegenheiten — DS 261 —	Kka
Firmen- und Prokuraänderungen	Kkä
Firmen- und Prokuraänderungen	Kkä
Firmen- und Prokuraänderungen	Kkä
Beförderung von Dienstgeldern	Kkb
Beförderung von Dienstgeldern	Kkb
Bezirkskassenangelegenheiten – DS 263 –	Kkb
Bezirkskassenangelegenheiten — DS 263 —	Kkb
Beförderung von Dienstgeldern	Kkd
Verlustentschädigung für Kassenführer	Kke
Verlustentschädigung für Kassenführer	Kke
Verlustentschädigung für Kassenbeamte	Kke
Anlage verfügbarer Gelder	Kkg
Anlage verfügbarer Gelder	Kkg
Anlage verfügbarer Gelder	Kkg
Geldverkehr mit Banken und anderen Geldanstalten	Kkgb
Geldverkehr mit Banken und anderen Geldanstalten	Kkgb
Geldverkehr mit Banken und anderen Geldanstalten	Kkgb
Geldverkehr mit der Verkehrskreditbank; Bankstundungs-dienstanweisung (BStDA)	Kkgbk
Geldverkehr mit der Verkehrskreditbank; Bank-stundungsdienstanweisung (BStDA)	Kkgbk
Geldverkehr mit der Deutschen Verkehrs-Kredit-Bank, Bankstundungsvorschriften (DV 627)	Kkgk

Kassen- und Rechnungswesen / Finanzwesen

Akteninhalt	Aktenzeichen
Kassendienst der Nebenbahnen, Haltestellen und Bahnagenturen	Kkh
Kassendienst der Nebenbahnen, Haltestellen und Bahnagenturen	Kkh
Beitragserhebung durch Bundesbahnkassen (Mitgliederbeiträge usw.)	Kkh
Hauptkassenangelegenheiten – DS 262 –	Kkh
Hauptkassenangelegenheiten — DS 262 —	Kkh
Beitragserhebung durch Eisenbahnkassen (Mitgliederbeiträge usw.)*	Kklb
Beitragserhebung durch Eisenbahnkassen (Mitgliederbeiträge usw.)*	Kklb
Zahlungsmittel (Münzen und Wertpapiere), allgemeine Bestimmungen	Kkm
Zahlungsmittel (Münzen u. Wertpapiere), allg Best	Kkm
Zahlungsmittel (Münzen und Wertpapiere), Allgemeines	Kkm
Falsche und beschädigte Zahlungsmittel	Kkmb
Falsche und beschädigte Zahlungsmittel	Kkmb
Falsche und beschädigte Zahlungsmittel	Kkmb
Eigene Zahlungsmittel	Kkme
Eigene Zahlungsmittel	Kkme
Eigene Zahlungsmittel	Kkme
Fremde Zahlungsmittel (Devisen, Kurse)	Kkmf
Fremde Zahlungsmittel (Devisen, Kurse)	Kkmf
Fremde Zahlungsmittel (Devisen, Kurse)	Kkmf
Ordnungen im Kassenwesen	Kko
Ordnungen im Kassenwesen	Kko
Baukassenordnung	Kkob
Baukassenordnung	Kkob

* Eine Gruppe Kkl ist nicht nachweisbar; wie es zum Bruch der Systematik kam, war nicht mehr zu ermitteln.

Kassen- und Rechnungswesen / Finanzwesen

Akteninhalt	Aktenzeichen
Hauptkassenordnung	Kkoh
Hauptkassenordnung	Kkoh
Stationskassenordnung und Dienstanweisung für Stationskassen	Kkos
Stationskassenordnung und Dienstanweisung für Stationskassen	Kkos
Kassenprüfungen und Übergabe von Kassen, allgemeine Bestimmungen	Kkp *
Kassenprüfungen und Übergabe von Kassen, allg Best	Kkp
Kassenprüfungen und Übergabe von Kassen, Allgemeines	Kkp
Kassenprüfungen – DS 251 –	Kkp
Kassenprüfungen — DS 251 —	Kkp
Reichshauptkasse	Kkr
Reichshauptkasse	Kkr
Sicherung der Kassenräume und Geldschränke	Kks
Sicherung der Kassenräume und Geldschränke	Kks
Sicherung der Kassenräume und Goldschränke*	Kks
Kassensicherung – DS 132 F –	Kks *
Kassensicherung	Kks
Giroverkehr und Scheckverkehr	Kksch *
Giroverkehr und Scheckverkehr	Kksch
Giro- und Scheckverkehr	Kksch
Kassenunregelmäßigkeiten	Kku
Kassenunregelmäßigkeiten	Kku
Kassenüber- und minderbeträge	Kkü
Kassenüber- und minderbeträge	Kkü

* Das Druckstück (1954) nennt tatsächlich Gold- und keine Geldschränke. Wohl ein Satzfehler: 1927 und 1943 heißt es noch „Geldschränke“.

Kassen- und Rechnungswesen / Finanzwesen

Akteninhalt	Aktenzeichen
Kassenüberschüsse und -fehlbeträge	Kkü
Kassenangelegenheiten der übrigen Kassen (Sonderkassen – DS 265 –, Einzelkassen – DS 266 –)	Kkü
Kassenangelegenheiten der übrigen Kassen	Kkü
Defektenwesen (Kassendefekte und sonstige) *Unterakten nach Bedarf*	Kküd
Defektenwesen (Kassendefekte und sonstige) *Unterakten nach Bedarf*	Kküd
Erstattungsverfahren nach dem Erstattungsgesetz (Erstattungsbeschlüsse) *Unterakten nach Bedarf*	Kküe
Kassenberaubungen	Kkür
Kassenberaubungen	Kkür
Kassenberaubungen	Kkür
Vorschriften im Kassenwesen, Allgemeines (KV I – DV 261)	Kkv
Verkehrskassenangelegenheiten – DS 264 –	Kkv
Verkehrskassenangelegenheiten — DS 264 —	Kkv
Bestimmungen für die Abfertigungskassen (KV IV – DV 264)	Kkva
Bestimmungen für die Bezirks- und Werkkassen (KV III – DV 263)	Kkvb
Bestimmungen für die Hauptkassen (KV II – DV 262)	Kkvh
Zentralkasse der DRG	Kkz
Zentralkasse der Dt. Rb.	Kkz
m Mittelwirtschaft	
Mittelwirtschaft, allgemeine Bestimmungen	Km *
Mittelwirtschaft, allgemeine Bestimmungen	Km
Mittelwirtschaft, Allgemeines	Km

K Kassen- und Rechnungswesen / Finanzwesen

Akteninhalt	Aktenzeichen
Anlagezuwachsrechnung	Kma *
Anlagezuwachsrechnung	Kma
Anlagevermögen (Erhebungen, Bewertungen, Zu- und Abgänge) *Unterakten nach Bedarf*	Kma
Wirtschafts**p**lan (Kostenanschläge) für die Anlagezuwachsrechnung	Kmap
Wirtschafts**p**lan (Kostenanschläge) für die Anlagezuwachsrechnung	Kmap
Abweichungen vom Wirtschaftsplan der Anlagezuwachsrechnung	Kmapa
Abweichungen vom Wirtschaftsplan der Anlagezuwachsrechnung	Kmapa
Allgemeine **U**nkosten der Anlagezuwachsrechnung	Kmau
Allgemeine **U**nkosten der Anlagezuwachsrechnung	Kmau
Voranschlag für die Anlagezuwachsrechnung	Kmav
Voranschlag für die Anlagezuwachsrechnung	Kmav
Betriebsrechnung	Kmb *
Betriebsrechnung	Kmb
Wirtschafts**k**ontrolle	Kmbk
Wirtschafts**k**ontrolle	Kmbk
Wirtschafts**p**lan *Unterakten nach Bedarf*	Kmbp
Wirtschafts**p**lan *Unterakten nach Bedarf*	Kmbp
Abweichungen vom Wirtschaftsplan der Betriebsrechnung	Kmbpa
Abweichungen vom Wirtschaftsplan der Betriebsrechn.	Kmbpa
Voranschlag für die Betriebsrechnung (Bestimmungen und Nachweisungen) *Unterakten nach Bedarf*	Kmbv
Voranschlag für die Betriebsrechnung (Best und Nachweisungen) *Unterakten nach Bedarf*	Kmbv

Kassen- und Rechnungswesen / Finanzwesen

Akteninhalt	Aktenzeichen
Finanzielle Beteiligung der Reichsbahnverwaltung an Unternehmen und Nebenbetrieben *Unterakten nach Bedarf*	Kmf
Finanzielle Beteiligung der Reichsbahn(verwaltung) an Unternehmen und Nebenbetr. *Unterakten nach Bedarf*	Kmf
Finanzielle Beteiligung der Bundesbahn an Unternehmen und Nebenbetrieben *Unterakten nach Bedarf*	Kmf
Bargeldwirtschaft (Anforderung, Verteilung und Abwicklung)	Kmg
Geldmeldungen	Kmgm
Übersichten und Abschlüsse, allgemeine Bestimmungen	Kmü *
Übersichten u. Abschlüsse, allg Best	Kmü
Übersichten und Abschlüsse, Allgemeines	Kmü
Ausgabeübersichten	Kmüa
Ausgabeübersichten	Kmüa
Ausgabeübersichten	Kmüa
Einnahmeübersichten	Kmüe
Einnahmeübersichten, Betriebsergebnisse	Kmüe
Einnahmeübersichten	Kmüe
Finanzberichte	Kmüf
Finanzberichte	Kmüf
Finanzberichte	Kmüf
Bargeldwirtschaft (Anforderung, Verteilung)	Kmüg
Abrechnungswesen (Bezirksabrechnung) siehe Kb	
Bargeldwirtschaft (Anforderung, Verteilung)	Kmüg
Abrechnungswesen (Bezirksabrechnung) siehe Kb	

Akteninhalt	Aktenzeichen
Geldmeldungen	Kmügm
Geldmeldungen	Kmügm
Jahresabschlüsse	Kmüj
Jahresabschlüsse	Kmüj
Jahresabschlüsse	Kmüj
Zu- und Abgang beim Anlagekapital	Kmük
Zu- und Abgang beim Anlagekapital	Kmük
Statistischer Betriebsrechnungsabschluß	Kmüs
Statistischer Betriebsrechnungsabschluß	Kmüs
Statistische Erhebungen über Finanz- und Wirtschaftsergebnisse	Kmüs
Voranschläge für den Wirtschaftsplan	Kmv
Betriebsrechnung *Unterakten nach Bedarf*	Kmvb
Neubaurechnung	Kmvn
Wirtschaftsplan *Unterakten nach Bedarf*	Kmw
Abweichungen vom Wirtschaftsplan *Unterakten nach Bedarf*	Kmwa
Abweichungen vom Wirtschaftsplan der Betriebsrechnung	Kmwab
Abweichungen vom Wirtschaftsplan der Neubaurechnung	Kmwan
r Rechnungswesen	
r formelles Rechnungswesen	
Rechnungswesen, allgemeine Bestimmungen	Kr *
Rechnungswesen, allgemeine Bestimmungen	Kr

Kassen- und Rechnungswesen / Finanzwesen

Akteninhalt	Aktenzeichen
Rechnungswesen, Allgemeines	Kr
Formelles Rechnungswesen, Allgemeines – DS 272 –	Kr *
Formelles Rechnungswesen, Allgemeines — DS 272 —	Kr
Dienstgutbeförderung	Krd
Formelles Rechnungswesen Dienstgut – DS 245 –	Krd
Formelles Rechnungswesen Dienstgut — DS 245 —	Krd
Leistungen für Dritte (Fremde) – DS 226 A –, – DS 226 B –	Krf *
Leistungen für Dritte (Fremde) — DS 226 —	Krf
Einnahme- und Wegfallkontrolle	Krk
Einnahme- und Wegfallkontrolle	Krk
Leistungen zugunsten Dritter (fremde Verwaltungen und Private)	Krl *
Leistungen zugunsten Dritter (fremde Verwaltungen und Private)	Krl
Leistungen zugunsten Dritter (fremde Verwaltungen und Private)	Krl
Leistungen für die DB – DS 273 –	Krl
Leistungen für die DB — DS 273 —	Krl
Leistungen zugunsten der Besatzung	Krlb
Vernichtung von Rechnungen, Kassenbüchern, Belegen und Akten	Krn
Vernichtung von Rechnungen, Kassenbüchern, Belegen und Akten	Krn
Vernichtung von Rechnungen, Kassenbüchern, Belegen und Akten	Krn
Ordnungen im Rechnungswesen	Kro
Ordnungen im Rechnungswesen	Kro
Anweisung zur Rechnungslegung (FO XI)	Kroa
Anweisung zur Rechnungslegung (FO XI)	Kroa
Buchungsordnung	Krob

Akteninhalt	Aktenzeichen
Buchungsordnung	Krob
Rechnungsordnung	Kror
Rechnungsordnung	Kror
Porto- und Bürokassen	Krp
Porto- und Bürokassen	Krp
Rechnungsvorschrift Teil I (DV 272)	Krr
Ergänzende Rechnungsbestimmungen	Krr
Ergänzende Rechnungsbestimmungen	Krr
Schadens- und Schuldnerliste	Krs
Schadens- und Schuldnerliste	Krs
Einnahme- und Ausgabewegfallüberwachung	Krü
Verwahrgelder, Vorschüsse	Krv
Verwahrgelder, Vorschüsse	Krv
Verwahrgelder, Vorschüsse	Krv
Vollabrechnung der Reichsbahn-Ausbesserungswerke	Krw *
Vollabrechnung der Reichsbahn-Ausbesserungswerke	Krw
Abrechnung der Werkstättenleistungen	Krw
Kassen- und Rechnungsvorschriften über die Dienst- und Versorgungsbezüge siehe Pbr	
Lohnabrechnungsvorschriften siehe Pltr	
ü Übersichten (Statistik)	
Übersichten (Statistik), allgemeine Bestimmungen und Sonderfälle	Kü
Übersichten (Statistik), allg Best und Sonderfälle	Kü
Übersichten (Statistiken), allgemeine Bestimmungen und Sonderfälle	Kü

Akteninhalt	Aktenzeichen
Sonstige Übersichten der Mittelwirtschaft siehe Kmü	
Sonstige Übersichten der Mittelwirtschaft s. Kmü	
Sonstige Übersichten der Mittelwirtschaft siehe Kmü	
w Wirtschaftsführung	
Wirtschaftsführung, Allgemeines – DS 215 –	Kw *
Wirtschaftsführung, Allgemeines — DS 215 —	Kw
Wirtschaftsplan, Allgemeines	Kwa
Beschaffung von Vorratsstoffen	Kwb
Beschaffung von Vorratsstoffen	Kwb
Einnahmen	Kwe
Einnahmen	Kwe
Geldwirtschaft	Kwg
Geldwirtschaft	Kwg
Personalausgaben	Kwp
Personalausgaben	Kwp
Sachausgaben des laufenden Betriebes	Kws
Sachausgaben des laufenden Betriebes	Kws
Sachanlagenvorhaltung	Kwv
Sachanlagenvorhaltung	Kwv

Kassen- und Rechnungswesen / Finanzwesen

Akteninhalt	Aktenzeichen
k Bezügeabrechnung	
Bezügeabrechnung, Allgemeines	Kz
Abrechnung der Bezüge der Beamten und Versorgungsberechtigten — DS 200 und 201 —	Kzb
Abrechnung der Bezüge der Beamten — DS 200 —	Kzbb
Abrechnung der Bezüge der Versorgungsberechtigten — DS 201 —	Kzbv
Besondere Einziehungs- und Auszahlungsverfahren — DS 272 / IV —	Kze
Familien- und kinderbezogene Auszahlungsverfahren — DS 202 —	Kzf
Lohn- und Vergütungsabrechnung — DS 208 —	Kzl
Lohnabrechnung	Kzll
Abrechnung der Angestelltenvergütung	Kzlv
Abrechnung der Nebenbezüge — DS 204 —	Kzn
Zahlung der Zusatzrenten BVA Abt. B —DS 206 —	Kzr
Überweisung persönlicher Bezüge und sonstiger Bezüge — DS 203 —	Kzü

Liegenschaften

L

Akteninhalt	Aktenzeichen
a Allgemeines	
Liegenschaften, allgemeine Bestimmungen	La
Liegenschaften, allgemeine Bestimmungen	La
Liegenschaften, Allgemeines	La
Liegenschaften, Allgemeines	La
Liegenschaften, Allgemeines	La
Gebühren und Steuern	Lag
Gebühren und Steuern	Lag
Deichkassenbeiträge	Lagd
Deichkassenbeiträge	Lagd
Grunderwerbsteuer	Lage
Grunderwerbssteuer	Lage
Wertzuwachssteuer	Lagw
Wertzuwachssteuer	Lagw
Übergang von Grundeigentum auf das Reich	Laü
Übergang von Grundeigentum auf das Reich	Laü
e Eigentumsverhältnisse	
Eigentumsverhältnisse, Erwerb, Tausch, Verkauf und Grunddienstbarkeiten, allgemeine Bestimmungen *Unterakten nach Bedarf*	Le *
Eigentumsverhältnisse, Erwerb, Tausch, Verkauf und Grunddienstbarkeiten, allg Best *Unterakten nach Bedarf*	Le
Eigentumsverhältnisse, Erwerb, Tausch, Verkauf, Erbbaurechte und Grunddienstbarkeiten, Allgemeines *Unterakten nach Bedarf*	Le

Liegenschaften

Akteninhalt	Aktenzeichen
Eigentumsverhältnisse, Erwerb, Tausch, Verkauf, Erbbaurechte und Grunddienstbarkeiten, Allgemeines *Unterakten nach Bedarf*	Le *
Eigentumsverhältnisse, Erwerb, Tausch, Verkauf, Erbbaurechte und Grunddienstbarkeiten, Allgemeines	Le
Eingemeindungen	Lee
Eingemeindungen	Lee
Eingemeindungen	Lee
Feuerschutzstreifen	Lef
Feuerschutzstreifen	Lef
Feuerschutzstreifen	Lef
Gesetze über die Grundverwaltung	Leg
Gesetze über die Grundverwaltung	Leg
Gesetze über die Grundverwaltung	Leg
Gesetze über die Grundverwaltung	Leg
Gesetze über die Grundverwaltung	Leg
Kreuzung von Eisenbahnstrecken (DB) mit (Bundes-) Wasserstraßen	Legb
Enteignungsgesetz	Lege
Enteignungsgesetz	Lege
Enteignungsgesetz	Lege
Enteignung	Lege
Enteignung	Lege
Grundbuchordnung und Ausführungsbestimmungen	Lego
Grundbuchordnung und Ausführungsbestimmungen	Lego
Grundbuchordnung und Ausführungsbestimmungen	Lego

Liegenschaften

Akteninhalt	Aktenzeichen
Wassergesetz	Legw
Wassergesetz	Legw
Wassergesetz	Legw
Wassergesetz	Legw
Wassergesetz	Legw
Urbarmachung von Ödländereien	Leö
Urbarmachung von Odländereien	Leö
Urbarmachung von Ödländereien	Leö
Rechtsstreitigkeiten, Prozesse in der Grundverwaltung	Ler
Rechtsstreitigkeiten, Prozesse in der Grundverwaltung	Ler
Rechtsstreitigkeiten, Prozesse in der Grundverwaltung	Ler
Eigentumsstörungen, allgemeine Bestimmungen *Unterakten nach Bedarf*	Les
Eigentumsstörungen, allg Best *Unterakten nach Bedarf*	Les
Eigentumsstörungen, Allgemeines *Unterakten nach Bedarf*	Les
Eigentumsstörungen, Allgemeines *Unterakten nach Bedarf*	Les
Eigentumsstörungen, Allgemeines	Les
Vertilgung von Schädlingen (Kaninchen, Bisamratten usw.)	Lesch
Vertilgung von Schädlingen (Kaninchen, Bisamratten usw)	Lesch
Vertilgung von Schädlingen (Bisamratten usw.)	Lesch
Grundbesitzverzeichnisse (Immobilieninventar), Liegenschaftsbücher und Nachträge	Lev *
Grundbesitzverzeichnis (Immobilieninventar), Liegenschaftsbücher und Nachträge	Lev

Liegenschaften

Akteninhalt	Aktenzeichen
Vegetationsbau, Umweltschutz	Lev
Vegetationsbau, Umweltschutz	Lev
Wald- und Wiesengenossenschaften	Lew
Wald- und Wiesengenossenschaften	Lew
Wald- und Wiesengenossenschaften	Lew
f Fondshäuser	
Fondshäuser, allgemeine Bestimmungen	Lf
Eigentumsverhältnisse	Lfe
Hochbauangelegenheiten	Lfh
Mietzahlung	Lfm
Steuern und Gebühren	Lfs
Unterhaltung der Fondshäuser *Unterakten nach Bedarf. Dem Aktenzeichen ist zur Unterscheidung die nähere Bezeichnung des Hauses (z B eine Ordnungsnummer) beizufügen.*	Lfu
Übersichten (Statistik)	Lfü
Verwaltung der Fondshäuser *Unterakten nach Bedarf. Dem Aktenzeichen ist zur Unterscheidung die nähere Bezeichnung des Hauses (z B eine Ordnungsnummer) beizufügen.*	Lfv
Besorger (Hausmeister)	Lfvb
Versicherung gegen Feuer usw	Lfvv

Liegenschaften

Akteninhalt	Aktenzeichen
g Gewerbebetriebe	
Gewerbebetriebe auf Bahngelände, allgemeine Bestimmungen, Gewerbedienstanweisung (GAA)	Lg *
Gewerbebetriebe auf Bahngelände, allgemeine Bestimmungen, Gewerbedienstanweisung (GAA)	Lg
Gewerbebetriebe (auf Bahngelände), Allgemeines	Lg
Gewerbebetriebe (auf Bahngelände), Gewerbeordnung, Allgemeines	Lg *
Gewerbebetriebe (auf Bahngelände), Gewerbeordnung, Allgemeines	Lg
Aushangwesen	Lga *
Aushangwesen	Lga
Aushangwesen	Lga
Aushangwesen	Lga *
Aushangwesen	Lga
Gebührenfreie Aushänge	Lgag
Gebührenfreie Aushänge	Lgag
Gebührenfreie Aushänge	Lgag
Gebührenfreie Aushänge	Lgag
Gebührenfreie Aushänge	Lgag
Bahnhofsbuchhandel	Lgb
Bahnhofsbuchhandel	Lgb
Bahnhofsbuchhandel	Lgb
Buchhandlungen	Lgb
Buchhandlungen	Lgb
Friseure	Lgf
Friseure	Lgf

Liegenschaften

Akteninhalt	Aktenzeichen
Friseure	Lgf
Friseure	Lgf
Friseure	Lgf
Geldwechselstuben	Lgg
Geldwechselstuben	Lgg
Geldwechselstuben	Lgg
Geldwechselstuben	Lgg
Geldwechselstuben	Lgg
Warenhandel in Dienst- und Arbeitsräumen	Lgh
Warenhandel in Dienst- und Arbeitsräumen	Lgh
Warenhandel in Dienst- und Arbeitsräumen	Lgh
Eisenbahn-Klosettbetriebe	Lgk
Eisenbahn-Klosettbetriebe	Lgk
Eisenbahn-Klosettbetriebe	Lgk
Klosettbetriebe	Lgk
Toilettenbetriebe (früher Klosett-)	Lgk
Lichtspieltheater	Lkl
Kinos (früher Lichtspieltheater)	Lgl
Reichsgewerbeordnung, Gewerbegerichte	Lgo
Reichsgewerbeordnung, Gewerbegerichte	Lgo
Gewerbeordnung	Lgo
Reklamewesen, allgemeine Bestimmungen (Reklame A)	Lgr *
Reklamewesen, allgemeine Bestimmungen (Reklame A)	Lgr
Reklamewesen, Allgemeines	Lgr

Liegenschaften

Akteninhalt	Aktenzeichen
Reklamewesen	Lgr *
Reklamewesen	Lgr
Reklamegesellschaften	Lgrg
Reklamegesellschaften	Lgrg
Reklamegesellschaften	Lgrg
Reklamegesellschaften	Lgrg
Reklamegesellschaften	Lgrg
Reklame in und an Kraftfahrzeugen	Lgrk
Reklame in und an Kraftfahrzeugen	Lgrk
Lichtreklame	Lgrl
Lichtreklame	Lgrl
Lichtreklame	Lgrl
Reklame in den Wagen	Lgrw
Reklame in den Wagen	Lgrw
Reklame in den Wagen	Lgrw
Reklame in und an Wagen, Werbezüge	Lgrw
Reklame in und an Wagen, Werbezüge	Lgrw
Reklame in den Güter- und Privatwagen	Lgrwg
Reklame in den Güter- und Privatwagen	Lgrwg
Reklame an den Güter- und Privatwagen	Lgrwg
Reklame in den Personenwagen	Lgrwp
Reklame in den Personenwagen	Lgrwp
Reklame in den Personenwagen	Lgrwp

L Liegenschaften

Akteninhalt	Aktenzeichen
Aufstellung von Automaten und Verkaufsständen (Siesta,* Zigarren, Blumen usw.)	Lgs *
Aufstellung von Automaten und Verkaufsständen (Siesta, Zigarren, Blumen usw)	Lgs
Aufstellen von Verkaufsständen	Lgs
Verkaufsstände	Lgs *
Läden, Verkaufsstände, Spiel- und Unterhaltungszentren	Lgs
Automaten	Lgsa
Automatenaufstellung	Lgsa
Bahnhofswirtschaften (Wirtschafts-Dienstanweisung), allgemeine Bestimmungen *Unterakten nach Bedarf*	Lgw *
Bahnhofswirtschaften (Wirtschafts-Dienstanweisung), allgemeine Bestimmungen *Unterakten nach Bedarf*	Lgw
Bahnhofswirtschaften, Allgemeines	Lgw
Wirtschaften, Hotels, Imbißstuben, Erfrischungshallen, Milchstuben	Lgw *
Wirtschaftsbetriebe (Gaststätten und Erfrischungshallen)	Lgw
Bahnhofshotels	Lgwh
Hotels (bahneigene)	Lgwh
Wirtschaftsbetrieb auf Schiffen	Lgws
Wirtschaftsbetrieb auf Schiffen	Lgws
Wirtschaftsbetrieb in Zügen *(siehe auch Bbsp)*	Lgz

* Das Siesta-Kissen oder auch Siesta-Reisekissen war ein Element der Eisenbahn-Reisekultur zwischen den beiden Weltkriegen. Zur Verbesserung des Reisekomforts konnten sich Reisende in Zügen der Deutschen Reichsbahn am Anfangsbahnhof ein in Papier verpacktes Kissen für eine Reichsmark mieten, das sie am Zielbahnhof wieder abgaben. Dieses Angebot, das von der *Siesta GmbH* eingeführt wurde, richtete sich vorrangig an Reisende, die in der dritten Klasse Holzsitze vorfanden.

Liegenschaften

Akteninhalt	Aktenzeichen
Wirtschaftsbetrieb in Zügen *(siehe auch Bbsp)*	Lgz
Wirtschaftsbetrieb in Zügen *(siehe auch Bbsp)*	Lgz
l Lagerplätze	
Lagerplätze, allgemeine Bestimmungen, Allgemeine Bedingungen für Vermietung von Lagerplätzen (ALB) *Unterakten nach Bedarf*	Ll *
Lagerplätze, allg Best. Allg Bedingungen für Vermietung von Lagerplätzen (ALB) *Unterakten nach Bedarf*	Ll
Lagerplätze, Allgemeine Bedingungen für die Vermietung von Lagerplätzen (ALB) *Unterakten nach Bedarf*	Ll
Stangenlagerplätze der Postverwaltung siehe Gpüs	
Stangenlagerplätze der Postverwaltung siehe Gpüs	
Stangenlagerplätze der Bundespost siehe Agpüs	
Privatanschlußgleise siehe Lp	
Privatanschlußgleise siehe Lp	
Privatanschlußgleise siehe unter Lp	
Lagerplätze, Lagerplatzbedingungen, Allgemeines	Ll *
Lagerplätze, Lagerplatzbedienungen*, Allgemeines	Ll

* doppelt geprüft: „-bedienungen" — wahrscheinlich ein Satzfehler in der Ausgabe von 1992; sollte wahrscheinlich „-bedingungen" heißen

Liegenschaften

Akteninhalt	Aktenzeichen
m Miet- und Pachtsachen	
m Miet- und Pachtangelegenheiten	
Miet- und Pachtsachen, allgemeine Bestimmungen	Lm *
Miet- und Pachtsachen, allgemeine Bestimmungen	Lm
Miet- und Pachtangelegenheiten, Allgemeines	Lm
Miet- und Pachtangelegenheiten, Allgemeines	Lm *
Miet- und Pachtangelegenheiten, Allgemeines	Lm
Anmieten und Anpachten von Gebäuden, Grundstücken und Betrieben zu dienstlichen Zwecken	Lma
Anmieten und Anpachten von Gebäuden, Grundstücken und Betrieben zu dienstlichen Zwecken	Lma
Anmieten und Anpachten von Gebäuden, Grundstücken und Betrieben zu dienstlichen Zwecken	Lma
Anmieten und Anpachten von Gebäuden, Grundstücken und Betrieben zu dienstlichen Zwecken	Lma
Anmieten und Pachten von Gebäuden, Grundstücken und Betrieben zu dienstlichen Zwecken	Lma
Jagd- und Fischereiverpachtungen	Lmj
Jagd- und Fischereiverpachtungen	Lmj
Jagd- und Fischreiverpachtungen	Lmj
Jagd- und Fischreiverpachtungen	Lmj
Jagd- und Fischreiverpachtungen	Lmj
Obst-, Holz-, Weiden- und sonstige Nutzungen	Lmn *
Obst-, Holz-, Weiden- u sonstige Nutzungen	Lmn
Obst-, Holz-, Weiden- und sonstige Nutzungen	Lmn
Vermieten und Verpachten von Gebäuden, Grundstücken und Betrieben an Fremde	Lmv

Liegenschaften

Akteninhalt	Aktenzeichen
Verm. u. Verpacht. von Geb., Grundst. u. Betrieben an Fremde	Lmv
Vermieten und Verpachten von Gebäuden, Grundstücken und Betrieben an Fremde	Lmv
Vermieten und Verpachten von Gebäuden, Grundstücken u. dgl. -	Lmv
Vermieten und Verpachten von Gebäuden, Grundstücken u. dgl.	Lmv
Mieten für Wohnungen siehe Uwm	
Mieten für Wohnungen siehe Uwm	
Verpachtung von Bundesbahnwohnungen (zur Nutzung) an Eisenbahnbauvereine siehe Uwn	
Mieten für Wohnungen siehe Uwm	
Verpachtung von Bundesbahnwohnungen (zur Nutzung) an Eisenbahnvereine siehe Uwn	
Verpachtung von Bahnwohnungen (zur Nutzung) an Eisenbahnvereine siehe Uwn	
p Privatanschlußgleise	
p Privatgleisanschlüsse	
Privatanschlußgleise, allgemeine Bestimmungen *Unterakten nach Bedarf*	Lp *
Privatanschlußgleise, allg Best *Unterakten nach Bedarf*	Lp
Privatanschlußgleise, Allgemeines	Lp
Privatgleisanschlüsse, Allgemeines	Lp *
Privatgleisanschlüsse, Allgemeines	Lp
Anschlüsse von Klein- und Privatbahnen	Lpb

Liegenschaften

Akteninhalt	Aktenzeichen
Anschlüsse von Klein- und Privatbahnen	Lpb
Privatgleisanschlüsse in Bahnhöfen	Lpb
Privatgleisanschlüsse in Bahnhöfen	Lpb
Privatgleisanschlüsse, Planungen und Entwürfe	Lpe
Privatgleisanschlüsse, Planungen und Entwürfe	Lpe
Anschlüsse von Klein- und Privatbahnen	Lpk
Privatgleisanschlüsse der Militärverwaltungen	Lpm
Privatgleisanschlüsse an nichtbundeseigenen Eisenbahnen des öffentlichen Verkehrs	Lpn
Einführungsverhältnisse mit nichtbundeseigenen Eisenbahnen des öffentlichen Verkehrs	Lpn
Privatanschlußgleise auf freier Strecke	Lps
Privatgleisanschlüsse auf freier Strecke des öffentlichen Verkehrs	Lps
ü Übersichten (Statistik)	
Übersichten (Statistik), allgemeine Bestimmungen und Sonderfälle	Lü
Übersichten (Statistik), allg Best. und Sonderfälle	Lü
Übersichten (Statistik), Allgemeines und Sonderfälle	Lü

Liegenschaften

Akteninhalt	Aktenzeichen
v Vermessungswesen	
Vermessungswesen, allgemeine Bestimmungen	Lv *
Vermessungswesen, allgemeine Bestimmungen	Lv
Allgemeine Vermessungsangelegenheiten, staatliches Vermessungswesen, Vermessungsgebühren	Lv
Allgemeine Vermessungsangelegenheiten, staatliches Vermessungswesen, Vermessungsgebühren, Vorschriften, Anweisungen	Lv *
Allgemeine Vermessungsangelegenheiten, staatliches Vermessungswesen, Vermessungsgebühren, Vorschriften, Anweisungen	Lv
Absteckungen und Gleisregulierungen	Lva
Absteckungen und Gleisregulierungen	Lva
Bahnhofsaufnahmen, Längenmessungen und Stationierungen	Lvb
Bahnhofsaufnahmen, Längenmessungen und Stationierungen	Lvb
Liegenschaftsbuch, Grundbesitzverzeichnis der Deutschen Bundesbahn, Flächenverzeichnis, Liegenschaftsplan	Lvb
Liegenschaftsbuch, Grundbesitzverzeichnis der Deutschen Bundesbahn, Flächenverzeichnis, Liegenschaftsplan	Lvb
Liegenschaftsbuch, Grundbesitzverzeichnis der Deutschen Bundesbahn, Flächenverzeichnis, Liegenschaftsplan	Lvb
Ausführung von Vermessungen zu Lasten Dritter (Gemeinden, Kreisen usw)	Lvd
Ausführung v Vermessungen zu Lasten Dritter (Gemeinden, Kreise usw)	Lvd
Vergebung von Vermessungen an Dritte und zu Lasten Dritter	Lvd
Vergabe von Vermessungen an Dritte und zu Lasten Dritter, Vermessungsgebühren	Lvd
Vergabe von Vermessungen an Dritte und zu Lasten Dritter, Vermessungsgebühren	Lvd
Herstellung von Gleisfestpunkten	Lvf
Herstellung von Gleisfestpunkten	Lvf

L

Liegenschaften

Akteninhalt	Aktenzeichen
Fortführungsvermessungen, Schlußvermessungen, Grenzangelegenheiten für Liegenschaften, Sichtdreiecke	Lvf
Fortführungsvermessungen, Grenzangelegenheiten für Liegenschaften *Unterakten nach Bedarf*	Lvf
Fortführungsvermessungen, Grenzangelegenheiten für Liegenschaften	Lvf
Gemeindebezirksveränderungen	Lvg
Gemeindebezirksveränderungen	Lvg
Höhenfestpunktbestimmungen, Feineinwägungen, Bundesbahn-Höhennetz	Lvh
Höhenfestpunktfeld *Unterakten nach Bedarf*	Lvh
Höhenfestpunktfeld	Lvh
Kartographische Angelegenheiten, Allgemeines	Lvk
Kartographische und topographische Angelegenheiten	Lvk
Kartographische und topographische Angelegenheiten	Lvk
Topographische Angelegenheiten, topographischer Meldedienst	Lkvt
Lagefestpunktbestimmungen, Bundesbahn-Lagenetz	Lvl
Lagefestpunktfeld	Lvl
Lagefestpunktfeld	Lvl
Grundstücksvermarkungen, Fortschreibungsvermessungen, Grenzregulierungen	Lvm
Grundstücksvermarkungen, Fortschreibungsvermessungen, Grenzregulierungen	Lvm
Präzisions- und sonstige Nivellements	Lvn
Präzisions- und sonstige Nivellements	Lvn
Vergebung von Vermessungsarbeiten an Privatlandmesser	Lvp
Vergebung von Vermessungsarbeiten an Privatlandmesser	Lvp

Liegenschaften

Akteninhalt	Aktenzeichen
Photogrammetrische Angelegenheiten	Lvp
Photogrammetrische Angelegenheiten	Lvp
Photogrammetrische Angelegenheiten	Lvp
Flurbereinigungen	Lvr
Flurbereinigungen	Lvr
Messungen zur Feststellung und Beobachtung von Senkungen und Rutschungen (Dammsenkungen, Bergrutsche usw)	Lvs
Messungen zur Feststellung u. Beobachtung von Senkungen und Rutschungen (Dammsenkungen, Bergrutsche usw)	Lvs
Trigonometrische Landesaufnahmen	Lvt
Trigonometrische Landesaufnahmen *	Lvt
Umlegungen, Flurbereinigungen, Zusammenlegungen	Lvu
Umlegungen, Flurbereinigungen	Lvu
Umlegungen, Flurbereinigungen	Lvu
Übersichten (Statistik), Allgemeines und Sonderfälle	Lvü
Übersichten (Statistik)	Lvü
Übersichten (Statistik)	Lvü
Vermessungstechnische Vorarbeiten für den Bau neuer Bahnen, 3. und 4. Gleise usw	Lvv
Vermessungstechnische Vorarbeiten für den Bau neuer Bahnen, 3. und 4. Gleise usw	Lvv
Vermessungstechnische Dienstvorschriften, Vermessungsanweisungen, Vermessungsformulare	Lvv
Grundstückszusammenlegungen und -teilungen	Lvz
Grundstückszusammenlegungen und -teilungen	Lvz

* Ursprüngliche Unterstreichung des t (wahrscheinlich aus der Vorlage von 1927; dort vermutlich aber ein Satzfehler) wurde im Schreibmaschinenexemplar von 1943 wieder ausradiert

Akteninhalt	Aktenzeichen
Ingeneurtechnische Vermessungen siehe unter Iv	
Ingenieurvermessung siehe Iv *Ingenieurvermessung siehe Iv*	
w Widerrufliche Einrichtungen, Gestattungen	
Widerrufliche Einrichtungen, Gestattungen, Richtlinien für die Erhebung von Gebühren für Gestattungen Dritter innerhalb des Bahngeländes *Unterakten nach Bedarf*	Lw *
Widerrufliche Einrichtungen, Gestattungen, Richtlinien für die Erhebung von Gebühren für Gestattungen Dritter innerhalb des Bahngeländes *Unterakten nach Bedarf*	Lw
Widerrufliche Einrichtungen, Gestattungen, Richtlinien für die Erhebung von Gebühren für Gestattungen Dritter innerhalb des Bahngeländes *Unterakten nach Bedarf*	Lw
Widerrufliche Einrichtungen, Gestattungen, Allgemeines	Lw *
Widerrufliche Einrichtungen, Gestattungen, Allgemeines	Lw
Bebauungs- und Baufluchtlinienpläne, Baugesuche	Lwb *
Bebauungs- und Baufluchtlinienpläne, Baugesuche	Lwb
Bebauungs- und Baufluchtlininepläne, Baugesuche	Lwb
Bebauungs- und Baufluchtlininepläne, Baugesuche	Lwb *
Bebauungs- und Baufluchtlininepläne, Baugesuche	Lwb
handschriftlich: Landesplanung (Siedlungsausschüsse f. d. engeren mitteldeutschen Industriebezirk) = Landesplanung (Siedlungsausschüsse f. d. engeren mitteldeutschen Industriebezirk)	Lwbl
Kreuzungen durch Gasfernleitungen	Lwg
Kreuzungen durch Gasfernleitungen	Lwg
Kreuzungen durch Gasfernleitungen	Lwg

Liegenschaften

Akteninhalt	Aktenzeichen
Starkstromkreuzungen	Lwk *
Starkstromkreuzungen	Lwk
Eigene Kreuzungen über fremdes Eigentum	Lwke
Eigene Kreuzungen über fremdes Eigentum	Lwke
Fremde Kreuzungen über Bahneigentum (Bahnkreuzungsvorschrift für fremde Starkstromanlagen (BKV), Anleitung für die Bestimmungen über Ausführung und Betrieb fremder elektrischer Starkstromleitungen)	Lwkf
Fremde Kreuzungen über Bahneigentum	Lwkf
Kreuzungen durch Öl- und Produktenleitungen	Lwö
Kreuzungen durch Öl- und Produktenleitungen	Lwö
Starkstromkreuzungen	Lws
Kreuzungen durch Starkstromleitungen	Lws
Kreuzungen durch Starkstromleitungen	Lws
Eigene Kreuzungen über fremdes Eigentum	Lwse
Fremde Kreuzungen über Bahneigentum (Bahnkreuzungsvorschriften für fremde Starkstromanlagen (BKV), Anleitung für die Bestimmungen über Ausführung und Betrieb fremder elektrischer Starkstromleitungen)	Lwsf
Fremde Kreuzungen über Bahneigentum (Bahnkreuzungsvorschriften für fremde Starkstromanlagen (BKV), Anleitung für die Bestimmungen über Ausführung und Betrieb fremder elektrischer Starkstromleitungen)	Lwsf
Fremde Kreuzungen über Bahneigentum (Bahnkreuzungsvorschriften für fremde Starkstromanlagen (BKV), Anleitung für die Bestimmungen über Ausführung und Betrieb fremder elektrischer Starkstromleitungen)	Lwsf
Tankstellen	Lwt
Tankstellen	Lwt
Tankstellen	Lwt

Liegenschaften

Akteninhalt	Aktenzeichen
Kreuzungen durch **W**asserleitungen	Lww
Kreuzungen durch **W**asserleitungen	Lww

Maschinen und maschinenartige Anlagen

M

Akteninhalt	Aktenzeichen
Vorbemerkung zur Hauptgruppe M (Maschinen und maschinenartige Anlagen):sie wurde 1992 in „Maschinen und maschinentechnische Anlagen“ umbenannt; einige Gruppen unterscheiden sich inhaltlich stark zwischen 1928/1943, 1954 und 1980/1992. Deshalb folgt hier, wo es zweckmäßig erschien, die blockweise Darstellung der gesamten Gruppe, da die zeilenweise Darstellung keinen Nutzen für Vergleiche gehabt hätte.	
1994 wurde die Hauptgruppe M komplett aufgelöst und mit dem Titel „Einkauf und Materialwirtschaft“ belegt.	
a Allgemeines	
Maschinen und maschinenartige Anlagen, allgemeine Bestimmungen	Ma *
Maschinen und maschinenartige Anlagen, allg Best	Ma
Maschinen und maschinenartige Anlagen, Allgemeines	Ma
Maschinen und maschinenartige Anlagen, Allgemeines	Ma
Maschinen und maschinentechnische Anlagen, Allgemeines	Ma
Ausschüsse	Maa
Ausschüsse	Maa
Ausschüsse	Maa
Ausschuß für Fahrzeugbehandlungs- und maschinenartige Anlagen	Maaf
Ausschuß für Lokomotivbehandlungs- und maschinelle Anlagen	Maal
Ausschuß für Lokbehandlungs- und maschinelle Anlagen	Maal
Merkblätter für Fahrzeugbehandlungsanlagen	Mam
Neuerungen und Erfindungen	Man
Maschinentechnischer Arbeitsschutz	Mas
Maschinentechnischer Arbeitsschutz	Mas

M Maschinen und maschinenartige Anlagen

Akteninhalt	Aktenzeichen
Transportsteuerung	Mat
Maschinentechnischer Umweltschutz	Mau
Maschinentechnischer Umweltschutz	Mau
Maschinentechnische Einrichtungen der Werkstätten, allgemeine Bestimmungen	Maw
Maschinentechn. Einrichtungen der Werkstätten, allg. Best.	Maw
Maschinentechnische Einrichtungen der Werkstätten, Allgemeines	Maw
b Bohr- und Gewindeschneidmaschinen	
b Baumaschinen	
Bohr- und Gewindeschneidmaschinen (Gruppe 941 – 944), allgemeine Bestimmungen	Mb *
Bohr- und Gewindeschneidmasch. (Gruppe 941 – 944), allg Best	Mb
Baumaschinen, Allgemeines	Mb *
Baumaschinen, Allgemeines	Mb
d Verein deutscher Eisenbahnverwaltungen	
d Verein mitteleuropäischer Eisenbahnverwaltungen	
Verein Deutscher Eisenbahnverwaltungen: Maschinen und maschinenartige Anlagen	Md
Verein Mitteleuropäischer (Deutscher) Eisenbahnverwaltungen: Maschinen und maschinenartige Anlagen	Md
Planverwaltung über Austauschbau, Normenblätter, Musterblätter der Fahrzeuge siehe Fp	
Planverwaltung über Austauschbau, Normenblätter, Musterblätter der Fahrzeuge siehe Fp	

Akteninhalt	Aktenzeichen
d Dampfkesselanlagen u. a., Gaserzeuger	
Dampfkesselanlagen u. a., Gaserzeuger, Allgemeines	Md
Dampfkesselanlagen u. a. (Gruppe 900)	Mdd
Gaserzeuger (Gruppe 901)	Mdg
f Form-, Gießerei-, Beförderungs- und Hebemaschinen	
f Hebe- und Fördermaschinen	
Form-, Gießerei-, Beförderungs- und Hebemaschinen (Gruppe 921 – 940), allgemeine Bestimmungen	Mf *
Form-, Gießerei-, Beförderungs- und Hebemaschinen (Gruppe 921 – 940), allgemeine Bestimmungen	Mf
Hebe- und Fördermaschinen, Allgemeines	Mf
Hebe- und Fördermaschinen, Allgemeines	Mf *
Hebe- und Fördermaschinen, Allgemeines	Mf
Aufzüge	Mfa
Aufzüge	Mfa
Aufzüge (Gruppe 921)	Mfa
Aufzüge, Fahrtreppen	Mfa
Aufzüge, Fahrtreppen	Mfa
Bagger, Becherwerke, Förderschnecken, Gurt- und Seilförderanlagen	Mfb
Bagger, Becherwerke, Förderschnecken, Gurt- und Seilförderanlagen	Mfb
Bagger und Massenförderanlagen (Gruppe 923)	Mfb
Drehscheiben, Schiebebühnen und Wagenkipper	Mfd *
Drehscheiben, Schiebebühnen und Wagenkipper	Mfd

Maschinen und maschinenartige Anlagen

Akteninhalt	Aktenzeichen
Drehscheiben, Schiebebühnen, Wagenkipper u. a. (Gruppe 925)	Mfd
Drehscheiben, Schiebebühnen, Wagenkipper u. a.	Mfd
Drehscheiben, Schiebebühnen, Wagenkipper u. a.	Mfd
Druck- und Saugförderanlagen	Mff
Druck- und Saugförderanlagen	Mff
Lüfter (Ventilatoren), Rauchabführungsanlagen	Mffl
Lüfter (Ventilatoren), Rauchabführungsanlagen	Mffl
Rohrpostanlagen	Mffp
Rohrpostanlagen	Mffp
Achssenken, Hebeböcke, Hebewerke und Winden, ortsfeste (Gruppe 929)	Mfh *
Achssenken, Hebeböcke, Hebewerke u. Winden, ortsfeste (Gruppe 929)	Mfh
Achssenken, Hebeböcke, Hebebühnen, Seilwinden (Gruppe 920)	Mfh
Hebewerke, Achssenken	Mfh
Hebewerke, Achssenken	Mfh
Krane	Mfk *
Krane	Mfk
Kräne und Flaschenzüge mit Kraftantrieb (Gruppe 922)	Mfk
Kräne und Elektrozüge	Mfk
Kräne und Elektrozüge	Mfk
Pumpen für Flüssigkeiten, Tankanlagen (Gruppe 927)	Mfp
Sonstige Beförderungs- und Hebemaschinen	Mfs
Sonstige Beförderungs- und Hebemaschinen	Mfs
Bekohlungs-, Schlackeverlade- und Besandungsanlagen (Gruppe 924)	Mfs
Sonstige Fördermaschinen	Mfs

Maschinen und maschinenartige Anlagen

Akteninhalt	Aktenzeichen
Sonstige Fördermaschinen	Mfs
Brikettierungsanlagen	Mfsb
Brikettierungsanlagen	Mfsb
Bekohlungsanlagen	Mfsk
Verladeeinrichtungen	Mfsl
Verladeeinrichtungen	Mfsl
Besandungsanlagen	Mfss
Besandungsanlagen	Mfss
Ventilatoren, Gebläse, Kompressoren, Vakuumpumpen, Druck- und Saugförderanlagen (Gruppe 926)	Mfv
g Knet-, Misch-, Zerkleinerungs-, Sieb-, Form-, Gieß-, Metallspritz- und ähnliche Maschinen	
Knet-, Misch-, Zerkleinerungs-, Sieb-, Form-, Gieß-, Metallspritz- und ähnliche Maschinen, Allgemeines	Mg
Form-, Gieß- und Metallspritzmaschinen (Gruppen 933 und 934)	Mgf
Knet-, Misch-, Zerkleinerungs- und Siebmaschinen (Gruppen 930 – 932)	Mgk
Sonstige Aufbereitungsmaschinen und -anlagen (Gruppe 935)	Mgs
h Versorgung mit Heizung *(Maschinen und maschinenartige Anlagen siehe Mk)*	
Versorgung mit Heizung, allgemeine Bestimmungen *Unterakten nach Bedarf*	Mh *
Versorgung mit Heizung, allg Best *Unterakten nach Bedarf*	Mh

Maschinen und maschinenartige Anlagen

Akteninhalt	Aktenzeichen
h Holzbearbeitungsmaschinen	
Holzbearbeitungsmaschinen, Allgemeines	Mh
Bohrmaschinen (Gruppe 970)	Mhb
Drehbänke (Gruppe 971)	Mhd
Fräs- und Hobelmaschinen (Gruppen 972 und 973)	Mhf
Schleif- und Poliermaschinen, Zapfen- und Schlitzmaschinen (Gruppen 975 und 976)	Mhp
Holzbearbeitungsmaschinen für verschiedene Zwecke (Gruppe 977)	Mhv
k Kraftanlagen und elektrische Maschinen	
k Kraftmaschinen und Triebwerke	
Kraftanlagen und elektrische Maschinen, allgemeine Bestimmungen (Gruppe 901 – 910)	Mk *
Kraftanlagen ud elektr. Maschinen, allg Best (Gr 901 – 910)	Mk
Kraftmaschinen und Triebwerke, Allgemeines	Mk
Dampfkesselanlagen und ortsfeste Gaserzeuger	Mkd
Dampfkesselanlagen und ortsfeste Gaserzeuger	Mkd
Dampfmaschinen und Dampfturbinen (Gruppen 910 und 911)	Mkd
Elektrische Maschinen	Mke
Elektrische Maschinen	Mke
Triebwerke (Gruppe 914)	Mkt
Verbrennungs- und sonstige Kraftmaschinen (Gruppen 912 und 913)	Mkv

Maschinen und maschinenartige Anlagen

Akteninhalt	Aktenzeichen
l Licht- und Kraftversorgung *(Maschinen und maschinenartige Anlagen siehe Mk)*	
l Licht- und Kraftversorgung (ausgenommen Starkstrom)	
Licht- und Kraftversorgung, allgemeine Bestimmungen	Ml *
Licht- und Kraftversorgung, allg Best	Ml
Licht- und Kraftversorgung, Allgemeines	Ml
Beleuchtung von Bahnanlagen *Unterakten nach Bedarf*	Mlb
Beleuchtung von Bahnanlagen *Unterakt. nach Bedarf*	Mlb
Beleuchtung von Bahnanlagen	Mlb
Elektrische Licht- und Kraftversorgung, allgemeine Bestimmungen	Mle
Elektrische Licht- und Kraftversorgung, allg Best	Mle
Bezug von Strom von anderen Verwaltungen und Privaten, auch Abgabe	Mleb
Bezug von Strom von anderen Verwalt. u. Priv., auch Abgabe	Mleb
Elektrizitätswerke *Unterakten nach Bedarf*	Mlew
Elektrizitätswerke *Unterakten nach Bedarf*	Mlew
Gasversorgung, allgemeine Bestimmungen	Mlg
Gasversorgung, – allgemeine Bestimmungen –	Mlg
Gasversorgung, Allgemeines	Mlg
Bezug von Gas von anderen Verwaltungen	Mlgb
Bezug von Gas von anderen Verwaltungen	Mlgb
Bezug von Gas von anderen Verwaltungen	Mlgb

Akteninhalt	Aktenzeichen
Gaswerke *Unterakten nach Bedarf*	Mglw
Gaswerke *Unterakten nach Bedarf*	Mlgw
Gaswerke *Unterakten nach Bedarf*	Mlgw
Petroleum-, Spiritus- usw. Beleuchtung	Mlp
Petroleum-, Spiritus- usw. Beleuchtung	Mlp
Petroleum-, Spiritus- usw. Beleuchtung	Mlp
Beleuchtung von Signal- und Weichenanlagen	Mls *
Beleuchtung von Signal- und Weichenanlagen	Mls
Beleuchtung von Signal- und Weichenanlagen	Mls
Beleuchtung von Tunnels	Mlt
Beleuchtung von Tunnels	Mlt
Kraftversorgung für elektrische Zugförderung siehe Ek	
Kraftversorgung für elektrische Zugförderung siehe Ek	
Beleuchtung von Wegen siehe Iwb	
Beleuchtung von Wegen siehe Iwb	
Elektrische Licht- und Kraftstromversorgung siehe El	
m Misch-, Sieb-, Zerkleinerungs- und sonstige Aufbereitungsmaschinen, ortsfeste	
Misch-, Sieb-, Zerkleinerungs- und sonstige Aufbereitungsmaschinen (Gruppe 915 – 920), allgemeine Bestimmungen	Mm *
Misch-, Sieb-, Zerkleinerungs- und sonstige Aufbereitungsmaschinen (Gruppe 915 – 920), allg Best	Mm
Koksbrecher	Mmk

Maschinen und maschinenartige Anlagen

Akteninhalt	Aktenzeichen
Koksbrecher	Mmk
Zerkleinerungsmaschinen, ortsfeste	Mmz
Zerkleinerungsmaschinen, ortsfeste	Mmz
m Werkzeugmaschinen für Metallformung	
Werkzeugmaschinen für Metallformung, Allgemeines	Mm
Bohrmaschinen und Bohrwerke (Gruppen 950 und 951)	Mmb
Drehbänke, Revolverdrehbänke, Drehautomaten u. a. (Gruppe 952)	Mmd
Fräsmaschinen, Hobel-, Stoß- und Räummaschinen, Säge-, Feil- und Trennmaschinen (Gruppen 953 bis 955)	Mmf
Gewindeherstellungs- und Verzahnungsmaschinen (Gruppen 957 und 958)	Mmg
Hammer-, Niet-, Schmiede-, Biege- und Richtmaschinen (Gruppe 960)	Mmn
Schleif-, Läpp-, Polier- und Schärfmaschinen (Gruppe 956)	Mmp
Pressen (Gruppe 961)	Mmpr
Blech-, Draht-, Feder- und Rohrbearbeitungsmaschinen (Gruppen 962 bis 965)	Mmr
Spezialmaschinen zur spanlosen Herstellung von Stehbolzen, Bolzen, Schrauben, Muttern, Nieten u. dgl. (Gruppe 966)	Mms
Maschinen für verschiedene Zwecke (Gruppe 959)	Mmv
m Meß- und Prüfmaschinen	
Meß- und Prüfmaschinen	Mm *
Meß- und Prüfmaschinen	Mm
Waagen (Einbau- und Gleiswaagen)	Mmw
Waagen (Einbau- und Gleiswaagen)	Mmw

M Maschinen und maschinenartige Anlagen

Akteninhalt	Aktenzeichen
p Biege-, Preß-, Zieh- und Feinblechbearbeitungsmaschinen, Hammer- und Walzmaschinen	
Biege-, Preß-, Zieh- und Feinblechbearbeitungsmaschinen, Hammer- und Walzmaschinen (Gruppe 945 – 954), allgemeine Bestimmungen	Mp *
Biege-, Preß-, Zieh- und Feinblechbearbeitungsmaschinen, Hammer- und Walzmaschinen (Gruppe 945 – 954), allg Best	Mp
Biegemaschinen und -pressen	Mpb
Biegemaschinen und -pressen	Mpb
Druckluftpressen	Mpl
Druckluftpressen	Mpl
s Drehbänke, Hobel-, Stemm-, Stoß-, Feil-, Fräs- und Sägemaschinen	
Drehbänke, Hobel-, Stemm-, Stoß-, Feil-, Fräs- und Sägemaschinen (Gruppe 955 – 970), allgemeine Bestimmungen	Ms *
Drehbänke, Hobel-, Stemm-, Stoß-, Feil-, Fräs- und Sägemaschinen (Gruppe 955 – 970), allg Bestimmungen	Ms
s Sonstige Maschinen	
Sonstige Maschinen, Allgemeines	Ms *
Sonstige Maschinen, Allgemeines	Ms
Aufbereitungsanlagen, Müllpressen usw.	Msa
Aufbereitungsanlagen, Müllpressen usw.	Msa
Druckereimaschinen (Lichtpausmaschinen) usw.	Msd
Druckereimaschinen (Lichtpausmaschinen) usw.	Msd
Reinigungsmaschinen	Msr

Maschinen und maschinenartige Anlagen

Akteninhalt	Aktenzeichen
Reinigungsmaschinen	Msr
Sonstige maschinelle Anlagen	Mss
Sonstige maschinelle Anlagen	Mss
sch Loch-, Scher- und Schneidemaschinen	
Loch-, Scher- und Schneidemaschinen (Gruppe 971 – 980), allgemeine Bestimmungen	Msch *
Loch-, Scher- und Schneidemaschinen (Gruppe 971 – 980), allg Best	Msch
t Transmissionsanlagen	
Transmissionsanlagen (Gruppe 911 – 914), allgemeine Bestimmungen	Mt *
Transmissionsanlagen (Gruppe 911 – 914), allg Bestimmungen	Mt
ü Übersichten (Statistik)	
Übersichten (Statistik), allgemeine Bestimmungen und Sonderfälle	Mü *
Übersichten (Statistik), allg Best und Sonderfälle	Mü
Übersichten (Statistik), Allgemeines und Sonderfälle	Mü
Statistik über Maschinen und maschinenartige Anlagen (Tabelle 8 der Reichsstatistik)	Müa
Statistik über Maschinen und maschinenartige Anlagen (Tabelle 8 der Reichsstatistik)	Müa
Statistik über Achs- und Radreifenbrüche (Anhang I und II zur Reichsstatistik)	Müb
Statsitik über Achs- und Radreifenbrüche (Anhang I und II zur Reichsstatistik)	Müb
Statistik der Dampfkessel und Dampfmaschinen	Mük
Statistik der Dampfkessel und Dampfmaschinen	Mük

Maschinen und maschinenartige Anlagen

Akteninhalt	Aktenzeichen
v Maschinen und maschinenartige Vorrichtungen für verschiedene Zwecke	
v Maschinen und maschinenartige Anlagen für verschiedene Zwecke	
Maschinen und maschinenartige Vorrichtungen für verschiedene Zwecke (Gruppe 981 – 999), allgemeine Bestimmungen	Mv *
Maschinen und maschinenartige Vorrichtungen für verschiedene Zwecke (Gruppe 981 – 999), allg Best	Mv
Maschinen und maschinenartige Anlagen für verschiedene Zwecke, Allgemeines	Mv
Buchbinderei- und Druckereimaschinen (Gruppe 981)	Mvd
Buchbinderei- und Druckereimaschinen (Gruppe 981)	Mvd
Lichtpauserei-, Druckerei- und Buchbindereimaschinen (Gruppe 940)	Mvd
Sondermaschinen für elektrotechnische Werkstätten (Gruppe 986)	Mve
Sondermaschinen für elektrotechn Werkstätten (Gruppe 986)	Mve
Maschinen für elektrotechnische Werkstätten (Gruppe 942)	Mve
Meß- und Prüfmaschinen, ortsfeste (Gruppe 982)	Mvm *
Meß- und Prüfmaschinen, ortsfeste (Gruppe 982)	Mvm
Prüfmaschinen, Meß- und Prüfstände, eingebaute Waagen (Gruppe 944)	Mvm
Eichung von Waagen	Mvme
Eichung von Waagen	Mvme
Eichung von Waagen	Mvme
Fuhrwerkswaagen	Mvmf
Fuhrwerkswaagen	Mvmf
Fuhrwerkswaagen	Mvmf
Gleiswaagen	Mvmg

Maschinen und maschinenartige Anlagen

Akteninhalt	Aktenzeichen
Gleiswaagen	Mvmg
Gleiswaagen	Mvmg
Schleif= und Poliermaschinen (Gruppe 984)	Mvp
Schleif- und Poliermaschinen (Gruppe 984)	Mvp
Reinigungs= und Wäschereimaschinen, ortsfeste (Gruppe 983)	Mvr *
Reinigungs- und Wäschereimaschinen, ortsfeste (Gruppe 983)	Mvr
Reinigungs- und Wäschereimaschinen und -anlagen (Gruppe 946)	Mvr
Ausschlackanlagen	Mvra
Ausschlackanlagen	Mvra
Ausschlackanlagen	Mvra
Wasseraufbereitungsanlagen	Mvrb
Wasserreinigungsanlagen	Mvrr
Wasserreinigungsanlagen	Mvrr
Entseuchungsanlagen	Mvrs
Entseuchungsanlagen	Mvrs
Entseuchungsanlagen	Mvrs
Sonstige Maschinen und maschinenartige Anlagen (Gruppe 999)	Mvs *
Sonstige Maschinen u. maschinenart. Anlagen (Gruppe 999)	Mvs
Sonstige Maschinen und maschinenartige Anlagen (Gruppen 941 und 947)	Mvs
Bremsprüf= und Untersuchungsanlagen	Mvsb
Bremsprüf- und Untersuchungsanlagen	Mvsb
Bremsprüf- und -untersuchungsanlagen	Mvsb
Gleisbremsen	Mvsg
Gleisbremsen	Mvsg

Maschinen und maschinenartige Anlagen

Akteninhalt	Aktenzeichen
Kühlanlagen	Mvsk
Kühlanlagen	Mvsk
Kühlanlagen	Mvsk
Wasserkrane	Mvsw
Wasserkrane	Mvsw
Wasserkrane	Mvsw
Schweißmaschinen und Schweißanlagen (Gruppe 943)	Mvsch
Tankanlagen	Mvt
Schweißmaschinen und ortsfeste Wärmevorrichtungen für technische Zwecke (Gruppe 985)	Mvw
Schweißmaschinen und ortsfeste Wärmevorrichtungen für technische Zwecke (Gruppe 985)	Mvw
Wärmeeinrichtungen	Mvw
Lochkartenmaschinen siehe Olm	
v Versorgungsanlagen	
Versorgungsanlagen, Allgemeines	Mv *
Versorgungsanlagen, Allgemeines	Mv
Dampf- und Wärmeversorgung	Mvd
Dampf- und Wärmeversorgung	Mvd
Heizungsanlagen	Mvh
Heizungsanlagen	Mvh
Klima- und Lüftungsanlagen	Mvk
Klima- und Lüftungsanlagen	Mvk
Versorgungsleitungen	Mvl

Maschinen und maschinenartige Anlagen

Akteninhalt	Aktenzeichen
Versorgungsleitungen	Mvl
Tankanlagen	Mvt
Tankanlagen	Mvt
Verdichter für Luft und Gase	Mvv
Verdichter für Luft und Gase	Mvv
Wasserversorgung	Mvw
Wasserversorgung	Mvw
w **Wasserversorgung** *(Maschinen und maschinenartige Anlagen siehe Mk und Mv)*	
Wasserversorgung, allgemeine Bestimmungen *Unterakten nach Bedarf*	Mw *
Wasserversorgung, allg Best	Mw
Wasserversorgung, Allgemeines *Unterakten nach Bedarf*	Mw
Bezug von Wasser aus fremden Werken	Mwb
Bezug von Wasser aus fremden Werken	Mwb
Bezug von Wasser aus fremden Werken	Mwb
Kesselspeisewasserversorgung	Mwk
Kesselspeisewasserversorgung	Mwk
Kesselspeisewasserversorgung	Mwk
Wasserleitungen	Mwl
Wasserleitungen	Mwl
Wasserleitungen	Mwl
Verwendung der Wünschelrute	Mwr

M

Maschinen und maschinenartige Anlagen

Akteninhalt	Aktenzeichen
Verwendung der Wünschelrute	Mwr
Waſſerſtationen	Mws
Wasserstationen	Mws
Wasserstationen	Mws
Trinkwaſſerverſorgung	Mwt
Trinkwasserversorgung	Mwt
Trinkwasserversorgung	Mwt
Waſſeruntersuchungen	Mwu
Wasseruntersuchungen	Mwu
Wasseruntersuchungen	Mwu
Waſſerwerke *Unterakten nach Bedarf*	Mww
Wasserwerke	Mww
Wasserwerke	Mww
w Werkzeugmaschinen	
Werkzeugmaschinen	Mw *
Werkzeugmaschinen	Mw
Sonstige Werkstattausrüstungen	Mws
Sonstige Werkstattausrüstungen	Mws

Neubau von Strecken

N

Akteninhalt	Aktenzeichen
a Allgemeines	
Neubau von Strecken, allgemeine Bestimmungen	Na *
Neubau, allgemeine Bestimmungen	Na
Neubau von Strecken, Allgemeines	Na
Neubau von Strecken, Allgemeines	Na
Neubau von Strecken, Allgemeines	Na
Ausschüsse, Arbeitsgruppen und -kreise, Oberbauforschung	Naa
Baurechtliche Bestimmungen	Nab
Besprechungen, Allgemein	Nab
Erweiterungs- und Ergänzungsprogramm	Nae
Erweiterungs- und Ergänzungsprogramm	Nae
Erweiterungs- und Ergänzungsprogramm	Nae
Erweiterungen und Ergänzungen	Nae
Erweiterungen und Ergänzungen	Nae
Förderung und Beschränkung von Neubauten	Naf
Förderung und Beschränkung von Neubauten	Naf
Beschaffung von Arbeitsgelegenheiten duch Bauten	Nag
Beschaffung von Arbeitsgelegenheiten durch Bauten	Nag
Haushalts- und Finanzangelegenheiten	Nah
Allgemeine internationale Angelegenheiten	Nai
Allgemeine Bedingungen über Leistungen und Lieferungen	Nal *
Allgemeine Bedingungen über Leistungen und Lieferungen	Nal
Normalprofile des lichten Raumes	Nan
Normalprofile des lichten Raumes	Nan

Neubau von Strecken

Akteninhalt	Aktenzeichen
Normalprofile des lichten Raumes	Nan
Normalprofile des lichten Raumes, Abweichungen von der EBO	Nan
Normalprofile des lichten Raumes, Abweichungen von der EBO	Nan
Baupolizeiliche Bestimmungen	Nap *
Baupolizeiliche Bestimmungen	Nap
Baupolizei-Bestimmungen	Nap
Planungsangelegenheiten	Nap
Landespolizei, allgemeine Bestimmungen	Napl
Landespolizei, Allgemeines	Napl
Landespolizei-Bestimmungen für Bauten	Napl
Unfallverhütungsvorschriften bei Neubauten	Napu
Unfallverhütungsvorschriften bei Neubauten	Napu
Unfälle, Unfallverhütung	Nau
Übersichten	Naü
Druckschriften (Vorschriften), Richtlinien, Bautechnische Bestimmungen	Nav

Natur- und Denkmalschutz, Altertums- und sonstige Funde siehe Has
Natur- und Denkmalschutz, Altertums- u. sonst. Funde s. Has
Naturschutz, Denkmalschutz, Altertumsfunde siehe Has
Denkmalschutz, Altertumsfunde siehe Had

b Bauausführung

b Planung und Bauausführung

Akteninhalt	Aktenzeichen
Bauausführung, allgemeine Bestimmungen	Nb *
Bauausführung, allgemeine Bestimmungen	Nb
Bauausführung, Allgemeines	Nb

Neubau von Strecken

Akteninhalt	Aktenzeichen
Bauausführung, Allgemeines	Nb
Bauausführung, Allgemeines	Nb
Planung und Bau der Ausbaustrecken	Nba
Betriebseröffnungen einschließlich eisenbahntechnischer Prüfung	Nbb
Betriebseröffnungen einschl eisenbahntechn Prüfung	Nbb
Betriebseröffnung; eisenbahntechnische Prüfung	Nbb
Betriebseröffnung; eisenbahntechnische Prüfung	Nbb
Betriebseröffnung; eisenbahntechnische Prüfung	Nbb
Ausführliche Vorarbeiten und Entwürfe (Kostenanschläge, Erläuterungsberichte, landespolizeiliche Begutachtungen)	Nbe
Ausführliche Vorarbeiten und Entwürfe (Kostenanschläge, Erläuterungsberichte, landespolizeiliche Begutachtungen)	Nbe
Geologische Untersuchungen beim Bau von Eisenbahnen	Nbg
Geologische Untersuchungen beim Bau von Eisenbahnen	Nbg
Geologische Untersuchungen	Nbg
Geologische Untersuchungen	Nbg
Geologische Untersuchungen	Nbg
Mittelbewirtschaftung und Mittelverwaltung	Nbm
Planung und Bauausführung, Neubaustrecken, Allgemeines	Nbn
Bauweise (siehe auch Haw)	Nbw
Bauweise (siehe auch Haw)	Nbw
ü Übersichten (Statistik)	
Übersichten (Statistik), allgemeine Bestimmungen und Sonderfälle	Nü
Übersichten (Statistik), allgemeine Bestimmungen und Sonderfälle	Nü

Neubau von Strecken

Akteninhalt	Aktenzeichen
v Vorermittelungen und allgemeine Vorarbeiten	
v Vorarbeiten für neue Linien	
Vorermittelungen und Vorarbeiten, allgemeine Bestimmungen	Nv *
Vorermittlungen und Vorarbeiten, allg Bestimmungen	
Vorarbeiten, Denkschriften und Ertragsberechnungen, Allgemeines	Nv
Vorarbeiten, Denkschriften und Ertragsberechnungen, Allgemeines	Nv
Vorarbeiten, Denkschriften und Ertragsberechnungen, Allgemeines	Nv
Anträge und Vorermittelungen für neue Linien *Unterakten nach Bedarf*	Nva
Anträge und Vorermittlungen für neue Linien	Nva
Allgemeine Vorarbeiten (Entwürfe) für neue Linien einschl. Denkschriften und Ertragsberechnungen *Unterakten nach Bedarf*	Nve
Allgemeine Vorarbeiten (Entwürfe) für neue Linien einschl. Denkschriften und Ertragsberechnungen	Nve
Allgemeine nichttechnische Vorarbeiten (Denkschriften, Ertragsberechnungen)	Nvn
Nichttechnische Vorarbeiten (Denkschriften, Ertragsberechnungen)	Nvn
Nichttechnische Vorarbeiten (Denkschriften, Ertragsberechnungen)	Nvn
Allgemeine technische Vorarbeiten, ausführliche Vorarbeiten (Entwürfe, Kostenanschläge, Erläuterungsberichte, landespolizeiliche Begutachtung)	Nvt
technische Vorarbeiten (Entwürfe, Kostenanschläge, Erläuterungsberichte, landespolizeiliche Begutachtung, Planfeststellung)	Nvt
technische Vorarbeiten (Entwürfe, Kostenanschläge, Erläuterungsberichte, landespolizeiliche Begutachtung, Planfeststellung)	Nvt
Naturschutz siehe Iuu *Umweltschutz / Naturschutz siehe Iuu* *Denkmalschutz, Altertumsfunde siehe Had*	

Organisation

Akteninhalt	Aktenzeichen
a Allgemeines	
Organisation, allgemeine Bestimmungen	Oa *
Organisation, allgemeine Bestimmungen	Oa
Organisation, Allgemeines	Oa
Organisation, Allgemeines	Oa
Organisation, Allgemeines	Oa
Ausschüsse	Oaa
Ausschüsse	Oaa
Besprechungen	Oab
Besprechungen	Oab
Dienstvorschriften*	Oad
Geschäftsführungen, allgemeine Bestimmungen	Oaf
Geschäftsführungen, allgemeine Bestimmungen	Oaf
Geschäftsführungen, Allgemeines	Oaf
Verwaltungsvorschriften	Oav
Verwaltungsvorschriften der Deutschen Reichsbahn	Oav
Dienstvorschrift über die Aktenhaltung, Einsichtnahme in amtiche Unterlagen (Akten usw.)	Oava
Dienstvorschrift über die Aktenhaltung, Einsichtnahme in amtliche Unterlagen (Akten usw)	Oava
Dienstvorschrift über das Planwesen (Planvo)	Oavap (neu)
Geschäftsanweisung für die Vorstände der Ämter und gleichgeordneten Stellen	Oavä

* Im Exemplar von 1928 ist handschriftlich *Dienstvorschriften – Oad* eingefügt. An sich waren die einzelnen Dienstvorschriften bei der jeweiligen Sachgruppe eingeordnet; es *könnte* sich hier um eine Aktengruppe handeln, die Grundsätze für die Erstellung von Dienstvorschriften behandelt oder eine Übersicht bietet.

Organisation

Akteninhalt	Aktenzeichen
Geschäftsanweisung für die Vorstände der Ämter und gleichgeordneten Stellen	Oavä
Büroordnungen	Oavb
Büroordnungen	Oavb
Büroordnung für die Ämter und gleichgeordneten Stellen	Oavbä
Büroordnung für die Ämter und gleichgeordneten Stellen	Oavbä
Büroordnung für die Reichsbahndirektionen	Oavbd
Büroordnung für die Reichsbahndirektionen	Oavbd
Geschäftsanweisung für die Reichsbahndirektionen und das Reichsbahn-Zentralamt	Oavd
Geschäftsanweisung für die Reichsbahndirektionen, Reichsbahn-Zentralämter usw.	Oavd
Hausordnungen für die Dienstgebäude	Oavg
Hausordnungen für die Dienstgebäude	Oavg
Geschäftsordnung der Deutschen Reichsbahn-Gesellschaft, Hauptverwaltung *	Oavh
Geschäftsanweisungen für die Betriebsingenieure	Oavi
Dienstanweisungen für die Betriebsingenieure	Oavi
Geschäftsanweisungen für die Kontrolleure	Oavk
Dienstanweisungen für die Kontrolleure	Oavk
Geschäftsordnung der Eisenb.Abt. des RVM	Oavm
Geschäftsanweisung für die Vorstände der Oberbauhauptlager	Oavo
Dienstanweisung für die Vorstände der Oberbauhauptlager	Oavo

* Auflösung der DRG 1937 und Überführung ihrer Abteilungen in das Reichsverkehrsministerium (RVM); vgl. a. Beitrag Roeske auf Seite 57 ff.

Organisation

Akteninhalt	Aktenzeichen
Rechnungsprüfungsordnung und Geschäftsanweisung für das Prüfungsamt	Oavp
Rechnungsprüfungsordnung für die Deutsche Reichsb. (RPO)	Oavp
Schriftverkehr, allgemeine Bestimmungen	Oavs
Schriftverkehr, allgemeine Bestimmungen	Oavs
Dienstbriefbeförderungsvorschrift (Kdm 14 des DEVV),* Übereinkommen des VDEV über die Beförderung von Dienstsendungen (DBÜ)	Oavsb
Dienstbriefbeförderungsvorschrift (Kdm 14 des DEVV), Übereinkommen des VMEV über die Beförderung von Dienstsendungen (DBÜ)	Oavsb
Anweisung für den Schriftverkehr der Dienststellen (Schriftvo)**	Oavsd
Anweisung für den Schriftverkehr der Dienststellen (Schriftvo)**	Oavsd
Schriftverkehr mit fremden Behörden und Verwaltungen	Oavsf
Schriftverkehr mit fremden Behörden und Verwaltungen	Oavsf
Bestimmungen über die Behandlung von Geheimsachen	Oavsg
Bestimmungen über die Behandlung von Geheimsachen***	Oavsg
Postsendungen der DRG	Oavsp
Postsendungen der DR (siehe auch Gps)	Oavsp
Postsendungen siehe auch Gps	
Verkehrskontrollordnung (Bestimmungen über die Verkehrskontrolle I und II)	Oavv
Verkehrskontrollordnung (Best über die Verkehrskontrolle I und II) und Kundmachung 12	Oavv

* Kdm = Kundmachung

** siehe komplette Vorschrift (Ausgabe 1960) ab S. 795

*** siehe Verschlußsachenanweisung (VSA), nfD-Vorschrift, Ausführungsbestimmungen usw. ab S. 855

Organisation

Akteninhalt	Aktenzeichen
Geschäftsanweisung für die Direktoren und Abteilungsleiter der Reichsbahnausbesserungs**w**erke	Oavw
Geschäftsanweisung für die Direktoren und Abteilungsleiter der Reichsbahnausbesserungs**w**erke	Oavw
b Büro	
Büro und Verwaltung	Ob
Allgemeine Verwaltungsangelegenheiten	Oba
Drucksachenverwaltung / Druckereiwesen	Obd
Finanzen, Budget	Obf
Büro**k**ommunikation	Obk
Arbeitsab**l**äufe	Obl
Arbeits**p**latzgestaltung	Obp
Büro**r**aumbelegung	Obr
Service	Obs
Unterricht, Schulung	Obu
d Datenverarbeitung	
Datenverarbeitung, Allgemeines	Od
Datenverarbeitung, Allgemeines	Od
Arbeitsorganisation und Arbeitsdurchführung	Oda
Arbeitsorganisation und Arbeitsdurchführung	Oda
Betriebsorganisation (Einrichtung und Ausrüstung von Datenverarbeitungsstellen)	Odb

Organisation

Akteninhalt	Aktenzeichen
Betriebsorganisation (Einrichtung und Ausrüstung von Datenverarbeitungsstellen)	Odb
Datenerfassungstechnik	Ode
Datenerfassungstechnik	Ode
Fortentwicklung und Rationalisierung	Odf
Fortentwicklung und Rationalisierung	Odf
Internationale Angelegenheiten	Odi
Datenverarbeitungsmaschinen	Odm
Datenverarbeitungsmaschinen	Odm
Nummerungstechnik	Odn
Nummerungstechnik	Odn
Personalangelegenheiten	Odp
Personalangelegenheiten	Odp
Betriebssysteme und sonstige Firmenprogramme (Software)	Ods
Betriebssysteme und sonstige Firmenprogramme (Software)	Ods
Integriertes Transportsteuersystem	Odt
Integriertes Transportsteuersystem	Odt
Unterricht und Fortbildung	Odu
Unterricht und Fortbildung	Odu
Übersichten über Leistungen und Kosten	Odü
Übersichten über Leistungen und Kosten	Odü
Datenverarbeitungsverfahren	Odv
Datenverarbeitungsverfahren	Odv

O

Organisation

Akteninhalt	Aktenzeichen
g Gliederung der Verwaltung	
Gliederung der Verwaltung, allgemeine Bestimmungen	Og *
Gliederung der Verwaltung, allgemeine Bestimmungen	Og
Gliederung der Verwaltung, Allgemeines	Og
Gliederung der Verwaltung, Allgemeines	Og *
Gliederung der Verwaltung, Allgemeines	Og
Gliederung der Reichsbahnämter (Einrichtung, Umwandlung, Zusammenlegung, Bewertung, Auflösung)	Ogä
Gliederung der Reichsbahnämter (Einrichtung, Umwandlung, Zusammenlegung, Bewertung, Auflösung)	Ogä
Gliederung der Bundesbahnämter (Einrichtung, Zusammenlegung, Auflösung)	Ogä
Gliederung der Bundesbahnämter und Generalvertretungen (Einrichtung, Zusammenlegung, Auflösung, Grenzen)	Ogä
Grenzen der Ämter und gleichgeordneten Stellen der eigenen Reichsbahndirektion	Ogäg
Grenzen der Ämter und gleichgeordneten Stellen der eigenen Reichbahndirektion	Ogäg
Grenzen der Ämter	Ogäg
Organisation des Beschaffungs- und Abnahmewesens (Zuständigkeit der Beschaffungsstellen)	Ogb
Organisation des Abnahme- und Beschaffungswesens (Zuständigkeit der Beschaffungsstellen)	Ogb
Organisation des Beschaffungs- und Abnahmewesens (Zuständigkeit der Beschaffungsstellen)	Ogb
Gliederung der Bundesbahndirektionen	Ogd
Gliederung der Bundesbahndirektionen	Ogd
Gliederung der Direktionen	Ogd

Organisation

Akteninhalt	Aktenzeichen
Gliederung der Regionalabteilungen und Generalvertretungen in den Direktionen (früher: Ämter) — (Einrichtung, Zusammenlegung, Auflösung, Grenzen)	Ogdä
Gliederung der Direktions**b**üros (Einrichtung, Umwandlung, Zusammenlegung, Auflösung)	Ogdb
Gliederung der Direktions**b**üros (Einrichtung, Umwandlung, Zusammenlegung, Auflösung)	Ogdb
Gliederung der Direktionsabteilungen (früher: **B**üros *) — (Einrichtung, Umwandlung, Zusammenlegung, Auflösung)	Ogdb
Druckerei	Ogdd
Gliederung der **e**igenen Reichsbahndirektion	Ogde
Gliederung der **e**igenen Reichsbahndirektion	Ogde
Gliederung der Direktions**b**üros (Einrichtung, Umwandlung, Zusammenlegung, Bewertung, Auflösung)	Ogdeb
Gliederung der Direktions**b**üros (Einrichtung, Umwandlung, Zusammenlegung, Bewertung, Aufhebung)	Ogdeb
Druckerei	Ogded
Druckerei	Ogded
Grenzen des eigenen Reichsbahndirektionsbezirks	Ogdeg
Grenzen des eigenen Reichsbahndirektionsbezirks	Ogdeg
Kanzlei	Ogdek
Kanzlei	Ogdek
Grenzen der Direktionsbezirke	Ogdg
Grenzen der Direktionsbezirke	Ogdg
Grenzen der Direktionsbezirke	Ogdg

* Das ist irreführend, denn die Direktionsbüros waren gerade *nicht* deckungsgleich mit den Direktionsabteilungen; vgl. S. 62 ff. Die Direktionsbüros wurden komplett aufgelöst, die Abteilungen in Ressorts bzw. Vorstandsbereiche umgewandelt.

Organisation

Akteninhalt	Aktenzeichen
Gliederung fremder Reichsbahndirektionen und des Reichsbahn-Zentralamts	Ogdf
Gliederung fremder Reichsbahndirektionen, der Zentralämter usw	Ogdf
Gliederung fremder Bundesbahndirektionen, der Bundesbahn-Zentralämter und der sonstigen zentralen Stellen	Ogdf
Gliederung fremder Bundesbahndirektionen, der Bundesbahn-Zentralämter und der sonstigen zentralen Stellen	Ogdf
Gliederung fremder Direktionen	Ogdf
Kanzlei	Ogdk
Gliederung fremder Behörden und Betriebe	Ogf
Gliederung fremder Behörden und Betriebe	Ogf
Gliederung fremder Behörden und Betriebe	Ogf
Gliederung fremder Behörden und Betriebe	Ogf
Gliederung fremder Behörden und Betriebe	Ogf
Gliederung der außerdeutschen Verwaltungen	Ogfa
Gliederung der außerdeutschen Verwaltungen	Ogfa
Gliederung der außerdeutschen Verwaltungen	Ogfa
Gliederung der deutschen Landesbehörden	Ogfl
Gliederung der deutschen Landesbehörden	Ogfl
Gliederung der deutschen Reichsbehörden	Ogfr
Gliederung der deutschen Reichsbehörden	Ogfr
Gliederung sonstiger Behörden und Betriebe	Ogfs
Gliederung sonstiger Behörden und Betriebe	Ogfs
Gliederung sonstiger Behörden und Betriebe	Ogfs
Aufbau und Gliederung der Deutschen Reichsbahn-Gesellschaft, Hauptverwaltung	Ogh

O

Organisation

Akteninhalt	Aktenzeichen
Gliederung der Hauptverwaltung	Ogh
Gliederung der HVB *	Ogh
Aufbau und Gliederung der Deutschen Reichsbahn, Eisenbahn-Abteilungen des RVM **	Ogm (bisher Ogh)
Organisation des Liegenschafts- und Vermessungswesens	Ogl
Organisation des Liegenschafts- und Vermessungswesens	Ogl
Änderung von Ortsnamen, Umbenennung von Bahnhöfen	Ogo
Änderung von Ortsnamen, Umbenennung von Bf'en	Ogo
Änderung von Ortsnamen, Umbenennung von Bahnhöfen	Ogo
Änderung von Ortsnamen, Umbenennung von Bahnhöfen	Ogo
Änderung von Ortsnamen, Umbenennung von Bahnhöfen	Ogo
Gliederung der Dienststellen (Einrichtung, Umwandlung, Zusammenlegung, Bewertung, Auflösung)	Ogs *
Gliederung von Dienststellen (Einrichtung, Umwandlung, Zusammenlegung, Bewertung, Auflösung)	Ogs
Gliederung der Dienststellen des Außendienstes (Einrichtung, Zusammenlegung und Auflösung) *Unterakten nach Bedarf*	Ogs
Gliederung der Dienststellen des Außendienstes (Einrichtung, Zusammenlegung und Auflösung, Hauptdienststellenbefugnisse) *Unterakten nach Bedarf*	Ogs
Gliederung der Dienststellen des Außendienstes (Einrichtung, Zusammenlegung und Auflösung, Hauptdienststellenbefugnisse)	Ogs
Bahnagenturen *Unterakten nach Bedarf*	Ogsa
Bahnagenturen	Ogsa

* HVB = Hauptverwaltung der Deutschen Bundesbahn

** im Exemplar von 1943 *vor* Ogl an der Stelle des weggefallenen Eintrags Ogh einsortiert

O

Organisation

Akteninhalt	Aktenzeichen
Bahnagenturen	Ogsa
Güternebenſtellen	Ogsg
Güternebenstellen	Ogsg
Hauptdienststellen, Befugnisse der Dienststellen	Ogsh (bisher Ogsn)
Hauptdienststellen, Befugnisse der Dienststellen	Ogsh
Normaldienſtſtellen, Befugniſſe der Dienſtſtellen	Ogsn
Organiſation der Oberzug- und Zugleitung ſiehe Balz	
Organisation der Oberzug- und Zugleitung siehe Balz	
Vereinigung des Poſt- und Eiſenbahndienſtes	Ogsp
Vereinigung des Post- und Eisenbahndiestes	Ogsp
Umwandlung von Hauptbahnſtrecken in Nebenbahnſtrecken und umgekehrt	Ogst
Umwandlung von Hauptbahnstrecken in Nebenbahnstrecken und umgekehrt	Ogst
Organiſation des Bahnunterhaltungsdienſtes (Einteilung der Bahnmeiſtereibezirke uſw.)	Ogu
Organisation des Bahnunterhaltungsdienstes (Einteilung der Bahnmeistereibezirke usw)	Ogu
Verwaltungsrat der Deutſchen Reichsbahn-Geſellſchaft	Ogv
Verwaltungsrat der Deutschen Bundesbahn	Ogv
Verwaltungsrat der Deutschen Bundesbahn	Ogv
Verwaltungsrat	Ogv
Gliederung der Bundesbahn-Ausbesserungswerke (Einrichtung, Zusammenlegung, Auflösung)	Ogw
Gliederung der Bundesbahn-Ausbesserungswerke (Einrichtung, Zusammenlegung, Auflösung)	Ogw
Gliederung der Ausbesserungswerke (Einrichtung, Zusammenlegung, Auflösung)	Ogw

Organisation

Akteninhalt	Aktenzeichen
Organisation und Neuordnung der Reichsbahn-Ausbesserungswerke	Ogwa *
Organisation und Neuordnung der Rb.Ausbesserungswerke	Ogwa
Werkstättenverwaltung (Einrichtung, Schließung usw) siehe Wa *Werkstättenverwalt. (Einricht. Schließ. usw) s. Wa*	
Neuordnung der Bahnbetriebs- und Bahnbetriebswagenwerke einschl. der Bahnhofswerkmeistereien und Bahnhofsschlossereien	Ogwb
Neuordnung der Bahnbetriebs- und Bahnbetriebswagenwerke einschl. der Bahnhofswerkmeistereien und Bahnhofsschlossereien	Ogwb
Gliederung der Zentrale	Ogz
Verwaltung der Bahnbetriebswerke siehe Blw *Verwaltung der Bahnbetriebswerke siehe Blw*	
Verwaltung der Bahnbetriebswagenwerke siehe Bww *Verwaltung der Bahnbetriebswagenwerke siehe Bww*	
Einteilung und Grenzen der Bahnmeistereien siehe Iae	
Dienststellenbewertung siehe Pwd *Dienststellenbewertung siehe Pwd* *Dienststellenbewertung siehe Pwd*	
Dienstpostenbewertung siehe Pwp *Dienstpostenbewertung siehe Pwp* *Dienstpostenbewertung siehe Pwp*	
Werkstättenwesen, Werkstättenverwaltung siehe Wa *Werkstättenwesen, Werkstättenverwaltung siehe Wa* *Werkstättenwesen, Werkstättenverwaltung siehe Wa*	
Bahnbetriebswerke siehe Zaw	
Organisation der Versicherungsträger und der betrieblichen Sozialeinrichtungen siehe Uao	

Organisation

Akteninhalt	Aktenzeichen
i Informationslogistik, Informations- und Steuerungssysteme	
Informationslogistik, Informations- und Steuerungssysteme, Allgemeines	Oi
Hardware (Computer, Datenstationen)	Oic
Finanzen (Wirtschaftsplanung)	Oif
Infrastruktur	Oii
Nachrichtenübertragung (Netz)	Oin
Organisation	Oio
Personal	Oip
Vertrags- und Rechtsangelegenheiten	Oir
Software	Ois
Unterricht, Schulung	Oiu
Verfahrensangelegenheiten	Oiv
Wirtschaftlichkeit, Erfolgskontrolle	Oiw
Planung und Steuerung (P u. S)	Oix
l Lochkartenverfahren	
Lochkartenverfahren, Allgemeines	Ol
Lochkartenmaschinen	Olm
Nummerung der Dienststellen*	Oln

* zur Systematik der Dienststellennummerung ausführlich s. S. 927 ff.

Organisation

Akteninhalt	Aktenzeichen
p Geschäfts- und Arbeitsverteilungspläne, Geschäftsprüfungen	
Arbeitsverteilungs**p**läne, allgemeine Bestimmungen *Unterakten nach Bedarf*	Op *
Arbeitsverteilungs**p**läne, allg Best — *Unterakt. n. Bed.* —	Op
Arbeitsverteilungs**p**läne, Allgemeines *Unterakten nach Bedarf*	Op
Geschäfts- und Arbeitsverteilungs**p**läne, Geschäftsprüfungen, Allgemeines *Unterakten nach Bedarf*	Op *
Geschäfts- und Arbeitsverteilungs**p**läne, Geschäftsprüfungen, Allgemeines	Op
Arbeitsverteilungspläne für die **Ä**mter und diesen gleichgestellte Stellen	Opä
Arbeitsverteilungspläne f d **Ä**mter und diesen gleichgestellte Stellen	Opä
Arbeitsverteilungspläne für die **Ä**mter, Ausbesserungswerke und die gleichgeordneten Stellen	Opä
Arbeitsverteilungspläne für die **Ä**mter, Generalvertretungen, Ausbesserungswerke und die gleichgeordneten Stellen	Opä
Arbeitsverteilungspläne für die Regionalabteilungen, Generalvertretungen, Ausbesserungswerke und die gleichgeordneten Stellen (früher: **Ä**mter)	Opä
Arbeitsverteilungspläne für die Direktions**b**üros	Opb
Arbeitsverteilungspläne für die Direktions**b**üros	Opb
Arbeitsverteilungspläne für die Direktions**b**üros	Opb
Arbeitsverteilungspläne für die Direktions**b**üros	Opb
Arbeitsverteilungspläne für die Abteilungen der Direktionen (früher: **B**üros)	Opb
Geschäftspläne der Reichsbahn**d**irektionen, allgemeine Bestimmungen	Opd
Geschäftspläne der Reichsbahn**d**irektionen, allg. Best.	Opd
Geschäftspläne der Bundesbahn**d**irektionen	Opd
Geschäftspläne der Bundesbahn**d**irektionen	Opd

Organisation

Akteninhalt	Aktenzeichen
Geschäftspläne der Bundesbahndirektionen	Opd
Geſchäftsplan der eigenen Reichsbahndirektion	Opde
Geschäftspläne der eigenen Reichsbahndirektion	Opde
Geſchäftspläne fremder Reichsbahndirektionen	Opdf
Geschäftspläne fremder Reichsbahndirektionen	Opdf
Geschäftspläne fremder Bundesbahndirektionen, der Bundesbahn-Zentralämter und der sonstigen zentralen Stellen	Opdf
Vertretung der Dezernenten, Amts= und Bürovorſtände	Opdv
Vertretung der Dezernenten, Amts- u. Bürovorstände	Opdv
Vertretung der Dezernenten, Amts- und Bürovorstände	Opdv
Vertretung der Dezernenten, Generalvertreter, Amts- und Bürovorstände	Opdv
Geſchäftspläne der Hauptverwaltung	Oph
Geschäftspläne der Hauptverwaltung	Oph
Geschäftsplan der Hauptverwaltung	Oph
Geschäftsplan der Zentrale (früher: Hauptverwaltung)	Oph
Geschäftspläne der Eis.Abt. des RVM	Opm (bisher Oph)
Geſchäftsprüfungen *Unterakten nach Bedarf*	Opp
Geschäftsprüfungen — *Unterakten nach Bedarf* —	Opp
Geschäftsprüfungen *Unterakten nach Bedarf*	Opp
Prüfung der Bahnanlagen und Betriebsmittel	Oppa
Prüfung der Bahnanlagen und Betriebsmittel	Oppa
Reiſen von Vertretern der Deutſchen Reichsbahn=Geſellſchaft, Hauptverwaltung	Opph

Organisation

Akteninhalt	Aktenzeichen
Reisen von Vertretern der Eis.Abt des RVM	Oppm (bisher Opph)
Geschäftsreisen, Reisepläne	Oppr
Geschäftsreisen, Reisepläne	Oppr
Kassenprüfungen siehe Kkp	
Kassenprüfungen siehe Kkp	
Kassenprüfungen siehe Kkp	
Kassenprüfungen siehe Kkp	
r Eisenbahn-Beiräte und Verkehrsausschüsse (nur 1928 / 1943)	
Eisenbahn-Beiräte	Or
Eisenbahn-Beiräte	Or
Landeseisenbahnräte, Verhandlungen	Orl
Landeseisenbahnräte, Verhandlungen	Orl
Fremde Landeseisenbahnräte	Orlf
Fremde Landeseisenbahnräte	Orlf
Reichseisenbahnrat, Verhandlungen	Orr
Reichseisenbahnrat, Verhandlungen	Orr
Sachverständigenausschüsse	Ors
Sachverständigenausschüsse	Ors
Verkehrsausschüsse	Orv
Verkehrsausschüsse	Orv
Ausschuß für Verkehr des Deutschen Industrie- und Handelstages	Orvh
Ausschuß für Verkehr des Deutsch. Indust. u. Handelstags	Orvh

O Organisation

Akteninhalt	Aktenzeichen
Wirtschaftspolitischer Ausschuß des Reichsverbandes der Deutschen Industrie	Orvi
Wirtschaftspolitischer Ausschuß des Reichsverbandes der Deutschen Industrie	Orvi
Verkehrsausschuß des Reichstags	Orvr
Verkehrsausschuß des Reichstags	Orvr
Verkehrsausschuß des Reichswirtschaftsrats	Orvw
Verkehrsausschuß des Reichswirtschaftsrats	Orvw
Wasserstraßenbeirat	Orw
Wasserstraßenbeirat	Orw
s Arbeits- und Zeitstudien	
Arbeits- und Zeitstudien, Allgemeines	Os
Arbeits- und Zeitstudien, Allgemeines	Os
ü Übersichten (Statistik)	
Übersichten (Statistik), allgemeine Bestimmungen und Sonderfälle	Oü
Übersichten (Statistik), allg Best und Sonderfälle	Oü
Übersichten (Statistik), Allgemeines und Sonderfälle	Oü
Übersichten (Statistik)	Oü
Übersichten (Statistik)	Oü
Leistungsstatistik des Lochkartenbetriebes	Oül

Organisation

Akteninhalt	Aktenzeichen
Vorbemerkungen zur Gruppe Ov: 1928/1943 war sie mit *Organisatorische Vereinfachungen und Verbesserungen* belegt, 1954 und 1980 mit *Verwaltungs-vorschriften* und 1992 mit *Vorschriftenwesen.* Hier folgt die blockweise Darstellung.	
v Organisatorische Vereinfachungen und Verbesserungen	
Organisatorische Vereinfachungen und Verbesserungen, allgemeine Bestimmungen	Ov *
Organisatorische Vereinfachungen und Verbesserungen, allgemeine Bestimmungen	Ov
Vereinfachungen und Verbesserungen im äußeren Dienst	Ovä
Vereinfachungen und Verbesserungen im äußeren Dienst	Ovä
Vereinfachungen und Verbesserungen im inneren Dienst	Ovi
Vereinfachungen und Verbesserungen im inneren Dienst	Ovi
Karteiwesen	Ovk
Karteiwesen	Ovk
Lochkartenverfahren, allgemeine Bestimmungen	Ovl
Lochkartenverfahren, allgemeine Bestimmungen	Ovl
Maßnahmen zur Hebung der Wirtschaftlichkeit, allgemeine Bestimmungen	Ovm
Maßnahmen zur Hebung der Wirtschaftlichkeit, allgemeine Bestimmungen	Ovm
Maßnahmen zur Hebung der Wirtschaftlichkeit auf Nebenbahnen	Ovmn
Maßnahmen zur Hebung der Wirtschaftlichkeit auf Nebenbahnen	Ovmn
Wissenschaftliche Betriebsführung	Ovw
Wissenschaftliche Betriebsführung	Ovw
Arbeits- und Zeitstudien siehe Bea	
Arbeits- und Zeitstudien siehe Bea	

Organisation

Akteninhalt	Aktenzeichen
Wirtschaftliche Betriebsführung in den Werkstätten und neue Arbeitsverfahren, ferner Zeitaufnahmen und Kostenermittlungen siehe Waw und Wak	
Wirtschaftliche Betriebsführung in den Werkstätten und neue Arbeitsverfahren, ferner Zeitaufnahmen u. Kostenermittlungen siehe Waw und Wak	
Betriebskostenrechnung siehe Beb	
Betriebskostenrechnung siehe Beb	
v Verwaltungsvorschriften	
v Vorschriftenwesen	
Verwaltungsvorschriften, Allgemeines	Ov
Verwaltungsvorschriften	Ov *
Vorschriftenwesen	Ov
Dienstvorschrift über das Aktenwesen (DV 140)	Ova
Vorschrift über das Aktenwesen (Aktenvorschrift) – DS 140 –	Ova
Allgemeine Angelegenheiten (Mitzeichnung, Beratung, Dokumentation)	Ova
Geschäftsanweisung für die Amtsvorstände (Ämter und gleichgeordnete Stellen)	Ovä
Geschäftsanweisungen für die Bundesbahnämter und gleichgeordnete Stellen	Ovä
Büroordnungen	Ovb
Büroordnungen	Ovb
Beratung	Ovb
Büroordnung für die Ämter, Bundesbahn-Ausbesserungswerke und die gleichgeordneten Stellen	Ovbä

Organisation

Akteninhalt	Aktenzeichen
Büroordnung für die Bundesbahn**d**irektionen, Richtlinien für den Geschäftsgang*	Ovbd
Geschäftsanweisung für die Bundesbahn**d**irektionen, die Zentralämter und die anderen zentralen Stellen	Ovd
Geschäftsanweisung für die Bundesbahn**d**irektionen, die Zentralämter und die anderen zentralen Stellen	Ovd
Hausordnungen für die Dienst**g**ebäude	Ovg
Hausordnungen für die Dienst**g**ebäude	Ovg
Verkehrs**k**ontrollvorschriften Teil I und II	Ovk
Verkehrs**k**ontrollvorschriften Teil I und II	Ovk
Neue Erkenntnisse	Ovn
Verwaltungs**o**rdnung für die Deutsche Bundesbahn	Ovo
Dienstvorschriften über das **P**lanwesen (DV 121 und 121 a)	Ovp
Rechnungsprüfungsordnung	Ovr
Ge**s**chäftsverkehr, Allgemeines	Ovs
Ge**s**chäftsverkehr, Allgemeines	Ovs
Dienstvorschrift für den Schriftverkehr der Dienststellen des **A**ußendienstes – DS 176 –	Ovsa
Dienst**b**riefvorschrift	Ovsb
Dienst**b**riefvorschriften – DS 624 –	Ovsb
Dienstvorschrift für den Schriftverkehr der **D**ienststellen [DV 176, Schriftvo]	Ovsd
Geschäftsverkehr mit **f**remden Behörden und Verwaltungen	Ovsf
Geschäftsverkehr mit **f**remden Behörden und Verwaltungen	Ovsf
Postsendungen der Deutschen Bundesbahn	Ovsp

* Im Jahre 1954 galten noch die von 1930 stammenden „Richtlinien ...“, sie wurden 1958 durch die „Geschäftssachenanweisung BD“ ersetzt; vgl S. 821 ff. insb. die Erläuterung zur Einführung (S. 823)

Organisation

Akteninhalt	Aktenzeichen
Unterricht, Schulung, Seminare	Ovu
Geschäftsanweisung für die Dienststellenvorsteher	Ovv
Geschäftsanweisung für die Dienststellenvorsteher – DS 162 –	Ovv
Verwaltungsvorschriften	Ovv
Geschäftsanweisung für die Direktoren und Abteilungsleiter der Bundesbahn-Ausbesserungswerke	Ovw

Personalwesen

Akteninhalt	Aktenzeichen
a Allgemeines	
Perſonalweſen, allgemeine Beſtimmungen	Pa *
Personalwesen, allgemeine Bestimmungen	Pa
Personalwesen, Allgemeines	Pa
Personalwesen, Allgemeines	Pa
Personalwesen, Allgemeines	Pa
Ausſchüſſe	Paa
Ausschüsse	Paa
Ausschüsse	Paa
Eignungstechnischer Ausschuß	Paae
Pſychotechniſcher Ausſchuß	Paap
Unterrichts- und Bildungsausſchuß	Paau
Unterrichts- und Bildungsausschuß	Paau
Unterrichts- und Ausbildungsausschuß	Paau
Psychotechnischer Ausschuß	Paay
Beſprechungen in Perſonalangelegenheiten	Pab
Besprechungen in Personalangelegenheiten	Pab
Besprechungen in Personalangelegenheiten	Pab
Besprechungen in Personalangelegenheiten	Pab
Besprechungen in Personalangelegenheiten	Pab
Beſprechungen in Beamtenangelegenheiten	Pabb
Besprechungen in Beamtenangelegenheiten	Pabb
Besprechungen in Beamtenangelegenheiten	Pabb
Besprechungen in Beamtenangelegenheiten	Pabb

P

Personalwesen

Akteninhalt	Aktenzeichen
Besprechungen in Beamtenangelegenheiten	Pabb
Besprechungen in Lohnempfängerangelegenheiten	Pabl
Besprechungen in Lohnempfängerangelegenheiten	Pabl
Besprechungen in Lohnempfängerangelegenheiten	Pabl
Besprechungen inArbeitnehmerangelegen (früher Lohnempfänger)	Pabl
Besprechungen in Arbeitnehmerangelegen (früher Lohnempfänger)	Pabl
Persönliche Dienstanweisungen für das Personal	Pad
Persönliche Dienstanweisungen für das Personal	Pad
Persönliche Dienstanweisungen für das Personal (DA 001 – 029)	Pad
Persönliche Dienstanweisungen für das Bahnhofsbetriebs- und Abfertigungspersonal	Padb
Persönliche Dienstanw. für das Bahnhofsbetriebs- und Abfertigungspersonal	Padb
Persönliche Dienstanweisung für die Amtsgehilfen	Padg
Persönliche Dienstanweisung für die Amtsgehilfen	Padg
Persönliche Dienstanweisung für Kraftfahrer	Padk
Persönliche Dienstanweisung für Kraftfahrer	Padk
Persönliche Dienstanweisungen für das Lokomotivbetriebspersonal (Betriebswerkmeister, Lokomotivführer, Heizer usw.)	Padl
Pers. Dienstanw. für das Lokomotivbetr.Pers. (Betriebs-Werkmeister, Lokomotivführer, Heizer usw)	Padl
Persönliche Dienstanweisungen für das Schiffspersonal	Padsch
Pers. Dienstanw. für das Schiffspersonal	Padsch
Persönliche Dienstanweisungen für das Bahnunterhaltungs- und Bahnbewachungspersonal	Padu
Pers. Dienstanw. für das Bahnunterhalt. u. Bahnbewachungspersonal	Padu

Personalwesen

Akteninhalt	Aktenzeichen
Persönliche Dienstanweisungen für das Wagenaufsichts- und -untersuchungspersonal	Padw
Pers. Dienstanw. für das Wagenaufsichts- und -untersuchungspersonal	Padw
Persönliche Dienstanweisungen für das Zugbegleitpersonal	Padz
Pers. Dienstanw. für das Zugbegleitpersonal	Padz
Ehrungen	Pae
Ehrungen	Pae
Ehrungen	Pae
Auszeichnungen, Orden, Titel	Paea
Auszeichnungen, Orden, Titel	Paea
Auszeichnungen, Orden, Titel	Paea
Anerkennung für langjährige Dienstzeit	Paed
Anerkennung für langjährige Dienstzeit	Paed
Anerkennung für langjährige Dienstzeit	Paed
Glückwünsche und Beileidsbezeugungen	Paew
Glückwünsche und Beileidsbezeugungen	Paew
Glückwünsche und Beileidsbekundungen	Paew
Gebühren und Steuern	Pag
Gebühren und Steuern	Pag
Lohnsteuer	Pagl
Lohnsteuer	Pagl
Leumundsverhältnisse, Strafregisterverordnung	Pal
Militäranwärter und Versorgungsanwärter	Pam
Ehemalige Soldaten und Militäranwärter	Pam

Personalwesen

Akteninhalt	Aktenzeichen
Ehemalige Soldaten und Militäranwärter	Pam
Anlegung und Abgabe von Personalakten, auch Einsichtnahme, Führung der Personalbogen	Pap
Anlegung und Abgabe von Personalakten, auch Einsichtnahme, Führung der Personalbogen	Pap
Personalakten (Anlage, Abgabe, Einsichtnahme)	Pap
Personalakten (Anlage, Abgabe, Einsichtnahme)	Pap
Personalakten (Anlage, Abgabe, Einsichtnahme)	Pap
Personalstammdatei	Papd
Personalstammdatei	Papd
Gesetze, Verordnungen und Verfügungen über die Rechtsverhältnisse der Reichsbahnbeamten	Par
Personalordnung siehe jedoch Po	
Gesetze, Verordnungen und Verfügungen über die Rechtsverhältnisse der Reichsbahnbeamten	Par
Personalordnung siehe jedoch Pg (Deutsches Beamtengesetz)	
Gesetze, Verordnungen und Verfügungen über die Rechtsverhältnisse der Beamten	Par
Gesetze, Verordnungen und Verfügungen über die Rechtsverhältnisse der Beamten	Par
Gesetze, Verordnungen und Verfügungen über die Rechtsverhältnisse der Beamten	Par
Reichsdisziplinarhof und -kammer	Pard
Reichsdienststrafhof und -kammer	Pard
Rechtsverhältnisse des Personenkreises nach Artikel 131 Grundgesetz	Parg
Rechtsverhältnisse des Personenkreises nach Artikel 131 Grundgesetz	Parg
Rechtsverhältnisse des Personenkreises nach Artikel 131 Grundgesetz	Parg

Personalwesen

Akteninhalt	Aktenzeichen
Vereidigung und Verpflichtung	Pav
Vermögensbildung	Pav
Vermögensbildung	Pav
[Wahlen für die Vertrauensräte	Paw 1]*
Personalwerbung	Paw
Personalwerbung	Paw
b Besoldungswesen, Nebeneinnahmen des Personals	
Besoldungswesen, allgemeine Bestimmungen	Pb *
Besoldungswesen, allg Bestimmungen	Pb
Besoldungswesen, Allgemeines	Pb
Besoldungswesen, Allgemeines	Pb *
Besoldungswesen, Allgemeines	Pb
Bezüge der Beamten	Pbb
Bezüge der Beamten	Pbb
Bezüge der Beamten	Pbb
Dienstbezüge der Beamten, Allgemeine Vorschriften	Pbb
Dienstbezüge der Beamten, Allgemeine Vorschriften	Pbb
Bezüge der im Ausland wohnenden/beschäftigten Beamten, jedoch im Inland beschäftigten/wohnenden Beamten und der im Auslande wohnenden und beschäftigten Beamten	Pbba

* An dieser Stelle fehlt ein Eintrag „Paw“ in der Ausgabe 1943; in der Gruppe Pv = Personalvertretungen ist er vermerkt. Ob er *dort* ein Schreibfehler war (eigentlich „Pvw“), war nicht mehr ermittelbar.

Personalwesen

Akteninhalt	Aktenzeichen
Bezüge der im Ausland wohnenden/beschäftigten Beamten, jedoch im Inland beschäftigten/wohnenden Beamten und der im Auslande wohnenden und beschäftigten Beamten	Pbba
Bezüge der im Ausland wohnenden/beschäftigten Beamten, jedoch im Inland beschäftigten/wohnenden Beamten und der im Auslande wohnenden und beschäftigten Beamten	Pbba
Bezüge der plan- und außerplanmäßigen Beamten	Pbbp
Bezüge der plan- und außerplanmäßigen Beamten	Pbbp
Bezüge der plan- und außerplanmäßigen Beamten	Pbbp
Bezüge des Schiffspersonals	Pbbs
Bezüge der Beamten im Vorbereitungsdienst	Pbbv
Bezüge der Beamten im Vorbereitungsdienst	Pbbv
Bezüge der Beamten im Vorbereitungsdienst	Pbbv
Bezüge der Beamten im Vorbereitungsdienst	Pbbv
Bezüge der Beamten im Vorbereitungsdienst	Pbbv
Diätarien*- und Besoldungsdienstalter	Pbd
Diätarien- und Besoldungsdienstalter	Pbd
Diäten- und Besoldungsdienstalter	Pbd
Grundgehalt und Besoldungsdienstalter	Pbd

* Diätarien [schon in den 20er Jahren ein veraltender Ausdruck]: von lat. *Dietarius*, ein Tagsöldner, ein Taggeldbezieher, ein Staatsdiener, welcher Tagegelder erhält [1852]; Diätar: mit Taggeld angestellter Beamter im Vorbereitungsdienst, Hilfsarbeiter; diätarisch: gegen Taggeld [um 1920]

Personalwesen

Akteninhalt	Aktenzeichen
Grundgehalt und Besoldungsdienstalter	Pbd
Anrechnung von Militärdienstzeit, Gefangenen- und Kriegsdienstzeit auf das Dienstalter	Pbdm
Anrechnung von Militärdienstzeit, Gefangenen- und Kriegsdienstzeit auf das Dienstalter	Pbdm
Anrechnung von Militärdienstzeit, Gefangenen- und Kriegsdienstzeit	Pbdm
Reichs- und andere Besoldungsgesetze	Pbg
Reichs- und andere Besoldungsgesetze	Pbg
Besoldungsgesetze	Pbg
Besoldungsgesetz	Pbg
Besoldungsgesetz	Pbg
Nebeneinnahmen des Personals, allgemeine Bestimmungen	Pbn *
Nebeneinnahmen der Personals, allg Bestimmungen	Pbn
Nebeneinnahmen des Personals	Pbn
Nebenbezüge des Personals	Pbn *
Nebenbezüge des Personals	Pbn
Anstellungsvergütung	Pbna
Belohnungen für die Entdeckung von Rad-, Achs- und Schienenbrüchen	Pbnb
Belohnungen für die Entdeckung von Rad-, Achs- und Schienenbrüchen	Pbnb
Prämien für Heizer bei ortsfesten Feuerungsanlagen	Pbnf
Prämien für Heizer bei ortsfesten Feuerungsanlagen	Pbnf
Leistungszulagen	Pbnl
Leistungszulagen	Pbnl
Dienstpostenzulagen (Leistungszulagen)	Pbnl

Personalwesen

Akteninhalt	Aktenzeichen
Dienstpostenzulagen (Leistungszulagen)	Pbnl
Dienstpostenzulagen (Leistungszulagen)	Pbnl
Rangierprämien	Pbnr
Rangierprämien	Pbnr
Rangierprämien	Pbnr
Belohnungen für Entdeckung betriebsgefährlicher Schäden	Pbnsch
Belohnungen für Entdeckung betriebsgefährl. Schäden	Pbnsch
Belohnung für Entdeckung betriebsgefährlicher Schäden	Pbnsch
Belohnung für Entdeckung betriebsgefährlicher Schäden	Pbnsch
Belohnung für Entdeckung betriebsgefährlicher Schäden	Pbnsch
Belohnungen für Erfindungen und Verbesserungen siehe Ang	
Belohnungen für Erfind. u. Verbesserungen siehe Ang	
Verschiebegelder und Vergütungen für Spitzenleistungen im Verkehr und Betrieb	Pbnsp
Verschiebegelder und Vergütungen für Spitzenleistungen im Verkehr und Betrieb	Pbnsp
Spitzenleistungsprämien	Pbnsp
Vergütungen für Stoffersparnisse	Pbnst
Vergütungen für Stoffersparnisse	Pbnst
Vergütungen für Stoffersparnisse	Pbnst
Besoldungsordnung	Pbo
Besoldungsordnungen	Pbo
Besoldungsordnungen	Pbo
Örtliche Sonderzuschläge und sonstige örtliche Zulagen	Pbö
Örtliche Sonderzuschläge und sonstige örtl. Zulagen	Pbö

Personalwesen

Akteninhalt	Aktenzeichen
Rechnungsvorschriften über die Besondungs- und Versorgungsgebührnisse (RBV)	Pbr
Rechnungsvorschriften über die Besoldungs- und Versorgungsgebührnisse (RBV)	Pbr
Kassen- und Rechnungsvorschriften über die Dienst- und Versorgungsbezüge der Beamten und ihrer Hinterbliebenen	Pbr
Soziale Zulagen (Frauen- und Kinderzulagen)	Pbs
Soziale Zulagen (Frauen- und Kinderzulagen)	Pbs
Soziale Zulagen (Kindergeldzuschläge usw.)	Pbs
Kindergeld (soziale Zulage)	Pbs
Kindergeld (soziale Zulage)	Pbs
Andere Zulagen und Zuwendungen	Pbsa
Andere Zulagen und Zuwendungen	Pbsa
Stellenzulagen	Pbst
Stellenzulagen	Pbst
Stellenzulagen	Pbst
Angestelltentarif	Pbt
Angestelltentarif	Pbt
Ortsklasseneinteilung (Wohnungsgeldzuschuß)	Pbw
Ortsklasseneinteilung (Wohnungsgeldzuschuß)	Pbw
Ortsklasseneinteilung (Wohnungsgeldzuschuß)	Pbw
Ortszuschlag (dienstlicher Wohnsitz)	Pbw
Ortszuschlag (dienstlicher Wohnsitz)	Pbw

Ruhegehaltswesen siehe Pr
Ruhegehaltswesen siehe Pr
Ruhestandswesen, auch Ruhestandsbezüge siehe unter Pr
Ruhestandswesen, Ruhestandsbezüge siehe Pr
Ruhestandswesen, Ruhestandsbezüge siehe Pr

Personalwesen

Akteninhalt	Aktenzeichen
d Angestellte auf Dienstvertrag	
Angestellte auf Dienstvertrag, Allgemeines	Pd
Angestellte auf Dienstvertrag, Vergütungsordnung, Arbeitsordnung	Pd
Angestellte auf Dienstvertrag, Vergütungsordnung, Arbeitsordnung	Pd
Angestelltentarif	Pdt
Angestelltentarif	Pdt
Angestelltentarif	Pdt
Abrechnung der Angestelltenvergütung siehe Kblv	
e (bisher y) Eignungstechnik	
Eignungstechnik, allgemeine Bestimmungen	Pe
Ergebnisse der Eignungsuntersuchungen im Kraftwagendienst	Pek (neu)
Ergebnisse der Eignungsuntersuchungen für Lehrlinge	Pel
Erg. der Eignungsuntersuchungen für den Schalterdienst	Pes
Erg. der Eigungsuntersuchungen für den Umstell- (Rangier-) Dienst	Peu
dsgl. für den Weichen- und Stellwerksdienst	Pew (neu)
f Personalführung und Zusammenarbeit	
Führung und Zusammenarbeit	Pf
g (bisher o) Deutsches Beamtengesetz (DBG), allgemeine und besondere Personalvorschriften	
Deutsches Beamtengesetz (DBG), allg Bestimmungen	Pg
Anstellungsverhältnisse	Pga
Anstellung von Ausländern	Pgaa

Personalwesen

Akteninhalt	Aktenzeichen
Grundsätze für die Anstellung von Kriegsbeschädigten und Unfallinvaliden, allgemeine Bestimmungen	Pgab
Übernahme von Ämtern (Lehrämter, Schöffen, Geschworene, Aufsichtsräte usw)	Pgä
Beschwerden des Personals über das Personal	Pgb
Beschwerden und Eingaben des Personals an öffentliche Körperschaften	Pgbö
Entlassungen und Kündigungen	Pge
Geschenke und Belohnungen	Pgg
Heranziehung von Bediensteten zum Schadenersatz, Haftung (Ersa)*	Pgh
Erkrankungen	Pgk
Annahme, Ausbildung und Laufbahnen, allg Vorschr.	Pgl
Laufbahn der Beamten des Weichen- und Stellwerksdienstes	Pgl 1
Laufbahn der Zugbegleitbeamten	Pgl 2
Laufbahn der Rangierbeamten	Pgl 3
Laufbahn der Bahnhofsschaffner (einschl. Pförtner auf Bahnhöfen	Pgl 4
Laufbahn der Ladebeamten	Pgl 5
Laufbahn des Fahrpersonals für elektrisch betriebene Strecken	Pgl 6
Laufbahn der Reichsbahnbetriebsassistenten sowie der Reichsbahnassistenten und Reichsbahnsekretäre (auch Angel. der Kanzleibeamten)	Pgl 7
Laufbahn der Werkmeister und Werkführer elektrotechnischer und wärmeteschnischer Fqachrichtung sowie für Gas- und Wasserwerke	Pgl 8
Laufbahn der Werkmeister	Pgl 9

* vgl. [DV] 125: Gesetz über das Verfahren für die Erstattung von Fehlbeträgen an öffentlichem Vermögen (Erstattungsgesetz) und Vorschrift über die Heranziehung der Reichsbahnbediensten zum Schadensersatz (1925); wurde später in die DV/DS 040 (Personalvorschriften Teil I Beamtenrecht) eingearbeitet.

Personalwesen

Akteninhalt	Aktenzeichen
Laufbahn der techn. Rb. Ass. und Rb. Sekretäre	Pgl 9 a
Laufbahn der Lokomotivbeamten	Pgl 10
Laufbahn der Beamten im gehobenen mittleren nichttechnischen Dienst	Pgl 11
Besondere Angelegenheiten der Beamten des gehobenen mittleren nichttechnischen Dienstes	Pgl 11 a
Laufbahn der Beamten im gehobenen mitteleren technischen Dienst	Pgl 12
Besondere Angelegenheiten der Beamten der gegobenen mittleren technischen Dienstes	Pgl 12 a
Landmesser und Oberlandmesser	Pgl 12 b
Laufbahn der Botenmeister, Amtsgehilfen und Hauspförtner	Pgl 13
Laufbahn des Druckpersonals	Pgl 14
Laufbahn der Bahnwärter	Pgl 15
Laufbahn der Rottenführer	Pgl 15 a
Laufbahn der Leistungsaufseher	Pgl 15 b Pgl 16
Laufbahn der Maschinisten (auch Maschinenwärter)	Pgl 17
Laufbahn der Werkführer für Stellwerke und Telegraphen-werkführer	Pgl 18
Laufbahn der Wagenmeister (auch Wagenaufseher)	Pgl 19
Laufbahn der Funker an Bord und auf Küstenstationen	Pgl 20
Laufbahn des Schiffspersonals	Pgl 21
Laufbahn der Materialaufseher	Pgl 22
Laufbahn der Kraftwagenführer	Pgl 23 Pgl 24 Pgl 25
Beamte des Abnahmedienstes	Pgl a

Personalwesen

Akteninhalt	Aktenzeichen
Bewerbungen, Listenführung	Pglb
Dienstalter	Pgld
Anwärterdienstalter	Pglda
Beförderungsdienstalter	Pgldb
Besoldungs- und Diätariendienstalter siehe Pbd	
Anstellungsverhältnisse siehe Pga	
Eignungswesen	Pgle
Eignung für den Kraftfahrdienst	Pglek (neu)
Ausbildung im Kraftfahrdienst	Pgleka "
Kraftfahrzeugschulen	Pgkeks "
Überwachung des Kraftwagenpersonals	Pglekü "
Hilfsdezernenten, Reichsbahnamtmänner, Bürovorstände	Pglh
Ausbildung und Verwendung im Staatsdienst für das höhere Baufach (Ingenieurbau)	Pgli
Hochschulpraktikanten (bisher Polim)	Pglip
Studierende des Ingenieur- und Hochbaufaches	Pglis
Kontrolleure und Betriebsingenieure	Pglk
Betriebs- und Verkehrskontrolleure	Pglkb
Technische Kontrolleure ud Betriebsingenieure	Pglkt
Leumundsverhältnisse, Strafregisterverordnung	Pgll
Oberer Dienst	Pglo
Reichsbahnassessoren	Pgloa
Reichsbahnbaureferendare	Pglob
Beamte des Prüfungsamtes	Pglp

Personalwesen

Akteninhalt	Aktenzeichen
Tauglichkeitsvorschriften (Tauvo), Untersuchung, Erkrankung, Seh-, Hör- und Farbunterscheidungsvermögen	Pglu
Überführung von Beamten des mitteleren Dienstes in den oberen Dienst	Pglü
Vereidigung und Verpflichtung	Pglv
Verzahnungsstellen	Pglz
Nebenerwerb	Pgn
Dienststrafordnung, Dienstvergehen und Dienststrafen	Pgs
Dienstverschwiegenheit, Amtsgeheimnis, Rechtsbeschränkung bei Veröffentlichungen über amtliche Einrichtungen	Pgsch
Bestechungswesen	Pgschb
Urlaub, Dienstbefreiungen	Pgu
Verwendung des Personals, allgemeine Bestimmungen	Pgv
Von der Verwendung ausgeschlossene Personen	Pgva
Verwendung des Personals zu besonderen Zwecken (Dolmetscher usw)	Pgvb
Verwendung von Beamten und Arbeitern im C-Ratendienst*	Pgvc
Verwendung von Beamten bei höheren Stellen (RVM u. a.)	Pgvh
Verwendung von Lehrlingen, Lehrlingswesen	Pgvl
Verwendung von Bediensteten im Fernschreib-, Fernsprech- und Sicherungsdienst sowie in der Funkentelegraphie	Pgvt
Verwendung von Personal auf Dienstvertrag	Pgvv
Verwendung von weiblichem Personal	Pgvw
Ausbildung und Verwendung von Zöglingen	Pgvz
Personalwechsel, Versetzungen, Abordnungen	Pgw

* C-Rate = Tätigkeit eines Beamten des einfachen Dienstes (vgl. Urteil der BVerwG vom 12. 6. 1964, VI C 167.61)

Akteninhalt	Aktenzeichen
Personalwechsel mit fremden Verwaltungen	Pgwf
Dienstbezeichnungen	Pgz
k Reise- und Umzugskosten, Aufwandsentschädigungen	
k Reisekosten, Umzugskostenvergütung, Aufwandsentschädigung und -vergütungen	
Reisekosten, allgemeine Bestimmungen	Pk *
Reisekosten, allgemeine Bestimmungen	Pk
Reisekosten, Allgemeines	Pk
Reisekosten, Allgemeines	Pk *
Reisekosten, Allgemeines	Pk
Aufwandsentschädigungen, allgemeine Bestimmungen	Pka
Aufwandsentschädigungen, allgemeine Bestimmungen	Pka
Reisekosten bei Auslandsreisen	Pka
Reisekosten bei Auslandsdienstreisen	Pka
Reisekosten bei Auslandsdienstreisen	Pka
Aufwandsentschädigungen für das Personal des Fahndungsdienstes	Pkaf
Aufwandsentschädigungen für das Pers. im Fahndungsdienst	Pkaf
Aufwandsentschädigungen für das Kraftwagenpersonal	Pkak (neu)
Nachtdienstzulagen	Pkan
Nachtdienstzulagen	Pkan
Aufwandsentschädigung des Zug- und Schiffspersonals (VAZ)	Pkaz
Aufwandsentschädigungen für das Zug- und Schiffspersonal (VAZ)	Pkaz
Beschäftigungsvergütungen	Pkb
Aufwandsentschädigungen	Pke

Personalwesen

Akteninhalt	Aktenzeichen
Aufwandsentschädigungen und Aufwandsvergütungen	Pke
Aufwandsentschädigungen und Aufwandsvergütungen	Pke
Aufwandsvergütungen für Kraftfahrpersonal	Pkek
Aufwandsvergütungen für Kraftfahrpersonal	Pkek
Aufwandsvergütungen für Zugpersonal	Pkez
Aufwandsvergütungen für Zugpersonal	Pkez
Nachtdienstzulagen	Pkn
Nachtdienstzulagen	Pkn
Nachtdienstzulagen	Pkn
Pauschvergütungen für Reisen	Pkp
Pauschvergütungen für Reisen	Pkp
Trennungsentschädigungen	Pkt
Trennungsentschädigungen	Pkt
Trennungsentschädigungen	Pkt
Trennungsgeld	Pkt
Trennungsgeld	Pkt
Umzugskosten, allgemeine Bestimmungen	Pku
Umzugskosten, allgemeine Bestimmungen	Pku
Umzugskosten	Pku
Umzugskostenvergütung	Pku
Umzugskostenvergütung	Pku
Reisekostenvergütung	Pkv
Wirtschaftsplan über Reise- und Umzugskosten	Pkw
Wirtschaftsplan über Reise- und Umzugskosten	Pkw

Personalwesen

P

Akteninhalt	Aktenzeichen
1 Lohnempfänger (Lohnweſen)	
1 Lohnwesen	
Lohnempfänger (Lohnweſen), allgemeine Beſimmungen	Pl *
Lohnempfänger (Lohnwesen), allg Bestimmungen	Pl
Lohnempfänger, Lohnwesen; Allgemeines	Pl
Allgemeine Angelegenheiten der Mitarbeiter auf Arbeitsvertrag (Lohnwesen)	Pl *
Allgemeine Angelegenheiten der Mitarbeiter auf Arbeitsvertrag (Lohnwesen)	Pl
Dienſtverhältniſſe, allgemeine Beſtimmungen, Arbeitsordnung (AO)	Pld *
Dienstverhältnisse, allg Best, Arbeitsordnung (AO)	Pld
Dienstverhältnisse, Arbeitsordnung (AO)	Pld
Dienstverhältnisse der LTV-Arbeiter	Pld
Dienstverhältnisse der LTV-Arbeiter	Pld
Annahme von Arbeitern	Plda
Annahme von Arbeitern	Plda
Annahme von Arbeitern	Plda
Dienstverhältnisse der auszubildenden Mitarbeiter	Plda
Dienstverhältnisse der auszubildenden Mitarbeiter	Plda
Annahme von Ausländern	Pldaa
Annahme von Ausländern	Pldaa
Arbeitsvermittlung	Pldav
Arbeitsvermittlung	Pldav
Entlaſſung von Arbeitern	Plde
Entlassung von Arbeitern	Plde
Entlassung von Arbeitern	Plde

Personalwesen

Akteninhalt	Aktenzeichen
Dienst- und Scheuerfrauen	Pldf
Dienst- und Scheuerfrauen	Pldf
Zeit- und Aushilfsarbeiter	Pldh *
Zeit- und Aushilfsarbeiter	Pldh
Beschäftigung von Jungwerkern	Pldj
Nebenbeschäftigung der Arbeiter	Pldn
Nebenbeschäftigung der Arbeiter	Pldn
Stammarbeiter	Plds *
Stammarbeiter	Plds
Strafen gegen Arbeiter	Plds
Dienstverhältnisse der sonstigen Mitarbeiter auf Arbeitsvertrag, wie Bahnagenten, Schrankenwärter usw.	Plds
Dienstverhältnisse der sonstigen Mitarbeiter auf Arbeitsvertrag, wie Bahnagenten, Schrankenwärter usw.	Plds
Arbeitsvermittlung	Pldv
Arbeitsvermittlung	Pldv
Arbeitsvermittlung	Pldv
Wiedereinstellung von Arbeitern	Pldw
Gedingewesen, allgemeine Bestimmungen	Plg *
Gedingewesen, allgemeine Bestimmungen	Plg
Gedingewesen, Allgemeines	Plg
Gedingewesen, Allgemeines	Plg *
Gedingwesen in Bahnbetriebs- und Bahnbetriebswagenwerken	Plgb
Gedingewesen in Bahnbetriebs- und Bahnbetriebswagenwerken	Plgb
Gedingewesen in den Betriebsteilen der Bahnbetriebs- und Bahnbetriebswagenwerke	Plgb

Personalwesen

Akteninhalt	Aktenzeichen
Gedingewesen in den Betriebsteilen der Bahnbetriebs- und Bahnbetriebswagenwerke	Plgb
Gedingewesen in den Betriebsstellen der Bahnbetriebs- und Bahnbetriebswagenwerke	Plgb
Gedingesesen in Güterböden (Dienstvorschrift über das Gedingeverfahren auf Güterböden und Umladestellen)	Plgg
Gedingewesen in Güterböden (Dienstvorschrift über das Gedingeverfahren auf Güterböden und Umladestellen)	Plgg
Gedingewesen auf Güterböden	Plgg
Gedingewesen auf Güterböden	Plgg
Gedingewesen auf Güterböden	Plgg
Prämienverfahren *Unterakten nach Bedarf*	Plgp
Prämienverfahren *Unterakten nach Bedarf*	Plgp
Prämienverfahren	Plgp
Gedingewesen in der Bahnunterhaltung	Pglu
Gedingewesen in der Bahnunterhaltung	Pglu
Gedingewese in der Bahnunterhaltung	Plgu
Gedingewesen in den Werkstätten und Ausbesserungswerken	Plgw
Gedingewesen in Werkstätten und Ausbesserungswerken	Plgw
Gedingewesen in den Werkstättenteilen der Bahnbetriebs- und Bahnbetriebswagenwerke sowie in den Ausbesserungswerken	Plgw
Arbeitsrecht, allgemeine Bestimmungen	Plr
Arbeitsrecht, allgemeine Bestimmungen	Plr
Arbeitsrecht, Allgemeines	Plr
Arbeitsrecht, Allgemeines	Plr
Arbeitsrecht, Allgemeines	Plr

Personalwesen

Akteninhalt	Aktenzeichen
Beschwerden und gerichtliche Verfahren gegen Arbeiter	Plrb
Beschwerden und gerichtliche Verfahren gegen Arb.	Plrb
Beschwerden und gerichtliche Verfahren gegen Arbeiter	Plrb
Gerichtsentscheidungen in Arbeiterangelegenheiten	Plre
Gerichtsentscheidungen in Arbeiterangelegenheiten	Plre
Gerichtsentscheidungen in Arbeiterangelegenheiten	Plre
Arbeitsgerichte	Plrg
Arbeitsgerichte	Plrg
Arbeitsgerichte	Plrg
Arbeitsgerichte	Plrg
Arbeitsgerichte	Plrg
Schlichtungswesen	Plrsch
Schlichtungswesen	Plrsch
Schlichtungswesen	Plrsch
Strafen gegen Arbeitnehmer	Plrst
Strafen gegen Arbeitnehmer	Plrst
Streikrecht	Plrst
Arbeitsvertrag	Plrv
Arbeitsvertrag	Plrv
Schwerbeschädigtenrecht	Pls
Schwerbehindertenrecht	Pls
Schwerbehindertenrecht	Pls
Annahme von Schwerbeschädigten	Plsa
Beschäftigung von Schwerbeschädigten	Plsb

Personalwesen

Akteninhalt	Aktenzeichen
Entlassung von Schwerbeschädigten	Plse
Lohntarif (LTV, Reichslohntarif), allgemeine Bestimmungen	Plt *
Lohntarif (LTV, Reichslohntarif), allg Bestimmungen	Plt
Lohntarif (LTV), Allgemeines	Plt
Lohntarif (LTV), Allgemeines	Plt *
Lohntarif (LTV), Allgemeines	Plt
Löhne der im Ausland wohnenden/beschäftigten jedoch im Inland, beschäftigten/wohnenden Arbeiter und der im Auslande wohnenden und beschäftigten Arbeiter	Plta
Löhne der im Ausland wohnenden/beschäftigten, jedoch im Inland beschäftigten/wohnenden Arbeiter und der im Auslande wohnenden und beschäftigten Arbeiter	Plta
Lohn der im Ausland wohnenden/beschäftigten, jedoch im Inland beschäftigten/wohnenden und der im Ausland wohnenden und beschäftigten Arbeiter	Plta
Dienstalter	Pltd
Dienstalter	Pltd
Dienstalter	Pltd
Umzugsgebühren (Entschädigungen bei Überweisung an andere Dienstorte)	Plte
Umzugsgebühren (Entschädigungen bei Überweisung an andere Dienstorte	Plte
Entlohnungen an gesetzlichen und kirchlichen Feiertagen	Pltf
Entlohnungen an gesetzlichen und kirchl. Feiertagen	Pltf

Personalwesen

Akteninhalt	Aktenzeichen
Entlohnung an gesetzlichen und kirchlichen Feiertagen	Pltf
Lohngruppeneinteilung	Pltg
Löhne der Privatindustrie und der anderen Verwaltungen	Plti
Löhne der Privatindustrie und der anderen Verwaltungen	Plti
Löhne in der Privatindustrie und in anderen Verwaltungen	Plti
Lohnzulagen	Pltl
Lohnzulagen	Pltl
Lohnzulagen	Pltl
Lohn- und Arbeitsverhältnisse der nicht unter den LTV fallenden Bediensteten (Familienangehörige und dergleichen)	Pltn
Lohn- und Arbeitsverhältnisse der nicht unter den LTV fallenden Bediensteten (Familienangehörige und dergl.)	Pltn
Vertragsverhältnisse der nicht unter den LTV und den Angestelltentarif fallenden Personen (Bahnagenten u. dgl.)	Pltn
Lohngebiets- und Ortsklasseneinteilung, Ortslohnzulagen	Plto
Lohngebiets- und Ortsklasseneinteilung, Ortslohnzulagen	Plto
Lohngebiets- und Ortsklasseneinteilung, Ortslohnzulagen	Plto
Bahnmeistereilöhne, Rottenbezirke	Pltor
Bahnmeistereilöhne, Rottenbezirke	Pltor
Lohnrechnungsvorschriften	Pltr
Lohnrechnungsvorschriften	Pltr
Lohnrechnungsvorschriften	Pltr
Soziale Zulagen (Frauen- und Kinderzulagen)	Plts
Soziale Zulagen (Frauen- und Kinderzulagen)	Plts
Soziale Zulagen (Kinderzuschläge)	Plts
Soziale Zulagen	Plts

Personalwesen

Akteninhalt	Aktenzeichen
Soziale Zulagen	Plts
Urlaub, Dienstbefreiung	Pltu
Urlaub, Dienstbefreiungen	Pltu
Urlaub, Dienstbefreiung	Pltu
Urlaub, Dienstbefreiung	Pltu
Urlaub, Dienstbefreiung	Pltu
Auswärtszulagen, Übernachtungsgelder (bei Beschäftigung außerhalb der ständigen Arbeitsstellen)	Pltü
Auswärtszulagen, Übernachgungsgelder (bei Beschäftigung außerhalb der ständigen Arbeitsstellen)	Pltü
Auswärtszulagen, Übernachtungsgelder, Beschäftigungsvergütung, Trennungsentschädigung, Umzugskosten u. dgl.	Pltü
Vergütung für auswärtige Beschäftigung, Übernachtungs- und Tagegeld, Umzugskostenvergütung u. dgl.	Pltü
Vergütung für auswärtige Beschäftigung, Übernachtungs- und Tagegeld, Umzugskostenvergütung u. dgl.	Pltü
Löhne der Arbeiter in Betriebs- und Reichsbahnausbesserungswerken	Pltw
Löhne der Arbeiter in Betriebs- und Reichsbahnausbesserungswerken	Pltw
Arbeitszeit	Pltz
Arbeitszeit	Pltz
Arbeitszeit	Pltz
Arbeitszeit	Pltz
Arbeitszeit	Pltz
Lohnpfändungen siehe Rbl *Lohnpfändungen siehe Rbl* *Lohnpfändungen siehe Rbl* *Lohnpfändungen siehe Rbl*	
Lohnabrechnung siehe Kbl *Lohnabrechnung siehe Kbl*	

Personalwesen

Akteninhalt	Aktenzeichen
m Versorgungsanwärter	
Versorgungs- (Militär- usw) anwärter; allgemeine Bestimmungen; Anstellungsgrundsätze	Pm
Versorgungs- (Militär- usw) anwärter; allgemeine Bestimmungen; Anstellungsgrundsätze	Pm
Stellenausschreibungen und Einberufungen	Pme
Stellenausschreibungen und Einberufungen	Pme
Reichsversorgungsgesetz	Pmg
Reichsversorgungsgesetz	Pmg
Militärpensionen, gesetzliche Bestimmungen	Pmp
Militärpensionen, gesetzliche Bestimmungen	Pmp
Abschlußprüfungen der Heeres- und Marineschulen, Polizei- und Gendarmerieschulen	Pms
Abschlußprüfungen der Heeres- und Marineschulen, Polizei- und Gendarmerieschulen	Pms
o Personalordnung (Perso), allgemeine und besondere Personalvorschriften	
Hinweis: in der Ausgabe 1943 steht diese Sachgruppe unter Pg	
o Ordnung der Dienstverhältnisse der Beamten	
o Ordnung der Dienstverhältnisse	
Personalordnung	Po *
Ordnung der Dienstverhältnisse der Beamten, Allgemeines	Po
Ordnung der Dienstverhältnisse der Beamten	Po *
Ordnung der Dienstverhältnisse	Po
Personalordnung, Teil I	Po I

Personalwesen

P

Akteninhalt	Aktenzeichen
Personalordnung, Teil II	Po II
Anstellungsverhältnisse (Diätariat,* kündbare und unkündbare Anstellung)	Poa
Anstellungsverhältnisse	Poa
Anstellung von Ausländern	Poaa
Grundsätze für die Anstellung von Kriegsbeschädigten und Unfallinvaliden, allgemeine Bestimmungen	Poab
Grundsätze für die Anstellung von Körperbeschädigten	Poab
Einspruchs- und Beschwerdeausschuß, Schiedsstellen	Poau
Übernahme von Ämtern (Lehrämter, Schöffen, Geschworene, Aufsichtsräte usw)	Poä
Übernahme von Ämtern	Poä
Beschwerden des Personals über das Personal	Pob
Beschwerden des Personals über das Personal	Pob
Beschwerden und Eingaben des Personals an öffentliche Körperschaften	Pobö
Entlassungen und Kündigungen	Poe
Entlassungen und Kündigungen	Poe
Geschenke und Belohnungen	Pog
Geschenke und Belohnungen	Pog
Geschenke und Belohnungen	Pog
Geschenke und Belohnungen	Pog
Heranziehung von Bediensteten zum Schadenersatz, Haftung (Ersa)	Poh *
Heranziehung von Bediensteten zum Schadenersatz, Haftung	Poh
Heranziehung von Bediensteten zum Schadenersatz, Haftung	Poh

* vgl. oben Fußnote zum Aktenzeichen Pbd, Seite 484

Personalwesen

Akteninhalt	Aktenzeichen
Heranziehung von Bediensteten zum Schadenersatz, Haftung	Poh
Erkrankungen	Pok
Annahme, Ausbildung und Laufbahnen (§ 4 Perso), allgemeine Vorschriften	Pol *
Annahme, Ausbildung und Laufbahnen, Allgemeine Vorschriften	Pol
Annahme, Ausbildung und Laufbahnen, Allgemeine Vorschriften	Pol *
Annahme, Ausbildung und Laufbahnen, Allgemeine Vorschriften	Pol
Laufbahn der Beamten des Weichen- und Stellwerksdienstes	Pol 1
Laufbahn der Weichenwärter	Pol 1
Laufbahn der Betriebsaufseher	Pol 1
Laufbahn der Zugbegleitbeamten	Pol 2
Laufbahn der Zugschaffner	Pol 2
Laufbahn der Bundesbahnschaffner	Pol 2
Laufbahn der Rangierbeamten	Pol 3
Laufbahn der Rangieraufseher	Pol 3
Laufbahn der Bahnhofsschaffner (einschl. Pförtner auf Bahnhöfen)	Pol 4
Laufbahn der Bahnhofsschaffner	Pol 4
Laufbahn der Ladebeamten	Pol 5
Laufbahn der Ladeschaffner	Pol 5
Laufbahn des Fahrpersonals für elektrisch betriebene Bahnstrecken	Pol 6
Laufbahn des Fahrpersonals der elektrisch betriebenen Strecken	Pol 6
Laufbahn der Triebwagenführer	Pol 6
Laufbahn der Reichsbahnbetriebsassistenten, Reichsbahnassistenten und Reichsbahnsekretäre	Pol 7
Laufbahn der Betriebsassistenten	Pol 7

Personalwesen

Akteninhalt	Aktenzeichen
Laufbahn der Bundesbahnassistenten	Pol 7
Laufbahn der Bundesbahn-Betriebswarte	Pol 7 a
Laufbahn der Bundesbahnbetriebswarte	Pol 7 a
Laufbahn der Werkmeister und Werkführer elektrotechnischer und wärmetechnischer Fachrichtung sowie für Gas- und Wasserwerke	Pol 8
Laufbahn der Technischen Bundesbahnassistenten	Pol 8
Laufbahn der Werkmeister des Betriebsmaschinendienstes	Pol 9
Laufbahn der Werkführer	Pol 9
Laufbahn der Werkführer	Pol 9
Laufbahn der technischen Bundesbahnassistenten	Pol 9 a
Laufbahn der Lokomotivführer und -heizer	Pol 10
Laufbahnen der Lokomotivheizer und Lokomotivführer	Pol 10
Laufbahn der Lokomotivführer	Pol 10
Laufbahn der Beamten im gehobenen mittleren nichttechnischen Dienst	Pol 11
Laufbahnen der Bundesbahninspektoren	Pol 11
Laufbahn der Bundesbahninspektoren	Pol 11
Besondere Angelegenheiten des Beamten des gehobenen nichttechnischen Dienstes	Pol 11 a
Laufbahn der Beamten im gehobenen mittleren technischen Dienst	Pol 12
Laufbahn der technischen Bundesbahninspektoren	Pol 12
Laufbahn der Technischen Bundesbahninspektoren	Pol12
Besondere Angelegenheiten des Beamten des gehobenen technischen Dienstes	Pol 12 a
Laufbahn der Botenmeister, Amtsgehilfen und Hauspförtner	Pol 13
Laufbahn der Amtsgehilfen	Pol 13
Laufbahn der Amtsgehilfen	Pol 13

Personalwesen

Akteninhalt	Aktenzeichen
Laufbahn des Druckpersonals	Pol 14
Laufbahn der Drucker	Pol 14
Laufbahn des Bahnbewachungs= und Bahnunterhaltungsdienstes	Pol 15
Laufbahn der Bahnwärter	Pol 15
Laufbahn der Leitungswarte	Pol 15
Laufbahn der Rottenführer	Pol 15 a
Laufbahn der Leitungsaufseher	Pol 15 b
Laufbahn der Schrankenwärter	Pol 15 c
	Pol 16
Laufbahn der Werkführer für Druckerei	Pol 16
	Pol 17
Laufbahn der Maschinisten	Pol 17
	Pol 18
Laufbahn der Signal- und Fernmeldewerkführer	Pol 18
	Pol 19
Laufbahn der Wagenmeister	Pol 19
	Pol 20
Laufbahn der Bordfunker	Pol 20
	Pol 21
Laufbahn des Schiffspersonals	Pol 21
Laufbahn der Beamten des Schiffsdienstes	Pol 21
	Pol 22
Laufbahn der Lageraufseher	Pol 22
	Pol 23

Personalwesen

Akteninhalt	Aktenzeichen
Laufbahn der Kraftwagenführer	Pol 23
	Pol 24
	Pol 25
Beamte des Abnahmedienstes	Pola
Assistentenanwärter	Pola
Bewerbungen, Listenführung	Polb
Bürovorstände, Bundesbahnamtmänner	Polb
Dienstalter	Pold
Dienstalter	Pold
Dienstalter	Pold
Dienstalter	Pold
Anwärterdienstalter	Polda
Beförderungsdienstalter	Poldb
Besoldungs- und Diätariendienstalter siehe Pbd	
Anstellungsverhältnisse siehe Poa	
Eignungswesen	Pole
Hilfsdezernenten, Reichsbahnamtmänner, Bürovorstände	Polh
Höherer Dienst	Polh
Höherer Dienst	Polh
Höherer Dienst	Polh
Bundesbahnassessoren	Polha
Bundesbahnräte zur Anstellung	Polha
Bundesbahnräte zur Anstellung	Polha
Beamte des höheren bautechnischen Dienstes	Polhb

Personalwesen

Akteninhalt	Aktenzeichen
Beamte des höheren bautechnischen Dienstes	Polhb
Beamte des höheren bautechnischen Dienstes	Polhb
Beamte des höheren chemischen Dienstes	Polhc
Beamte des höheren hochbautechnischen Dienstes	Polhh
Beamte des höheren maschinentechnischen Dienstes	Polhm
Beamte des höheren maschinentechnischen Dienstes	Polhm
Beamte des höheren maschinentechnischen Dienstes	Polhm
Beamte des höheren nichttechnischen Dienstes	Polhn
Beamte des höheren nichttechnischen Dienstes	Polhn
Beamte des höheren nichttechnischen Dienstes	Polhn
Bundesbahnbaureferendare	Polhr
Bundesbahnbaureferendare	Polhr
Bundesbahnbaureferendare	Polhr
Beamte des höheren vermessungstechnischen Dienstes	Polhv
Ausbildung und Verwendung im Staatsdienst für das höhere Baufach (Ingenieurbau)	Poli
Inspektorenanwärter	Poli
Bundesbahninspektorenanwärter	Poli
Bundesbahninspektoranwärter	Poli
Maschinenbaubeflissene	Polim
Studierende des Ingenieur- und Hochbaufaches	Polis
Kontrolleure und Betriebsingenieure	Polk
Kontrolleure und Betriebsingenieure	Polk
Kontrolleure, Betriebsingenieure, Außenbeamte und Kundenberater	Polk
Kontrolleure, Betriebsingenieure, Außenbeamte und Kundenberater	Polk

Personalwesen

Akteninhalt	Aktenzeichen
Betriebs- und Verkehrskontrolleure	Polkb
Technische Kontrolleure und Betriebsingenieure	Polkt
Leumundsverhältnisse, Strafregisterverordnung	Poll
Oberer Dienst	Polo
Reichsbahnassessoren	Poloa
Reichsbahnbauführer	Polob
Beamte des Prüfungsamtes	Polp
Beamte des Prüfungsdienstes	Polp
Beamte des Prüfdienstes	Polp
Beamte des Prüfdienstes	Polp
Tauglichkeitsvorschriften (Tauvo), Untersuchung, Erkrankung, Seh-, Hör- und Farbunterscheidungsvermögen	Polu
Tauglichkeitsvorschrift (Tauvo), Untersuchung, Erkrankung, Seh-, Hör- und Farbunterscheidungsvermögen	Polu
Tauglichkeitsvorschrift – DS 107 –, Untersuchung, Erkrankung, Seh-, Hörund Farbunterscheidungsvermögen	Polu
Tauglichkeitsvorschrift DS 107, Untersuchung, Erkrankung, Seh-, Hör- und Farbunterscheidungsvermögen	Polu
Überführung von Beamten des mittleren in den oberen Dienst	Polü
Vereidigung und Verpflichtung	Polv
Verzahnungsstellen	Polz
Nebenerwerb	Pon
Nebenbeschäftigung	Pon
Nebenbeschäftigungen	Pon
Nebenbeschäftigungen	Pon
Befähigungsvorschriften für die Eisenbahnbetriebs- und Polizeibeamten (PV)	Pop

P

Personalwesen

Akteninhalt	Aktenzeichen
Bestimmungen für die Befähigung zum Betriebs- und Bahnpolizeibeamten	Pop
Bestimmungen für die Befähigung zum Betriebs- und Bahnpolizeibeamten	Pop
Dienststrafordnung, Dienstvergehen und Dienststrafen	Pos
Dienststrafordnung, Dienstvergehen und Dienststrafen	Pos
Bundesdisziplinarordnung, Dienstvergehen und Disziplinarmaßnahmen (früher Dienststrafordnung usw.)	Pos
Bundesdisziplinarordnung, Dienstvergehen und Disziplinarmaßnahmen (früher Dienststrafordnung usw.)	Pos
Gnadenrecht in Dienststrafsachen	Posg
Gnadenrecht in Dienststrafsachen	Posg
Gnadenrecht in Disziplinarsachen	Posg
Dienstverschwiegenheit, Amtsgeheimnis. Rechtsbeschränkung bei Veröffentlichungen über amtliche Einrichtungen	Posch
Bestechungswesen	Poschb
Urlaub, Dienstbefreiungen	Pou *
Urlaub, Dienstbefreiungen	Pou
Urlaub und Dienstbefreiung	Pou *
Urlaub und Dienstbefreiung	Pou
Verwendung des Personals, allgemeine Bestimmungen	Pov *
Verwendung des Personals, Allgemeines	Pov
Verwendung des Personals, Allgemeines	Pov
Verwendung des Personals, Allgemeines	Pov
Von der Verwendung ausgeschlossene Personen	Pova
Verwendung von Beamten im Abnahmedienst	Pova
Verwendung von Personal zu besonderen Zwecken (Dolmetscher usw)	Povb

Personalwesen

Akteninhalt	Aktenzeichen
Verwendung von Beamten und Arbeitern im C-Ratendienst*	Povc
Verwendung von Beamten bei der Hauptverwaltung	Povh
Verwendung von Beamten bei der Hauptverwaltung	Povh
Verwendung von Lehrlingen, Lehrlingswesen	Povl *
Verwendung von Bediensteten im Fernschreib-, Fernsprech- und Sicherungsdienst sowie in der Funkentelegraphie	Povt
Verwendung von Personal auf Dienstvertrag	Povv
Verwendung von weiblichem Personal	Povw
Ausbildung und Verwendung von Zöglingen	Povz
Personalwechsel, Versetzungen, Abordnungen	Pow
Personalwechsel mit fremden Verwaltungen	Powf
Personalwechsel, Versetzungen, Abordnungen	Pow
Personalwechsel, Versetzungen, Abordnungen	Pow
Personalwechsel, Versetzungen, Abordnungen	Pow
Dienstbezeichnungen	Poz
Amtsbezeichnungen	Poz
p Prüfungswesen	
Prüfungswesen, allgemeine Bestmmungen	Pp *
Prüfungswesen, allg. Bestimmungen; Prüfungsordnung	Pp
Prüfungswesen (Allgemeines), Prüfungsordnung	Pp
Prüfungswesen, Prüfungsordnung	Pp *
Prüfungswesen, Prüfungsordnung	Pp
Prüfungsausschüsse	Ppa

* C-Rate = Tätigkeit eines Beamten des einfachen Dienstes

Personalwesen

Akteninhalt	Aktenzeichen
Prüfungsausschüsse	Ppa
Prüfungsausschüsse	Ppa
Prüfungsausschüsse	Ppa
Prüfungsausschüsse	Ppa
Prüfung für den Staatsdienst im höheren Baufache	Pph
Prüfung für den Baudienst im höheren Baufache	Pph
Prüfung für den höheren technischen Verwaltungsdienst	Pph
Verzeichnis der höheren Lehranstalten, auch technischen Fachschulen und Heeresfachschulen	Ppl
Verzeichnis der höheren Lehranstalten, auch technischen Fachschulen und Heeresfachschulen	Ppl
Verzeichnis der höheren Lehranstalten, auch technischer Fachschulen	Ppl
r Ruhestandswesen	
r Beamtenrechtliche Versorgung	
Ruhestandswesen (auch Ruhebezüge), allgemeine Bestimmungen	Pr
Ruhestandswesen (auch Ruhebezüge), allg. Best.	Pra
Ruhestandswesen (auch Ruhestandsbezüge), Allgemeines	Pr
Ruhestandswesen, Allgemeines	Pr
Beamtenrechtliche Versorgung, Allgemeines	Pr
Ruhestandsbezüge der im Ausland wohnenden und der Bezugsberechtigten aus abgetretenen Gebieten	Pra
Ruhestandsbezüge der im Ausland wohnenden und der Bezugsberechtigten aus abgetretenen Gebieten	Pra
Ruhestandsbezüge der im Ausland wohnenden und der Bezugsberechtigten aus abgetretenen Gebieten	Pra
Versorgungsbezüge der Ruhestandsbeamten und Wartegeldempfänger	Prb

P

Personalwesen

Akteninhalt	Aktenzeichen
Versorgungsbezüge der Ruhestandsbeamten und Wartegeldempfänger	Prb
Versorgungsbezüge der Ruhestandsbeamten, Wartegeldempfänger	Prb
Versorgungsbezüge der Ruhestandsbeamten, Wartegeldempfänger	Prb
Versorgungsbezüge der Ruhestandsbeamten, Wartegeldempfänger	Prb
Bezüge der Altruhegehaltsempfänger und Althinterbliebenen	Prba
Bezüge der Altruhegehaltsempf. u. Althinterbliebenen	Prba
Ruhegehaltsfähige Dienstzeit, allgemeine Bestimmungen	Prbz
Ruhegehaltsfähige Dienstzeit, allg. Bestimmungen	Prbz
Ruhegehaltsfähige Dienstzeiten	Prbz
Versorgungsverhältnisse des Personenkreises nach Artikel 131 Grundgesetz	Prg
Versorgungsverhältnisse des Personenkreises nach Artikel 131 Grundgesetz	Prg
Hinterbliebenenfürsorge, Bezüge der Hinterbliebenen, Gnadenbezüge	Prh
Hinterbliebenenfürsorge, Bezüge der Hinterbliebenen, Gnadenbezüge	Prh
Hinterbliebenenfürsorge, Bezüge der Hinterbliebenen, Gnadenbezüge	Prh
Hinterbliebenenfürsorge, Bezüge der Hinterbliebenen, Gnadenbezüge	Prh
Hinterbliebenenfürsorge, Bezüge der Hinterbliebenen, Gnadenbezüge	Prh
Beamten-Pensions- und Unterstützungskassen	Prk
Beamten-Pensions- und Unterstützungskassen	Prk
Pensionskassen ehemamliger Privatbahnen, Witwen- und Waisengeldbeiträge	Prp
Pensionskassen ehemaliger Privatbahnen, Witwen- und Waisengeldbeiträge	Prp
Versorgung ehemaliger Privatbeamter	Prp
Ruhensvorschriften	Prr
Versetzung in den einstweiligen Ruhestand	Prv

Personalwesen

Akteninhalt	Aktenzeichen
Versetzung in den einstweiligen Ruhestand	Prv
Versetzung in den einstweiligen Ruhestand	Prv
Wiederverwendung von Wartestandsbeamten	Prw
Wiederverwendung von Wartestandsbeamten	Prw
Wiederverwendung von Wartestandsbeamten	Prw
Rechnungsvorschrift über die Besoldungs- und Versorgungsgebührnisse (RBV) siehe Pbr	
Rechnungsvorschrift über die Besoldungs- und Versorgungsgebührnisse (RBV) siehe Pbr	
Militärpensionen siehe Pmp	
Militärpensionen siehe Pmp	
u Unterrichts- und Bildungswesen	
u Ausbildungs- und Unterrichtswesen	
u Betriebliches Bildungswesen (Ausbildung, Fortbildung, Umschulung)	
Unterrichts- und Bildungswesen, allgemeine Bestimmungen	Pu *
Unterrichts- und Bildungswesen, allg. Bestimmungen	Pu
Ausbildungs- und Unterrichtswesen, Allgemeines	Pu
Betriebliches Bildungswesen (Ausbildung, Fortbildung, Weiterbildung, Umschulung), Informationsaustausch, Allgemeines	Pu *
Betriebliches Bildungswesen (Ausbildung, Fortbildung, Weiterbildung, Umschulung), Informationsaustausch, Allgemeines	Pu
Dienstanfängerschulen, amtlich eingerichtete Aus- und Fortbildungskurse	Pua
Dienstanfängerschulen, amtlich eingerichtete Aus- und Fortbildungskurse	Pua
Laufbahnmäßige und verwendungsmäßige Ausbildung	Pua

Personalwesen

Akteninhalt	Aktenzeichen
Laufbahnmäßige und verwendungsmäßige Ausbildung	Pua
Berufsschul- und Ingenieurschulangelegenheiten	Pub
Berufsschul- und Ingenieurschulangelegenheiten	Pub
Dienstvortragswesen, Dienstbesprechungen	Pud
Dienstvortragswesen, Dienstbesprechungen	Pud
Dienstunterricht und Dienstbesprechungen	Pud
Dienstliche Fortbildung	Pud
Dienstliche Fortbildung	Pud
Freiwilliges Bildungswesen, Eisenbahnfachschulen	Puf
Freiwillige Fortbildung	Puf
Freiwillige Fortbildung	Puf
Unterrichtshilfsmittel, Lehrbücher (siehe auch Zgzl)	Puh
Unterrichtshilfsmittel, Lehrbücher (siehe auch Zgzl)	Puh
Ausbildungshilfsmittel	Puh
Ausbildungshilfsmittel	Puh
Ausbildungshilfsmittel	Puh
Bundesbahn-Lehrbücherei	Puhl
Ausbildung Jugendlicher	Puj
Berufsausbildung Jugendlicher	Puj *
Berufsausbildung Jugendlicher	Puj
Lehrlinge	Pujl
Praktikanten	Pujp
Freiwilliges Bildungswesen (Lehrkurse usw)	Puk
Freiwilliges Bildungswesen (Lehrkurse usw)	Puk

33 *

Personalwesen

Akteninhalt	Aktenzeichen
Kurse (Sonderlehrgänge)	Puk
Abordnung von Personal zu Sonderveranstaltungen (Reichsbahnwissenschaftliche Wochen, Vorträge usw)	Puks
Abordnung von Personal zu Sonderveranstaltungen (Reichsbahnwissenschaftliche Wochen, Vorträge usw)	Puks
Heranbildung, Fortbildung und Ausbildung von Lehrkräften	Pul
Heranbildung, Fort- und Ausbildung von Lehrkräften	Pul
Lehrkräfte	Pul
Lehrkräfte	Pul
Lehrkräfte	Pul
Ausbildung und Fortbildung	Pula
Einsatz und Verwendung	Pule
Unterrichtsvergütungen	Pulv
Schulmittelwirtschaft (Finanzsachen)	Pum
Schulmittelwirtschaft (Finanzsachen)	Pum
Mittelwirtschaft	Pum
Wirtschaftsmittel für das betriebliche Bildungswesen	Pum
Wirtschaftsmittel für das betriebliche Bildungswesen	Pum
Unterricht in fremden Sprachen	Pus
Unterricht in fremden Sprachen	Pus
Bundesbahnschulen	Pus
Ausbildungsstätten	Pus *
Ausbildungsstätten	Pus
Kurzschrift und Maschinenschrift	Pusch
Kurzschrift und Maschinenschrift	Pusch

Personalwesen

Akteninhalt	Aktenzeichen
Übersichten, Ausbildungsstatistik	Puü
Übersichten, Ausbildungsstatistik	Puü
Verwaltungsschule	Puv
Verwaltungsschule	Puv
Verwaltungsakademie	Puv
Vorgesetztenschulung	Puv
Vorgesetztenschulung	Puv
Werkschulen	Puw *
Werkschulen	Puw
Werkschulen, Werkunterricht	Puw
öffentliche Berufsschulen	Puwö
Betriebspsychologie	Puy
Förderung begabter Knaben siehe Uof	
Förderung begabter Knaben siehe Uof	
Förderung begabter Knaben siehe Uof	
Jugendpflege siehe Uoj	
Jugendpflege siehe Uoj	
Jugendpflege siehe Uoj	
ü Übersichten (Statistik)	
Übersichten (Statistik), allgemeine Bestimmungen und Sonderfälle	Pü *
Übersichten (Statistik), allg. Bestimmungen und Sonderfälle	Pü
Übersichten (Statistik), Allgemeines und Sonderfälle	Pü
Übersichten (Statistik)	Pü *

Personalwesen

Akteninhalt	Aktenzeichen
Übersichten (Statistik)	Pü
Besoldungsstatistik	Püb
Besoldungsstatistik	Püb
Besoldungsstatistik	Püb
Dienstdauerstatistik	Püd
Dienstdauerstatistik	Püd
Dienstdauerstatistik	Püd
Lohnstatistik	Pül
Lohnstatistik	Pül
Lohnstatistik	Pül
Lohnstatistik	Pül
Lohnstatistik	Pül
Statistischer Nachweis über den Stand des Dienstpersonals (Tabelle 25 der Reichsstatistik, Personalstatistik)	Püp
Statistischer Nachweis über den Stand des Dienstpersonals (Tabelle 25 der Reichsstatistik, Personalstatistik)	Püp
Statistischer Nachweis über den Stand des Dienstpersonals (Personalstatistik)	Püp
Statistischer Nachweis über den Stand des Dienstpersonals (Personalstatistik)	Püp
Statistischer Nachweis über den Stand des Dienstpersonals (Personalstatistik)	Püp
Statistik über Ruhestandsbeamte und deren Hinberbliebene	Pür
Statistik über Ruhestandsbeamte und deren Hinberbliebene	Pür
Statistik der Ruhestandsbeamten und deren Hinterbliebenen	Pür
Statistik über Ruhestandsbeamte und deren Hinterbliebene	Pür
Statistik der Ruhestandsbeamten und deren Hinterbliebene	Pür
Schulstatistik, Geschäftsberichte	Püs

Personalwesen

Akteninhalt	Aktenzeichen
Schulstatistik, Geschäftsberichte	Püs
Statistik der persönlichen Unfälle	Püu
Statistik der persönlichen Unfälle	Püu
Statistik der persönlichen Unfälle	Püu
Personalverkehrsübersichten	Püv
Personalverkehrsübersichten	Püv
Lehrlings- und Zöglingsstatistik	Püz
Lehrlings- und Zöglingsstatistik	Püz
v Personalvertretungen	
v Personalvertretungsrecht	
Personalvertretungen, allgemeine Bestimmungen	Pv *
Vertrauensräte und Vertrauensmänner, allg. Bestimmungen	Pv
Personalvertretungsrecht, Allgemeines	Pv
Personalvertretungsrecht, Allgemeines	Pv *
Personalvertretungsrecht, Allgemeines	Pv
Vertrauensräte der Arbeiter und Angestellten	Pva
Bildung, Aufgaben, Geschäftsführung der Vertrauensräte, Dienstbefreiung u. Aufwandsentschädigung der Vertrauensmänner	Pvag
Hauptvertrauensrat	Pvah
Gewerkschaften, allgemeine Angelegenheiten	Pvg
Gewerkschaftsangelegenheiten *Unterakten nach Bedarf*	Pvg
Gewerkschaftsangelegenheiten *Unterakten nach Bedarf*	Pvg

Personalwesen

Akteninhalt	Aktenzeichen
Gewerkschaftsangelegenheiten	Pvg
Arbeitergewerkschaften	Pvga
Beamtengewerkschaften und -verbände	Pvgb
Beamten- und Arbeitervertretungen (Beamten- und Betriebsräte), allgemeine Bestimmungen	Pvr
Personalräteangelegenheiten	Pvr
Personalräteangelegenheiten	Pvr
Personalräteangelegenheiten	Pvr
Arbeitervertretungen (Betriebsrätegesetz, Betriebsräteverordnung BRV)	Pvra
Geschäftsführung der Arbeitervertretungen (Dienstbefreiung, Aufwandsentschädigungen usw.)	Pvraf
Wahlen für Arbeitervertretungen	Pvraw
Beamtenvertretungen (Beamtenräteerlaß BRE)	Pvrb
Geschäftsführung der Beamtenvertretungen (Dienstbefreiung, Aufwandsentschädigungen usw.)	Pvrbf
Wahlen für Beamtenvertretungen	Pvrbw
Geschäftsführung der Personalräte	Pvrf
Wahl der Personalräte	Pvrw
Wahl der Personalräte	Pvrw
Wahl der Personalräte	Pvrw
Wahlen für die Vertrauensräte*	Paw

* Systematisch wäre hier der Eintrag „Pvw" zu erwarten gewesen. Ob es sich hier um einen Schreibfehler handelt, oder ob der Eintrag zunächst oben in der Gruppe Pa = Personalwirtschaft / Allgemeines vergessen und dann hier eingesetzt wurde, ließ sich nicht ermitteln.

Personalwesen

Akteninhalt	Aktenzeichen
w Perſonalwirtſchaft	
Perſonalwirtſchaft, allgemeine Beſtimmungen	Pw *
Personalwirtschaft, allgemeine Bestimmungen	Pw
Personalwirtschaft, Allgemeines	Pw
Personalwirtschaft, Allgemeines	Pw *
Personalwirtschaft, Allgemeines	Pw
Dienststellenbewertung	Pwd
Dienststellenbewertung	Pwd
Dienststellenbewertung	Pwd
Personalentwicklung, Personalplanung	Pwe
Personalplanung, Personalentwicklung	Pwe
Aufſtellung der Haushaltspläne, Kopfpläne (Titel 1 – 5), Perſonalhaushalt (jahrgangsweiſe)	Pwh
Aufstellung der Haushaltspläne, Kopfpläne (Titel 1 – 5), Personalhaushalt (jahrgangsweise)	Pwh
Aufstellung der Haushaltspläne, Kopfpläne (Titel 1 – 5), Personalhaushalt (jahrgangsweise)	Pwh
Personalhaushalt	Pwh
Personalhaushalt	Pwh
Abweichungen im Haushalt, Veränderungen des Perſonalſtandes	Pwha
Abweichungen im Haushalt, Veränderung des Personalstandes	Pwha
Abweichungen vom Haushalt, Veränderungen des Personalbestandes	Pwha
Maßnahmen zur Verringerung des Perſonalaufwands, Kündigung und Entlaſſung von Bedienſteten zum Zwecke des Perſonalabbaues	Pwhe
Maßnahmen zur Verringerung des Personalaufwands, Kündigung und Entlassung von Bediensteten zum Zwecke des Personalabbaus	Pwhe

Personalwesen

Akteninhalt	Aktenzeichen
Maßnahmen zur Verringerung des Personalaufwandes, Kündigung und Entlassung von Bediensteten zum Zwecke des Personalabbaues	Pwhe
Personalkontrolle, Personalbestand, Personalausgleich	Pwhk
Personalkontrolle, Personalbestand, Personalausgleich	Pwhk
Personalkontrolle, Personalbestand, Personalausgleich	Pwhk
Festsetzung und Kontrolle des Personalbedarfs und des Personalbestandes	Pwhk
Kontrolle des Personalbedarfs und -bestandes, Festsetzung des Personalbedarfs (Überwachung der wirtschaftlichen Personalverwendung, Personalbemessungswerte)	Pwhk
Prüfung der Wirtschaftlichkeit des Betriebs hinsichtlich des Personalaufwands	Pwhp
Prüfung der Wirtschaftlichkeit des Betriebs hinsichtlich des Personalaufwands	Pwhp
Prüfung der Wirtschaftlichkeit des Betriebes hinsichtlich des Personalaufwands	Pwhp
Prüfung wirtschaftlicher Personalverwendung, Personalbemessungswerte	Pwhp
Verwendung des Personals im Arbeiterdienst, auch Unterbringung ind anderen Dienstzweigen	Pwhu
Verwendung des Personals im Arbeiterdienst, auch Unterbringung in anderen Dienstzweigen	Pwhu
Nachwuchsangelegenheiten	Pwn
Nachwuchsangelegenheiten	Pwn
Dienstpostenbesetzungsplan, allgemeine Bestimmungen *Unterakten nach Bedarf*	Pwp *
Dienstpostenbesetzungsplan, allg Best *Unterakten nach Bedarf*	Pwp
Dienstpostenbewertung	Pwp
Dienstpostenbewertung	Pwp
Dienstpostenbewertung	Pwp

Personalwesen

Akteninhalt	Aktenzeichen
Stellenbesetzung, Stellenbesetzungsprogramm	Pws
Stellenbesetzung, Stellenbesetzungsprogramm	Pws
Stellenbesetzung	Pws
Stellenplan und Planstellenbesetzung, Planstellenbewirtschaftung	Pws
Stellenplan und Planstellenbesetzung, Planstellenbewirtschaftung	Pws
Tagewerksköpfe	Pwt *
Tagewerksköpfe	Pwt
Tagewerksköpfe	Pwt
Tagewerksköpfe Titel 14 (Bahnunterhaltung)	Pwtu
Tagewerkslöpfe Titel 14 (Bahnunterhaltung	Pwtu
Tagewerksköpfe bei Titel 14 (Bahnunterhaltung)	Pwtu
Tagewerksköpfe Titel 15 (Werkstätten)	Pwtw
Tagewerksköpfe Titel 15 (Werkstätten)	Pwtw
Tagewerksköpfe bei Titel 15 (Werkstätten)	Pwtw
y Psychotechnik	
Hinweis: 1943 standen die Einträge in der Sachgruppe Pe = Eignung	
y Psychologische Eignungsuntersuchung	
Psychotechnik, allgemeine Bestimmungen	Py *
Psychologische Eignungsuntersuchung, Allgemeines	Py
Psychologische Eignungsuntersuchung, Allgemeines	Py *
Psychologische Eignungsuntersuchung, Allgemeines	Py
Ausbildung des Untersuchungspersonals	Pya
Besprechungen in Angelegenheiten der psychologischen Eignungsuntersuchung	Pyb

Personalwesen

Akteninhalt	Aktenzeichen
Eignungsuntersuchungen	Pye
Eignungsuntersuchungen	Pye
Eignungsuntersuchungen	Pye
Fortentwicklung der psychologischen Eignungsuntersuchung, Forschungsarbeiten	Pyf
Untersuchungsgeräte	Pyg
Ergebnisse der Eignungsuntersuchungen für Lehrlinge	Pyl
Anlernverfahren	Pyl
Arbeitspläne	Pyp
Ergebnisse der Eignungsuntersuchungen für den Schalterdienst	Pys
Test und Untersuchungsverfahren	Pyt
Test und Untersuchungsverfahren	Pyt
Ergebnisse der Eignungsuntersuchungen für den Umstell- (Rangier-) Dienst	Pyu
Untersuchungswagen	Pyw
z Dienst- und Ruhezeiten	
z Arbeitszeit	
Dienst- und Ruhezeiten (Dienstdauervorschriften DDV), allgemeine Bestimmungen	Pz *
Dienst- und Ruhezeiten (Dienstdauervorschrift DDV), allgemeine Bestimmungen	Pz
Dienst- und Ruhezeiten (Dienstdauervorschriften, DDV), Allgemeines	Pz
Arbeitszeit (Dienstdauervorschriften (DDV) – DS 052 –), Allgemeines	Pz *
Arbeitszeit (Dienstdauervorschriften (DDV) — DS 052 —), Allgemeines	Pz
Dienstregelung für den Außendienst	Pza

Personalwesen

Akteninhalt	Aktenzeichen
Dienstregelung für den Außendienst	Pza
Diensteinteilung für das Bahnhofs- und Abfertigungspersonal (äußerer Dienst)	Pzä
Diensteinteilung für das Bahnhofs- und Abfertigungspersonal (äußerer Dienst)	Pzä
Diensteinteilung für das Bahnhofs- und Abfertigungspersonal (äußerer Dienst)	Pzä
Diensteinteilung für das Bahnbewachungspersonal	Pzb
Diensteinteilung für das Bahnbewachungspersonal	Pzb
Diensteinteilung für das Bahnbewachungspersonal	Pzb
Dienstregelung an Feiertagen	Pzf
Dienststunden für die Beamten des inneren Dienstes	Pzi
Dienststunden für die Beamten des inneren Dienstes	Pzi
Dienststunden für die Beamten des Inneren Dienstes	Pzi
Dienstregelung für den inneren Dienst	Pzi
Dienstregelung für den inneren Dienst	Pzi
Diensteinteilung für das Kraftwagenpersonal	Pzk (neu)
Diensteinteilung für das Lokomotivpersonal	Pzl
Diensteinteilung für das Lokomotivpersonal	Pzl
Diensteinteilung für das Lokomotivpersonal	Pzl
Diensteinteilung für das Personal des Schiffsdienstes	Pzs
Diensteinteilung für das Personal des Schriffsdienstes	Pzs
Diensteinteilung für das Personal des Schiffsdienstes	Pzs
Diensteinteilung für das Bahnunterhaltungspersonal	Pzu
Diensteinteilung für das Bahnunterhaltungspersonal	Pzu
Diensteinteilung für das Bahnunterhaltungspersonal	Pzu

Personalwesen

Akteninhalt	Aktenzeichen
Dienſteinteilung für das Perſonal des Betriebsmaſchinen= und Wagendienſtes und der Bahnbetriebswerke	Pzw
Diensteinteilung für das Personal des Betr.Masch.- und und Wagendienstes und der Bahnbetriebswerke	Pzw
Diensteinteilung für das Personal des Betriebsmaschinen- und Wagendienstes und der Bahnbetriebswerke	Pzw
Dienſteinteilung für das Zugbegleitperſonal	Pzz
Diensteinteilung für das Zugbegleitpersonal	Pzz
Diensteinteilung für das Zugbegleitpersonal	Pzz
Arbeitszeit der Lohnempfänger ſiehe Pltz	
Arbeitszeit der Lohnempfänger siehe Pltz	
Arbeitszeit der Lohnempfänger siehe Pltz	
Arbeitszeit der Lohnempfänger (LTV) siehe Pltz	
Arbeitszeit der Lohnempfänger (LTV) siehe Pltz	
Sonntagsruhevorſchriften ſiehe Bfgr	
Sonntagsruhevorschriften siehe Bfgr	

Wärme- und Energie (Quellen-) wirtschaft

Q

Akteninhalt	Aktenzeichen
a Allgemeines	
Wärme- und Energie (Quellen-) wirtschaft, allgemeine Bestimmungen	Qa *
Wärme- und Energie- (Quellen-) wirtschaft, allg. Best	Qa
Wärme- und Energie (Quellen-) wirtschaft, Allgemeines	Qa
Wärme- und Energie (Quellen-) wirtschaft, Allgemeines	Qa
Wärme- und Energie (Quellen-) wirtschaft, Allgemeines	Qa
Bildliche Darstellungen der Wärmewirtschaft	Qad
Bildliche Darstellungen der Wärmewirtschaft	Qad
Forschungsinstitute und Beratungsstellen in Wissenschaft und Praxis	Qaf
Forschungsinstitute und Beratungsstellen in Wissenschaft und Praxis	Qaf
Brennkrafttechnische Gesellschaft	Qafb
Brennkrafttechnische Gesellschaft	Qafb
Vereinigung der Großkesselbesitzer	Qafg
Vereinigung der Großkesselbesitzer	Qafg
Kohlenforschungsinstitut der Kaiser-Wilhelm-Gesellschaft	Qafk
Kohlenforschungsinstitut der Kaiser-Wilh.-Gesellsch.	Qafk
Dampfkesselüberwachungsvereine*	Qafü
Dampfkesselüberwachungsvereine*	Qafü
Jahresberichte der Wärmewirtschaft	Qaj
Jahresberichte der Wärmewirtschaft	Qaj
Jahresberichte der Wärme- und Energiewirtschaft	Qaj
Jahresberichte der Wärmewirtschaftsbezirke	Qajb
Jahresberichte der Wärmewirtschaftsbezirke	Qajb

* Die ab 1866 entstandenen DÜV wurden um 1936 ... 1938 in die Technischen Überwachungsvereine (TÜV) umgewandelt.

Q Wärme- und Energie (Quellen-) wirtschaft

Akteninhalt	Aktenzeichen
Gesamtjahresbericht	Qajg
Gesamtjahresbericht	Qajg
Lieferungs- und Abnahmebedingungen, Güteprüfungen	Qal
Lieferungs- und Abnahmebedingungen, Güteprüfungen	Qal
Neuerungen (Erfindungen und Verbesserungen)	Qan
Neuerungen (Erfindungen und Verbesserungen)	Qan
Neuerungen und Verbesserungen auf dem Gebiet der Wärme- und Energiewirtschaft	Qan
Wärmewirtschaftssitzungen	Qas
Wärmewirtschaftssitzungen	Qas
Geschäftsführung und Niederschriften der Wärmewirtschaftssitzungen	Qasg
Geschäftsführung und Niederschriften der Wärmewirtschaftssitzungen	Qasg
Unterausschüsse	Qasu
Unterausschüsse	Qasu
Wärmewirtschaftlicher Unterricht, Vorträge und Ausbildung des Personals	Qau
Wärmewirtschaftlicher Unterricht, Vorträge u Ausbildung d Personals	Qau
Brennstoffversuchsfahrten	Qav
Brennstoffversuchsfahrten	Qav
Wärmewirtschaftsbezirke, Allgemeines	Qaw
Prüfstellen der Wärmewirtschaftsbezirke	Qawp
b Brennstoffwirtschaft	
Brennstoffwirtschaft in wärmetechnischer Hinsicht, allgemeine Bestimmungen	Qb
Brennstoffwirtschaft in wärmetechn. Hinsicht, allgemeine Best	Qb
Brennstoffwirtschaft in wärmetechnischer Hinsicht, Allgemeines	Qb

Wärme- und Energie (Quellen-) wirtschaft

Akteninhalt	Aktenzeichen
Brennstoffwirtschaft in wärmetechnischer Hinsicht	Qb
Brennstoffwirtschaft in wärmetechnischer Hinsicht	Qb
Feste Brennstoffe	Qbf
Gasförmige Brennstoffe	Qwg
Minderwertige Brennstoffe	Qbm
Bundesbahneigene Schlackenscheideanlagen	Qbms
Brennstoffprämien für Heizer ortsfester Kesselanlagen	Qbp
Beschaffung der Brennstoffe siehe jedoch Stbb	
Beschaffung der Brennstoffe siehe jedoch Stbb	
Beschaffung der Brennstoffe siehe jedoch Stbb	
Beschaffung der Brennstoffe siehe Stbb	
Beschaffung der Brennstoffe siehe Stbb	
e **Energiewirtschaft**	
Energiewirtschaft, allgemeine Bestimmungen	Qe
Energiewirtschaft, allgemeine Bestimmungen	Qe
Energiewirtschaft, Allgemeines	Qe
Energiewirtschaft, Allgemeines	Qe
Energiewirtschaft, Allgemeines	Qe
Verwendugn von Abfallenergien	Qea
Verwendung und Bezug von Abfallenergien	Qea
Dampfwirtschaft	Qed
Dampfwirtschaft	Qed
Dampfwirtschaft	Qed

Q Wärme- und Energie (Quellen-) wirtschaft

Akteninhalt	Aktenzeichen
Untersuchungen an Dampfkesseln	Qedu
Korrosionen in Dampfkesseln und angeschlossenen Heiz- und Kondensatleitungen	Qedk
Elektrizitätswirtschaft	Qee
Elektrizitätswirtschaft	Qee
Elektrizitätswirtschaft	Qee
Stromsparmaßnahmen	Qees
Wirtschaftlichkeitsberechnungen	Qeew
Gaswirtschaft	Qeg
Gaswirtschaft	Qeg
Gaswirtschaft	Qeg
Ferngas	Qegf
Generatorgas	Qegg
Ölgas	Qegö
Untersuchungen an Gaserzeugungsanlagen	Qegu
Heizungsanlagen, Allgemeines	Qeh
Großraumheizungen	Qehg
Korrosionen in Zentralheizungs- und Warmwasserbereitungsanlagen	Qehk
Ofenheizungen	Qeho
Untersuchungen an Heizungsanlagen aller Art	Qehu
Zentralheizungen	Qehz
Industrieöfen	Qei
Druckluftwirtschaft	Qel
Drucklufterzeuger (-verdichter)	Qelv

Wärme- und Energie (Quellen-) wirtschaft

Q

Akteninhalt	Aktenzeichen
Meßgruppen, Allgemeines	Qem
Sonstige Wärme- und Energieverbraucher	Qes
Wasserwirtschaft	Qew
Wasserwirtschaft	Qew
Wasserwirtschaft (auch Wasseruntersuchungen), Allgemeines	Qew
Wasserwirtschaft und Wasseruntersuchungen	Qew
Wasserwirtschaft und Wasseruntersuchungen	Qew
Wasseraufbereitungsanlagen	Qewb
Mechanische und chemische Reinigung (Entsteinung) (von Dampfkessel- und Heizungsanlagen	Qewr
Kraftanlagen und elektrische Maschinen siehe Mk	
Kraftanlagen und elektrische Maschinen siehe Mk	
Untersuchung und Abnahme energietechnischer Anlagen siehe Qwu	
Untersuchung und Abnahme eneergietechnischer Anlagen siehe Qwu	
Elektrische Maschinen und Anlagen siehe unter Em	
Elektrische Betriebsmittel und Anlagen für die Licht- und Kraftstromversorgung siehe Em	
Elektrische Betriebsmittel und Anlagen für die Licht- und Kraftstromversorgung siehe Em	
Dampfkesselanlagen u. a. Gaserzeuger siehe unter Md	
Dampfkesselanlagen u. ä., Gaserzeuger siehe Mv	
Dampfkesselanlagen u. ä., Gaserzeuger siehe Mv	
Kraftmaschinen und Triebwerke siehe unter Mk	
Kraftmaschinen und Triebwerke siehe Ms	

Q Wärme- und Energie (Quellen-) wirtschaft

Akteninhalt	Aktenzeichen
1 Laboratorium für Brennstoff-, Wärme- und Energiewirtschaft	
Laboratorium für Brennstoff-, Wärme- und Energiewirtschaft, allgemeine Bestimmungen	Ql
Laboratorium für Brennstoff-, Wärme- und Energiewirtschaft, allgemeine Bestimmungen	Ql
Laboratorium für Brennstoff-, Wärme- und Energiewirtschaft	Ql
Einrichtung und Ausrüstung von Laboratorien	Qle
Einrichtung und Ausrüstung von Laboratorien	Qle
Einrichtung und Ausrüstung von Laboratorien	Qle
Untersuchung der flüssigen Brennstoffe	Qlf
Untersuchung der flüssigen Brennstoffe	Qlf
Untersuchung der gasförmigen Brennstoffe	Qlg
Untersuchung der gasförmigen Brennstoffe	Qlg
Untersuchung der festen Brennstoffe (Kohlen)	Qlk
Untersuchung der festen Brennstoffe (Kohlen)	Qlk
Meßtechnik	Qlm
Meßtechnik	Qlm
Meßtechnik	Qlm
Wasseruntersuchung	Qlw
Wasseruntersuchung	Qlw

Wärme- und Energie (Quellen-) wirtschaft

Q

Akteninhalt	Aktenzeichen
ü Übersichten (Statistik)	
Übersichten (Statistik), allgemeine Bestimmungen und Sonderfälle	Qü
Übersichten (Statistik), allg. Best. und Sonderfälle	Qü
Übersichten (Statistik), Allgemeines und Sonderfälle	Qü
Übersichten (Statistik)	Qü
Übersichten (Statistik)	Qü
Brennstoffstatistik und Brennstoffbuchführung	Qüb
Brennstoffstatistik und Brennstoffbuchführung	Qüb
Brennstoffstatistik	Qüb
Energiestatistik und Energiebuchführung	Qüe
Energiestatistik und Energiebuchführung	Qüe
Karteien und Kataster	Qük
Karteien und Kataster	Qük
Karteien und Kataster (Dampfkesselstatistik und Wärmekataster)	Qük
Lochkartenabrechnung	Qül
Lochkartenabrechnung	Qül
Wärmefluß- und Wärmeschaltpläne	Qüp
Wärmefluß- und Wärmeschaltpläne	Qüp
Wärmestatistik und Wärmebuchführung	Qüw
Wärmestatistik und Wärmebuchführung	Qüw
Wärme- und Energiestatistik	Qüw

Q Wärme- und Energie (Quellen-) wirtschaft

Akteninhalt	Aktenzeichen
w Wärmewirtſchaft	
Wärmewirtſchaft, allgemeine Beſtimmungen	Qw
Wärmewirtschaft, allgemeine Bestimmungen	Qw
Wärmewirtschaft, Allgemeines	Qw
Wärmewirtschaft	Qw
Wärmewirtschaft	Qw
Wärmewirtſchaft der Betriebsanlagen	Qwb
Wärmewirtschaft der Betriebsanlagen	Qwb
Wärmewirtschaft in Betriebsanlagen	Qwb
Ofenheizungen (Betriebsführung)	Qwo
Ofenheizungen (Betriebsführung)	Qwo
Ofenheizung (Betriebsführung)	Qwo
Unterſuchung und Abnahme wärme- und energietechniſcher Anlagen	Qwu
Untersuchung und Abnahme wärme- und energietechnischer Anlagen	Qwu
Wärmewirtſchaft in Werkſtätten	Qww
Wärmewirtschaft in Werkstätten	Qww
Wärmewirtschaft in Werkstätten	Qww
Zentralheizungen (Betriebsführung)	Qwz
Zentralheizungen (Betriebsführung)	Qwz
Zentralheizungen (Betriebsführung)	Qwz

Rechtswesen

Akteninhalt	Aktenzeichen
a Allgemeines	
Rechtswesen, allgemeine Bestimmungen	Ra *
Rechtswesen, allgemeine Bestimmungen	Ra
Rechtswesen, Allgemeines	Ra
Rechtswesen, Allgemeines	Ra
Rechtswesen, Allgemeines	Ra
Besprechungen in Rechtsangelegenheiten	Rab
Besprechungen in Rechtsangelegenheiten	Rab
Besprechungen in Rechtsangelegenheiten	Rab
Strafverfolgung gegen Fremde	Raf
Strafverfolgung gegen Fremde	Raf
Strafverfolgung gegen Fremde	Raf
Strafverfolgung gegen Fremde	Raf
Strafverfolgung gegen Fremde	Raf
Beamtenbeleidigungen	Rafb
Beamtenbeleidigungen	Rafb
Beamtenbeleidigungen	Rafb
Beamtenbeleidigungen	Rafb
Beamtenbeleidigungen	Rafb
Gebühren und Steuern, Gewerbesteuern	Rag
Gebühren und Steuern	Rag
Gesetze	Rag
Gesetze	Rag
Bundesdatenschutzgesetz	Ragd

Rechtswesen

Akteninhalt	Aktenzeichen
Gesetzentwürfe	Rage
Gemeindeabgaben und -lasten	Ragg
Gemeindeabgaben und -lasten	Ragg
Kirchensteuer	Ragk
Kraftfahrzeugsteuer – neu –	Ragk
Eisenbahnkreuzungsgesetz	Ragk
Eisenbahnkreuzungsgesetz	Ragk
Stempelsteuer	Rags
Stempelsteuer	Rags
Umsatzsteuer	Ragu
Umsatzsteuer	Ragu
Rechtsfragen Streitkräfte (Militär)	Ram
Planfeststellungsrecht	Rap
Planfeststellungsrecht	Rap
Reichsbahngericht	Rar
Reichsbahngericht	Rar
Verfolgung und Sammlung der Rechtsprechung über alle die Reichsbahn berührenden Rechtsgebiete	Ras
Verfolgung und Sammlung der Rechtsprechung über alle die Reichsbahn berührenden Rechtsgebiete	Ras
Verfolgung und Sammlung der Rechtsprechung über alle die Eisenbahn berührenden Rechtsgebiete; allgemeine Rechtskartei	Ras
Verfolgung und Sammlung der Rechtsprechung über alle die Eisenbahn berührenden Rechtsgebiete; allgemeine Rechtskartei	Ras
Verfolgung und Sammlung der Rechtsprechung über alle die Eisenbahn berührenden Rechtsgebiete; allgemeine Rechtskartei	Ras

Rechtswesen

Akteninhalt	Aktenzeichen
Strafrecht	Rast
Strafrecht	Rast
Strafrecht	Rast
Transportrecht	Rat
Verwaltungsstreitverfahren	Rav
Verwaltungsstreitverfahren	Rav
Verwaltungsstreitverfahren	Rav
Verwaltungsstreitverfahren	Rav
Verwaltungsstreitverfahren	Rav
Aufwertungsgesetze	Raw
Aufwertungsgesetze	Raw
Wegerecht	Raw
Zivilrecht	Raz
Zivilrecht	Raz
Zivilrecht	Raz
b Beitreibungen (Pfändungen, Beschlagnahmungen, Abtretungen)	
b Beitreibungen (Pfändungen, Beschlagnahmen, Abtretungen)	
Beitreibungen (Pfändungen, Beschlagnahmungen, Abtretungen), allgemeine Bestimmungen	Rb *
Beitreibungen (Pfändungen, Beschlagnahmungen, Abtretungen), allgemeine Bestimmungen	Rb
Beitreibungen (Pfändungen, Beschlagnahmen, Abtretungen), Allgemeines	Rb
Beitreibungen (Pfändungen, Beschlagnahmen, Abtretungen), Allgemeines *Unterakten nach Bedarf*	Rb *

Rechtswesen

Akteninhalt	Aktenzeichen
Beitreibungen (Pfändungen, Beschlagnahmen, Abtretungen), Allgemeines	Rb
Pfändung von Bezügen der Beamten *Unterakten nach Bedarf*	Rbb
Pfändung von Bezüge der Beamten *Unterakten nach Bedarf*	Rbb
Pfändung von Bezügen der Beamten *Unterakten nach Bedarf*	Rbb
Pfändung von anderen Forderungen	Rbf
Pfändung von anderen Forderungen	Rbf
Pfändung von anderen Forderungen	Rbf
Pfändung von Forderungen	Rbf
Pfändung von Forderungen	Rbf
Pfändung von Gütersendungen	Rbg
Pfändung von Gütersendungen	Rbg
Pfändung von Gütersendungen	Rbg
Beschlagnahme von Gütersendungen	Rbgb
Konkurse	Rbk
Konkurse	Rbk
Konkurse	Rbk
Konkurs- und Vergleichsverfahren	Rbk
Konkurs- und Vergleichsverfahren	Rbk
Pfändungen von Bezügen der Lohnempfänger *Unterakten nach Bedarf*	Rbl
Pfändung von Bezügen der Lohnempfänger *Unterakten nach Bedarf*	Rbl
Pfändung von Bezügen der Lohnempfänger *Unterakten nach Bedarf*	Rbl

Rechtswesen

Akteninhalt	Aktenzeichen
Pfändungen von Bezügen der Arbeiter und Angestellten *Unterakten nach Bedarf*	Rbp
Pfändungen von Bezügen der Arbeiter und Angestellten (Lohnempfänger)	Rbl
d Verein deutscher Eisenbahnverwaltungen	
d Verein mitteleuropäischer Eisenbahnverwaltungen	
Verein Deutscher Eisenbahnverwaltungen; Rechtswesen	Rd
Verein Mitteleuropäischer (Deutscher) Eisenbahnverwaltungen: Rechtswesen	Rd
f Entschädigungsansprüche aus dem Frachtvertrage	
f Entschädigungsansprüche aus dem Frachtvertrag	
Entschädigungsansprüche aus dem Frachtvertrage, allgemeine Bestimmungen *Unterakten nach Bedarf*	Rf *
Entschädigungsansprüche aus dem Frachtvertrage, allg Bestimmungen *Unterakten nach Bedarf*	Rf
Entschädigungsansprüche aus dem Frachtvertrag, Allgemeines *Unterakten nach Bedarf*	Rf
Entschädigungsansprüche aus dem Frachtvertrag, Allgemeines *Unterakten nach Bedarf*	Rf *
Entschädigungsansprüche aus dem Frachtvertrag, Allgemeines	Rf
Entschädigungsangelegenheiten im internationalen Verkehr	Rfi
Entschädigungsangelegenheiten im internationalen Verkehr	Rfi
Entschädigungsangelegenheiten im internationalen Verkehr	Rfi
Entschädigungsansprüche wegen Lieferfristüberschreitung	Rfl
Entschädigungsansprüche wegen Lieferfristüberschreitung	Rfl
Entschädigungsansprüche wegen Lieferfristüberschreitung	Rfl

Akteninhalt	Aktenzeichen
Allgemeine verkehrsrechtliche Urteilssammlung	Rfr *
Allgemeine verkehrsrechtliche Urteilssammlung	Rfr
Allgemeine verkehrsrechtliche Urteilssammlung	Rfr
Allgemeine verkehrsrechtliche Urteilssammlung	Rfr
Allgemeine verkehrsrechtliche Urteilssammlung	Rfr
Dienstvorschrift für die Erledigung von Entschädigungsansprüchen aus dem Frachtvertrage durch die Abfertigungsstellen (Entschädigungs-Vorschrift)	Rfv
Dienstvorschrift über die Erledigung von Entschädigungsansprüchen aus dem Frachtvertrage durch die Abfertigungsstellen (Entschädigungs-Vorschrift)	Rfv
Dienstvorschrift über die Erledigung von Entschädigungsanträgen aus dem Frachtvertrag (Entsch V)	Rfv
Vorschrift über die Bearbeitung von Entschädigungsanträgen aus dem Frachtvertrag (Entschädigungsvorschrift) – DS 704 –	Rfv
Vorschrift über die Bearbeitung von Entschädigungsanträgen aus dem Frachtvertrag (Entschädigungsvorschrift — DS 704 —)	Rfv
Entschädigungsansprüche anläßlich unrichtiger Wagengestellung	Rfw
Entschädigungsansprüche anläßlich unrichtiger Wagengestellung	Rfw
siehe auch Ras, Rat	
g Steuern und Gebühren	
g Steuern und sonstige öffentliche Abgaben	
Steuern und Gebühren, Allgemeines	Rg
Steuern und sonstige öffentliche Abgaben, Allgemeines	Rg *
Steuern und sonstige öffentliche Abgaben, Allgemeines	Rg
Kapitalertrags- und Körperschaftssteuer	Rga
Kapitalertrag- und Körperschaftssteuer	Rga

Rechtswesen

Akteninhalt	Aktenzeichen
Kapitalertrag- und Körperschaftssteuer	Rga
Besteuerung der Bundesbahn	Rgb
Beiträge und Gebühren	Rgb
Beiträge und Gebühren	Rgb
Anliegerbeiträge, Erschließungsbeiträge	Rgba
Anliegerbeiträge, Erschließungsbeiträge	Rgba
Gebäudeversicherung	Rgbv
Gebäudeversicherung	Rgbv
Grunderwerbssteuer	Rge
Grunderwerbsteuer	Rge
Grunderwerbsteuer	Rge
Gemeindeabgaben (Gebühren und Beiträge)	Rgg
Grundsteuer	Rgg
Grundsteuer	Rgg
Anliegerbeiträge	Rgga
Deichkassenbeiträge	Rggd
Verwaltungskostenzuschuß für Stadt- und Landgemeinden	Rggv
Kirchensteuer	Rgi
Kraftfahrzeugsteuer	Rgk
Kraftfahrzeugsteuer	Rgk
Kraftfahrzeugsteuer	Rgk
Lohnsteuer	Rgl
Lohnsteuer	Rgl
Lohnsteuer	Rgl

Rechtswesen

Akteninhalt	Aktenzeichen
Rentenbankgrundschuldzinsen	Rgr
Schiffahrtsabgaben	Rgsch
Umsatzsteuer	Rgu
Umsatzsteuer (Mehrwertsteuer)	Rgu
Umsatzsteuer (Mehrwertsteuer)	Rgu
Wertzuwachssteuer	Rgw
Beförderungssteuern siehe unter Vst	
Besteuerung der Fahrvergünstigungen des Bundesbahnpersonals siehe Afst	
h Haftpflicht	
Haftpflicht, gesetzliche und allgemeine Bestimmungen	Rh *
Haftpflicht, gesetzliche und allgemeine Bestimmungen	Rh
Haftpflicht, gesetzliche und allgemeine Bestimmungen	Rh
Haftpflicht, gesetzliche und allgemeine Bestimmungen	Rh
Haftpflicht, gesetzliche und allgemeine Bestimmungen	Rh
Haftpflicht**a**nsprüche (Personenschäden) *Unterakten nach Bedarf*	Rha
Haftpflicht**a**nsprüche (Personalschäden) *Unterakten nach Bedarf*	Rha
Haftpflichtansprüche der Deutschen Reichsbahn-Gesellschaft gegenüber den Berufs**g**enossenschaften	Rhag
Haftpflichtansprüche der Deutschen Reichsbahn gegenüber den Berufs**g**enossenschaften	Rhag
Haftpflichtansprüche (Personenschäden) aus dem **K**raftwagenbtrieb	Rhak (neu)
Haftpflichtansprüche der Deutschen Reichsbahn-Gesellschaft gegenüber der Reichs**p**ost- und -telegraphenverwaltung	Rhap

Rechtswesen

Akteninhalt	Aktenzeichen
Haftpflichtansprüche der Deutschen Reichsbahn gegenüber der Reichs**p**ost- u. -telegraphenverw.	Rhap
Entschädigungsansprüche, allgemeine Bestimmungen	Rhe
Entschädigungsansprüche aus dem Frachtvertrage siehe Rf	
Entschädigungsansprüche, allg Bestimmungen	Rhe
Entschädigungen aus dem Frachtvertrage siehe Rf	
Entschädigungsansprüche aus **B**randschäden	Rheb
Entschädigungsansprüche aus **B**randschäden	Rheb
Entschädigungsansprüche gegen **F**remde	Rhef
Entschädigungsansprüche gegen **F**remde	Rhef
Entschädigungen gegen Fremde aus dem **K**raftwagenverkehr	Rhefk (neu)
Entschädigungsansprüche aus der Verwahrung von **H**andgepäck	Rheh
Entschädigungsansprüche aus der Verwahrung von **H**andgepäck	Rheh
Sachschäden	Rhes
Sachschäden	Rhes
Sachschäden aus dem **K**raftwagenverkehr	Rhesk (neu)
Entschädigungsansprüche aus **W**asser- und Bergschäden	Rhew
Entschädigungsansprüche aus **W**asser- und Bergschäden	Rhew
Haftpflichtansprüche gegen **F**remde	Rhf
Haftpflichtansprüche gegen **F**remde	Rhf
Haftpflichtansprüche gegen **F**remde	Rhf
Gesetzliche und allgemeine Bestimmungen für das **K**raftfahrwesen	Rhk (neu)
Haftpflichtansprüche, **P**ersonenschäden *Unterakten nach Bedarf*	Rhp
Haftpflichtansprüche, **P**ersonenschäden *Unterakten nach Bedarf*	Rhp

Rechtswesen

Akteninhalt	Aktenzeichen
Haftpflichtansprüche, Personenschäden	Rhp
Haftpflichtansprüche der Berufsgenossenschaften und der sonstigen Sozialversicherungsträger	Rhpg
Haftpflichtansprüche (Personenschäden) aus Kraftfahrzeugunfällen *Unterakten nach Bedarf*	Rhpk
Haftpflichtansprüche (Personenschäden) aus Kfz-Unfällen *Unterakten nach Bedarf*	Rhpk
Haftpflichtansprüche (Personenschäden) aus Kfz-Unfällen	Rhpk
Haftpflichtansprüche, Sachschäden *Unterakten nach Bedarf*	Rhs
Haftpflichtansprüche, Sachschäden *Unterakten nach Bedarf*	Rhs
Haftpflichtansprüche aus Brandschäden	Rhsb
Haftpflichtansprüche aus Brandschäden	Rhsb
Haftpflichtansprüche aus Brandschäden	Rhsb
Haftpflichtansprüche (Sachschäden) aus Kraftfahrzeugunfällen *Unterakten nach Bedarf*	Rhsk
Haftpflichtansprüche (Sachschäden) aus Kfz-Unfällen *Unterakten nach Bedarf*	Rhsk
Haftpflichtansprüche (Sachschäden) aus Kfz-Unfällen	Rhsk
Haftpflichtansprüche aus Wasser- und Bergschäden	Rhsw
siehe auch Rfü	
Versicherungen aller Art	Rhv
Versicherungen aller Art	Rhv
Versicherungen aller Art	Rhv
Entschädigungsansprüche aus dem Frachtvertrag siehe Rf	
Entschädigungsansprüche aus dem Frachtvertrag siehe Rf	

Rechtswesen

Akteninhalt	Aktenzeichen
n Eisenbahnnachbarrecht	
Eisenbahnnachbarrecht, Allgemeines	Rn
p Prozeßwesen	
Prozeßwesen, allgemeine Bestimmungen	Rp *
Prozeßwesen, allgemeine Bestimmungen	Rp
Prozeßwesen, Allgemeines	Rp
Prozeßwesen, Allgemeines	Rp
Prozeßwesen, Allgemeines	Rp
Gerichtskosten, Anwaltsgebühren	Rpg
Gerichtskosten, Anwaltsgebühren	Rpg
Gerichtskosten, Anwaltsgebühren	Rpg
Haftpflichtprozesse	Rph
Prozeßverteilung, Prozeßvertreter	Rpv
Prozeßverteilung, Prozeßvertreter	Rpv
Prozeßverteilung, Prozeßvertreter	Rpv
Prozeßverteilung, Prozeßvertreter	Rpv
Prozeßverteilung, Prozeßvertreter	Rpv
ü Übersichten (Statistik)	
Übersichten (Statistik), allgemeine Bestimmungen und Sonderfälle	Rü
Übersichten (Statistik), allg Bestimmungen und Sonderfälle	Rü
Übersichten (Statistik), Allgemeines und Sonderfälle	Rü
Prozeßstatistik	Rüp
Prozeßstatistik	Rüp

Rechtswesen

Akteninhalt	Aktenzeichen
V Vertrags- und Verdingungswesen	
Vertrags- und Verdingungswesen, allgemeine Bestimmungen	Rv *
Vertrags- und Verdingungswesen, allg. Bestimmungen	Rv
Vertrags- und Verdingungswesen, Allgemeines	Rv
Vertrags- und Verdingungswesen, Allgemeines	Rv *
Vertrags- und Verdingungswesen, Allgemeines	Rv
Bauvertragsausschuß	Rva
Maßnahmen gegen Bestechungsversuche und gegen unlauteres Gebahren* der Lieferer	Rvb
Maßnahmen gegen Bestechungsversuche und gegen unlauteres Gebahren* der Lieferer	Rvb
Maßnahmen gegen die Bestechungsversuche und gegen unlauteres Gebaren der Lieferer	Rvb
Bauleistungen *Unterakten nach Bedarf*	Rvb
Maßnahmen gegen die Bestechungsversuche, unlauterer Wettbewerb	Rvb
Schiedsgerichtsverfahren	Rvg
Schiedsgerichtsverfahren	Rvg
Schiedsgerichtsverfahren	Rvg
Zuverlässigkeit und Leistungsfähigkeit der Lieferer und Abnehmer	Rvl
Zuverlässigkeit und Leistungsfähigkeit der Lieferer und Abnehmer	Rvl
Zuverlässigkeit und Leistungsfähigkeit der Lieferer und Abnehmer	Rvl
Lieferungen und Leistungen (ausgenommen Bauleistungen)	Rvl
Lieferungen und Leistungen (ausgenommen Bauleistungen)	Rvl

* „Gebahren" war schon 1880 nach der ersten Dudenauflage falsch; es hätte von Anfang an „Gebaren" gesetzt werden müssen.

Rechtswesen

R

Akteninhalt	Aktenzeichen
Mitwirkung von Sachverständigen bei Vergebung von Arbeiten und Lieferungen	Rvm
Mitwirkung von Sachverständigen bei der Vergebung von Arbeiten und Lieferungen	Rvm
Niederschlagung und Ermäßigung von Vertragsstrafen	Rvn
Niederschlagung und Ermäßigung von Vertragsstrafen	Rvn
Reichsverdingungsausschuß	Rvr
Reichsverdingungsausschuß	Rvr
Verhältnis zum Ausland bei Verdingungen	Rvra
Verhältnis zum Ausland bei Verdingungen	Rvra
Verdingungsordnung für Bauleistungen	Rvrb
Verdingungsordnung für Leistungen (aussch. Bauleistungen) (VOL)	Rvrl (neu)
Verdingungsordnung für Bauleitungen*	Rvrv
Wirtschaftspolitik	Rvrw
Wirtschaftspolitik	Rvrw
Sicherheitsleistung der Unternehmer und Lieferanten	Rvs
Sicherheitsleistung der Unternehmer und Lieferer	Rvs
Sicherheitsleistung der Unternehmer und Lieferanten	Rvs
Tarifverträge, Eingriffe in den Arbeitsvertrag zwischen Unternehmer und Arbeiter	Rvt
Tarifverträge, Eingriffe in den Arbeitsvertrag zwischen Unternehmer und Arbeiter	Rvt
Tarifverträge, Eingriffe in den Arbeitsvertrag zwischen Unternehmer und Arbeiter	Rvt
Tarifverträge, Eingriffe in den Arbeitsvertrag zwischen Unternehmer und Arbeiter	Rvt

* wahrscheinlich ein Satzfehler der Ausgabe 1928, sollte vermutlich „Bauleistungen“ heißen

Rechtswesen

Akteninhalt	Aktenzeichen
Überwachung der Herstellung ind Abnahme der Lieferungen	Rvü
Überwachung der Herstellung und Abnahme der Lieferungen	Rvü
Überwachung der Herstellung und Abnahme der Lieferungen	Rvü
Verdingungsordnung für Bauleistungen	Rvv
Verdingungsordnung für Bauleistungen	Rvv
Verdingungsordnung für Bauleistungen	Rvv
Preisüberwachung	Rvvp
Wirtschaftspolitik	Rvw

Sicherungs- und Fernmeldewesen

Akteninhalt	Aktenzeichen
Vorbemerkung: die Hauptgruppe S war 1928 und 1943 mit „Sicherungs- und Fernmeldewesen“ belegt, ab 1954 mit „Signalwesen“, ab 1980 mit „Signaltechnik“. Hier folgt die Darstellung in zwei Blöcken (1928/1943 und ab 1954).	
a Allgemeines	
Sicherungs- und Fernmeldewesen, allgemeine Bestimmungen	Sa *
Sicherungs- und Fernmeldewesen, allg Bestimmungen	Sa
Ausschüsse	Saa
Ausschüsse für Sicherungs- und Fernmeldewesen	Saa
Block- und Stellwerksausschuß	Saab
Block- und Stellwerksausschuß	Saab
Ausschüsse für das Fernmeldewesen	Saaf (neu)
Besprechungen im Sicherungs- und Fernmeldewesen	Sab
Besprechungen in Sicherungs- und Fernmeldeangelegenheiten	Sab
Besprechungen in Fernmeldeangelegenheiten	Sabf (neu)
Fernmeldewesen, allgemeine Bestimmungen	Saf "
Fernmeldeunterricht	Safu "
Vorschriften über Sicherungs- und Fernmeldewesen	Sav
Vorschriften über Sicherungs- und Fernmeldwesen	Sav
Block- und Stellwerksvorschriften	Savb
Block- und Stellwerksvorschriften	Savb
Vorschriften über Fernmeldewesen	Savf (neu)
Diensttelegrammverkehr (EVT) und Vorschriften über Telegramme gleichen Inhalts an verschiedene Empfänger siehe Bst	
Übereinkommen betreffend den Diensttelegrammverkehr siehe Bsü	
Vorschriften für den Privattelegrammverkehr siehe Gpt	

Sicherungs- und Fernmeldewesen

Akteninhalt	Aktenzeichen
d Verein Mitteleuropäischer Eisenbahnverwaltungen	
Verein Mitteleuropäischer (Deutscher) Eisenbahnverwaltungen: Sicherungs- und Fernmeldewesen	Sd (neu)
f Fernmeldewesen	
Fernmeldewesen, allgemeine Bestimmungen	Sf *
Fernmeldewesen, allg. Best., Jahresrückblick	Sf
Fernmeldebetrieb, allgemeine Bestimmungen	Sfb *
Fernmeldebetrieb, allgemeine Bestimmungen	Sfb
Fernsprechbetrieb (Leitungs- und drahtloser Betrieb), Anweisungen für das Fernsprechbetriebspersonal, sowie Anweisungen für die Benutzung des Fernsprechers, Leittafeln, (siehe auch Bstf)	Sfbf
Fernsprechbetrieb, allgemeine Bestimmungen	Sfbf (neu)
Fernsprechbetrieb auf Drahtverbindungen (Leitungsbetrieb)	Sfbfd (neu)
Drahtloser Fernsprechbetrieb (Betrieb ohne Draht)	Sfbfo (neu)
Postfernsprechbetrieb, allgemeine Bestimmungen	Sfbp
Postfernsprech- und Fernschreibbetrieb	Sfbp
Postfernsprech- und fernschreibgebühren	Sfbpg (neu)
Fernschreibbetrieb (Leitungs- und drahtloser Betrieb), Anweisungen für das Telegraphenbetriebspersonal, Hughes-Leittafeln, Funkanweisungen	Sfbs
Fernschreibbetrieb, allgemeine Bestimmungen	Sfbs
Fernschreibbetrieb auf Drahtverbindungen	Sfbsd (neu)
Drahtloser Fernschreibbetrieb (Betrieb ohne Draht)	Sfbso (neu)
Fernsprechstellenverzeichnis	Sfbv
Fernsprechstellenverzeichnis	Sfbv

Sicherungs- und Fernmeldewesen

Akteninhalt	Aktenzeichen
Genehmigung der Bauarbeiten für fernmeldetechnische Bauvorhaben durch den OBBau	Sfg (neu)
Fernmeldetechnik, allgemeine Bestimmungen	Sft *
Fernmeldetechnik, allgemeine Bestimmungen	Sft
Beeinflussung der Fernmeldeleitungen durch Starkstromanlagen	Sftb
Beeinflussung der Fernmeldeleitungen durch Starkstromanlagen	Sftb
Schutzeinrichtungen für el. Zugförderung s. Es (neu)	
Drahtlose (Funk-) Anlagen	Sftd
Funkanlagen	Sftdf
Rundfunkanlagen	Sftdr
Fernsprechanlagen, allgemeine Bestimmungen	Sftf
Fernsprechanlagen, allgemeine Bestimmungen	Sftf
Fersnprechanlagen des OB- und ZB-Systems	Sftfa
Drahtfunkanlagen	Sftfd (neu)
Anschlüsse Bahnfremder	Sftff "
Lautsprecheranlagen (El- und Wl-Anlagen) *Unterakten nach Bedarf*	Sftfl "
OB-Fernsprecheranlagen	Sftfo "
Postfernsprechanschlüsse und -leitungen	Sftfp
Postfernsprechanschlüsse und Verbindungen	Sftfp
Rundspruchanlagen	Sftfr (neu)
Fernsprechanlagen nach dem Selbstanschlußsystem	Sftfs
Fernsprechanlagen nach dem Selbstanschlußsystem, allgemeine Bestimmungen	Sftfs
Basaanschlüsse *Unterakten nach Bedarf*	Sftfsa (neu)

Sicherungs- und Fernmeldewesen

Akteninhalt	Aktenzeichen
Bisherige Basabauarten *Unterakten nach Bedarf (Bauartnummern)*	Sftfsb (neu)
Fahr**d**ienstbasa *Unterakten nach Bedarf*	Sftfsd "
Einheitsbasa *Unterakten nach Bedarf*	Sftfse "
Basa**f**ernsprecher, (Doppelfernsprecher*, Parallelfernsprecher**, Präsidentenfernsprecher***, Vorzimmerfernsprecher****, verschließbare Basafernsprecher+, Wagenbürofernsprecher++, Zusätze für Zweieranschlüsse, Entstörungsstellenferspr. usw.) *Unterakten nach Bedarf*	Sftfsf "

* Der «Basa-Doppelfernsprecher» ermöglicht, zwei Anschlußverbindungen an einen Fernsprecher anzuschließen. Es ist ein zusätzlicher Schalter eingebaut.

** Der «Basa-Parallelfernsprecher» dient als erster Fernsprecher beim Anschluß von zwei Fernsprechern an eine Anschlußverbindung. Er besitzt zusätzlich ein Schauzeichen, um zu erkennen, ob am zweiten Fernsprecher ein Gespräch geführt wird.

*** Der «Präsidenten-Fernsprecher» ist ein erweiterter Vorzimmerfernsprecher. Er enthält zusätzlich zehn unmittelbare Einzelanschlüsse für Teilnehmer im Hause mit Konferenz- und Zeugenzuschaltung. Der Fernsprecher im Vorzimmer ist ein gewöhnlicher Vorzimmer-Fernsprecher.

**** Der «Vorzimmer-Fernsprecher» wird für besondere Teilnehmer (Präsidenten, Abteilungsleiter usw) und deren Vorzimmer verwendet. Der Anschluß des bevorzugten Teilnehmers ist über den Fernsprecher des Vorzimmers geführt. Jeder der beiden Fernsprecher hat außerdem einen eigenen Basa-Anschluß; ferner besteht eine Querverbindung zwischen beiden Fernsprechern.

\+ Der «Verschließbare Basa-Fernsprecher» wird dort verwendet, wo Fremde Zutritt zu Reichsbahn-Fernsprechern haben. Schlüssel zu den verschließbaren Basa-Fernsprechern erhalten nur Personen, die berechtigt sind, das Reichsbahnfernsprechnetz zu benutzen.

++ Der «Wagenbüro-Fernsprecher» (Basa) ermöglicht den Anschluß von fünf Anschlußverbindungen. Es können fünf solcher Fernsprecher parallel geschaltet werden, die sich untereinander auf besonderen Verbindungen verständigen können. Er ist mit Tasten, Lampen und einem Telerapid ausgerüstet. (Die Telerapid-Wähleinrichtung wählt nach Bedienung eines besonderen Hebels eine der einstellbaren häufig benötigten Kennzahlen und Rufnummern selbsttätig, ersetzt also das Bedienen der Wählscheibe.
(Quelle: DV 480 = Fernsprechvorschrift, Ausgabe 1943)

Sicherungs- und Fernmeldewesen

Akteninhalt	Aktenzeichen
Halbselbsttätige Vermittlung *Unterakten nach Bedarf (Bauartnummern)*	Sftfsh (neu)
Kleinbasa – *Unterakten nach Bedarf (Bauartnummern)* –	Sftfsk "
Basanetzgruppen	Sftfsn "
Unterbasa – *Unterakten nach Bedarf (Bauartnummern)* –	Sftfsu "
Basasbefehlsfernsprecher (Überwachungsfernsprecher)	Sftfsü "
Sonstige Basaeinrichtungen (Verschiedenes), z. B. Warteschaltungen, Konferenzschaltungen, Weiterschalteinrichtungen, Fangvorrichtungen, Unfallalarmeinrichtungen, Unfallnachrichtenverbindungen in Basa usw *Unterakten nach Bedarf*	Sftfsv "
Wahl- und Rufeinrichtungen *Unterakten nach Bedarf (Wahlarten)*	Sftfsw "
Basabezirksfernsprecher – *Unterakten nach Bedarf* –	Sftfsz "
Trägerfrequenzfernsprechanlagen – *U.Akt. n. Bauformen* –	Sftft "
Fernmeldeübertrager (— bisher Sfta —)	Sftfü "
Wohnungsanschlüsse	Sftfw "
ZB-Fernsprechanlagen	Sftfz "
Fernmeldegebäude	Sftg "
Innenausrüstungen	Sfti "
Kabelleitungen (Strecken- und Stationskabel, Erd- und Luftkabel) für Fernmelde- und Sicherungszwecke	Sftk
Kabel für Fernmelde- und Sicherungszwecke *Unterakten nach Bedarf*	Sftk
Bei Belegungsänderungen siehe auch Süf	
Kabelabnahme – *Unterakten nach Bedarf* –	Sftka (neu)
Schwachstromstoffe siehe Stesch	
Bahnhofskabel – *Unterakten nach Bedarf* –	Sftkb "

Sicherungs- und Fernmeldewesen

Akteninhalt	Aktenzeichen
Fernmeldekabel an elektrisierten Strecken *Unterakten nach Bedarf*	Stfke (neu)
Beeinflussung durch Starkstromanlagen siehe Sftb	
Gemeinschaftskabel – *Unterakten nach Bedarf* –	Stfkg "
Postmietverbindungen siehe Sftfp und Sftsp	
Mitbenutzung u. Unterhaltung v. Reichstelegraphenanlagen siehe Gpm	
Hilfskabel – *Unterakten nach Bedarf* –	Stfkh "
Streckenfernmeldekabel, pupinisierte Verbindunskabel* *Unterakten nach Bedarf*	Sftks "
Kabelverlegung — *Unterakten nach Bedarf* —	Sftkv "
Kabelzubehör — *Unterakten nach Bedarf* —	Sftkz "
Freileitungen für Fernmelde- und Sicherungszwecke	Sftl
Freileitungen für Fernmelde- und Sicherungszwecke *Unterakten nach Bedarf*	Sftl
Schaltungsänderungen wie Verbinden, Trennen, Mehrfachausnützung siehe Süf	
Fernmeldebauzüge	Sftlb "
Freileitungsgemeinschaftslinien	Sftlg "
Mitbenützung und Unterhaltung von Reichstelegraphenanlagen siehe Gpm	
Drahtlose (Funk) Anlagen (Anlagen ohne Draht) – (bish. Sftd)	Sfto "
Funkbetrieb siehe Sfbs	
Widerrufliche Einrichtungen, Gestattungen usw innerhalb des Bahngeländes siehe Lw	
Bewegliche Funkanlagen	Stfob "

* nach dem Erfinder *Michael Pupin* benannt; bespulte Leitungen. In Fernleitungen eingesetztes Verfahren zur Minderung von Verzerrungen und Dämpfung – also zur Verbesserung der Übertragungsqualität und der Reichweite.

Sicherungs- und Fernmeldewesen

Akteninhalt	Aktenzeichen
fest eingebaute Funkanlagen	Sftof (neu)
Rundfunkanlagen	Sftor "
Lautsprecheranlagen siehe Sftfl	
Stromquellen für Fernmeldeanlagen (Trockenelemente, Sammler, halb- und selbsttätige Ladeanlagen usw)	Sftq
Stromquellen für Fernmeldeanlagen	Sftq
Ladeanlagen — *Unterakten nach Bedarf* —	Sftql (neu)
Notstromversorgungsanlagen — *Unterakt. nach Bedarf* —	Sftqn "
Sammler und Trockenelemente — *Unterakt. nach Bedarf* —	Sftqs "
Stromversorgungsanlagen für Trägerfrequenz- und Verstärkeranlagen — *Unterakten nach Bedarf* —	Sftqt "
Vollnetzstromversorgungen (mit und ohne Pufferbatterien — *Unterakten nach Bedarf* — *Mit Fernmeldeeinrichtungen zusammengebaute Versorgungsanlagen sind in die Akten der Fernmeldeeinrichtungen zu nehmen.*	Sftqv "
Fernschreibanlagen, allgemeine Bestimmungen	Sfts
Fernschreibanlagen, allgemeine Bestimmungen	Sfts
Gr-Fernschreibanlagen — *Unterakten nach Bedarf* —	Sftsg (neu)
Hell-Fernschreibanlagen — *Unterakten nach Bedarf* —	Sftsh "
K-Fernschreibanlagen — *Unterakten nach Bedarf* —	Sftsk "
Morseanlagen — *Unterakten nach Bedarf* —	Sftsm "
Postfernschreibanschlüsse und -fernschreibverbindungen *Unterakten nach Bedarf*	Sftsp "
Störungen und Unregelmäßigkeiten in Fernmeldeleitungen und ihre Beseitigung (Messungen)	Sftu
Störungen und Unregelmäßigkeiten in Fernmeldeverbindungen und ihre Beseititung (Messungen)	Sftu
Verstärkeranlagen	Sftv

Sicherungs- und Fernmeldewesen

Akteninhalt	Aktenzeichen	
Verstärkeranlagen (niederfrequente)	Sftv	
Trägerfrequente Verstärkeranlagen siehe Sftt		(neu)
Fernwirkanlagen	Sftw	"
Einrichtungen zu Fernwirkanlagen siehe Ek		"
Leitungsgerichtete Hochfrequenztelefonie und -telegraphie (Zugfunk)	Sftz	
Zugfunk	Sftz	
Zugendtelephonie	Sftze	(neu)
Rangierfunkanlagen	Sftzr	"
Unterhaltung der Fernmeldeanlagen	Sfu	"
Laufbahnvorschriften siehe Pgl		"
Fernmeldebauzüge siehe Sftlb		"
Organisation des Bahnunterhaltungsdienstes (Einteilung der Bm-Bezirke) siehe Ogu		"
Versuche an Fernmeldeanlagen *(siehe auch Sft und Sm)*	Sfv	"
m Meldeanlagen		
Meldeanlagen, allgemeine Bestimmungen	Sm	*
Meldeanlagen, allgemeine Bestimmungen	Sm	
Alarm- und Sicherheitsanlagen — *U.Akt. nach Bedarf* —	Sma	(neu)
Fahrtrichtungsweiser — *Unterakten nach Bedarf* —	Smf	"
Geschwindigkeitsmesser — *Unterakten nach Bedarf* — (Bauarten)	Smg	"
Hilfszugalarmanlagen — *Unterakten nach Bedarf* —	Smh	"
Läutewerke (auch Kassensicherung usw.)	Sml	
Läutewerke (Kassensicherungsanlagen siehe Sma) *(siehe auch Iwt)* — *Unterakten nach Bedarf* —	Sml	

Sicherungs- und Fernmeldewesen

Akteninhalt	Aktenzeichen
Klingelanlagen	Smlk
Klingelanlagen — *Unterakten nach Bedarf* —	Smlk
Zugmelder (Ankündiger, Abrufer, Gleisfüllmengenanzeiger, Ablaufanzeiger, Achszählanlagen, Gleisfreimeldeanlagen) *Unterakten nach Bedarf*	Smm (neu)
Zugnummernmelder — *Unterakten nach Bedarf* —	Smn "
Zugschreiber — *Unterakten nach Bedarf* —	Sms "
Mechanische und elektrische Uhren	Smu
Mechanische und elektrische Uhren	Smu
Meldeanlagen verschiedener Art (Alarmanlagen, Gleismelder, Bremsprobesignale, Richtungsweiser, Zugabrufer, Zugankündiger, Lukenanzeiger usw)	Smv
Meldeanlagen verschiedener Art (Befehlsstäbe, Wasserstandsanzeiger, Lukenanzeiger usw) — *U.Akt. n. Bedarf* — *Zugmelder (Ankündiger, Abrufer, Bremsprobesignale usw siehe Smm)*	Smv
Rottenwarnanlagen	Smw (neu)
Zugvormelder — *Unterakten nach Bedarf* —	Smz "
s Sicherungswesen	
Sicherungswesen, allgemeine Bestimmungen	Ss *
Sicherungswesen, allgemeine Bestimmungen	Ss
Änderungen und Ergänzungen von Sicherungsanlagen	Ssä
Änderungen und Ergänzungen von Sicherungsanlagen	Ssä
Änderungen von Sicherungsanlagen anläßlich der Einführung des elektrichen Betriebes	Ssäe
Änderungen von Sicherungsanlagen anläßlich der Einführung des elektrischen Betriebes	Ssäe

Sicherungs- und Fernmeldewesen

Akteninhalt	Aktenzeichen
Stellwerks-, Stationsblock- und Streckenblockanlagen (Entwurf, Ausführung und besondere Bedingungen), allgemeine Bestimmungen) *Unterakten nach Bedarf*	Ssb *
Stellwerks-, Stationsblock- und Streckenblockanlagen (Entwurf, Ausführung und besondere Bedingungen), allg. Bestimmungen *— Unterakten nach Bedarf —*	Ssb
Kraftstellwerksanlagen, allgemeine Bestimmungen	Ssbk
Kraftstellwerksanlagen, allgemeine Bestimmungen	Ssbk
Mechanische Stellwerksanlagen, allgemeine Bestimmungen	Ssbm
Mechanische Stellwerksanlagen, allg. Bestimmungen	Ssbm
Streckenblockanlagen, Blockstationen *Unterakten nach Bedarf*	Ssbs
Streckenblockanlagen, Blockstationen *Unterakten nach Bedarf*	Ssbs
Signalwesen; Haupt-, Vor-, Wärtersignale, Gleissperren und Rangiersignale, allgemeine Bestimmungen	Sss *
Signalwesen; Haupt-, Vor-, Wärtersignale, Gleissperren und Rangiersignale, allgemeine Bestimmungen	Sss
Beleuchtung von Signalanlagen siehe Mls	
Beleidhtung von Signalanlagen siehe Mls	
Signaldienst für den Nachtflugverkehr	Sssf
Signaldienst für den Nachtflugverkehr	Sssf
Knallsignale*	Sssk
Knallsignale*	Sssk

* Das Knallsignal Sh 4 (Sh = Schutzhaltsignal), das mit den 1841 erfundenen Knallkapseln ausgelöst wird, ist ein international übliches Signal, das den Lokführer zum sofortigen Anhalten auffordert. Dazu werden drei Knallkapseln im Abstand von mindestens 30 Metern auf der Schiene angebracht, die beim Darüberfahren der Lok explodieren und somit knallen. Schon ein Knall reicht als Haltauftrag. Bei der Deutschen Bundesbahn wurde das Knallsignal 1986, für ganz Deutschland 1992 abgeschafft. In Großbritannien, Belgien und Frankreich müssen die Züge heute noch Knallkapseln mitführen.

Sicherungs- und Fernmeldewesen

Akteninhalt	Aktenzeichen
Signalprüfung, Signalschau	Sssp
Signalprüfung, Signalschau	Sssp
Zugsicherungssignale (Lichttagessignale, Signalankündigungsbaken usw)	Sssz
Zugsicherungssignale (Lichttagessignale, Signalankündigungs-baken usw)	Sssz
Unterhaltung, Prüfung, Handhabung und Störungen von Sicherungsanlagen, allgemeine Bestimmungen	Ssu
Unterhaltung, Prüfung, Handhabung und Störungen von Sicherungsanlagen, allgemeine Bestimmungen	Ssu
Versuche im Sicherungswesen	Ssv
Versuche im Sicherungswesen	Ssv
Zugbeeinflussungseinrichtungen	Ssz
Zugbeeinflussungseinrichtungen	Ssz
Stoffe für elektrische Anlagen siehe Ste	
Stoffe für elektrische Anlagen siehe Ste	
ü Übersichten (Statistik)	
Übersichten (Statistik), allgemeine Bestimmungen und Sonderfälle	Sü
Übersichten (Statistik), allg Best und Sonderfälle	Sü
Übersichten und Karten der Fernmeldenetze	Süf (neu)
Fernmeldenetze für die elektrische Zugförderung	Süfe "
Fernsprechnetze	Süff "
Fernsprechbetriebsnetz *– Unterakten nach Bedarf –*	Süffb "
Fernsprech-RBD-Netze *– Unterakten nach Bedarf –*	Süffd "
Fernsprechgroßnetz	Süffg "
Fernschreibnetze *– Unterakten nach Bedarf –*	Süfs "

Sicherungs- und Fernmeldewesen

Akteninhalt	Aktenzeichen
Fernschreib-RBD-Netz – *Unterakten nach Bedarf* –	Süfsd "
Fernschreibgroßnetz – *Unterakten nach Bedarf* –	Süfsg "
Karten des Fernsprech-, Fernschreib- und Funknetzes	Sük
Statistik über Fernsprech-, Fernschreib- und Sicherungseinrichtungen (Tabelle 7 der Reichsstatistik)	Süs
Statistik über Sicherungs- und Fernmeldeeinrichtungen (Ermittlung und laufende Berichtigung der Unterlagen für Abschnitt I A 9 Sicherungs- und Fernmeldeanlagen, der statistischen Angaben und des statistischen Nachweises St 6 b über Fernmeldeanlagen)	Süs
Statistik über Fernmeldeeinrichtungen (Ermittlung und laufende Berichtigung der Unterlagen für Abschnitt I A 9 des Teils „Fernmeldeanlagen" der statistischen Angaben und des statistischen Nachweises St 6 b).	Süsf (neu)
Leitungsstatistik	Süsl "
w Werkstätten	
Werkstätten für das Sicherungs- und Fernmeldewesen	Sw *
Werkstätten für das Sicherungs- und Fernmeldewesen	Sw
Stellwerkswerkstätte	Sws
Signalwerkstätten	Sws
Telegraphen- (Sicherungs-) werkstätte	Swt
Telegraphenwerkstätte	Swt

Signalwesen (1954) / Signaltechnik (ab 1980)

Akteninhalt	Aktenzeichen
Vorbemerkung: die Hauptgruppe S war 1928 und 1943 mit „Sicherungs- und Fernmeldewesen“ belegt, ab 1954 mit „Signalwesen“, ab 1980 mit „Signaltechnik“. Hier folgt die Darstellung ab 1954.	
a Allgemeines	
Signalwesen, Allgemeines	Sa
Signaltechnik, Allgemeines	Sa
Signaltechnik, Allgemeines	Sa
Signalausschuß	Saa
Signal- und nachrichtentechnischer Ausschuß	Saa
Signal- und nachrichtentechnischer Ausschuß	Saa
Besprechungen in Signalangelegenheiten	Sab
Besprechungen in Signalangelegenheiten	Sab
Besprechungen in Signalangelegenheiten	Sab
Erfindungen und Versuche	Sae
Erfindungen, Versuche, Verbesserungsvorschläge, Patentangelegenheiten	Sae
Erfindungen, Versuche, Verbesserungsvorschläge, Patentangelegenheiten	Sae
Organisation der signaltechnischen Dienststellen	Sao
Organisation der signaltechnischen Dienststellen	Sao
Patentangelegenheiten	Sap
Übersichten, Statistik	Saü
Übersichten, Statistik	Saü
Vorschriften	Sav
Vorschriften	Sav
Vorschriften	Sav
Weiterbildung der Mitarbeiter des Signaldienstes	Saw

Signalwesen (1954) / Signaltechnik (ab 1980)

Akteninhalt	Aktenzeichen
Weiterbildung der Mitarbeiter des Signaldienstes	Saw
ä Änderungen und Ergänzungen von Signalanlagen	
Änderungen und Ergänzungen von Signalanlagen, Allgemeines	Sä
Änderungen von Signalanlagen bei der Einführung des elektrischen Zugbetriebs	Säe
b Bahnhofstellwerks-, Bahnhofsblock-, Streckenblock- und Streckenstellwerksanlagen	
Bahnhofstellwerks-, Bahnhofsblock-, Streckenblock- und Streckenstellwerksanlagen (Entwurf, Ausführungen und besondere Bedingungen), Allgemeines	Sb
Drucktastenstellwerksanlagen	Sbd
Strecken-Drucktastenstellwerksanlagen	Sbds
Elektrische Stellwerksanlagen	Sbe
Kabel und Zubehör für Singalanlagen	Sbk
Mechanische Stellwerksanlagen	Sbm
Streckenblockanlagen, Hand- und Selbstblockstellen	Sbs
Signalstoffe siehe Sts	
m Meldeanlagen	
Meldeanlagen, Allgemeines	Sm
Meldeanlagen, Allgemeines	Sm *
Meldeanlagen, Allgemeines	Sm
Anrückmelder, Zugvormelder	Sma
Anrückmelder, Zugvormelder	Sma
Gleisfreimeldeanlagen	Smg

Signalwesen (1954) / Signaltechnik (ab 1980)

Akteninhalt	Aktenzeichen
Zugnummernmeldeanlagen	Smz
Zugnummernmeldeanlagen	Smz
q Stromversorgungsanlagen (Stromquellen)	
Stromversorgungsanlagen (Stromquellen), Allgemeines	Sq
r Rangieranlagen	
Rangieranlagen, Allgemeines	Sr
s Signale	
s Signalanlagen	
Signale, Allgemeines	Ss
Signalanlagen, Allgemeines	Ss *
Signalanlagen, Allgemeines	Ss
Ablaufstellwerkanlagen	Ssa
Ablaufstellwerkanlagen	Ssa
Änderung und Ergänzung von Signalanlagen	Ssä
Änderung und Ergänzung von Signalanlagen	Ssä
Blockanlagen	Ssb
Blockanlagen	Ssb
Drucktasten-Stellwerkanlagen	Ssd
Drucktasten-Stellwerkanlagen	Ssd
Elektromechanische Stellwerkanlagen	Sse
Elektromechanische Stellwerkanlagen	Sse

S Signalwesen (1954)/Signaltechnik (ab 1980)

Akteninhalt	Aktenzeichen
Formsignale am Bahnkörper	Ssf
Fernsteuerung von Signalanlagen	Ssf
Fernsteuerung von Signalanlagen	Ssf
Beleuchtung der Formsignale am Bahnkörper	Ssfl
Gleisbremsen	Ssg
Gleisbremsen	Ssg
Weichenheizungen (Propan- und Umlauf-)	Ssh
Weichenheizungen (Propan- und Umlauf-)	Ssh
Induktive Zugsicherung	Ssi
Induktive Zugsicherung	Ssi
Kabel und Übertragungseinrichtungen	Ssk
Kabel und Übertragungseinrichtungen	Ssk
Lichtsignale am Bahnkörper	Ssl
Linienzugbeeinflussung	Ssl
Linienzugbeeinflussung	Ssl
Mechanische Stellwerkanlagen	Ssm
Mechanische Stellwerkanlagen	Ssm
Rottenwarnung auf Hochgeschwindigkeitsstrecken	Sso
Ankündigungsanlagen	Ssoa
Gleisüberschreitungsanlagen	Ssog
Störungen an Signalanlagen	Ssö
Störungen an Signalanlagen	Ssö
Signalsichtprüfung	Ssp
Prüfung, Inspektion	Ssp

Signalwesen (1954) / Signaltechnik (ab 1980)

Akteninhalt	Aktenzeichen
Prüfung, Inspektion	Ssp
Stromversorgung, Stromquellen	Ssq
Stromversorgung, Stromquellen	Ssq
Rechnergesteuerte Signalanlagen	Ssr
Rechnergesteuerte Signalanlagen	Ssr
Signale	Sss
Signale	Sss
Unterhaltung, Prüfung und Störungen von Signalanlagen	Ssu
Technische Sicherung der Bahnübergänge	Ssü
Technische Sicherung der Bahnübergänge	Ssü
Anlagen zur Sicherung der Wegübergänge*	Ssw
Wartung, Instandsetzung	Ssw
Wartung, Instandsetzung	Ssw
Zugbeeinflussungseinrichtungen	Ssz
Zugeinwirkung, Gleisfreimeldeanlagen	Ssz
Zugeinwirkung, Gleisfreimeldeanlagen	Ssz
Signalstoffe siehe Sts	
Beleuchtung von Signal- und Weichenanlagen siehe Mls	

* In der alten Eisenbahn-Bau- und Betriebsordnung (BO) von 1928 ging der Blick von der Eisenbahn aus, daher wurde von *Weg*übergängen gesprochen (bei der DR in der DDR bis 1990). Die EBO von 1967 blickt dagegen in Richtung Eisenbahn und verwendet aus Sicht der Straße den Begriff *Bahn*übergang.

Signalwesen (1954)/Signaltechnik (ab 1980)

Akteninhalt	Aktenzeichen
ü Übersichten (Statistik)	
Übersichten (Statistik), Allgemeines	Sü
w Signalwerkstätten	
Signalwerkstätten, Allgemeines	Sw
Signalwerkstätten, Allgemeines	Sw
Signalwerkstätten, Allgemeines	Sw

Schiffahrt

Akteninhalt	Aktenzeichen
a Allgemeines	
Schiffahrt, allgemeine Bestimmungen *Unterakten nach Bedarf*	Scha *
Schiffahrt, allgemeine Bestimmungen *Unterakten nach Bedarf*	Scha
Schiffahrt, Allgemeines *Unterakten nach Bedarf*	Scha
Schiffahrt, Schiffsbetrieb, Allgemeines *Unterakten nach Bedarf*	Scha
Schiffahrt, Schiffsbetrieb, Allgemeines	Scha
Besprechungen und Konferenzen in Schiffahrtsangelegenheiten	Schab
Besprechungen und Konferenzen in Schiffahrtsangel.	Schab
Besprechungen und Konferenzen in Schiffahrtsangelegenheiten	Schab
Wirtschaftliche Ertragsberechnungen, allgemeine Bestimmungen	Schae
Wirtschaftliche Ertragsberechnungen, allg Best	Schae
Wirtschaftliche Ertragsberechnung	Schae
Gesetze über die Schiffahrt	Schag
Gesetze über die Schiffahrt	Schag
Gesetze über die Schiffahrt	Schag
Internationaler Verband der Schiffahrtskongresse	Schai
Internationaler Verband der Schiffahrtskongresse	Schai
Schiffahrtsordnung, oberpolizeiliche Vorschriften	Schao
Schiffahrtsordnung, oberpolizeiliche Vorschriften	Schao
Schiffahrtsordnung, oberpolizeiliche Vorschriften	Schao
Rechtsverhältnisse, Fischereirechte	Schar
Rechtsverhältnisse, Fischereirechte	Schar

Schiffahrt

Akteninhalt	Aktenzeichen
Steuern und Gebühren, Schiffahrtsabgaben	Schas
Steuern und Gebühren, Schiffahrtsabgaben	Schas
Schifferschulen	Schasch
Schifferschulen	Schasch
Schiffahrtsübereinkommen	Schaü
Schiffahrtsübereinkommen	Schaü
Schiffahrtsübereinkommen	Schaü
Schiffahrts- und Kanalvereine	Schav
Schiffahrts- und Kanalvereine	Schav
Schiffahrts- und Kanalvereine	Schav
Übernahme von Wasserstraßen durch das Reich	Schaw
Übernahme von Wasserstraße auf das Reich	Schaw
Zentralkommission der Rheinschiffahrt	Schaz
Zentralkommission der Rheinschiffahrt	Schaz
Schiffahrtsabgaben siehe Rgsch	
b Schiffsbetrieb	
Schiffsbetrieb, allgemeine Bestimmungen	Schb *
Schiffsbetrieb, allgemeine Bestimmungen	Schb
Schiffsbetrieb, Allgemeines	Schb
Veränderungen im Fahrwasser	Schbf
Veränderungen im Fahrwasser	Schbf
Veränderungen im Fahrwasser	Schbf
Drahtlose Telegraphie der Schiffe	Schbt

Schiffahrt

Akteninhalt	Aktenzeichen
Drahtlose Telegraphie der Schiffe	Schbt
Drahtlose Telegraphie der Schiffe	Schbt
Unregelmäßigkeiten, Beschädigungen, Unfälle im Schiffsbetrieb	Schbu
Unregelmäßigkeiten, Beschädigungen, Unfälle im Schiffsbetrieb	Schbu
Unregelmäßigkeiten, Beschädigungen, Unfälle im Schiffsbetrieb	Schbu
Fahrplan der Schiffe siehe *Bfsch*	
Fahrplan der Schiffe siehe Bfsch	
Fahrplan der Schiffe siehe Bfsch	
s **Schiffe und Anlagen**	
Schiffe und Anlagen, allgemeine Bestimmungen	Schs *
Schiffe und Anlagen, allgemeine Bestimmungen	Schs
Schiffe und Anlagen, Allgemeines	Schs
Schiffe, Anlagen und Werften, Allgemeines	Schs *
Schiffe, Anlagen und Werften, Allgemeines	Schs
Beschaffung von Schiffen *Unterakten nach Bedarf*	Schsb
Beschaffung von Schiffen — *U.Akt. n. Bedarf* —	Schsb
Beschaffung von Schiffen Unterakten nach Bedarf	Schsb
Eichung von Schiffen	Schse
Eichung von Schiffen	Schse
Hafenanlagen *Unterakten nach Bedarf*	Schsh *
Hafenanlagen — *Unterakten nach Bedarf* —	Schsh

Schiffahrt

Akteninhalt	Aktenzeichen
Hafenanlagen *Unterakten nach Bedarf*	Schsh
Güterladeplätze in und an den Häfen	Schshg
Güterladeplätze in und an den Häfen	Schsg
Güterladeplätze in und an den Häfen	Schshg
Bauart (Konstruktion) der Schiffe *Unterakten nach Bedarf*	Schsk
Bauart (Konstruktion) der Schiffe — *U.Akt. n. Bedarf* —	Schsk
Bauart (Konstruktion) der Schiffe *Unterakten nach Bedarf*	Schsk
Landestellen	Schsl *
Landestellen	Schsl
Landestellen *Unterakten nach Bedarf*	Schsl
Ausmusterung und Verkauf von Schiffen *Unterakten nach Bedarf*	Schsm
Ausmusterung und Verkauf von Schiffen *Unterakten nach Bedarf*	Schsm
Ausmusterung und Verkauf von Schiffen *Unterakten nach Bedarf*	Schsm
Trajektanlagen *Unterakten nach Bedarf*	Schst *
Trajektanlagen — *Unterakten nach Bedarf* —	Schst
Trajektanlagen *Unterakten nach Bedarf*	Schst
Unterhaltung von Schiffen *Unterakten nach Bedarf*	Schsu *
Unterhaltung von Schiffen — *Unterakten nach Bedarf* —	Schsu
Unterhaltung von Schiffen *Unterakten nach Bedarf*	Schsu

Schiffahrt

Akteninhalt	Aktenzeichen
ü Übersichten (Statistik)	
Übersichten (Statistik), allgemeine Bestimmungen und Sonderfälle	Schü
Übersichten (Statistik), allg Best und Sonderfälle	Schü
Übersichten (Statistik), Allgemeines und Sonderfälle	Schü
Übersichten (Statistik)	Schü
Übersichten (Statistik)	Schü
v Schiffsverkehr	
Schiffsverkehr, allgemeine Bestimmungen	Schv *
Schiffsverkehr, allgemeine Bestimmungen	Schv
Schiffsverkehr, Allgemeines	Schv
Schiffsverkehr, Schiffsunfälle, Allgemeines	Schv *
Schiffsverkehr, Schiffsunfälle, Allgemeines	Schv
Verkehr auf Flüssen, allgemeine Bestimmungen	Schvf
Verkehr auf Flüssen, allgemeine Bestimmungen	Schvf
Verkehr auf Flüssen	Schvf
Verkehr auf Kanälen, allgemeine Bestimmungen	Schvk
Verkehr auf Kanälen, allgemeine Bestimmungen	Schvk
Verkehr auf Kanälen	Schvk
Verkehr auf Seen, allgemeine Bestimmungen	Schvs
Verkehr auf Seen, allgemeine Bestimmungen	Schvs
Verkehr auf Seen	Schvs
Trajekt- und Fährverkehr, allgemeine Bestimmungen *Unterakten nach Bedarf*	Schvt
Trajekt- und Fährverkehr, allg Best — *U.Akt. n. Bedarf* —	Schvt

Schiffahrt

Akteninhalt	Aktenzeichen
Trajekt- und Fährverkehr	Schvt
Zoll- und Paßwesen auf den Schiffen, Reichswasserschutz	Schvz *
Zoll- und Paßwesen auf den Schiffen, Reichswasserschutz	Schvz
Zoll- und Paßwesen auf den Schiffen	Schvz
Schiffstarife siehe unter Tsch	
w Werften	
Werften, allgemeine Bestimmungen *Unterakten nach Bedarf*	Schw *
Werften, allgemeine Bestimmungen *Unterakten nach Bedarf*	Schw
Werften, Allgemeines *Unterakten nach Bedarf*	Schw

Stoffwesen (1928, 1943) / Stoffe (ab 1954)

Akteninhalt	Aktenzeichen
a Allgemeines	
Stoffwesen, Stofflagerverwaltung, allgemeine Bestimmungen *Unterakten nach Bedarf*	Sta *
Stoffwesen, Stofflagerverwaltung, allgemeine Bestimmungen *Unterakten nach Bedarf*	Sta
Stoffe, Allgemeines *Unterakten nach Bedarf*	Sta
Stoffe, Allgemeines *Unterakten nach Bedarf*	Sta
Stoffe, Geräte und Werkzeuge, Allgemeines	Sta
Ausschüsse	Staa
Ausschüsse	Staa
Ausschüsse	Staa
Stoff- und Geräteausschuß (für Angelegenheiten der Stoffwirtschaft)	Staas
Stoff- und Geräteausschuß (für Angelegenheiten der Stoffwirtschaft)	Staas
Besprechungen	Stab
Besprechungen	Stab
Besprechungen	Stab
Erfindungen und Verbesserungen, Neuerungen	Stae
Abgabe und Verkauf von Stoffen an Fremde	Staf
Abgabe und Verkauf von Stoffen an Fremde	Staf
Abgabe und Verkauf von Stoffen an Fremde	Staf
Abgabe und Verkauf von Stoffen an Fremde	Staf
Abgabe und Verkauf von Stoffen an Fremde	Staf
Abgabe und Verkauf von Betriebsstoffen *Weitere Unterakten nach Bedarf*	Stafb
Abgabe und Verkauf von Betriebsstoffen *U.A.n.B.*	Stafb

Stoffwesen (1928, 1943)/Stoffe (ab 1954)

Akteninhalt	Aktenzeichen
Abgabe und Verkauf von Betriebsstoffen *Unterakten nach Bedarf*	Stafb
Abgabe und Verkauf von Drucksachen *Unterakten nach Bedarf*	Stafd
Abgabe und Verkauf von Stoffen für Fernmeldeeinrichtungen an Fremde	Staff (neu)
Abgabe und Verkauf von Oberbaustoffen	Stafo
Abgabe und Verkauf von Werkstoffen	Stafw
Deutscher und Internationaler Verband für die Materialprüfung	Stai
Deutscher und Internationaler Verband für die Materialprüfung	Stai
Lieferungs- und Abnahmebedingungen, Güteproben *Unterakten nach Bedarf*	Stal *
Lieferungs- und Abnahmebedingungen, Güteproben *Unterakten nach Bedarf*	Stal
Lieferungs- und Abnahmebedingungen, Güteproben *Unterakten nach Bedarf*	Stal
Lieferungs- und Abnahmebedingungen, Güteproben *Unterakten nach Bedarf*	Stal
Lieferungs- und Abnahmebedingungen, Güteproben	Stal
Lieferungs- und Abnahmebedingungen, Güteproben für Fernmeldeeinrichtungen	Stalf (neu)
Prüfung der Stofflager, allgemeine Bestimmungen	Stalp
Prüfung der Stofflager, allgemeine Bestimmungen	Stalp
Prüfung der Stofflager	Stalp
Liefermeldungen (Lieferkartei, Stoffeingangskarten)	Stam
Liefermeldungen (Liferkartei, Stoffeingangskarten)	Stam
Stoffmeldungen (Bedarfsausgleich und Mangelmeldungen)	Stam
Versuche mit Neuerungen (Erfindungen und Verbesserungen)	Stan *

Stoffwesen (1928, 1943) / Stoffe (ab 1954)

Akteninhalt	Aktenzeichen
Versuche mit Neuerungen (Erfindungen und Verbesserungen)	Stan
Nummerung der Stoffe	Stan
Nummerung der Stoffe	Stan
Nummerung der Stoffe	Stan
Ordnungen und sonstige Vorschriften im Stoffwesen	Stao
Ordungen und sonstige Vorschriften im Stoffwesen	Stao
Drucksachenordnung	Staod
Drucksachenordnung	Staod
Ordnungen und sonstige Vorschriften für Stoffe der Fernmeldeeinrichtungen	Staof (neu)
Stoffordnung	Staos
Stoffordnung	Staos
Beschaffungsplan *Unterakten nach Bedarf*	Stap
Beschaffungsplan *Unterakten nach Bedarf*	Stap
Beschaffungsplan *Unterakten nach Bedarf*	Stap
Beschaffungsplan *Unterakten nach Bedarf*	Stap
Beschaffungsplan	Stap
Stoffbedarfsrichtwerte	Stapb
Preise, Preisprüfung	Stapp
Preise, Preisprüfung	Stapp
Preisprüfung	Stapr
Buchung und Abrechnung der Stoffe *Unterakten nach Bedarf*	Star

Stoffwesen (1928, 1943)/Stoffe (ab 1954)

Akteninhalt	Aktenzeichen
Buchung und Abrechnung der Betriebsstoffe	Starb
Buchung und Abrechnung der Dienstkohlen	Stark
Buchung und Abrechnung der Werkstoffe	Starw
Veränderungs- und Sortennachweise	Stas *
Veränderungs- und Sortennachweise	Stas
Vorschriften für das Stoffwesen	Stav
Vorschriften für die Stoffbewirtschaftung	Stav
Vorschriften	Stav
Drucksachenvorschrift (DV 209)	Stavd
Stoffwirtschaft	Staw
Stoff- und Lagerwirtschaft	Staw
Stoff- und Lagerwirtschaft	Staw
Abrechnung mit dem Reichsbahn-Zentralamt *Unterakten nach Bedarf*	Staz
Abrechnung mit dem RZA — Unterakten nach Bedarf —	Staz
Organisation des Beschaffungs- und Abnahmewesens (Zuständigkeit der Beschaffungsstellen) siehe Ogb	
Organisation des Beschaffungs- und Abnahmewesens (Zuständigkeit der Beschaffungsstellen) siehe Ogb	
Organisation des Beschaffungs- und Abnahmewesens (Zuständigkeit der Beschaffungsstellen) siehe Ogb	
Wiederverwendung von Altstoffen siehe Stv	
Wiederverwendung von altbrauchbaren Oberbaustoffen siehe Stoa	
Stofflagerprüfungen und Buchung und Abrechnung der Stoffe siehe Kbs	
Stofflagerprüfungen und Buchung und Abrechnung der Stoffe siehe Kbs	

Stoffwesen (1928, 1943) / Stoffe (ab 1954)

Akteninhalt	Aktenzeichen
b Betriebsstoffe	
Betriebsstoffe (Gruppe 101 – 199), allgemeine Grundsätze über die Beschaffung	Stb *
Betriebsstoffe (Gruppe 101 – 199), allg Grundsätze über die Beschaffung	Stb
Betriebsstoffe, Allgemeines	Stb
Betriebsstoffe, Allgemeines	Stb *
Betriebsstoffe, Allgemeines	Stb
Brennstolle (Gruppe 101 – 103)	Stbb
Brennstoffe (Gruppe 101 – 103)	Stbb
Brennstoffe (Gruppen 001 – 042)	Stbb
Brennstoffe (Gruppen 001 – 042)	Stbb
Brennstoffe (Gruppen 001 — 042)	Stbb
Braunkohlen	Stbbb
Braunkohlen	Stbbb
Braunkohlen	Stbbb
Darfverbrauchssätze	Stbbd
Darfverbrauchssätze	Stbbd
Darfverbrauchssätze	Stbbd
Darfverbrauchssätze	Stbbd
Darfverbrauchssätze	Stbbd
Dienstkohlenentladung	Stbbe
Dienstkohlenentladung	Stbbe
Dienstkohlenentladung	Stbbe
Brennstoffe, flüssige (Benzin,Benzol, Gasöl usw)	Stbbf
Brennstoffe, flüssige (Benzin, Benzol, Gasöl usw)	Stbbf

Stoffwesen (1928, 1943) / Stoffe (ab 1954)

Akteninhalt	Aktenzeichen
Brennstoffe, flüssige (Benzin, Benzol, Gasöl usw.)	Stbbf
Flüssige Brennstoffe (Benzin, Benzol, Gasöl usw.)	Stbbf
Flüssige Brennstoffe (Benzin, Benzol, Gasöl usw.)	Stbbf
Flüssige Brennstoffe für Kraftwagen	Stbbfk (neu)
Brennstoffe, gasförmige und Gas (Azetylen, Fettgas, Leuchtgas usw)	Stbbg
Brennstoffe, gasförmige und Gas (Azetylen, Fettgas, Leuchtgas usw)	Stbbg
Brennstoffe, gasförmige und Gas (Azetylen, Fettgas, Leuchtgas usw.)	Stbbg
Gasförmige Brennstoffe und Gas (Azetylen, Fettgas, Leuchtgas usw.)	Stbbg
Gasförmige Brennstoffe u. Gas (Azetylen, Fettgas, Leuchtgas usw.)	Stbbg
Brennholz und Reiserwellen*	Stbbh
Brennholz und Reiserwellen	Stbbh
Brennholz und Reiserwellen	Stbbh
Koks	Stbbk
Koks	Stbbk
Koks	Stbbk
Preßkohlen (Briketts)	Stbbp
Preßkohlen (Briketts)	Stbbp
Preßkohlen (Briketts)	Stbbp
Steinkohlen	Stbbs
Steinkohlen	Stbbs
Steinkohlen	Stbbs
Torf und Holzkohlen	Stbbt
Torf und Holzkohlen	Stbbt

* siehe Seite 16, Fußnote

Stoffwesen (1928, 1943) / Stoffe (ab 1954)

Akteninhalt	Aktenzeichen
Torf und Holzkohlen	Stbbt
Chemikalien (Gruppe 160 – 162)	Stbc
Chemikalien (Gruppe 160 – 162)	Stbc
Chemikalien (Gruppen 320 – 334)	Stbc
Chemikalien (Gruppen 320 – 334)	Stbc
Chemikalien (Gruppen 320 — 334)	Stbc
Binde- und Dichtungsstoffe (Gruppe 140)	Stbd
Binde- und Dichtungsstoffe (Gruppe 140)	Stbd
Binde- und Dichtungsstoffe (Gruppen 220 – 244)	Stbd
Binde- und Dichtungsstoffe (Gruppen 220 – 244)	Stbd
Binde- und Dichtungsstoffe (Gruppen 220 — 244)	Stbd
Stoffe für Fernmeldeanlagen (Gruppe 150)	Stbf
Stoffe für Fernmeldeanlagen (Gruppe 150)	Stbf
Glüh- und Zündkerzen (Gruppen 193 – 195)	Stbg
Betriebsstoffe für Kraftwagen	Stbk (neu)
Beleuchtungsstoffe (Gruppe 120)	Stbl
Beleuchtungsstoffe (Gruppe 120)	Stbl
Beleuchtungsstoffe (Gruppen 140 – 190)	Stbl
Beleuchtungsstoffe (Gruppen 140 – 190)	Stbl
Beleuchtungsstoffe (Gruppen 140 — 190)	Stbl
Erden und mineralische Erzeugnisse (Gruppe 130)	Stbm
Erden und mineralische Erzeugnisse (Gruppe 130)	Stbm
Erden und mineralische Erzeugnisse (Gruppen 198 – 215)	Stbm
Erden und mineralische Erzeugnisse (Gruppen 198 – 215)	Stbm

Stoffwesen (1928, 1943) / Stoffe (ab 1954)

Akteninhalt	Aktenzeichen
Erden und mineralische Erzeugnisse (Gruppen 198 — 215)	Stbm
Stoffe für Reinigung, Entseuchtung und Schädlingsbekämpfung (Gruppe 111)	Stbr
Stoffe für Reinigung, Entseuchung und Schädlingsbekämpfung (Gruppe 111)	Stbr
Stoffe für Reinigung, Entseuchung und Schädlingsbekämpfung (Gruppen 087 – 130)	Stbr
Stoffe für Reinigung, Entseuchung und Schädlingsbekämpfung (Gruppen 087 – 130)	Stbr
Stoffe für Reinigung, Entseuchung und Schädlingsbekämpfung (Gruppen 087 — 130)	Stbr
Abgabe von Reinigungsmitteln an das Personal	Stbrp
Abgabe von Reinigungsmitteln an das Personal	Stbrp
Abgabe von Reinigungsmitteln an das Personal	Stbrp
Sonstige Betriebsstoffe (Gruppe 199)	Stbs
Sonstige Betriebsstoffe (Gruppe 199)	Stbs
Sonstige Betriebsstoffe (Gruppen 245 – 319 und 335 – 393)	Stbs
Sonstige Betriebsstoffe (Gruppen 245 – 319 und 335 – 393)	Stbs
Sonstige Betriebsstoffe (Gruppen 245 — 319 und 335 — 393)	Stbs
Schmierstoffe (Gruppe 110)	Stbsch
Schmierstoffe (Gruppe 110)	Stbsch
Schmieröle und Fette (Gruppen 046 – 084)	Stbsch
Schmieröle und Fette (Gruppen 046 – 084)	Stbsch
Schmieröle und Fette (Gruppen 046 — 084)	Stbsch
Schmierstoffe für Kraftwagen	Stbschk (neu)

Akteninhalt	Aktenzeichen
Fernmeldestoffe siehe Stf	
Lieferungs- und Abnahmebedingungen siehe Stal	
Lieferungs- und Abnahmebedingungen siehe Stal	
Lieferungs- und Abnahmebedingungen siehe Stal	
Lieferungs- und Abnahmebedingungen siehe Stal	
Lieferungs- und Abnahmebedingungen siehe Stal	
Signalstoffe siehe Sts	
d Verein Deutscher Eisenbahnverwaltungen	
d Verein Mitteleuropäischer Eisenbahnverwaltungen	
Verein Deutscher Eisenbahnverwaltungen: Stoffe	Std
Verein Mitteleuropäischer (Deutscher) Eisenbahnverwaltungen: Stoffe	Std
Baustoffausschuß des VDEV	Stdb
Baustoffausschuß des VMEV	Stdb
d Drucksachen, Schreib- und Zeichenstoffe	
Drucksachen, Schreib- und Zeichenstoffe, Allgemeines	Std
Vergebung von Druckarbeiten	Stdd
Frachtbriefe (Druck, Abstempelung, Frachtbriefstempel)	Stdf
Beschaffung und Verwaltung von Karten aller Art	Stdk
Beschaffung von Dienstvorschriften, Allgemeines	Stdv
Drucksachenvorschrift siehe Stavd	
Lieferungs- und Abnahmebedingungen siehe Stal	

Stoffwesen (1928, 1943) / Stoffe (ab 1954)

Akteninhalt	Aktenzeichen
e **Stoffe für elektrische Anlagen**	
e **Starkstromstoffe (elektrische Anlagen usw.)**	
e **Ersatzstücke**	
Stoffe für elektrische Anlagen (Gruppe 401 – 499), allgemeine Grundsätze über Beschaffung	Ste *
Stoffe für elektrische Anlagen (Gruppe 401 – 499),	Ste
Starkstromstoffe (elektrische Anlagen usw.), Allgemeines	Ste
Ersatzstücke. Allgemeines	Ste *
Ersatzstücke. Allgemeines	Ste
Stoffe für elektrische Anlagen der Fernmeldeeinrichtungen	Stef (neu)
Isolierstoffe (Gruppen 410 – 412 und 416)	Stei
Leitungsstoffe (Gruppen 401 – 405)	Stel
Starkstromstoffe (Gruppe 401 – 449)	Stes
Starkstromstoffe (Gruppe 401 – 449)	Stes
Sonstige Stoffe und Teile für Starkstromanlagen (Gruppen 421 – 452)	Stes
Schwachstromstoffe (Fernmelde- und Blockanlagen) (Gruppe 450 – 499) *Unterakten nach Bedarf für „Bauart" (b) u „Einkauf" (e) von Stoffen für elektrische Anlagen*	Stesch
Schwachstromstoffe (Fernmelde- und Blockanlagen)	Stesch
Schwachstromstoffe, Bauarten (Stoffnummern 67 001 bis 68 999)	Steschb (neu)
Schwachstromstoffe, Einkauf (Stoffnummern 67 001 bis 68 999)	Steschc (neu)

Entwicklung und Vereinheitlichung von Fernmeldewerken siehe Sft und Sm

Stoffwesen (1928, 1943) / Stoffe (ab 1954) St

Akteninhalt	Aktenzeichen
f Fernmeldestoffe	
Fernmeldestoffe, Allgemeines	Stf
Fernmeldestoffe, Allgemeines	Stf *
Fernmeldestoffe, Allgemeines	Stf
g Geräte	
Geräte, Allgemeines	Stg
Büro-, Druck-, Vervielfältigungs- und Datenverarbeitungsgeräte (Gruppen 741 und 742)	Stgd
Möbel und andere Raumausstattungsgegenstände (Gruppe 744)	Stgr
Sonstige Geräte (Übrige Gruppen)	Stgs
Betriebs- und Verkehrsgeräte (Gruppen 711, 712, 713 und 721)	Stgv
i Baustoffe	
i Baustoffe (Stoffe für Ingenieurbauten)	
Baustoffe (Stoffe für Ingenieurbauten) (Gruppe 201 – 299), allgemeine Bestimmungen	Sti *
Baustoffe (Stoffe für Ingenieurbauten) (Gruppe 201 – 299), allgemeine Bestimmungen	Sti
Baustoffe (Stoffe für Ingenieurbauten), Allgemeines	Sti
Baustoffe (Stoffe für Ingenieurbauten), Allgemeines	Sti *
Baustoffe für Ingenieurbauten, Allgemeines	Sti
Deutscher Ausschuß für Eisenbeton, Betonverein	Stia
Deutscher Ausschuß für Eisenbeton, Betonverein	Stia
Deutscher Ausschuß für Eisenbeton, Betonverein	Stia

St

Stoffwesen (1928, 1943) / Stoffe (ab 1954)

Akteninhalt	Aktenzeichen
Eiſen (Gruppe 201)	Stie
Eisen (Gruppe 201)	Stie
Stahl und Eisen (Gruppen 4500 – 4549)	Stie
Anſtrichſtoffe (Farben), Leim- und Kittſtoffe (Gruppe 260)	Stif
Anstrichstoffe (Farben), Leim- und Kittstoffe (Gr 260)	Stif
Anstrichstoffe (Farben), Leim und Kittstoffe (Gruppen 4630 – 4669)	Stif
Anstrichstoffe (Farben), Leim und Kittstoffe (Gruppen 4630 – 4669)	Stif
Anstrichstoffe (Farben), Leim und Kittstoffe (Gruppen 4630 — 4669)	Stif
Holz (Gruppe 220)	Stih
Holz (Gruppe 220)	Stih
Holz (Gruppen 4560 – 4569)	Stih
Leder-, Web- und Seilerwaren (Gruppe 250)	Stil
Leder-, Web- und Seilerwaren (Gruppe 250)	Stil
Leder, Web- und Seilerwaren (Gruppe 4626)	Stil
Erden und mineraliſche Erzeugniſſe (Gruppe 230)	Stim
Erden und mineralische Erzeugnisse (Gruppe 230)	Stim
Erden und mineralische Erzeugnisse (Gruppen 4570 – 4619)	Stim
Zementprüfungen	Stimz
Zementprüfungen	Stimz
Zementprüfungen	Stimz
Nichteiſenmetalle (Gruppe 210)	Stin
Nichteisenmetalle (Gruppe 210)	Stin
Nichteisenmetalle (Gruppen 4550 – 4559)	Stin
Pappen und Papier (Gruppe 240)	Stip

Akteninhalt	Aktenzeichen
Pappen und Papier (Gruppe 240)	Stip
Pappen und Papier (Gruppen 4620 – 4621 und 4623)	Stip
Sonstige Baustoffe (Gruppe 299)	Stis
Sonstige Baustoffe (Gruppe 299)	Stis
Sonstige und nicht besonders aufgeführte Baustoffe (Gruppen 4670 – 4699)	Stis
Bauteile für Gebäude usw. (Gruppen 4700 – 4799)	Stit
Vermessungstechnische Vermarkungsstoffe	Stiv
Lieferungs- und Abnahmebedingungen siehe Stal	
Lieferungs- und Abnahmebedingungen siehe Stal	
n Normung der Stoffe — neu —	
Normung von Stoffen, allgemeine Bestimmungen	Stn (neu)
Betriebsstoffe	Stnb "
Stoffe für elektrische Anlagen	Stne "
Baustoffe für Ingenieurbauten, Baustoffe	Stni "
Oberbaustoffe	Stno "
Schreib- und Zeichenstoffe, Drucksachen	Stns "
Werkstoffe	Stnw "
o Oberbaustoffe	
Oberbaustoffe (Gruppe 301 – 399), allgemeine Grundsätze über die Beschaffung	Sto *
Geschäftsanweisung für die Vorstände der Oberbauhauptlager siehe Oavo	
Oberbaustoffe (Gruppe 301 — 399), allgemeine Grundsätze über die Beschaffung	Sto

Stoffwesen (1928, 1943) / Stoffe (ab 1954)

Akteninhalt	Aktenzeichen
Geschäftsanweisung für die Vorstände der Oberbau-Hauptlager siehe Oavo	
Oberbaustoffe, Allgemeines	Sto
Oberbaustoffe, Allgemeines	Sto *
Oberbaustoffe, Allgemeines	Sto
Wiederverwendung von altbrauchbaren Oberbaustoffen (Gruppe 380 – 393)	Stoa
Wiederverwendung von altbrauchbaren Oberbaustoffen (Gruppe 380 — 393)	Stoa
Wiederverwendung von altbrauchbaren Oberbaustoffen	Stoa
Wiederverwendung von altbrauchbaren Oberbaustoffen	Stoa
Wiederverwendung von altbrauchbaren Oberbaustoffen	Stoa
Bettungsstoffe (Gruppe 375 – 377)	Stob
Bettungsstoffe (Gruppe 375 — 377)	Stob
Bettungsstoffe (Gruppen 4200 – 4204)	Stob
Bettungsstoffe	Stob
Bettungsstoffe	Stob
Sand- und Kiesgewinnungsstellen	Stobk
Sand- und Kiesgewinnungsstellen	Stobk
Dübelwerke	Stod
Dübelwerke	Stod
Gewährleistungsstoffe	Stog
Gewährleistungsstoffe	Stog
Gewährleistungsstoffe	Stog
Gleisbaustoffe	Stog
Gleisbaustoffe	Stog

Stoffwesen (1928, 1943)/Stoffe (ab 1954)

Akteninhalt	Aktenzeichen
Betonschwellen	Stogb
Betonschwellen	Stogb
Kleineisen und sonstige Oberbauteile (Gruppe 310 – 323)	Stok
Kleineisen und sonstige Oberbauteile (Gruppe 310 — 323)	Stok
Kleineisen und sonstige Oberbauteile (Gruppen 1237 – 1990 und Gruppen 2700 – 2869)	Stok
Oberbaulager	Stol
Oberbaulager	Stol
Oberbaulager	Stol
Lieferpläne für Oberbaustoffe	Stop
Lieferpläne für Oberbaustoffe	Stop
Lieferpläne für Oberbaustoffe	Stop
Schienen (Gruppe 301 – 303)	Stos
Schienen (Gruppe 301 — 303)	Stos
Schienen (Gruppen 0220 – 0615)	Stos
Schwellen (Gruppe 304 – 306)	Stosch
Schwellen (Gruppe 304 — 306)	Stosch
Schwellen und Kleinholzteile (Gruppen 0800 – 0850, 4110 – 4169, 4175 – 4192, 4000 – 4099)	Stosch
Betonschwellen	Stoschb
Holzdübel	Stoschd
Holzdübel	Stoschd
Eiserne Schwellen	Stosche
Eiserne Schwellen	Stosche
eiserne Schwellen	Stosche

St Stoffwesen (1928, 1943) / Stoffe (ab 1954)

Akteninhalt	Aktenzeichen
Holzschwellen	Stoschh
Holzschwellen	Stoschh
Holzschwellen	Stoschh
Kleinholzteile	Stoschk
Steinbrechanlagen, Schotterwerke	Stost
Steinbrechanlagen, Schotterwerke	Stost
Schwellentränkanstalten	Stot
Schwellentränkanstalten	Stot
Schwellentränkanstalten	Stot
Oberbaustoffverkauf	Stov
Oberbaustoffverkauf	Stov
Weichen und Weichenteile (Gruppe 330 – 372)	Stow
Weichen und Weichenteile (Gruppe 330 — 372)	Stow
Weichen und Weichenteile (Gruppen 0220 – 0615)	Stow
Weichen	Stow
Weichenwerkstätten	Stoww
Weichenwerkstätten	Stoww
Weichenwerkstätten	Stoww
Unterakten nach Bedarf für „Bauart" (b) u „Einkauf" (e) von Oberbaustoffen	
Unterakten nach Bedarf für „Bauart" und „Einkauf" von Oberbaustoffen	
Oberbaustoffbuchführung siehe Kbs	
Oberbaustoffbuchführung siehe Kbs	

Stoffwesen (1928, 1943) / Stoffe (ab 1954)

Akteninhalt	Aktenzeichen
s Drucksachen, Schreib- und Zeichenstoffe	
Drucksachen, Schreib- und Zeichenstoffe (Gruppe 701 – 799), allgemeine Grundsätze über die Beschaffung	Sts *
Drucksachen, Schreib- und Zeichenstoffe (Gruppe 701 — 799), allgemeine Grundsätze über die Beschaffung	Sts
Frachtbriefe (Druck, Abstempelung, Verkauf, Frachtbriefstempel)	Stsf
Frachtbriefe (Druck, Abstempelung, Verkauf, Frachtbriefstempel)	Stsf
Beschaffung von Karten, Plänen und Steuerblättern	Stsk
Beschaffung von Karten, Plänen und Steuerblättern	Stsk
Prüfung von Drucksachen, Schreib- und Zeichenstoffen	Stsp
Prüfung von Drucksachen, Schreib- und Zeichenstoffen	Stsp
Vergebung von Umdruck- und sonstigen Druckarbeiten	Stsu
Vergebung von Umdruck- und sonstigen Druckarbeiten	Stsu
Beschaffung von Dienstvorschriften, allgemeine Bestimmungen	Stsv
Beschaffung von Dienstvorschriften, allg Best	Stsv
Abgabe und Verkauf von Dienstvorschriften und Drucksachen an Fremde	Stsvf
Abgabe und Verkauf von Dienstvorschriften und Drucksachen an Fremde	Stsvf
Drucksachenordnung siehe Staod	
Drucksachenordnung siehe Staod	
Lieferungs- und Abnahmebedingungen siehe Stal	
Lieferungs- und Abnahmebedingungen siehe Stal	
s Signalstoffe	
Signalstoffe, Allgemeines	Sts
Signalstoffe, Allgemeines	Sts *

Stoffwesen (1928, 1943) / Stoffe (ab 1954)

Akteninhalt	Aktenzeichen
Signalstoffe, Allgemeines	Sts
st Starkstromstoffe	
Starkstromstoffe, Allgemeines	Stst *
Starkstromstoffe, Allgemeines	Stst
t Sonderteile der Werkstatt	
Sonderteile der Werkstatt, Allgemeines	Stt *
Sonderteile der Werkstatt, Allgemeines	Stt
ü Übersichten (Statistik)	
Übersichten (Statistik), allgemeine Bestimmungen und Sonderfälle	Stü *
Übersichten (Statistik), allgemeine Bestimmungen und Sonderfälle	Stü
Übersichten (Statistik), Allgemeines und Sonderfälle	Stü
Übersichten (Statistik)	Stü
Übersichten (Statistik)	Stü
Kataster	Stük
Kataster	Stük
Oberbau, Statistik über Schienendauer und -brüche (Anhang II zur Reichsbahnstatistik)	Stüo
Oberbau, Statistik über Schienendauer und -brüche (Anhang II zur Reichsbahnstatistik)	Stüo
Oberbau, verschiedene Statistiken	Stüo
Statistik über Stoff- und Güteproben	Stüp
Statistik über Stoff- und Güteproben	Stüp

Stoffwesen (1928, 1943) / Stoffe (ab 1954)

Akteninhalt	Aktenzeichen
Aufstellung der stoffstatistischen Blätter	Stüs
Werkstättenwochenberichte	Stüw
v Verwendung von Abfallstoffen (ausschließlich der Abfallstoffe aus Oberbaustoffen)	
Verwendung von Abfallstoffen (ausschließlich der Abfallstoffe aus Oberbaustoffen) (Gruppe 601 – 699), allgemeine Grundsätze	Stv *
Verwendung von Abfallstoffen (ausschl der Abfallstoffe aus Oberbaustoffen) (Gruppe 601 — 699), allgemeine Grundsätze	Stv
Verwendung von Abfallstoffen (ausschließlich Abfallstoffe aus Oberbaustoffen), Wiederverwendung von Altstoffen, Allgemeines	Stv
Verwendung von Abfallstoffen (ausschließlich Abfallstoffe aus Oberbaustoffen), Allgemeines	Stv *
Verwendung von Abfallstoffen (ausschließlich Abfallstoffe aus Oberbaustoffen), Allgemeines	Stv *
Gummi, Verpackungs- und Dichtungsstoffe (Gruppe 640 – 649)	Stvd
Gummi, Verpackungs- und Dichtungsstoffe (Gruppe 640 — 649)	Stvd
Gummi, Verpackungs- und Dichtungsstoffe, Pappen und Papierabfälle (Gruppen 28 und 30)	Stvd
Gummi, Verpackungs- und Dichtungsstoffe, Pappen und Papierabfälle (Gruppen 28 und 30)	Stvd
Gummi, Verpackungs- und Dichtungsstoffe, Pappen und Papierabfälle (Gruppen 28 und 30)	Stvd
Verkauf von Altpapier	Stvdp
Verkauf von Altpapier	Stvdp
Verkauf von Altpapier	Stvdp
Eisen (Gruppe 601 – 609)	Stve
Eisen (Gruppe 601 — 609)	Stve
Eisen und Stahl (Gruppen 01 – 15)	Stve

St Stoffwesen (1928, 1943)/Stoffe (ab 1954)

Akteninhalt	Aktenzeichen
Eisen und Stahl (Gruppen 01 – 15)	Stve
Eisen und Stahl (Gruppen 01 — 15)	Stve
Holz (Gruppe 620 – 629), Bestimmungen über die Verwertung von Abfallholz und alten Holzschwellen usw	Stvh
Holz (Gr 620 — 629), Best über die Verwertung von Abfallholz und alten Holzschwellen usw	Stvh
Leder-, Web- und Seilerwaren (Gruppe 650 – 659)	Stvl
Leder-, Web- und Seilerwaren (Gruppe 650 — 659)	Stvl
Mineralische Erzeugnisse (Gruppe 630 – 639)	Stvm
Mineralische Erzeugnisse (Gruppe 630 — 639)	Stvm
Nichteisenmetalle (Gruppe 610 – 619)	Stvn
Nichteisenmetalle (Gruppe 610 — 619)	Stvn
Nichteisenmetalle (Gruppen 16 – 25)	Stvn
Nichteisenmetalle (Gruppen 16 – 25)	Stvn
Nichteisenmetalle (Gruppen 16 — 25)	Stvn
Verwendung von Kohlenrückständen (Kohlenschlacken, Rauchkammerlösche), Verträge mit Schlackenververtungsgesellschaften	Stvr
Verwendung von Kohlenrückständen (Kohlenschlacken, Rauchkammerlösche), Verträge mit Schlackenverwertungsgesellschaften	Stvr
Verwendung von Kohlenrückständen (Schlacken, Rauchkammerlösche, Verträge mit Schlackenverwertungsgesellschaften)	Stvr
Sonstige Abfallstoffe (Gruppe 699)	Stvs
Sonstige Abfallstoffe (Gruppe 699)	Stvs
Sonstige Abfallstoffe (Gruppen 26, 27, 31 – 38 und 49)	Stvs
Sonstige Abfallstoffe (Gruppen 26, 27, 31 – 38 und 48)	Stvs
Sonstige Abfallstoffe (Gruppen 26, 27, 31 — 38 und 48)	Stvs

Stoffwesen (1928, 1943) / Stoffe (ab 1954)

Akteninhalt	Aktenzeichen
Wiederverwertung von altbrauchbaren Oberbaustoffen siehe Stoa *Wiederverwertung von altbrauchbaren Oberbaustoffen siehe Stoa* *Wiederverwendung von altbrauchbaren Oberbaustoffen siehe Stoa* *Wiederverwendung von altbrauchbaren Oberbaustoffen siehe Stoa* *Wiederverwendung von altbrauchbaren Oberbaustoffen siehe Stoa*	
w Werkstoffe	
Werkstoffe (Gruppe 501 – 599), allgemeine Grundsätze über die Beschaffung	Stw *
Werkstoffe (Gruppe 501 — 599), allgemeine Grundsätze über die Beschaffung	Stw
Werkstoffe, Allgemeines	Stw
Werkstoffe, Allgemeines	Stw *
Werkstoffe, Allgemeines	Stw
Gummi, Verpackungs- und Dichtungsstoffe (Gruppe 540 – 549)	Stwd
Gummi, Verpackungs- und Dichtungsstoffe (Gruppe 540 — 549)	Stwd
Eisen (Gruppe 501 – 509)	Stwe
Eisen (Gruppe 501 — 509)	Stwe
Eisen und Stahl (Gruppen 500 – 519)	Stwe
Eisen und Stahl (Gruppen 500 – 539), sonstige Metalle	Stwe
Eisen und Stahl (Gruppen 500 — 539), sonstige Metalle	Stwe
Anstrichstoffe (Farben), Leim- und Kittstoffe (Gruppe 560 – 569)	Stwf
Anstrichstoffe (Farben), Leim- und Kittstoffe (Gruppe 560 — 569)	Stwf
Holz (Gruppe 520 – 529)	Stwh
Holz (Gruppe 520 — 529)	Stwh
Leder-, Web- und Seilerwaren (Gruppe 550 – 559)	Stwl
Leder-, Web- und Seilerwaren (Gruppe 550 — 559)	Stwl
Erden und mineralische Erzeugnisse (Gruppe 530 – 539)	Stwm
Erden und mineralische Erzeugnisse (Gruppe 530 — 539)	Stwm

St

Stoffwesen (1928, 1943) / Stoffe (ab 1954)

Akteninhalt	Aktenzeichen
Nichteisenmetalle (Gruppe 510 – 519)	Stwn
Nichteisenmetalle (Gruppe 510 — 519)	Stwn
Nichteisenmetalle (Gruppen 520 – 539)	Stwm
Kupfer, Rotguß, Messing (Gruppen 530 – 533)	Stwmk
Leichtmetalle (Gruppen 520 – 529)	Stwml
Sonstige Nichteisenmetalle (Gruppen 534 – 539)	Stwms
Nichtmetallische Werkstoffe (Gruppen 540 – 590)	Stwn
Nichtmetallische Werkstoffe (Gruppen 540 – 580)	Stwn
Nichtmetallische Werkstoffe (Gruppen 540 — 580)	Stwn
Anstrichstoffe	Stwna
It-Graphit, Erden, Glas, Klebstoffe	Stwne
Filz, Fasern, Wolle, Webstoffe	Stwnf
Gummi	Stwng
Holz	Stwnh
Leder, Linoleum	Stwnl
Asbest, Papier, Pappe	Stwnp
Sonstige Werkstoffe (Gruppe 599)	Stws
Sonstige Werkstoffe (Gruppe 599)	Stws
Schweißstoffe	Stwsch
Schweißstoffe	Stwsch
Lieferungs- und Abnahmebedingungen siehe Stal	
Lieferungs- und Abnahmebedingungen siehe Stal	
w Werkzeuge (nur 1992)	
Werkzeuge, Allgemeines	Stz

Tarife

Akteninhalt	Aktenzeichen
Vorbemerkung zur Hauptgruppe T; sie bestand als „Tarife" bis nach 1980 und fehlt im Aktenplan 1992, weil die neuen Hauptgruppen G (Güterverkehr) und ([Personen-]Verkehr) die Tarifangelegenheiten des jeweiligen Ressorts enthielten.	
a Allgemeines	
Tarife, allgemeine Bestimmungen	Ta *
Tarife, allgemeine Bestimmungen	Ta
Tarife, Allgemeines	Ta
Tarife, Allgemeines	Ta
Tarifausschüsse	Taa
Tarifausschüsse	Taa
Besprechungen in Tarifangelegenheiten	Tab
Besprechungen in Tarifangelegenheiten	Tab
Besprechungen in Tarifangelegenheiten	Tab
Besprechungen in Tarifangelegenheiten	Tab
Tarifdrucksachen, Verteilung, Abgabe	Tad
Tarifdrucksachen, Verteilung, Abgabe	Tad
Tarifdrucksachen, Verteilung, Abgabe	Tad
Tarifdrucksachen, Verteilung, Abgabe	Tad
Wirtschaftliche Ertragsberechnungen	Tae
Wirtschaftliche Ertragsberechnungen	Tae
Wirtschaftliche Ertragsberechnung	Tae
Geschäftsführungen in Auslands-Personen-, Gepäck-, Güter- und Tierverkehren (siehe auch Oaf) *Unterakten nach Bedarf*	Taf

Tarife

Akteninhalt	Aktenzeichen
Geschäfts**f**ührungen in Auslands-Personen-, Gepäck-, Güter- und Tierverkehren (siehe auch Oaf) *Unterakten nach Bedarf*	Taf
Geschäfts**f**ührungen in Personen-, Gepäck-, Güter- und Tierverkehren (siehe auch Oaf) *Unterakten nach Bedarf*	Taf
Ständige Tarif**k**ommission	Tak
Ständige Tarif**k**ommission	Tak
Ständige Tarif**k**ommission	Tak
Ständige Tarif**k**ommission	Tak
Ausschuß der Verkehrsinteressenten bei der Ständigen Tarifkommission (Verkehrsausschuß)	Taka
Ausschuß der Verkehrsinteressenten bei der Ständigen Tarifkommission (Verkehrsausschuß)	Taka
Ständiger **U**nterausschuß für Tarifauslegungen (Beiakten, Niederschriften) *Weitere Unterakten nach Bedarf*	Taku
Ständ **U**nterausschuß f Tarifauslegungen (Beiakten, Niederschriften) *Weitere Unterakten nach Bedarf*	Taku
Ständiger **U**nterausschuß für Tarifauslegungen	Taku
Ausschuß der **V**erkehrsinteressenten	Takv
Mitteilungen über Tarife; Auskunftsstellen	Tam
Mitteilungen über Tarife; Auskunftsstellen	Tam
Mitteilungen und Auskünfte über Tarife; Auskunftsstellen	Tam
Mitteilungen und Auskünfte über Tarife; Auskunftsstellen	Tam
Schriften über Tarif- und Verkehrswesen, aufklärende Bestimmungen über den Reiseverkehr	Tams
Schriften über Tarif- und Verkehrswesen, aufklärende Bestimmungen über den Reiseverkehr	Tams
Tarifverzeichnis und Tarifsammlung	Tas

Tarife

Akteninhalt	Aktenzeichen
Tarifverzeichnis und Tarifsammlung	Tas
Tarifverzeichnis und Tarifsammlung	Tas
Unregelmäßigkeiten und Beschwerden über Tarife	Tau
Unregelmäßigkeiten und Beschwerden über Tarife	Tau
Tarifüberwachung, allgemein	Taü
Tarifüberwachung, allgemein	Taü
Tarifüberwachung des Auslandes	Taüa
Tarifüberwachung des Auslandes	Taüa
Tarifüberwachung durch das Reich	Taür
Tarifüberwachung durch das Reich	Taür
Veröffentlichung von Tarifen	Tav
Veröffentlichung von Tarifen	Tav
Veröffentlichung von Tarifen	Tav
Druck der Tarife	Tavd
Druck der Tarife	Tavd
Tarif- und Verkehrsanzeiger	Tavz
Tarif- und Verkehrsanzeiger	Tavz
Tarif- und Verkehrsanzeiger	Tavz
Landeseisenbahnrat siehe Orl	
Landeseisenbahnrat siehe Orl	
Reichseisenbahnrat siehe Orr	
Reichseisenbahnrat siehe Orr	

Akteninhalt	Aktenzeichen
b Transport- (Beförderungs-) recht	
Transport- (Beförderungs-) recht, allgemeine Bestimmungen	Tb *
Transport- (Beförderungs-) recht, allg Bestimmungen	Tb
Deutsches Transportrecht, Eisenbahnverkehrsordnung nebst allgemeinen Ausführungsbestimmungen	Tbd
Deutsches Transportrecht,	Tbd
Deutsche Eisenbahntarife, Teil I	Tbd I
Deutsche Eisenbahntarife, Teil I	Tbd I
Ausschluß von der Beförderung	Tbda
Ausschluß von der Beförderung	Tbda
Frachtbrief (Benutzung)	Tbdb
Frachtbrief (Benutzung)	Tbdb
Anlage C zur EVO	Tbdc
Anlage C zur EVO	Tbdc
Ätzende Stoffe	Tbdcä
Ätzende Stoffe	Tbdcä
Brennbare Flüssigkeiten	Tbdcb
Brennbare Flüssigkeiten	Tbdcb
Explosionsgefährliche Gegenstände	Tbdce
Explosionsgefährliche Gegenstände	Tbdce
Fäulnisfähige Stoffe	Tbdcf
Fäulnisfähige Stoffe	Tbdcf
Giftige Stoffe	Tbdcg
Giftige Stoffe	Tbdcg

Tarife

Akteninhalt	Aktenzeichen
Selbstentzündliche Stoffe	Tbdcs
Selbstentzündliche Stoffe	Tbdcs
Abschluß des Frachtvertrages	Tbdf
Abschluß des Frachtvertrages	Tbdf
Haftung aus dem Beförderungsvertrag	Tbdh
Haftung aus dem Beförderungsvertrag	Tbdh
Lieferfristen *Unterakten nach Bedarf*	Tbdl
Lieferfristen *Unterakten nach Bedarf*	Tbdl
Nachnahmen	Tbdn
Nachnahmen	Tbdn
Erstattung von Fracht (Rückvergütung), tarifmäßigen Nebengebühren (ausgenommen Wagenstandgeld und andere Kosten)	Tbdr
Erstattung von Fracht (Rückvergütung), tarifmäßigen Nebengebühren (ausgen. Wagenstandgeld und andere Kosten)	Tbdr
Frachtberechnung bei Verkehrs(st)örungen	Tbd (st)
Frachtberechnung bei Verkehrs(st)örungen	Tbd (st)
Ansprüche der Eisenbahn aus unrichtiger Frachtberechnung	Tbdu
Ansprüche der Eisenbahn aus unrichtiger Frachtberechnung	Tbdu
Verfügungsrecht des Absenders und Empfängers	Tbdv
Verfügungsrecht des Absenders und Empfängers	Tbdv
Frachtzuschläge	Tbdz
Frachtzuschläge	Tbdz
Internationales Transportrecht	Tbi
Internationales Transportrecht	Tbi

Tarife

Akteninhalt	Aktenzeichen
Internationales Übereinkommen über den Eisenbahnfrachtverkehr (I. Ü. G.)	Tbig
Internationales Übereinkommen über den Eisenbahnfrachtverkehr (I. Ü. G.)	Tbig
Internationale Rechtsordnung und Barcelona-Transitabkommen*	Tbigb
Internationale Rechtsordnung und Barcelona-Transitabkommen	Tbigb
Güterabgabe und -übernahme sowie Verteilung von Entschädigungen	Tbige
Güterabgabe u -übernahme sowie Verteilung v Entschädigungen	Tbige
Internationales Transportkomitee *Unterakten nach Bedarf*	Tbigk
Internationales Transportkomitee *Unterakten nach Bedarf*	Tbigk
Liste der Eisenbahnstrecken	Tbigl
Liste der Eisenbahnstrecken	Tbigl
Frankaturrechnungen und Nachnahmen	Tbign
Frankaturrechnungen und Nachnahmen	Tbign
Zeitschrift für den internationalen Eisenbahntransport	Tbigs
Zeitschrift für den internationalen Eisenbahntansport	Tbigs
Übereinkommen betr. die Verschleppung im internationalen Verkehr	Tbigsch
Übereinkommen betr. die Verschleppung im internationalen Verkehr	Tbigsch
Unrichtige Berechnung der Frachten, Nachnahmen und Nebengebühren im internationalen Verkehr	Tbigu
Unrichtige Berechnung der Frachten, Nachnahmen und Nebengebühren im internationalen Verkehr	Tbigu
Besondere Übereinkommen im internationalen Verkehr, betr. Erledigung von Frachterstattungsansprüchen	Tbigü

* Internationales Transitabkommen von Barcelona vom 24.4.1921

Tarife

Akteninhalt	Aktenzeichen
Besondere Übereinkommen im internationalen Verkehr, betr. Erledigung von Frachterstattungsansprüchen	Tbgiü
Zusatzbestimmungen zum I. Ü. G.	Tbigz
Zusatzbestimmungen zum I. Ü. G.	Tbigz
Handelsverträge *Unterakten nach Bedarf*	Tbih
Handelsverträge — *Unterakten nach Bedarf* —	Tbih
Internationales Übereinkommen über den Personenverkehr (I. Ü. P.)	Tbip
Internationales Übereinkommen über den Personenverkehr (I. Ü. P.)	Tbip
Internationales Transportkomitee *Unterakten nach Bedarf*	Tbipk
Internationales Transportkomitee — *U. Akt. n. Bedarf* —	Tbipk
Liste der Eisenbahnstrecken	Tbipl
Liste der Eisebahnstrecken	Tbipl
Besonderes Übereinkommen zum I. Ü. P. *Unterakten nach Bedarf*	Tbipü
Besonderes Übereinkommen zum I. Ü. P. *Unterakten nach Bedarf*	Tbipü
Zusatzbestimmungen zum I. Ü. P.	Tbipz
Zusatzbestimmungen zum I. Ü. P.	Tbipz

Entschädigungsansprüche aus dem Frachtvertrage siehe Rf
Entschädigungsansprüche aus dem Frachtvertrage siehe Rf

Frachterstattung aus dem Reisegepäckverkehr siehe Trr
Frachterstattung aus dem Reisegepäckverkehr siehe Trr

Frachterstattung aus dem Expreßgutverkehr siehe Txr
Frachterstattung aus dem Expreßgutverkehr siehe Txr

Tarife

Akteninhalt	Aktenzeichen
f Frachtrecht	
Frachtrecht, Allgemeines	Tf
Frachtrecht, Allgemeines	Tf *
Deutsches Frachtrecht	Tfd
Deutsches Frachtrecht	Tfd
Anlage **C** zur Eisenbahn-Verkehrsordnung	Tfdc
Gefahrgutverordnung Eisenbahn (GGVE), (früher Anlage C zur EVO)	Tfdg
Lieferfristen	Tfdl
Rückvergütungen, Erstattung von Fracht und Nebengebühren (ausgenommen Wagenstandgeld)	Tfdr
Rückvergütungen, Erstattung von Fracht und Nebengebühren (ausgenommen Wagenstandgeld)	Tfdr
Ansprüche der Eisenbahn aus **u**nrichtiger Frachtberechnung	Tfdu
Ansprüche der Eisenbahn aus **u**nrichtiger Frachtberechnung	Tfdu
Fracht**z**uschläge	Tfdz
Fracht**z**uschläge	Tfdz
Internationales Beförderungsrecht	Tfi
Internationales Beförderungsrecht	Tfi
Internationales Beförderungsrecht für den **G**üterverkehr; Internationales Übereinkommen über den Eisenbahnfrachtverkehr (IÜG)	Tfig
Internationales Eisenbahntransport**k**omitee	Tfigk
Kraftwagen-Beförderungsrecht, Allgemeines	Tfk
Kraftwagen-Beförderungsrecht, Allgemeines	Tfk
Kraftwagen-Beförderungsrecht, **G**üterverkehr	Tfkg
Kraftwagen-Beförderungsrecht, **G**üterverkehr	Tfkg

Akteninhalt	Aktenzeichen
Kraftverkehrsordnung für den Güterfernverkehr	Tfgkf
Nahverkehrs-Preisverordnung	Tfgkn
Kraftwagen-Beförderungsrecht, Personenverkehr	Tfkp
Kraftwagen-Beförderungsrecht, Personenverkehr	Tfkp
Omnibus-Verkehrsgemeinschaft Bahn – Post	Tfkpp
Omnibusregionalgesellschaften	Tfkpr
Entschädigungsansprüche aus dem Frachtvertrag siehe Rf	
Erstattung von Gepäckfracht siehe Trr	
g Gütertarife	
Deutscher Eisenbahn-Gütertarif Teil I Abt. A	Tg *
Deutscher Eisenbahn-Gütertarif Teil I Abt A	Tg
Dienstvorschrift zur Anlage C der EVO (Kdm. 4 des DEVV)	Tg
Dienstvorschrift zur Anlage C der EVO (Kdm 4 des DEVV)	Tg
Deutscher Eisenbahn-Gütertarif Teil I Abt. B, allgemeine Bestimmungen	Tg
Deutscher Eisenbahn-Gütertarif Teil I Abt B, allg Bestimmungen	Tg
Deutscher Eisenbahn-Gütertarif Teil I Abt. B, Gütereinteilung	Tg
Deutscher Eisenbahn-Gütertarif Teil I Abt B, Gütereinteilung	Tg
Deutscher Eisenbahn-Gütertarif Teil I Abt. B, Nebengebührentarif	Tg
Deutscher Eisenbahn-Gütertarif Teil I Abt B, Nebengebührentarif	Tg
Internationaler Eisenbahn-Gütertarif (IGT)	Tg
Internationaler Eisenbahn-Gütertarif (IGT)	Tg
Deutscher Eisenbahn-Gütertarif Teil II Heft A, Reichsbahn- und Privatbahn-Güterverkehr	Tg

Tarife

Akteninhalt	Aktenzeichen
Deutscher Eisenbahn-Güter- und Tiertarif Teil II Heft A, Frachtsatzzeiger	Tg
Deutscher Eisenbahn-Gütertarif Teil II Heft B, Entfernungszeiger	Tg
Deutscher Eisenbahn-Gütertarif Teil II Heft B, Entfernungszeiger	Tg
Deutscher Eisenbahn-Gütertarif Teil II Heft C 1 a, Frachtsatzzeiger	Tg
Deutscher Eisenbahn-Gütertarif Teil II Heft C, Ausnahmetarife	Tg
Deutscher Eisenbahn-Gütertarif Teil II Heft C 1 b, Stationsfrachtsätze, Zuschlags- und Anstoßfrachten	Tg
Deutscher Eisenbahn-Gütertarif Teil II Heft C 1 c, örtliche Gebühren	Tg
Deutscher Eisenbahn-Gütertarif Teil II Heft C II, Ausnahmetarife	Tg
Deutscher Eisenbahn-Gütertarif Teil II Heft D, Stationstarif	Tg
Deutscher Eisenbahn-Güter- und Tiertarif Teil II Heft D, Bahnhofstarif	Tg
Deutscher Eisenbahn-Güter- und Tiertarif Teil II Heft E, Zuschlagsfrachten	Tg
Deutscher Eisenbahn-Güter- und Tiertarif Teil II Heft F	Tg
Die Unterscheidung der Tarife durch Beisetzung von lfd. Nummern bleibt den Reichsbahndirektionen usw. überlassen.	
Die Unterscheidung der Tarife durch Beisetzung von lfd Nummern bleibt den Reichsbahndirektionen usw. überlassen	
Gütertarife, Allgemeines	Tg
Gütertarife, Allgemeines	Tg *
Deutscher Eisenbahn-Gütertarif Teil I:	
Deutscher Eisenbahn-Gütertarif Teil I:	
DEGT Teil I Abteilung **A**, Ausführungsbestimmungen zur EVO	Tg I A
DEGT Teil I Abteilung **A** (EVO und Ausführungsbestimmungen)	Tg I A
Beförderung von Gütern siehe Tgb	
Anlage C Vorschriften über die nur bedingt zur Beförderung zugelassenen Gegenstände siehe Tbcd	

Tarife

Akteninhalt	Aktenzeichen
Anlage zur Verordnung über die Beförderung gefährlicher Güter mit der Eisenbahn (Gefahrgutverordnung Eisenbahn – GGVE –) siehe Tfdg	
DEGT Teil I Abteilung **B**, Allgemeines	Tg I B
DEGT Teil I Abteilung **B**, Allgemeines	Tg I B
Allgemeine Tarifvorschriften siehe Tgv	
Allgemeine Tarifvorschriften siehe Tgv	
Gütereinteilung siehe Tge	
Nebengebührentarif siehe Tgn	
DEGT Teil I Abteilung **C**, Allgemeines	Tg I C
Deutscher Eisenbahn-Güter- und Tiertarif Teil II:	
Deutscher Eisenbahn-Gütertarif Teil II:	
Heft **A** Frachtentafel und Frachtsatzzeiger für den Güterverkehr	Tg II A
Heft **A** Frachtentafel und Frachtsatzzeiger für Stückgut und Wagenladungen, Regeltarif	Tg II A
Heft **B** Entfernungszeiger	Tg II B
Heft **B** Entfernungszeiger	Tg II B
Heft C Ausnahmetarife siehe Tgc	
Heft C Ausnahmetarife siehe Tgc	
Heft **D** Bahnhofstarife	Tg II D
Heft **D** Bahnhofstarife (Anhang)	Tg II D
Heft **E** Zuschlagfrachten	Tg II E
Heft **E** Zuschlagfrachten	Tg II E
Heft **F** Ortsfrachten und örtliche Gebühren	Tg II F
Heft **F** Ortsfrachten und örtliche Gebühren	Tg II F
Heft **G** Gemeinsames Heft für den Güter- und Tierverkehr zwischen den in den Deutschen Eisenbahn-Gütertarif und den Deutschen	Tg II G

Tarife

Akteninhalt	Aktenzeichen
Eisenbahntiertarif einbezogenen und den nicht einbezogenen, dem öffentlichen Verkehr dienenden Eisenbahnen	
Heft G Besondere Bestimmungen für den Eisenbahn- Güter- und Tierverkehr der auf schweizerischem Gebiet gelegenen Bahnhöfe der DB und der auf deutschem Gebiet gelegenen Bahnhöfe der SBB, sowie der deutsch-schweizerischen Grenzbahnhöfe	Tg II G
Heft H Besondere Bestimmungen über den Güter- und Tierverkehr der auf schweizerischem Gebiet liegenden Bahnhöfe der Deutschen Bundesbahn und der deutsch-schweizerischen Grenzbahnhöfe	Tg II H
Tarifangelegenheiten mit **Hafenbahnen**	Tg (Hafenbahnen)
Gütertarife, allgemeine Bestimmungen	Tga
Gütertarife, allgemeine Bestimmungen	Tga
Abfertigungsgebühren	Tgaa
Abfertigungsgebühren	Tgaa
Tarifangelegenheiten der Direktionsbezirke (Direktionsakten: z. B. Altona) *Unterakten nach Bedarf*	Tgab
Tarifangelegeheiten der Direktionsbezirke (Direktionsakten: z. B. Altona) — *Unterakten nach Bedarf* —	Tgab
Direkte Güterbeförderung	Tgad
Direkte Güterbeförderung	Tgad
Reexpedition	Tgadr
Reexpedition	Tgadr
Umbehandlungstarife	Tgadu
Umbehandlungstarife	Tgadu
Grundsätze für die Verkehrsleitungen	Tgag
Grundsätze für die Verkehrsleitungen	Tgag
Reichskraftwagentarif	Tgak (neu)

Tarife

Akteninhalt	Aktenzeichen
Gütertarife mit dem Auslande *Unterakten nach Bedarf*	Tgal
Gütertarife mit dem Auslande *Unterakten nach Bedarf*	Tgal
Tarifreform	Tgar
Tarifreform	Tgar
Selbstkosten	Tgas
Selbstkosten	Tgas
Tarifschema und regelrechte Beförderungsgebühren	Tgasch
Tarifschema und regelrechte Beförderungsgebühren	Tgasch
Staffeltarife	Tgast
Staffeltarife	Tgast
Tarifsystem	Tgat
Tarifsystem	Tgat
Allgemeine Grundsätze für die Frachtberechnung	Tgb
Allgemeine Grundsätze für die Frachtberechnung	Tgb
Bestimmungen des DEGT Teil I Abteilung A über die Beförderung von Gütern, Allgemeines	Tgb
Belohnung für die Entdeckung unrichtiger Frachtberechnungen und Gewichtsangaben	Tgbb
Belohnung für Entdeckung unrichtiger Frachtberechnungen und Gewichtsangaben	Tgbb
Frachtberechnung auf Grund des Friedensvertrages	Tgbf
Frachtenkontrolle	Tgbk
Frachtenkontrolle	Tgbk
Abrechnungsleitungsvorschriften	Tgbr

Akteninhalt	Aktenzeichen
Beförderung von Wagen in **S**onderzügen	Tgbs
Beförderung von Wage in **S**onderzügen	Tgbs
Frachtberechnung bei **U**mleitungen (Hilfswege)	Tgbu
Frachtberechnung bei **U**mleitungen (Hilfswege)	Tgbu
Warensammlung	Tgbw
Warensammlung	Tgbw
Fracht**z**uschlag und Nachzahlung von Frachten. Vorschriften über die Erhebung von Frachtzuschlägen wegen Zuwiderhandlungen gegen die EVO, Ausführungsbestimmungen hierzu	Tgbz
Fracht**z**uschlag und Nachzahlung von Frachten. Vorschriften über die Erhebung von Frachtzuschlägen wegen Zuwiderhandlung gegen die EVO, Ausführungsbestimmungen hierzu	Tgbz
Ausnahmetarife des Deutschen Eisenbahn-Güter- und Tiertarifs Teil I Heft **C**, Allgemeines	Tgc
Ausnahmetarife des Deutschen Eisenbahn-Güter- und Tiertarifs Teil II Heft **C**, Allgemeines *Unterakten mit der Nummer des Ausnahmetarifs oder der Gütergruppe nach Bedarf*	Tgc
Allgemeine Bestimmungen über die Ausnahmetarife und Frachtbegünstigungen	Tgca
Güterverzeichnis der Ausnahmetarife	Tgcg
Verzeichnis der Ausnahmetarife und der Frachtbegünstigungen für öffentliche Verwaltungen und Wohlfahrtszwecke *Unterakten für die einzelnen Ausnahmetarife oder Gütergruppen mit der Nummer des Ausnahmetarifs oder der Gütergruppe in Klammern, z. B.* *Tgc (1 B 21)* *oder* *Tgc (1)* *oder* *Tgc (851)* *oder* *Tgc (Erm 1)*	Tgcv
Durchgangs- und Durfuhrtarife	Tgd
Durchgangs- und Durchfuhrtarife	Tgd

Tarife

T

Akteninhalt	Aktenzeichen
Gütereinteilung und allgemeine wirtschaftliche Angelegenheiten *Unterteilung nach Artikelakten* *z. B. Erze* *Getreide*	Tge
Gütereinteilung und allgemeine wirtschaftliche Angelegenheiten *Unterteilung nach Artikelarten* *z. B. Erze* *Getreide*	Tge
Gütereinteilung des DEGT Teil I Abt. B *Unterakten nach Güterarten,* *z. B. Abfälle* — *Tge (Abf)*	Tge
Entfernungszuschläge	Tgf
Entfernungszuschläge	Tgf
Frachtenkontrolle	Tgf
Frachtenprüfdienst	Tgf
Internationale Gütertarife, Allgemeines *Unterakten für die einzelnen Tarife mit der Bezeichnung des Tarifs in Klammern, z. B.* *Deutsch-Dänischer Verbandsgütertarif* — *Tgi (Dän)* *Deutsch-Österreichischer Seehafentarif-* — *Tgi (Dös)*	Tgi
Internationale Gütertarife, Allgemeines *Unterakten für die einzelnen Tarife mit der Bezeichnung des Tarifs nach Bedarf*	Tgi
Durchfuhrtarife *Unterakten für die einzelnen Tarife mit der Bezeichnung des Tarifs in Klammern, z. B. Dollartarif* — *Tgid (Dol)* *Direkter Gütertarif* *Niederlande (Ortsverkehr) – Schweiz* — *Tgid (Nied-Schw)*	Tgid
Gütertarife mit Kleinbahnen *Unterakten nach Bedarf*	Tgk
Gütertarife mit Kleinbahnen *Unterakten nach Bedarf*	Tgk
Lademittel	Tgl
Lademittel	Tgl

Tarife

Akteninhalt	Aktenzeichen
Privatwagendecken und Lademittel	Tgld
Privatbahndecken und Lademittel	Tgld
Wärme- und Kälteschutzmittel	Tglk
Wärme- und Kälteschutzmittel	Tglk
Tarifmaßnahmen (Politik) gegenüber anderen Beförderungseinrichtungen	Tgm
Tarifmaßnahmen (Politik) gegenüber anderen Beförderungseinrichtungen	Tgm
Tarifmaßnahmen in Beziehung zu anderen Verkehrsmitteln	Tgm
Tarifmaßnahmen in Beziehung zu anderen Verkehrsmitteln	Tgm
Kanalbauten	Tgmk
Kanalbauten	Tgmk
Tarifmaßnahmen in Beziehung zum Kraftwagenverkehr	Tgmk
Luftverkehr	Tgml
Luftverkehr	Tgml
Post	Tgmp
Post	Tgmp
Binnenumschlagsverkehr	Tgmu
Binnenumschlagsverkehr	Tgmu
Tarifmaßnahmen in Beziehung zum Binnenumschlagverkehr	Tgmu
Tarifmaßnahmen in Beziehung zum Binnenumschlagverkehr	Tgmu
Kraftwagenverkehr	Tgmw
Kraftwagenverkehr	Tgmw
Notstandstarife	Tgn
Notstandstarife	Tgn

Tarife

Akteninhalt	Aktenzeichen
Nebengebührentarif des DEGT Teil I Abteilung B	Tgn
Saisontarife (Sommertarife)	Tgo
Saisontarife (Sommertarife)	Tgo
Vergünstigungen außerhalb der Tarife für eigene, milde und öffentliche Zwecke, Frachtermäßigungen *Unterakten nach Bedarf*	Tgö
Vergünstigungen außerhalb der Tarife für eigene, milde und öffentliche Zwecke, Frachtermäßigungen *Unterakten nach Bedarf*	Tgö
Gütertarife mit Privatbahnen *Unterakten nach Bedarf*	Tgp
Gütertarife mit Privatbahnen *Unterakten nach Bedarf*	
Gütertarif mit nichtbundeseigenen Bahnen (früher Privat- u. Kleinbahnen)	Tgp
Gütertarif der NE-Bahnen (früher Privat- und Kleinbahnen)	Tgp
Tarifsystem, Tarifreform	Tgr
Sonstige Nebengebühren	Tgs
Sonstige Nebengebühren	Tgs
Selbstkosten	Tgs
Überführgebühren bei Anschlußbahnen, Ortsfrachten	Tgü
Überführgebühren bei Anschlußbahnen, Ortsfrachten	Tgü
Tarifvorschriften	Tgv
Tarifvorschriften	Tgv
Allgemeine Tarifvorschriften des DEGT Teil I, Abteilung B, Allgemeines	Tgv
Allgemeine Tarifvorschriften des DEGT Teil I	Tgv
Tarifbestimmungen für außergewöhnliche Sendungen (**Lü**)	Tgv (Lü)
Tarifbestimmungen für **Pal**etten	Tgv (Pal)

Tarife

Akteninhalt	Aktenzeichen
Tarifbestimmungen für **Beh**älter	Tgv (Beh)
Ausfuhrgüter	Tgva
Ausfuhrgüter	Tgva
Allgemeine Grundsätze für die Frachtberechnung	Tgva
Anerkanntes Saatgut	Tgvaa
Eilgut	Tgvae
Frachtgut	Tgvaf
Gebrauchte Packmittel	Tgvap
Stückgut	Tgvas
Sperrige Güter	Tgvasp
Wagenladungen	Tgvaw
Güter der Anlage C *Unterakten nach Bedarf*	Tgvc
Güter der Anlage C *Unterakten nach Bedarf*	Tgvc
Eilgut und beschleunigtes Gut	Tgve
Eilgut und beschleunigtes Gut	Tgve
Frachtstückgut	Tgvf
Frachtstückgut	Tgvf
Beförderung von Gütern in besonderen Wagen	Tgvg
Beförderung von Gütern in besonderen Wagen	Tgvg
Behälterwagen	Tgvgb
Behälterwagen	Tgvgb
Großräumige Wagen	Tgvgg
Großräumige Wagen	Tgvgg

Tarife

Akteninhalt	Aktenzeichen
Beförderung von Gütern in offenen oder bedeckten Wagen	Tgvgo
Beförderung von Gütern in offenen oder bedeckten Wagen	Tgvgo
Privatwagen	Tgvgp
Privatwagen	Tgvgp
Hochwertige Güter (Edelmetalle, Kostbarkeiten usw.)	Tgvh
Hochwertige Güter (Edelmetalle, Kostbarkeiten usw)	Tgvh
Fahrzeuge und Wagenkaſten *Unterakten nach Bedarf*	Tgvk
Fahrzeuge und Wagenkasten *Unterakten nach Bedarf*	Tgvk
Flugzeuge und Luftschiffe	Tgvl
Flugzeuge und Luftschiffe	Tgvl
Gebrauchte Packmittel	Tgvp
Gebrauchte Packmittel	Tgvp
Schwerwagen in Gütersonderzügen	Tgvsch
Schwerwagen in Gütersonderzügen	Tgvsch
Sperrige Güter	Tgvsp
Sperrige Güter	Tgvsp
Gegenstände von außergewöhnlichem Umfang	Tgvu
Gegenstände von außergewöhnlichem Umfang	Tgvu
Vergleich deutscher und ausländischer Tarife	Tgvv
Vergleich deutscher und ausländischer Tarife	Tgvv
Frachtgut in Wagenladungen	Tgvw
Frachtgut in Wagenladungen	Tgvw
Leichtzerbrechliche Gegenstände	Tgvz

Tarife

Akteninhalt	Aktenzeichen
Leichtzerbrechliche Gegenstände	Tgvz
Frachtberechnung für Behältersendungen	Tgvb
Beförderung der Güter in offenen, gedeckten oder offenen Wagen mit Decken, großräumige Wagen	Tgvg
Beförderung von Gütern in Privatwagen	Tgvp
Beförderung von Gütern in Personen- und Gepäckwagen und Begleitung von Gütern	Tgvw
Wiegegebühren	Tgw
Wiegegebühren	Tgw
Wettbewerbsangelegenheiten, nt-Preismaßnahmen im Güterverkehr	Tgw
Dreieckskilometerzeiger	Tgz
Dreieckskilometerzeiger	Tgz
Güter- und Tiertarif Westzonen –Sowjetzone und Berlin, Allgemeines	Tg Z
Abrechnungsvorschriften	Tg Z A
Heft 1 Abteilung A: Reglementarische Bestimmungen	Tg Z 1 A
Heft 1 Abteilung B: Allgemeine Tarifvorschriften, Gütereinteilung, Nebengebührentarif	Tg Z 1 B
Heft 2 Entfernungszeiger	Tg Z 2
Heft 3 Frachtentafel und Frachtsatzanzeiger	Tg Z 3
Heft 4 Ausnahmetarife	Tg Z 4
Heft 5 Tierfrachtenzeiger	Tg Z 5
Dollartarif	Tg Z 6

Deutscher Militärtarif siehe Tm
Deutscher Militärtarif siehe Tm
Militärtarife siehe unter Tm

Verkehrskontrollordnung Teil I und II siehe Oavo
Verkehrskontrollordnung I und II siehe Oavv

Tarife

Akteninhalt	Aktenzeichen
k Kraftwagentarife	
Kraftwagentarife, Allgemeines	Tk
Kraftwagentarife, Allgemeines	Tk
Kraftwagentarife für den Güterverkehr *Unterakten für die einzelnen Tarife mit Zusätzen (Kurzbezeichnung des Tarifs)*	Tkg
Kraftwagentarife für den Güterverkehr *Unterakten für die einzelnen Tarife mit Zusätzen (Tarifkurzbezeichnung) nach Bedarf*	Tkg
Kraftwagentarife für den Personen-, Gepäck- und Expreßgutverkehr *Unterakten für die einzelnen Tarife mit Zusätzen (Kurzbezeichnung des Tarifs)*	Tkp
Kraftwagentarife für den Personen-, Gepäck- und Expreßgutverkehr *Unterakten mit Tarifkurzbezeichnung nach Bedarf*	Tkp
l Leichen	
Tarife für Beförderung von Leichen, allgemeine Bestimmungen	Tl *
Tarife für Beförderung von Leichen, allgemeine Bestimmungen	Tl
Tarife für die Beförderung von Leichen	Tl
Tarife für die Beförderung von Leichen	Tl
Frachtermäßigung *Unterakten nach Bedarf*	Tle
Frachtermäßigung — *Unterakten nach Bedarf* —	Tle
Frachterstattung (Rückvergütung)	Tlr
Frachterstattung (Rückvergütung)	Tlr

T

Tarife

Akteninhalt	Aktenzeichen
m Militärtarif	
m Wehrmacht- (Militär-) tarif	
m Militärtarif	
Militärtarif, allgemeine Bestimmungen	Tm *
Wehrmacht- (Militär-) tarif, allg Bestimmungen (auch Kundmachung 9 des DEVV)	Tm
Militärtarif, Allgemeines	Tm
Militärtarif, Allgemeines	Tm
Leistungen für die Besatzungstruppen (Besatzungstarife)	Tmb
Leistungen für die Besatzungstruppen (Besatzungstarife)	Tmb
Tarife für die Besatzungsmächte	Tmb
Gütertarife für die Besatzungsmächte	Tmbg
Leistungen für die Besatzungstruppen (Verordnung der Rheinlandkommission, Regelung der Schadensforderungen usw.)	Tmbl
Leistungen für Besatzungstruppen (Besatzungstarife)	Tmbl
Personen- und Gepäcktarife für die Besatzungsmächte	Tmbp
Militärgütertarif	Tmg
Beförderung von Munition nichtdeutscher Heere	Tmm
Beförderung von Munition nichtdeutscher Heere	Tmm
Reichswehrordnung, Neubearbeitung der Reichswehrordnung	Tmo
Wehrmachtsverkehrsordnung	Tmo
Militärpersonen-, Gepäck- und Expreßguttarif	Tmp
Beförderung von Truppen und Armeebedürfnissen, ausschließlich Munition nichtdeutscher Heere	Tmt
Beförderung von Truppen und Armeebedürfnissen ausschließlich Munition nichtdeutscher Heere	Tmt

Tarife

T

Akteninhalt	Aktenzeichen
p Personen- und Gepäcktarife	
Personen- und Gepäcktarife, allgemeine Bestimmungen	Tp *
Personen- und Gepäcktarife, allgemeine Bestimmungen	Tp
Personen- und Gepäcktarife, Allgemeines	Tp
Personen- und Gepäcktarife, Allgemeines	Tp *
Deutscher Eisenbahn-Gepäcktarif Teil I	Tp I
Deutscher Eisenbahn-Gepäcktarif Teil I	Tp I
Deutscher Eisenbahn-Gepäcktarif Teil II	Tp II
Deutscher Eisenbahn-Gepäcktarif Teil II	Tp II
Personen- und Gepäcktarife mit dem Auslande, Allgemeines *Unterakten nach Bedarf*	Tpa
Personen- und Gepäcktarife mit dem Auslande, Allgemeines *Unterakten nach Bedarf*	Tpa
Vergleich deutscher und ausländischer Tarife	Tpav
Vergleich deutscher und ausländischer Tarife	Tpav
Bahnsteigkarten	Tpb
Bahnsteigkarten	Tpb
Inlandstarife (Binnentarife) *Unterakten für die einzelnen Tarife mit Zusätzen (Kurzbezeichnung des Tarifs)*	Tpb
Inlandstarife (Binnentarife) *Unterakten für die einzelnen Tarife mit Kurzbezeichnung nach Bedarf*	Tpb
Deutscher Eisenbahn-Personen-, Gepäck- und Expreßguttarif Teil **I**	Tpb I
Deutscher Eisenbahn-Personen-, Gepäck- und Expreßguttarif Teil **I**	Tpb I
Deutscher Eisenbahn-Personen-, Gepäck- und Expreßguttarif Teil **II**	Tpb II
Deutscher Eisenbahn-Personen-, Gepäck- und Expreßguttarif Teil **II**	Tpb II

Tarife

Akteninhalt	Aktenzeichen
Durchgangstarife	Tpd
Durchgangstarife	Tpd
Fahrpreisermäßigungen, allgemeine Bestimmungen	Tpe *
Fahrpreisermäßigungen, allgemeine Bestimmungen	Tpe
Fahrpreisermäßigungen, Allgemeines	Tpe
Fahrpreisermäßigungen, Allgemeines	Tpe *
für Fahrten zu wissenschaftlichen und belehrenden Zwecken	Tpea
Arbeiterrückfahrkarten	Tpea
Arbeiterkarten für Binnenschiffer uns Seeleute	Tpeab
für Blinde	Tpeb
Fahrpreisermäßigungen für:	
Blinde	Tpeb
Fahrpreisermäßigung für Blinde zu Berufsreisen	Tpeb
Fahrpreisermäßigung für Berufstätige	Tpeb
für Durchwanderer	Tped
Durchwanderer	Tped
Fahrpreisermäßigung für erholungsbedürftige Kinder	Tpee
Fahrpreisermäßigung für erholungsbedürftige Kinder	Tpee
für Fahrten von und nach Ferienkolonien und Ferien-Halbkolonien	Tpef
Fahrten von und nach Ferienkolonien u. Ferien-Halbkolonien	Tpef
Fahrpreisermäßigung für Familien	Tpef
Fahrpreisermäßigung für Familien	Tpef
für Gesellschaftsfahrten	Tpeg
Gesellschaftsfahrten	Tpeg

Tarife

Akteninhalt	Aktenzeichen
Gesellschaftsfahrten	Tpeg
Gesellschaftsfahrten	Tpeg
für mittellose Kranke und andere hilfsbedürftige Personen	Tpeh
mittellose Kranke und andere hilfsbedürftige Personen	Tpeh
Fahrpreisermäßigung für mittellose Kranke und andere hilfsbedürftige Personen	Tpeh
Fahrpreisermäßigungen:	
Inhaberkarten	Tpei
Inhaberkarten	Tpei
Arbeiterrückfahrkarten	Tpeiar
noch Fahrpreisermäßigungen:	
Arbeiterrückfahrkarten	Tpeiar
Arbeiterkarten für Binnenschiffahrt	Tpeias
Arbeiterkarten für Binnenschiffahrt	Tpeias
Arbeiterwochenkarten	Tpeiaw
Arbeiterwochenkarten	Tpeiaw
Monatskarten	Tpeim
Monatskarten	Tpeim
Fahrkarten für Kleingärtner	Tpeimg
Fahrkarten für Kleingärtner	Tpeimg
Teilmonatskarten	Tpeimt
Teilmonatskarten	Tpeimt
Schülerferienkarten	Tpeisf
Schülerferienkarten	Tpeisf

Tarife

Akteninhalt	Aktenzeichen
Schülermonatskarten	Tpeism
Schülermonatskarten	Tpeism
Schülerrückfahrkarten *	Tpeisv
Schülerrückfahrkarten	Tpeisr
zugunsten der Jugendpflege	Tpej
zugunsten der Jugendpflege	Tpej
Fahrpreisermäßigung für Jugendpflege und Schulfahrten	Tpej
Fahrpreisermäßigung für Jugendpflege und für Schulfahrten	Tpej
Schülerfahrkarten	Tpejs
Kinder	Tpek
für Kinder	Tpek
Kleingärtner	Tpek
für Fahrten zu wissenschaftlichen und belehrenden Zwecken	Tpel
Unterstützte des Deutschen Museums	Tpem
für Unterstützte des Deutschen Museums	Tpem
für gemeinnützige Theaterunternehmungen und Orchestervereinigungen	Tpeo
für gemeinnützige Theaterunternehm. u. Orchestervereinigungen	Tpeo
zugunsten der öffentlichen Krankenpflege und der Fürsorge für gefallene Frauen und Mädchen	Tpeö
zugunsten der öffentlichen Krankenpflege und der Fürsorge für gefallene Frauen und Mädchen	Tpeö
Fahrpreisermäßigung für öffentliche Krankenpflege	Tpeö
Allgemeine Rückfahrkarten	Tper
Sechserkarten	Tpes

* offensichtlich ein Satzfehler, das Aktenzeichen müßte systematisch „Tpeisr“ lauten

Tarife

T

Akteninhalt	Aktenzeichen
Fahrpreisermäßigung für Schwerbehinderte	Tpes
zugunsten deutscher Kriegsbeschädigten	Tpesch
zugunsten deutscher Kriegsbeschädigten	Tpesch
Fahrpreisermäßigung für Schwerbeschädigte	Tpesch
Kriegsteilnehmer	Tpet
für Kriegsteilnehmer	Tpet
Sonstige (verschiedene) Fahrpreisermäßigungen	Tpev
Sonstige (verschiedene) Fahrpreisermäßigungen	Tpev
Sonntags- und Wochentagsausflugskarten, Wochenendverkehr	Tpew
Sonntags- und Wochentagsausflugskarten, Wochenendverkehr	Tpew
Sonntagsrückfahrkarten; Wochenendverkehr	Tpew
Zeitkarten	Tpez
Zeitkarten	Tpez
Angestelltenmonatskarten	Tpeza
Gebietszeitkarten	Tpezg
Monatskarten, Teilmonatskarten	Tpezm
Netzkarten, Bezirkskarten	Tpezn
Streckenzeitkarten	Tpezs
Schülerfahrkarten	Tpezsch
Schülermonatskarten	Tpezschm
Arbeiterwochenkarten	Tpezw
Fahrscheinbücher	Tpf
Fahrscheinbücher	Tpf
Regelrechte Beförderungsgebühren	Tpg

Tarife

Akteninhalt	Aktenzeichen
Regelrechte Beförderungs**g**ebühren	Tpg
Sondertarife im **G**roßstadt-Nahverkehr	Tpg
Sondertarife im **G**roßstadt-Nahverkehr	Tpg
Einheits**s**ätze	Tpgs
Einheits**s**ätze	Tpgs
Fahrpreis**z**uschläge *Unterakten nach Bedarf*	Tpgz
Fahrpreis**z**uschläge *— Unterakten nach Bedarf —*	Tpgz
Kilometer**h**efte	Tph
Kilometer**h**efte	Tph
Internationale Tarife (Tarife mit dem Ausland, Tarife von Ausland zu Ausland im Durchgang durch Deutschland) *Unterakten für die einzelnen Tarife mit Zusätzen (Kurzbezeichnung des Tarifs)*	Tpi
Internationale Tarife (Tarife mit dem Ausland, Tarife vom Ausland durch Deutschland ins Ausland)	Tpi
Personen- und Gepäcktarife mit **K**leinbahnen *Unterakten nach Bedarf*	Tpk
Personen- u. Gepäcktarife mit **K**leinb. *– U.Akt. n Bedarf –*	Tpk
Kilometertarife	Tpk
Sonderverträge über **L**uxus- und Expreßzüge *Unterakten nach Bedarf*	Tpl
Sonderverträge über **L**uxus- u. Expreßzüge *– U.Akt. n Bedarf –*	Tpl
Tarif**m**aßnahmen (Politik) gegenüber anderen Beförderungseinrichtungen	Tpm
Tarif**m**aßnahmen (Politik) gegenüber anderen Beförderungseinrichtungen	Tpm
Tarif**m**aßnahmen in Verbindung mit anderen Verkehrsmitteln	Tpm
Tarif**m**aßnahmen in Verbindung mit anderen Verkehrsmitteln	Tpm

Tarife

Akteninhalt	Aktenzeichen
Tarifmaßnahmen in Verbindung mit dem **K**raftwagenverkehr	Tpmk
Luftverkehr	Tpml
Luftverkehr	Tpml
Tarifmaßnahmen in Verbindung mit dem **L**uftverkehr	Tpml
Kraft**w**agenverkehr	Tpmw
Kraft**w**agenverkehr	Tpmw
Netzkarten	Tpn
Netzkarten	Tpn
Personen-, Gepäck- und Expreßguttarife im Verkehr mit **n**ichtbundeseigenen Bahnen *Unterakten für die einzelnen Tarife mit Zusätzen (Kurzbezeichnung der Bahn)*	Tpn
Personen-, Gepäck- und Expreßguttarife im Verkehr mit **n**ichtbundeseigenen Bahnen *Unterakten mit Kurzbezeichnung der Bahnen nach Bedarf*	Tpn
Tarifneu**o**rdnung (Tarifreform)	Tpo
Tarifneu**o**rdnung (Tarifreform)	Tpo
Reform (Neu**o**rdnung) des Personentarifs	Tpo
Vergünstigungen außerhalb der Tarife für milde, **ö**ffentliche und sonstige Zwecke	Tpö
Personen- und Gepäcktarife mit **P**rivatbahnen *Unterakten nach Bedarf*	Tpp
Pers- und Gepäcktarife mit **P**rivatb. – *U.Akt. n. Bedarf* –	Tpp
Platzkarten und Bett- (Sch**l**af-) karten	Tppl
Platzkarten und Bett- (Schlaf-) karten	Tppl
Preistafeln	Tppr
Preistafeln	Tppr

Tarife

Akteninhalt	Aktenzeichen
Platzkarten	Tpp
Platzkarten, Liegekarten	Tpp
Erstattung (Rückvergütung) von Fahrgeld und Fahrpreiszuschlägen (DA für die Erledigung von Fahrgelderstattungen FEDV)	Tpr *
Erstattung (Rückvergütung) v. Fahrgeld u. Fahrpreiszuschlägen	Tpr
Erstattung (Rückvergütung) von Fahrgeld und Fahrpreiszuschlägen	Tpr
Erstattung (Rückvergütung) von Fahrgeld und Fahrpreiszuschlägen, (Fahrgelderstattungsvorschriften) – DS 659 –	Tpr
Sonderzüge in tarifarischer Hinsicht	Tps
Sonderzüge in tarifarischer Hinsicht	Tps
Sonderzüge und Sonderwagen in tariflicher Hinsicht	Tps
Sonderzüge und Sonderwagen in tariflicher Hinsicht	Tps
Sonderzüge für Einzelbesteller	Tpse
Sonderzüge für Einzelbesteller	Tpse
Feriensonderzüge	Tpsf
Feriensonderzüge	Tpsf
Gesellschaftssonderzüge	Tpsg
Gesellschaftssonderzüge	Tpsg
Gesellschaftssonderzüge	Tpsg
Gesellschaftssonderzüge	Tpsg
Sonstige Sonderzüge (Zirkussonderzüge, Werksonderzüge usw.)	Tpss
Sonstige Sonderzüge (Zirkussonderzüge, Werkssonderzüge usw.)	Tpss
Verwaltungssonderzüge	Tpsv
Verwaltungssonderzüge	Tpsv
Verwaltungssonderzüge	Tpsv

Tarife

Akteninhalt	Aktenzeichen
Verwaltungssonderzüge	Tpsv
Sonderwagen (Salon=, Schlaf=, Kranken= usw. Wagen; Tragbetten)	Tpsw
Sonderwagen (Salon-, Schlaf-, Kranken- usw. Wagen; Tragbetten)	Tpsw
Sonderwagen (Salon-, Schlaf-, Krankenwagen usw., Tragbetten)	Tpsw
Sonderwagen (Salon-, Schlafwagen, Tragbetten)	Tpsw
Tarifsysteme	Tpt
Tarifsysteme	Tpt
Preistafeln	Tpt
Preistafeln	Tpt
Verminderung von Wagenklassen	Tptk
Verminderung von Wagenklassen	Tptk
Zonensystem und Staffeltarife	Tptz
Zonensystem und Staffeltarife	Tptz
Fahrpreisvergünstigungen außerhalb der Tarife für milde und öffentliche Zwecke	Tpv
Fahrpreisvergünstigungen außerhalb der Tarife: für milde und öffentliche Zwecke	Tpv
für Eisenbahnbedienstete	Tpve
für Eisenbahnbedienstete	Tpve
für hilfsbedürftige Stadtkinder	Tpvk
für hilfsbedürftige Stadtkinder	Tpvk
für Messebesucher	Tpvm
für Messebesucher	Tpvm
sonstige Fahrpreisermäßigungen	Tpvs
sonstige Fahrpreisermäßigungen	Tpvs

Tarife

Akteninhalt	Aktenzeichen
Tarifvergleich mit Auslandsbahnen im Personenverkehr	Tpv
Entfernungszeiger	Tpz
Entfernungszeiger	Tpz
Entfernungszeiger	Tpz
Entfernungszeiger	Tpz
Entfernungszuschläge	Tpze
Entfernungszuschläge	Tpze
r Reisegepäck	
r Reisegepäcktarife	
Reisegepäcktarife, allgemeine Bestimmungen (Begriff des Reisegepäcks)	Tr *
Reisegepäcktarife, allg Best (Begriff des Reisegepäcks)	Tr
Reisegepäck, Regeltarif und Allgemeines	Tr
Reisegepäcktarif	Tr *
Annahme, Beförderung und Auslieferung von Gepäck	Tra
Annahme, Beförderung und Auslieferung von Gepäck	Tra
Aufbewahrung von Fahrrädern	Traf
Aufbewahrung von Fahrrädern	Traf
Aufbewahrung von Handgepäck	Trah
Aufbewahrung von Handgepäck	Trah
Unbegleitetes Reisegepäck	Trb
Unbegleitetes Reisegepäck	Trb
Annahme, Beförderung und Auslieferung von Gepäck	Trb

Tarife

Akteninhalt	Aktenzeichen
Ermäßigter Gepäcktarif	Tre
Beförderung von Fahrrädern und Sportgeräten	Trf
Beförderung von Fahrrädern und Sportgeräten	Trf
Gepäcktarif (Haus-Haus-Gepäck)	Trg
Aufbewahrung von Handgepäck	Trh
Aufbewahrung von Fahrrädern, Motorrädern und dergleichen	Trhf
Erstattung (Rückvergütung) von Gepäckfracht	Trr
Erstattung (Rückvergütung) von Gepäckfracht	Trr
Erstattung (Rückvergütung) von Gepäckfracht	Trr
Beförderung (Überführung) von Reisegepäck nach und von und zwischen den Bahnhöfen	Trü
Beförderung (Überführung) von Reisegepäck nach und von und zwischen den Bahnhöfen	Trü
sch Schiffstarife	
Schiffstarife, Allgemeines	Tsch
Schiffstarife	Tsch *
Schiffstarife für den Güterverkehr	Tschg
Schiffstarife für den Personen-, Gepäck- und Expreßgutverkehr *Unterakten für die einzelnen Tarife mit Zusätzen (Kurzbezeichnung des Tarifs)*	Tschp
Schiffstarife für den Personen-, Gepäck- und Expreßgutverkehr *Unterakten mit Kurzbezeichnung des Tarifs nach Bedarf*	Tschp

Tarife

Akteninhalt	Aktenzeichen
t Tiertarife	
Allgemeine Ausführungsbestimmungen zur EVO (Deutscher Eisenbahn-Tiertarif, Teil I A)	Tt I A *
Allgemeine Ausführungsbestimmungen zur EVO (Deutscher Eisenbahn-Tiertarif, Teil I)	Tt I
Tiertarife, Allgemeines	Tt
Deutscher Eisenbahn-Tiertarif: Teil I	Tt I
Weitere Unterteilung nach Abschnitten des DETT I, z. B. Ausführungsbestimmungen	Tt I A
Allgemeine Tiervorschriften (Deutscher Eisenbahn-Tiertarif, Teil I B)	Tt I B
Allgemeine Tarifvorschriften	Tt I B
Nebengebühren	Tt I C
Reichsbahn-Tiertarif (Deutscher Eisenbahn-Tiertarif, Teil II)	Tt II
Reichsbahn-Tiertarif (Deutscher Eisb.-Tiertarif, T. II)	Tt II
Teil II, Frachtzeiger	Tt II
Ermäßigung der Tiertarife *(Unterteilung nach Bedarf)*	Tte
Ermäßigung der Tiertarife *– Unterakten nach Bedarf –*	Tte
Nebengebühren	Ttn
Nebengebühren	Ttn
Erstattungen (Rückvergütungen) von Fracht und Nebengebühren im Tierverkehr	Ttr
Erstattung (Rückvergütung) v. Fracht u. Nebengebühren im Tierverkehr	Ttr
Tierfrachtzeiger	Ttz
Tierfrachtzeiger	Ttz
siehe Tg I B	

Tarife

Akteninhalt	Aktenzeichen
ü Übersichten (Statistik)	
Übersichten (Statistik), allgemeine Bestimmungen und Sonderfälle	Tü
Übersichten (Statistik), allg Best und Sonderfälle	Tü
Übersichten (Statistik) im Tarifwesen	Tü
x Expreßgut	
x Expreßguttarife	
Expreßguttarife, allgemeine Bestimmungen (Begriff des Expreßguts)	Tx *
Expreßguttarife, allg Best (Begriff des Expreßguts)	Tx
Expreßguttarife, Allgemeines *Unterakten für die einzelnen Tarife mit Zusätzen (Kurzbezeichnung des Tarifs)*	Tx
Expreßguttarife, Allgemeines *Unterakten mit Kurzbezeichnung des Tarifs nach Bedarf*	Tx *
Frachtermäßigung	Txe
Frachtermäßigung	Txe
Vergünstigung für Arzneimittel	Txea
Vergünstigung für Arzneimittel	Txea
Frachterstattung (Rückvergütung)	Txr
Frachterstattung (Rückvergütung)	Txr

Raum für Notizen

Akteninhalt	Aktenzeichen

Unterstützungen usw (1928, 1943) / Sozialwesen (ab 1954) U

Akteninhalt	Aktenzeichen
a Allgemeines	
Unterstützungen und Wohlfahrtseinrichtungen, allgemeine Bestimmungen	Ua *
Unterstützungen und Wohlfahrtseinrichtungen, allgemeine Bestimmungen	Ua
Sozialwesen (Unterstützungen usw.), Allgemeines (im allgemeinen mehrere Versicherungsträger usw. betreffend)	Ua
Sozialwesen (Unterstützungen usw.), Allgemeines (im allgemeinen mehrere Versicherungsträger usw. betreffend)	Ua
Sozialwesen (Unterstützungen usw.), Allgemeines (im allgemeinen mehrere Versicherungsträger usw. betreffend)	Ua
Aufklärungsdienst	Uaa
Besprechungen in Wohlfahrtsangelegenheiten	Uab
Besprechungen in Wohlfahrtsangelegenheiten	Uab
Besprechungen	Uab
Dienstvorschriften	Uad
Reichsbahn-Kameradschaftswerk, allg Bestimmungen	Uak (neu)
Organisation der Versicherungsträger und der betrieblichen Sozialeinrichtungen	Uao
Geschäftsverteilungspläne für die ständigen Stellvertreter der Bezirksleiter, Arbeitsverteilung in den Sozialbüros	Uaop
Personalangelegenheiten der Versicherungsträger und der betrieblichen Sozialeinrichtungen	Uap
Personalangelegenheiten der Versicherungsträger und der betrieblichen Sozialeinrichtungen	Uap
Personalangelegenheiten der Versicherungsträger und der betrieblichen Sozialeinrichtungen	Uap
Durchführung des Selbstverwaltungsgesetzes	Uas
Unterricht (fachliche Schulung)	Uau
Versicherungswesen, allgemeine Bestimmungen	Uav

U Unterstützungen usw (1928, 1943) / Sozialwesen (ab 1954)

Akteninhalt	Aktenzeichen
Versicherungswesen, allgemeine Bestimmungen	Uav
Interzonale und internationale Vereinbarungen auf dem Gebiet der Sozialversicherung *Unterakten nach Ländern*	Uav
ä Bahnärztlicher Dienst	
ä Ärtlicher Dienst	
Bahnärztlicher Dienst, allgemeine Bestimmungen, Dienstanweisung für den vertrauensärztlichen Dienst *Unterakten für jeden Bahnarzt*	Uä
Bahnärztlicher Dienst, allg Best, DA für den vertrauensärztlichen Dienst *Unterakten für jeden Bahnarzt*	Uä
Bahnärztlicher Dienst, Allgemeines	Uä
Ärztlicher Dienst, Allgemeines	Uä *
Ärztlicher Dienst, Allgemeines	Uä
Auswertung bahnärztlicher Berichte	Uäa
Auswertung bahnärztlicher Berichte	Uäa
Auswertung bahnärztlicher Berichte	Uäa
Bahnarztbezirke	Uäb
Bahnarztbezirke	Uäb
Bezirkseinteilung	Uäb
Bezirkseinteilung	Uäb
Bezirkseinteilung	Uäb
Tauglichkeitsvorschriften (Tauvo) siehe Polu	
Tauglichkeitsvorschriften (Tauvo) siehe Polu	
Dienstvorschriften	Uäd

Unterstützungen usw (1928, 1943) / Sozialwesen (ab 1954) U

Akteninhalt	Aktenzeichen
Wirtschaftsbeihilfen an ehemalige Bahnärzte und deren Hinterbliebene	Uäe
Fachärzte, allgemeine Bestimmungen *Unterakten für jeden Facharzt*	Uäf
Fachärzte, allg Best. – *Unterakten f. jed. Facharzt* –	Uäf
Fachärzte, Allgemeines	Uäf
Fachärzte	Uäf
Fachärzte	Uäf
Augenärzte	Uäfa
Augenärzte	Uäfa
Ohrenärzte	Uäfo
Ohrenärzte	Uäfo
Augenärzte *Unterakten nach Familiennamen der Ärzte*	Uäfa
Ohrenärzte *Unterakten nach Familiennamen der Ärzte*	Uäfo
Fortbildungskurse für Bahnärzte	Uäk
Fortbildungskurse für Bahnärzte	Uäk
Oberbahnarzt, Geschäftsanweisung für die Oberbahnärzte	Uäo
Oberbahnarazt, Geschäftsanweisung für die Oberbahnärzte	Uäo
Oberbahnärzte *Unterakten nach Familiennamen der Oberbahnärzte*	Uäo
Personalangelegenheiten der hauptamtlichen Ärzte *Unterakten mit Familiennamen der Ärzte nach Bedarf*	Uäp
Personalangelegenheiten der hauptamtlichen Ärzte	Uäp
Rechnungen der Bahnärzte einschließlich Prüfung	Uär
Rechnungen der Bahnärzte einschl. Prüfung	Uär

U Unterstützungen usw (1928, 1943) / Sozialwesen (ab 1954)

Akteninhalt	Aktenzeichen
Rechnungen für Untersuchungen und Begutachtungen im Zusammenhang mit dem bahnärztlichen Dienst	Uär
Rechnungen für Untersuchungen und Begutachtungen im Zusammenhang mit dem ärztlichen Dienst	Uär
Rechnungen für Untersuchungen und Begutachtungen im Zusammenhang mit dem ärztlichen Dienst	Uär
Besprechungen (Sitzungen)	Uäs
Besprechungen (Sitzungen)	Uäs
Besprechungen (Sitzungen)	Uäs
Ärztlich technische Gegenstände	Uät
Ärztlich technische Gegenstände	Uät
Ärztliche-technische Hilfsmittel und Einrichtungen	Uät
Ärztliche-technische Hilfsmittel und Einrichtungen	Uät
Ärztlich-technische Hilfsmittel und Einrichtungen	Uät
Unterricht und Fortbildung der Bahnärzte	Uäu
Unterricht und Fortbildung der hauptamtlichen Ärzte	Uäu
Unterricht und Fortbildung der hauptamtlichen Ärzte	Uäu
Verein der Bahnärzte und Verband der Bahnärztevereine	Uäv
Verein der Bahnärzte und Verband der Bahnärztevereine	Uäv
Verein Deutscher Bahnärzte e. V.	Uäv
Bewerbungen	Uäw
Bewerbungen	Uäw
Bewerbungen	Uäw

Tauglichkeitsvorschrift siehe Polu
Tauglichkeitsvorschrift siehe Polu
Tauglichkeitsvorschrift siehe Polu

Unterstützungen usw (1928, 1943) / Sozialwesen (ab 1954) U

Akteninhalt	Aktenzeichen
b Reichsbahnbeamten-Krankenversorgung (RKV)	
b Krankenversorgung der Bundesbahnbeamten	
Reichsbahnbeamten-Krankenversorgung (RKV), allgemeine Bestimmungen	Ub *
Reichsbahnbeamten-Krankenversorgung (RBK), allg Best	Ub
Krankenversorgung der Bundesbahnbeamten, Allgemeines	Ub
Krankenversorgung der Bundesbahnbeamten, Allgemeines	Ub *
Weitere Akten siehe Aktenplan der KVB gemäß Geschäftsanweisung der KVB – DS 116 –	
Krankenversorgung der Bundesbahnbeamten, Allgemeines	Ub
Weitere Akten siehe Aktenplan der KVB gemäß Geschäftsanweisung der KVB — DS 116 —	
Aufsicht über die RKV	Uba
Aufsicht über die RKV	Uba
Beiträge, Eintrittsgeld	Ubb
Beiträge, Eintrittsgeld	Ubb
Besprechungen (Sitzungen)	Ubb
Dienstvorschriften	Ubd
Generalversammlung	Ubg
Generalversammlung	Ubg
Gestaltung der KVB, Geschäftsführung	Ubg
Monatsberichte, Jahresabschluß, Rechnungslegung und Statistik	Ubj
Monatsberichte, Jahresabschluß, Rechnungslegung und Statistik	Ubj
Kassenverkehr (Geld-Bank-Verkehr)	Ubk
Kassenverkehr (Geld-Bank-Verkehr)	Ubk
Kassenwesen, Allgemeines	Ubk

U Unterstützungen usw (1928, 1943) / Sozialwesen (ab 1954)

Akteninhalt	Aktenzeichen
Geldverkehr	Ubkg
Bezirksleitung	Ubl
Bezirksleitung	Ubl
Sitzungen der Bezirksleitung	Ubls
Sitzungen der Bezirksleitung	Ubls
Mitgliedschaft	Ubm
Mitgliedschaft	Ubm
Mitgliedschaft und Beitragswesen	Ubm
Rücklage und Ausgleichsfonds	Ubr
Rücklage und Ausgleichsfonds	Ubr
Rechnungswesen, Allgemeines	Ubr
Buchhaltung	Ubrb
Monatsabschlüsse, Jahresrechnungen	Ubrj
Satzungen und Tarif der Reichsbahnbeamten-Krankenversorgung	Ubs
Satzungen und Tarif der RKV	Ubs
Satzung	Ubs
Arztgebühren	Ubsa
Arztgebühren	Ubsa
Krankenhauskosten	Ubsk
Krankenhauskosten	Ubsk
Operationskosten	Ubso
Operationskosten	Ubso
Tarif, Allgemeines	Ubt
Ärztliche Gebühren, Verträge mit Ärzten, Zahnärzten und Dentisten	Ubtä

Unterstützungen usw (1928, 1943) / Sozialwesen (ab 1954) U

Akteninhalt	Aktenzeichen
Krankenhaustarife, Verträge mit Krankenhäusern	Ubtk
Übersichten (Statistik)	Ubü
d Kleiderkasse, Schutzkleiderverwaltung (Dienstkleidung)	
d Kleiderkasse, Schutzzeugverwaltung (Dienstkleidung)	
Kleiderkasse, Schutzkleiderverwaltung (Dienstkleidung), Gemeinsames (Beirat für das Dienst- und Schutzkleidungswesen)	Ud
Kleiderkasse (Dienstkleidung), Schutzzeugverwaltung, Gemeinsames (Beirat für das Dienstkleidungs- und Schutzzeugwesen)	Ud *
Kleiderkasse (Dienstkleidung), Schutzzeugverwaltung	Ud
Anträge auf Vorhaltung von Schutzkleidung	Uda
Anträge auf Vorhaltung von Dienstkleidung und Schutzzeug	Uda
Anträge auf Vorhaltung von Dienstkleidung und Schutzzeug	Uda
Beschaffung der Dienstkleidung	Udb
Dienstvorschriften	Udd
Vorschriften (früher Dienstvorschriften)	Udd
Vorschriften (früher Dienstvorschriften)	Udd
Einkauf der Schutzkleidung und der Schutzstücke	Ude
Einkauf der Dienstkleidung (auch bahneigene) und des Schutzzeugs	Ude
Einkauf der Dienstkleidung (auch bahneigene) und des Schutzzeugs	Ude
Festsetzung der Abgabepreise der Kleiderkasse	Udf
Festsetzung der Abgabepreise der Kleiderkasse und der Verrechnungspreise der Schutzzeugverwaltung	Udf
Festsetzung der Abgabepreise der Kleiderkasse und der Verrechnungspreise der Schutzzeugverwaltung	Udf
Geldverkehr der Kleiderkasse	Udg

Unterstützungen usw (1928, 1943)/Sozialwesen (ab 1954)

Akteninhalt	Aktenzeichen
Geldverkehr der Kleiderkasse	Udg
Geldverkehr der Kleiderkasse	Udg
Herstellung der Dienstkleidung	Udh
Jahresabschlüsse der Kleiderkasse, Geschäftsberichte	Udj
Jahresabschlüsse und Geschäftsberichte der Kleiderkasse und der Schutzzeugverwaltung	Udj
Jahresabschlüsse und Geschäftsberichte der Kleiderkasse und der Schutzzeugverwaltung	Udj
Kleiderkasse, Allgemeines	Udk
Kleiderkasse, Allgemeines	Udk
Kleiderkasse, Allgemeines	Udk
Geschäftsprüfungen der Kleiderkasse	Udp
Schutzkleidung, Allgemeines	Uds
Schutzzeug, Allgemeines	Uds
Schutzzeug, Allgemeines	Uds
Übersichten (Statistik)	Udü
Verträge über Schutzkleidung	Udv
Verträge über Schutzzeug	Udv
Verträge über Schutzzeug	Udv
e Betriebliche und sonstig Sozialeinrichtungen (Verwaltungsgeschäfte der Deutschen Bundesbahn)	
e Betriebliche und sonstige Sozialeinrichtungen	
Betriebliche und sonstige Sozialeinrichtungen (Verwaltungsgeschäfte der Deutschen Bundesbahn), Gemeinsames	Ue
Betriebliche und sonstige Sozialeinrichtungen (Verwaltungsgeschäfte der Deutschen Bundesbahn), Gemeinsames	Ue

Unterstützungen usw (1928, 1943) / Sozialwesen (ab 1954) U

Akteninhalt	Aktenzeichen
Betriebliche und sonstige Sozialeinrichtungen (Verwaltungsgeschäfte der Deutschen Bundesbahn), Gemeinsames	Ue
Zentralstelle und Bezirksstellen gegen die Alkoholgefahren	Uea
Zentralstelle und Bezirksstellen gegen die Alkoholgefahren	Uea
Zentralstelle und Bezirksstellen gegen die Alkoholgefahren	Uea
Sparkassen (Darlehnskassen), Verband der Sparkassen	Ued
Sparkassen (Darlehnskassen), Verband der Sparkassen	Ued
Sparda-Banken (Darlehnskassen), Verband der Sparda-Banken	Ued
Sportvereine (Ertüchtigung)	Uee
Sportvereine (Ertüchtigung)	Uee
Sportvereine (Ertüchtigung)	Uee
Stenografenschaft	Ueg
Hausbrandversorgung	Ueh
Hausbrandversorgung	Ueh
Hausbrandversorgung	Ueh
Deutsche Eisenbahn-Versicherungskasse	Uek
Deutsche Eisenbahn-Versicherung (früher Deutsche Eisenbahn-Versicherungskasse)	Uek
Deutsche Eisenbahn-Versicherung (früher Deutsche Eisenbahn-Versicherungskasse)	Uek
Landwirtschaft	Uel
Landwirtschaft	Uel
Landwirtschaft	Uel
Waisenhort*	Ueo

* ursprünglich Töchterhort (1902 gegründete Stiftung), später mit dem 1922 gegründeten Knabenhort zum Eisenbahn-Waisenhort vereint; vgl. a. Az. Uvt (1928/1943) und Uso (1954 ff.)

U Unterstützungen usw (1928, 1943) / Sozialwesen (ab 1954)

Akteninhalt	Aktenzeichen
Waisenh**o**rt	Ueo
Waisenh**o**rt	Ueo
Kosten**r**echnung für den Sozialdienst	Uer
Sozialwerk, Allgemeines	Ues
Sozialwerk, Allgemeines	Ues
Sozialwerk, Allgemeines	Ues
Abteilung Kulturelle **B**etreuung	Uesb
Abteilung **C**höre und Kapellen	Uesc
Abteilung Bezirks**f**ürsorge	Uesf
Abteilung **H**eime	Uesh
Abteilung Betriebs**k**üchen und Kantinen	Uesk
Betriebs**k**üchen	Uesk
Betriebs**k**üchen	Uesk
Versicherungsverein Deutscher Eisenbahnbediensteten	Uev
Weitere Sozialeinrichtungen (Lebensversicherungen usw.)	Uew
Bayerische Beamtenversicherungsanstalt	Uewb
Deutsche Beamtenversicherung	Uewd
Iduna-Germania	Uewi
Witwen- und Waisenkasse	Ueww
Baugenossenschaften und Siedlungsgesellschaften siehe unter Uwb	
Baugenossenschaften und Siedlungsgesellschaften siehe Uwb	
Baugenossenschaften und Siedlungsgesellschaften siehe Uwb	
Baugenossenschaften und Siedlungsgesellschaften siehe Uwb	

Unterstützungen usw (1928, 1943) / Sozialwesen (ab 1954)

Akteninhalt	Aktenzeichen
f Berufsfürsorge	
Berufsfürsorge, Allgemeines	Uf
Berufsfürsorge, Allgemeines	Uf *
Berufsfürsorge, Allgemeines	Uf
Besprechungen (Sitzungen)	Ufb
Besprechungen (Sitzungen)	Ufb
Besprechungen (Sitzungen)	Ufb
Dienstvorschriften	Ufd
Einstellung und Entlassung Leichtbeschädigter und anderer Einsatzbeschränkter	Ufe
Einstellung und Entlassung Behinderter und anderer Einsatzbeschränkter	Ufe
Einstellung und Entlassung Behinderter und anderer Einsatzbeschränkter	Ufe
Gesetz über die Beschäftigung Schwerbeschädigter	Ufg
Gesetz zur Sicherung der Eingliederung Schwerbehinderter in Arbeit, Beruf und Gesellschaft (SchwbG)	Ufg
Gesetz zur Sicherung der Eingliederung Schwerbehinderter in Arbeit, Beruf und Gesellschaft (SchwbG)	Ufg
Auskunft über den Stand der Beschäftigung Schwerbeschädigter	Ufga
Einstellung und Entlassung Schwerbeschädigter	Ufge
Erfüllung des gesetzlichen Einstellungssolls an Schwerbeschädigten	Ufgs
Vertrauensmänner der Schwerbeschädigten	Ufgv
Hilfsmittel, Arbeitshilfen und Sonderarbeitsbedingungen für Körperbeschädigte	Ufh
Hilfsmittel, Arbeitshilfen, Sonderarbeitsbedingungen für Behinderte	Ufh
Hilfsmittel, Arbeitshilfen, Sonderarbeitsbedingungen für Behinderte	Ufh
Beschaffung von Arbeitshilfen	Ufhb

Unterstützungen usw (1928, 1943) / Sozialwesen (ab 1954)

Akteninhalt	Aktenzeichen
Entwicklung von Arbeitshilfen und Sonderarbeitsbedingungen	Ufhe
Musterschau der Arbeitshilfen	Ufhm
Berufsfürsorgekartei	Ufk
Mittelbewirtschaftung	Ufm
Mittelbewirtschaftung	Ufm
Mittelbewirtschaftung	Ufm
Organisation des Berufsfürsorgedienstes	Ufo
Kostenrechnung für den Sozialdienst	Ufr
Sonderstationen für Schwerverletzte, Verzeichnis, Vereinbarung über Belegung	Ufs
Schwerstbeschädigtenfürsorge	Uft
Berufsfürsorge für Blinde	Uftb
Berufsfürsorge für Hirnverletzte	Ufth
Berufsfürsorge für Ohnhänder	Ufto
Beschädigtenarbeitsstatistik (Übersichten) und Jahresberichte der Berufsfürsorge	Ufü
Behindertenstatistik (Übersichten) und Jahresberichte der Berufsfürsorge	Ufü
Behindertenstatistik (Übersichten) und Jahresberichte der Berufsfürsorge	Ufü
Berufsfürsorgeverfahren	Ufv
Berufsfürsorgeverfahren	Ufv
Berufsfürsorgeverfahren	Ufv
Einschaltung des bahnärztlichen Dienstes	Ufvä
Beratung	Ufvb
Ermittlung von Unterbringungsmöglichkeiten und Zuweisung des Arbeitsplatzes	Uvfe
Übungsheilbehandlung	Ufvh

Unterstützungen usw (1928, 1943) / Sozialwesen (ab 1954) U

Akteninhalt	Aktenzeichen
Nachfürsorge	Ufvn
Einschaltung der eignungstechnischen Untersuchungsstellen	Ufvt
Umschulung und Einschulung Körperbeschädigter	Ufvu
g Gesundheitsdienst	
g Gesundheitshilfe	
Gesundheitsdienst, Allgemeines	Ug
Gesundheitshilfe, Allgemeines	Ug
Gesundheitshilfe, Allgemeines	Ug
Arbeitsgemeinschaften auf dem Gebiet des Gesundheitsdienstes	Uga
Besprechungen (Sitzungen)	Ugb
Dienstvorschriften	Ugd
Vorschriften (früher Dienstvorschriften)	Ugd
Vorschriften (früher Dienstvorschriften)	Ugd
Heil- und Kurfürsorge	Ugk
Besondere Angelegenheiten (früher Heil- und Kurfürsorge)	Ugk
Besondere Angelegenheiten (früher Heil- und Kurfürsorge)	Ugk
Mittelbewirtschaftung	Ugm
Mittelbewirtschaftung	Ugm
Mittelbewirtschaftung	Ugm
Abrechnung mit den Anstalten	Ugmr
Kurfürsorge für Nichttuberkulöse	Ugn
Gesundheitsmaßnahmen bei nichttuberkulösen (allgemeinen) Erkrankungen	Ugn
Gesundheitsmaßnahmen bei nichttuberkulösen (allgemeinen) Erkrankungen	Ugn

Unterstützungen usw (1928, 1943) / Sozialwesen (ab 1954)

Akteninhalt	Aktenzeichen
Prüfungsberichte und -bemerkungen	Ugp
Prüfungsberichte und -bemerkungen	Ugp
Prüfungsberichte und -bemerkungen	Ugp
Reihenuntersuchungen	Ugr
Zusammenarbeit mit dem Eisenbahn-Sozialwerk	Ugs
Tuberkulosefürsorge	Ugt
Gesundheitsmaßnahmen bei Erkrankungen an Tuberkulose	Ugt
Gesundheitsmaßnahmen bei Erkrankungen an Tuberkulose	Ugt
Übersichten (Statistik) und Jahresberichte der Gesundheitsfürsorge und der Heil- und Kurfürsorge	Ugü
Übersichten (Statistik)	Ugü
Übersichten (Statistik)	Ugü
Gruppe Uh unterscheidet sich stark zwischen 1928 (1943 fehlt sie) und 1954 ff., daher folgt hier die blockweise Darstellung	
h Kranken- und Hinterbliebenenkasse der Deutschen Reichsbahn-Gesellschaft (KHK)	
Kranken- und Hinterbliebenenkasse der Deutschen Reichsbahn-Gesellschaft (KHK), allgemeine Bestimmungen	Uh *
Jahresabschluß, Rechnungslegung, Statistik	Uhj
Satzung und Tarif der Kranken- und Hinterbliebenenkasse der DRG (KHK)	Uhs
Kassenleistungen	Uhsl
Tarif I	Uhslt I
Tarif III	Uhslt III
Vorstandssitzungen	Uhss
Vermögensverwaltung	Uhv
Wahl der Mitgliedervertreter	Uhw

Unterstützungen usw (1928, 1943) / Sozialwesen (ab 1954)

Akteninhalt	Aktenzeichen
h Heimverwaltung der Versicherungsträger	
h Verwaltung der Behandlungsstätten der Bundesbahn-Versicherungsträger (BVA, BBKK, KVB)	
Heimverwaltung der Versicherungsträger, Allgemeines	Uh
Verwaltung der Behandlungsstätten der Bundesbahn-Versicherungsträger (BVA, BBKK, KVB), Allgemeines	Uh
Verwaltung der Behandlungsstätten der Bundesbahn-Versicherungsträger (BVA, BBKK, KVB), Allgemeines	Uh
Ärztlicher Dienst	Uhä
Ärztlicher Dienst	Uhä
Ärztlicher Dienst	Uhä
Personalangelegenheiten	Uhp
Personalangelegenheiten *Unterakten nach Bedarf*	Uhp
Personalangelegenheiten	Uhp
Angestellte auf Einzelvertrag *Unterakten nach Familiennamen der Angestellten*	Uhpa
Beamtenrechtliche Bestimmungen	Uhpb
Hauspersonal	Uhph
Lohntarifvertrag, Personalvertretungen	Uhpl
Schwestern	Uhps
Steuerangelegenheiten	Uhs
Steuern *Unterakten nach Bedarf*	Uhs
Steuern	Uhs
Verwaltungsangelegenheiten (einschl. allgemeiner Bau- und Grundverwaltungssachen)	Uhv
Verwaltungsangelegenheiten *Unterakten nach Bedarf*	Uhv

Unterstützungen usw (1928, 1943) / Sozialwesen (ab 1954)

Akteninhalt	Aktenzeichen
Verwaltungsangelegenheiten	Uhv
Wirtschaftsführung (einschl. Kassen- und Rechnungswesen)	Uhw
Wirtschaftsplan, Haushaltsplan	Uhw
Wirtschaftsplan, Haushaltsplan	Uhw
i **Invalidenversicherung**	
i **Invaliden- und Zusatzversicherung**	
i **Gesetzliche Rentenversicherung und Zusatzversorgung (früher Invaliden- und Zusatzversicherung)**	
Invalidenversicherung (Arbeiter-Pensionskasse, Abteilungen A und B), allgemeine Bestimmungen	Ui *
Invalidenversicherung (Rb. Vers. Anstalt, Abteilungen A und B), allgemeine Bestimmungen	Ui
Invaliden- und Zusatzversicherung, Allgemeines	Ui
Gesetzliche Rentenversicherung und Zusatzversorgung (früher Invaliden- und Zusatzversicherung), Allgemeines	Ui *
Gesetzliche Rentenversicherung und Zusatzversorgung (früher Invaliden- und Zusatzversicherung), Allgemeines	Ui
Aufsicht über die RAPK	Uia
Aufsicht über die RBVA	Uia
Bezirksausschuß der RAPK	Uib
Bezirksausschuß der RBVA	Uib
Beschwerden gegen Bescheide der BVA Abt. B	Uib
Beitrag und Versicherung	Uib
Beitrag und Versicherung	Uib
Sitzungen des Bezirksausschusses der RAPK	Uibs
Sitzungen des Bezirksausschusses der RBVA	Uibs

Unterstützungen usw (1928, 1943) / Sozialwesen (ab 1954) U

Akteninhalt	Aktenzeichen
Dienstvorschriften	Uid
Vorschriften (früher Dienstvorschriften), Arbeitsanweisungen	Uid
Vorschriften (früher Dienstvorschriften), Arbeitsanweisungen	Uid
Vordrucke	Uidv
Vordrucke	Uidv
Einsprüche, Widersprüche, Petitionen, Anfragen, Eingaben	Uie
Einsprüche, Widersprüche, Petitionen, Anfragen, Eingaben	Uie
Abteilung A	Uiea
Abteilung A	Uiea
Abteilung B	Uieb
Abteilung B	Uieb
Fürsorge für Berechtigte aus abgetrennten Gebieten, Allgemeines	Uif
Durchführung des Flüchtlingsrentengesetzes	Uifl
Durchführung des Fremdrentengesetzes	Uifr
Gebühren und Steuern der Invalidenversicherung	Uig
Gebühren und Steuern der Invalidenversicherung	Uig
Finanzangelegenheiten (Geldangelegenheiten) der BVA	Uig
Geschäftsführung	Uig
Geschäftsführung	Uig
Hauptvorstand der RAPK	Uih
Hauptvorstand der RBVA	Uih
Heilverfahren und sonstige freiwillige Leistungen der BVA	Uih
Heilmaßnahmen und freiwillige Leistungen	Uih
Heilmaßnahmen und freiwillige Leistungen	Uih

U Unterstützungen usw (1928, 1943) / Sozialwesen (ab 1954)

Akteninhalt	Aktenzeichen
Haus- und Taschengeld	Uihh
Mittelbewirtschaftung, Statistik	Uihm
Sitzungen des Vorstandes	Uihs
Sitzungen des Vorstandes	Uihs
Zahnersatz	Uihz
Feststellung der Invalidität, Nachuntersuchungen	Uii
Jahresabschluß, Rechnungslegung und Statistik	Uij
Jahresabschluß, Rechnungslegung und Statistik	Uij
Geschäftsberichte (Jahresberichte)	Uij
Geschäftsberichte (Jahresberichte)	Uij
Geschäftsberichte (Jahresberichte)	Uij
Kassenwesen, Rentenzahlungsverfahren	Uik
Kassenwesen, Rentenzahlungsverfahren	Uik
Karteiwesen der BVA, Gemeinsames für Abt. A und B	Uik
Karteiwesen, Datenberarbeitung	Uik
Karteiwesen, Datenberarbeitung	Uik
Karteiwesen der Abt. A	Uika
Karteiwesen der Abt. B	Uikb
Vermögensverwaltung	Uikv
Vermögensverwaltung	Uikv
Verband der Landesversicherungsanstalten	Uil
Verband der Landesversicherungsanstalten	Uil
Leistungen der BVA, Gemeinsames für Abt. A und B	Uil
Leistungen, Gemeinsames	Uil

Unterstützungen usw (1928, 1943) / Sozialwesen (ab 1954) U

Akteninhalt	Aktenzeichen
Leistungen, Gemeinsames	Uil
Leistungen der Abt. A, Allgemeines	Uila
Leistungen Abteilung A	Uila
Leistungen Abteilung A	Uila
Berechnung der Renten	Uilab
Entziehung der Renten	Uilae
Hilfsmittel für die Rentenberechnung	Uilah
Niederschlagung überzahlter Renten	Uilan
Pfändung von Leistungen	Uilap
Voraussetzungen der Rentenbewilligung	Uilar
Leistungen der Abt. B, Allgemeines	Uilb
Leistungen Abteilung B	Uilb
Leistungen Abteilung B	Uilb
Berechnung der Renten	Uilbb
Niederschlagung überzahlter Renten	Uilbn
Pfändung von Leistungen	Uilbp
Oberversicherungsamt, allgemeine Angelegenheiten	Uio
Oberversicherungsamt, allgemeine Bestimmungen	Uio
Organisation der BVA	Uio
Organisation	Uio
Organisation	Uio
Entscheidungen der Versicherungsämter in der Invalidenversicherung *Unterakten nach Bedarf*	Uioe
Entscheidungen d Versicherungsämter in der Invalidenversicherung *Unterakten nach Bedarf*	Uioe

U Unterstützungen usw (1928, 1943)/Sozialwesen (ab 1954)

Akteninhalt	Aktenzeichen
Prüfung der Vermögenslage der Abt. B (Versicherungstarife, Gutachten des Mathematikers)	Uip
Prüfung der Vermögenslage der Abt. B (Versicherungstarife, Gutachten des Mathematikers)	Uip
Prüfungsberichte und Bemerkungen	Uip
Prüfungswesen, Prüfungsberichte	Uip
Prüfungswesen, Prüfungsberichte	Uip
Reichsversicherung für Angestellte	Uir
Reichsversicherung für Angestellte	Uir
Kassen- und Rechnungswesen der BVA, Allgemeines	Uir
Kassen- und Rechnungswesen, Allgemeines	Uir
Kassen- und Rechnungswesen, Allgemeines	Uir
Befreiung von der Angestelltenversicherung	Uirb
Befreiung von der Angestelltenversicherung	Uirb
Entscheidungen des Reichsversicherungsamts in der Angestelltenversicherung *Unterakten nach Bedarf*	Uire
Entscheidungen des Reichsversicherungsamts in der Angestelltenversicherung *– Unterakten nach Bedarf –*	Uire
Freiwillige Mitgliedschaft	Uirf
Freiwillige Mitgliedschaft	Uirf
Geldverkehr der BVA, Allgemeines	Uirg
Geldverkehr zwischen Hauptleitung und Bezirksleitungen	Uirgb
Geldverkehr mit der Deutschen Bundesbahn	Uirgd
Geldverkehr mit den Geldanstalten	Uirgg
Kontenauszüge der Geldanstalten	Uirgk

Unterstützungen usw (1928, 1943) / Sozialwesen (ab 1954) U

Akteninhalt	Aktenzeichen
Gut- und Lastschriften über Stornierungen, Umbuchungen usw. der Geldanstalten	Uirgs
Zeichnungsberechtigung bei den Geldanstalten	Uirgz
Jahresrechnungen der Abt. A	Uirja
Jahresrechnungen der Abt. B	Uirjb
Leistungen der Angestelltenversicherung	Uirl
Leistungen der Angestelltenversicherung	Uirl
Heilverfahren (Zahnersatz usw)	Uirlh
Heilverfahren (Zahnersatz usw)	Uirlh
Nachversicherung	Uirln
Nachversicherung	Uirln
Monatsabschlüsse der Abt. A	Uirma
Monatsabschlüsse der Abt. B	Uirmb
Prüfung der Versicherungspflicht für Angestellte	Uirp
Prüfung der Versicherungspflicht für Angestellte	Uirp
Wahlen	Uirw
Wahlen	Uirw
Monatliche Wirtschaftsübersichten der Abt. A	Uirwa
Monatliche Wirtschaftsübersichten der Abt. B	Uirwb
Satzungen und Tarif der Arbeiterpensionskasse und Dienstvorschriften für den Bezirksausschuß, Dienstvorsteher usw.	Uis
Satzungen und Tarif der Arbeiterpensionskasse und Dienstvorschriften für den Bezirksausschuß, Dienstvorsteher usw	Uis
Satzung der BVA (DV 111), Allgemeines	Uis
Satzung der BVA	Uis

U Unterstützungen usw (1928, 1943) / Sozialwesen (ab 1954)

Akteninhalt	Aktenzeichen
Satzung der BVA	Uis
Satzung der Abt. A	Uisa
Beiträge	Uisb
Beiträge	Uisb
Satzung der Abt. B	Uisb
Kassenleistungen	Uisl
Kassenleistungen	Uisl
Abteilung A	Uisla
Abteilung A	Uisla
Abteilung B	Uisla
Abteilung B	Uislb
Heilstättenbehandlung	Uislh
Heilstättenbehandlung	Uislh
Mitgliedschaft	Uism
Mitgliedschaft	Uism
Durchführung des Selbstverwaltungsgesetzes	Uiss
Besprechungen (Tagungen)	Uit
Unterricht (fachliche Schulung)	Uiu
Übersichten (Statistik) der BVA, Allgemeines	Uiü
Statistik der Abt. A	Uiüa
Statistik der Abt. B	Uiüb
Verband der Reichsbahn-Arbeiterpensionskassen	Uiv
Interzonale und internationale Vereinbarungen	Uiv
Über- und zwischenstaatliche Vereinbarungen	Uiv

Unterstützungen usw (1928, 1943) / Sozialwesen (ab 1954)   U

Akteninhalt	Aktenzeichen
Über- und zwischenstaatliche Vereinbarungen	Uiv
Wahlen	Uiw
Wahlen	Uiw
Wanderversicherung, Allgemeines	Uiw
Wanderversicherung, Allgemeines	Uiw
Wanderversicherung, Allgemeines	Uiw
Wahlen zum Ausschuß	Uiwa
Wahlen zum Ausschuß	Uiwa
Leistungen	Uiwl
Wahlen zum Vorstand	Uiwv
Wahlen zum Vorstand	Uiwv
Zuschüsse zu verschiedenen Zwecken	Uiz
Zuschüsse zu verschiedenen Zwecken	Uiz
Beziehungen der BVA zu anderen Stellen	Uiz
Beziehungen zu anderen Stellen	Uiz
Beziehungen zu anderen Stellen	Uiz
Vertrauensärzte	Uizä
Vertrauensärzte	Uizä
Vertrauensärzte	Uizä
Heil- und Kurfürsorge	Uizh
Krankenversicherung der Rentner	Uizk
Krankenversicherung der Rentner	Uizk
Krankenversicherung der Rentner	Uizk

Unterstützungen usw (1928, 1943)/Sozialwesen (ab 1954)

Akteninhalt	Aktenzeichen
k Krankenversicherung (RBKK)	
k Krankenversicherung	
Reichsbahn-Betriebskrankenkasse (RBKK), allgemeine Bestimmungen	Uk *
Reichsbahnbetriebskrankenkasse (RBKK), allg Best	Uk
Krankenversicherung, Allgemeines	Uk
Krankenversicherung, Allgemeines	Uk *
Krankenversicherung, Allgemeines	Uk
Die BBKK verwendet in ihrem Bereich den numerischen Dokumentations- und Registraturplan der gesetzlichen Krankenkassen	
Die BBKK verwendet in ihrem Bereich den numerischen Dokumentations- und Registraturplan der gesetzlichen Krankenkassen	
Aufsicht über die Reichsbahnbetriebskrankenkasse	Uka
Aufsicht über die Reichsbahnbetriebskrankenkasse	Uka
Betrieb von Anstalten	Uka
Kassen- und Fachärzte, allgemeine Bestimmungen	Ukä
Kassen- und Fachärzte, allgemeine Bestimmungen	Ukä
Vertrauensärzte und Nachuntersuchungskommission *Unterakten nach Bedarf*	Ukäv
Vertrauensärzte und Nachungersuchungskommission *Unterakten nach Bedarf*	Ukäv
Krankenbesuche, Krankenkontrolle, Krankenordnung	Ukb
Krankenbesuche, Krankenkontrolle, Krankenordnung	Ukb
KB-Betreuung	Ukb
Dienstvorschriften	Ukd
Erwerbslosenversicherung	Uke

Unterstützungen usw (1928, 1943) / Sozialwesen (ab 1954) U

Akteninhalt	Aktenzeichen
Erwerbslosenversicherunge	Uke
Ersatzansprüche nach RVO § 1542, Allgemeines	Uke
Teilungsabkommen mit Versicherungsgesellschaften	Uket
Zusammenarbeit mit Trägern der öffentlichen Fürsorge, Allgemeines; Ersatzansprüche nach RVO § 1531	Ukf
Geschäftsführung	Ukg
Gemeinschaftsaufgaben der BVA, Abt. Krankenversicherung (Invalidenversicherungsträger)	Uki
Jahresrechnung, Vermögensverwaltung, statistische Nachweisungen	Ukj
Jahresrechnung, Vermögensverwaltung, statistische Nachweisungen	Ukj
Verträge mit Krankenhäusern, Apotheken usw.	Ukk
Verträge mit Krankenhäusern, Apotheken usw.	Ukk
Kassen- und Rechnungswesen, Allgemeines	Ukk
Buchhaltung, Buchungsplan	Ukkb
Geldverkehr	Ukkg
Voranschläge und Jahresrechnungen	Ukkj
Monatsabschlüsse	Ukkm
Außerordentliche Kassenprüfungen	Ukkp
Rezeptprüfung	Ukkr
Rezeptprüfung	Ukkr
Übersichten (Statistik)	Ukkü
Vermögensverwaltung	Ukkv
Leistungen, Gemeinsames	Ukl
Arznei und Hilfsmittel	Ukla
Ärztliche Behandlung	Uklä

U Unterstützungen usw (1928, 1943) / Sozialwesen (ab 1954)

Akteninhalt	Aktenzeichen
Barleistungen der Krankenhilfe	Uklb
Familienhilfe	Uklf
Kuraufenthalte	Uklk
Krankmeldeverfahren	Uklm
Sterbegeld	Ukls
Wochenhilfe	Uklw
Zahnbehandlung und Zahnersatz	Uklz
Verhandlungsniederschriften	Ukn
Verhandlungsniederschriften	Ukn
Oberversicherungsamt, Versicherungsämter, allgemeine Bestimmungen	Uko
Oberversicherungsamt, Versicherungsämter, allg Best	Uko
Entscheidungen der Versicherungsämter in der Krankenversicherung	Ukoe
Entscheidungen der Versicherungsämter in der Krankenversicherung	Ukoe
Krankenordnung	Uko
Prüfungsberichte und -bemerkungen	Ukp
Rechnungsbestimmungen	Ukr
Rechnungsbestimmungen	Ukr
Krankenversicherung der Rentner	Ukr
Satzungen und Tarifleistungen der Reichsbahnbetriebskrankenkasse	Uks
Satzungen und Tarifleistungen der RBKK	Uks
Satzung der BBKK	Uks
Erholungsheime	Ukse
Erholungsheime	Ukse
Geburtsbeihilfen, Stillbeihilfen, Heilverfahren	Uksg

Unterstützungen usw (1928, 1943) / Sozialwesen (ab 1954) U

Akteninhalt	Aktenzeichen
Geburtsbeihilfen, Stillbeihilfen, Heilvervahren	Uksg
Kriegsbeſchädigtenfürſorge	Uksk
Kriegsbeschädigtenfürsorge	Uksk
Rechtsſtreite in Krankenkaſſenangelegenheiten	Ukss
Rechtsstreite in Krankenkassenangelegenheiten	Ukss
Durchführung des Selbstverwaltungsgesetzes	Ukss
Besprechungen (Tagungen)	Ukt
Verhältnis zur Unfall= und Invalidenverſicherung	Uku
Verhätnis zur Unfall- und Invalidenversicherung	Uku
Unterricht (fachliche Schulung)	Uku
Krankenüberwachung, Allgemeines	Ukü
Ausrüstung der Krankenbesucher	Ukür
Dienstregelung für die Krankenbesucher, Bezirkseinteilung	Uküd
Verband der Reichsbahnbetriebskrankenkaſſen *Unterakten nach Bedarf*	Ukv
Verband der Reichsbahnbetriebskrankenkassen *Unterakten nach Bedarf*	Ukv
Interzonale und interntionale Vereinbarungen	Ukv
Wahlen	Ukw
Wahlen	Ukw
Wahlen zum Ausſchuß der RBKK	Ukwa
Wahlen zum Ausschuß der RBKK	Ukwa
Freie Ärztewahl	Ukwä
Freie Ärztewahl	Ukwä
Wahl der Vorſtandsmitglieder und der Mitgliedervertreter	Ukwm

U Unterstützungen usw (1928, 1943) / Sozialwesen (ab 1954)

Akteninhalt	Aktenzeichen
Wahl der Vorstandsmitglieder und der Mitgliedervertreter	Ukwm
Vertrags- und Zulassungsausschuß	Ukz
Vertrags- und Zulassungsausschuß	Ukz
Beziehungen zu anderen Stellen, Allgemeines	Ukz
Apotheker (Arzneilieferungsvertrag)	Ukza
Ärzte (außer Vertrauensärzte)	Ukzä
Bandagisten	Ukzb
Verband der Betriebskrankenkassen Essen einschließlich Landesverbände	Ukze
Hebammen, Heilgehilfen, Masseure, Badeanstalten	Ukzh
Träger der Invaliden- und Angestelltenversicherung	Ukzi
Krankenhäuser, Kliniken usw.	Ukzk
Optiker	Ukzo
Rezeptprüfung	Ukzr
Bezirksfürsorgen des Sozialwerks	Ukzs
Transportunternehmen	Ukzt
Unfallversicherungsträger, Allgemeines	Ukzu
Berufsgenossenschaftliche Krankenbehandlung	Ukzub
Vertrauensärzte einschl. Obervertrauensärzte	Ukzv
Zahnärzte und Dentisten	Ukzz

Akteninhalt	Aktenzeichen
I Landwirtschaft	
1 Bundesbahn-Landwirtschaft	
Bundesbahn-Landwirtschaft, Allgemeines	Ul
Bundesbahn-Landwirtschaft, Allgemeines	Ul *
Bundesbahn-Landwirtschaft, Allgemeines	Ul
Ausstellungen	Ula
Bahngärtnerische Betriebe	Ulb
Dienstvorschriften	Uld
Vorschriften (früher Dienstvorschriften)	Uld
Vorschriften (früher Dienstvorschriften)	Uld
Geschäftsführung	Ulg
Geschäftsführung	Ulg
Geschäftsführung	Ulg
Presseangelegeheiten, Mitteilungsblatt „Eisenbahn-Landwirt“	Ulgp
Presseangelegeheiten, Mitteilungsblatt „Eisenbahn-Landwirt“	Ulgp
Steuerangelegenheiten	Ulgs
Steuerangelegenheiten	Ulgs
Kassen- und Rechnungswesen, Allgemeines	Ulk
Kassen- und Rechnungswesen	Ulk
Kassen- und Rechnungswesen	Ulk
Jahresabschlüsse, Geschäftsberichte	Ulkj
Jahresabschlüsse, Geschäftsberichte	Ulkj
Jahresabschlüsse, Geschäftsberichte	Ulkj
Mitgliedschaft und Beitragswesen	Ulm

U Unterstützungen usw (1928, 1943) / Sozialwesen (ab 1954)

Akteninhalt	Aktenzeichen
Mitgliedschaft und Beitragswesen	Ulm
Mitgliedschaft und Beitragswesen	Ulm
Nutzung der Grundstücke der Deutschen Bundesbahn	Uln
Nutzung der Grundstücke der Deutschen Bundesbahn	Uln
Nutzung der Grundstücke der Deutschen Bundesbahn	Uln
V**o**gelschutz	Ulo
Personalangelegenheiten der Eisenbahn-Landwirtschaft	Ulp
Personalangelegenheiten der Eisenbahn-Landwirtschaft	Ulp
Personalangelegenheiten der Bundesbahn-Landwirtschaft	Ulp
Schädlingsbekämpfung	Uls
Förderung der **T**ierzucht	Ult
Unterricht (fachliche Schulung)	Ulu
Unterricht (fachliche Schulung), Tagungen	Ulu
Unterricht (fachliche Schulung), Tagungen	Ulu
Übersichten (Statistik)	Ulü
Generalpacht**v**ertrag, Pachtnachlaß, Zahlungen aus dem Generalpachtvertrag	Ulv
Generalpacht**v**ertrag, Pachtnachlaß, Zahlungen aus dem Generalpachtvertrag	Ulv
Generalpacht**v**ertrag, Pachtnachlaß, Zahlungen aus dem Generalpachtvertrag	Ulv
Landwirtschaftlicher **A**rbeitsplan	Ulva
Landwirtschaftlicher **A**rbeitsplan	Ulva
Beiträge zu landwirtschaftlichen Berufsgenossenschaften Landwirtschaftskammern	Ulvb
Beiträge zu landwirtschaftlichen Berufsgenossenschaften und Landwirtschaftskammern	Ulvb

Unterstützungen usw (1928, 1943) / Sozialwesen (ab 1954) U

Akteninhalt	Aktenzeichen
m Mitglieds- und Beitragswesen der Versicherungsträger	
– – *	
Mitglieds- und Beitragswesen der Versicherungsträger, Allgemeines	Um
Mitglieds- und Beitragswesen der Versicherungsträger, Allgemeines	Um
Angestelltenversicherung	Uma
Angestelltenversicherung; Ausgabestelle der Angestelltenversicherung, Beiträge zur Höherversicherung. Angestelltenversicherungspflichtige Bedienstete; Beitragszuschüsse nach § 405 RVO	Uma
Angestelltenversicherung; Ausgabestelle der Angestelltenversicherung. Beiträge zur Höherversicherung. Angestelltenversicherungspflichtige Bedienstete; Beitragszuschüsse nach § 257 SGB V	Uma
Beitragserhebung, -berechnung, -erstattung usw.	Umb
Beitragserhebung, -berechnung, -erstattung usw.	Umb
Beitragserhebung, -berechnung, -erstattung usw.	Umb
Dienstvorschriften	Umd
Vorschriften (früher Dienstvorschriften)	Umd
Vorschriften (früher Dienstvorschriften)	Umd
Arbeitslosenversicherung (Erwerbslosenversicherung)	Ume
Krankenversicherung, Allgemeines	Umk
Ersatzkassen	Umke
Freiwillige Mitglieder	Umkf
Beitragsüberleitung auf andere Versicherungsträger	Uml
Mitgliedschaft, Allgemeines	Umm

* Systematisch wäre hier der Eintrag „Um" für Allgemeines der Gruppe zu erwarten, er fehlt im Druckstück von 1954. Ob er vom Bearbeiter nicht vorgesehen war oder in der Druckerei vergessen wurde, konnte nicht mehr aufgeklärt werden; in den Aktenplänen von 1928 und 1943 gab es die Gruppe „Um" noch nicht.

U Unterstützungen usw (1928, 1943) / Sozialwesen (ab 1954)

Akteninhalt	Aktenzeichen
Mitgliedschaft, Allgemeines Meldeverfahren DEVO / DÜVO	Umm
Mitgliedschaft, Allgemeines Meldeverfahren DEVO / DÜVO	Umm
Nachversicherung, Allgemeines	Umn
Nachversicherung, Allgemeines	Umn
Nachversicherung, Allgemeines	Umn
Einzelfälle	Umne
Einzelfälle	Umne
Einzelfälle	Umne
Lohnabzugswesen	Umo
Übersichten (Mitgliederstatistik)	Umü
o Sonstige Sozialaufgaben	
– – *	
Sonstige Sozialaufgaben, Allgemeines	Uo
Sonstige Sozialaufgaben, Allgemeines	Uo
Sport (Ertüchtigung)	Uoe
Betreuung der ehemaligen Mitarbeiter der DB	Uoe
Betreuung der ehemaligen Mitarbeiter der DB	Uoe
Förderung begabter Knaben	Uof
Förderung begabter Knaben	Uof

* Systematisch wäre an dieser Stelle der Eintrag „Uo“ für Allgemeines der Gruppe zu erwarten, er fehlt im Druckstück von 1954. Ob er vom Bearbeiter nicht vorgesehen war oder in der Druckerei vergessen wurde, konnte nicht mehr aufgeklärt werden; in den Aktenplänen von 1928 und 1943 gab es die Gruppe „Uo“ noch nicht.

Unterstützungen usw (1928, 1943) / Sozialwesen (ab 1954) U

Akteninhalt	Aktenzeichen
Förderung begabter Knaben	Uof
Bereitstellung heißer und kalter Getränke bei außergewöhnlicher Witterung	Uog
Kostenlose Abgabe von Getränken und Speisen	Uog
Kostenlose Abgabe von Getränken und Speisen	Uog
Ausrüstung der Hilfszüge mit Verpflegung	Uoh
Jugendpflege	Uoj
Jugendpflege	Uoj
Jugendpflege	Uoj
Einrichtung von Betriebsküchen und Kantinen	Uok
Übernachtungs- und Aufenthaltsräume	Uor
Übernachtungs- und Aufenthaltsräume	Uor
Übernachtungs- und Aufenthaltsräume	Uor
Sammlungen zu gemeinnützigen Zwecken	Uos
Betreuung von schwerkranken Mitarbeitern	Uos
Betreuung von schwerkranken Mitarbeitern	Uos
Sport *	Uosp
Sport	Uosp
Vorschüsse für Beschaffungen (von Kartoffeln usw.)	Uov
Wasch- und Badeeinrichtungen	Uow
Wasch- und Badeeinrichtungen	Uow
Wasch- und Badeeinrichtungen	Uow
Zuschüsse und Beiträge zu gemeinnützigen Zwecken	Uoz

* 1954 noch unter Uoe = Ertüchtigung

U Unterstützungen usw (1928, 1943) / Sozialwesen (ab 1954)

Akteninhalt	Aktenzeichen	
ö Krankenkasse der ehem. Österreichischen Bundesbahnen	**(neu)**	
Krankenversicherung der ehem Österreichischen Bundesbahnen (Gesetze, Verordnungen, Erlasse, Schrifttum)	Uö	(neu)
Betrieb kasseneigener Kuranstalten und Leichtkrankenhäuser usw *Unterakten nach Bedarf*	Uöb	"
Ersatzansprüche nach § 1542 RVO (Allgemeines, Schrifttum), § 40 der Satzungen der KrK der ehem ÖBB	Uöe	"
Teilungsabkommen mit Versicherungsgesellschaften	Uöet	"
Fürsorgeangelegenheiten (Allgemeines, Ersatzansprüche nach § 1531 RVO)	Uöf	"
Zusammenarbeit mit der Reichsbahn-Bezirksfürsorge einschl Arbeitsgemeinschaft	Uöfb	"
Verhütung erbkranken Nachwuchses	Uöfe	"
Versorgungsheilbehandlung, Fürsorge für ehem Wehrmachtsangehörige und für ehem Angehörige des Reichsarbeitsdienstes	Uöfv	"
Geschäftsführung, Geschäftsanweisung	Uög	"
Niederschriften über die Beiratssitzungen	Uögn	"
Verfügungen und Mitteilungen von Hauptstellen der Sozialversicherung	Uöh	"
Reichsbahn-Versicherungsanstalt, Gemeinschaftsaufgaben	Uöhg	"
Leiter der Krankenkasse der ehem ÖBB	Uöhl	"
Prüfungseinrichtung der Reichsbahnversicherungsanstalt, Prüfung	Uöhp	"
Reichsverband der Betriebskrankenkassen einschl Landesgeschäftsstellen	Uöhr	"
Beziehungen zur Invaliden- und Angestelltenversicherung	Uöi	"
Kassendienst (Allgemeines, Geldverkehr, Vermögensverwaltung)	Uök	"
Außerordentliche Kassenprüfung	Uökp	"
Anspruch auf die Leistungen (Gemeinsames)	Uöl	"

Unterstützungen usw (1928, 1943) / Sozialwesen (ab 1954)

Akteninhalt	Aktenzeichen	
Arznei- und Heilmittel	Uöla	(neu)
Ärztliche Behandlung	Uölä	"
Barleistungen der Krankenhilfe	Uölb	"
Familienhilfe	Uölf	"
Kuren und Leichtkrankenhausbehandlungen	Uölk	"
Krankenschein- und Krankmeldeverfahren	Uölm	"
Sterbegeld	Uöls	"
Wochenhilfe	Uölw	"
Zahnbehandlung und Zahnersatz	Uölz	"
Mitgliedschaft und Beitragswesen	Uöm	"
Arbeitslosenversicherung	Uöma	"
Behandlungsbeiträge	Uömb	"
Überprüfung der von den Dienststellen angwiesenen Barleistungen	Uömü	"
Wehrmachtsübungen, Lehrgänge beim Roten Kreuz usw	Uömw	"
Krankenordnung	Uöo	"
Prüfung des Rechnungswerks und Kassenaufsicht	Uöp	"
Rechnungsführung (Allgemeines, Buchhaltung, Buchungsplan)	Uör	"
Jahresrechnungen und Voranschläge	Uörj	"
Monatsabschlüsse	Uörm	"
Statistik	Uörs	"
Satzung	Uös	"
Beziehungen zur Unfallversicherung	Uöu	"
Krankenüberwachung (Allgemeines)	Uöü	"
Vertragliche und andere Beziehungen zu Heilberufen (Allgemeines)	Uöv	"

U Unterstützungen usw (1928, 1943) / Sozialwesen (ab 1954)

Akteninhalt	Aktenzeichen
Arzneilieferungsvertrag	Uöva (neu)
Verträge mit der Ärzteschaft	Uövä "
Bandagisten	Uövb "
Heilgehilfen, Masseure, Badeanstalten	Uövh "
Krankenhäuser, Kliniken usw	Uövk "
Optiker	Uövo "
Rezepteprüfung	Uövr "
Vertrauensarzt, Nachuntersuchungsärzte	Uövv "
Zahnärzte und Dentisten	Uövz "
r Beamtenunfallfürsorge (Unfallfürsorgerecht)	
Bemtenunfallfürsorge (Unfallfürsorgerecht), Allgemeines	Ur
Dienstvorschriften	Urd
Leistungen, Allgemeines; Geldleistungen	Url
Krankenbehandlung, sonstige Sachleistungen	Urlk
Selbstabgabe von Hilfsmitteln	Urls
Organisation der Unfallfürsorge	Uro
Übersichten (Statistik)	Urü

Unterstützungen usw (1928, 1943) / Sozialwesen (ab 1954) U

Akteninhalt	Aktenzeichen
Gruppe Us unterscheidet sich stark zwischen 1928/1943 und 1954 ff., daher folgt hier die blockweise Darstellung	
s Sonstige Fürsorgeeinrichtungen	
Sonstige Fürsorgeeinrichtungen, allgemeine Bestimmungen	Us *
Sonstige Fürsorgeeinrichtungen, allg Bestimmungen	Us
Bekämpfung des Alkoholmißbrauchs	Usa
Bekämpfung des Alkoholmißbrauchs	Usa
Beihilfen zur Kleinkinder- und Krankenfürsorge, Stillbeihilfen	Usb
Beihilfen zur Kleinkinder- und Krankenfürsorge, Stillbeihilfen	Usb
Unfallfürsorgegesetz, allgemeine Bestimmungen	Usg
Unfallfürsorgegesetz, allgemeine Bestimmungen	Usg
Hilfsmittel für unfallverletzte Beamte, allgemeine Bestimmungen	Usgh
Hilfsmittel für unfallverletzte Arbeiter siehe Uuh	
Hilfsmittel für unfallverletzte Beamte, allg Best	Usgh
Hilfsmittel für unfallverletzte Arbeiter s. Uuh	
Kosten für unfallverletzte Beamte	Usgk
Kosten für unfallverletzte Beamte	Usgk
Jugendpflege	Usj
Jugendpflege	Usj
Kleiderkasse, allgemeine Bestimmungen, Kleiko	Usk
Kleiderkasse, allgemeine Bestimmungen, Kleiko	Usk
Dienstkleidung, Dienstkleidungsordnung (DKO)	Uskd
Dienstkleidung, Dienstkleidungsordnung (DKO)	Uskd
Kleiderlager und Buchungsordnung (Kleibo)	Uskl
Kleiderlager und Buchungsordnung (Kleibo)	Uskl

U Unterstützungen usw (1928, 1943) / Sozialwesen (ab 1954)

Akteninhalt	Aktenzeichen
Schutzkleidung	Usks
Beschaffung von Schutzkleidung siehe Zggs	
Schutzkleidung	Usks
Beschaffung von Schutzkleidung siehe Zggs	
Unterkunfts- und Übernachtungsräume	Usr
Ledigenheime siehe Uwl	
Unterkunfts- und Übernachnungsräume	Usr
Ledigenheime siehe Uwl	
Beschädigtenfürsorge, allgemeine Bestimmungen	Uss
Beschädigtenfürsorge, allgemeine Bestimmungen	Uss
Erwerbsbeschränktenfürsorge	Usse
Erwerbsbeschränktenfürsorge	Usse
Tuberkulosefürsorge	Ust
Tuberkulosefürsorge	Ust
Unfallverhütungsvorschriften (UnfV), Maßnahmen zur Verhütung von Unfällen	Usu *
Unfallverhütungsvorschriften (UnfV), Maßnahmen zur Verhütung vno Unfällen	Usu
Unfallverhütung im Bilde	Usub
Unfallverhütung im Bilde	Usub
Unfallverhütungsvorschriften, Maßnahmen zur Verhütung von Unfällen bei Fernmeldeanlagen	Usuf (neu)
Unfallverhütung im Kraftwagenbetrieb	Usuk "
Verpflegungseinrichtungen (Kantinen, Kaffeeküchen usw.)	Usv
Verpflegungseinrichtungen (Kantinen, Kaffeeküchen usw)	Usv

Unterstützungen usw (1928, 1943) / Sozialwesen (ab 1954) U

Akteninhalt	Aktenzeichen
Wasch- und Badeeinrichtungen	Usw
Wasch- und Badeeinrichtungen	Usw
Zuschüsse und Beiträge zu gemeinnützigen Zwecken, auch Sammlungen zu solchen Zwecken	Usz
Zuschüsse und Beiträge zu gemeinnützigen Zwecken, auch Sammlungen zu solchen Zwecken	Usz
s Sozialwerk	
s Bundesbahn-Sozialwerk	
Sozialwerk, Allgemeines	Us
Bundesbahn-Sozialwerk, Allgemeines	Us *
Bundesbahn-Sozialwerk, Allgemeines	Us
Sozialwerk, alkoholfreie Getränke	Usa
Sozialwerk, kulturelle Betreuung	Usb
Sozialwerk, Chöre und Kapellen	Usc
Sozialwerk, Bezirksfürsorge, Allgemeines	Usf
Bezirksfürsorge (Abteilung B), Allgemeines *Unterakten nach Bedarf*	Usf
Fürsorgeangelegenheiten, Allgemeines	Usf
Ärztlicher Dienst	Usfä
Kuren für Erwachsene (Frauen und Männer)	Usfe
Kinderkuren (Kuren für Jungen und Mädchen)	Usfj
Kassen- und Rechnungswesen	Usfk
Lehrlingskuren	Usfl

U Unterstützungen usw (1928, 1943) / Sozialwesen (ab 1954)

Akteninhalt	Aktenzeichen
Mittelbewirtschaftung	Usfm
Einrichtung von Untersuchungsräumen	Usfr
Vor- und Nachsorge für Tuberkulöse	Usft
Vorbeugende Fürsorge	Usfv
Zuwendungen an Stelle von Versicherungsleistungen	Usfz
Sozialwerk, Geschäftsführung *Unterakten nach Bedarf – nach Ortsvereinen –*	Usg
Geschäftsführung (Abteilung A), Allgemeines *Unterakten nach Bedarf*	Usg
Geschäftsführung (Abteilung S), Allgemeines	Usg
Besprechungen (Sitzungen)	Usgb
Besprechungen (Sitzungen) *Unterakten nach Bedarf*	Usgb
Besprechungen (Sitzungen)	Usgb
Besprechungen (Sitzungen)	Usgb
Heime, Allgemeines *Unterakten nach Bedarf*	Usgh
Heime, Allgemeines	Usgh
Jahresabschluß, Geschäftsbericht	Usgj
Kassen- und Rechnungswesen	Usgk
Kulturelle Betreuung *Unterakten nach Bedarf*	Usgk
Kulturelle Betreuung	Usgk
Mineralwasserversorgung	Usgm
Versorgung mit alkoholfreien Getränken (Mineralwasserversorgung)	Usgm
Organisation	Usgo
Organisation	Usgo

Unterstützungen usw (1928, 1943) / Sozialwesen (ab 1954) U

Akteninhalt	Aktenzeichen
Organisation	Usgo
Personalangelegenheiten	Usgp
Personalangelegenheiten *Unterakten nach Bedarf*	Usgp
Personalangelegenheiten	Usgp
Kassen- und Rechnungsführung, Allgemeines *Unterakten nach Bedarf*	Usgr
Kassen- und Rechnungsführung, Allgemeines	Usgr
Steuerangelegenheiten	Usgs
Steuerangelegenheiten *Unterakten nach Bedarf*	Usgs
Steuerangelegenheiten, Allgemeines	Usgs
Eisenbahn-Waisenhort *	
Besondere Aktenzeichen entfallen. Die Aktenzeichen des BSW werden fallweise benutzt mit dem Zusatz (EWH), z. B.	
Geschäftsführung, Allgemeines	Usg (EWH)
Besondere Aktenzeichen entfallen. Die Aktenzeichen des BSW werden fallweise benutzt mit dem Zusatz (EWH)	
Sozialwerk, Heime *Unterakten nch Bedarf* *– nach den einzelnen Heimen –*	Ush
Mittelbewirtschaftung	Ushm
Personalangelegenheiten der Heimbediensteten	Ushp
Angestellte	Ushpa

* ursprünglich Töchterhort (1902 gegründete Stiftung), später mit dem 1922 gegründeten Knabenhort zum Eisenbahn-Waisenhort vereint; vgl. a. Az. Uvt (1928/1943) und Ueo (1954 ff.)

Unterstützungen usw (1928, 1943) / Sozialwesen (ab 1954)

Akteninhalt	Aktenzeichen
Lohnbedienstete, Lohntarifverträge	Ushpl
Allgemeine Verwaltungsangelegenheiten einschl. allgemeiner Wirtschafts-, Bau- und Grundverwaltungsangelegenheiten	Ushv
Sozialwerk, Betriebsküchen und Kantinen *Unterakten nach Bedarf* *– nach den einzelnen Küchen und Kantinen –*	Usk
Allgemeine Lohn- und Lohntarifangelegenheiten (ausgenommen Zuschüsse der Verwaltung)	Uskl
Personalangelegenheiten	Uskp
Allgemeine Zuschüsse der Verwaltung zu Lohnkosten und anderen Ausgaben	Uskz
Zentralstelle und Bezirksstellen gegen die Alkoholgefahren (Mäßigkeitsvereine)	Usm
Waisenhort, Allgemeines*	Uso
Geschäftsführung	Usog
Allgemeine Heimangelegeheiten	Usoh
Kassen- und Rechnungswesen	Usok
Mitgliedschaft und Beitragswesen	Usom
Personalangelegenheiten der Heimbediensteten	Usop
Sozialwerk, sonstige wirtschaftliche Einrichtungen *Unterakten nach Bedarf* *–nach örtlichen Einrichtungen –*	Uss
Verpflegungseinrichtungen (Abteilung V), Allgemeines	Usv
Verpflegungseinrichtungen (Abt. V), Allgemeines	Usv

* ursprünglich Töchterhort (1902 gegründete Stiftung), später mit dem 1922 gegründeten Knabenhort zum Eisenbahn-Waisenhort vereint; vgl. a. Az. Uvt (1928/1943) und Ueo (1954 ff.)

Unterstützungen usw (1928, 1943) / Sozialwesen (ab 1954) U

Akteninhalt	Aktenzeichen
t Tierschadenskasse	
Tierschadenskasse der Bundesbahner, Allgemeines	Ut
Geschäftsführung	Utg
Kassen- und Rechnungswesen	Utk
Tarife, Versicherungsprämien	Utt
u Unfallversicherung	
Unfallversicherung, allgemeine Bestimmungen, Unfallversicherungsgesetz *Unterakten für jeden Rentenempfänger*	Uu *
Unfallversicherung, allg Best, Unfallvers.Gesetz *Unterakten für jeden Rentenempfänger*	Uu
Unfallversicherung, Allgemeines	Uu
Unfallversicherung, Allgemeines	Uu *
Unfallversicherung, Allgemeines	Uu
Ablehnende Rentenbescheide	Uua
Ablehnende Rentenbescheide	Uua
Berufsfürsorge, allgemeine Bestimmungen	Uub
Berufsfürsorge, allgemeine Bestimmungen	Uub
Berufskrankheiten, Allgemeines	Uub
Berufskrankheiten, Allgemeines und Einzelfälle	Uub
Berufskrankheiten, Allgemeines und Einzelfälle	Uub
Berufskrankheitsfälle der Arbeiter und Angestellten	Uuba
Berufskrankheitsfälle der Beamten	Uubb
Dienstvorschriften	Uud

U Unterstützungen usw (1928, 1943) / Sozialwesen (ab 1954)

Akteninhalt	Aktenzeichen
Vorschriften (früher Dienstvorschriften)	Uud
Vorschriften (früher Dienstvorschriften)	Uud
Ersatzansprüche gegen andere Verpflichtete	Uue
Ersatzansprüche, Teilungsabkommen	Uue
Ersatzansprüche, Teilungsabkommen	Uue
Fürsorge für Berechtigte aus abgetrennten Gebieten, Allgemeines	Uuf
Durchführung des Flüchtlingsrentengesetzes	Uufl
Durchführung des Fremdrentengesetzes	Uufr
Unfallversicherung bei den Privatbahnberufsgenossenschaften	Uug
Unfallversicherung bei den Privatbahnberufsgenossenschaften	Uug
Geschäfts- und Rechnungsergebnisse, Geschäftsbericht der BUVB	Uug
Geschäfts- und Rechnungsergebnisse, Geschäftsbericht der BUVB	Uug
Hilfsmittel für unfallverletzte Arbeiter, allgemeine Bestimmungen	Uuh
Hilfsmittel für unfallverletzte Beamte siehe Usgh	
Hilfsmittel für unfallverletzte Arbeiter, allgemeine Best	Uuh
Hilfgsmittel für unfallverletzte Beamte siehe Usgh	
Jahresabschluß, Rechnungslegung und Statistik	Uuj
Jahresabschluß, Rechnungslegung und Statistik	Uuj
Geschäfts- und Rechnungsergebnisse (Jahresrechnungen)	Uuj
Abrechnung mit Krankenkassen	Uuk
Abrechnung mit Krankenkassen	Uuk
Durchführung d. Bestimmungen üb. Versorgung der Kriegsbeschädigten	Uuk
Leistungen	Uul
Leistungen	Uul

Unterstützungen usw (1928, 1943) / Sozialwesen (ab 1954)

Akteninhalt	Aktenzeichen
Leistungen, Allgemeines	Uul
Leistungen, Allgemeines	Uul
Leistungen, Allgemeines	Uul
Geldleistungen an Verletzte	Uulg
Geldleistungen an Verletzte	Uulg
Geldleistungen an Verletzte	Uulg
Leistungen an Hinterbliebene	Uulh
Krankenbehandlung, sonstige Sachleistungen	Uulk
Krankenbehandlung, sonstige Sachleistungen	Uulk
Krankenbehandlung, sonstige Sachleistungen	Uulk
Rückforderung und Niederschlagung überzahlter Geldleistungen	Uuln
Orthopädische Versorgung von Unfallverletzten	Uulo
Orthopädische Versorgung von Unfallverletzten	Uulo
Selbstabgabe von Hilfsmitteln	Uuls
Mittelbewirtschaftung, Buchungsplan	Uum
Organisation der BUVB	Uuo
Organisation der BUVB	Uuo
Organisation der BUVB	Uuo
Abrechnungsverkehr mit der Postverwaltung	Uup
Abrechnungsverkehr mit der Postverwaltung	Uup
Prüfungsberichte und -bemerkungen	Uup
Prüfungsberichte und -bemerkungen	Uup
Prüfungsberichte und -bemerkungen	Uup
Rechtsmittelverfahren	Uur

U Unterstützungen usw (1928, 1943) / Sozialwesen (ab 1954)

Akteninhalt	Aktenzeichen
Rechtsfragen	Uur
Rechtsfragen	Uur
Satzung der BUVB	Uus
Durchführung des Selbstverwaltungsgesetzes	Uuss
Besprechungen (Tagungen)	Uut
Unterricht (fachliche Schulung)	Uuu
Unterricht	Uuu
Unterricht	Uuu
Übersichten (Statistik)	Uuü
Übersichten (Statistik)	Uuü
Übersichten (Statistik)	Uuü
Versicherungsämter in Unfallsachen	Uuv
Versicherungsämter in Unfallsachen	Uuv
Interzonale und internationale Vereinbarungen	Uuv
Vereinbarungen	Uuv
Vereinbarungen	Uuv
Entscheidungen der Versicherungsämter in der Unfallversicherung	Uuve
Entscheidungen der Versicherungsämter in der Unfallversicherung	Uuve
Wahlen	Uuw
Wahlen	Uuw
Beziehungen der BUVB zu anderen Stellen, Allgemeines	Uuz
Beziehungen der BUVB zu anderen Stellen, Allgemeines	Uuz
Beziehungen der BUVB zu anderen Stellen, Allgemeines	Uuz
Ärzte, Krankenhäuser, Zahnärzte, Dentisten	Uuzä

Unterstützungen usw (1928, 1943) / Sozialwesen (ab 1954) U

Akteninhalt	Aktenzeichen
Ärzte, Zahnärzte, Krankenhäuser	Uuzä
Ärzte, Zahnärzte, Krankenhäuser	Uuzä
Bandagisten, Orthopäden usw.	Uuzb
Bandagisten, orthopädische Werkstätten, Bundesprothesenliste	Uuzb
Bandagisten, orthopädische Werkstätten, Bundesprothesenliste	Uuzb
Berufsgenossenschaften (einschl. Hauptverband), Landesverbände	Uuzg
Krankenkassen, Allgemeines	Uuzk
Krankenkassen	Uuzk
Krankenkassen	Uuzk
Abrechnung mit der BBKK	Uuzkr
Abrechnungsverkehr usw. mit der Post	Uuzp
Verschiedene (sonstige) Stellen	Uuzv
ü Übersichten (Statistik)	
ü Krankenstandsüberwachung, Krankenstandsmeldeverfahren	
ü Übersichten (Statistik)	
Übersichten (Statistik), allgemeine Bestimmungen, auch Wohlfahrtsstatistik	Uü
Übersichten (Statistik), allgemeine Bestimmungen, auch Wohlfahrtsstatistik	Uü
Krankenstandsüberwachung, Krankenstandsmeldeverfahren	Uü
Übersichten (Statistik)	Uü
Krankheitsüberwachung, Krankenstandsmeldeverfahren, Übersichten (Statistik)	Uü
Statistik über den Arbeitsmarkt	Uüa
Statistik über den Arbeitsmarkt	Uüa

Unterstützungen usw (1928, 1943) / Sozialwesen (ab 1954)

Akteninhalt	Aktenzeichen
Statistik über den Bahnärztedienst	Uüä
Statistik über den Bahnärztedienst	Uüä
Statistik über Erkrankungs= und Sterblichkeitsfälle des Personals	Uük
Statistik über die Erkrankungs= und Sterblichkeitsfälle des Personals	Uük
Statistik über Sozialversicherung	Uüv
Statistik über Sozialversicherung	Uüv
Wohnungsstatistik	Uüw
Wohnungsstatistik	Uüw

Gruppe Uv unterscheidet sich stark zwischen 1928/1943 und 1954 ff., daher folgt hier die blockweise Darstellung

Akteninhalt	Aktenzeichen
v **Vereinswohlfahrt**	
Vereinswohlfahrt	Uv *
Vereinswohlfahrt	Uv
Beamten= und Fachvereine	Uvb
Beamten= und Fachvereine	Uvb
Eisenbahnvereinswesen, allgemeine Bestimmungen	Uve
Bezirksverband der Eisenbahnvereine	Uveb
Eisenbahnvereine des eigenen Bezirks	Uvee
Frauenvereine	Uvef
Frauenvereine	Uvef
Erholungs= und Kinderheime	Uveh
Erholungs= und Kinderheime	Uveh
Knabenhort	Uvek

Unterstützungen usw (1928, 1943) / Sozialwesen (ab 1954) U

Akteninhalt	Aktenzeichen
Knabenhort	Uvek
Vereine für Leibesübungen, Eisenbahnsport- und Turnvereine	Uvel
Vereine f Leibesübungen, Reichsbahnsport- und Turngemeinschaften	Uvel
Reichsverband der Eisenbahnvereine	Uver
Fürsorgestellen	Uves
Fürsorgestellen	Uves
Kleinwirtschaft	Uvk
Kleinwirtschaft	Uvk
Spar- und Darlehnskassen*	Uvs
Spar- und Darlehnskassen	Uvs
Töchterhort	Uvt
Töchterhort (jetzt Reichsbahnwaisenhort)**	Uvt
Lebens-, Sterbe- und andere Versicherungen	Uvv
Lebens-, Sterbe- und andere Versicherungen	Uvv
Wirtschaftliche Vereinigungen zum Warenbezuge (Brennstoffe, Kartoffeln usw)	Uvw
Wirtschaftliche Vereinigungen zum Warenbezuge (Brennstoffe, Kartoffeln usw)	Uvw
Erhebung von Mitglieder- und sonstigen Beiträgen durch Eisenbahnkassen siehe Krl	
Erhebung von Mitglieder- und sonstigen Beiträgen durch Eisenbahnkassen siehe Krl	

* später Sparda-Banken an jedem Direktionssitz; inzwischen teils fusioniert (Sparda Bank West: Essen, Köln und Wuppertal; Sparda-Bank Baden-Württemberg: Karlsruhe und Stuttgart; Sparda-Bank Berlin: Direktionssitze der DR [DDR])

** ursprünglich Töchterhort (1902 gegründete Stiftung), später mit dem 1922 gegründeten Knabenhort zum Eisenbahn-Waisenhort vereint; vgl. a. Az. Ueo und Uso (1954 ff.)

U Unterstützungen usw (1928, 1943) / Sozialwesen (ab 1954)

Akteninhalt	Aktenzeichen
v Unfallverhütung	
Unfallverhütung, Allgemeines	Uv
Unfallverhütung, Allgemeines	Uv *
Unfallverhütung, Allgemeines	Uv
Auswertung der Unfallanzeigen und der Unfallbücher	Uva
Auswertung der Unfallanzeigen und der Unfallbücher	Uva
Auswertung der Unfallanzeigen und der Unfallbücher	Uva
Unfallverhütungsbilder	Uvb
Unfallverhütungsbilder und -schilder	Uvb
Unfallverhütungsbilder und -schilder	Uvb
Dienstvorschriften	Uvd
Vorschriften (früher Dienstvorschriften)	Uvd
Vorschriften (früher Dienstvorschriften)	Uvd
Erfahrungsaustausch	Uve
Erfahrungsaustausch	Uve
Erfahrungsaustausch	Uve
Unfallverhütungsfilme	Uvf
Unfallverhütungsfilme	Uvf
Unfallverhütungsfilme	Uvf
Auswirkungen auf die Arbeitsschutzaufsicht (Gewerbeaufsicht)	Uvg
Unfallverhütung bei Berufskrankheiten	Uvk
Unfallverhütung bei Berufskrankheiten	Uvk
Unfallverhütung bei Berufskrankheiten	Uvk
Mittelbewirtschaftung	Uvm

Unterstützungen usw (1928, 1943) / Sozialwesen (ab 1954)

Akteninhalt	Aktenzeichen
Organisation des Unfallverhütungsdienstes	Uvo
Organisation des Unfallverhütungsdienstes	Uvo
Organisation des Unfallverhütungsdienstes	Uvo
örtliche Besichtigungen zur Unfallverhütung	Uvö
Unfallverhütungsschilder (Warn- und Hinweisschilder)	Uvs
Besprechungen (Tagungen)	Uvt
Besprechungen (Tagungen)	Uvt
Besprechungen (Tagungen)	Uvt
Unterricht über Unfallverhütung	Uvu
Unterricht über Unfallverhütung	Uvu
Unterricht über Unfallverhütung	Uvu
Übersichten (Statistik)	Uvü
Übersichten (Statistik)	Uvü
Übersichten (Statistik)	Uvü
Verschiedene (sonstige) Teilgebiete der Unfallverhütung	Uvv
Verschiedene (sonstige) Teilgebiete der Unfallverhütung	Uvv
Verschiedene (sonstige) Teilgebiete der Unfallverhütung	Uvv
Werbung	Uvw
Werbung	Uvw
Werbung	Uvw
Zusammenarbeit mit Stellen außerhalb der Deutschen Bundesbahn	Uvz

U Unterstützungen usw (1928, 1943) / Sozialwesen (ab 1954)

Akteninhalt	Aktenzeichen
w Wohnungsfürsorge	
w Wohnungswesen	
Reichsbahnwohnungen, Wohnungsvorschrift, allgemeine Bestimmungen *Unterakten nach Bedarf*	Uw *
Reichsbahnwohnungen, Wohnungsvorschrift, allg Best *Unterakten nach Bedarf*	Uv
Wohnungswesen, Allgemeines	Uw
Wohnungswesen, Allgemeines	Uw *
Wohnungswesen, Allgemeines	Uw
Erhebung von Abgaben zur Förderung von Bauten, Wohnsteuer	Uwa
Erhebung von Abgaben zur Förderung von Bauten, Wohnsteuer	Uwa
Baugenossenschaften, Bauvereine usw.	Uwb
Baugenossenschaften, Bauvereine usw	Uwb
Baugenossenschaften usw., Allgemeines	Uwb
Bauträger, Allgemeines	Uwb
Bauträger, Allgemeines	Uwb
Baugenossenschaften und Bauvereine	Ubwg
Eisenbahn-Siedlungsgesellschaften	Uwbs
Eisenbahn-Siedlungsgesellschaften	Uwbs
Eisenbahn-Siedlungsgesellschaften	Uwbs
Reichsverband der Baugenossenschaften	Uwbv
Reichsverband der Baugenossenschaften	Uwbv
Gewährung von Baudarlehen	Uwd
Gewährung von Baudarlehen	Uwd
Dienstvorschriften, Allgemeines	Uwd

Unterstützungen usw (1928, 1943) / Sozialwesen (ab 1954) U

Akteninhalt	Aktenzeichen
Vorschriften (früher Dienstvorschriften)	Uwd
Vorschriften (früher Dienstvorschriften)	Uwd
Wohnungsfürsorgebestimmungen	Uwdf
Wohnungsfürsorgebestimmungen	Uwdf
Wohnungsfürsorgebestimmungen	Uwdf
Wohnungsvorschrift	Uwdv
Wohnungsvorschrift	Uwdv
Wohnungsvorschrift	Uwdv
Eigenheime *Unterakten nach Bedarf*	Uwe
Eigenheime *Unterakten nach Bedarf*	Uwe
Erbbaurecht, Erbbauverträge	Uwe
Erbbaurecht, Erbbauverträge	Uwe
Erbbaurecht, Erbbauverträge	Uwe
Finanzierung von Bauvorhaben, Allgemeines	Uwf
Finanzierung von Bauvorhaben, Allgemeines	Uwf
Finanzierung von Bauvorhaben, Allgemeines	Uwf
Bürgschaften	Uwfb
Bürgschaften	Uwfb
Bürgschaften	Uwfb
Baudarlehen	Uwfd
Baudarlehen	Uwfd
Baudarlehen	Uwfd
Sonstige Finanzierungsmaßnahmen	Uwfs

U Unterstützungen usw (1928, 1943) / Sozialwesen (ab 1954)

Akteninhalt	Aktenzeichen
Zinszuschüsse	Uwfz
Zinszuschüsse	Uwfz
Zinszuschüsse	Uwfz
Mieterschutzgesetzgebung. Mietgenossenschaften	Uwg
Mieterschutzgesetzgebung, Mietgenossenschaften	Uwg
Gesetzliche Bestimmungen, Allgemeines	Uwg
Gesetzliche Bestimmungen	Uwg
Gesetzliche Bestimmungen	Uwg
Wohnungsbaugesetze	Uwgb
Wohnungsmangelgesetz	Uwgm
Mieterschutzgesetzgebung	Uwgs
Wirtschaftlichkeits- usw. -berechnungen (Berechnungs- und Mietenverordnung)	Uwgw
Maßnahmen zur Hebung des Wohnungsmangels	Uwh
Maßnahmen zur Hebung des Wohnungsmangels	Uwh
Alters- und Invalidenheime	Uwi
Alters- und Invalidenheime	Uwi
Klagen gegen Inhaber von Reichsbahnwohnungen auf Räumung und bezüglich Mietforderungen *Unterakten nach Bedarf*	Uwk
Klagen gegen Inhaber von Reichsbahnwohnungen auf Räumung und wegen Mietforderungen *Unterakten nach Bedarf*	Uwk
Mieträumungsklagen, Mietforderungsklagen	Uwk
Mieträumungsklagen, Mietforderungsklagen	Uwk
Mieträumungsklagen, Mietforderungsklagen	Uwk
Ledigenheime	Uwl

Unterstützungen usw (1928, 1943) / Sozialwesen (ab 1954) U

Akteninhalt	Aktenzeichen
Ledigenheime	Uwl
Ledigenheime	Uwl
Ledigenheime	Uwl
Ledigenheime	Uwl
Mieten, Mietentschädigungen	Uwm
Mieten, Mietentschädigungen	Uwm
Mieten, Mietentschädigungen für Wohnungen	Uwm
Mieten, Mietentschädigungen für Wohnungen	Uwm
Mieten, Mietentschädigungen für Wohnungen	Uwm
Verpachtung von Bundesbahnwohnungen (zur Nutzung)	Uwn
Verpachtung von Bundesbahnwohnungen (zur Nutzung)	Uwn
Verpachtung von Bundesbahnwohnungen (zur Nutzung)	Uwn
Wohnungsbauprogramme	Uwp
Wohnungsbauprogramme	Uwp
Wohnungsbauprogramme	Uwp
Räumungskostenbeiträge, Wohnungsbeschaffungsbeihilfen	Uwr
Räumungskostenbeiträge, Wohnungsbeschaffungsbeihilfen	Uwr
Räumungskostenbeiträge, Wohnungsbeschaffungsbeihilfen	Uwr
Räumungskostenbeiträge, Wohnungsbeschaffungsbeihilfen	Uwr
Siedlungswesen, allgemeine Bestimmungen	Uws
Siedlungswesen, allgemeine Bestimmungen	Uws
Siedlungswesen	Uws
Siedlungswesen	Uws
Siedlungswesen	Uws

U Unterstützungen usw (1928, 1943) / Sozialwesen (ab 1954)

Akteninhalt	Aktenzeichen
Wohnungstausch	Uwt
Wohnungstausch	Uwt
Wohnungstausch	Uwt
Umzugsbeihilfen, Abfindungen für Abgabe von Wohnungen, Wohnungsbeschaffungshilfen	Uwu
Umzugsbeihlfen, Abfindungen für Abgabe von Wohnungen, Wohnungsbeschaffungsbeihilfen	Uwu
Übersichten (Statistik)	Uwü
Übersichten (Statistik)	Uwü
Übersichten (Statistik)	Uwü
Wohnungsfürsorge, Vergebung von Wohnungen, Wohnungsausschüsse, Zusammenarbeit mit Wohnungsämtern	Uwv
Arbeitgeberzuschüsse an Gemeinden oder private Bauherren	Uwz
Arbeitgeberzuschüsse an Gemeinden oder private Bauherren	Uwz
Wohnungsfürsorge, Vergabe von Wohnungen, Wohnungsausschüsse	Uwv
Wohnungsfürsorge, Vergabe von Wohnungen, Wohnungsausschüsse	Uwv
Arbeitgeberzuschüsse u. dg.	Uwz

Unterstützungen usw (1928, 1943) / Sozialwesen (ab 1954) U

Akteninhalt	Aktenzeichen
z Unterstützungen, Zuwendungen	
z Unterstützungen (Zuwendungen)	
Unterstützungen und Zuwendungen, allgemeine Bestimmungen	Uz
Unterstützungen und Zuwendungen, allg Bestimmungen	Uz
Unterstützungen (Zuwendungen), Allgemeines	Uz
Unterstützungen (Zuwendungen), Allgemeines *Unterakten nach Bedarf*	Uz *
Unterstützungen an Angestellte und Arbeiter	Uza
Unterstützungen für Beamte	Uzb
Unterstützungen für Beamte	Uzb
Unterstützungen an Beamte	Uzb
Erziehungsbeiträge	Uze
Erziehungsbeiträge	Uze
Unterstützungen für Lohnempfänger und Rentner, sowie deren Hinterbliebene	Uzl
Unterstützungen für Lohnempfänger und Rentner sowie deren Hinterbliebene	Uzl
Notstandsbeihilfen	Uzn
Notstandsbeihilfen	Uzn
Notstandsbeihilfen	Uzn
Unterstützungen an Beamte außer Dienst (Pensonäre)	Uzp
Unterstützungen für Beamte im Ruhestande und Hinterbliebene von Beamten	Uzr
Unterstützungen für Beamte im Ruhestande und Hinterbliebene von Beamten	Uzr
Unterstützungen an Rentner und deren Hinterbliebene	Uzr

U Unterstützungen usw (1928, 1943) / Sozialwesen (ab 1954)

Akteninhalt	Aktenzeichen
Stiftungen	Uzs
Stiftungen	Uzs
Stiftungen	Uzs

Verkehr

V

Akteninhalt	Aktenzeichen
a Allgemeines	
Verkehr, allgemeine Bestimmungen	Va *
Verkehr, allgemeine Bestimmungen	Va
Verkehr, Allgemeines	Va
Verkehr, Allgemeines	Va
Absatz, Allgemeines	Va
Ausschüsse	Vaa
Ausschüsse im Verkehrs- und Wagendienst	Vaa
Ausschüsse	Vaa
Besprechungen in Verkehrsangelegenheiten	Vab
Besprechungen in Verkehrsangelegenheiten	Vab
Besprechungen in Verkehrsangelegenheiten	Vab
Besprechungen in Verkehrsangelegenheiten	Vab
Berichte, Konferenzen	Vab
Berichte, internationale Konferenzen	Vabi
Dienststunden der Abfertigungsstellen	Vad
Dienststunden der Abfertigungsstellen	Vad
Dienststunden der Abfertigungsstellen	Vad
Druckschriften	Vad
Wirtschaftliche Ertragsberechnungen und Ersparnismaßnahmen im Verkehr	Vae *
Wirtschaftliche Ertragsberechnungen u Ersparnismaßnahmen im Verkehr	Vae
Wirtschaftliche Ertragsberechnungen und Ersparnismaßnahmen im Verkehr	Vae
Erhöhung der Wirtschaftlichkeit im Wagen- und Beförderungsdienst	Vaew
Erhöhung der Wirtschaftlichkeit im Wagen und Beförderungsdienst	Vaew

Verkehr

Akteninhalt	Aktenzeichen
Fundsachen (Fundsachenvorschrift)	Vaf
Fundsachen, Fundvorschrift – DS 619 –	Vaf
Aushänge	Vah
Aushänge	Vah
Aushänge auf Bahngebiet und in den Zügen	Vah
Luft- (Flug-) Verkehr	Val
Luft- (Flug-) Verkehr	Val
Mitteilungen und Auskünfte im Verkehrsdienst	Vam
Mitteilungen und Auskünfte im Verkehrsdienst	Vam
Mitteilungen und Auskünfte im Verkehrsdienst	Vam
Mitteilungen und Auskünfte im Verkehrsdienst	Vam
Mitteilungen und Auskünfte	Vam
Mitteilungen und Auskünfte; Güterverkehr	Vamg
Mitteilungen und Auskünfte: Güterverkehr	Vamg
Mitteilungen und Auskünfte im Güterverkehr	Vamg
Mitteilungen und Auskünfte; Personenverkehr	Vamp
Mitteilungen und Auskünfte: Personenverkehr	Vamp
Mitteilungen und Auskünfte im Personenverkehr	Vamp
Amtliche Reisebüros und Auskunftsstellen siehe Vpfvr	
Amtliche Reisebüros und Auskunftsstellen siehe Vpfvr	
Verkehr auf Nebenbahnen	Van
Verkehr auf Nebenbahnen	Van
Verkehr auf Nebenbahnen	Van
Eisenbahn=Verkehrsordnung (EVO)	Vao

Verkehr

Akteninhalt	Aktenzeichen
Eisenbahn-Verkehrsordnung (EVO)	Vao
Eisenbahn-Verkehrsordnung (EVO)	Vao
Öffentlichkeitsarbeit (Werbung, Presse)	Vaö
Personen-Haltepunkte	Vap
Rechnungswesen	Var
Versicherungen	Vas
Versicherungen	Vas
Versicherung	Vas
Expreßgut	Vase
Expreßgut	Vase
Güter	Vasg
Güter	Vasg
Personen	Vasp
Personen	Vasp
Reisegepäck	Vasr
Reisegepäck	Vasr
Versicherung von Reise- und Handgepäck	Vasr
Versicherung von Eil- und Frachtstückgut	Vass
Versicherung von Expreßgut	Vasx
Versicherung	Vav
Verkehrspolitik	Vav
Verkehrswettbewerb, Allgemeine Bestimmungen	Vaw (neu)
Verkehrswettbewerb mit dem Ausland	Vawa "
Verkehrswettbewerb mit dem Kraftwagen – Allgemeines –	Vawk "

Akteninhalt	Aktenzeichen
Wettbewerb im Kraftwagengüterverkehr	Vawkg "
Wettbewerb im Kraftwagenpersonenverkehr	Vawkp "
Kraftwagenlinien der Reichspost	Vawkr "
Luftverkehr. Allgemeine Bestimmungen	Vawl "
Luftverkehr. Güter- und Expreßverkehr	Vawlg "
Luftverkehr. Personen- und Gepäckverkehr	Vawlp "
Wettbewerb mit Privat- und Kleinbahnen	Vawp "
Wettbewerb im Schiffsverkehr	Vawsch "
Zollbehandlung in den Zügen	Vaz
b Bus	
Bus	Vb
Fahrzeuge	Vbf
Finanzwesen (Kassen-)	Vbk
Organisation	Vbo
Personalwesen	Vbv
Tarife	Vbt
Verwaltung, Allgemeines	Vbv
Werkstätten	Vbw
c Controlling	
Controlling, Allgemeines	Vc
Budgetierung	Vcb
Controlling	Vcc
Planung	Vcp

Verkehr

Akteninhalt	Aktenzeichen
Gruppe Vd unterscheidet sich stark zwischen 1928/ 1943 und 1992 f. (1954 und 1980 fehlt sie), daher folgt hier die blockweise Darstellung	
d Verein Deutscher Eisenbahnverwaltungen	
d Verein Mitteleuropäischer Eisenbahnverwaltungen	
Verein Deutscher Eisenbahnverwaltungen	Vd
Verein Mitteleuropäischer (Deutscher) Eisenbahnverwaltungen	Vd
Übereinkommen betreffend die Erstattung von Fahrgeld und Gepäckfracht	Vdf
Übereinkommen betr die Erstattung von Fahrgeld und Gepäckfracht	Vdf
Güterverkehrsausschuß	Vdg
Güterverkehrsausschuß	Vdg
Übergangskilometerzeiger für den Güter- und Tierverkehr	Vdk
Übergangskilometerzeiger für den Güter- und Tierverkehr	Vdk
Personenverkehrsausschuß	Vdp
Personenverkehrsausschuß	Vdp
Abbildungsheft der gebräuchlichsten Arten von Gepäckstücken	Vdpa
Vereinsbetriebsreglement (VBR)	Vdr
Vereinsbetriebsreglement (VBR)	Vdr
Nachweisung der Zuschläge zu den regelmäßigen Lieferfristen	Vdrl
Nachweisung d Zuschläge zu den regelmäßigen Lieferfristen	Vdrl
Übereinkommen zum Vereinsbetriebsreglement (Übk z VBR)	Vdrü
Übereinkommen zum Vereinsbetriebsreglement (Übk z VBR)	Vdrü
Gemeinsame Abfertigungsvorschriften	Vdv
Gemeinsame Abfertigungsvorschriften	Vdv
Übereinkommen über die Beförderung von Dienstsendungen (DBÜ) siehe Oasvb	

Verkehr

Akteninhalt	Aktenzeichen
Übereinkommen über die Beförderung von Dienstsendungen (DBÜ) siehe Oavsb	
Wagenausschuß (für Angelegenheiten der gegenseitigen **W**agenbenutzung)	Vdw
Wagenausschuß (für Angelegenheiten der gegenseitigen **W**agenbenutzung)	Vdw
Vereinswagenübereinkommen, Vereinswagenausschuß siehe Vwü	
Vereinswagenübereinkommen, Vereinswagenausschuß siehe Vwü	
Gruppe Vd unterscheidet sich stark zwischen 1928/1943 und 1992 f. (1954 und 1980 fehlt sie), daher folgt hier die blockweise Darstellung	
d EDV, Datenmanagement	
EDV Personenverkehr, Datanmanagement; Allgemeines	Vd
Fahrausweis**a**utomaten	Vda
mobiles Verkaufsgerät	Vdm
Verkaufs**t**erminal	Vdt
e Absatzplanung und Erfolgskontrolle [1980]	
Absatzplanung und **E**rfolgskontrolle, Allgemeines *	Ve
Erfolgs**k**ontrolle	Vek
Absatz**p**lanung	Vep
e Entschädigung [1992, 1994]	
Entschädigung, Allgemeines **	Ve
international	Vei

* siehe auch Aktenzeichen Awvg und Awvp (1980) sowie Vve (1994)

** beachte aber Rf = Entschädigungsansprüche aus dem Frachtvertrag und Ge = Güterverkehr/Entschädigung, d. h. *Ve* galt nur für Reiseverkehr

Verkehr

Akteninhalt	Aktenzeichen
f Fortbildung der Verkehrsvorschriften [nur 1954]	
Fortbildung der Verkehrsvorschriften, Allgemeines	Vf
Fortbildung der Verkehrsvorschriften, Allgemeines	Vf
Fortbildung der Verkehrsvorschriften über die Abfertigung und Beförderung von Gütern	Vfg
Fortbildung der Verkehrsvorschriften über die Abfertigung und Beförderung von Gütern im Kraftverkehr	Vfgk
Fortbildung der Verkehrsvorschriften über die Abfertigung und Beförderung von Personen, Gepäck, Expreßgut und Leichen	Vfp
Fortbildung der Verkehrsvorschriften über die Abfertigung und Beförderung von Personen, Gepäck und Schnellgut mit Kraftfahrzeugen	Vfpk
g Güterverkehr	
Anmerkung: ab 1992 bekam Güterverkehr die eigene Hauptgruppe G (vorher Geräte usw.)	
Güterverkehr, allgemeine Bestimmungen	Vg *
Güterverkehr, allgemeine Bestimmungen	Vg
Güterverkehr, Allgemeines	Vg
Güterverkehr, Allgemeines	Vg
Güterabfertigung, allgemeine Bestimmungen	Vga *
Vorschriften für die Abfertigung von Leichen, lebenden Tieren, Gütern und Milch (Kdm 3 des D. E. V. V.)	Vga
Abfertigung von Gütern, Allgemeines; Güterabfertigungsvorschrift (DV 603)	Vga
Abfertigung von Gütern, Allgemeines; Güterabfertigungsvorschrift - DS 603 -	Vga *
Allgemeine Abfertigungsvorschriften (A. A. V. II) (Kdm. 1/II d. DEVV) Abfertigung von Eil- und Frachtgütern	Vga II

V

Verkehr

Akteninhalt	Aktenzeichen
Allgemeine Abfertigungsvorschriften Teil III (A. A. V. III) (Kdm. 1/III d. DEVV) Buchführung, Rechnungslegung, Kassenführung	Vga III
Annahme und Ausgabe von Gütern	Vgaa
Annahme und Ausgabe von Gütern	Vgaa
Annahme und Ausgabe von Gütern	Vgaa
Verpackung und Bezeichnung der Stückgüter	Vgab
Verpackung und Bezeichnung der Stückgüter	Vgab
Verpackung und Bezeichnung der Stückgüter	Vgab
Verpackung und Bezeichnung der Stückgüter	Vgab
Frachtbriefe, Frachtbriefduplikate	Vgad
Frachtbriefe, Frachtbriefduplikate	Vgad
Frachtbriefe, Frachtbriefdoppel	Vgad
Ermittlungsdienst (Vorschriften über das Ermittlungsverfahren (Erm. V.) – Kdm. 11 des DEVV)	Vgae
Ermittlungsdienst (Vorschriften über das Ermittlungsverfahren (Erm. V.) Kdm. 11 des DEVV)	Vgae
Freibeträge	Vgaf
Freibeträge	Vgaf
Freibeträge	Vgaf
Abfertigung von und nach gleichnamigen Stationen	Vgag
Abfertigung von und nach gleichnamigen Stationen	Vgag
Internationaler Güterverkehr	Vgai
Abfertigung von und nach Kleinbahnstationen	Vgak
Abfertigung von und nach Kleinbahnstationen	Vgak
Abfertigung von und nach Kleinbahnstationen	Vgak

Verkehr

Akteninhalt	Aktenzeichen	
Güterverkehr mit dem Ausland	Vgal	
Güterverkehr mit dem Ausland	Vgal	
Güterverkehr mit dem Ausland	Vgal	
Nachnahmen (Behandlung)	Vgan	
Nachnahmen (Behandlung)	Vgan	
Nachnahmen	Vgan	
Nachnahmen	Vgan	
Erhebung örtlicher Abgaben	Vgaö	
Erhebung örtlicher Abgaben	Vgaö	
Rollfuhrwesen, Güter-Zu- u Abfuhr an den Bahnhöfen (Rollfuhr-Grundsätze)	Vgar	*
Rollfuhrwesen, Güter-Zu- u. -Abfuhr an den Bahnhöfen (Rollfuhr-Grundsätze)	Vgar	
Frachtstundungen (Sicherheitsleistungen)	Vgas	*
Frachtstundung (Sicherheitsleistungen)	Vgas	
Frachtstundungen (Sicherheitsleistung)	Vgas	
Frachtstundungen (Sicherheitsleistungen), Frachtstundungsvorschrift – DS 627 –	Vgas	
Verweigerte und unanbringliche Güter, Verkauf	Vgau	
Verweigerte und unanbringliche Güter, Verkauf	Vgau	
Verweigerte und unanbringliche Güter	Vgau	
Benachrichtigung der Empfänger, Vollmachten und Erklärungen zur Selbstabholung	Vgav	
Benachrichtigung der Empfänger, Vollmachten und Erklärungen zur Selbstabholung	Vgav	
Benachrichtigung der Empfänger; Vollmachten und Erklärungen zur Selbstabholung	Vgav	

Verkehr

Akteninhalt	Aktenzeichen
Verwiegen und Zählen der Güter	Vgaw
Verwiegen und Zählen der Güter	Vgaw
Verwiegen und Zählen der Güter	Vgaw
Verwiegen und Zählen der Güter	Vgaw
Vorschriften über die Erhebung von Frachtzuschlägen (siehe auch Tgbz)	Vgaz
Vorschriften über die Erhebung von Frachtzuschlägen (siehe auch Tgbz)	Vgaz
Erhebung von Frachtzuschlägen	Vgaz
Erhebung von Frachtzuschlägen; Frachtzuschlagvorschrift (FZV) – DS 604 –	Vgaz
Beförderung von Frachtstückgut, allgemeine Bestimmungen, Güterbeförderungsvorschriften (GBV) (Kdm III des DEVV)	Vgb *
Vorschriften für die Annahme, Verladung, Beförderung, Ausladung und Auslieferung von Leichen, lebenden Tieren, Gütern und Milch (GBV), Kundm 4 des DEVV	Vgb
Beförderung von Gütern, Allgemeines; Güterbeförderungsvorschriften	Vgb
Beförderung von Gütern, Allgemeines; Güterbeförderungsvorschrift Teile I und II (GBV I und II) – DS 605 und DS 606 –	Vgb *
Auf- und Abladen von Gütern	Vgba
Auf- und Abladen von Gütern	Vgba
Auf- und Abladen von Gütern	Vgba
Beförderung von Ausstellungs- und Messegütern	Vgbau
Beförderung von Ausstellungs- und Messegütern	Vgbau
Beförderung bestimmter Güter	Vgbb *
Beförderung bestimmter Güter	Vgbb
Beförderung bestimmter Güter	Vgbb
Beförderung bestimmter Güter	Vgbb

Akteninhalt	Aktenzeichen
Beförderung von Ausstellungs- und Messegütern	Vgbba
Beförderung von leichtempfindlichen Gütern	Vgbbe
Beförderung feuergefährlicher Güter	Vgbbf
Beförderung feuergefährlicher Güter	Vgbbf
Beförderung feuer- und explosionsgefährlicher Güter	Vgbbf
Beförderung von Milch	Vgbbm
Beförderung von Milch	Vgbbm
Beförderung von Milch	Vgbbm
Beförderung von Brieftauben	Vgbbt
Beförderung leichtverderblicher Güter	Vgbbv
Beförderung leichtverderblicher Güter	Vgbbv
Beförderung leichtverderblicher Güter	Vgbbv
Beförderung von Fahrzeugen	Vgbbz
Beförderung von Fahrzeugen	Vgbbz
Beförderung von leichtempfindlichen Gütern	Vgbe
Beförderung von leichtempfindlichen Gütern	Vgbe
Beförderung von Eilgut	Vgbe
Beförderung von Eilgutwagenladungen	Vgbe
Beförderung von Eilstückgut	Vgbes
Beförderung von Eilgutwagenladungen	Vgbew
Beförderung von Frachtgut	Vgbf
Beförderung von Frachtgut	Vgbf
Beförderung von Frachtstückgut	Vgbfs
Beförderung von Stückgut	Vgbfs

Verkehr

Akteninhalt	Aktenzeichen
Beförderung von Frachtgut**w**agenladungen *Unterakten nach Bedarf*	Vgbfw
Beförderung von Frachtgut**w**agenladungen *Unterakten nach Bedarf*	Vgbfw
Güterübergabe auf den **G**renzbahnhöfen in verkehrsdienstlicher Beziehung, güterdienstliche Zugabfertigung, Dienstanweisung für Zugabfertiger	Vgbg *
Güterübergabe auf den **G**renzbahnhöfen in verkehrsdienstlicher Beziehung, güterdienstliche Zugabfertigung, Dienstanweisung für Zugabfertiger	Vgbg
Güterdienstliche Zugabfertigung; Güterübergabe auf Grenzbahnhöfen	Vgbg
Güterdienstliche Zugabfertigung; Güterübergabe auf Grenzbahnhöfen; Zugabfertigungsmerkblatt – DS 605 153 –	Vgbg
Be**gl**eitung von Gütern	Vgbgl
Be**gl**eitung von Gütern	Vgbgl
Be**gl**eitung von Gütern	Vgbgl
Bildung von **K**urswagen	Vgbk *
Bildung von **K**urswagen	Vgbk
Bildung von **K**urswagen	Vgbk
Leitungsvorschriften im Reichsbahnverkehr (Güter und Tiere)	Vgbl
Leitungsvorschriften im Reichsbahnverkehr (Güter u. Tiere)	Vgbl
Leitungsvorschriften im Reichsbahn-**P**rivatbahnverkehr	Vgblp
Leitungsvorschriften im Reichsbahn-**P**rivatbahnverkehr	Vgblp
Beförderung von **M**assengütern *Unterteilung nach Artikelakten*	Vgbm
Beförderung von **M**assengütern *Unterakten nach Artikelakten*	Vgbm
Beförderung von **M**assengütern *Unterakten nach Bedarf (Unterteilung nach Artikeln)*	Vgbm

Verkehr

Akteninhalt	Aktenzeichen
Beförderung von **M**assengütern *Unterakten nach Bedarf (Unterteilung nach Artikeln)*	Vgbm
Nachweise für Verkehrsbewegungen (Verkehrsaufschreibungen)	Vgbn *
Nachweise für Verkehrsbewegungen (Verkehrsaufschreib.)	Vgbn
Bildung von **O**rtswagen	Vgbo
Bildung von **O**rtswagen	Vgbo
Bildung von **O**rtswagen	Vgbo
Behandlung der Begleit**p**apiere	Vgbp
Behandlung der Begleit**p**apiere	Vgbp
Sorgfältige Behandlung von Gütern	Vgbs
Sorgfältige Behandlung von Gütern	Vgbs
Sorgfältige Behandlung der Güter	Vgbs
Schadenverhütungsdienst	Vgbs
Beförderung von Gütern mit **Sch**iffen und Fährbooten	Vgbsch
Beförderung von Gütern mit **Sch**iffen und Fährbooten	Vgbsch
Umschlagverkehr	Vgbu
Umschlagverkehr	Vgbu
Bildung von **U**mladewagen	Vgbu
Bildung von U**m**ladewagen	Vgbum
Bildung von U**m**ladewagen	Vgbum
Überführung von Gütern zwischen den Bahnhöfen größerer Städte	Vgbü
Überführung von Gütern zwischen den Bahnhöfen größerer Städte	Vgbü
Lade- (**W**ege-) vorschriften	Vgbw *
Lade- (**W**ege-) vorschriften	Vgbw

Verkehr

Akteninhalt	Aktenzeichen
Erhöhung der Wirtschaftlichkeit im Beförderungsdienst	Vgbw
Erhöhung der Wirtschaftlichkeit im Beförderungsdienst	Vgbw
Ladevorschriften für Eilstückgut	Vgbwe
Lade- (Wege-) vorschriften für Eilstückgut	Vgbwe
Ladevorschriften für Frachtstückgut	Vgbwf
Lade- (Wege-) vorschriften für Frachtstückgut	Vgbwf
Beförderung von Frachtgutwagenladungen *Unterteilung nach Bedarf*	Vgbwfr
Beförderung von Frachtgutwagenladungen *Unterakten nach Bedarf*	Vgbwfr
Ladepläne	Vgbwp
Ladepläne	Vgbwp
Bezettelung der Wagen	Vgbz
Bezettelung der Wagen	Vgbz
Bezettelung der Wagen	Vgbz
Bezettelung der Wagen	Vgbz
Dienstgutordnung	Vgd
Dienstgutordnung	Vgd
Dienstgut	Vgd
Dienstgut	Vgd
Ermittlungsdienst	Vge
Ermittlungsdienst; Ermittlungsvorschrift (ErmV) – DS 620 –	Vge *
Behälterverkehr *Unterakten nach Bedarf*	Vgh
Huckepackverkehr	Vgh
Verkehrskontrollwesen für den Güter- und Tierverkehr	Vgk

Verkehr

Akteninhalt	Aktenzeichen
Verkehrs**k**ontrollwesen für den Güter- und Tierverkehr	Vgk
Verkehrs**k**ontrollwesen für den Güter- und Tierverkehr	Vgk
Verkehrs**k**ontrollwesen für den Güter- und Tierverkehr; Verkehrskontrollvorschrift II – DS 622 –	Vgk
Leitungsvorschriften	Vgl
Leitungsvorschriften	Vgl
Leitungsvorschriften im **B**undesbahnverkehr (Güter und Tiere)	Vglb
Leitungsvorschriften im **B**undesbahnverkehr (Güter und Tiere)	Vglb
Leitungsvorschriften im Verkehr DB – **n**ichtbundeseigene Eisenbahnen (DB / NE)	Vgln
Leitungsvorschriften im Verkehr Bundesbahn – **P**rivatbahnen	Vglp
Mechanisierung des Ladedienstes	Vgm
Flurfördermittel	Vgmf
Palettenverkehr	Vgmp
Umschlagverkehr	Vgmu
Mechanisierung des Ladedienstes im E**x**preßgutverkehr	Vgmx
Verkehrs**p**lanung, Verkehrslenkung	Vgp
Verkehrs**p**lanung, Verkehrslenkung	Vgp
Rollfuhrwesen, Allgemeines	Vgr
Rollfuhrwesen, Allgemeines	Vgr *
Bahnamtlicher Rollfuhrdienst	Vgrb
Bahnamtlicher Rollfuhrdienst	Vgrb
Sammelgutverkehr, Allgemeines	Vgs
Sammelgutverkehr	Vgs
Werksammelgutverkehr	Vgsw

Akteninhalt	Aktenzeichen
Containerverkehr	Vgt
Großcontainerverkehr	Vgtg
Kleincontainerverkehr	Vgtk
Mittelcontainerverkehr	Vgtm
Umladestellen	Vgu
Umladestellen	Vgu
Verkehrsüberwachung	Vgü
Verkehrsüberwachung	Vgü *
Lade- (Wege-) vorschriften	Vgw
Lade- (Wege-) vorschriften	Vgw
Ladevorschriften für Eilstückgut	Vgwe
Ladevorschriften für Frachtstückgut	Vgwf
Ladepläne	Vgwp
Ladepläne	Vgwp
Ladevorschriften für Stückgut	Vgws
Reinigung der Wagen siehe Vwr *Reinigung der Wagen siehe Vwr*	
Reinigung und Entseuchung von Güterwagen siehe Vwr *Reinigung und Entseuchung von Güterwagen siehe Vwr*	
h Handgepäck, Reisegepäck	
Handgepäck, Reisegepäck, Allgemeines	Vh
Abfertigung von Reisegepäck	Vhr
Gepäckträger	Vhrt
Schließfächer	Vhs

Verkehr

Akteninhalt	Aktenzeichen
Gruppe Vi unterscheidet sich stark zwischen 1928/ 1943 und 1992 f. (1954 und 1980 fehlt sie).	
i Interntionale Verkehrsbestimmungen	
Internationales Übereinkommen über den Eisenbahnfracht-(Güter-)verkehr (I. Ü. G.) siehe Tbig	
Internationales Übereinkommen über den Eisenbahnfracht-(Güter-)verkehr (I. Ü. G.) siehe Tbig	
Liste der den Internationalen Übereinkommen über den Eisenbahnfrachtverkehr unterworfenen Eisenbahnen siehe Tbigl	
Liste der den Internat. Übereinkommen über den Eisenbahnfrachtverkehr unterworfenen Eisenbahnen siehe Tbigl	
Internationales Übereinkommen über den Personen- und Gepäckverkehr (I. Ü. P.) siehe Tbip	
Internationales Übereinkommen über den Personen- u. Gepäckverkehr (I. Ü. P.) siehe Tbip	
Liste der Eisenbahnstrecken siehe Tbipl	
Liste der Eisenbahnstrecken siehe Tbipl	
Internationale Eisenbahnstatistik (Übersicht)	Viü
Internationale Eisenbahnstatistik (Übersicht)	Viü
Internationales Eisenbahn-Transportkomitee siehe Tbigk *Internationales Eisenbahn-Transportkomitee siehe Tbigk*	
Internationaler Eisenbahnverband siehe Aiv *Internationaler Eisenbahnverband siehe Aiv*	
Gruppe Vi unterscheidet sich stark zwischen 1928/ 1943 und 1992 f. (1954 und 1980 fehlt sie). Beachte, daß ab 1992 die Hauptgruppe V nur noch für den Personenverkehr galt	
i Infrastruktur	
Infrastruktur, Allgemeines	Vi
Fahrausweisverkauf	Vif

Akteninhalt	Aktenzeichen
Fahrausweisverkauf aus Automaten	Vifa
Fahrausweisverkauf außerhalb von Bahnhöfen (Reisebüros und Reiseunternehmen)	Vifr
Fahrausweisverkauf in den Zügen	Vifz
Verkaufsstellen	Viv
Gruppe Vk unterscheidet sich stark zwischen 1928, 1943 bis 1980 und 1992 f., daher folgt hier die blockweise Darstellung.	
k Verkehrskonkurrenz [nur 1928]	
Verkehrskonkurrenz, allgemeine Bestimmungen	Vk *
Wettbewerb mit dem Ausland	Vka
Kraftwagenverkehr	Vkk
Geschäftsstelle für dem Eisenbahnkfaftwagenverkehr	Vkkg
Eisenbahnkraftwagenlinien	Vkkl
Studiengesellschaft für Automobilstraßenbau	Vkks
Wettbewerbsmaßnahmen gegenüber dem Kraftwagen	Vkkw
Luftverkehr, allgemeine Bestimmungen	Vkl
Luftverkehr, Güter- und Expreßgutverkehr	Vklg
Luftverkehr, Personen- und Gepäckverkehr	Vlkp
Binnenschiffahrt, Kanäle	Vksch
k Kraftwagenverkehr [1943, 1954, 1980]	
Kraftwagenverkehr, Allgemeines	Vk
Kraftwagenverkehr, Allgemeines	Vk *

Verkehr

Akteninhalt	Aktenzeichen	
Kraftwagenverkehr, Allgemeines	Vka	(neu)
Wirtschaftliche Ertragsberechnungen und Ersparnisse im Kraftwagenverkehr	Vkae	"
Güterfernverkehrsgesetz	Vkaf	"
Kraftverkehrsordnung	Vkao	"
Reichskraftwagenbetriebsverband	Vkav	"
Güterkraftwagenverkehr, Allgemeines	Vkg	"
Güterkraftverkehr	Vkg	
Güterkraftverkehr	Vkg *	
Abfertigungsspediteure	Vkga	
Abfertigungsspediteure	Vkga	
Werbe-, Abfertigungs- und Frachtvorlagevergütung	Vkgav	
Werbe-, Abfertigungs- und Frachtvorlagevergütung	Vkgav	
Güterkraftverkehr mit der DDR und Berlin	Vkgd	
Güterfernverkehr mit Kraftwagen. Allgemeines	Vkgf	"
Öffentlicher Güterfernverkehr	Vkgf	
Öffentlicher Güterfernverkehr	Vkgf	
Güterfernverkehrslinien *Unterakten nach Bedarf*	Vkgfl	"
Internationaler Güterkraftverkehr	Vkgi	
Kraftwagenladungsverkehr	Vkgl	"
Kraftwagenstückgutverkehr	Vkgls	"
Stückgutlinien-, Schienenersatz- und Sonderverkehre	Vkgl	
Mittelwirtschaft	Vkgm	
Öffentlicher Güternahverkehr	Vkgn	

Verkehr

Akteninhalt	Aktenzeichen
Öffentlicher Güternahverkehr	Vkgn
Straßenrollerverkehr	Vkgr
Straßenrollerverkehr	Vkgr *
Kraftwagengüterstellen	Vkgs (neu)
Stückgut-Flächendienst und Schienenersatzverkehr	Vkgs
Unregelmäßigkeiten	Vkgu
Unregelmäßigkeiten	Vkgu
Güterkraftverkehr mit Fahrzeugen von Vertragsunternehmern	Vkgv
Güterkraftverkehr mit Fahrzeugen von Vertragsunternehmern	Vkgv
Kraftwagenwettbewerb im Güterverkehr	Vkgw
Kraftwagenwettbewerb im Güterverkehr	Vkgw *
Zubringer- und Verteilerverkehr	Vkgz "
Interzonenverkehr	Vkgz
Internationaler Kraftwagenverkehr (ECE)	Vki
Personenkraftwagenverkehr	Vkp "
Personenkraftverkehr	Vkp
Personenkraftverkehr	Vkp *
Personenkraftverkehr mit der DDR und Berlin	Vkpd
Gebührenfreie Mitfahrt im Bahnbus	Vkpf
Gemeinschaftsverkehr mit der Reichspost	Vkpg "
Gemeinschaftsverkehr mit anderen Unternehmern	Vkpg
Gemeinschaftsverkehr mit anderen Unternehmern	Vkpg
Gemeinschaftsverkehr mit der Deutschen Bundespost	Vkpgp
Gemeinschaftsverkehr mit der Deutschen Bundespost	Vkpgp

Verkehr

Akteninhalt	Aktenzeichen
Internationaler Personenkraftverkehr	Vkpi
Internationaler Personenkraftverkehr	Vkpi
Europabus	Vkpieu
Europabus	Vkpieu
Internationale Buslinien	Vkpil
Personenkraftwagenlinien *– Unterakten nach Bedarf –*	Vkpl (neu)
Bundesbahnomnibuslinien	Vkpl
Bahnbuslinien	Vkpl
Bahnbusfahrplan	Vkplf
Haltestellen, Omnibushöfe	Vkplh
Bahnbusnotverkehr	Vkpln
Mittelwirtschaft	Vkpm
Gelegenheitsverkehr (Sonderfahrten)	Vkps
Umsatzsteuer im Bahnbusverkehr	Vkpst
Unregelmäßigkeiten, Unfälle	Vkpu
Verträge und Abrechnungen mit Omnibusunternehmern	Vkpv
Verträge und Abrechnungen mit Busunternehmen und privaten Verkaufsstellen	Vkpv
Kraftwagenwettbewerb im Personenverkehr	Vkpw
Kraftwagenwettbewerb im Personenverkehr	Vkpw *
Kraftwagenwettbewerb: Linienverkehr	Vkpwl
Kraftwagenwettbewerb: Linienverkehr	Vkpwl
Kraftwagenwettbewerb: Deutsche Bundespost	Vkpwp
Kraftwagenwettbewerb: Gelegenheitsverkehr mit Omnibussen und Pkw (Sonderfahrten)	Vkpws

Verkehr

Akteninhalt	Aktenzeichen
Kraftwagenwettbewerb: Gelegenheitsverkehr mit Omnibussen und Pkw (Sonderfahrten)	Vkpws
Interzonenverkehr, Allgemeines	Vkpz
Bahnbus Interzonen-Linienverkehr	Vkpzl
Kraftwagentarife siehe unter Tk	
Kraftwagentarife siehe Tk	
Kraftwagen-Beförderungsrecht siehe unter Tbk	
Kraftwagen-Beförderungsrecht siehe Tfk	
Tarifmaßnahmen in Verbindung mit dem Kraftwagenverkehr siehe Tgmk	
Beachte, daß ab 1992 die Hauptgruppe V nur noch für den Personenverkehr galt.	
k Kooperation [1992, 1994]	
Kooperation, Allgemeines	Vk
Beteiligungen	Vkb
Kooperation mit Dritten im Verkauf	Vkv
Gruppe Vl unterscheidet sich stark zwischen 1928 - 1980 und 1992 (1994 ist sie nicht mehr belegt)., daher folgt hier die blockweise Darstellung. Beachte, daß ab 1992 die Hauptgruppe V nur noch für den Personenverkehr galt.	
l Leichen	
Allgemeine Abfertigungsvorschriften Teil I (A. A. V. I.) Köm 1/I des DEVV. Abfertigung von Personen usw., siehe Vpa	
Annahme, Beförderung und Auslieferung von Leichen	Vl *
Abfertigungsvorschriften siehe Vga	
Annahme, Beförderung und Auslieferung von Leichen	Vl

Verkehr

Akteninhalt	Aktenzeichen
Abfertigung und Beförderung von Leichen	Vl
Abfertigung und Beförderung von Leichen	Vl
Begleitung von Leichen	Vlb
Begleitung von Leichen	Vlb
Leichenpässe	Vlp
Leichenpässe	Vlp
Beachte, daß ab 1992 die Hauptgruppe V nur noch für den Personenverkehr galt.	
l Langfristplanung, Strategie [1992]	
Langfristplanung, Strategie, Allgemeines	Vl
Gesamtstrategie Personenverkehr	Vlg
Infrastrukturstrategie	Vli
Kooperations- / Beteiligungsstrategie	Vlk
Marktstrategie	Vlm
Produktstrategie	Vlo
Preisstrategie	Vlp
Vertriebsstrategie	Vlv
m Marktforschung	
m Marketing	
Marktforschung, Allgemeines	Vm
Marketing, Allgemeines	Vm
Marketingforschung	Vmf
Marketingplanung	Vmp

Verkehr

Akteninhalt	Aktenzeichen
n Nahverkehr	
Nahverkehr, Allgemeines	Vn
Für weitere Untergliederungen wird das Aktenzeichen Vn um die Kennzahl aus dem Aktenplan Br Nv ergänzt	
o Organisation	
Organisation, Allgemeines	Vo
Organisation Verkauf allgemein	Voa
Organisation Verkauf international	Voai
Geschäftspläne, Stellenbeschreibungen	Vob
Organisation GV-Ebene*	Vog
Organisation GV-Ausland (international)	Vogi
Organisation der lokalen (Dienststellen-) Ebene	Vol
Projekte im Personenverkehr	Vop
Organisation Regionalebene (BD)	Vor
Organisation Zentralebene	Voz
ö Öffentlichkeitsarbeit	
Verkauf Öffentlichkeitsarbeit Berichte, Referate, Presse, Jahresrückblick	Vö

* mit GV dürften hier die Generalvertretungen gemeint sein

Verkehr

Akteninhalt	Aktenzeichen
Gruppe Vp unterscheidet sich stark zwischen 1928 - 1980 und 1992, daher folgt hier die blockweise Darstellung.	
p Personenverkehr	
— —*	* Vp
— —*	
Personenverkehr, Allgemeines	Vp
Personenverkehr, Allgemeines	Vp *
Allgemeine Abfertigungsvorschriften (A. A. V. I – Kdm 1 des DEVV) Abfertigung von Personen, Reisegepäck, Expreßgut und Leichen	Vpa *
Vorschriften für die Abfertigung von Personen, Reisegepäck und Expreßgut (PAV), Kundm. 1 des DEVV	Vpa
Abfertigung von Personen, Allgemeines; Personenabfertigungsvorschriften (DV 600)	Vpa
Abfertigung von Personen, Allgemeines; Personenabfertigungsvorschrift (PAV) – DS 600 –	Vpa *
Dienstvorschrift für die Abfertigung von Personen, Gepäck und Hunden durch Zugführer	Vpaz
Dienstovorschrift für die Abfertigung von Personen, Gepäck und Hunden durch Zugführer	Vpaz
Personenbeförderungsvorschriften (P. B. V.) – Kdm 2 des DEVV. Beförderung von Personen und Gepäck	Vpb
Vorschriften über die Beförderung von Personen, Reisegepäck u. Expreßgut (PBV), Kdm 2 des DEVV	Vpb
Beförderung von Personen; Personenbeförderungs vorschriften	Vpb
Beförderung von Personen; Personenbeförderungsvorschrift Teil I (PBV I) – DS 601 –	Vpb *
Beförderung von Kranken	Vpbk
Beförderung von Kranken	Vpbk

* Systematisch wäre hier Gruppe „Vp" zu erwarten gewesen; sie wurde erst 1954 belegt. Im Aktenplan der Ämter usw. ist sie enthalten.

Verkehr

Akteninhalt	Aktenzeichen
Schalterfahrkartendrucker (Schnelldrucker)	Vpd
Fahrkarten-Schalterdrucker	Vpd
AEG-Fahrkartendrucker	Vpda
AEG-Schalterdrucker	Vpda
Pautze-Fahrkartendrucker	Vpdp
Pautze-Schalterdrucker	Vpdp
Sonstige Fahrkartendrucker	Vpds
Sonstige Schalterdrucker	Vpds
Einsteigen, Anweisung und Belegen der Plätze	Vpe
Einsteigen, Anweisung und Belegen der Plätze	Vpe
Einsteigen, Anweisung und Belegen von Plätzen in den Zügen	Vpe
Fahrkartenwesen (Mustersammlung) (Kdm 16 des DEVV)	Vpf *
Fahrkartenwesen (Mustersammlung) (Kdm 16 des DEVV)	Vpf
Fahrkartenwesen (Fahrkartenmustersammlung)	Vpf
Fahrkartenwesen, Allgemeines	Vpf *
Schalterfahrkartendrucker (Schnelldrucker)	Vpfd
Schalterfahrkartendrucker (Schnelldrucker)	Vpfd
Elektra	Vpfde
Elektra	Vpfde
Regina	Vpfdr
Regina	Vpfdr
Sonstige	Vpfds
Sonstige	Vpfds
Form, Inhalt und Farbe der Fahrkarten	Vpff

Verkehr

Akteninhalt	Aktenzeichen
Form, Inhalt und Farbe der Fahrkarten	Vpff
Form, Inhalt und Farbe der Fahrkarten	Vpff
Gültigkeit der Fahrkarten	Vpfg
Gültigkeit der Fahrkarten	Vpfg
Herstellung, Lieferung und Verwaltung der Fahrkarten	Vpfh
Herstellung, Lieferung und Verwaltung der Fahrkarten	Vpfh
Herstellung, Lieferung und Verwaltung der Fahrkarten	Vpfh
Herstellung, Lieferung und Verwaltung der Fahrkarten; Fahrkartenverwaltungsvorschriften – DS 628 –	Vpfh
Blankokarten	Vpfk
Blankokarten	Vpfk
Blankokarten	Vpfk
Prüfung, Abstempelung und Lochung der Fahrkarten	Vpfl
Prüfung, Abstempelung und Lochung der Fahrkarten	Vpfl
Prüfung, Abstempelung und Lochung der Fahrkarten	Vpfl
Prüfung, Abstempeln und Lochen der Fahrkarten	Vpfl
Lichtbildrahmen für Zeitkarten	Vpfr
Lichtbildrahmen für Zeitkarten	Vpfr
Stundung von Fahrgeldern und Gepäckfrachten	Vpfs
Stundung von Fahrgeldern und Gepäckfrachten	Vpfs
Stundung von Fahrgeldern und Gepäckfrachten	Vpfs
Stundung von Fahrgeldern und Gepäckfrachten	Vpfs
Fahrgeldstundung für Polizeibeamte	Vpfsp
Fahrgeldstundung für Polizeibeamte	Vpfsp
Fahrgeldstundung für Polizeibeamte	Vpfsp

V

Verkehr

Akteninhalt	Aktenzeichen
Unregelmäßigkeiten und Fälschungen *(Unterteilung nach Bedarf)*	Vpfu
Unregelmäßigkeiten und Fälschungen *Unterakten nach Bedarf*	Vpfu
Unregelmäßigkeiten und Fälschungen	Vpfu
Unregelmäßigkeiten und Fälschungen; Vorschriften über Aufschreibungen von Blankokarten durch die Zugrevisoren – DS 652 –	Vpfu
Umschreibung von Fahrkarten	Vpfum
Umschreibung von Fahrkarten	Vpfum
Verkauf und Vorausbestellung von Fahrkarten	Vpfv
Verkauf und Vorausbestellung von Fahrkarten	Vpfv
Verkauf und Vorausbestellung von Fahrkarten	Vpfv
Verkauf und Vorausbestellung von Fahrkarten	Vpfv
Fahrkartenverkauf durch Automaten	Vpfva
Fahrkartenverkauf durch Automaten	Vpfva
Fahrkartenverkauf durch Automaten	Vpfva
Fahrkartenverkauf aus Automaten	Vpfva
Fahrkartenverkauf außerhalb der Bahnhöfe (Reisebüros und Reiseunternehmen)	Vpfvr
Fahrkartenverkauf außerhalb der Bahnhöfe (Reisebüros und Reiseunternehmen)	Vpfvr
Fahrkartenverkauf außerhalb der Bahnhöfe (Reisebüros und Reiseunternehmen)	Vpfvr
Fahrkartenverkauf außerhalb der Bahnhöfe (Reisebüros und Reiseunternehmen)	Vpfvr
Fahrkartenverkauf in den Zügen (Dienstvorschrift über Sondergebühren für Fahrkartenverkauf in den Zügen und nachträgliche Einziehung von Fahrgeldern)	Vpfvzü

Verkehr

Akteninhalt	Aktenzeichen
Fahrkartenverkauf in den Zügen (DV über Sondergebühren für Fahrkartenverkauf in den Zügen und nachträgliche Einziehung von Fahrgeldern)	Vpfvz
Fahrkartenverkauf in den Zügen	Vpfvz
Fahrkartenverkauf in den Zügen	Vpfvz
Wahlweise Benutzung verschiedener Strecken; Umwegkarten	Vpfw
Wahlweise Benutzung verschiedener Strecken; Umwegkarten	Vpfw
Wahlweise Benutzung verschiedener Strecken; Umwegkarten	Vpfw
Umtausch und Zurücknahme von Fahrkarten	Vpfz
Umtausch und Zurücknahme von Fahrkarten	Vpfz
Umtausch und Zurücknahme von Fahrkarten	Vpfz
Verkehrskontrollwesen für den Personen- und Gepäckverkehr	Vpk
Verkehrskontrollwesen für den Personen- und Gepäckverkehr	Vpk
Verkehrskontrollwesen für den Personen- und Gepäckverkehr	Vpk
Verkehrskontrollwesen für den Personen-, Gepäck- und Expreßgutverkehr; Kontrollvorschrift I (VKV I) – DS 621 –	Vpk
Betreten der Bahnhöfe und Bahnsteige: Bahnsteigsperre *(Unterteilung nach Bedarf)*	Vps
Betreten der Bahnhöfe und Bahnsteige: Bahnsteigsperre *Unterakten nach Bedarf*	Vps
Betreten der Bahnhöfe und Bahnsteige; Bahnsteigsperren *Unterakten nach Bedarf*	Vps
Betreten der Bahnhöfe und Bahnsteige; -Bahnsteigsperren *Unterakten nach Bedarf*	Vps
Mitnahme von Tieren in die Personenwagen	Vpt
Mitnahme von Tieren in die Personenwagen	Vpt
Mitnahme von Tieren in die Personenwagen	Vpt

Akteninhalt	Aktenzeichen
Unterbrechung der Fahrt	Vpu
Unterbrechung der Fahrt	Vpu
Interzonen-Personenverkehr	Vpz
p Personalangelegenheiten (1992)	
Personalangelegenheiten, Allgemeines	Vp
Belohnung, Prämien	Vpb
Personaldisposition	Vpd
Personalführung und Zusammenarbeit	Vpf
Personalangelegenheiten GV	Vpg
Personalkosten, Erfassungsstellen	Vpk
Laufbahnangelegenheiten	Vpl
Prüfungswesen, Prüfungsordnung	Vpp
Personalangelegenheiten Region (BD-Ebene)	Vpr
Personalangelegenheiten Unterricht (Betriebliches Bildungswesen)	Vpu
Personalvertretungsrecht	Vpv
Personalwirtschaft	Vpw
Arbeitszeit, DDV*	Vpz
q Kundenorientiertes Qualitätswesen	
Kundenorientiertes Qualitätswesen, Allgemeines	Vq

* DDV = Dienstdauervorschrift

Verkehr

Akteninhalt	Aktenzeichen
Gruppe Vr unterscheidet sich stark zwischen 1928 - 1980 und 1992 - 1994, daher folgt hier die blockweise Darstellung.	
r Reisegepäckverkehr (1928, 1943)	
r Reisegepäck und Handgepäck [1954, 1980]	
Reisegepäckverkehr, allgemeine Bestimmungen, Annahme, Beförderung und Auslieferung	Vr *
Reisegepäckverkehr, allg Best, Annahme, Beförderung und Auslieferung	Vr
Abfertigung und Beförderung von Reisegepäck	Vr
Abfertigung und Beförderung von Reisegepäck	Vr *
Fundgegenstände (FundO) (Kdm. 10 des DEVV)	Vrf
Fundgegenstände (FundO) (Kdm. 10 des DEVV)	Vrf
Beförderung von Verkehrs- und Sportgeräten als Reisegepäck (Fahr- und Motorräder, Schneeschuhe usw.)	Vrg
Beförderung von Verkehrs- und Sportgeräten als Reisegepäck (Fahr- und Motorräder, Schneeschuhe usw)	Vrg
Beförderung von Verkehrs- und Sportgeräten als Reisegepäck (Fahr- und Motorräder, Schneeschuhe usw.)	Vrg
Haus - Haus Gepäckverkehr	Vrg
Fahrradkarten	Vrgk
Fahrradkarten	Vrgk
Handgepäck, allgemeine Bestimmungen	Vrh
Handgepäck, allgemeine Bestimmungen	Vrh
Handgepäck, Allgemeines	Vrh
Handgepäck	Vrh
Mitnahme von Handgepäck in die Personenwagen	Vrhm
Mitnahme von Handgepäck in die Personenwagen	Vrhm

Akteninhalt	Aktenzeichen
Mitnahme von Handgepäck in die Personenwagen	Vrhm
Schließfächer	Vrhs
Kuriergepäck	Vrk
Kuriergepäck	Vrk
Gepäckabfertigung durch **R**eisebüros	Vrr
Gepäckabfertigung durch **R**eisebüros	Vrr
Gepäck**t**räger (Gep. D. A.), auch Gepäckträgergemeinschaften *Unterteilung nach Bedarf*	Vrt *
Gepäck**t**räger (Gep. D. A.), auch Gepäckträgergemeinschaften *Unterakten nach Bedarf*	Vrt
Gepäck**t**räger, Gepäckträgergemeinschaften *Unterakten nach Bedarf*	Vrt
Gepäck**t**räger, Gepäckträgergemeinschaften *Unterakten nach Bedarf*	Vrt *
Beförderung von **Z**eitungen	Vrz
Beförderung von **Z**eitungen	Vrz
r Reisebüro [1992, 1994]	
Reisebüro und Freie Agenturen	Vr
Freifahrt inländischer Reisebüros	Vrf
Reisebüro **Ö**ffentlichkeitsarbeit (Berichte, Referate, Presse)	Vrö
Reisebüro **P**ersonal Unterricht (Ausbildung)	Vrp
Reisebüro **U**nregelmäßigkeiten	Vru

Verkehr

Akteninhalt	Aktenzeichen
Gruppe Vs unterscheidet sich stark zwischen 1928 - 1980 und 1992 - 1994, daher folgt hier die blockweise Darstellung.	
s Seuchen und Krankheiten [1928 – 1980]	
Maßnahmen gegen Viehseuchen (Desinf. V.)	Vs *
Maßnahmen gegen Viehseuchen (Entseuchungsvorschriften), Kundm 7 des DEVV	Vs
Bekämpfung von Seuchen und Krankheiten im Eisenbahnverkehr	Vs
Bekämpfung von Seuchen und Krankheiten im Eisenbahnverkehr; Entseuchungsvorschriften – DS 616 –	Vs *
Gesundheitspflege im Personenverkehr (Dienstanweisung für Bekämpfung ansteckender Krankheiten im Eisenbahnverkehr) *Unterakten nach Bedarf*	Vsp
Gesundheitspflege im Personenverkehr (Dienstanweisung für Bekämpfung ansteckender Krankheiten im Eisenbahnverkehr, Kundm 13 des DEVV *Unterakten nach Bedarf*	Vsp
Gesundheitspflege im Personenverkehr; Bekämpfung ansteckender Krankheiten	Vsp
Reblausbekämpfung	Vsr
Reblausbekämpfung	Vsr
Viehseuchenpolizeiliche Anordnungen	Vsv
Viehseuchenpolizeiliche Anordnungen	Vsv
Maßnahmen gegen Viehseuchen; viehseuchenpolizeiliche Anordnungen	Vsv
Maßnahmen gegen Viehseuchen; viehseuchenpolizeiliche Anordnungen	Vsv
Ein-, Aus- und Durchfuhrverbote für Tiere (Kdm. 7 des DEVV.)	Vst
Ein-, Aus- und Durchfuhrverbote für Tiere (Kdm 7 des DEVV)	Vst
s Service [1992, 1994]	
Service, Allgemeines	Vs

Akteninhalt	Aktenzeichen
sch Schiffsverkehr [nur 1992, 1994]	
Schiffsverkehr, Allgemeines	Vsch
st Beförderungssteuern	
Beförderungssteuern, allgemeine Bestimmungen	Vst
Beförderungssteuern, allgemeine Bestimmungen	Vsta
Beförderungssteuern, Allgemeines	Vst
Güterbeförderungssteuer (Kdm 5 des DEVV). Dienstvorschrift über die Erhebung von Reichsabgaben im Eisenbahnverkehr, I. Teil, Güterverkehrssteuer (G.St.V.)	Vstg
Güterbeförderungssteuern, Kdm 5 des DEVV	Vstg
Güterbeförderungssteuer	Vstg
Personenbeförderungssteuer (Kdm 5 des DEVV). Dienstvorschrift über die Erhebung von Reichsabgaben im Eisenbahnverkehr, II. Teil, Personenverkehrssteuer (P.St.V.)	Vstp
Personenbeförderungssteuern, Kdm 5 des DEVV	Vstp
Personenbeförderungssteuer	Vstp
Gruppe Vt unterscheidet sich stark zwischen 1928 - 1980 und 1992 - 1994, daher folgt hier die blockweise Darstellung.	
t Tierverkehr [1954 - 1980]	
Allgemeine Abfertigungsvorschriften Teil I (A.A.V. I) Kdm. 1/I des DEVV	Vt *
Abfertigung von Personen, lebenden Tieren usw. siehe Vpa	
Abfertigung von lebenden Tieren (siehe auch Vpa)	Vt
Abfertigung und Beförderung von Tieren, Allgemeines	Vt
Abfertigung und Beförderung von Tieren, Allgemeines	Vt *

Verkehr

Akteninhalt	Aktenzeichen
Annahme, Beförderung und Auslieferung von Tieren, allgemeine Bestimmungen	Vta
Annahme, Beförderung und Auslieferung von Tieren, allgemeine Bestimmungen	Vta
Abfertigung von Tieren	Vta
Abfertigung von Tieren	Vta
Tierbegleiter	Vtb
Tierbegleiter	Vtb
Beförderung von Tieren	Vtb
Beförderung von Tieren	Vtb
Beförderung von Renn- und Zuchtpferden	Vtbp
Tränkung der Tiere während der Beförderung	Vtbt
Tierbegleiter	Vtgl
Beförderung von Hunden	Vth
Beförderung von Hunden	Vth
Lieferfristen	Vtl
Lieferfristen	Vtl
Beförderung von Renn- und Zuchtpferden	Vtp
Beförderung von Renn- und Zuchtpferden	Vtp
Sicherung der Tiere während der Beförderung	Vts
Sicherung der Tiere während der Beförderung	Vts
Tränkung der Tiere während der Beförderung	Vtt
Tränkung der Tiere während der Beförderung	Vtt
Viehsammelwagen (siehe GBV. Heft 2)	Vtw
Viehsammelwagen (siehe GBV. Heft 2)	Vtw

Verkehr

Akteninhalt	Aktenzeichen
t Tarife, Preise [1992, 1994] [nur noch Personenverkehr]	
Tarife, Preise, Allgemeines	Vt
Tarifangelegenheiten	Vta
Besprechungen in Tarifangelegenheiten	Vtab
Tarifdrucksachen, Verteilung, Abgabe	Vtad
Mitteilungen und Auskünfte über Tarife; Auskunftsstellen	Vtam
Tarif- und Verkehrsanzeiger	Vtav
Inlandstarife (Binnentarife)	Vtb
DPT I	Vtb I
DPT II	Vtb II
Fahrpreisermäßigungen, Allgemeines	Vte
Fahrpreisermäßigungen für Berufstätige	Vteb
Fahrpreisermäßigungen für Familien	Vtef
Fahrpreisermäßigungen für Gesellschaftsfahrten	Vteg
Fahrpreisermäßigungen für Jugendpflege und Schulfahrten	Vtej
Fahrpreisermäßigungen für Schwerbehinderte	Vtes
Sonstige Fahrpreisermäßigungen (versch.)	Vtev
Zeitkarten	Vtez
Reisegepäcktarif	Vtg
Gepäcktarif (Haus – Haus – Gepäck)	Vtgh
Internationale Tarife (Tarife mit dem Ausland, Tarife vom Ausland durch Deutschland ins Ausland)	Vti
Militärverkehr, Allgemeines	Vtm
Militärpersonen-, -gepäcktarif	Vtmp

Verkehr

Akteninhalt	Aktenzeichen
Personen, Gepäck- und Expreßguttarife im Verkehr mit nichtbundeseigenen Bahnen	Vtn
Platzkarten, Liegekarten	Vtp
Erstattungen (Rückvergütungen von Fahrgeld und Fahrpreiszuschlägen)	Vtr
Tarife für Sonderzüge und Sonderwagen	Vts
Gesellschaftssonderzüge	Vtsg
Sonstige Sonderzüge	Vtss
Verwaltungssonderzüge	Vtsv
Sonderwagen (Salon-, Schlafwagen)	Vtsw
Schiffstarife	Vtsch
Tarifmaßnahmen in Verbindung mit anderen Verkehrsmitteln	Vtv
Entfernungsanzeiger	Vtz
u Unregelmäßigkeiten und Verkehrsstörungen	
u Unregelmäßigkeiten und Verkehrsstörungen im Schienenverkehr	
Unregelmäßigkeiten im Verkehrsdienst und Verkehrsstörungen, allgemeine Bestimmungen	Vu *
Unregelmäßigkeiten im Verkehrsdienst und Verkehrsstörungen, allgemeine Bestimmungen	Vu
Unregelmäßigkeiten im Verkehrsdienst; Verkehrsstörungen, Allgemeines	Vu
Unregelmäßigkeiten im Verkehrsdienst; Verkehrsstörungen, Allgemeines	Vu *
Unregelmäßigkeiten, Beschwerden, Allgemeines	Vu
Beschwerden und Unregelmäßigkeiten	Vub
Beschwerden und Unregelmäßigkeiten	Vub
Beschwerden und Unregelmäßigkeiten	Vub

Verkehr

Akteninhalt	Aktenzeichen
Beschwerden und Unregelmäßigkeiten	Vub *
Beraubungen und Diebstähle	Vubd
a) Güterverkehr	Vubg
a) Güterverkehr	Vubg
Beschwerden und Unregelmäßigkeiten im Güterverkehr	Vubg
Beschwerden und Unregelmäßigkeiten im Güterverkehr	Vubg
Beraubungen und Diebstähle im Eilgut- und Frachtgutverkehr	Vubgd
Eilgut	Vubge
Eilgut	Vubge
Beschwerden und Unregelmäßigkeiten im Eilgutverkehr	Vubge
Frachtgut	Vubgf
Frachtgut	Vubgf
Beschwerden und Unregelmäßigkeiten im Frachtgutverkehr	Vubgf
b) Personen- und Gepäckverkehr	Vubp
b) Personen- und Gepäckverkehr	Vubp
Beschwerden und Unregelmäßigkeiten im Personen- und Gepäckverkehr	Vubp
Beschwerden und Unregelmäßigkeiten im Personen- und Gepäckverkehr	Vubp
Beraubungen und Diebstähle	Vubpd
Beraubungen und Diebstähle	Vubpd
Beraubungen und Diebstähle im Personen-, Gepäck- und Expreßgutverkehr	Vubpd
c) Tierverkehr	Vubt
c) Tierverkehr	Vubt
d) Expreßgutverkehr	Vubx (neu)

Verkehr

Akteninhalt	Aktenzeichen
Beschwerden und Unregelmäßigkeiten im E**x**preßgutverkehr	Vubx
Beschwerden und Unregelmäßigkeiten im E**x**preßgutverkehr	Vubx
Beschwerden und Unregelmäßigkeiten im **Z**olldienst	Vubz
Wagendienst siehe Vwbu	
Wagendienst siehe Vwbu	
Beschwerden und Unregelmäßigkeiten im Güterwagendienst siehe Vwbu	
Beschwerden und Unregelmäßigkeiten im Güterwagendienst siehe Vwbu	
Fahrgeldausgleich bei Verkehrsstörungen, Verspätungen und Umleitungen	Vuf
Fahrgeldausgleich bei Verkehrsstörungen, Verspätungen und Umleitungen	Vuf
Fahrgeld- und Fracht**h**interziehungen, allgemeine Bestimmungen	Vuh *
Fahrgeld- und Fracht**h**interziehungen, Allgemeines	Vuh
Fahrgeld- und Fracht**h**interziehungen	Vuh
Fahrgeld- und Fracht**h**interziehungen	Vuh *
Frachthinterziehungen im Gepäck- und **E**xpreßgutverkehr	Vuhe
Fahrgeldhinterziehung	Vuhf
Frachthinterziehung aus dem **G**üter-, Tier- und Leichenverkehr	Vuhg
Frachthinterziehungen aus dem **G**üter-, Tier- und Leichenverkehr	Vuhg
Frachthinterziehungen im **G**üter-, Tier- und Leichenverkehr	Vuhg
Fahrgeld- und Frachthinterziehung im **P**ersonen-, Gepäck- und Expreßgutverkehr	Vuhp
Fahrgeld- und Frachthinterziehung im **P**ersonen-, Gepäck- und Expreßgutverkehr	Vuhp
Fahrgeld- und Frachthinterziehungen im **P**ersonen-, Gepäck- und Expreßgutverkehr	Vuhp

V

Verkehr

Akteninhalt	Aktenzeichen
Fahrgeld- und Frachthinterziehungen im Personen-, Gepäck- und Expreßgutverkehr	Vuhp
Verkehrssperren	Vus
Verkehrssperren	Vus
Verkehrssperren	Vus
Verkehrssperren	Vus *
Güterverkehrssperren	Vusg
Güterverkehrssperren	Vusg
Güterverkehrssperren	Vusg
Güterverkehrssperren	Vusg
Personenverkehrssperren	Vusp
Personenverkehrssperren	Vusp
Personenverkehrssperren	Vusp
Umleitungen	Vuu
Umleitung von Güterzügen siehe Bfgu	
Umleitungen	Vuu
Umleitung von Güterzügen siehe Bfgu	
Unzuverlässige Verfrachter (Verfehlungen in Fälschungen im Fracht- und Gepäckverkehr)	Vuv
Unzuverlässige Verfrachter (Verfehlungen und Fälschungen im Fracht- und Gepäckverkehr)	Vuv
Verfehlungen und Fälschungen im Güter- und Gepäckverkehr	Vuv
Unregelmäßigkeiten bei Streiks siehe Asu	
*(–)**	
Unregelmäßigkeiten bei Streiks siehe Asu	

* kein Eintrag: Streiks und daraus resultierende Unregelmäßigkeiten waren 1943 nicht vorgesehen.

Verkehr

V

Akteninhalt	Aktenzeichen
ü Übersichten (Statistik)	
ü Übersichten, Statistiken, Lageberichte	
Übersichten (Statistik), allgemeine Bestimmungen und Sonderfälle	Vü *
Übersichten (Statistik), allg Best und Sonderfälle	Vü
Übersichten (Statistik) im Verkehr	Vü
Übersichten (Statistik)	Vü *
Übersichten, Statistiken, Allgemeines	Vü
Statistik gewerblicher Anlagen	Vüa
Statistik gewerblicher Anlagen	Vüa
Verkehrsberichte	Vüb *
Verkehrsberichte	Vüb
Verkehrsberichte	Vüb
Verkaufsberichte	Vüb
Statistik über die Durchfuhr des auswärtigen Handels	Vüd
Statistik über die Durchfuhr des auswärtigen Handels	Vüd
Statistik über den Güterverkehr	Vüg
Statistik über den Güterverkehr	Vüg
Statistik über den Güterverkehr auf Schienenbahnen	Vüg
Güterverkehr	Vüg
Statistik über den Güterverkehr mit Kraftwagen	Vügk (neu)
Kohlenstatistik	Vügk
Güterkraftverkehrsstatistik	Vügk
Kohlenstatistik	Vük
Kohlenstatistik	Vük

Verkehr

Akteninhalt	Aktenzeichen
Verkehrsübersichten des **K**raftverkehrs	Vük
Verkehrsübersichten des **G**üterkraftverkehrs	Vükg
Verkehrsübersichten des **P**ersonenkraftverkehrs	Vükp
Lageberichte	Vül
Nachweise über Verkehrsbewegungen (Verkehrsaufschreibungen)	Vün
Statistik über den **P**ersonenverkehr (Tabelle 18 der Reichsstatistik)	Vüp
Statistik über den **P**ersonenverkehr (Tabelle 18 der Reichsstatistik)	Vüp
Statistik über den **P**ersonenverkehr auf Schienenbahnen	Vüp
Personenverkehr	Vüp
Statistik über den Personenverkehr mit **K**raftwagen	Vüpk (neu)
Personenkraftverkehrsstatistik	Vüpk
Statistisches **R**eichsamt: Güterbewegungsstatistik	Vür
Statistisches **R**eichsamt: Güterbewegungsstatistik	Vür
Stufenstatistik	Vüs
Stufenstatistik	Vüs
Statistik über den **Sch**iffahrtsverkehr *Unterakten nach Bedarf*	Vüsch
Statistik über den **Sch**iffahrtsverkehr *Unterakten nach Bedarf*	Vüsch
Verkehrsstatistik (Dienstvorschrift) für die verkehrsstatistischen Arbeiten der äußeren Dienststellen, verkehrsstatistische Vorschriften (Versta)	Vüv
Verkehrsstatistik (Dienstvorschrift) f d verkehrsstatistischen Arbeiten der äußeren Dienststellen, verkehrsstatistische Vorschriften) (Versta)	Vüv
Statistik für **W**agenstellungen	Vüw
Statistik für **W**agenstellungen	Vüw
E**x**preßgutverkehr	Vüx

Verkehr

V

Akteninhalt	Aktenzeichen
Verkehrszählung	Vüz
Verkehrszählung	Vüz
Zählung der Reisenden siehe Bfzp	
Zählung der Reisenden siehe Bfpz	
Reisendenzählung siehe Büzr	
Statistik des Warenverkehrs mit dem Zollausland siehe Vzü	
Statistik des Warenverkehrs mit den Zollausland siehe Vzü	
Internationale Eisenbahnstatistik siehe Vzü	
Internationale Eisenbahnstatistik siehe Viü	
Gruppe Vv unterscheidet sich stark zwischen 1928 - 1943 und 1992 - 1994, daher folgt hier die blockweise Darstellung.	
v **Deutscher Eisenbahn-Verkehrsverband [1928, 1943]**	
Deutscher Eisenbahnverkehrsverband, allgemeine Bestimmungen; Verbandsübereinkommen	Vv
Deutscher Eisenbahnverkehrsverband, allgemeine Bestimmungen; Verbandsübereinkommen	Vv
Ausschuß A des DEVV für allgemeine Angelegenheiten des Verbandes und des Verkehrsdienstes	Vvaa (neu)
Ausschuß des DEVV für Angelegenheiten des Güterverkehrs Ständiger Unterausschuß zur Fortbildung der Vorschriften über den Güterverkehr	Vvag
Ausschuß C des DEVV für den Güter- und Tierverkehr	Vvag
Ausschuß E des DEVV für den Militärverkehr einschl der Behandlung des Militärtarifs	Vvam (neu)
Ausschuß des DEVV für Angelegenheiten des Personenverkehrs Ständiger Unterausschuß zur Fortbildung der Vorschriften über den Personenverkehr	Vvap
Ausschuß B des DEVV für Personen-, Gepäck- und Expreßgutverkehr	Vvap

Verkehr

Akteninhalt	Aktenzeichen
Ausschuß D des DEVV für das Zoll- und Ausfuhrwesen	Vvaz (neu)
Geschäftsführung des Deutschen Eisenbahn-Verkehrsverbands	Vvg
Geschäftsführung des DEVV, — *Unterakten n. Bedarf* —	Vvg
Kundmachungen, allgemeine Bestimmungen	Vvk
Kundmachungen, allgemeine Bestimmungen	Vvk
(die einzelnen Kundmachungen siehe bei den übrigen Gruppen der Hauptgruppe V — Vg, Vp, Vr, Vs, Vst, Vw, Vz — und die Akten Oavsb, Oavv und Tm)	*(neu)*
Satzungen des Deutschen Eisenbahn-Verkehrsverbands	Vvs
Satzungen des Deutschen Eisenbahn-Verkehrsverbands	Vvs
Dienstvorschrift für die Erledigung von Entschädigungsansprüchen aus dem Frachtvertrag durch die Abfertigungsstellen siehe Rfd	
Verkehrsrechtsausschuß siehe Rfr	
Allgemeine Abfertigungsvorschriften Teil I (A. A. V. I), Abfertigung von Personen, Reisegepäck, Expreßgut, Leichen, lebenden Tieren (Kdm. 1 / I des DEVV) siehe Vpa	
Allgemeine Abfertigungsvorschriften Teil II (A. A. V. II), (Kdm. 1 / II des DEVV) Abfertigung von Eil- und Frachtgütern siehe Vga II	
Allgemeine Abfertigungsvorschriften Teil III (A. A. V. III), (Kdm. 1 / III des DEVV) Buchführung, Kassenführung, Rechnungslegung siehe Vga III	
Personenbeförderungsvorschriften (PBV) (Kdm. 2 des DEVV) siehe Vpb	
Güterbeförderungsvorschriften (GBV) (Kdm 3 des DEVV) siehe Vgb	
Dienstvorschrift zur Anlage C der EVO (Kdm 4 des DEVV) siehe Tg	
Dienstvorschrift über die Erhebung von Reichsabgaben im Eisenbahnverkehr. Güterbeförderungsteuer (GStV.) Personenbeförderungssteuer (PStV.) (Kdm 5 des DEVV) siehe Vstg und Vstp	

Akteninhalt	Aktenzeichen
Zusammenstellung der Zoll-, Steuer- und polizeilichen Vorschriften I und II (ZV. I. und II. Teil) mit je einem Anhang (Kdm 6 des DEVV) siehe Vz	
Desinfektionsvorschriften (DesinfV.) (Kdm 7 des DEVV) siehe Vs	
Dienstvorschrift für die Behandlung von Privatwagen (PV) (Kdm 8 des DEVV) siehe Vwp	
Dienstvorschrift zur Militärtransportordnung und zum Militärtarif (Kdm 9 des DEVV) siehe Tm	
Vorschriften für die Behandlung der im Bereich der Eisenbahnverwaltungen zugückgelassenen und aufgefundenen Gegenstände (Kdm 10 des DEVV) siehe Vrf	
Vorschriften für das Ermittlungsverfahren (ErmV.) (Kdm 11 des DEVV) siehe Vgae	
Allgemeine Vorschriften für die Verkehrskontrollen (Verkehrskontrollordnung) (VKO 1 und 2) (Kdm 12 des DEVV) siehe Oavv	
Dienstanweisung zur Bekämpfung ansteckender Krankheiten im Eisenbahnverkehr (Kdm 13 des DEVV) siehe Vsp	
Dienstbriefbeförderungsvorschrift (Kdm 14 des DEVV) siehe Oavsb	
Freifahrbestimmungen des DEVV (Kdm 15 des DEVV) siehe Of	
Fahrkartenmustersammlung (Kdm 16 des DEVV) siehe Vpf	
Ausschuß des DEVV für Angelegenheiten des Freifahrwesens (Ständiger Unterausschuß zur Fortbildung der Vorschriften über das Freifahrwesen) siehe Afo.	
v Verkaufsförderung (1980)	
v Verkauf, Verkaufsplanung, Verkaufsförderung, Verkaufsabrechnung [1992, 1994]	
Verkaufsförderung, Allgemeines	Vv
Verkaufsförderung, Allgemeines	Vv

Verkehr

Akteninhalt	Aktenzeichen
Verkaufsförderung, Besondere Angelegenheiten	Vvb
Verkauf — Besprechungen (Konferenzen)	Vvb
Verkauf — Erfolgskontrolle	Vve
Verkaufsförderung	Vvf
Verkaufsinformation, Allgemeines	Vvi
Verkauf — international (EURAIL u. a.)	Vvi
Verkaufsrichtlinien	Vvl
Verkaufsplanung	Vvp
Verkauf in der Region	Vvr
Verkaufstraining, Allgemeines	Vvt
Verkaufs-, Verkäufertraining (Seminare)	Vvt
Abrechnung Verkauf (Umsatz)	Vvu
Verkauf — Vertriebswege — Struktur	Vvw

Gruppe Vw unterscheidet sich stark zwischen 1928 - 1980, und 1992, daher folgt hier die blockweise Darstellung.

Akteninhalt	Aktenzeichen
w Güterwagen [1928 – 1980]	
Güterwagen, allgemeine Bestimmungen, Güterwagenvorschriften (Gwv), Ausführungsbestimmungen	Vw *
Güterwagen, allgemeine Bestimmungen, Güterwagenvorschriften (Gwv), Ausführungsbestimmungen	Vw
Güterwagendienst, Güterwagenvorschriften	Vw
Güterwagendienst, Güterwagenvorschriften	Vw *
Ausübung und Überwachung des Wagendienstes	Vwa
Ausübung und Überwachung des Wagendienstes	Vwa
Ausübung und Überwachung des Wagendienstes	Vwa

Verkehr

Akteninhalt	Aktenzeichen
Ausübung und Überwachung des Güterwagendienstes	Vwa
Suchen von Wagen, Sucheliſte	Vwas
Suchen von Wagen, Sucheliste	Vwas
Wagenſtellungsnachweis	Vwast
Wagenstellungsnachweis	Vwast
Wagenzettel für Güterzüge	Vwaw
Wagenzettel für Güterzüge	Vwaw
Wagenzählungen	Vwaz
Wagenzählungen	Vwaz
Beſtellung, Meldung, Ausgleich, Verteilung und Überweiſung von Güterwagen	Vwb
Bestellung, Meldung, Ausgleich, Verteilung und Überweisung der Güterwagen	Vwb
Bestellung, Meldung, Ausgleich, Verteilung und Überweisung der Güterwagen	Vwb
Bestellung, Meldung, Ausgleich und Verteilung der Güterwagen	Vwb
Ablauf leerer Güterwagen	Vwba
Ablauf leerer Güterwagen	Vwba
Läufe verfügter Wagen, einzeln, in Gruppen und in Leerzügen	Vwbl
Läufe verfügter Wagen, einzeln, in Gruppen u. in Leerzügen	Vwbl
Läufe leerer Wagen	Vwbl
Rechnergesteuerter Leerwagenausgleich	Vwbl
Abstellung nicht verfügter leerer Wagen	Vwbn
Unregelmäßigkeiten und Beſchwerden	Vwbu
Unregelmäßigkeiten und Beschwerden	Vwbu
Unregelmäßigkeiten und Beschwerden	Vwbu

Verkehr

Akteninhalt	Aktenzeichen
Unregelmäßigkeiten und Beschwerden	Vwbu
Abstellung überzähliger leerer Wagen	Vwbü
Abstellung überzähliger leerer Wagen	Vwbü
Abstellen überzähliger leerer Wagen	Vwbü
Vorzugsweise Wagenstellung	Vwbv
Vorzugsweise Wagenstellung	Vwbv
Wagenbedarf für Dienstgut (einschließlich Dienstkohle)	Vwd
Wagenbedarf für Dienstgut (einschließlich Dienstkohle)	Vwd
Wagenbedarf für Dienstgut (ausgenommen für Dienstkohle)	Vwd
Wagenbedarf für Dienstgut (ausgenommen für Dienstkohle)	Vwd
Wagen für Dienstkohlen	Vwdk
Wagen für Dienstkohlen	Vwdk
Entladung von Wagen	Vwe
Entladen von Wagen	Vwe
Beladen und Entladen von Wagen	Vwe
Beladen und Entladen von Wagen	Vwe
Ladefristen für Sendungen des öffentlichen Verkehrs	Vwef
Ladefristen für Sendungen des öffentlichen Verkehrs	Vwef
Ladefristen für Sendungen des öffentlichen Verkehrs	Vwef
Ladefristen	Vwef
Wagenstandgelder, auch Erstattungen	Vweg
Wagenstandgelder, auch Erstattungen	Vweg
Wagenstandgelder, auch Erstattungen	Vweg
Wagenstandgelder, Erstattung von Wagenstandgeld	Vweg

Verkehr

Akteninhalt	Aktenzeichen
Schnellentladeeinrichtungen	Vwes
Schnellentladeeinrichtungen	Vwes
Fahrzeugbeschaffung, Ladetechnische Eigenschaften der Güterwagen *Unterakten nach Bedarf*	Vwf
Gegenseitige Benutzung von Reichsbahngüterwagen zwischen der Deutschen Reichsbahn und anschließenden Privat- und Kleinbahnen (Pb WB und Kb WB)	Vwg
Gegenseitige Benutzung von Reichsbahngüterwagen zwischen der Deutschen Reichsbahn ud anschließenden Privat- und Kleinbahnen (Pb WB und Kb WB)	Vwg
Gegenseitige Benutzung von Bundesbahngüterwagen zwischen der Deutschen Bundesbahn und nichtbundeseigenen Eisenbahnen	Vwg
Gemeinsame Benutzung von Güterwagen durch die DB und die nichtbundeseigenen Eisenbahnen	Vwg
Hochbedarf an Wagen *Unterakten nach Bedarf*	Vwh
Hochbedarf an Wagen — *U.Akten nach Bedarf* —	Vwh
Hochbedarf an Wagen *Unterakten nach Bedarf*	Vwh
Verstärkter Bedarf, Hochbedarf an Wagen *Unterakten nach Bedarf*	Vwh
Übereinkommen über die gegenseitige Benutzung von Güterwagen im internationalen Verkehr (RIV)* *Unterakten nach Bedarf*	Vwi *
Übereinkommen über die gegenseitige Benutzung von Güterwagen im internationalen Verkehr (RIV) *Unterakten nach Bedarf*	Vwi
Übereinkommen über die gegenseitige Benutzung von Güterwagen im Internationalen Verkehr (RIV)	Vwi

* RIV = Regolamento Internazionale [dei] Veicoli, 1922 – 2005, ab 2006 abgelöst durch den AVV = Allgemeinen Verwendungsvertrag für Güterwagen; die RIV-Kennzeichnung wird weiterhin für international einsetzbare Güterwagen verwendet, auch die Beladevorschriften gelten weiter.

Verkehr

Akteninhalt	Aktenzeichen
Unterakten nach Bedarf	
Internationaler Güterwagendienst *Unterakten nach Bedarf*	Vwi
Behandlung beschädigter Wagen im internationalen Verkehr	Vwis
Behandlung beschädigter Wagen im internationalen Verkehr	Vwis
Zollsichere Einrichtung der Güterwagen (Anlage III VWÜ / RIV)	Vwiz
Zollsichere Einrichtung der Güterwagen (Anlage III VWÜ / RIV)	Vwiz
Kranwagen, Bockwinden, Kranbelastungswagen	Vwk
Kranwagen, Bockwinden, Kranbelastungswagen	Vwk
Kranwagen, Bockwinden, Kranbelastungswagen	Vwk
Tarifmäßige Überlassung von Kranwagen usw.	Vwkt
Tarifmäßige Überlassung von Kranwagen usw	Vwkt
Lademittel, bahneigene	Vwl
Lademittel, bahneigene	Vwl
Lademittel, bahneigene	Vwl
Lademittel, bahneigene	Vwl
Bahneigene Wagendecken	Vwld
Bahneigene Wagendecken	Vwld
Bahneigene Wagendecken	Vwld
Vermietung von Güterwagen an Private	Vwm
Vermietung von Güterwagen an Private	Vwm
Vermietung von Güterwagen an Dritte	Vwm
An- und Vermieten von Güterwagen	Vwm
Vermietung von Eich- und Eichgerätefahrzeugen	Vwme

Verkehr

Akteninhalt	Aktenzeichen
Vermietung von Eich- und Eichgerätefahrzeugen	Vwme
Vermietung von Eich- und Eichgerätefahrzeugen	Vwme
Wagenstellungsnachweis	Vwn
Wagenstellungsnachweis	Vwn
Privatwagen, Dienstvorschrift für die Behandlung der Privatwagen (PV, Kundmachung 8 des DEVV) (Internationales Reglement für Privatwagen IRP) *Unterakten nach Bedarf*	Vwp *
Privatwagenreklame siehe Lnrgwp	
Privatwagenvorschriften (PGV), Kundmachung 8 des DEVV. Internationales Reglement für Privatwagen (IRP) *Unterakten nach Bedarf*	Vwp
Privatwagenreklame siehe Lnrgrwp	
Privatwagen; Behandlung der Privatwagen	Vwp
Privatgüterwagen *Unterakten nach Bedarf*	Vwp
Reinigung und Entseuchung der Wagen	Vwr *
Reinigung und Entseuchung der Wagen	Vwr
Reinigung und Entseuchung der Güterwagen	Vwr
Reinigung und Entseuchung der Güterwagen	Vwr
Besenreinigung	Vwrb
Besenreinigung	Vwrb
Besenreinigung	Vwrb
Wagenbestandteile	Vws
Wagenbestandteile	Vws
Suchen von Wagen; Sucheliste	Vws
Suchen von Wagen; Suchliste	Vws

Verkehr

Akteninhalt	Aktenzeichen
Rückgabe der Wagen nach der Zahl statt nach der Nummer, Tonnenkontrolle	Vwt
Rückgabe der Wagen nach der Zahl statt nach der Nummer, Tonnenkontrolle	Vwt
Rückgabe der Wagen nach der Zahl statt der Nummer, Tonnenkontrolle	Vwt
Rückgabe der Wagen nach der Zahl statt der Nummer, Stückkontrolle	Vwt
Übereinkommen über die gegenseitige Benutzung der Güterwagen im Bereich des VDEV (Vereinswagenübereinkommen VWÜ) *Unterakten nach Bedarf*	Vwü *
Übereinkommen für die gegenseitige Benutzung der Güterwagen im Bereich des VMEV (Vereinswagenübereinkommen, VWÜ) *Unterakten nach Bedarf*	Vwü
Adressenverzeichnis der Wagenverwaltungen, Nachweisung der Eigentumsmerkmale der Eisenbahn-Güter-, Personen- und Gepäckwagen, Alphabetisches Verzeichnis	Vwüa
Adressenverzeichnis der Wagenverwaltungen, Nachweisung der Eigentumsmerkmale der Eisenbahn-Güter-, Personen- und Gepäckwagen, Alphabetisches Verzeichnis	Vwüa
Vorschriften für die Beladung der Wagen	Vwüb
Vorschriften für die Beladung der Wagen	Vwüb
Wiederbeladung und Ausnutzung der fremden Wagen, Verwendung im Stückgutverkehr, Anfertigung der Stationsnachweise	Vwüf
Wiederbeladung und Ausnutzung der fremden Wagen, Verwendung im Stückgutverkehr, Anfertigung der Stationsnachweise	Vwüf
Lochkartenverfahren in der Wagenmietabrechnung	Vwül
Lochkartenverfahren in der Wagenmietabrechnung	Vwül
Abrechnung des Hauptausgleichs für Wagenmieten, Abrechnungen des Wagenabrechnungsbüros	Vwüm
Abrechnung des Hauptausgleichs für Wagenmieten, Abrechnungen des Wagenabrechnungsbüros	Vwüm

Verkehr

Akteninhalt	Aktenzeichen
Beliebige Rückgabe leerer Wagen	Vwür
Beliebige Rückgabe leerer Wagen	Vwür
Behandlung beschädigter Wagen, Werkstattsmeldungen	Vwüs
Behandlung beschädigter Wagen, Werkstattsmeldungen	Vwüs
Technische Übergabe auf den Grenzbahnhöfen (Anlage I VWÜ)	Vwüt
technische Einheit im Eisenbahnwesen siehe Boe	
Technische Übergabe auf den Grenzbahnhöfen (Anlage 1 VWÜ)	Vwüt
Wagendienst auf Grenzbahnhöfen	Vwüw
Wagendienst auf Grenzbahnhöfen	Vwüw
Verwendung der Güterwagen, offene Wagen	Vwv
Verwendung der Güterwagen	Vwv
Verwendung der Güterwagen	Vwv
Verwendung der Güterwagen	Vwv
Wagen mit besonderer Bauart (Tieflade-, Wagen mit Stirnwandtüren u. dgl., Heimatwagen)	Vwvb
Wagen mit besonderer Bauart (Tieflade-, Wagen mit Stirnwandtüren und dergl, Heimatwagen)	Vwvb
Wagen mit besonderer Bauart (Tiefladewagen mit Stirnwandtüren, Heimatwagen usw.)	Vwvb
Wagen besonderer Bauart	Vwvb
Selbstentladewagen	Vwvbs
Selbstentladewagen	Vwvbs
Selbstentladewagen	Vwvbs
Bahndienst- und Bahnhofswagen	Vwvd
Bahndienst- und Bahnhofswagen	Vwvd

Verkehr

Akteninhalt	Aktenzeichen
Bahndienst- und Bahnhofswagen	Vwvd
Fährbootwagen	Vwvf
Fährbootwagen	Vwvf
Fährbootwagen	Vwvf
Fährbootwagen	Vwvf
Großräumige gedeckte und offene Güterwagen	Vwvg
Großräumige gedeckte und offene Güterwagen	Vwvg
Großräumige Güterwagen	Vwvg
Großräumige Güterwagen	Vwvg
Kühlwagen	Vwvk
Kühlwagen	Vwvk
Kühlwagen	Vwvk
Kühlwagen	Vwvk
Lange offene Wagen (S- und SS-Wagen)	Vwvl
Lange offene Wagen (S- und SS-Wagen)	Vwvl
Lange offene Wagen (S- und SS-Wagen)	Vwvl
Lange offene Güterwagen	Vwvl
Großraumwagen	Vwvr
Großraumwagen	Vwvr
Selbstentladewagen	Vwvs
Umsetzwagen	Vwvu
Umsetzwagen	Vwvu
Umsetzwagen	Vwvu
Wagenzählungen	Vwz

Verkehr

Akteninhalt	Aktenzeichen
w Werbung [nur 1992]	
Angelegenheiten der Werbung, Allgemeines, nicht Verkaufsförderung, Presse- und Öffentlichkeitsarbeit *	Vwa
Corporate Identity	Vwc
Dekorations-Service	Vwd
Erscheinungsbild	Vwe
Zusammenarbeit mit DB-Töchtern; DB-Holding usw.	Vwh
Neue Informationssysteme	Vwi
Werbung / Kooperation mit Dritten	Vwk
Lizenzverwertung (Railship)	Vwl
Messen und Ausstellungen	Vwm
Nahverkehrswerbung	Vwn
Organisation und Verwaltung	Vwo
Personalwerbung	Vwp
Projekte	Vwq
Werbung, Zusammenarbeit mit Reisebüro	Vwr
Sponsoring	Vws
Unternehmenswerbung	Vwu
Verkaufsförderung / Werbepräsente **	Vwv
Werbung nach innen; nichtkommerzielle Bereiche	Vww
Zusammenarbeit mit der Deutschen Eisenbahn-Reklame / Werbung Dritter	Vwz
Zusammenarbeit mit der DECOM Kommunikationsgesellschaft der Bahn GmbH	Vwzd

* Systematisch wäre zweibuchstabig „Vw“ zu erwarten gewesen.

** Widerspruch zur Gruppenüberschrift (... *nicht Verkaufsförderung* ...); warum der Eintrag nicht unter Vv (z. B. als Vvv) eingeordnet wurde, war nicht mehr zu ermitteln.

Verkehr

Akteninhalt	Aktenzeichen
Gruppe Vx unterscheidet sich stark zwischen 1928 - 1980 und 1992 - 1994, daher folgt hier die blockweise Darstellung.	
x Expreßgutverkehr [1928 – 1980]	
Expreßgutverkehr, allgemeine Bestimmungen	Vx *
Expreßgutverkehr, allgemeine Bestimmungen	Vx
Expreßgutverkehr, Allgemeines	Vx
Expreßgutverkehr, Allgemeines	Vx *
Annahme, Beförderung und Auslieferung	Vxa
Annahme, Beförderung und Auslieferung	Vxa
Abfertigung von Expreßgut	Vxa
Abfertigung von Expreßgut	Vxa
Beförderung von Expreßgut	Vxb
Expreßgutkurswagen	Vxk
Expreßgutkurswagen	Vxk
Expreßgutkurswagen	Vxk
Eisenbahnpaketverkehr	Vxp
Eisenbahnpaketverkehr	Vxp
Expreßgutwegevorschriften	Vxw
Expreßgutwegevorschriften	Vxw
x Technische Produktionsmittelplanung [1992, 1994]	
Technische Produktionsmittelplanung; Allgemeines	Vxa

Verkehr

Akteninhalt	Aktenzeichen
z Zoll-, Steuer- und polizeiliche Vorschriften [1928 – 1980]	
Zoll-, Steuer- und polizeiliche Vorschriften I und II Teil mit je 1 Anhang (Kdm 6 des DEVV); Zusammenstellung der im Eisenbahnverkehr zu berücksichtigenden Zoll-, Steuer- und polizeilichen Vorschriften (Z V)	Vz *
Zoll-, Steuer-, Polizei- und sonstige Verwaltungsvorschriften (Zollabfertigungsvorschriften) im Eisenbahnverkehr, Kundm 6 des DEVV *Unterakten nach Bedarf*	Vz
Zoll-, Steuer- und polizeiliche Vorschriften	Vz
Zoll-, Steuer- und polizeiliche Vorschriften; Zollvorschrift (ZV) – DS 612 –	Vz *
Abrechnung mit Zoll- und Steuerkassen, Zollstundungen und Bürgschaften für die Zollverwaltungen	Vza
Abrechnung mit Zoll- und Steuerkassen, Zollstundungen und Bürgschaften für die Zollverwaltungen	Vza
Abrechnung mit Zoll- und Steuerkassen; Zollstundungen und Bürgschaften für die Zollverwaltung	Vza
Abrechnung mit Zoll- und Steuerkassen; Zollstundungen und Bürgschaften für die Zollverwaltung	Vza
Befugnisse der Zoll-, Steuer- und Polizeistellen	Vzb
Befugnisse der Zoll-, Steuer- und Polizeistellen	Vzb
Dienststunden der Zoll- und Steuerbehörden	Vzd
Dienststunden der Zoll- und Steuerbehörden	Vzd
Zollbehandlung des Eilguts	Vze
Zollbehandlung des Eilguts	Vze
Zollbehandlung der Güter, Zollpapiere, Zoll- und Steuervollmachten	Vzg
Zollbehandlung der Güter, Zollpapiere, Zoll- und Steuervollmachten	Vzg
Zoll-, Steuer- und polizeiliche Vorschriften im Güterverkehr; Zollpapiere; Zoll und Steuervollmachten	Vzg
Beschaffenheit und Kontrolle des Verschlusses der Beförderungsmittel für Zoll- und Steuerzwecke (Zollsicherer Verschluß der Güterwagen)	Vzk

V

Verkehr

Akteninhalt	Aktenzeichen
Beschaffenheit und **K**ontrolle des Verschlusses der Beförderungsmittel für Zoll- und Steuerzwecke (Zollsicherer Verschluß der Güterwagen)	Vzk
Lieferfristüberschreitungen und Standgelder bei Zollabfertigungen	Vzl
Lieferfristüberschreitungen und Standgelder bei Zollabfertigungen	Vzl
Paßpflicht, polizeiliche Maßnahmen zur Sicherung der Reisenden (siehe auch Arp)	Vzp
Paßpflicht, polizeiliche Maßnahmen zur Sicherung der Reisenden siehe auch Arp)	Vzp
Zoll-, Steuer- und polizeiliche Vorschriften im **P**ersonenverkehr; Paßpflicht (siehe auch Arp)	Vzp
Zollbehandlung des **R**eisegepäcks	Vzr
Zollbehandlung des **R**eisegepäcks	Vzr
Zollbehandlung von **R**eisegepäck	Vzr
Zollbehandlung von **R**eisegepäck	Vzr
Zoll**s**trafverfahren	Vzs
Zoll**s**trafverfahren	Vzs
Zollamtliche Überwachung der privaten **Sch**laf- und Speisewagen	Vzsch
Zollamtliche Überwachung der privaten **Sch**laf- und Speisewagen	Vzsch
Zoll**sp**esen, Zolltarif, Begünstigungen für den Veredelungsverkehr	Vzsp
Zoll**sp**esen, Zolltarif, Begünstigungen für den Veredelungsverkehr	Vzsp
Zollbehandlung von **T**ieren	Vzt
Zollbehandlung von **T**ieren	Vzt
Beschwerden und **U**nregelmäßigkeiten im Zolldienst	Vzu
Beschwerden und **U**nregelmäßigkeiten im Zolldienst	Vzu
Statistik des Warenverkehrs mit dem Zollausland (**Ü**bersichten)	Vzü
Statistik des Warenverkehrs mit dem Zollausland (**Ü**bersichten)	Vzü

Verkehr

Akteninhalt	Aktenzeichen
Ein-, Aus- und Durchfuhrverbote *Unterakten nach Bedarf*	Vzv
Ein-, Aus- und Durchfuhrverbote *Unterakten nach Bedarf*	Vzv
Zollbehandlung des Expreßgutes	Vzx
Zollbehandlung des Expreßgutes	Vzx
Zollbehandlung von Expreßgut	Vzx
Zollbehandlung von Expreßgut	Vzx
Zollbehandlung von Zügen	Vzz
Zollbehandlung in den Zügen	Vzz

Raum für Notizen

Akteninhalt	Aktenzeichen

Werkstättenwesen

Akteninhalt	Aktenzeichen
a Allgemeines	
Werkstättenwesen, Werkstättenverwaltung (Einrichtung, Schließung usw), allgemeine Bestimmungen	Wa *
Werkstättenwesen, Werkstättenverwaltung (Einrichtung, Schließung), allg. Bestimmungen	Wa
Werkstättenwesen, Werkstättenverwaltung, Allgemeines	Wa
Werkstättenwesen (Werkstättenverwaltung), Allgemeines	Wa *
Werkstättenwesen (Werkstättenverwaltung), Allgemeines	Wa
Ausschüsse	Waa
Ausschüsse	Waa
Werkstättenausschuß der Reichsbahn	Waaw
Werkstättenausschuß der Reichsbahn	Waaw
Besprechungen in Werkstättenangelegenheiten	Wab
Besprechungen in Werkstättenangelegenheiten	Wab
Besprechungen in Werkstättenangelegenheiten	Wab
Kostenermittlungen, Arbeitszeitaufnahmen	Wak *
Kostenermittlungen, Arbeitszeitaufnahmen	Wak
Kostenermittlungen, Arbeitszeitaufnahmen	Wak
Musterentwürfe für Werkstätten	Wam
Musterentwürfe für Werkstätten	Wam
Deutscher Industrienormenausschuß, Werkstättenwesen *Unterakten nach Bedarf*	Wan *
Deutscher Industrienormenausschuß, Werkstättenwesen *Unterakten nach Bedarf*	Wan
Werkstättenordnung	Wao
Werkstättenordnung	Wao

Werkstättenwesen

Akteninhalt	Aktenzeichen
Gewerbepolizeiliche Bestimmungen, Allgemeines	Wap (neu)
Azetylenanlagen	Wapa "
Druckbehälter	Wapb "
Dampfkessel	Wapd "
VDE-Vorschriften, Allgemeines	Wapea "
Pol.Verordnung für die Errichtung elektr Anlagen in industriellen Räumen	Wapeai "
Pol.Verordnung für die Errichtung elektr Anlagen in Versammlungsräumen	Wapeav (neu)
Blitzschutzanlagen	Wapeb "
Feuerschutz (Springleranlagen)	Wapf "
Druckgasanlagen	Wapg "
Hochbauten und Tiefbau	Waph "
Ingenieurbauten (Gerüste)	Wapi "
Bewegliche Kraftmaschinen	Wapk "
Maschinelle Anlagen allgemein	Wapm "
Aufzüge	Wapma "
Hebezeuge	Wapmh "
Schleifscheiben, Sandstrahlanlagen	Wapms "
Werkzeugmaschinen	Wapmw "
Zentrifugen (Schleudermaschinen)	Wapmz "
Personalfragen	Wapp "
Tankanlagen	Wapt "
Mineralwasserapparate (Getränkeschankanlagen)	Wapw "
Gesundheitsdienst, Allgemeines. Berufskrankheiten: Benzolvergiftung, Bleivergiftung, Silikose	Was (neu)

Werkstättenwesen

Akteninhalt	Aktenzeichen
Arbeitsschutzaufsicht (Gewerbeaufsicht)	Was
Arbeitsschutzaufsicht	Was *
Arbeitsschutzaufsicht	Was
Abort- und Waschanlagen	Wasa (neu)
Bahnärztlicher Dienst	Wasä "
Beleuchtung	Wasb "
Geräuschbekämpfung	Wasg "
Kantinen, Gemeinschaftsküchen usw	Wask "
Lüftung (Staubbekämpfung)	Wasl "
Räume (Aufenthalt und Frühstück)	Wasra "
Werkstatträume, Arbeitsplatzgestaltung	Wasrw "
Unfallverhütung	Wasu "
Arbeitsverfahren, Arbeitsschutz	Wasv "
Trinkwasservorschrift (Bawa)	Wasw "
Feierabend- und Freizeitgestaltung	Wasz "
Unfallverhütung in Werkstätten (Siehe auch Ufu)	Wau *
Unfallverhütung in den Werkstätten (S. auch Usu)	Wau
Unfallverhütung in den Bundesbahn-Ausbesserungswerken (siehe auch unter Uv)	Wau
Umweltschutz	Wau
Übernahme und Ausführung von Arbeiten für andere Werkstätten und Fremde	Waü *
Übernahme und Ausführung von Arbeiten für andere Werkstätten und Fremde	Waü
Dienstvorschriften für den Werkstättendienst	Wav

Werkstättenwesen

Akteninhalt	Aktenzeichen
Dienstvorschriften für den Werkstättendienst	Wav
Dienstvorschriften für den Werkstättendienst	Wav
Wissenschaftliche Betriebsführung in Hauptwerkstätten, Arbeitsprüfung, neue Arbeitsverfahren	Waw *
Wissenschaftliche Betriebsführung in Hauptwerkstätten, Arbeitsprüfung, neue Arbeitsverfahren	Waw
Wissenschaftliche Betriebsführung in Bundesbahn-Ausbesserungswerken, Arbeitsprüfung, neue Arbeitsverfahren	Waw
Gedingewesen siehe Plgw	
Gedingewesen siehe Plgw	
Gedingewesen siehe Plgw	
Technische Einheit im Eisenbahnwesen siehe Ait	
Bau, Unterhaltung und Erweiterung von Werkstätten siehe Hgw	
Bau, Unterhaltung und Erweiterung von Werkstätten siehe Hgw	
Bau u. Unterhaltung von Werkstattgebäuden siehe Hgw	
Bau und Unterhaltung von Werkstattgebäuden siehe Hg	
Bau und Unterhaltung von Werkstattgebäuden siehe Hg	
Bau und Unterhaltung von Werkstattgebäuden siehe Hg	
Arbeitsordnung in den Werkstätten siehe Pld	
Arbeitsordnung in den Werkstätten siehe Pld	
Organisation und Neuordnung der Reichsbahnausbesserungswerke siehe Ogwa	
Organisation und Neuordnung der Reichsbahnausbesserungswerke siehe Ogwa	
Gliederung der Bundesbahn-Ausbesserungswerke (Einrichtung, Zusammenlegung, Auflösung) siehe Ogw	
Gliederung der Bundesbahn-Ausbesserungswerke (Einrichtung, Zusammenlegung, Auflösung) siehe Ogw	
Gliederung der Bundesbahn-Ausbesserungswerke (Einrichtung, Zusammenlegung, Auflösung) siehe Ogw	
Stand der Werkstättenarbeiter (Kopfzahlen) siehe Pwtw	
Stand der Werkstättenarbeiter (Kopfzahlen) siehe Pwtw	
Tagewerksköpfe bei Titel 15 (Werkstätten) siehe Pwtw	

Werkstättenwesen

W

Akteninhalt	Aktenzeichen
b Werkbetrieb	
Betrieb der Werke, allgemeine Bestimmungen	Wb *
Betrieb der Werke, allgemeine Bestimmungen	Wb
Betrieb der Werke	Wb
Betrieb der Werke	Wb *
Betrieb der Werke	Wb
Fertigung in den Werken	Wbf
Prüfung der Werke	Wbp
Prüfung der Werke	Wbp
Schweißtechnik in den Werken	Wbs
Schweißtechnik	Wbs *
Schweißtechnik	Wbs
Überwachung der Leistungen in den Werken, Arbeitsausgleich	Wbü
Überwachung der Leistungen in den Werken, Arbeitsausgleich	Wbü
Überwachung der Leistungen in den Werken, Arbeitsausgleich	Wbü
Überwachung der Leistungen in den Werken, Arbeitsausgleich	Wbü *
Überwachung der Leistungen in den Werken, Arbeitsausgleich	Wbü
Versuche in den Werkbetrieben	Wbv *
Versuche in den Werkbetrieben	Wbv
Versuche in den Werkbetrieben	Wbv
Prüfwerkstätten	Wbw *
Prüfwerkstätten	Wbw
Zusammenlegung von Werkbetrieben, Zentralisierung bestimmter Ausbesserungsarbeiten	Wbz

Akteninhalt	Aktenzeichen
Zusammenlegung von Werkbetrieben, Zentralisierung bestimmter Ausbesserungsarbeiten	Wbz
Zusammenlegung von Werkbetrieben, Zentralisierung von Ausbesserungsarbeiten	Wbz
d Verein Deutscher Eisenbahnverwaltungen	
d Verein Mitteleuropäischer Eisenbahnverwaltungen	
Verein Deutscher Eisenbahnverwaltungen: Werkstättenwesen	Wd
Verein Mitteleuropäischer (Deutscher) Eisenbahnverwaltungen: Werkstättenwesen	Wd
Technischer Ausschuß siehe Fdt	
Technischer Ausschuß siehe Fdt	
Wagenübergangsausschuß des VDEV	Wdü
Wagenübergangsausschuß des VMEV	Wdü
Werkstättenausschuß des VDEV	Wdw
Werkstättenausschuß des VMEV	Wdw
ü Übersichten (Statistik)	
Übersichten (Statistik), allgemeine Bestimmungen und Sonderfälle	Wü *
Übersichten (Statistik), allg Bestimmungen und Sonderfälle	Wü
Übersichten (Statistik)	Wü
Übersichten (Statistik)	Wü *
Übersichten (Statistik)	Wü
Statistik über Werkstättendienst (Tabelle 17 der Reichsstatistik)	Wüw
Statistik über Werkstättendienst (Tabelle 17 der Reichsstatistik)	Wüw
Statistik über den Werkstättendienst	Wüw

[Langfristige] Planungen (HVB); Revisionsangelegenheiten X,Y

Akteninhalt	Aktenzeichen
Langfristige Planungen bei der HVB (belegt nur für die Angelegenheiten der HVB)	X
X Planungen (1992)	
Planungen, Allgemeines	Xa
Kassen-Rechnungswesen, Wirtschaftsplanung, Budgetierung und Berichtswesen	Xk
Personalwesen	Xp
Planungsrunde, Investitionsplan, Planungsmethoden	Xu
Verkehrspolitik	Xv
Strategische Langfristplanung, Verkehrswegeplanung, Maßnahmenplanung	Xy
Y Revisionsangelegenheiten (1992)	
Allgemeine Verwaltung	Ya
Betrieb	Yb
Fernmeldetechnik	Yd
Elektrotechnik	Ye
Fahrzeuge für Schienen- und Straßenverkehr	Yf
Geräte und Werkzeuge	Yg
Hochbauten	Yh
Ingenieurbauten	Yi
Finanzwesen (Kassenwesen)	Yk
Liegenschaften	Yl

Y

Revisionsangelegenheiten

Akteninhalt	Aktenzeichen
Maschinen und maschinentechnische Anlagen	Ym
Neubaustrecken	Yn
Organisation	Yo
Personalwesen	Yp
Wärme und Energie- (Quellen-) wirtschaft	Yq
Rechtswesen	Yr
Signaltechnik	Ys
Schiffahrt	Ysch
Stoffe	Yst
Tarife	Yt
Sozialwesen (Unterstützungen)	Yu
Verkehr (Absatz)	Yv
Werkstättendienst	Yw
Zugförderung und technischer Wagendienst	Yz

Zeugwirtſchaft (1928, 1943) Z

Akteninhalt	Aktenzeichen
Vorbemerkung zur Hauptgruppe Z: Sie wurde zweimal sehr unterschiedlich belegt: 1928 und 1943 mit „Zeugwirtschaf“, 1954 bis 1994 mit „Zugförderung und technischer Wagendienst“. Daher folgt hier die blockweise Darstellung.	
a Allgemeines	
Zeugwirtſchaft (Geräte und Werkzeuge), allgemeine Beſtimmungen	Za *
Zeugwirtschaft (Geräte und Werkzeuge), allg Bestimmungen	Za
Ausſchüſſe	Zaa
Ausschüsse	Zaa
Stoff= und Geräteausſchuß (Zeugangelegenheiten)	Zaaz
Stoff- und Geräteausschuß (Zeugangelegenheiten)	Zaaz
Inſtandſetzung von Geräten und Werkzeugen	Zai *
Instandsetzung von Geräten und Werkzeugen	Zai
Kontrolle und Verwertung von Geräten und Werkzeugen	Zak *
Kontrolle und Verwertung der Geräte und Werkzeuge	Zak
Lieferungs= und Abnahmebedingungen für Geräte und Werkzeuge *Unterakten nach Bedarf*	Zal
Lieferung- u Abnahmebedingungen für Geräte u Werkzeuge *Unterakten nach Bedarf*	Zal
Normung von Geräten und Werkzeugen	Zan
Normung von Geräten und Werkzeugen	Zan
Geräteordnung und ſonſtige Vorſchriften in der Zeugwirtſchaft	Zao
Geräteordnung und sonstige Vorschriften in der Zeugwirtschaft	Zao
Geräteſammelſtellen *Unterakten nach Bedarf*	Zas *
Gerätesammelstellen *Unterakten nach Bedarf*	Zas

Zeugwirtschaft (1928, 1943)

Akteninhalt	Aktenzeichen
Überweisung, Verleihung und Verkauf von Geräten und Werkzeugen an Fremde	Zaü *
Überweisung, Verleihung und Verkauf von Geräten und Werkzeugen an Fremde	Zaü
g Geräte	
Einkauf von Geräten, allgemeine Bestimmungen	Zg *
Einkauf von Geräten, allgemeine Bestimmungen	Zg
Bau- und Werkstattsgeräte (Gerätegruppen 801 – 804)	Zgb
Bau- und Werkstattsgeräte (Gerätegruppen 801 – 804)	Zgb
Feld- und Gartenbaugeräte	Zgbf
Feld- und Gartenbaugeräte	Zgbf
Oberbaugeräte	Zgbo
Oberbaugeräte	Zgbo
Sonsstige Bau- und Werkstattsgeräte	Zgbs
Sonstige Bau- und Werkstattgeräte	Zgbs
Geräte für Fernmeldeanlagen	Zgf (neu)
Gesundheitspflege- und Schutzgeräte (Gerätegruppen 822 – 825)	Zgg
Gesundheitspflege- u Schutzgeräte (Gerätegruppen 801 – 804)	Zgg
Geräte für ärztliche Hilfe und Samariterdienst	Zggä
Geräte für ärztliche Hilfe und Samariterdienst	Zggä
Feuerlöschgeräte und Feuerwehrausrüstung	Zggf
Feuerlöschgeräte und Feuerwehrausrüstung	Zggf
Rettungkästen *(siehe auch Burk)*	Zggr
Rettungskästen *(siehe auch Burk)*	Zggr

Zeugwirtschaft (1928, 1943)

Akteninhalt	Aktenzeichen
Sonstige Schutzgeräte und Schutzkleidungsstücke *Schutzkleidung siehe auch Usks*	Zggs
Sonstige Schutzgeräte und Schutzkleidungsstücke *Schutzkleidung siehe auch Usks*	Zggs
Haushaltungsgeräte (Gerätegruppen 826 – 828)	Zgh
Haushaltungsgeräte (Gerätegruppen 826 – 828)	Zgh
Geräte und Werkzeuge für Kraftwagen	Zgk (neu)
Beleuchtungs-, Koch- und Raumheizgeräte (Gerätegruppen 811 – 813)	Zgl
Beleuchtungs-, Koch- und Raumheizgeräte (Gerätegruppen 811 – 813)	Zgl
Meß-, Prüf-, Wäge- und Laboratoriumsgeräte (Gerätegruppen 832 – 840)	Zgp
Meß-, Prüf-, Wäge- und Laboratoriumsgeräte (Gerätegruppen 832 – 840)	Zgp
Allgemeine Meß-, Prüf- und Wägegeräte, ortsbewegliche	Zgpa
Allgemeine Meß- Prüf- und Wägegeräte, ortsbewegliche	Zgpa
Meß- und Prüfgeräte für Bau und Betrieb (auch geodätische und nautische Instrumente)	Zgpb
Meß- und Prüfgeräte für Bau und Betrieb (auch geodätische und nautische Instrumente)	Zgpb
Elektrische Meß- und Prüfgeräte	Zgpe
Elektrische Meß- und Prüfgeräte	Zgpe
Elektrische Meß- und Prüfgeräte für Fernmeldeanlagen	Zgpef (neu)
Sondergeräte für Laboratorien	Zgpl
Sondergeräte für Laboratorien	Zgpl
Sondergeräte für photographische Anstalten	Zgpp
Sondergeräte für photographische Anstalten	Zgpp
Meß- und Prüfgeräte für Werkstätten	Zgpw

Z

Zeugwirtschaft (1928, 1943)

Akteninhalt	Aktenzeichen
Meß- und Prüfgeräte für Werkstätten	Zgpw
Raumausstattungsgeräte (Gerätegruppen 841 – 845)	Zgr
Raumausstattungsgeräte (Gerätegruppen 841 – 845)	Zgr
Fußläufer, Teppiche, sowie Tisch- und Ruhebettdecken, Gardinen, Vorhänge und Wandbehänge	Zgrd
Fußläufer, Teppiche, sowie Tisch- und Ruhebettdecken, Gardinen, Vorhänge und Wandbehänge	Zgrd
Möbel und sonstige Raumausstattungsgeräte	Zgrm
Möbel und sonstige Raumausstattungsgeräte	Zgrm
Geräte für sonstige (verschiedene) Zwecke (Gerätegruppen 846 – 849)	Zgs
Geräte für sonstige (verschiedene) Zwecke (Gerätegruppen 846 – 849)	Zgs
Behälter, ortsbewegliche	Zgsb
Behälter, ortsbewegliche	Zgsb
Dienstkleidungsstücke *(siehe auch Usk)*	Zgsk
Dienstkleidungsstücke *(siehe auch Usk)*	Zgsk
Reinigungs- Putz- und Waschgeräte	Zgsr
Reinigungs-, Putz- und Waschgeräte	Zgsr
Sonstige Geräte	Zgss
Sonstige Geräte	Zgss
Bettzeug, Kissen und Wäsche für Schlafräume (Gerätegruppen 814 – 816)	Zgsch
Bettzeug, Kissen und Wäsche für Schlafräume (Gerätegruppen 814 – 816)	Zgsch
Reinigung der Wäsche	Zgschr
Reinigung der Wäsche	Zgschr
Wärmevorrichtungen für technische Zwecke, ortsbewegliche (Gerätegruppen 829 – 831)	Zgt

Zeugwirtschaft (1928, 1943)

Akteninhalt	Aktenzeichen
Wärmevorrichtungen für technische Zwecke, ortsbewegliche (Gerätegruppen 829 – 831)	Zgt
Betriebs- und Verkehrsgeräte (Gerätegruppen 805 – 810)	Zgv
Betriebs- und Verkehrsgeräte (Gerätegruppen 805 – 810)	Zgv
Betriebsgeräte für den Bahnhofs-, Fahr-, Verlade- und Umstell- (Verschiebe-) dienst	Zgvb
Betriebsgeräte für den Bahnhofs-, Fahr-, Verlade- und Umstell- (Verschiebe-) dienst	Zgvb
Beförderungs- und Hebegeräte (auch Pumpen)	Zgvf
Beförderungs- und Hebegeräte (auch Pumpen)	Zgvf
Elektrokarren	Zgvfe
Elektrokarren	Zgvfe
Krankentragen *(siehe auch Burt)*	Zgvfk
Krankentragen (siehe auch Burt)	Zgvfk
Straßenkraftwagen	Zgvfs
Straßenkraftwagen	Zgvfs
Schienenkraftwagen	Zgvfsch
Schienenkraftwagen	Zgvfsch
Betriebsgeräte für den Kessel- und Maschinendienst	Zgvk
Betriebsgeräte für den Kessel- und Maschinendienst	Zgvk
Melde-, Signal- und Funkgeräte	Zgvm
Melde-, Signal- und Funkgeräte	Zgvm
Sonstige Betriebsgeräte	Zgvs
Sonstige Betriebsgeräte	Zgvs
(Zimmer-) Büro-, Schul-, Sport- und Spielgeräte (Gerätegruppen 817 – 821)	Zgz

Zeugwirtschaft (1928, 1943)

Akteninhalt	Aktenzeichen
(Zimmer-) Büro-, Schul-, Sport- und Spielgeräte (Gerätegruppen 819 – 821)	Zgz
Bürogeräte	Zgzb
Bürogeräte	Zgzb
Druck- und Vervielfältigungsgeräte	Zgzd
Druck- und Vervielfältigungsgeräte	Zgzd
Lehr- und Lernmittel	Zgzl
Lehr- und Lernmittel	Zgzl
Spiel-, Sport- und Turngeräte, sowie Musikinstrumente	Zgzs
Spiel-, Sport- und Turngeräte, sowie Musikinstrumente	Zgzs
ü Übersichten (Statistik)	
Übersichten (Statistik), allgemeine Bestimmungen und Sonderfälle	Zü
Übersichten (Statistik), allg Bestimmungen und Sonderfälle	Zü
w Werkzeuge	
Einkauf von Werkzeugen, allgemeine Bestimmungen	Zw *
Einkauf von Werkzeugen, allgemeine Bestimmungen	Zw
Löt- und autogene Schweiß- und Schneidwerkzeuge (Gruppe 881 – 883)	Zwa
Löt- und autogene Schweiß- und Schneidwerkzeuge (Gruppe 881 – 883)	Zwa
Ausreib-, Bohr-, Gewindeschneid- und Senkwerkzeuge (Gruppe 860 – 863)	Zwb
Ausreib-, Bohr-, Gewindeschneid- und Senkwerkzeuge (Gruppe 860 – 863)	Zwb

Zeugwirtschaft (1928, 1943)

Z

Akteninhalt	Aktenzeichen
Dreh-, Hobel- und Stoßwerkzeuge (Gruppe 871 – 873)	Zwd
Dreh-, Hobel- und Stoßwerkzeuge (Gruppe 871 – 873)	Zwd
Feil-, Fräs- und Sägewerkzeuge (Gruppe 874 – 877)	Zwf
Feil-, Fräs- und Sägewerkzeuge (Gruppe 874 – 877)	Zwf
Anreiß-, Anzeichen- und Kennzeichenwerkzeuge (Gruppe 857 – 859)	Zwk
Anreiß-, Anzeichen- und Kennzeichenwerkzeuge (Gruppe 857 – 859)	Zwk
Mechanische Loch-, Scher- und Schneidwerkzeuge (Gruppe 878 – 880)	Zwl
Mechanische Loch-, Scher- und Schneidewerkzeuge (Gruppe 878 – 880)	Zwl
Abricht-, Glätt-, Schleif- und Polierwerkzeuge (Gruppe 851 – 853)	Zwp
Abricht-, Glätt-, Schleif- und Polierwerkzeuge (Gruppe 851 – 853)	Zwp
Biege-, Richt-, Zieh- und Feinblechbearbeitungswerkzeuge (Gruppe 864 – 867)	Zwr
Biege-, Richt-, Zieh- und Feinblechbearbeitungswerkzeuge (Gruppe 8664 – 867)	Zwr
Anfaß-, Spann- und Verbindungswerkzeuge (Gruppe 854 – 856)	Zws
Anfaß-, Spann- und Verbindungswerkzeuge (Gruppe 854 – 856)	Zws
Dicht-, Niet-, Schlag- und Schmiedewerkzeuge (Gruppe 868 – 870)	Zwsch
Dicht-, Niet-, Schlag- und Schmiedewerkzeuge (Gruppe 868 – 870)	Zwsch
Werkzeuge für verschiedene Zwecke (Gruppe 884 – 899)	Zwv
Werkzeuge für verschiedene Zwecke (Gruppe 884 – 899)	Zwv

Z Zugförderung und technischer Wagendienst (1954 ff.)

Akteninhalt	Aktenzeichen
a Allgemeines	
Zugförderung und technischer Wagendienst, Allgemeines	Za
Zugförderung und technischer Wagendienst, Allgemeines	Za
Zugförderung und technischer Wagendienst, Allgemeines	Za
Aussschüsse	Zaa
Besprechungen	Zab
Besprechungen	Zab
Besprechungen	Zab
Dienstvorschriften	Zad
Drucksachen	Zad
Drucksachen	Zad
Fahrzeitenberechnungen	Zaf
Fahrzeitenberechnungen	Zaf
Kostenberechnung für den Lokomotiv- und Triebwagendienst	Zak
Kostenberechnung für den Lokomotiv- und Triebwagendienst	Zak
Kostenberechnung für den Lokomotiv- und Triebwagendienst	Zak
Leihen und Verleihen von Triebfahrzeugen	Zal
Leihen und Verleihen von Triebfahrzeugen	Zal
Leihen und Verleihen von Triebfahrzeugen	Zal
Mitfahrt auf Triebfahrzeugen	Zam
Mitfahrt auf Triebfahrzeugen	Zam
Mitfahren auf Triebfahrzeugen	Zam
Organisation im Zugförderungsdienst	Zao
Organisation im Zugförderungsdienst	Zao

Zugförderung und technischer Wagendienst (1954 ff.)

Akteninhalt	Aktenzeichen
Personal, Triebfahrzeugdienst, technischer Wagendienst	Zap
Personal, Triebfahrzeugdienst, techn. Wagendienst	Zap
Streckenkenntnis des Lokomotiv- und Triebwagenpersonals	Zas
Transportsteuerung	Zat
Unfallverhütung, Arbeitsschutzaufsicht	Zau
Zugförderung, Unfallverhütung	Zau
Zugförderung, Unfallverhütung	Zau
Verwendbarkeit der Triebfahrzeuge und Wagen	Zav
Verwendbarkeit der Triebfahrzeuge und Wagen	Zav
Verwendbarkeit der Triebfahrzeuge und Wagen	Zav
Verwendbarkeit der Triebfahrzeuge	Zavt
Verwendbarkeit der Wagen (Verzeichnis der zulässigen Achslasten und Meterlasten für Wagen, DV 307)	Zavw
Bahnbetriebswerke *Unterakten nach Bedarf*	Zaw
Bahnbetriebswerke	Zaw
Bahnbetriebswerke	Zaw
b Bremsbetrieb	
Bremsbetrieb, Allgemeines	Zb
Bremsbetrieb, Allgemeines	Zb *
Bremsbetrieb, Allgemeines	Zb
Vorschriften für den Bremsdienst (Bremsdienst, DV 464)	Zbv

Z Zugförderung und technischer Wagendienst (1954 ff.)

Akteninhalt	Aktenzeichen
e Elektronische Datenverarbeitung	
Elektronische Datenverarbeitung	Ze
f Fahrzeugbezogene Angelegenheiten	
Fahrzeugbezogene Angelegenheiten	Zf
i Investitions- und Wirtschaftsplan	
Investitions- und Wirtschaftsplan	Zi
l Lokomotivdienst	
Lokomotivdienst, Allgemeines	Zl
Lokomotivdienst, Allgemeines	Zl *
Lokomotivdienst, Allgemeines	Zl
Anforderung, Austausch, Bestand, Verteilung, Verzeichnis der Lokomotiven	Zla
desgl. Dampflokomotiven	Zlad
desgl. elektrische Lokomotiven	Zlae
desgl. Lokomotiven mit Verbrenungsmotoren	Zlav
Anforderung, Austausch, Bestand und Verzeichnis der Lokomotiven mit Verbrennungsmotor (Diesel-)	Zld
Anforderung, Austausch, Bestand und Verzeichnis der Lokomotiven mit Verbrennungsmotor (Diesel-)	Zld
desgl. der elektrischen Lokomotiven	Zle
dgl. der elektrischen Lokomotiven	Zle
Leistungsfähigkeit der Lokomotiven	Zll
Leistungsfähigkeit der Lokomotiven	Zll

Zugförderung und technischer Wagendienst (1954 ff.)

Akteninhalt	Aktenzeichen
Leistungsfähigkeit der Lokomotiven	Zll
desgl. Dampflokomotiven	Zlld
Diesellokomotiven	Zlld
Diesellokomotiven	Zlld
desgl. elektrische Lokomotiven	Zlle
elektrische Lokomotiven	Zlle
elektrische Lokomotiven	Zlle
desgl. Lokomotiven mit Verbrenungsmotoren	Zllv
Umlaufplan Lokomotiven	Zllu
Umlaufplan Lokomotiven	Zllu
Merkbuch für Lokomotiven	Zlm
Vorspann- und Schiebedienst	Zls
Lokomotiv-Speisewasseraufbereitung im Betrieb	Zlw
Vergütung für Stoffersparnisse siehe Pbnst	
n Nahverkehr Reisezug — SPNV —	
Nahverkehr Reisezug — SPNV —*	Zn
s S-Bahn-Angelegenheiten	
S-Bahn-Angelegenheiten	Zs
t Triebwagendienst	
Triebwagendienst, Allgemeines	Zt
Triebwagendienst, Allgemeines	Zt *

* SPNV = Schienenpersonennahverkehr

Z Zugförderung und technischer Wagendienst (1954 ff.)

Akteninhalt	Aktenzeichen
Triebwagendienst, Allgemeines	Zt
Anforderung, Austausch, Bestand, Verteilung, Verzeichnis der Triebwagen	Zta
desgl. Dampftriebwagen	Ztad
desgl. elektrische Triebwagen	Ztae
desgl. Triebwagen mit Verbrennungsmotoren	Ztav
Anforderung, Austausch, Bestand, Verteilung; Verzeichnis der Triebwagen mit Dieselmotor	Ztd
Anforderung, Austausch, Bestand, Verteilung; Verzeichnis der Triebwagen mit Dieselmotor	Ztd
desgl. der elektrischen Triebwagen	Zte
desgl. der elektrischen Triebwagen	Zte
Leistungsfähigkeit der Triebwagen	Ztl
Leistungsfähigkeit der Triebwagen	Ztl
Leistungsfähigkeit der Triebwagen	Ztl
desgl. Dampftriebwagen	Ztld
desgl. elektrische Triebwagen	Ztle
desgl. Triebwagen mit Verbrennungsmotoren	Ztlv
Merkbuch für Triebwagen	Ztm
Brenn- und Schmierstoffverbrauch der Triebwagen	Ztst
Umlaufplan Triebwagen	Ztu
Umlaufplan Triebwagen	Ztu
Bildung der Triebwagenzüge siehe Bbt	

Zugförderung und technischer Wagendienst (1954 ff.) Z

Akteninhalt	Aktenzeichen
ü Übersichten (Statistik)	
Übersichten (Statistik), Allgemeines und Sonderfälle	Zü
Übersichten (Statistik)	Zü *
Übersichten (Statistik)	Zü
Wirtschaftlichkeitsübersicht für den Lokomotiv- und Triebwagendienst	Züwt
Ermittlungen der Lokomotiv- und Triebwagenleistungen siehe Bül	
Ermittlung der Betriebsleistungen im Zugbegleit- und Triebfahrzeugdienst siehe Büd	
Ermittlung der Betriebsleistungen im Zugbegleit- und Triebfahrzeugdienst siehe Büd	
w technischer Wagendienst	
Technischer Wagendienst, Allgemeines	Zw *
Technischer Wagendienst	Zw
Technischer Wagendienst	Zw
Achs- und Reifenbrüche, Heißläufer	Zwa
Achs- und Reifenbrüche, Heißläufer	Zwa
Achs- und Reifenbrüche, Heißläufer	Zwa
Heizung der Züge	Zwh
Heizung der Züge	Zwh
Heizung der Züge	Zwh
Kuppeln der Wagen	Zwk
Beleuchtung der Züge	Zwl
Beleuchtung der Züge	Zwl

Z Zugförderung und technischer Wagendienst (1954 ff.)

Akteninhalt	Aktenzeichen
Beleuchtung der Züge	Zwl
Merkbuch für Wagen	Zwm
Reinigung der Züge (PRV, DV 403)	Zwr
Reinigung der Züge; Wagenreinigungsvorschrift — DS 403 —	Zwr
Reinigung der Züge; Fahrzeugreinigungsvorschrift — DS 910 —	Zwr
Beschilderung der Wagen	Zwsch
Beschilderung der Wagen	Zwsch
Beschilderung der Wagen	Zwsch
Technische Untersuchung von Wagen und Zügen	Zwt
Technische Untersuchung von Wagen und Zügen	Zwt
Technische Untersuchung von Wagen und Zügen	Zwt
Unterhaltung der Wagen im Betrieb	Zwu
Unterhaltung der Wagen im Betrieb	Zwu
Unterhaltung der Wagen im Betrieb	Zwu
Bahnbetriebswagenwerke *Unterakten nach Bedarf*	Zww
z Zugbegleitpersonal	
Zugbegleitpersonal	Zz

Deutsche Bundesbahn

Dienstvorschrift über das Aktenwesen

(Aktenvorschrift)

gültig vom 1. Januar 1954 an

Geschäftsführung: Bundesbahndirektion Kassel

Verteilungsplan der Vorschrift
Hauptverwaltung der Deutschen Bundesbahn
Hauptprüfungsamt und Prüfungsämter
Generalbetriebsleitungen
Bundesbahndirektionen
Bundesbahn-Zentralämter
Bundesbahn-Sozialamt
Hauptwagenamt
Zentralstelle für Betriebswirtschaft im Werkstättendienst

Verteilungsplan der Anlagen
Es dürfen anfordern:

Bundesbahndirektionen	Anlagen 1 – 10
Bundesbahn-Ämter und Bundesbahn-Ausbesserungswerke	Anlagen 2 u. 5
Große Dienststellen	Anlage 5

–

Eingeführt durch Verfügung der HVB 16.824 Ova 7 vom 10. 12. 1953

Inhaltsverzeichnis *(hier ohne Seitenzahlen)*

Verzeichnis der Anlagen

§ 1
Verwaltung der Geschäftssachen

(1) Die Verwaltung der Geschäftssachen (Schriftstücke und Akten) umfaßt ihre Ordnung, Verwahrung und Überwachung.

(2) Die Geschäftssachen der Bundesbahndirektion* werden in besonderen Akteien (Haupt- oder Abteilungsakteien) oder von den Bürobearbeitern selbst (Beamtenakteien) verwaltet.

(3) Die Art der Aktenhaltung bestimmt die Bundesbahndirektion.

(4) Geschlossene Akten, die nur selten gebraucht werden, sollen nach Möglichkeit gesondert aufbewahrt werden (Altablage); handelt es sich im Akten von dauerndem Wert (§ 11 Abs. 4), sind sie in eine Archivaktei zu übernehmen.

§ 2
Anlage und Führung von Personalakten

Anhang

Für die Anlage und Führung von Personalakten gelten die in dem Anhang zusammengefaßten Bestimmungen.

§ 3
Kennzeichnung der Schriftstücke

(1) Die eingehenden Schriftstücke erhalten das Aktenzeichen. Es dient dazu, die Schriftstücke nach ihrer sachlichen Zugehörigkeit (Sachgebiete) einheitlich zu kennzeichnen, und wird dem Aktenplan (§ 5) entnommen. Maßgebend für die Wahl des Aktenzeichens ist die Aktenbestandskartei (§ 6 Abs. 1). Es ist auf die erste Seite oben in die Mitte zu setzen, und zwar bei wichtigen Schriftstücken, die in den Schriftwechselnachweis (§ 8) eingetragen werden, mit Tinte, bei den übrigen mit Blei.

(2) Auch die Anlagen erhalten das Aktenzeichen.

(3) Bei Schriftstücken über besondere Personalangelegenheiten, die zu den Personalakten genommen werden, fällt das Aktenzeichen weg. Welche weiteren Schriftstücke kein Aktenzeichen erhalten (z. B. Fahrtberichte), bestimmt die Bundesbahndirektion.

---

* Die Aktenvorschrift gilt auch für die Generalbetriebsleitungen, die Bundesbahn-Zentralämter, das Bundesbahn-Sozialamt, das Hauptwagenamt und die Zentralstelle für Betriebswirtschaft im Werkstättendienst.

§§ 3 bis 4

(4) Das Aktenzeichen ist von der Stelle zu vermerken, die nach § 1 die Geschäftssachen verwaltet. Sie ist für die Feststetzung des Aktenzeichens verantwortlich. Werden die Akten in Haupt- oder Abteilungsakteien verwaltet, so kann die Bundesbahndirektion für Schriftstücke, die nicht in den Schriftwechselnachweis eingetragen werden müssen, zulassen, daß das Aktenzeichen vom Bürobearbeiter vermerkt wird. Ergibt sich, daß ein Schriftstück in ein anderes Sachgebiet gehört, so ist das Aktenzeichen zu ändern und ggf. der Schriftwechselnachweis zu berichtigen.

(5) Das Aktenzeichen dient zusammen mit der Bezeichnung des federführenden Dezernenten und des Bürobearbeiters als Geschäftszeichen (z. B. 7 V 2 Va). Dem Aktenzeichen kann die Nummer des Eintrags im Schriftwechselnachweis angefügt werden. Schriftstücke, die von einem Dezernenten für den Präsidenten vorbearbeitet werden, erhalten das Zeichen Pr und die Dezernatsbezeichnung des Vorbearbeiters in Klammern (z B. Pr [12] A 3 Ov).

(6) Bei Fahrgeld- und Frachterstattungsanträgen, ferner bei Entschädigungsanträgen aus dem Frachtvertrag (DV 659, 762 und 704) werden dem Geschäftszeichen noch die laufende Nummer des besonderen Verzeichnisses (Entschädigungsliste u. dgl.) und etwaige weitere Unterscheidungsmerkmale hinzugefügt (z. B. 7 V 10 Rf 58/52).

(7) Andere Zusätze (z. B. das Zeichen des Abteilungsleiters oder der mitwirkenden Dezernenten) darf das Geschäftszeichen nicht enthalten.

§ 4

Unterscheidung der Schriftstücke in Akten und Weglegesachen

(1) Schriftstücke, die ihren Wert voraussichtlich mehrere Jahre behalten, werden zu den Akten genommen, die anderen als Weglegesachen behandelt.

(2) Ob ein Schriftstück zu den Akten oder zu den Weglegesachen zu nehmen ist, wird durch die Verfügung „A" oder „W" entschieden.

(3) Die zu den Akten geschriebenen Schriftstücke sind alsbald nach der Zeitfolge ihrer Erledigung (Schlußverfügung) in die Akten zu bringen.

(4) Behandelt ein Schriftstück mehrere Sachgebiete, so ist zu verfügen, zu welchen Akten es zu nehmen und für welche Akten eine Abschrift oder ein Hinweis zu fertigen ist.

§§ 4 bis 6

(5) Die Weglegesachen sind nach Hauptgruppen, Gruppen oder für jedes Aktenzeichen gesondert zu sammeln und nach der Zeitfolge ihrer Erledigung in Umschlägen aufzubewahren.

§ 5
Aktenplan

Anlage 1

(1) Die Akten sind nach dem einheitlichen Aktenplan anzulegen. Er ist nach Sachgebieten in Hauptgruppen, Gruppen und Untergruppen gegliedert. Die für die einzelnen Sachgebiete merktechnisch festgelegten Buchstaben bilden das Aktenzeichen.
(2) Die Angaben im Aktenplan über Akteninhalt und Aktenzeichen sind bindend. Neue Hauptgruppen und Gruppen bestimmt die Hauptverwaltung.
(3) Akten sind nur anzulegen, wenn vorauszusehen ist, daß die Zahl der Schriftstücke in absehbarer Zeit einen größeren Umfang annimmt. Welche Akten bei der Bundesbahndirektion geführt werden, bestimmt der Aufsichtsderzenent (§ 14).
(4) Für umfangreiche Anlagen, Geschäftsberichte usw. können Beiakten gebildet werden; auf diese ist in den Hauptakten hinzuweisen.

§ 6
Aktenbestandskartei, Aktenverzeichnis

Anlage 2 mit Erläuterungen

(1) Über alle Akten (Aktenzeichen) einer Bundesbahndirektion wird von **einer** Stelle eine Aktenbestandskartei geführt. Durch sie werden der Aktenbestand und die Einhaltung der Vernichtungsfristen (§ 11) überwacht.
(2) Wer Geschäftssachen bearbeitet oder verwaltet, muß ein einfaches Verzeichnis der für ihn in Frage kommenden Akten (Aktenverzeichnis) besitzen, aus dem Akteninhalt und Aktenzeichen, ferner der Arbeitsanteil des Aktenverwalters oder die Bezeichnung der Aktei hervorgehen.

§§ 7 bis 8

§ 7
Abgabe von Akten und Weglegesachen

(1) Der Verbleib abgelegter Akten wird vom Aktenverwalter überwacht. Ohne sein Wissen dürfen Akten nur vom Dezernenten an den Bürobearbeiter und umgekehrt weitergegeben werden.

Anlage 3 a

(2) Bei Haupt- und Abteilungsakteien ist der Verbleib der Akten im Aktenabgabebogen zu vermerken. Dieser ist statt der Akten einzuordnen, solange sie abgegeben sind. In der Zwischenzeit sind für die Akten bestimmte Schriftstücke im Aktenabgabebogen aufzubewahren.

Anlage 3 b

(3) Aktenabgbebogen sind im allgemeinen nicht für alle Akten, sondern höchstens in der Zahl bereitzuhalten, die den zu gleicher Zeit durchschnittlich abgegebenen Akten entspricht; sie sind nach Bedarf frei zu verwenden. Bei liegender Aktenaufbewahrung kann für die einzelnen Akten je ein besonderer Aktenabgabebogen angelegt werden.

(4) Bei Beamtenakteien genügen statt des Aktenabgabebogens Aufzeichnungen einfacher Art, z. B. Vermerk im Schriftwechselblatt (§ 8).

(5) Werden aus den Akten einzelne Schriftstücke ausnahmsweise entnommen, so ist ihr Verbleib auf einfachen Merkzetteln nachzuweisen, die in den Akten an die Stelle des Schriftstücks treten. Die Rückgabe ist vom Aktenverwalter zu überwachen.

(6) Die Abgabe und Rückgabe von Weglegesachen ist auf dem Umschlag zu vermerken.

§ 8
Schriftwechselnachweis

Anlagen 4 a u. 4 b mit Erläuterungen

(1) Der Lauf **wichtiger** Schriftstücke wird durch einen Schriftwechselnachweis (Schriftwechselkarte oder Schriftwechselblatt) überwacht. Dies gilt auch für wichtige Schriftstücke, die bei der Bundesbahndirektion selbst entstehen. Die Eintragungen sind möglichst kurz zu halten. Bei Beamtenakteien genügt es im allgemeinen, den Eingang und das Ergebnis der Bearbeitung einzutragen.

(2) Der übrige Schriftwechsel wird nicht besonders überwacht.

(3) Bei Haupt- und Abteilungsakteien wird eine Schriftwechselkartei benutzt. Bei einfachen Verhältnissen, besonders bei geringer Aktenzahl, kann die Bundesbahndirektion die Verwendung von

Schriftwechselblättern zulassen. Bei Beamtenakteien bestimmt die Bundesbahndirektion die Art des Schriftwechselnachweises. **§§ 8 bis 10**

(4) Für jedes Aktenzeichen ist eine besondere Schriftwechselkarte oder ein besonderes Schriftwechselblatt anzulegen.

(5) Wegen der Aufbewahrung der abgeschlossenen Schriftwechselkarten (-blätter) siehe § 11.

§ 9
Fristen

(1) **Wiederkehrende** Fristen sind durch eine Fristenkartei zu überwachen. **Anlage 5** **mit Erläuterungen**

(2) **Einmalige** Fristen sind bei Haupt- und Abteilungsakteien durch eine Fristenkartei, bei Beamtenakteien durch ein Fristenverzeichnis zu überwachen. **Anlage 6/7** **mit Erläuterungen**

(3) Einmalige Fristen bis zu einem Jahr können auch durch lose Aufbewahrung der Schriftstücke in einer Mappe „Fristsachen" überwacht werden. Diese Schriftstücke sind nach Fälligkeitstagen zu ordnen; in die Kartei oder das Verzeichnis weden die Fristen dann nicht eingetragen.

(4) Einmalige und wiederkehrende Fristsachen, die sich schon in den Akten befinden, hat der Aktenverwalter dem Dezernenten oder, wenn ein Bürovorstand zuständig ist, diesem vorzulegen (Akteivorlage). Bei Beamtenakteien kann auf der Akteivorlage gleich die Verfügung entworfen werden. **Anlage 8**

§ 10
Restezettel

(1) An die Erledigung wichtiger Schriftstücke ist, wenn nötig, durch Restezettel zu erinnern, wenn ein bestimmter Zeitraum verstrichen ist. **Anlage 9**

(2) Der Präsident der Bundesbahndirektion bestimmt das Nähere über die Vorlage der Restezettel, vor allem, ob sie ihm selbst oder dem Abteilungsleiter, und nach welchem Zeitraum sie vorzulegen sind.

§ 11
Aufbewahrung und Vernichtung der Geschäftssachen

(1) Die Akten sind alle 3 Jahre zu sichten. Schriftstücke, die nach Entscheidung des Sachdezernenten entbehrt werden könen, sind zu entnehmen und je nach ihrem Wert als Weglegesachen des laufenden Jahres oder sofort als vernichtungsreife Weglegesachen zu behandeln.

(2) Die Durchsicht der Akten ist auf der Innenseit des oberen Aktendeckels zu vermerken.

(3) Bei geschlossenen Akten entscheidet nach einer Aufbewahrungszeit von 10 Jahren der Aufsichtsdezernent (§ 14) im Einvernehmen mit dem Sachdezernenten, ob die Akten oder einzelne Schriftstücke daraus und die Schriftwechselkarten (-blätter) weiter aufbewahrt oder vernichtet werden sollen. Bei weiterer Aufbewahrung bestimmt der Aufsichtsdezernent den Zeitpunkt der nächsten Überprüfung.

(4) Geschäftssachen von dauerndem (z. B. geschichtlichem, kulturellem, urkundlichem) Wert dürfen nicht vernichtet werden (vgl. § 1 Abs. 4).

(5) Weglegesachen sind nach einem Jahr, gerechnet vom Ende des Jahres, in dem sie entstanden sind, zu vernichten. Vor ihrer Vernichtung ist zu prüfen, ob sich Schriftstücke unter ihnen befinden, die noch von Bedeutung sind. Diese sind dann zu den Akten oder zu den Weglegesachen des nächsten Vernichtungszeitraums zu nehmen.

(6) Die Bundesbahndirektion bestimmt, wie die vernichtungsreifen Akten und Weglegesachen als Altpapier zu verwerten sind.

§ 12
Äußere Form der Akten. Inhaltsverzeichnis

(1) Auf dem Aktendeckel oder auf besonderem, den Akten vorzuheftendem Blatt sind anzugeben:

a) der Name der Bundesbahndirektion,
b) der Akteninhalt,
c) das Aktenzeichen,
d) die Ordnungsnummer des Aktenbandes,
e) der Aktenverwalter (Aktei, Arbeitsanteil oder Archiv),
f) der Zeitpunkt des Beginns und Abschlusses des Aktenbandes.

(2) Akteninhalt (1 b) und Aktenzeichen (1 c) müssen, soweit sie im Aktenplan aufgeführt sind, mit diesem übereinstimmen. **§§ 12 bis 14**

(3) Bei stehender Aufbewahrung der Akten sind die Angaben zu 1 c), d) und f) auf dem Aktenrücken, bei liegender Aufbewahrung auf dem Aktenschild zu wiederholen. Außerdem kann auf dem Aktenrücken oder dem Aktenschild die Zugehörigkeit zu den einzelnen Akteien farbig gekennzeichnet werden.

(4) Die Bundesbahndirektion bestimmt, ob und für welche Akten Inhaltsverzeichnisse geführt werden, die den Schriftstücken vorzuheften sind. Meist wird es genügen, in das Inhaltsverzeichnis nur die wichtigeren Schriftstücke einzutragen. **Anlage 10**

(5) Werden Inhaltsverzeichnisse geführt, so sind die Blätter der Akten zu numerieren (vgl. § 4 Abs. 3)

(6) Die Akten sind in Linksheftung (Behördenheftung) zu führen, damit die Schriftstücke einander folgen wie die Seiten eines Buches.

§ 13
Andere Hilfsmittel der Aktenhaltung

(1) Für die Erlasse des Bundesministers für Verkehr und die Verfügungen der Hauptverwaltung der Deutschen Bundesbahn sind außer dem Schriftwechselnachweis besondere Verzeichnisse im Präsidialbüro zu führen.

(2) Abdrucke von Erlassen und Verfügungen für den Handgebrauch (Handsammlungen) gelten nicht als Akten im Sinne dieser Vorschrift.

(3) Weitere Verzeichnisse, Karteien usw. dürfen nur mit Genehmigung der Hauptverwaltung geführt werden.

§ 14
Aufsicht

(1) Der Präsident der Bundesbahndirektion bestimmt einen Dezernenten, der die Verwaltung der Geschäftssachen zu beaufsichtigen hat.

(2) Der Vorstand des Präsidialbüros beaufsichtigt das Aktenwesen büromäßig.

§ 15
Ausführungsbestimmungen

Die Aussführungsbestimmungen zu der Dienstvorschrift erläßt der Präsident der Bundesbahndirektion.

Anlage 1
(§ 5)

(Der Aktenplan ist gesondert herausgegeben. Hier sind nur die Titelseite, die Vorbemerkungen und die Übersicht über die Hauptgruppen und Gruppen abgedruckt).

DEUTSCHE BUNDESBAHN

Aktenplan

Gültig vom 1. Januar 1954 an

DRUCKHAUS SCHMIDT & CO · MAINZ

140 01 Aktenplan A 4 h 6 a

Vorbemerkungen zum Aktenplan

(1) Der Altenplan ist nach Sachgebieten in Hauptgruppen, Gruppen und Untergruppen gegliedert. Die für die einzelnen Sachgebiete merktechnisch festgelegten Buchstaben bilden das Aktenzeichen. Der erste, große Buchstabe des Aktenzeichens gibt die **Hauptgruppe** an (z. B. B = **B**etrieb), der zweite Buchstabe innerhalb der Hauptgruppe die **Gruppe** (z. B. Bf = **F**ahrplan); die weiteren Buchstaben bezeichnen die **Untergruppen** (z. B. Bfg = **G**üterzugfahrplan; Bfgr = Sonntags**r**uhevorschriften). In der Spalte „Akteninhalt" sind die Merkbuchstaben, die für das Aktenzeichen verwendet sind, fettgedruckt und unterstrichen.

(2) Die Angaben im Aktenplan über Akteninhalt und Aktenzeichen sind bindend. Neue Hauptgruppen und Gruppen bestimmt die Hauptverwaltung. Untergruppen, die im Aktenplan nicht festgelegt sind, können die Bundesbahndirektionen selbst bilden. Dabei ist zu beachten, daß sich auch alle Untergruppen nach Akteninhalt und Aktenzeichen unterscheiden müssen.

(3) Akten über Gruppen und Untergruppen können in sich nach Personen, Strecken, Bahnhöfen, Amtsbezirken, Ortsnamen u. dgl. weiter unterteilt werden (Unterakten). Dem Aktenzeichen sind dann die Personen-, Orts- usw. -namen und -bezeichnungen abgekürzt in Klammern anzufügen. Bei der Unterteilung nach Strecken ist nur die Streckennummer nach dem „Verzeichnis der Strecken" des Anhangs zu den Fahrdienstvorschriften in Klammern anzufügen. Tarifakten erhalten als Zusatz die abgekürzte Bezeichnung des Tarifs.

(4) Bei den Hauptgruppen D (Fernmeldewesen), E (Elektrotechnik), F (Fahrzeuge für den Schienen- und Straßenverkehr), G (Geräte, Behälter, Werkzeuge) und M (Maschinen und maschinenartige Anlagen) können dem Aktenzeichen folgende Zusatzbezeichnungen am Schluß angefügt werden:

/E = Einkauf
/K = Bauart (Konstruktion)
/N = Normung
/U = Unterhaltung
/V = Versuche

Beispiel:

Fldk/K = Bauart (Konstruktion) der Lokomotivkessel (F = Fahrzeuge, l = Lokomotiven, d = Dampf lokomotiven, k = Lokomotivkessel, /K = Bauart (Konstruktion).

Bei der Hauptgruppe St (Stoffe) sind die Zusatzbezeichnungen

/E = Einkauf
/N = Normung und
/V = Versuche

vorgesehen.

Diese Zusatzbezeichnungen sind im allgemeinen für die Bundesbahn-Zentralämter bestimmt. Bei den Bundesbahndirektionen dürfen sie nur verwendet werden, wenn die Aktenzeichen ohne Zusatzbezeichnung nicht ausreichen.

(5) Bei den Geschäftsführenden Direktionen für das Werkstättenwesen sind für die Geschäftssachen, die losgelöst von den Bezirksangelegenheiten der Bundesbahndirektion bearbeitet werden, besondere Akten zu führen. Bei ihnen ist zur Unterscheidung von den entsprechenden Akten für den örtlichen Bezirk dem Aktenzeichen ein /W anzuhängen (z. B. Kmw/W).

(6) Für Schriftstücke geheimen Inhalts sind im Aktenplan keine besonderen Aktenzeichen vorgesehen. Zur Unterscheidung ist dem Aktenzeichen ein „g/" bzw. „sg/" nach besonderer Vorschrift voranzusetzen. Für solche Schriftstücke sind besondere Akten zu führen, die nach Hauptgruppen und Gruppen (z. B. g/B = Betrieb, g/F = Fahrplan), ausnahmsweise auch nach Untergruppen zu bilden sind.

Übersicht
über die Hauptgruppen und Gruppen des Aktenplans
im vorliegenden Buch oben auf S. 119 ff. abgedruckt

Spaltenaufbau des Aktenplans mit Mustereintrag
Auf den Abdruck hier wurde verzichtet, da der gesamte Aktenplan samt Spaltenaufbau im vorliegenden Buch ab Seite 219 vorhanden ist.

Anlage 2
(§ 6)

(Vorderseite)

Aktenzeichen	Akteninhalt	
Aktenverwalter	früheres Aktenzeichen	bis
	neues Aktenzeichen	seit
Zahl der Bände		
1		(siehe neue Bestand-Karte)
	Farbige Kennzeichnung	

140 02 Aktenbestandskarte A 6q Steifpapier hellbraun

(Rückseite)

Band	angelegt am	geschlossen am	Altablage am	vernichtet am	Bemerkungen z. B. zum Archiv am
1					
2					
3					
4					
5					
6					
7					
8					
9					
10					
11					
12					

Erläuterungen zur Aktenbestandskartei (Anlage 2)

1. Die Kartei ist in der Buchstabenfolge der Aktenzeichen zu ordnen.
2. Wenn ein Aktenzeichen sich ändert, und die Akten unter dem alten Aktenzeichen als geschlossene Akten bestehen bleiben, so ist die zugehörige Bestandskarte in der Kartei zu belassen. Werden Akten aufgelöst, so ist die Aktenbestandskarte für spätere Nachfragen in einer Sonderabteilung der Kartei aufzubewahren. In der Spalte „neues Aktenzeichen" ist dann das neue Aktenzeichen anzugeben. Auf der Karte über das neue Aktenzeichen ist die Spalte „früheres Aktenzeichen" auszufüllen.
3. In die Spalte „früheres Aktenzeichen" sind stets die Aktenzeichen der früheren Akten (Vorakten) einzutragen.
4. In der Spalte „farbige Kennzeichnung" sind etwaige Farbzeichen zur Unterscheidung der einzelnen Akteien zu vermerken.

Anlage 3 a/b
(§ 7)

Aktenverwalter

Aktenabgabebogen

Aktenzeichen	abgegeben		zurückgegeben am	Aktenzeichen	abgegeben		zurückgegeben am
	am	an			am	an	

140 03 a Aktenabgabebogen für stehende Aktenaufbewahrung C 4 d Steifpapier
140 03 b Aktenabgabebogen für liegende Aktenaufbewahrung A 4 d ûa

Aktenzeichen	Akteninhalt					Jahrgang von bis			Nr. der Karte
lfd. Nr.	Einsender	Geschäftszeichen	Tag	Eingang	kurze Inhaltsangabe	Auszeichnung (Des. Arbeitsanteil)	Verbleib		
							am	wo	A W

140 04 a Schriftwechselkarte A 5 q Steifpapier, weiß

Anlage 4b
(§ 8)

Blatt-Nr.	Jahrgang von bis	Abteilung(?)	Aktenzeichen

Lfd. Nr.	Einsender	Geschäftszeichen	Tag	Eingang	kurze Inhaltsangabe	Auszeichnung (Dez. Arbeitsgebiet)	Verbleib		
							am	wo	A W

14004 b Schriftwechselblatt A 4 b 6a

Erläuterungen zum Schriftwechselnachweis (Anlagen 4a und 4b)

1. Wichtige Schriftstücke sind vor allem die Erlasse des Bundesministers für Verkehr, die Verfügungen der Hauptverwaltung der Deutschen Bundesbahn, die Schreiben der Bundes- und Länderministerien und der Abgeordneten; ferner Schreiben anderer Behörden des Bundes und der Länder, wirtschaftlicher Vereinigungen, Interessenvertretungen, hervorragender Persönlichkeiten, bedeutender Körperschaften und anderer Einsender, wenn dem Inhalt besondere Bedeutung zukommt.
2. Die Schriftwechselkarten sind zweckmäßig in geeigneten Kästen aufzubewahren. Die Schriftwechselblätter werden in Schnellheftern verwahrt.
3. Die Schriftwechselkarten und Schriftwechselblätter sind in der Buchstabenfolge der Aktenzeichen, die Schriftwechselkarten, wenn nötig, mit Hilfe von Leitkarten zu ordnen. Sie sind nicht für einen bestimmten Zeitraum zu verwenden, sondern voll zu beschriften.
4. In der Spalte „laufende Nummer" beginnen die Eintragungen in jedem Kalenderjahr im allgemeinen mit 1. Die Nummer wird beibehalten, bis das Schriftstück zu den Akten kommt oder sonst erledigt ist.
5. Bei Haupt- und Abteilungsakteien kann die Feststellung restlicher Geschäftssachen durch verschiedenartige Karteimerkzeichen (Reiter), die auf die Schriftwechselkarten zu setzen sind, erleichtert werden.

Anlage 5
(§ 9)

1	2	3	4	5	6	7	8	9	10	11	12	13	14	15	16	17	18	19	20	21	22	23	24	25	26	27	28	29	30	31

Tag — Monat

der Fristverfügung			Geschäftszeichen oder Dienstvorschrift	Betreff	einzureichen			Fristenmonate												Bemerkungen (Fehlanzeige usw.)
Tag	Monat	Jahr			von	an	am	I	II	III	IV	V	VI	VII	VIII	IX	X	XI	XII	

140 05 Wiederkehrende Fristen A 5 q Steifpapier, hellgelb

(Erläuterungen siehe Seite 25)

Anlage 6
(§ 9)

1	2	3	4	5	6	7	8	9	10	11	12	13	14	15	16	17	18	19	20	21	22	23	24	25	26	27	28	29	30	31

Tag — Monat

der Fristverfügung			Geschäftszeichen	Betreff	einzureichen			erledigt am	Bemerkungen (Fehlanzeige) usw.
Tag	Monat	Jahr			von	an	am		

140 06 Einmalige Fristen A 5 q Steifpapier, hellgrün

(Erläuterungen siehe Seite 25)

Anlage 7
(§ 9)

Tag — Monat

der Fristverfügung			Geschäftszeichen	Betreff	einzureichen			erledigt am	Bemerkungen (Fehlanzeige usw.)
Tag	Monat	Jahr			von	an	am		

14007 Fristenverzeichnis A 4 d 6 a

Erläuterungen zu den Fristenkarteien und dem Fristenverzeichnis (Anlagen 5, 6 und 7)

a) **Kartei über wiederkehrende Fristen**
Je nach der Zahl der wiederkehrenden Fristen können Fristenkarten geführt werden:

1. für jeden Kalendermonat, wobei alle Fristen eines Monats auf einer Karte vermerkt sind,
2. für jeden der Kalendertage 1 — 31; jede Karte gilt dann für alle Monate (Fristensammelkarte),
3. für jeden Wochentag (Montag, Dienstag usw.),
4. für jeden Fristentag je eine Karte (z. B. 5/I, 10/II).

Zu 1) sind die Fristen*tage*, zu 2) die Fristen*monate*, in den Spalten „Fristenmonate" kenntlich zu machen.

Es empfiehlt sich, alljährlich die erledigten Fristen in den zugehörigen Spalten mit Bleistift anzuhaken.

b) **Kartei über einmalige Fristen und Fristenverzeichnis**
Die Karten (Verzeichnisse) werden nach Bedarf für jeden Kalendertag oder -monat angelegt. Sie sind nicht für einen bestimmten Zeitraum zu verwenden, sondern voll zu beschriften.

c) Die Fristenkarteien sind zweckmäßig in geeigneten Kästen aufzubewahren.

Anlage 8
(§ 9)

________________, den ________ 195__

Akteivorlage

An ____________________

Nach Verf ________________ vom ________ 195__

betreffend ______________________________

____

werden die Akten ________________________

vorgelegt.

Aktei ____________________

(Heftrand)

140 08 Akteivorlage A 5 h 6a

Anlage 9
(§ 10)

(Vorderseite)

Restezettel

für Dezernat ....

für die Zeit vom ..../............ bis ..../............ 195.....

Aktei ....

Verfügung

.................................., den .... 195.....

Herrn Dezernenten ....
zur Äußerung zugeleitet.

Der Präsident – Abteilungsleiter ....

.................................., den .... 195.....

Herrn Präsidenten – Abteilungsleiter ....
wieder vorzulegen.

Gesehen: Dezernent:

....

140 09 Restezettel A 6 q 6 a rosa

(Rückseite)

Geschäfts-zeichen	Tag	Eingang	Einsender Inhalt	Äußerung des Dezernenten

Anlage 10

(12) §

Aktenzeichen ....

Einsender	Geschäftszeichen	Tag	kurze Inhaltsangabe	Blatt	Bemerkungen

140 10 Inhaltsverzeichnis für Akten A 4 h 6 a

Anhang
Bestimmungen für Anlage und Führung von Personalakten

1. Personalakten sind Akten, die Urkunden und Aktenvorgänge über die Person eines Beamten, seinen Werdegang und seine dienstliche Tätigkeit enthalten. Sie sind für jeden Beamten zu führen.
2. Über umfangreiche Sondervorgänge können Beiakten geführt werden. Beiakten sind auch die Vorermittlungs- und Untersuchungsakten im förmlichen Disziplinarverfahren.
3. Die Personalakten sollen ein möglichst vollständiges Bild der persönlichen und dienstlichen Verhältnisse des Beamten geben.
   a) Aufzunehmen sind die in Ziffer 7 a) genannten Schriftstücke, ferner u. a. solche über die dienstliche Tätigkeit des Beamten, über Ernennungen und Versetzungen, Beurteilungen, Entwürfe zu Berichten an die Hauptverwaltung und zu Schreiben an andere Behörden oder sonstige Stellen, Abschriften von Bescheiden, die andere Stellen erteilt haben, Eingaben nebst Bescheiden, Erklärungen über Verzichte und Verpflichtungen, Zustellungsnachweise zu beamtenrechtlichen Entscheidungen, Meldungen über Dienstunfähigkeit, Krankenblätter, Unfallanzeigen und Unfallvermerke, Anzeigen über die Änderung des Familienstandes, Schriftstücke über Ehrungen.
   b) Bei Bestrafungen sind nur die Disziplinarverfügungen zu den Personalakten zu nehmen. Die Vorgänge, auch Abschriften oder Auszüge, sind den Akten beizufügen, wenn sie von Bedeutung sind.
   c) Beziehen sich Vorgänge auf mehrere Beamte – z. B. bei Versetzungen, Abordnungen, bei Besetzung eines Dienstpostens – so sind Vermerke und Hinweise (z. B. „Entspringt aus Verf vom ... – 3 P 2 Pow –") zu den Personalakten zu nehmen. Abschriften oder Auszüge aus diesen Vorgängen sind notwendig, wenn sie bedeutsame Angaben – z. B. eine Beurteilung – enthalten.
   d) Nicht aufzunehmen sind Schriftstücke, die für die Beurteilung des Beamten und seine dienstlichen Verhältnisse ohne Bedeutung sind, z. B. Nachweise über die Teilnahme am Dienstunterricht, Probearbeiten, Entwürfe zu Prüfungsarbeiten.
   e) Sollen Tatsachen aus Schriftstücken festgehalten werden, die nicht zu den Personalakten zu nehmen sind, so genügt eine Eintragung

im Personalienblatt oder ein Aktenvermerk. Unterstützungen sind nur im Personalienblatt zu vermerken.

f) Pfändungs- und Überweisungsbeschlüsse sind in einen besonderen Nachweis einzutragen, der hinter dem Personalienblatt einzuheften ist. Abgeschlossene Vorgänge sind wegzulegen.

g) Schriftwechsel in bestimmten Verfahren, z. B. Zivilrechtsstreiten, Verwaltungsstreitsachen, Beschwerdesachen, ist erst nach Abschluß des Verfahrens zu den Personalakten zu nehmen.

4. Für die Personalakten sind dauerhafte Umschläge mit Lochheftung zu verwenden.

5. Auf dem Umschlag ist anzugeben:

Deutsche Bundesbahn
Bundesbahndirektion ...
Personalakten des ......
Amtsbezeichnung ......
Beiakten ......
Begonnen am ......
Abgeschlossen am ......
Band ......
Folgt Band ......

6. Den Personalakten ist das Personalienblatt vorzuheften.

7. Die Schriftstücke sind wie folgt zu ordnen:

Abschnitt A

h) Hinter dem Personalienblatt

I. Fragebogen für Bewerber um Beamtenstellen,
II. Bericht über die Allgemeinuntersuchung,
III. Geburtsurkunde,
IV. Schulzeugnisse, Gesellenbrief, Facharbeiterbrief (nach der Zeitfolge),
V. Lebenslauf,
VI. Auszug aus dem Strafregister,
VII. Niederschrift über die Vereidigung,
VIII. Heiratsurkunde,
IX. Militärpapiere,
X. Ergebnis der Eignungsuntersuchung,

XI. Beschäftigungszeugnisse aus der Zeit vor Eintritt in den Bundesbahn (Reichsbahn-) dienst (nach der Zeitfolge),
XII. Personalienbogen für Arbeiter,
XIII. Nachweis über die Beschäftigung als ständige Hilfskraft im Beamtendienst,
XIV. Berechnung der Dienstzeiten,
XV. Lohnstammkarte,
XVI. Niederschrift über die Verpflichtung.

Zu XII. bis XVI. Schriftstücke auf Vordruck nach der DV 173 – Bepa –.

b) Reihenfolge und Ordnungszahlen sind bindend.
Die Ordnungszahl ist auf dem Schriftstück oben rechts mit Blaustift zu vermerken. Auf Schriftstücken mit mehr als zwei Seiten ist die Blattzahl auf der ersten Seiten einzutragen; die übrigen Seiten können unbezeichnet bleiben.
Liegen zu einer Blattzahl mehrere Schriftstücke (z. B. Schulzeugnisse) vor, so erhalten sie zusätzliche Buchstaben (z. B. IV a, IV b).
Blatt- oder Seitenzahlen, die aus den Arbeiterpapieren herrühren, sind mit Blaustift zu durchstreichen.

Abschnitt B

c) Hier sind sämtliche übrigen Schriftstücke, auch die aus der Zeit der Arbeitertätigkeit, nach der Zeitfolge ihrer Erledigung so einzufügen, daß das jüngste Schriftstück zuletzt liegt.
d) Prüfungsverhandlungen sind vor den Prüfungsarbeiten einzuordnen.
e) Ärztliche Untrsuchungsberichte * – außer dem für die Anstellung maßgeblichen Bericht über die Allgemeinuntersuchung – sind in den Akten in einem Umschlag beizufügen.
f) Außer den ärztlichen Untersuchungsberichten sind alle Schriftstücke **fest** in die Akten einzuordnen.
g) Die Schriftstücke tragen oben rechts die Blattzahl – mit Blaustift – in arabischen Ziffern.

8. Beiakten sind zusammen mit den Personalakten aufzubewahren. Art und Anzahl der Beiakten sind auf dem Umschlag der Personalakten zu vermerken.

---

* Wenn der Arzt erklärt hat, daß sich das ärztliche Gutachten zur Mitteilung an den Beamten zu dessen Bestem nicht eigne, ist es in den Personalakten lose (in einem besonderen Umschlag mit der Aufschrift „Vertraulich“) beizufügen und dem Beamten bei Einsicht der Akten nicht vorzulegen.

Die Personalakten sind in verschließbaren Schränken zu verwahren; sie dürfen Unbefugten nicht zugänglich sein.

9. Die Abgabe von Personalakten ist in einem Aktenabgabebogen zu vermerken.
   Über die Personalakten der Ruhestandsbeamten sind Aktenverzeichnisse zu führen.
10. Grundsätzlich darf aus den Personalakten kein Schriftstück entnommen werden.
    Wird den Akten zeitweilig ein Vorgang entnommen, so ist ein Blatt einzufügen, aus dem die Blattnummern und der Verbleib hervorgehen. Diesen Vermerk unterschreibt der Bürobeamte. Die Bundesbahndirektion entscheidet, wenn ein Vorgang oder eine Urkunde ausnahmsweise ohne Ersatz durch eine beglaubigte Abschrift dauernd entnommen werden soll. Die Entscheidung ist statt des Vorgangs oder der Urkunde einzuheften.
11. Werden Disiplinarstrafen und gerichtliche Strafen getilgt, so sind die Eintragungen im Personalienblatt unkenntlich zu machen; die Vorgänge sind zu vernichten. Statt der Schriftstücke ist ein Vermerk folgenden Inhalts zu den Akten zu nehmen:
    „Blatt / Blätter Nr ...... wurde / n nach Verf des ......amts vom ......, der Bundesbahndirektion vom ...... – Geschäftszeichen – entfernt und vernichtet. (Unterschrift des Bürobeamten und Datum)".
12. Personalakten werden an andere Behörden nach PV I S, Heft 1, 42. 3 c), g), h), an Bahnärzte nach Tauvo § 6 abgegeben.
13. Personalakten dürfen nicht vernichtet werden. Für die Ablieferung gelten besondere Bestimmungen (vgl. PV I S, Heft 1, 42. 3 i).*
14. Für die Personalakten der Angestellten gelten diese Bestimmungen sinngemäß.
15. Ausführungsbestimmungen erläßt der Präsident der Bundesbahndirektion.

---

* *handschriftlich mit Verweis auf Abl (= Amtsblatt) 368 / 64 gestrichen.*

176

Deutsche Bundesbahn

Dienstvorschrift für den Schriftverkehr der Dienststellen des Außendienstes

(DV Schriftverkehr)

gültig vom 1. März 1960 an

Einführungsbestimmungen zur Dienstvorschrift für den Schriftverkehr der Dienststellen des Außendienstes

1. Diese Dienstvorschrift tritt am 1. März 1960 in Kraft. Die Dienstvorschrift für den Schriftverkehr der Dienststellen (Schriftvo), gültig vom 1. März 1932 an, wird aufgehoben.
2. **Zu § 1 Abs. 3:**
   Zu den Dienstsiegeln zählen außer den Prägesiegeln aus Metall (Lacksiegel, Trockensiegel) auch die runden Farbdruckstempel aus Metall oder Gummi.
3. **Zu § 3 Abs. 4:**
   Auf die Bestimmungen über die Behandlung von Sendungen mit Wertangabe, die die bisherige Vorschrift nicht enthielt, wird besonders hingewiesen.
4. **Zu § 3 Abs. 7:**
   Telegrammbriefe (Telegrammkarten) werden künftig als Schnellbriefe (Schnellkarten) bezeichnet. Die entsprechenden Drucksachen werden mit Herausgabe der neuen Dienstvorschrift geändert.

5. **Zu § 6 Abs. 4:**
Veraltete Höflichkeitsformen (ergebenst, ganz ergebenst, gehorsamst u. ä.) sind nicht anzuwenden.

6. **Zu § 7 Abs. 1 und 14:**
Die Anlagen enthalten Muster für die äußerer Form der Schreiben. Dadurch konnte auf ins einzeln gehende Anordnungsregeln verzichtet werden. Statt der bisherigen Bezeichnung „Kopfbogen" ist die vom Deutschen Normenausschuß eingeführte Bezeichnung „Briefblatt" verwendet.

7. **Zu § 10 Abs. 1:**
Die Kenntnisnahme *gegen Unterschrift* ist zur Geschäftsvereinfachung wesentlich eingeschränkt.

8. **Zu § 10 Abs. 2:**
Auf die Möglichkeit, nichtbetriebliche Anordnungen in besonderen „Weisungsbüchern" bekanntzugeben, wird hingewiesen.

9. **Zu § 13 Abs. 2 und 3:**
Die früher vorgeschriebenen Genehmigungen zum Anlegen von Akten durch die Bundesbahndirektion sind zur Geschäftsvereinfachung weggefallen.

10. **Zu § 16 Abs. 1:**
Wiederkehrende Fristen sind nur noch durch die Fristenkartei und nicht mehr durch ein Fristenverzeichnis zu überwachen.

11. Die Vordrucke 176 06 a und 176 06 b sind zum Altpapier zu nehmen. Die Vordrucke 176 04 und 176 04/1 erhalten die neue Nr. 176 05 und sind aufzubrauchen.

Geschäftsführung: Hauptverwaltung der Deutschen Bundesbahn
Druck: Bundesbahndirektion Karlsruhe

Verteilungsplan der Vorschrift

Hauptverwaltung der Deutschen Bundesbahn
Hauptprüfungsamt und Prüfungsämter
Bundesbahndirektionen
Bundesbahn-Zentralämter
Bundesbahn-Sozialamt
Oberbetriebsleitungen
Hauptwagenamt
Bundesbahnämter
Bundesbahn-Ausbesserungswerke
Hauptdienststellen und Nebendienststellen
Bundesbahnschulen

Verteilungsplan der Anlagen

Anlage 5: Hauptdienststellen und Nebendienststellen

Eingeführt durch Verfügung des Vorstandes der Deutschen Bundesbahn vom 15. Februar 1960 – 2.821 Ovv 1 –

Nachweis der Bekanntgaben

Diese DS ist ungültig, wenn das Datum der letzten Bekanntgabe länger als fünf Jahre zurückliegt!

Kurzer Inhalt	Gültig vom ... an	Bemerkungen
gültige Weisungen:		
Herstellen von Abdrucken	18.09.1969	HVB 2.822 Ovh 68
Bezeichnung dienstlicher Anweisungen	13.01.1970	HVB 2A.822 Ovsd 3
Geschäftsverkehr	03.07.1974	HVB 2.822 Ovsd 3
Reinschriften	16.01.1976	HVB 2.827 Ovs
Rufnummer	12.04.1984	Vst 2.829 Ovbd 6
Einheitliche Geschäftsbriefe	26.09.1986	Vst O 1002 Ovvb 27
Gültigkeit	30.09.1987	Z HVB O 3.001 Ovvsd 3

Inhaltsverzeichnis

Verzeichnis der Anlagen

§ 1
Verantwortlichkeit des Dienststellenvorstehers

(1) Der Vorsteher ist dafür verantwortlich, daß der gesamte Schriftverkehr ordnungsgemäß erledigt wird. Er achtet darauf, daß alle unnötigen schriftlichen Arbeiten unterbleiben, daß vor allem nur die vorgeschriebenen oder besonders genehmigten Bücher, Listen, Statistiken usw. geführt werden.

(2) Er unterzeichnet die ausgehenden Schriftstücke im allgemeinen selbst. Bei seiner Abwesenheit oder Verhinderung unterzeichnet sein Vertreter mit dem Zusatz „I. V.". Sind anderen Beamten nach § 4 Abs. 2 der Geschäftsanweisung für die Dienststellenvorsteher Geschäfte zur selbständigen Erledigung übertragen, unterzeichnen diese mit dem Zusatz „I. A.". **Zeichnung**

Schriftstücke an vorgesetzte Dienststellen dürfen nur der Vorsteher oder sein Vertreter unterzeichnen.

Die Namensunterschrift soll gut leserlich sein.

Bei Schreiben an Außenstehende ist der Name des Unterzeichners in Maschinenschrift oder mit Stempelabdruck in Klammern unter die Unterschrift zu setzen.

(3) Bei den Hauptdienststellen werden Dienstsiegel geführt. Der Vorsteher hat darüber zu wachen, daß sie unter Verschluß gehalten werden. **Dienstsiegel**

§ 2
Arbeitsverteilungsplan. Merkbücher

(1) Dienststellen, in denen mehrere Bedienstete mit Büroarbeiten beschäftigt sind, stellen einen Arbeitsverteilungsplan auf, in dem die Dienstgeschäfte der einzelnen Bediensteten möglichst genau festzulegen sind. **Arbeitsverteilungsplan**

Der Arbeitsverteilungsplan ist dem vorgesetzten Amt zur Kenntnis vorzulegen.

(2) Im Arbeitsverteilungsplan sind die Geschäfte aufzuführen, die nach § 4 Abs. 2 der Geschäftsanweisung für die Dienststellenvorsteher bestimmten Bediensteten zur selbständigen Erledigung übertragen sind.

(3) Der Vorsteher legt im Arbeitsverteilungsplan fest, welche Akten die Bediensteten zu führen haben.

Merkbücher (4) Im Arbeitsverteilungsplan ist zu bestimmen, welche Bediensteten Merkbücher führen. In den Merkbüchern sind wichtige Verfügungen, Entscheidungen, Veröffentlichungen usw., die den Geschäftskreis der Dienststelle betreffen und nicht nur vorübergehend gelten, aufzuschreiben. Die Vermerke sollen sich auf Stichworte und die Angabe der Fundstelle beschränken.

§ 3
Eingang der Geschäftssachen

Eingangsstempel (1) Die an die Dienststelle gerichteten Geschäftssachen sind vom Vorsteher oder bei größeren Dienststellen von einem von ihm beauftragten Bediensteten zu öffnen und mit dem Eingangsstempel (oder auch dem Tagesstempel der Abfertigungsstellen) zu versehen. Auf eiligen Geschäftssachen (z. B. Fernschreiben, Schnellbriefe) ist die Stunde des Eingangs zu vermerken.

Sichtvermerk (2) Der Vorsteher sieht die Eingänge durch und setzt sein Namenszeichen neben den Eingangsstempel. Er leitet die Schriftstücke, die er nicht selbst erledigt, an den Bearbeiter weiter, dessen Namen oder Arbeitsanteil er beim Eingangsstempel vermerken kann.
Bei größeren Dienststellen kann der Vorsteher anordnen, daß bestimmte Eingänge ihm nicht vorgelegt, sondern den Bearbeitern unmittelbar zuzuleiten sind.

(3) Schreiben an den Vorsteher, die in der Anschrift den Zusatz „oder Vertreter im Amt“ enthalten, öffnet der Vorsteher selbst oder sein Vertreter, wenn dieser den

Dienst übernommen hat. Schreiben an den Vorsteher, die in der Anschrift den Vermerk „Persönlich“ und die Angabe des Namens enthalten, öffnet nur der Vorsteher selbst.

(4) Bei Sendungen mit Wertangabe, die Geld oder Wertsachen enthalten, ist der Eingang des Inhalts auf der Geschäftssache zu bescheinigen. Das Geld oder die Wertsachen sind gegen eine genummerte Quittung an die nächste Verkehrs- oder Bezirkskasse abzuliefern. Die Quittung ist der Geschäftssache beizufügen. Geld oder Wertsachen aus Sendungen ohne Wertangabe sind ebenso zu behandeln. **Geld, Wertsachen**

Briefmarken, die einer Geschäftssache beigegeben sind, werden nach der Dienstbriefvorschrift (DV 624) behandelt. Der Wert der Marken ist unter dem Eingangsstempel zu vermerken. **Briefmarken**

(5) Zahl und Art der Anlagen einer Geschäftssache, die auf dieser nicht angegeben sind, sind ebenso wie das Fehlen angegebener Anlagen unter dem Eingangsstempel zu vermerken. **Anlagen**

(6) Briefumschläge bleiben im allgemeinen nicht bei der Geschäftssache. Sie sind nur bei gerichtlichen Zustellungen beizufügen oder bei sonstigem Anlaß, z. B. wenn Name oder Wohnung des Absenders, der Tag oder der Empfänger des Schreibens nicht angegeben oder nicht deutlich zu erkennen sind. **Briefumschläge**

(7) Der Vorsteher bestimmt, wie eilige Geschäftssachen (z. B. Fernschreiben, Schnellbriefe), die außerhalb seiner Dienstzeit eingehen, zu behandeln sind. **Eilige Eingänge**

(8) Irrläufer oder Geschäftssachen, die offensichtlich zum Geschäftskreis einer anderen Stelle gehören, sind dieser ohne weitere Behandlung zuzuleiten. Der Eingangsstempel wird durchgekreuzt und die zuständige Stelle darunter vermerkt. Wenn nötig, ist eine Abgabenachricht zu erteilen und dies beim Eingangsstempel zu vermerken. **Irrläufer**

§ 4 Art der Bearbeitung

Allgemeiner Grundsatz

(1) Jede Geschäftssache ist so einfach wie möglich zu erledigen. Mündlicher und fernmündlicher Verkehr sind zu bevorzugen. Die Hauptdienststellen verkehren mit den Nebendienststellen in der Regel fernmündlich.

Urschriftlicher Verkehr

(2) Innerdienstlicher Schriftverkehr wird im allgemeinen „urschriftlich“ erledigt. Hierbei werden die Schriftstücke ohne Fertigung von Entwürfen dem Empfänger übermittelt.

Den Anschriften sind folgende Vermerke voranzusetzen:

Urschr	(= Urschriftlich),
GW	(= Gegen Weitergabe).
GR	(= Gegen Rückgabe),
GWuR	(= Gegen Weiter- und Rückgabe).

Bei Berichten an vorgesetzte Stellen sind die Vermerke GW, GR und GWuR nicht anzuwenden. Wird eine Anlage zurückerbeten, so ist dies im Bericht zu sagen.

Schriftwechsel mit Kunden ist im allgemeinen nicht urschriftlich zu führen.

Entwürfe und Reinschriften

(3) Entwürfe, Abschriften oder Auszüge von Schreiben sind nur anzufertigen, wenn sie für spätere Arbeiten benötigt werden. Entwürfe und Reinschriften sollen nach Möglichkeit in einem Arbeitsgang angefertigt werden. Fehlende Abdrucke von Umdruckverfügungen fordert die Dienststelle bei den Ämtern oder Direktionsbüros an.

(4) Auf „GR“-Verfügungen, die den Dienststellen nur zur Kenntnis zugehen, genügt der Vermerk „Kg“ (Kenntnis genommen) oder „ges.“ (gesehen); die Erledigung

eines Auftrages wird durch „erl." (erledigt) bestätigt. Die Vermerke sind neben dem Eingangsstempel mit Tag und Unterschrift anzubringen.
Können Fragen mit „ja" oder „nein" erschöpfend beantwortet werden, so genügt dieses Wort auch vorgesetzten Stellen gegenüber.*

(5) Das bei der Dienststelle verbleibende Schriftstück muß Art und Tag der Erledigung erkennen lassen; oft genügt ein kurzer Vermerk wie „Gesuchsteller verständigt", wenn kein Durchschlag angefertigt wird. Die Begründung ablehnender Bescheide ist in Stichworten anzugeben. Solche Vermerke hat der Vorsteher mit Namenszeichen zu versehen.

(6) In Berichten, auf die eine Entscheidung erwartet wird**, hat der Vorsteher Stellung zu nehmen und einen Vorschlag zu machen. **Berichte**

(7) Nichtzusammengehörende Angelegenheiten sind in der Regel je für sich in besonderen Berichten zu behandeln.***

(8) Für gleiche und oft wiederkehrende Geschäftsvorgänge sind Vordrucke zu verwenden. Vordrucke sind auch dann angebracht, wenn sie die Behandlung einer Sache erleichtern oder ihre erschöpfende und richtige Bearbeitung sichern. **Vordrucke**
Ablehnende Bescheide sind nach Möglichkeit nicht auf Vordruck zu erteilen.

(9) Fernschreiben sind nur in den vorgeschriebenen Fällen und in anderen eiligen Fällen zulässig. Es genügen **Fernschreiben, Schnellbriefe**

---

* Eine Festlegung, die sich - leider! - in keinem späteren Regelwerk mehr wiederfinden ließ. Dabei ist mehr Effizienz kaum möglich. Diese Regel hätte eine Neuentdeckung verdient!

** Zum Begriff „Bericht" in der Verwaltungssprache siehe Seite 110

*** Das erspart beim Empfänger (Amt, Direktion) die Anfertigung von Kopien oder Auszügen aus dem Schriftstück für jede einzelne Angelegenheit, für die ggf. verschiedene Abteilungen zuständig sind oder die zu verschiedenen Sachakten zu nehmen sind.

Schnellbriefe oder Schnellkarten, wenn Nachrichten bei Beförderung in Zügen die Empfänger noch rechtzeitig erreichen.

Fehlanzeigen (10) Fehlanzeigen sind nur zu erstatten, wenn dies angeordnet worden ist.

§ 5
Zeit der Bearbeitung

Allgemeines (1) Die Geschäftssachen sind so schnell wie möglich zu bearbeiten. Eilige Geschäftssachen, Anfragen und Beschwerden von Privatpersonen und Firmen sowie Beförderungs-, Erstattungs- und Entschädigungsanträge aus dem Verkehrsdienst sind stets mit Vorrang zu bearbeiten.

Vorbescheide, Zwischenbescheide (2) Kann eine Geschäftssache nicht in angemessener Zeit erledigt werden, so ist dem Absender alsbald ein Vorbescheid zu geben. Beansprucht die Erledigung längere Zeit, so sind in angemessenen Zeitabständen Zwischenbescheide zu erteilen. Dies ist auf dem Schriftstück zu vermerken.

Abgabenachricht (3) Wird ein Schreiben zur weiteren Bearbeitung oder Erledigung an eine andere Stelle weitergegeben, so ist dies, wenn nötig, dem Absender durch eine Abgabenachricht mitzuteilen. In der Zuschrift an die zuständige Stelle ist anzugeben, ob eine Abgabenachricht erteilt ist.

Fristen, Fristverlängerung (4) Verfügungen mit Fristangabe sind spätestens bis zum Ablauf der Frist zu erledigen. Kann eine Frist ausnahmsweise nicht eingehalten werden, so ist rechtzeitig Fristverlängerung zu beantragen.
Schriftliche Anträge auf Fristverlängerung gelten als genehmigt, wenn der Antrag unbeantwortet bleibt. Wird fernmündlich Fristverlängerung gewährt, ist es auf dem Schriftstück zu vermerken. Das gleiche gilt

für Berichte, Anzeigen, Nachweisungen usw., die durch Vorschriften oder durch Amtsblatt- oder Einzelverfügungen allgemein oder im Einzelfall zu einem bestimmten Zeitpunkt angeordnet worden sind.

(5) Geschäftssachen, die nicht alsbald erledigt werden können, sind in Mappen mit der Aufschrift „Unerledigte Geschäftssachen" offen auf dem Arbeitsplatz aufzubewahren. Vertrauliche Sachen sind zu verschließen. Der Vorsteher hat die unerledigten Schriftstücke bei den Bearbeitern mindestens einmal im Monat durchzusehen. Bei größeren Dienststellen kann er seine Vertreter auch bei seiner Anwesenheit mit dieser Durchsicht beauftragen. **Mappen für unerledigte Geschäftssachen**

§ 6
Fassung, Sprache und Stil der Schreiben

(1) Alle Schreiben (Berichte, Bescheide usw.) sind deutlich, aber gedrängt in gutem Deutsch und in kurzen klaren Sätzen abzufassen. Sie sind inhaltlich folgerichtig zu ordnen und auch äußerlich so zu gliedern, daß der Gedankengang leicht erkennbar ist. **Allgemeines**

(2) Im Schriftverkehr ist die Wir-Form anzuwenden. **Wir-Form**

(3) Einleitende Wendungen, z. B. „In Erwiderung Ihres Schreibens vom ... teilen wir mit, daß ..." sind wegzulassen. Es ist mit den sachlichen Ausführungen zu beginnen. **Einleitende Wendungen**

(4) Die Schreiben sind höflich abzufassen. Das gilt insbesondere im Geschäftsverkehr mit den Kunden der Deutschen Bundesbahn. Schreiben an Privatpersonen und Firmen erhalten eine Anrede (z. B. „Sehr geehrter Herr ...") und eine Schlußformel (z. B. „Hochachtungsvoll"), wenn nicht nach dem Inhalt des Schreibens oder aus anderen Gründen davon abzusehen ist. **Höflichkeitswendungen**

Im Schriftverkehr der Behörden untereinander entfallen im allgemeinen Anrede und Schlußformel.

Ablehnende Bescheide

(5) Ablehnende Bescheide müssen ausreichend begründet werden. Nichtssagende Wendungen, z. B. „aus dienstlichen Gründen", „aus grundsätzlichen Erwägungen", sind zu vermeiden.

Berufung auf vorgesetzte Stellen

(6) In Bescheiden an Außenstehende sind Berufungen auf Entscheidungen oder Stellungnahmen vorgesetzter Stellen zu unterlassen.

§ 7
Äußere Form der Schreiben

Allgemeines

(1) Für Schreiben an Außenstehende können bei größerem Geschäftsumfang Briefblätter nach dem Muster der Anlage 1, das den Normblättern DIN 676 und 677 entspricht, verwendet werden. Im innerdienstlichen Schriftverkehr sind stets Blätter ohne Aufdruck zu verwenden. Muster für die äußere Form der Schreiben enthalten die Anlagen 1 bis 3.

Anlagen 1 bis 3

Firmenbezeichnung

Die Firmenbezeichnung lautet:

Deutsche Bundesbahn
....
(Bezeichnung der Dienststelle).

Im innerdienstlichen Schriftverkehr kann der Zusatz „Deutsche Bundesbahn" weggelassen werden.

(2) Die Schriftstücke erhalten im allgemeinen kein Geschäftszeichen.* Bei größeren Dienststellen kann der Arbeitsanteil als Geschäftszeichen angegeben werden. Schreiben über Entschädigungsanträge aus dem Frachtvertrag erhalten als Geschäftszeichen die laufende Nummer der Entschädigungsliste (z. B. Rf 121). **Geschäftszeichen**

(3) Bei Schreiben an Dienststellen der Deutschen Bundesbahn ist unter der Ortsangabe die Basa-Fernsprechnummer des Vorstehers oder des Bearbeiters, bei Schreiben an Außenstehende die Nummer des Postfernsprechers anzugeben. **Fernsprechnummer**

(4) Die Empfängeranschrift steht links unter der Firmenbezeichnung, der Raum rechts davon ist für die Eingangs- und Bearbeitungsvermerke des Empfängers freizuhalten. Bei Schreiben an Außenstehende ist die Empfängeranschrift im Entwurf und in der Reinschrift vollständig, also ohne Abkürzungen, anzugeben. **Empfängeranschrift**

Beförderungsvermerke (z. B. Schnellbrief, Luftpost, Durch Eilboten) und Aushändigungsvermerke (z. B. Einschreiben, Persönlich) sind voranzusetzen. **Beförderungsvermerke**

(5) In nicht urschriftlichen Schreiben ist links oben über dem Wortlaut der Gegenstand des Schreibens, der „Betreff", kurz anzugeben. In Antwortschreiben, für die keine Briefblätter verwendet werden, sind unter dem Betreff Tag und Geschäftszeichen der Zuschrift anzugeben. Auf eigene frühere Schreiben wird ebenfalls unter dem Betreff hingewiesen. **Betreff**

(6) Zahl und Art von Anlagen sind unter dem Betreff aufzuführen. Neben dem Text des Schreibens ist auf sie durch Anlagestriche** nochmals hinzuweisen. **Anlagen**

---

* Das unterscheidet diese Vorschrift deutlich vom Regelwerk für die Ämter und Direktionen. Dort ist das Geschäftszeichen entweder gleich dem Aktenzeichen ohne jeden Zusatz (1930) oder setzt sich aus dem Arbeitsanteil des Bearbeiters und dem Aktenzeichen zusammen (1954 und später).

** Näheres zum Anlagestrich vgl. Rösler: *Bürokunde ...*, S. 152 ff.

(7) Auf Nachweisungen, Zusammenstellungen und dgl., die einer vorgesetzten Stelle vorzulegen sind, ist im Kopf die Verfügung (Tag und Geschäftszeichen) oder die Vorschrift anzugeben, die die Vorlage anordnet. Ein Begleitschreiben ist nur dann beizufügen, wenn besondere Erläuterungen nötig sind.

Abkürzungen (8) Für die Verwendung von Abkürzungen gilt das Verzeichnis der Abkürzungen der Deutschen Bundesbahn.

Heftrand (9) Ein Heftrand von mindestens 2 cm muß auf der Vorderseite links, auf der Rückseite rechts freibleiben.

Seitenzahlen, Abschnitte (10) Schreiben von mehr als 2 Seiten sind mit Seitenzahlen zu versehen. Längere Schreiben sind nach Buchstaben oder Zahlen in Abschnitte einzuteilen.

Papierformat (11) Im gesamten Schriftverkehr ist Papier nach DIN-Format zu benutzen, als geringste Größe DIN A 6. Für kürzere Schreiben an Außenstehende sind Postkarten zu verwenden (Drucksachen Nr. 199 18 und 199 22).

Namenszeichen (12) Der Bearbeiter setzt auf die von ihm verfaßten Entwürfe* und urschriftlichen Schreiben rechts unten sein Namenszeichen und den Tag.

Reinschriften, Regeln für Maschinenschreiben (13) Reinschriften sind sorgfältig und äußerlich ansprechend anzufertigen; die Regeln für Maschinenschreiben (Normblatt DIN 5008) sind zu beachten. Entwurf und Reinschrift sind möglichst in einem Arbeitsgang zu schreiben.

Vergleichen (14) Reinschriften sind mit den Entwürfen zu vergleichen. Wer verglichen hat, setzt auf die Reinschriften unten rechts sein Namenszeichen und bestätigt damit, daß Reinschrift und Entwurf im Wortlaut übereinstimmen.

---

* Ausführlicher zu Entwurf und Reinschrift siehe S. 111 f.

§ 8
Lauf und Ausgang der Geschäftssachen

(1) Bei größeren Dienststellen regelt der Vorsteher den Lauf der Geschäftssachen.

(2) Fernschreiben und Schnellbriefe sind sofort abzusenden. Wie oft und zu welchen Zeiten die übrigen Geschäftssachen abzusenden sind, regelt der Vorsteher. **Absenden**

(3) Die Dienstbriefvorschrift (DV 624) enthält die näheren Anweisungen über die Beförderung der Geschäftssachen. Gewöhnliche Geschäftssachen sind im inneren Geschäftsverkehr nach Möglichkeit in Schriftwechselmappen zu versenden. **Beförderung**

(4) Geschäftssachen mit dem Behandlungsvermerk „Vertraulich“ oder „Streng vertraulich“ sind innerhalb der Dienststelle von Hand zu Hand oder in Umschlägen verschlossen (ohne Quittung) weiterzugeben. Nach außen werden sie unter Einschreiben, im Verkehr zwischen Dienststellen der Deutschen Bundesbahn als eingeschriebene Eisenbahndienstsache versandt. **Vertrauliche Geschäftssachen**

§ 9
Untersuchungen

Untersuchungen zur Aufklärung von Unregelmäßigkeiten und dgl. sind gründlich und sorgfältig, aber doch mit einfachsten Mitteln und möglichst geringem Schreibwerk zu führen. Dabei sind die Richtlinien der Anlage 4 – Verfahren bei Untersuchungen – zu beachten. Wenn nach anderen Vorschriften, z. B. dem Merkblatt für das Disziplinarverfahren des Dienstvorgesetzten (Anlage 1 zur DV 040 B), der Schadenersatzvorschrift (DV 040 D), der Betriebsunfallvorschrift (DV 423), den Ermittlungsvorschriften (DV 620) und der Entschädigungsvorschrift (DV 704), davon abweichende Bestimmungen gelten, sind diese anzuwenden. Anlage 4

§ 10
Bekanntgabe von Schriftstücken, Anweisungen und Vorschriften

Allgemeines (1) Schriftstücke, Anweisungen und Vorschriften allgemeinen Inhalts, Amtsblätter und dgl. werden den Bediensteten durch Auslegen oder Aushang an den dafür bestimmten Stellen oder durch Umlauf bekanntgegeben.

Anlage 5 Ist ausnahmsweise die Kenntnisnahme durch Unterschrift vorgeschrieben, so können Umlaufnachweise nach Anlage 5 verwendet werden.

Befehlsbücher, Weisungsbücher (2) Anordnungen betrieblicher Art sind in Befehlsbüchern (§ 7 der Fahrdienstvorschriften – DV 408 – und Anhang IV der Zugförderungsvorschriften – DV 948 I –) bekanntzugeben. Andere Anordnungen können in besonderen Weisungsbüchern bekanntgegeben werden.

§ 11
Aufbewahrung von Drucksachen und Schriftstücken von rechtlicher Bedeutung

Amtsblätter usw. (1) Amtsblätter, Eisenbahn-Verkehrsblätter sowie Tarif- und Verkehrsanzeiger sind nach Jahrgängen in Schnellheftern o. ä. zu sammeln und mit entsprechender Aufschrift zu versehen.

Die Amtsblätter sind 5 Jahre aufzubewahren.

Die Aufbewahrung der Eisenbahn-Verkehrsblätter und der Tarif- und Verkehrsanzeiger richtet sich nach den jeweils bekanntgegebenen Bestimmungen.

Tarife usw. (2) Tarife, Leitungsvorschriften, Ladevorschriften und dgl. sind, soweit nichts anderes bestimmt ist, gattungsweise mit entsprechender Aufschrift versehen zu ordnen und aufzubewahren.

Verfügungen, die nur einzelne Tarife berichtigen oder ergänzen, werden diesen beigefügt.

(3) Karten, Pläne, Zeichnungen usw. sind nach der Dienstvorschrift über das Planwesen bei den Dienststellen (DV 121 a) aufzubewahren. **Pläne**

(4) Schriftstücke von rechtlicher Bedeutung, z. B. allgemeine Erklärungen über Fehlen oder Mängel der Verpackung (§ 62 Abs. 2 der Eisenbahn-Verkehrsordnung), allgemeine Vollmachten, Vollmachtsanzeigen, Erklärungen über Selbstabholung oder Benachrichtigung (§ 31 der Güterabfertigungsvorschriften – DV 603 –), Abschriften von Verträgen und dgl., sind, solange sie gelten, unter Verschluß aufzubewahren. **Schriftstücke von rechtlicher Bedeutung**

§ 12
Unterscheidung der Schriftstücke nach Akten- und Weglegesachen. Aufbewahrung und Vernichtung

(1) Schriftstücke, die ihren Wert voraussichtlich längere Zeit behalten werden, werden zu den Akten genommen, die anderen als Weglegesachen behandelt.

(2) Ob ein Schriftstück zu den Akten oder zu den Weglegesachen zu nehmen ist, wird durch die Verfügung „A“ oder „W“ entschieden; das Aktenzeichen wird in Klammern hinzugefügt, z. B. A (V).

(3) Die zu den Akten geschriebenen Schriftstücke sind alsbald nach der Zeitfolge ihrer Erledigung in die Akten zu bringen. **Akten**

(4) Die Akten sind alle drei Jahre zu sichten. Entbehrliche Schriftstücke sind zu entnehmen und je nach ihrem Wert als Weglegesachen des laufenden Jahres oder sofort als vernichtungsreife Weglegesachen zu behandeln. Durch neue Verfügungen überholte Vorgänge sind von Fall zu Fall sofort aus den Akten zu nehmen und zu vernichten. **Sichten der Akten**

Die Durchsicht der Akten ist auf der Innenseite des oberen Aktendeckels durch den Vermerk zu bescheinigen: „Durchgesehen am ... (Namensunterschrift)."

Aufbewahrungszeit (5) Bei geschlossenen Akten entscheidet nach einer Aufbewahrungsfrist von 10 Jahren der Vorsteher, ob die Akten oder einzelne Schriftstücke daraus weiter aufbewahrt oder vernichtet werden sollen. Bei weiterer Aufbewahrung bestimmt der Vorsteher den Zeitpunkt der nächsten Überprüfung.

(6) Geschäftssachen von dauerndem (z. B. geschichtlichem, kulturellem, urkundlichem) Wert dürfen nicht vernichtet werden.

(7) Für Aufbewahrung und Vernichtung von Entschädigungsakten aus dem Frachtvertrag und Entschädigungslisten gilt die Entschädigungsvorschrift (DV 704).

Weglegesachen (8) Die Weglegesachen sind für jedes Aktenzeichen gesondert zu sammeln und nach der Zeitfolge ihrer Erledigung zu ordnen. Sie sind nach Jahrgängen zu bündeln und nach Jahresschluß noch ein Jahr aufzubewahren; die Bündel sind zu beschriften (z. B. Weglegesachen B aus 1958, zu vernichten 1960). Die Aufbewahrungsfrist von einem Jahr gilt nur für Weglegesachen aus dem Schriftverkehr. Für Rechnungswerk, Belege, Kassenbücher, Fahrplanunterlagen usw. gelten die in den Fachvorschriften vorgeschriebenen oder besonders verfügten Aufbewahrungsfristen. Vor der Vernichtung der Weglegesachen ist zu prüfen, ob sich noch Schriftstücke von Bedeutung dabei befinden. Diese sind zu den Weglegesachen des laufenden Jahres zu nehmen.

(9) Die Bundesbahndirektion bestimmt, wie die vernichtungsreifen Akten und Weglegesachen als Altpapier zu verwerten sind.

§ 13
Aktenplan

(1) Die Akten sind nach dem Aktenplan für die Dienststellen des Außendienstes (Anlage 6) anzulegen. Er ist nach Hauptgruppen (Sachgebieten), die mit den Hauptgruppen der Aktenpläne für die Bundesbahndirektionen und der Ämter übereinstimmen, gegliedert. Die für die einzelnen Sachgebiete merktechnisch festgelegten Buchstaben bilden das Aktenzeichen. *Anlage 6*

(2) Akten für die einzelnen Hauptgruppen sind nur anzulegen, wenn vorauszusehen ist, daß die Zahl der Schriftstücke in absehbarer Zeit einen größeren Umfang annimmt. Vielfach wird es genügen, die Schriftstücke in Sammelakten für mehrere verwandte Hauptgruppen zusammenzufassen, z. B. A und O, B und Z, H, I und N. Der Inhalt ist dann nach Hauptgruppen zu unterteilen. Dafür eignen sich Trennblätter oder Einlegehefter. **Sammelakten**

(3) Große Dienststellen können bei Bedarf die im Aktenplan vorgesehenen Hauptgruppen in Gruppen untergliedern. Die notwendigen Aktenzeichen sind beim Amt zu erfragen.

(4) Über die angelegten Akten ist ein Aktenverzeichnis zu führen, aus dem Akteninhalt und Aktenzeichen zu ersehen sind. **Aktenverzeichnis**

§ 14
Äußere Form der Akten. Inhaltsverzeichnis

(1) Auf dem Aktendeckel oder auf einem den Akten vorzuheftenden Blatt sind anzugeben:
a) der Name der Dienststelle,
b) der Akteninhalt,
c) das Aktenzeichen,

d) die Ordnungsnummer des Aktenbandes,
e) der Zeitpunkt des Beginns und Abschlusses des Aktenbandes.

(2) Den Akten können Inhaltsverzeichnisse über die wichtigeren Schriftstücke vorgeheftet werden; die Blätter der Akte sind dann zu numerieren.

(3) Die Akten sind so zu heften, daß die Schriftstücke wie die Seiten eines Buches einander folgen (Behördenheftung).

§ 15
Überwachung des Schriftwechsels

(1) Der Lauf wichtiger Schriftstücke wird durch einen Vermerk in der Mappe für „Fristsachen“ (§ 16 Abs. 2) überwacht.

(2) Der Verbleib der Entschädigungsanträge aus dem Frachtvertrag wird durch die Entschädigungsliste (Anlage 1 zur Entschädigungsvorschrift – DV 704 –) überwacht.
Der Lauf der Fahrtberichte wird nach den Richtlinien für die Bearbeitung der Fahrtberichte (DV 455) überwacht.

(3) Der übrige Schriftwechsel wird nicht besonders überwacht.

§ 16
Überwachung der Fristen

Wiederkehrende Fristen

(1) Wiederkehrende Fristen sind durch eine Fristenkartei (Vordruck 140 05 Wiederkehrende Fristen) zu überwachen.

Einmalige Fristen

(2) Einmalige Fristen werden durch Aufbewahrung der Schriftstücke in einer Mappe „Fristsachen“ überwacht. Die Schriftstücke sind nach den Fälligkeitstagen zu

ordnen. Müssen Schriftstücke, mit denen ein Bericht oder eine Antwort zu einem bestimmten Zeitpunkt gefordert wird, vor ihrer Erledigung weiter- oder zurückgeleitet werden, so ist die Erledigung durch einen Merkzettel in der Mappe der Fristsachen zu überwachen.

§ 17
Verschlußsachen

Für die Behandlung von Geschäftssachen, die der Geheimhaltung unterliegen, gilt das VS-Merkblatt (DV 1100 a).

§ 18
Ausführungsbestimmungen

Sind durch diese Dienstvorschrift der Bundesbahndirektion oder dem Amtsvorstand ergänzende Regelungen übertragen oder Einzelanordnungen notwendig, so sind die erforderlichen Anordnungen durch Ausführungsbestimmungen zu treffen.

Die Anlagen 1 bis 3 – Musterschreiben – sind hier nicht abgedruckt.
Siehe aber die sehr ähnlichen Muster aus der Geschäftssachenanweisung BD (S. 821 ff.) auf S. 850 ff.

Anlage 4
(§ 9)

Verfahren bei Untersuchungen

1. Bei der Untersuchung von Unregelmäßigkeiten u. dgl. kommen als Mittel der Aufklärung in Betracht:
   a) Feststellung auf Grund örtlicher Besichtigung,
   b) Befragen der Beteiligten,
   c) förmliche Vernehmung der Beteiligten.

   Wenn zur Aufklärung beteiligte Personen gehört werden müssen, wird für einfache Fälle das Befragen in der Regel ausreichen. Förmliche Vernehmungen sind nur durchzuführen, wenn sie angeordnet oder nach Lage des Falles notwendig sind.
2. Zuständig für die Untersuchung ist in der Regel die Dienststelle, in deren Geschäftsbereich die Unregelmäßigkeit aufgetreten ist (bei Unfällen vgl. die Betriebsunfallvorschrift – DV 423 –). Die Untersuchung ist durch den Dienststellenvorsteher oder einen von ihm beauftragten Beamten zu führen.
3. Beim Befragen ist folgendes zu beachten:
   Zunächst ist derjenige zu befragen, der vermutlich am meisten weiß, vom Zugbegleit- und Triebfahrzeugpersonal im allgemeinen zuerst die Führer, die übrigen Bediensteten nur dann, wenn die Angaben der Führer nicht ausreichen. Es sind nur so viele Personen zu befragen, wie zur Aufklärung nötig und ausreichen sind.

   Bedienstete, deren Anhörung wichtig ist und die sich in der Nähe befinden, sind auch zu befragen, wenn sie zu einer anderen Dienststelle gehören. Auch Personen, die nicht im Dienst der Bundesbahn stehen, sollen – falls es für die Aufklärung wichtig ist – gehört werden, wenn sie bereit sind, Angaben zu machen.

   Die Befragten sollen zunächst ihre Angaben zur Sache im Zusammenhang machen. Das bisherige Untersuchungsergebnis ist ihnen mitzuteilen, wenn es zweckmäßig erscheint, aber erst, nachdem sie sich erschöpfend geäußert haben. Es muß genau unterschieden werden, was die Befragten selbst gesehen und gehört und was sie nur von anderen erfahren haben.

Die Angaben der Befragten sind nicht wörtlich, sondern nur nach ihrem Inhalt schriftlich niederzulegen. Dabei sind übereinstimmende Angaben mehrerer Personen zusammenzufassen.

4. Bei förmlichen Vernehmungen ist außerdem noch folgendes zu beachten:

   Wenn ein Beteiligter vernommen werden muß, sind nicht ohne weiteres alle übrigen Beteiligten zu vernehmen. Der Vernehmende soll bei jedem einzelnen erst prüfen, ob er vernommen werden muß oder ob es ausreicht, ihn zu befragen.

   Beschuldigte sind nicht in Anwesenheit ihnen gleichgestellter oder untergeordneter Bediensteter zu vernehmen. Beschuldigte und Zeugen sind einzeln zu hören und einander erst dann gegenüberzustellen, wenn ihre Ausagen sich widersprechen.

   Über die Aussage des Vernommenen ist eine Niederschrift nach folgendem Muster aufzunehmen:

....
(Dienststelle) (Ort) (Tag)

Der ....
(Amts- oder Dienstbezeichnung) (Vor- und Zuname)

.... wohnhaft
(bei örtlichem Personal auch Dienstposten)

.... sagt aus:
(Wohnort und Wohnung)

(Es folgt die Niederschrift der Aussage, erschöpfend, aber knapp)

Nach $\frac{\text{Durch}}{\text{Vor}}$ lesen anerkannt

....
(Unterschrift des Vernommenen)

Bestätigt

....
(Unterschrift und Amtsbezeichnung des Vernehmenden)

Angaben des Beschuldigten, die mit der Untersuchungsangelegenheit nicht unmittelbar zusammenhängen, sind nur aufzunehmen, wenn er trotz Belehrung darauf besteht. Machen Zeugen solche Angaben, so soll der Vernehmende die Aufnahme in die Niederschrift ablehnen.
Die Niederschrift ist dem Vernommenen vorzulesen oder von ihm selbst durchzulesen. Dann ist sie von ihm durch seine Unterschrift anzuerkennen. Der Vernehmende bestätigt sie ebenfalls durch Unterschrift. Sind mehrere Personen hinereinander vernommen worden, so sind ihre Aussagen nur einmal am Schluß zu bestätigen.
Der Vernommene darf seine Aussage auch eigenhändig niederschreiben. In diesem Fall ist sie durch Vernehmung zu ergänzen, wenn sie unvollständig ist.
Die Niederschrift ist stets auf ein besonderes Blatt und nicht auf das Geschäftsstück selbst zu setzen.

5. Bei Vorlage von Untersuchungsergebnissen soll sich der Dienststellenvorsteher oder der Vernehmende über besondere Wahrnehmungen und, besonders in Zweifelsfällen und bei Widersprüchen, über die Glaubwürdigkeit und Führung der Befragten oder Vernommenen äußern. Zum Untersuchungsergebnis hat der Dienststellenvorsteher Stellung zu nehmen.

Anlage 5 – Umlaufnachweis – ist hier nicht abgedruckt.

Anlage 6
(§ 13 Absatz 1)

Aktenplan für Dienststellen des Außendienstes

Akteninhalt	Akten-zeichen
Allgemeine Verwaltung	A
Betrieb	B
Fernmeldewesen (Drahtgebundene und drahtlose Anlagen, Bau und Betrieb)	D
Elektrotechnik	E
Fahrzeuge für Schienen- und Straßenverkehr	F
Geräte, Behälter, Werkzeuge	G
Hochbau	H
Ingenieurbau	I
Wirtschaftsführung, Kassen- und Rechnungswesen	K
Liegenschaften	L
Maschinen und maschinenartige Anlagen	M
Neubau von Strecken	N
Organisation	O
Personalwesen	P
Wärme- und Energie (Quellen-) wirtschaft	Q
Rechtswesen	R
Signalwesen	S
Schiffahrt	Sch
Stoffe	St
Tarife	T
Sozialwesen (Unterstützungen usw.)	U
Verkehr	V
Werkstättenwesen	W
Zugförderung und technischer Wagendienst	Z

Raum für Notizen

139

Deutsche Bundesbahn

Geschäftsanweisung für die Behandlung der Geschäftssachen bei den Bundesbahndirektionen

(Geschäftssachenanweisung BD)

gültig vom 1. Juli 1958 an

Geschäftsführung: Hauptverwaltung der Deutschen Bundesbahn
Druck: Bundesbahndirektion Mainz

Verteilungsplan der Vorschrift und der Anlage 4:

Hauptverwaltung der Deutschen Bundesbahn
Hauptprüfungsamt und Prüfungsämter
Bundesbahndirektionen
Bundesbahn-Zentralämter
Bundesbahn-Sozialamt
Oberbetriebsleitungen
Hauptwagenamt
Bundesbahnschulen

Eingeführt durch Verfügung des Vorstandes der Deutschen Bundesbahn vom 13. Mai 1958 – 2.821 Ovbd 6 –

Inhaltsverzeichnis

Verzeichnis der Anlagen

Einführungsbestimmungen zur Geschäftsanweisung für die Behandlung der Geschäftssachen bei den Bundesbahndirektionen

1. Diese Dienstvorschrift tritt am 1. Juli 1958 in Kraft. Die Richtlinien für den Gang der Geschäftssachen und die Formen ihrer Erledigung bei den Reichsbahndirektionen, gültig vom 1. August 1930 an, werden aufgehoben.
2. Die bisherigen „Richtlinien“ für den Gang der Geschäftssachen und die Formen ihrer Erledigung sind durch eine „Geschäftsanweisung“ ersetzt worden, um die einheitliche Anwendung der wesentlichsten Formvorschriften bei allen Bundesbahndirektionen zu gewährleisten. Die in den bisherigen Geschäftsanweisungen für die Reichsbahndirektionen und die Büros der Reichsbahndirektionen enthaltenen Formvorschriften sind in die neue Geschäftsanweisung eingearbeitet.
3. **Zu § 1 Abs. 2:**

   In Verfügungen und Schreiben an nachgeordnete Dienststellen und an Außenstehende darf nicht verlangt werden, daß die Antworten an eine namentliche Anschrift gerichtet werden.
4. **Zu § 1 Abs. 9:**

   Telegrammbriefe (Telegrammkarten) werden künftig als Schnellbriefe (Schnellkarten) bezeichnet. Die entsprechenden Drucksachen werden mit Herausgabe der neuen Dienstbriefvorschrift geändert.
5. **Zu § 2 Abs. 1 a:**

   Die Bezeichnung „federführende Beamte“ ist zur Vereinfachung des Wortlauts dieser Geschäftsanweisung gewählt und dient als Sammelbezeichnung für die federführenden Dezernenten und für die Bürovorstände, Gruppenleiter oder Bürobearbeiter auf Dienstposten des gehobenen Dienstes, denen nach § 3 Abs. 3 der Geschäftsanweisung für die Bundesbahndirektionen bestimmte Direktionsgeschäfte zur selbständigen Erledigung unter der Firmenbezeichnung der Bundesbahndirektion übertragen sind.
6. **Zu § 2 Abs. 1 b:**

   Die Dezernenten können in besonderen Fällen auch einen anderen als den nach dem Arbeitsverteilungsplan zuständigen Bürobearbeiter mit der Bearbeitung einer Geschäftssache betrauen (vgl. § 4 Abs. 1 der Geschäftsanweisung für die Büros der Bundesbahndirektionen).

7. **Zu § 3 Abs. 3:**

Die Bedeutung der eingeklammerten Zeichen des Präsidenten und der Abteilungsleiter ist gegenüber der bisherigen Regelung geändert.

8. **Zu § 4 Abs. 4:**

a) Das Abtreten von Geschäftssachen ist gegenüber den bisherigen Bestimmungen wesentlich vereinfacht.

b) Bürovorstände, Gruppenleiter und Bürobearbeiter haben Direktionsgeschäftssachen, die ihnen nach § 3 Abs. 3 der Geschäftsanweisung für die Bundesbahndirektionen zur selbständigen Erledigung übertragen sind, an die Dezernenten, aus deren Geschäftskreis sie stammen, vorzulegen, wenn sie im Laufe der Bearbeitung größere Bedeutung erlangt haben. Die Vorlage geschieht formlos; es genügt, wenn der Entwurf gefertigt und dem Dezernenten zur Zeichnung vorgelegt wird.

9. **Zu § 4 Abs. 5:**

Die Bundesbahndirektionen können in besonderen Fällen die in die Zuständigkeit nachgeordneter Dienststellen fallenden Geschäftssachen an sich ziehen oder in der Abgabeverfügung Anweisungen für die Bearbeitung erteilen.

10. **Zu § 5 Abs. 10:**

Der Schriftwechsel zwischen Bundesbahndirektionen und Dienststellen des Außendienstes soll mindestens einmal – auf dem Hinweg oder auf dem Rückweg – über das Amt geleitet werden. Hiervon darf nur in Ausnahmefällen abgewichen werden.

11. **Zu § 7 Abs. 4:**

Veraltete Höflichkeitsformeln (ergebenst, ganz ergebenst, gehorsamst u. ä.) sind nicht anzuwenden.

12. **Zu § 8 Abs. 1 und 18:**

Die Anlagen enthalten Muster für die äußere Form der Schreiben. Dadurch konnte auf ins einzelne gehende Anordnungsregeln verzichtet werden. Statt der bisherigen Bezeichnung „Kopfbogen“ ist die vom Deutschen Normenausschuß eingeführte Bezeichnung „Briefblatt“ verwendet.

13. **Zu § 8 Abs. 3:**

a) Bei Direktionsgeschäftssachen, die dem Präsidenten zur Zeichnung oder Mitzeichnung oder einem Abteilungsleiter zur abschließenden Mitzeichnung vorgelegt werden (§ 17 Abs. 1 a und b der Geschäftsanweisung für die Bundesbahndirektionen), bleibt im Geschäftszeichen das Zeichen des Präsidenten oder des Abteilungsleiters weg. Dies gilt auch für Berichte an die Hauptverwaltung (§ 9).

b) Geschäftssachen, die unter der Firmenbezeichnung der Büros erledigt werden (Bürogeschäfte, § 7 Abs. 2 der Geschäftsanweisung für die Büros der Bundesbahndirektionen), erhalten als Geschäftszeichen die Bezeichnung des Bürovorstandes, Gruppenleiters oder Bürovorstehers und das Aktenzeichen.

14. **Zu § 8 Abs. 4:**

Die Basa-Fernsprechnummer ist einheitlich unter die Ortsangabe zu setzen, ausgenommen auf Briefblättern. Bei Schreiben an Dienststellen außerhalb des eigenen Direktionsbezirks kann der Basa-Fernsprechnummer die Kennzahl der Hauptverbindung vorangestellt werden, z. B. 947/5211.

15. **Zu § 9:**

Hier sind alle Sonderbestimmungen, die bei Berichten an den Vorstand und an die Hauptverwaltung der Deutschen Bundesbahn zu beachten sind, zusammengefaßt. Die früheren Bezeichnungen „Sachbearbeiter“ und „Mitbearbeiter“ sind in „Berichter“ und „Mitberichter“ geändert. Zeichen und Rufnummern der Berichter und Mitberichter sind künftig anzugeben. Bei Berichten über Angelegenheiten von geringer Bedeutung genügt bei Abwesenheit des Abteilungsleiters des federführenden Dezernenten die Unterschrift seines Vertreters. In diesen Fällen ist nicht die Unterschrift des Leiters einer anderen Abteilung erforderlich.

16. **Zu § 10 Abs. 2:**

Die Form der Zeichnungsvermerke ist einheitlich festgelegt.

17. **Zu § 10 Abs. 3:**

Bei Reinschriften und urschriftlichen Schreiben sind die Zusätze „In Vertretung“ oder „Im Auftrag“ stets auszuschreiben (vgl. § 16 Abs. 1 und § 17 Abs. 1 d und 3 der Geschäftsanweisung für die Bundesbahndirektionen und § 7 Abs. 2 der Geschäftsanweisung für die Büros der Bundesbahndirektionen).

18. Zu § 11 Abs. 1:

Künftig sind für nicht eilige Sachen einheitlich nur noch hellblaue Wegweisermappen zu verwenden. Andersfarbige Mappen können aufgebraucht werden.

19. Zu § 11 Abs. 6:

Die Behandlungsvermerke „Vertraulich“ oder „Streng vertraulich“ sind nicht zu verwechseln mit dem Begriff „VS-Vertraulich“ nach der Verschlußsachen-Anweisung.

20. Zu § 12:

Zu den Dienstsiegeln zählen außer den Prägesiegeln aus Metall (Trockensiegel, Lacksiegel) auch die runden Farbdruckstempel aus Metall oder Gummi.

§ 1 Eingang

Behandlung der Eingänge

(1) Die an die Bundesbahndirektoin gerichteten Geschäftssachen sind durch die Eingangsstelle zu öffnen, mit dem Eingangsstempel zu versehen und in den Geschäftsgang zu bringen. Geschäftssachen mit Abteilungs- und Dezernatsanschriften sind in gleicher Weise zu behandeln. Die an die Direktionsbüros oder andere Stellen gerichteten Geschäftssachen sind diesen ungeöffnet zuzuleiten.

(2) Eingänge mit namentlichen Anschriften werden dem Empfänger ungeöffnet zugeleitet. Enthalten sie dienstliche Mitteilungen, so hat er sie mit dem Vermerk „Gg" (Geschäftsgang) der Eingangsstelle zuzuleiten.
Für Angebote auf Ausschreibungen gelten besondere Bestimmungen.

(3) Schreiben an den Präsidenten, die in der Anschrift „oder Vertreter im Amt" enthalten, öffnet der Präsident, bei seiner Abwesenheit der Vertreter. Schreiben an den Präsidenten, die in der Anschrift den Vermerk „Persönlich" oder die Angabe des Namens enthalten, öffnet nur der Präsident selbst. Dieser bestimmt, ob ihm bei Abwesenheit solche Schreiben nachzusenden oder bis zu seiner Rückkehr aufzubewahren sind und wie die an ihn gerichteten Schreiben mit anderen Anschriften im Eingang zu behandeln sind.

Eingangsstempel

(4) Jeder Eingang ist mit dem Eingangsstempel zu versehen. Die in die Zuständigkeit der Bundesbahndirektion gehörenden Geschäftssachen erhalten den Eingangsstempel der Bundesbahndirektion, die in die Zuständigkeit der Büros gehörenden Geschäftssachen den Eingangsstempel des Büros.

Geld, Wertsachen

(5) Sendungen mit Wertangabe werden zunächst der Hauptkasse zugeleitet; diese öffnet die Sendungen, entnimmt das Geld oder die Wertsachen, bescheinigt

den Empfang aug der Geschäftssache und gibt diese unverzüglich an die Eingangsstelle oder an das zuständige Direktionsbüro weiter. Enthalten Sendungen ohne Wertangabe Geld oder Wertsachen, so ist der Inhalt ebenfalls an die Hauptkasse oder, wenn er für die Bürokasse bestimmt ist, an diese abzuliefern. Der Empfang ist auf der Geschäftssache zu bescheinigen.

Briefmarken Briefmarken, die einer Geschäftssache beigegeben sind, werden nach der Dienstbriefvorschrift (DV 624) behandelt. Der Wert der Marken ist unter dem Eingangsstempel zu vermerken.

Empfangsbestätigung (6) Hat der Absender um Empfangsbestätigung gebeten, so hat die Eingangsstelle oder das Büro diese zu erteilen und es auf dem Eingang zu vermerken.

Anlagen (7) Zahl und Art der Anlagen einer Geschäftssache, die auf dieser nicht angegeben sind, sind ebenso wie das Fehlen angegebener Anlagen unter dem Eingangsstempel zu vermerken.

Briefumschläge (8) Briefumschläge bleiben im allgemeinen nicht bei der Geschäftssache. Sie sind nur bei gerichtlicher Zustellung beizufügen oder wenn sonst ein Anlaß dazu vorliegt, z. B. wenn Name oder Wohnung des Absenders, der Tag oder der Empfänger des Schreibens nicht angegeben oder nicht deutlich erkennbar sind.

Eilige Eingänge (9) Die Bundesbahndirektion bestimmt, wie eilige Geschäftssachen (z. B. Fernschreiben, Schnellbriefe), die außerhalb der Dienststunden eingehen, zu behandeln sind.

Irrläufer (10) Irrläufer oder Geschäftssachen, die offensichtlich zum Geschäftskreis einer anderen Stelle gehören, sind dieser ohne weitere Behandlung zuzuleiten. Der Eingangsstempel wird durchkreuzt und die zuständige Stelle darunter vermerkt. Wenn nötig. ist eine Abgabenachricht zu erteilen und dies beim Eingangsstempel zu vermerken.

§ 2 Auszeichnung

(1) Die Geschäftssachen der Bundesbahndirektion werden von der Eingangsstelle ausgezeichnet. Neben dem Eingangsstempel ist zu vermerken: **Direktionsgeschäftssachen**

a) auf der linken Seite das Zeichen des nach dem Geschäftsplan federführenden Beamten (Dezernent oder in den Fällen des § 3 Abs. 3 der Geschäftsanweisung für die Bundesbahndirektionen der Bürovorstand, Gruppenleiter, Bürobearbeiter). Der Präsident kann anordnen, daß auf die wesentlich beteiligten Mitarbeiter ausgezeichnet wird; deren Zeichen sind unter das Zeichen des federführenden Beamten zu setzen.

b) auf der rechten Seite die abgekürzte Bezeichnung des Büros und, soweit möglich, die Nummer des Arbeitsanteils nach dem Arbeitsverteilungsplan. Wenn die Eingangsstelle den Arbeitsanteil nicht angibt, trägt der federführende Dezernent oder der Bürovorstand die Nummer des Arbeitsanteils ein.

(2) Folgende Zeichen sind zu verwenden: **Zeichen**

a) für den Präsidenten

bei Geschäftssachen die unter der Firma des Präsidenten zu bearbeiten sind, **Pr**

wenn diese Geschäftssachen von einem Dezernenten vorzubearbeiten sind, das Zeichen Pr und das Dezernatszeichen in Klammern, z. B. **Pr (3)**

bei Direktionsgeschäftssachen, an deren Bearbeitung der Präsident zu beteiligen ist, **#**

b) für die Abteilungsleiter

bei den ihnen übertragenen Präsidialgeschäftssachen das Zeichen des Präsidenten und das Zeichen des Abteilungsleiters, z. B. **Pr I** wenn diese Präsidialgeschäftssachen von einem Dezernenten vorzubearbeiten sind, zusätzlich das Dezernatszeichen in Klammern, z. B. **Pr I (4)**

bei den übrigen Geschäftssachen, an deren Bearbeitung der Abteilungsleiter zu beteiligen ist, +

c) für die Dezernenten ihre im Geschäftsplan angegebenen Dezernatszeichen

d) für die Hilfsdezernenten und Hilfsarbeiter ihre im Geschäftsplan angegebenen Zeichen,

e) für die Bürovorstände, Gruppenleiter, Bürobearbeiter bei Geschäftssachen, die ihnen zur selbständigen Erledigung übertragen sind (§ 3 Abs. 3 der Geschäftsanweisung für die Bundesbahndirektionen), die Bezeichnung ihres Arbeitsanteils, z. B. **B 1**

Soll ein Mitbearbeiter von einem Eingang vor dem federführenden Beamten Kenntnis erhalten oder Stellung nehmen, so wird sein Zeichen unterstrichen.

Beispiele für die Auszeichnung siehe nebenstehende Seite.

Pr		**A**	Geschäftssachen, die unter der Firma des Präsidenten zu erledigen sind,
Pr (3)		**P 5**	Geschäftssachen, die unter der Firma des Präsidenten zu erledigen und von einem Dezernenten vorzubearbeiten sind,
# 34		**Bf**	Direktionsgeschäftssachen, an denen der Präsident zu beteiligen ist,
Pr I		**P 5**	Präsidialgeschäftssachen, die den Abteilungsleitern zur ständigen Erledigung übertragen sind,
+ 7		**V**	Direktionsgeschäftssachen, an denen der Abteilungsleiter zu beteiligen ist,
21		**M**	Direktionsgeschäftssachen, die vom federführenden Dezernenten zu erledigen sind,
42 **1**		**T**	Direktionsgeschäftssachen die vor dem federführenden Dezernenten einem Mitbearbeiter vorzulegen sind
F 1			Direktionsgeschäftssachen, die Bürovorständen, Gruppenleitern oder Bürobearbeitern zur selbständigen Erledigung übertragen sind.

(3) Sammelsachen (§ 5 Abs. 15) erhalten nur die Bezeichnung des Arbeitsanteils rechts neben dem Eingangsstempel. **Sammelsachen**

(4) Vorlagen von Amts wegen (z. B. Reiseberichte eines Dezernenten) sind wie Eingänge zu behandeln. **Vorlagen von Amts wegen**

(5) Geschäftssachen, die in die Zuständigkeit der Büros gehören, werden in den Büros auf den Bürosachbearbeiter ausgezeichnet. **Bürogeschäftssachen**

§ 3 Vorlage

Allgemeines (1) Die Eingänge werden der Auszeichnung entsprechend in Wegweisermappen mit der Aufschrift „Neue Sachen" vorgelegt.

Ohne Rücksicht auf die Auszeichnung sind stets vorzulegen:

a) dem Präsidenten

die Verfügungen des Vorstandes und der Hauptverwaltung der Deutschen Bundesbahn,

besonders wichtige Geschäftssachen, z. B. solche von allgemeiner, grundsätzlicher oder politischer Bedeutung und Geschäftssachen, denen wegen der Lage des Einzelfalles oder wegen der Persönlichkeit der Beteiligten eine besondere Bedeutung zukommt;

b) dem Abteilungsleiter des federführenden Dezernenten

die dem Präsidenten vorgelegten Geschäftssachen seiner Abteilung,

andere wichtige Geschäftssachen seiner Abteilung.

Der Präsident und die Abteilungsleiter können anordnen, daß ihnen auch andere Geschäftssachen vorgelegt werden.

Die Eingänge sind dem Präsidenten nach Abteilungen und Dezernaten, den Abteilungsleitern nach Dezernaten getrennt vorzulegen.

(2) Der Präsident und die Abteilungsleiter versehen die **Sichtvermerk** Eingänge mit einem Sichtvermerk, und zwar mit einem Strich durch den Eingangsstempel. Der Präsident benutzt einen grünen Farbstift; er bestimmt, welche Farbstifte die Abteilungsleiter für ihre Sichtvermerke zu verwenden haben. Die Dezernenten, Hilfsdezernenten und Hilfsarbeiter sowie Bürovorstände, Gruppenleiter und Bürobearbeiter, denen Geschäftssachen zur selbständigen Erledigung über-

tragen sind, setzen als Sichtvermerk ihr Namenszeichen und den Tag neben die Auszeichnung.

(3) Der Präsident, die Abteilungsleiter und Dezernenten können die Auszeichnung ergänzen. Will sich der Präsident an der Bearbeitung einer Geschäftssache beteiligen, so setzt er das Zeichen # bei. Wünscht er, daß ihm lediglich die Schlußverfügung zur Kenntnis vorgelegt wird, so verwendet er das Zeichen (#). Die Abteilungsleiter verfahren sinngemäß; sie kennzeichnen die Geschäftssachen mit dem Zeichen + oder (+). **Ergänzung der Auszeichnung**

(4) Eilige Geschäftssachen (z. B. Fernschreiben, Schnellbriefe) sind sofort vorzulegen. Fernschreiben über Unfälle, Betriebsstörungen und außergewöhnliche Ereignisse sind nach der Betriebsunfallvorschrift (DV 423) und den besonderen Anordnungen der Bundesbahndirektion zu behandeln. **Zeit der Vorlage**

Die anderen Geschäftssachen werden zu den dafür festzusetzenden Zeiten vorgelegt.

§ 4 Zuständigkeit

(1) Der federführende Beamte hat die Mitwirkung anderer Beamter (§ 12 Abs. 5 und 9 der Geschäftsanweisung für die Bundesbahndirektionen) unabhängig von der Auszeichnung zu veranlassen. Die Mitwirkung geschieht durch Mitzeichnung. In eiligen Fällen genügt nachträgliche Zuleitung. Vorherige mündliche oder fernmündliche Erörterung ist geboten, wenn es der Geschäftserleichterung dient. Die Mitwirkung ist auf das erforderliche Maß zu beschränken, damit der Geschäftsgang nicht verzögert wird. Braucht ein Beamter über eine Angelegenheit nur unterrichtet zu werden, so ist ihm das Schriftstück oder ein Abdruck lediglich nachträglich zur Kenntnis zuzuleiten. **Mitwirkung**

Beteiligung des Präsidenten und der Abteilungsleiter (2) Der federführende Dezernent hat die Abteilungsleiter und den Präsidenten zu beteiligen, wenn dies der Geschäftsplan oder die Auszeichnung vorschreibt oder die Geschäftsanweisung für die Bundesbahndirektionen bestimmt.

Zwischenverfügungen (3) Bei Verfügungen, die Vorerhebungen, Rückfragen, die Anforderung von Schriftstücken und dergleichen betreffen (Zwischenverfügungen), sind Mitwirkung oder Beteiligung nicht erforderlich. Solche Verfügungen sind durch die Überschrift „Zwischenverfügung" (abgekürzt: ZV) zu kennzeichnen.

Abtreten von Geschäftssachen (4) Geschäftssachen, die falsch ausgezeichnet sind oder bei denen sich nachträglich eine andere Zuständigkeit ergibt, sind an den zuständigen Dezernenten abzutreten. Geschäftssachen, bei denen der Präsident oder der Abteilungsleiter um Rücksprache gebeten oder die Auszeichnung selbst vorgenommen hat, sind durch die Hand des Präsidenten oder des Abteilungsleiters an den zuständigen Dezernenten abzutreten. Die Auszeichnung wird nicht geändert, die Abtretung ist neben dem Eingangsstempel zu vermerken.

Zuständigkeit anderer Dienststellen (5) Geschäftssachen, für die nachgeordnete Dienststellen zuständig sind, sind diesen zur Erledigung zuzuleiten. Dabei ist anzugeben, ob Abgabenachricht erteilt ist.

§ 5 Art der Bearbeitung

Allgemeiner Grundsatz (1) Jede Geschäftssache ist so einfach wie möglich zu erledigen. Mündlicher und fernmündlicher Verkehr sind zu bevorzugen. Der Schriftverkehr ist auf das Notwendigste zu beschränken.

Urschriftlicher Verkehr (2) Beim urschriftlichen Verkehr werden die Schriftstücke ohne Fertigung von Entwürfen dem Empfänger übermittelt. Dabei sind den Anschriften folgende Vermerke voranzusetzen:

Urschr (= Urschriftlich),
GW (= Gegen Weitergabe),
GR (= Gegen Rückgabe),
GWuR (= Gegen Weiter- und Rückgabe).

Der urschriftliche Verkehr ist zwischen den Dienststellen der Deutschen Bundesbahn in allen geeigneten Fällen anzuwenden. Für die Bundesbahndirektion entbehrliche Schriftstücke sind „Urschr“ oder „GW“ zu übersenden. Schriftstücke, die die Empfänger für ihre Unterlagen nicht benötigen, sind „GR“ oder „GWuR“ zu übersenden. Sind diese Schriftstücke nach Rückkunft voraussichtlich nicht weiter geschäftlich zu behandeln, so ist sofort abschließend „A“ oder „W“ zu verfügen.

(3) Wenn ein urschriftlicher Verkehr nicht angebracht ist, werden Entwürfe und Reinschriften – nach Möglichkeit in einem Arbeitsgang – gefertigt. Der Entwurf verbleibt bei der Bundesbahndirektion, die Reinschrift wird dem Empfänger zugeleitet. **Entwürfe und Reinschriften**

(4) Entwürfe und urschriftliche Schreiben sollen vom federführenden Dezernenten nur geändert werden, wenn dies sachlich und förmlich notwendig ist. Ein mitwirkender Dezernent darf eine Ergänzung oder Änderung nur im Einvernehmen mit dem federführenden Dezernenten vornehmen. **Änderungen**

(5) Für gleichartige und oft wiederkehrende Geschäftsvorgänge sind Vordrucke zu verwenden. Vordrucke sind auch dann angebracht, wenn sie die Behandlung einer Sache erleichtern oder ihre erschöpfende und richtige Bearbeitung sichern. Ablehnende Bescheide sind nach Möglichkeit nicht auf Vordruck zu erteilen. Wenn nachgeordnete Dienststellen Berichte oder Aufstellungen vorlegen sollen, für die sich Vordrucke eignen, sind diese dem Auftrag beizufügen. **Vordrucke**

Bei Bescheiden, Verfügungen und Kassenanweisungen auf Vordruck tritt an die Stelle des Entwurfs ein Vermerk auf der Geschäftssache, z. B.

„Antragsteller benachrichtigen nach Vordruck Nr ...“
„Abgabenachricht nach Vordruck Nr ...“
„Erinnern nach Vordruck Nr ...“

Allgemeine Verfügungen

(6) Verfügungen, die Anordnungen an einen größeren Empfängerkreis enthalten, sind auf das notwendige Maß zu beschränken und nur an die sachlich beteiligten Stellen zu richten. Nicht jeder Einhzelfall darf zum Anlaß genommen werden, eine allgemeine Verfügung herauszugeben.

Amtsblatt

(7) Allgemeine Verfügungen, die nicht aus besonderen Gründen durch Umdruck bekanntzugeben sind, sind im Amtsblatt zu veröffentlichen.

Fernschreiben, Schnellbriefe

(8) Fernschreiben sind nur in eiligen Fällen zulässig. Es genügen Schnellbriefe oder Schnellkarten, wenn Nachrichten bei Beförderung in Zügen die Empfänger noch rechtzeitig erreichen.

Beifügen von Abdrucken

(9) Den Ämtern sind Abdrucke von Verfügungen in genügender Zahl mitzusenden, wenn dadurch eine Geschäftsvereinfachung bei den Ämtern erreicht wird, z. B. wenn Angaben von Dienststellen des Außendienstes eingfordert werden müssen.

Verkehr mit Dienststellen des Außendienstes

(10) Verfügungen an Dienststellen des Außendienstes sind in der Regel über das Amt zu leiten. Sie können in besonderen Fällen unmittelbar an Dienststellen des Außendienstes gerichtet werden, z. B. wenn nur diese die nötigen Unterlagen besitzen. Sollen Geschäftssachen von Dienststellen des Außendienstes unmittelbar der Bundesbahndirektion vorgelegt werden, so muß die Bundesbahndirektion es ausdrücklich anordnen.

Berichte über Versuche usw.

(11) Bei Erhebungen über die Bewährung von Einrichtungen, das Ergebnis von Versuchen und dergleichen ist

der Kreis der berichtenden Stellen möglichst klein zu halten.

(12) Fehlanzeigen sind nur zu fordern, wenn sie nötig sind. Sie sind nur zu erstatten, wenn dies angeordnet worden ist. **Fehlanzeigen**

(13) Verfügungen, die aufgehoben werden sollen, sind einzeln zu bezeichnen; allgemeine Anordnungen, wie „Alle entgegenstehenden Verfügungen werden hiermit aufgehoben", genügen nicht. **Aufhebung von Verfügungen**

Die Aufhebung ist denselben Stellen bekanntzugeben, denen die frühere Verfügungen zugegangen sind. Die Aufhebung von Amtsblattverfügungen ist im Amtsblatt bekanntzumachen.

(14) Fristen sind ausreichend zu bemessen. Sie sind auf einen bestimmten Kalendertag festzusetzen und nicht nach Tagen, Wochen usw. zu bemessen. Unbestimmte Fristsetzungen (z. B. baldigst, umgehend) sind zu vermeiden. Wiederkehrende Fristen sind möglichst nicht auf die ersten und letzten Tage des Monats festzusetzen. Es ist darauf zu achten, daß die Fristen eingehalten werden. **Fristen**

(15) Werden mehrere Dienststellen zum Bericht in der gleichen Angelegenheit aufgefordert, so kann die Vorlage des Berichts als „Sammelsache" angeordnet werden. Die eingehenden Berichte werden dann nicht einzeln bearbeitet, sondern zunächst im Büro gesammelt und erst zur Bearbeitung vorgelegt, wenn sie vollzählig sind. **Sammelsachen**

(16) Bei der Verwaltung von Geschäftssachen ist die Aktenvorschrift (DV 140) zu beachten. **Aktenwesen**

§ 6 Zeit der Bearbeitung

(1) Die Geschäftssachen sind so schnell wie möglich zu bearbeiten, eilige mit Vorrang. Der Präsident bestimmt, ob und welche Fristen für die Bearbeitung **Allgemeines**

einzuhalten sind. (Wegen der Fristen für Berichte an den Vorstand und die Hauptverwaltung der Deutschen Bundesbahn vgl. § 9 Abs. 7).

Vorbescheide, Zwischenbescheide (2) Kann eine Geschäftssache nicht in angemessener Zeit erledigt werden, so ist dem Absender alsbald ein Vorbescheid zu geben. Beansprucht die Bearbeitung längere Zeit, sind in angemessenen Zeitabständen Zwischenbescheide zu erteilen.

Abgabenachricht (3) Wird ein Schreiben zur weiteren Behandlung oder Erledigung an eine andere Stelle weitergegeben, so ist dies, wenn nötig, dem Absender durch eine Abgabenachricht mitzuteilen. In der Zuschrift an die zuständige Stelle ist anzugeben, ob eine Abgabenachricht erteilt ist.

Rücksprachen (4) Der Präsident bestimmt, innerhalb welcher Zeit Rücksprachen zu erledigen sind.

Mappen für unerledigte Geschäftssachen (5) Geschäftssachen, die nicht alsbald erledigt werden können, sind in Mappen mit der Aufschrift „Unerledigte Geschäftssachen“ offen auf dem Arbeitsplatz aufzubewahren. Vertrauliche Sachen sind zu verschließen. Für die Aufbewahrung von Verschlußsachen ist die Verschlußsachen-Anweisung (DV 1100) zu beachten.

§ 7 Fassung, Sprache und Stil der Schreiben

Allgemeines (1) Alle Schreiben (Berichte, Verfügungen, Bescheide usw.) sind deutlich, aber gedrängt in gutem Deutsch und in klaren Sätzen abzufassen. Sie sind inhaltlich folgerichtig zu ordnen und auch äußerlich so zu gliedern, daß der Gedankengang leicht erkennbar ist. Besonders allgemeine Verfügungen und Schreiben an Außenstehende müssen stets so abgefaßt sein, daß sie auch in der Sprache vorbildlich wirken.
Die „Fingerzeige für die Gesetzes- und Amtssprache“ der Gesellschaft für Deutsche Sprache sind zu beachten.

(2) Schreiben unter der Firma des Präsidenten sind in der Ich-Form, Schreiben unter der Firma der Bundesbahndirektion sowie der Büros und Geschäftsgruppen in der Wir-Form abzufassen. **Ich-Form, Wir-Form**

(3) Einleitende Wendungen, z. B. „In Erwiderung Ihres Schreibens vom ... teilen wir mit, daß ...“ sind wegzulassen. Es ist mit den schlichten Ausführungen zu beginnen. **Einleitende Wendungen**

(4) Schreiben sind höflich abzufassen. Das gilt besonders im Geschäftsverkehr mit den Kunden der Deutschen Bundesbahn. Schreiben an Privatpersonen und Firmen erhalten eine Anrede (z. B. „Sehr geehrter Herr ...!“) und eine Schlußformel (z. B. „Hochachtungsvoll“), wenn nicht nach dem Inhalt des Schreibens oder aus anderen Gründen davon abzusehen ist. Im Schriftverkehr der Behörden untereinander entfallen im allgemeinen Anrede und Schlußformel. **Höflichkeitswendungen**

(5) Ablehnende Bescheide müssen ausreichend begründet werden. Nichtssagende Wendungen, z. B. „aus dienstlichen Gründen“, „aus grundsätzlichen Erwägungen“, sind zu vermeiden. **Ablehnende Bescheide**

(6) In Bescheiden an Außenstehende sind Berufungen auf Entscheidungen oder Stellungnahmen des Vorstandes oder der Hauptverwaltung der Deutschen Bundesbahn zu unterlassen.

§ 8 Äußere Form der Schreiben

(1) Für Schreiben an Außenstehende sind Briefblätter nach den Normblättern DIN 676 und 677 zu verwenden. Im innerdienstlichen Schriftverkehr sollen Blätter ohne Aufdruck verwendet werden. Muster für die äußere Form einer Reinschrift auf Briefblatt und eines Verfügungsentwurfs enthalten die Anlagen 1 und 2. **Allgemeines**

Anlagen 1 und 2

Firmenbezeichnung (2) Als Firma sind die in § 15 der Geschäftsanweisung für die Bundesbahndirektionen und in § 7 der Geschäftsanweisung für die Büros der Bundesbahndirektionen vorgesehenen Bezeichnungen anzuwenden. Im inneren Geschäftsverkehr der Bundesbahndirektion braucht die Firmenbezeichnung nicht oder nur in abgekürzter Form angegeben zu werden.

Geschäftszeichen (3) Das Geschäftszeichen wird gebildet:

a) bei Präsidialgeschäftssachen.

die vom Präsidenten bearbeitet werden, aus dem Zeichen des Präsidenten, der Bezeichnung des Bürobearbeiters und dem Aktenzeichen,

z. B. Pr A 1 Polh,

die den Abteilungsleitern zur ständigen Erledigung übertragen sind, aus dem Zeichen Pr, dem Zeichen des Abteilungsleiters, der Bezeichnung des Bürobearbeiters und dem Aktenzeichen,

z. B. Pr I P 1 Polb,

die von Dezernenten vorbearbeitet werden, aus dem Zeichen des Präsidenten, dem Zeichen des Vorbearbeiters in Klammern, der Bezeichnung des Bürobearbeiters und dem Aktenzeichen,

z. B. Pr (12) A 3 Ar 56;

b) bei Direktionsgeschäftssachen,

die von Dezernenten bearbeitet werden, aus dem Zeichen des federführenden Dezernenten, der Bezeichnung des Bürobearbeiters und dem Aktenzeichen,

z. B. 7 V 2 Va

die federführend von einem Bürovorstand, Gruppenleiter oder Bürobearbeiter bearbeitet werden (§ 3 Abs. 3 der Geschäftsanweisung für die Bundesbahndirektionen), aus der Bezeichnung des Bürovorstandes, Gruppenleiters oder Bürobearbeiters und dem Aktenzeichen,

z. B. Ps 2 Uwbg.

(4) Bei Schreiben an Dienststellen der Deutschen Bundesbahn ist unter der Ortsangabe die Basa-Fernsprechnummer anzugeben, und zwar in der Regel die des Bürobearbeiters. Bei Schreiben an Außenstehende ist die Nummer des postberechtigten Hausanschlusses mit anzugeben. In Entwürfen sind unter der Ortsangabe ebenfalls die Basa-Fernsprechnummer bzw. die Nummer des postberechtigten Hausanschlusses anzugeben. **Fernsprechnummer**

(5) Die Empfängeranschrift steht links unter der Firmenbezeichnung, der Raum rechts davon ist für die Eingangs- und Bearbeitungsvermerke des Empfängers freizuhalten. Bei Schreiben an Außenstehende ist die Empfängeranschrift im Entwurf und in der Reinschrift vollständig, also ohne Abkürzungen anzugeben. **Empfängeranschrift**

Beförderungsvermereke (z. B. Schnellbrief, Luftpost, Durch Eilboten) und Aushändigungsvermerke (z. B. Einschreiben, Persönlich) sind voranzusetzen. **Beförderungsvermerke, Aushändigungsvermerke**

(6) In nicht urschriftlichen Schreiben ist links oben über dem Wortlaut der Gegenstand des Schreibens, der „Betreff" kurz anzugeben. In Antwortschreiben, für die keine Briefblätter verwendet werden, sind unter dem Betreff Tag und Geschäftszeichen der Zuschrift anzugeben. Auf eigene frühere Schreiben wird ebenfalls unter dem Betreff hingewiesen. **Betreff**

(7) Zahl und Art von Anlagen sind unter dem Betreff aufzuführen. Neben dem Text ist auf sie durch Anlagestriche nochmals hinzuweisen. Die Anlagen selbst sind oben rechts als solche unter Angabe des zugehörigen Schreibens zu bezeichnen, z. B. Anlage 3 zum Schreiben der Bundesbahndirektion ... vom ... (Datum) – ... (Geschäftszeichen) –. **Anlagen**

(8) Für die Verwendung von Abkürzungen gilt das Verzeichnis der Abkürzungen (Drucksache 100). **Abkürzungen**

(9) Ein Heftrand von mindestens 2 cm muß auf der Vorderseite links, auf der Rückseite rechts freibleiben. **Heftrand**

Seitenzahlen, Abschnitte (10) Schreiben von mehr als 2 Seiten sind mit Seitenzahlen zu versehen. Längere Schreiben sind nach Buchstaben oder Zahlen in Abschnitte einzuteilen.

Papierformat (11) Im gesamten Schriftverkehr ist Papier nach DIN-Format zu benutzen, als geringste Größe DIN A 6. Für kürzere Schreiben an Außenstehende sind Postkarten zu verwenden (Drucksachen Nr. 199 18 und 199 22).

Absetzen des Entwurfs (12) Die Entwürfe sind in der Regel auf das Geschäftsstück nach dem Eingangsschreiben, bei Zusammenfassung mehrerer Geschäftssachen auf das zuletzt eingegangene Stück zu setzen. Die Antworten auf Rückgabeschreiben der Hauptverwaltung und fremder Behörden sind auf besonderem Blatt zu entwerfen.

Vorbemerkungen (13) Vorbemerkungen, auch in der Form von Aktenauszügen, sind dem Entwurf nur dann voranzusetzen, wenn sie das Verständnis für den Vorgang erleichtern und den Mitbearbeitern das oft zeitraubende Durcharbeiten langer Schriftstücke ersparen. Sie sind möglichst kurz zu fassen. Unzulässig sind sie, wenn der Sachverhalt aus dem Verfügungsentwurf hervorgeht.

Randbemerkungen (14) Randbemerkungen auf Geschäftsstücken, die an Außenstehende weitergehen, sind möglichst zu unterlassen, auf jeden Fall vor Abgang zu entfernen. Im inneren Geschäftsverkehr sind sie auf das Notwendigste zu beschränken (Geschäftszeichen angeführter Vorgänge, Hinweise für die Bearbeitung) und sachlich zu halten.

Einschreiben (15) Die Beförderung als Einschreiben darf nur für besonders wichtige Sendungen vorgeschrieben werden.

Postsendungen (16) Bei Postsendungen, die nicht nach der Dienstbriefvorschrift (DV 624) freizumachen sind, ist auf dem Verfügungsentwurf über der Empfängeranschrift einzusetzen „GDS“ (Gebührenpflichtige Dienstsache).

Tagesangabe (17) Kein Schriftstück darf ohne Tagesangabe abgesandt werden. In Entwürfen, von denen Reinschriften zu fertigen sind, bleibt die Tagesangabe offen. Sie wird von der Kanzlei in den Entwurf und in die Reinschrift eingesetzt. Entwurf und Reinschrift erhalten das Datum des Tages, an dem die Reinschrift gefertigt wird. Soll ein Schreiben das Datum eines bestimmten Tages tragen, so ist dieser Tag in den Entwurf mit dem Vermerk „Tag bleibt" einzusetzen.

(18) Reinschriften sind sorgfältig und äußerlich ansprechend anzufertigen; die Reglen für Maschinenschreiben (Normblatt DIN 5008) sind zu beachten. Entwurf und Reinschrift sind möglichst in einem Arbeitsgang zu schreiben. **Reinschriften, Regeln für Maschinenschreiben**

(19) Der Bürobearbeiter setzt auf die von ihm verfaßten Entwürfe rechts unten sein Namenszeichen und den Tag. **Namenszeichen des Bürobearbeiters**

§ 9 Berichte an den Vorstand und an die Hauptverwaltung der Deutschen Bundesbahn

(1) Berichte an den Vorstand und an die Hauptverwaltung der Deutschen Bundesbahn, auf die eine Entscheidung erwartet wird, sollen mit einem kurzen Antrag schließen. In den Berichten darf nicht zum Ausdruck kommen, daß die Zustimmung zu dem Antrag angenommen werde, wenn nicht in einer bestimmten Frist abweichend entschieden werde. **Antrag**

(2) In den Berichten ist nach dem Betreff anzugeben: **Berichter, Mitberichter**

a) Berichter: Amtsbezeichnung, Name und Zeichen des federführenden Dezernenten;

b) Mitberichter: Amtsbezeichnung, Name und Zeichen der erheblich beteiligten mitwirkenden Dezernenten.

Bei Abwesenheit des zuständigen Berichters oder Mitberichters ist der Vertreter mit Vertretungszusatz aufzuführen, z. B. „für Dez 2".

Die Rufnummern der Berichter und Mitberichter sind in Klammern hinter den Dezernatszeichen anzugeben (Muster siehe Anlage 3). Bei urschriftlichen Berichten bleibt der Berichter unbenannt, wenn nur Schriftstücke ohne sachliche Erörterungt vorgelegt werden. Auch bei Berichten unter der Firma des Präsidenten sind Berichter und Mitberichter anzugeben, wenn der Präsident den Bericht nicht selbst verfaßt hat.

Anlage 3

Rechnerische Feststellung (3) Berichte mit umfangreichen rechnerischen Darstellungen sind nur im Entwurf rechnerisch festzustellen. Berichtsanlagen mit Zahlenangaben sind sowohl im Entwurf als auch in der Reinschrift als „Festgestellt" zu bezeichnen.

Sammelsachen (4) Hat der Vorstand oder die Hauptverwaltung der Deutschen Bundesbahn die Vorlage eines Berichts als Sammelsache angeordnet, so ist das Wort „Sammelsache" gesperrt im Betreff neben die Bezeichnung der anordnenden Verfügung zu setzen.

Unterschreiben der Berichte (5) Berichte an den Vorstand oder die Hauptverwaltung der Deutschen Bundesbahn unterschreibt der Präsident, bei seiner Abwesenheit oder Verhinderung sein Vertreter. Bei Berichten über Angelegenheiten von geringerer Bedeutung genügt die Unterschrift des Abteilungsleiters des federführenden Dezernenten. Berichte, die der Präsident im Entwurf gezeichnet hat und deren Reinschrift sein Vertreter unterschreibt, erhalten unter den Unterschrift den Vermerk „Im Entwurf vom Präsidenten gezeichnet".

Schreiben an Büros der HVB (6) Meldungen, Nachweisungen und dergleichen, die an ein Büro oder einen Geschäftsanteil der Hauptverwaltung zu senden sind, gelten nicht als Berichte. Bei ihrer Vorlage braucht kein Begleitschreiben beigefügt zu werden; es genügt, im Kopf der Titelseite zu vermerken:

„Zur Verfügung vom - (Datum) – ... (Geschäftszeichen) –
Bundesbahndirektion ...
(Unterschrift)

(7) Berichte an den Vorstand oder die Hauptverwaltung der Deutschen Bundesbahn, für die eine Frist gesetzt ist, sind so schnell wie möglich, spätestens bis zum Fristablauf zu erstatten. Der Lauf der Fristen, die nicht auf einen bestimmten Tag lauten, beginnt mit dem Tage nach dem Eingang der Verfügung bei der Bundesbahndirektion. Ist keine Frist gesetzt, ist der Bericht spätestens innerhalb eines Monats nach dem Tage des Eingangs zu erstatten. Bei Fernschreiben, Schnellbriefen und anderen eiligen Geschäftssachen bestimmt der Präsident die Frist. **Fristen**

(8) Kann eine Frist ausnamsweise nicht eingehalten werden, so ist eine bestimmte Nachfrist zu beantragen, sobald sich herausgestellt hat, daß sie notwendig wird. Schriftliche Anträge auf Fristverlängerung gelten als genehmigt, wenn der Antrag unbeantwortet bleibt. Bei fernmündlich genehmigter Fristverlängerung ist ein Aktenvermerk zu fertigen. **Fristverlängerung**

§ 10 Zeichnung

(1) Für die Zeichnung der Entwürfe, urschriftlichen Schreiben und Reinschriften sind die §§ 16 und 17 der Geschäftsanweisung für die Bundesbahndirektionen maßgebend. **Allgemeines**

(2) Bei Entwürfen und urschriftlichen Schreiben zeichnen der Reihe nach mit Namenszeichen und Tag: der federführende Beamte, der Mitbearbeiter, (der Abteilungsleiter des Mitbearbeiters, falls er zu beteiligen ist), der Abteilungsleiter des federführenden Beamten, der Präsident. **Entwürfe**

Die Zeichnung wird am Schluß von rechts nach links vorgeschrieben, z. B. **Zeichnungsvermerk**

VI 42 7 31 12

Vertreter setzen dem Zeichen dessen, den sie vertreten, ein „f“ (= für) voran, z. B. „f 31“.

Reinschriften (3) Reinschriften und urschriftliche Schreiben sind von dem Unterzeichner mit vollem Namen zu unterschreiben. Die Unterschrift soll gut leserlich sein. Bei Schreiben an Außenstehende ist der Name des Unterzeichners in Maschinenschrift oder mit Stempelabdruck in Klammern unter die Unterschrift zu setzen.

Gesehen-Vermerke (4) Hat der Präsident bei der Mitzeichnung des Entwurfs seinem Zeichen einen Gesehen-Vermerk beigefügt oder sein Zeichen eingeklammert, so unterzeichnet der Abteilungsleiter des federführenden Dezernenten. Wenn der Abteilungsleiter entsprechend verfährt, so unterzeichnet der federführende Dezernent.

Vergleichen (5) Die Reinschriften sind mit den Entwürfen zu vergleichen. Wer verglichen hat, setzt auf die Reinschrift unten rechts sein Namenszeichen und bestätigt damit, daß Reinschrift und Entwurf im Wortlaut übereinstimmen.

Beglaubigen von Reinschriften (6) Im innerdienstlichen Schriftverkehr werden Reinschriften in der Regel mit Beglaubigungsvermerk abgesandt. Im Geschäftsverkehr mit anderen Behörden können Reinschriften, deren Inhalt nicht besonders wichtig ist, ebenfalls beglaubigt werden.

Der Beglaubigungsvermerk lautet:

gez. N. N. Beglaubigt:
N. N.
(Dienstsiegel) (Amtsbezeichnung)

Wer beglaubigt, bestätigt damit, daß Reinschrift und Entwurf in Wortlaut und Unterschrift übereinstimmen. Wenn der Präsident, der Abteilungsleiter oder der federführende Beamte die Reinschrift unterschreiben will, so setzt er unter sein Zeichen auf dem Verfügungsentwurf ein rotes „U“.

Schreiben an Privatpersonen und Firmen sind stets zu unterschreiben.

(7) Schnellbriefe – ausgenommen solche an den Vorstand oder die Hauptverwaltung der Deutschen Bundesbahn – sind zur Beschleunigung stets mit Beglaubigungsvermerk abzusenden. **Schnellbriefe**

(8) Die Reinschriften der Fernschreiben tragen als Unterschrift die abgekürzte Firmenbezeichnung „BD", die ausgeschriebene Ortsbezeichnung und das Geschäftszeichen. **Fernschreiben**

§ 11 Lauf der Geschäftssachen. Ausgang

(1) Für die Beförderung der Geschäftssachen innerhalb der Bundesbahndirektion sind Wegweisermappen mit Aufdruck nach Anlage 4 zu verwenden. Folgende Farben der Mappen kennzeichnen den Grad der Dringlichkeit: **Wegweisermappen** Anlage 4

gelb	Fernschreiben und Schnellbriefe
rot	andere eilige Sachen
hellblau	alle übrigen Sachen

Bearbeitete Fernschreiben, Schnellbriefe und andere eilige Sachen sind, sobald kein Bedürfnis für eilige Behandlung mehr vorliegt, in hellblaue Wegweisermappen zu legen. Es ist streng darauf zu achten, daß gelbe und rote Mappen nur für eilige Sachen benutzt werden.

(2) Auf den Wegweisermappen wird der Lauf der Geschäftssachen vorgeschrieben. Dabei sind die Zeichen zu verwenden, die für den Präsidenten, die Abteilungsleiter, Dezernenten, Bürovorstände, Gruppenleiter, Bürobearbeiter, die Kanzlei, die Absendestelle usw. vorgesehen sind. **Laufvermerke auf Wegweisern**

Ist ein an der Zeichnung einer Geschäftssache Beteiligter abwesend und will sein Vertreter aus besonderen Gründen die Zeichnung dem Beteiligten selbst überlassen, so kreist er dessen Zeichen auf dem Wegweiser ein und läßt die Geschäftssache weiterlaufen. Dem abwesenden Beteiligten wird sie nach Rückkehr zur Zeichnung zugeleitet. Soll nach Ansicht des Vertreters jedoch der abwesende Beteiligte zeichnen, bevor die Geschäftssache an die übrigen Beteiligten weiterläuft, so setzt er dem Zeichen des abwesenden Beteiligten auf dem Wegweiser das Wort „selbst" hinzu.

Reinschriften dürfen erst gefertigt, urschriftliche Schreiben erst abgesandt werden, wenn alle im Zeichnungsvermerk auf einer Geschäftssache angegebenen Beteiligten gezeichnet haben.

Abtragen

(3) Der Vorstand des Präsidialbüros ordnet an, in welchen Zeitabschnitten die Wegweisermappen aus den Geschäftszimmern abzutragen sind.

(4) Fernschreiben und Schnellbriefe sind sofort abzusenden. Wie oft und zu welchen Zeiten die übrigen Geschäftssachen abzusenden sind, regelt der Vorstand des Präsidialbüros. Wer die Geschäftssachen absendet, vermerkt den Ausgangstag auf dem Entwurf und setzt sein Namenszeichen hinzu.

Beförderung

(5) Die Dienstbriefvorschrift (DV 624) enthält die näheren Anweisungen über die Beförderung der Geschäftssachen. Gewöhnliche Geschäftssachen sind im inneren Geschäftsverkehr nach Möglichkeit in Schriftwechselmappen zu versenden.

Vertrauliche Geschäftssachen

(6) Geschäftssachen mit dem Behandlungsvermerk „Vertraulich" oder „Streng vertraulich" sind innerhalb der Bundesbahndirektion in verschließbaren Mappen oder in Umschlägen verschlossen (ohne Quittung) weiterzugeben. Nach außen werden sie unter Einschreiben, im Verkehr zwischen Dienststellen der Deutschen Bundesbahn als eingeschriebene Eisenbahndienstsache versandt.

Geheime Geschäftssachen

(7) Für geheime Geschäftssachen gilt die Verschlußsachen-Anweisung (DV 1100).

§ 12 Dienstsiegel

Bei den Bundesbahndirektionen werden Dienstsiegel geführt. Wer sie führt, bestimmt der Präsident. Sie sind unter Verschluß zu halten.

§ 13 Bürohilfsmittel

(1) Die Kurzschrift (Einheitskurzschrift) ist im inneren Geschäftsverkehr weitgehend anzuwenden. Sie soll die dienstliche Arbeit erleichtern, z. B. beim Entwerfen von Verfügungen, bei Ferngesprächen, Aufnahme von Verhandlungen und Vernehmungen. **Kurzschrift**

(2) Schreiben sind in der Regel mit Schreibmaschine anzufertigen, besonders dann, wenn Entwurf und Reinschrift in einem Arbeitsgang hergestellt werden können. **Schreibmaschine**

(3) Der Bürobetrieb ist durch Mechanisierung und Verwendung geeigneter Bürohilfsmittel (z. B. Karteien, Loseblattbücher, Büromaschinen, Diktiergeräte) wirtschaftlich zu gestalten. Die Normblätter des Deutschen Normenausschusses sind zu beachten, z. B. Deutsche Einheits-ABC-Regeln (DIN 5007), Blattgrößen, Maßstäbe, Faltung der Zeichnungen (DIN 823, 824). **Technische Hilfsmittel**

§ 14 Ausführungsbestimmungen

Ergänzende Anordnungen zu dieser Geschäftsanweisung trifft der Präsident durch den Geschäftsplan oder durch Ausführungsbestimmungen.

Anlage 1
(§ 8 Absatz 1)

(Muster einer Reinschrift auf Briefblatt)

DEUTSCHE BUNDESBAHN
BUNDESBAHNDIREKTION HAMBURG

Bundesbahndirektion Hamburg, (24a) Hamburg-Altona, Museumstraße 39

Druckerei und Verlagshaus
H. Otto Richter & Andersen

(24a) Hamburg-Altona
Ehrenbergstraße 27

(24a) HAMBURG-ALTONA
Museumstraße 39

Ihre Zeichen	Ihre Nachricht vom	Unsere Zeichen	
Kg/37/5	26. 9. 58	1 F 7 Std	29. September 1958

Betreff
Vordruckgestaltung für Briefblätter

3 Anlagen
Normblätter DIN 676, DIN 677 und DIN 679

Sehr geehrte Herren!

Text

Hochachtungsvoll
Müller
(Müller)

Postruf: Direktwahl: 46102/ 5435
oder Sammelnummer 461021

Konten nur unter „Deutsche Bundesbahn, Hauptkasse der Bundesbahndirektion Hamburg"
Bankkonten: Deutsche Verkehrs-Kredit-Bank Hamburg 30001
Landeszentralbank Hamburg-Altona 22/184,
Postscheck: Hamburg 4009

Anlage 2
(§ 8 Absatz 1)

(Muster eines Verfügungsentwurfs)

BD Hmb — Hamburg-Altona, den .9.1958
32 B 17 Bapk — 5211

1. Schnellbrief

An
Bf ...
durch BA ...

Betreff
Betreten der Bahnanlagen

Auf den Bericht vom 30. 8. 58
Unsere Verf vom 25. 8. 58 - 32 B 17 Bapk -

....

.... Text ....

....

2. Herrn
Kurt Martens

(24a) Hamburg-Altona
Museumstraße 39

Betreff
Betreten der Bahnanlagen in ...

Ihr Schreiben vom 25. 8. 58 - Ha -

Sehr geehrter Herr Martens!

....

.... Text ....

....

Hochachtungsvoll

3. Herrn Dez 9 z gefl K.

4. W 36 32

Anlage 3
(§ 9 Absatz 2)

(Muster eines Berichtsentwurfs)

7 V 2 Vaa 3 München, den .10.1958

1. An die

HVB Frankfurt (Main)

Betreff
Güterwagenverkehrsausschuß

Zur Verf vom 2. 10. 58 - 50.501 Vaa 17 -

2 Anlagen

Berichter: BOR N.N., Dez 7 (Ruf 307)

Mitberichter: BR N.N., Dez 33 für Dez 34 (Ruf 333)

....

....

Text ....

/ ....

....

....

....

/ ....

....

2. A

V III 34 7

Anlage 4
(§ 11 Absatz 1)

Name

Zimmer Nr.

Dezernatsnummer
oder Arbeitsanteil

Hausanschluß Nr.

Wegweiser

139 04/1	Wegweiser für den Lauf der Geschäftssachen,	gelb, C 4 d 7a
139 04/2	desgleichen	rot, C 4 d 7a
139 04/3	desgleichen	hellblau, C 4 d 7a

Anmerkungen

Einige Begriffe aus dieser Vorschrift waren zur Zeit der Herausgabe jedem Verwaltungsmitarbeiter geläufig, werden heute aber praktisch in ihrer damaligen Bedeutung nicht mehr vermittelt. Sie sind in diesem Buch ab Seite 109 näher erläutert.

Der heute übliche Vermerk „sachlich und rechnerisch richtig" lautete früher knapp **„Festgestellt"** (zu oben § 9 Abs. 3). Die Deutsche Reichsbahn und die Deutsche Bundesbahn kannten als eigene Qualifikation und Befugnis für entsprechend ausgebildete Mitarbeiter den „A-Feststeller" und den „B-Feststeller", daneben übrigens auch den „Nachrechner".

Der Feststeller benutzte zum Feststellen blaue Tinte oder blauen (violetten) Tintenstift, der Nachrechner grüne Tinte oder grünen Tintenstift. Alle Zahlen und sonstigen wichtigen Angaben waren vom Feststeller mit einem hakenförmigen Prüfungsstrich zu versehen, der Nachrechner hakte nur die nachgerechneten Zahlen an. Beim Durchschreibe- oder Umdruckverfahren waren die Prüfungsstriche nur auf der Urschrift anzubringen. Die Prüfungsvermerke mußten jedoch auf allen Durchschriften oder Umdrucken entweder deutlich durchgeschrieben oder umgedruckt sein oder besonders angebracht werden. *

In den 80er Jahren hießen die Befugnisse „G-Feststeller" und „M-Feststeller"**.

Die Schlußverfügung „zu den Akten" lautete bei der Eisenbahn schlicht „A" (oder „A !"), „wegl[egen]" nur „W" (oder „W !"). ***

* vgl. *Finanz- und Rechnungswesen der Deutschen Reichsbahn*, S. 92, 100

** vgl. Guntermann: *Leitfaden für Ausbildung und Prüfung im Finanzdienst*, S. 124

*** vgl. *Wichtige Abkürzungen für den Eisenbahndienst*, Schaack-Verlag, Bonn, [1949]

Deutsche Reichsbahn - DV 1100 - VSA 1941
Neusatz 2018 nach dem Exemplar des Landesarchivs Sachsen-Anhalt, Abt. Dessau
G12. Deutsche Reichsbahn. Reichsbahndirektion Halle. A, Nr. 168/13

Deutsche Reichsbahn

1100

Geheim!

Verschlußsachen-Anweisung
für sämtliche
Verwaltungsbehörden

mit Zusatzbestimmungen
des Reichsverkehrsministers für die Behandlung
von Eisenbahn-Wehrmachtangelegenheiten

Ausgabe 1941

1941
Reichsdruckerei Berlin

1100

Der Reichs= und
Preußische Minister des Innern
— III P 6130/8 — g.

Berlin, den 6. Juni 1935

Diese Verschlußsachenanweisung setze ich im Einvernehmen mit dem Herrn Reichskriegsminister hiermit in Kraft.

Der Reichs= und
Preußische Minister des Innern

Dr. Frick

Geschäftsführung und Druck:

Der Bahnbevollmächtigte des Reichsbahn=Zentralamts Berlin

Verteilungsplan

Eisenbahnabteilungen des Reichsverkehrsministeriums (L)
Bahnbevollmächtigte
Vertreter des Bahnbevollmächtigten
Beamte der Bbv=Büros
beauftragte Dezernenten der Reichsbahnbaudirektionen
beauftragter Dezernent des Reichsbahn=Zentralamts München
Abwehrbeauftragter bei der Elektrischen Oberbetriebsleitung
Werkdirektoren der Reichsbahn=Ausbesserungswerke
Vorstände der Reichsbahnämter

Berichtigungen (Tabelle); hier nicht abgedruckt
Inhaltsverzeichnis; hier nicht abgedruckt

Vorbemerkung

Die Zusatzbestimmungen des Reichsverkehrsministers über die Behandlung von Eisenbahn-Wehrmachtangelegenheiten sind in Schrägschrift gedruckt. Sie gelten nur für g-Sachen und g Rs.

Für nfD-Sachen s Anweisung für die Behandlung von Sachen, die nur für den Dienstgebrauch bestimmt sind (nfD-Sachen), DV 1100 c.

A. Allgemeines

I. Begriff der Verschlußsache

1. Verschlußsachen (VS) im Sinne dieser Vorschrift sind Sachen, deren Kenntnis zum Wohle des Reiches, insbesondere im Interesse der Landesverteidigung oder aus dienstlichen, politischen und disziplinaren Gründen auf einen bestimmten Kreis von Personen beschränkt bleiben muß, und die dauernd unter Verschluß zu halten sind.
2. VS können sein Schrift- und Drucksachen, denen Telegramme, Zeichnungen, Karten, Pläne, Lichtbilder und andere Darstellungen in Wort, Zahl oder Bild gleich zu achten sind; ferner ist das Gerät des Geheimschriftwesens als VS zu behandeln. Zu dem Gerät des Geheimschriftwesens gehören auch die Stempel gemäß Nummer 8.

   Hierunter fallen nicht die einfachen Stempel »geheim« und »geheime Reichssache« ohne die Erläuterungen.
3. VS müssen so verwahrt und verwaltet werden, daß sie der Kenntnis und dem Gebrauch Unbefugter zu jeder Zeit entzogen sind.
4. Die Bestimmungen über die Pflicht zur Dienstverschwiegenheit werden durch diese Vorschrift nicht berührt. Sie stellt eine Ergänzung dar für Sachen, die darüber hinaus eines besonderen Schutzes bedürfen.
5. Aus Nr 1 ergibt sich, daß nicht alle VS als „Staatsgeheimnisse" im Sinne der Landesverratsbestimmungen §§ 88 bis 93 a des Reichsstrafgesetzbuches in der Fassung des Gesetzes zur Änderung der Vorschriften des Strafrechts und des Strafverfahrens vom 24. April 1934 (RGBl. I S. 341) anzusehen sind. Für die Entscheidung darüber, was als „Staatsgeheimnis" zu gelten hat, sind in Fragen der Reichsverteidigung ausschließlich das Oberkommando der Wehrmacht (Abwehrabteilung), in allen übrigen Fällen das Reichsministerium des Innern zuständig.

II. Bezeichnung der VS

6. Je nach der Ausdehnung, die eine Bekanntgabe annehmen darf, sind die VS zu bezeichnen mit

a) „Nur für den Dienstgebrauch“ (n f D)*,

b) „Geheim“ (g),

c) „Geheime Reichssache“ (g Rs).

Zu a. Druckschriften oder sonstige Vorschriften in Buchform, Zeichnungen, Karten, Pläne, Lichtbilder und ähnliche Darstellungen, die nur innerhalb der Behörden jeder Person nach dem hierfür vorliegenden dienstlichen Bedürfnis zugänglich gemacht werden dürfen, können die Aufschrift „nur für den Dienstgebrauch“ erhalten.

Zu b. Mit „Geheim“ sind solche Verschlußsachen zu bezeichnen, die stets unter Verschluß gehalten werden müssen, weil ihr Inhalt einen erhöhten Schutz gegen Bekanntwerden und Verrat erhalten muß und nur zur Kenntnis eines bestimmten Personenkreises gelangen soll.

Darunter fallen auch die Vorschriften und Hilfsmittel für das Geheimschrift- und Nachrichtenwesen und alle Angelegenheiten, deren offene Behandlung die Spionageabwehr erschweren würde.

Zu c. Die Bezeichnung „geheime Reichssache“ ist auf diejenigen VS anzuwenden, die des höchsten Geheimschutzes bedürfen, deren Kenntnis überhaupt nur auf einen engst begrenzten und jeweils genau zu bezeichnenden Personenkreis beschränkt bleiben muß, und die daher unter besonderer Sicherung der Verwahrung und Beförderung stehen.

Bei der Wehrmacht wird für derartige VS die Bezeichnung „Geheime Kommandosache“ (g Kdos) angewendet.** Schriftsachen, die eine solche Kennzeichnung tragen, sind stets als „Geheime Reichssache“ im Sinne dieser Verschlußsachen-Anweisung zu behandeln.

Hierzu gehören z B grundsätzliche Anordnungen für die Landesverteidigung und alle Unterlagen, die unmittelbaren Aufschluß über den Stand der Vorbereitungen für den Kriegsfall und die Leistungsfähigkeit des Eisenbahnnetzes für die Wehrmacht geben.

---

* Die Ausgabe der allgemeinen VSA von 1935 enthielt noch keinen Geheimhaltungsgrad „Nur für den Dienstgebrauch“; dieser wurde erst durch das – leider undatierte – Deckblatt 18 a eingeführt.

** In der Ausgabe 1935 der allgemeinen VSA hieß es hier noch weitergehend: „bei der Landespolizei die Bezeichnung »Geheime Landespolizeisache« (G. L. Pol.).“

7. Weitere VS im Sinne dieser Verschlußsachen-Anweisung gibt es nicht.

Es bleibt jedoch unbenommen, Schriftstücke, die nicht dauernd unter Verschluß gehalten zu werden brauchen, aber deren Inhalt über einen bestimmten Bearbeiterkreis hinaus nicht bekannt werden soll, als „vertraulich" oder „persönlich" zu bezeichnen.

Als „vertraulich" bezeichnete Schriftstücke sind innerhalb der Behörde in verschlossenen Mappen (Aktentaschen) oder in verschlossenen Briefumschlägen mit persönlicher Anschrift weiterzugeben.

Ihre Versendung durch die Post hat als gewöhnlicher Brief mit der Anschrift des Behördenleiters oder des zuständigen Sachbearbeiters der Empfangsdienststelle und dem Zusatz „oder Vertreter im Amt" zu erfolgen.

8. Die Bezeichnungen „geheim" und „geheime Reichssache" sind auf VS und sämtlichen Anlagen an auffallender Stelle groß durch roten Stempelaufdruck anzubringen.*

Beide Bezeichnungen müssen in jedem Falle – auch dann, wenn die Schreiben im Vervielfältigungs- oder Druckverfahren hergestellt sind – durch roten Stempelabdruck angebracht werden.

Telegramme, deren Inhalt geheimzuhalten ist, sind stets verschlüsselt zu senden.

Für Fernschreiben, die auf besonderen Leitungen gegeben werden, gilt dies nicht.

VS in Buchform erhalten außer der vorgeschriebenen VS-Bezeichnung folgende Einbände oder Umschläge:

a) Rot mit einem grünen Querstreifen (etwa 3 cm breit) = VS, die im Augenblick der Ausgbe im Kriegsfall aber in die allgemeine dienstliche Benutzung übergehen und dann als »nur für den Dienstgebrauch bestimmt« (nfD) gelten,

b) Rot mit gelbem Querstreifen (etwa 3 cm breit) = Geheimsachen,

c) Rot mit gelbem Schrägstreifen (etwa 3 cm breit) = geheime Reichssachen.

VS-Akten können in der Weise gekennzeichnet werden, daß auf der Titelseite und bei Stehakten außerdem auf der Rückseite des Aktenbandes

* Die folgende Erläuterung ist nur in der allgemeinen VSA zu finden, in der Reichsbahn-Ausgabe fehlt sie: Es ist wiederholt vorgekommen, daß die Bezeichnungen »geheim« und »geheime Reichssache« mit Schreibmaschine auf die fraglichen Schriftstücke gesetzt und daher nicht so auffallend waren, wie es zur Sicherung des Verschlußsachenverkehrs erforderlich ist.

ein rotes Stück Papier mit dem entsprechenden Farbstreifen aufgeklebt wird. Diese Beklebung braucht nur so groß zu sein, daß die Akten auffällig als VS-Akten gekennzeichnet werden. Die Beschaffung roter Aktenbände und Aktenordner mit Farbstreifen eigens für diesen Zweck ist nicht erforderlich.

Die Sachminister bestimmen, inwieweit außerdem bei Orts- und Kreisbehörden und bei Versendung von VS an Stellen, die keine Verschlußanweisung erhalten, oder an Privatpersonen der folgende rote Stempelaufdruck auf die VS und sämtliche Anlagen zu setzen ist.*

geheim!

1. Dies ist ein Staatsgeheimnis im Sinne des § 88 RStGB. in der Fassung des Gesetzes vom 24. 4. 1934 (RGBl I S. 341 ff.).
2. Weitergabe nur verschlossen, bei Postbeförderung als „Einschreiben".
3. Empfänger haftet für sichere Aufbewahrung.

geheime Reichssache!

1. Dies ist ein Staatsgeheimnis im Sinne des § 88 RStGB. in der Fassung des Gesetzes vom 24. 4. 1934 (RGBl I S. 341 ff.).
2. Nur von Hand zu Hand oder an persönliche Anschrift in doppeltem Umschlage gegen Empfangsbescheinigung weitergeben.
3. Beförderung möglichst durch Kurier oder Vertrauensperson; bei Postbeförderung als Wertbrief (Wert 1 050 RM).
4. Vervielfältigung jeder Art sowie Herstellung von Auszügen verboten.
5. Empfänger haftet für sichere Aufbewahrung. Verstoß hiergegen zieht schwerste Strafe nach sich.

Die Stempel mit den Erläuterungen sind ausschließlich auf solchen Schriftstücken anzubringen, deren Empfänger nicht im Besitze der Verschlußsachenanweisung sind.

---

* Zum Stempel „Nur für den Dienstgebrauch", der nicht in der allgemeinen VSA und auch nicht in der Reichsbahn-Ausgabe genannt wird, siehe Seite 906

Ein solcher Aufdruck ist anzuwenden:

1. im Schriftverkehr mit allen Stellen außerhalb der Reichsbahn, von denen nicht mit Sicherheit feststeht, daß sie im Besitz einer VS-Anweisung sind;

2. im Schriftverkehr mit Stellen der Reichsbahn, die nicht mit der ständigen Bearbeitung von VS befaßt werden, auch wenn sie von der VS-Anweisung Kenntnis erhalten haben.

Die Art der VS ist in der Weise kenntlich zu machen, daß zu der Briefbuchnummer die Abkürzung g oder g Rs hinzugefügt wird. Diese Abkürzung ist nur in Verbindung mit der Briefbuchnummer und in Verzeichnissen, nicht dagegen im Stempelaufdruck zulässig.

Dieser Bestimmung wird vielfach noch nicht die erforderliche Beachtung geschenkt. Es wird deshalb nachdrücklichst auf sie aufmerksam gemacht.

An die Stelle der Briefbuchnummer tritt im Schriftverkehr der Reichsbahn das Geschäftszeichen. Die Abkürzungen werden als Zusatz dem Geschäftszeichen vorangesetzt, z B: »g / Bmas 21« oder »g Rs / Bm Bel 45«.

III. Anwendung der VS-Bezeichnungen

9. Für die Wahl der VS-Bezeichnung ist stets der Inhalt des Schriftstücks, nicht der Vorgang maßgebend. Um den VS-Begriff nicht abzustumpfen und den Geschäftsverkehr nicht unnötig zu erschweren, ist mit VS-Bezeichnungen im Schriftverkehr sparsam umzugehen. Alle Sachbearbeiter sind dienstlich zur äußersten Sparsamkeit bei der Verwendung der VS-Bezeichnungen angewiesen. Meldungen, kurze Stellungnahmen u dgl zu VS-Vorgängen sind offen zu behandeln, wenn sie unverfänglich abgefaßt werden können. Es ist dann nur auf die Briefbuchnummer, nicht aber auf den Inhalt Bezug zu nehmen.
Die Vorgesetzten haben hierüber zu wachen. Sie sind berechtigt, gegen eine mißbräuchliche Verwendung gegebenenfalls auf disziplinarem Wege einzuschreiten.

Die herausgebende Dienststelle entscheidet verantwortlich über die Art der Bezeichnung. Diese darf nur durch die Dienststelle selbst oder eine vorgesetzte Dienststelle abgeändert werden. Dies schließt jedoch nicht aus, daß andere als die genannten Dienststellen den VS-Schutz verschärfen oder bisher offene Schriftsachen unter VS-Schutz stellen können, wenn ihnen dies infolge der weiteren Bearbeitung erforderlich erscheint.

Wird eine VS auf diese Weise in ihrer Bezeichnung abgeändert, so hat der betreffende Bearbeiter die bisherige VS-Bezeichnung durchzustreichen und daneben sein Signum nebst Datum zu setzen.

Die herausgebende Dienststelle kann anordnen, daß von einem bestimmt anzugebenden Zeitpunkt ab eine VS ihre Eigenschaft als solche verliert.

Soll aus den dargestellten Gründen ein Schriftstück einen minderen VS-Schutz erhalten, als es dem Vorgang entsprechen würde, so ist, um den aktenmäßigen Zusammenhang zu wahren, das Geschäftszeichen des Vorgangs voll beizubehalten, ihm am Schluß jedoch in Klammern ein (g), (nfD) oder (o) hinzuzufügen.

Z B Geschäftszeichen des Vorgangs »g Rs / Bm Bel 45«: Ein aus diesem Vorgang entspringendes Schreiben soll entsprechend seinem Inhalt offen behandelt werden. Es erhält das Geschäftszeichen: »g Rs / Bm Bel 45 (o)«.

Offene Behandlung setzt erst ein, wenn die Voraussetzungen dazu gegeben sind. Der Vorgang ist abzuschließen; an seinem bisherigen Geheimhaltungsgrad darf nichts geändert werden.

Das Außerkraftsetzen von VS ist schriftlich anzuordnen. Die außerkraftgesetzten VS sind auch weiterhin nach ihrer Bezeichnung zu behandeln. Beim Vernichten ist Nummer 25 zu beachten.

*

IV. Dienstlicher und gesetzlicher Schutz der VS

10. Die Bestimmungen der Verschlußsachen-Anweisung gelten als „Gebote oder Verbote der Reichsregierung“ im Sinne des § 92 b RStGB. neuer Fassung.

11. Die Dienststellenleiter sind für die vorschriftsmäßige Durchführung des gesamten Verschlußverkehrs ihrer Dienststelle verantwortlich. Sie habe die Bearbeiter von VS über die Bestimmungen dieser Vorschrift zu unterweisen. Die Belehrung ist jährlich zu wiederholen. Vollzugsmeldung an die nächsthöhere Dienststelle ist erforderlich.

* Nur in der allgemeinen VSA, nicht aber in der Reichsbahn-Ausgabe, findet sich diese Bestimmung: Der sparsamste Umgang mit VS-Bezeichnungen wird allen Stellen nochmals zur Pflicht gemacht.

Der Bbv als Beauftragter des Präsidenten ist für den gesamten Bereich der Gbl, der RBD einschl GDW (bei den RAW jedoch nur, soweit sie im Bereich der RBD liegen) bzw des RZA Berlin für die vorschriftsmäßige Handhabung des Verschlußverkehrs zuständig. Er veranlaßt und überwacht die Belehrung der bei den Gbl, den RBD, dem RZA Berlin, den Ämtern und den Dienststellen beteiligten Bearbeiter. Bei den RBauD und beim RZA München liegt diese Aufgabe dem hierzu besonders beauftragten Dezernenten, bei der EObl dem Abwehrbeauftragten ob.

12. Jeder, dem VS zugänglich oder anvertraut sind, ist für sichere Aufbewahrung und vorschriftsmäßige Behandlung persönlich verantwortlich.
13. Die Pflicht zum Geheimhalten der aus VS gewonnenen Kenntnisse und sonstiger Dienstgeheimnisse bleibt für Beamte und Angestellte auch nach ihrem Ausscheiden aus dem Dienst bestehen.

Darüber hinaus bedürfen alle Bediensteten der Reichsbahn — auch nach ihrem Ausscheiden aus dem Reichsbahndienst — für Aussagen über VS vor Gerichten und Behörden, Untersuchungsausschüssen u ä der Genehmigung der Eisenbahnabteilungen des RVM (L).

14. Jeder Beamte, Angestellte und Arbeiter ist verpflichtet, bei seiner Entlassung etwa noch in seinem Besitz befindliche VS-Abschriften oder Auszüge aus VS sowie persönliche Vermerke und Aufzeichnungen, die ihrer Art nach eine Behandlung als VS erfordern, seiner Dienststelle unaufgefordert abzuliefern. Die Ausscheidenden sind außerdem von ihren Entlassungsstellen an diese Pflicht zu erinnern. Die erfolgte Erinnerung ist aktenkundig zu machen. Auch beim Wechsel der Dienststelle ist persönlich empfangene VS an die Dienststelle zurückzugeben, wenn nicht ordentliche Übergabe an den Nachfolger erfolgt.

Bei der Auflösung oder Zusammenlegung von mit VS befaßten Stellen bestimmt, soweit die Eisenbahnabteilungen des RVM (L) nichts anderes anordnen, in jedem Fall der Bbv, an welche Stelle die VS einschl der Akten, die abzuschließen sind, übergeben werden sollen.

15. Verstöße gegen die VS-Anweisung sind, soweit nicht die Vorschriften des RStGB. Platz greifen, strafbar nach den Disziplinarvorschriften oder der „Verordnung gegen Bestechung und Geheimnisverrat nichtbeamteter Personen" vom 3. 5. 1917 (RGBl. 1917 S. 393) in der Fassung der Verordnung vom 12. 2. 1920 (RGBl. 1920 S. 230). Vgl dazu Anlagen 1 und 2.

B. Verwaltung der Verschlußsachen.

I. Verschlußbestimmungen.

16. VS sind in Diensträumen unter sicherem Verschluß aufzubewahren (vgl Nummer 17). Alle Räume, in denen VS aufbewahrt werden, sind auch bei nur kurzfristiger Abwesenheit der Insassen so zu verschließen, daß Unbefugte die Räume nicht betreten können.

Die Diensträume der Bbv, ihrer Vertreter, Hilfsarbeiter und ihre Büroräume sind derart zusammenzulegen, daß die Überwachung aller aus- und eingehenden Personen in einfachster Weise, tunlichst von einer Stelle aus, möglich ist. Für die Geschäftsgebäude ist eine straffe Fremdenkontrolle durchzuführen.

Die Räume des Bbv und seine Büros sind außerhalb der Dienststunden so zu sichern oder zu bewachen, daß Unbefugte sich nicht unbemerkt Eingang verschaffen können.

Für die sichere Unterbringung von VS bei Ämtern und Dienststellen trifft der Bbv die erforderlichen Anordnungen.

VS dürfen nur ausnahmsweise mit in die Wohnung genommen werden und dort nur so lange wie unbedingt notwendig verbleiben. Für die Mitnahme von g Rs ist die Genehmigung des Dienststellenleiters erforderlich.

Die Mitnahme von geheimen Reichssachen in die Wohnung kann nur solchen Beamten gestattet werden, die mit der Bearbeitung von VS ständig betraut sind.

Mitnahme von VS auf Dienstreisen ist auf das Notwendigste zu beschränken. Sofern sich die Dienstreise auf mehrere Tage erstreckt, müssen VS – zum mindesten über Nacht – bei einer am Verschlußsachenverkehr beteiligten Behörde den Bestimmungen der Verschlußsachenanweisung entsprechend verwahrt werden.

Zu den Behörden im Sinne dieser Bestimmung zählen die bei der Reichsbahn am Verschlußsachenverkehr beteiligten Stellen bis herab zu den Reichsbahnämtern.

In der Reichsbahn-Ausgabe von 1941 im Fließtext vorhanden, in der allgemeinen VSA als Deckblatt:

Zu Ziffer 16: Als neuer Absatz 4 ist einzufügen:

In das Ausland dürfen VS grundsätzlich nicht mitgenommen und nicht versandt werden. Erscheint die Mitnahme oder die Versendung in Ausnahmefällen unerläßlich, so darf sie nur mit Genehmigung des Abwehrbeauftragten oder – soweit ein solcher nicht bestellt ist – des Behördenleiters oder des von ihm mit der Genehmigungsbefugnis besonders ausgestatteten Beamten geschehen. Die Verschlußsache muß in diesem Fall mit Hilfe des Auswärtigen Amts als Kurierpost an die deutsche diplomatische oder konsularische Vertretung in dem jeweiligen ausländischen Staat befördert und dort in Empfang genommen werden. Ausnahmen von dieser Beförderungsart, z B durch persönliche Mitnahme, bedürfen ebenfalls der erwähnten besonderen Genehmigung. Die Mitnahme oder Versendung von „geheimen Reichssachen" in das Ausland hat ausnahmslos zu unterbleiben. Ergänzende Vorschriften der obersten Verwaltungsbehörden, auch soweit sie eine Verschärfung der vorstehenden Bestimmungen enthalten, bleiben unberührt.

Geheime Reichssachen dürfen nur mit Genehmigung des Reichsverkehrsministeriums (L), Geheimsachen nur mit Genehmigung des Bahnbevollmächtigten in das Ausland mitgenommen werden. In diesen Fällen müssen die VS mit Hilfe des Auswärtigen Amts als Kurierpost an die deutsche diplomatische oder konsularische Vertretung des betreffenden Landes befördert werden und sind zu diesem Zweck an das Reichsverkehrsministerium (L) zu leiten.

Deckblatt 31 (wahrscheinlich nach Mitte März 1944) zur allgemeinen VSA; im Gegensatz zu den anderen Deckblättern nicht gedruckt, sondern vervielfältigtes Schreibmaschinenblatt: in den Reichsbahn-Archivalien ist es nicht enthalten. *Es war nicht mehr zu klären, ob es auch an Reichsbahnstellen ging (und dann lediglich die Einarbeitung unterblieb) oder ob es nur an die Empfänger der allgemeinen VSA verteilt wurde.*

Zu Ziffer 16: Als neuer Absatz ist einzufügen:

Mitnahme und Versand von Verschlußsachen in das Ausland ist grundsätzlich verboten.

Für besondere Ausnahmefälle, wenn Mitnahme oder Versand unerläßlich erscheinen, ist folgendes zu beachten:

I. Versand kann erfolgen

a) in das souveräne Ausland innerhalb Europas (z. Zt. Bulgarien, Finnland, nicht besetztes Frankreich, Italien, Kroatien, Portugal, Rumänien, Schweden, Schweiz, Slowakei, Spanien, Türkei, Ungarn) nur auf dem Kurierwege des Auswärtigen Amts.

b) in das besetzte Ausland sowohl auf dem Kurierweg des Auswärtigen Amts als auch durch die Deutsche Dienstpost.

II. Mitnahme kann nur erfolgen in das besetzte Ausland ohne eigene Grenz- und Zollkontrolle (z. Zt. Belgien, besetztes Frankreich, Generalgouvernement, Griechenland, Niederlande, Norwegen, Serbien).

Voraussetzung für Versand und Mitnahme von Verschlußsachen ist die Zustimmung des Abwehrbeauftragten der herausgebenden Dienststelle bzw. des Behördenleiters, soweit ein Abwehrbeauftragter nicht vorhanden ist. Hat der Abwehrbeauftragte Zweifel, so setzt er sich, wenn es sich um Angelegenheiten der Landesverteidigung handelt, mit der zuständigen Abwehrstelle, in sonstigen Fällen mit der zuständigen Staatspolizeistelle ins Benehmen.

Während des Aufenthalts im Ausland sind die Verschlußsachen für die Zeit, in der sie nicht benötigt werden, nach Möglichkeit bei einer deutschen Dienststelle in Verwahrung zu geben. Besteht diese Möglichkeit nicht, so müssen die Verschlußsachen unter voller Verantwortung des betreffenden Beamten stets in seinem persönlichen Gewahrsam sein.

Ergänzende Vorschriften der obersten Verwaltungsbehörde, soweit sie eine Verschärfung der vorstehenden Bestimmungen enthalten, bleiben unberührt.

17. VS sind im allgemeinen in Panzerschränken, in eisernen Schränken mit Kunstschloß und von außen nicht zugänglichen Scharnieren oder entsprechenden eisernen Kästen aufzubewahren.

Zweifel daran, ob bereits vorhandene Verschlußmöglichkeiten den Erfordernissen der Verschlußsachenanweisung entsprechen, sind in Zusammenarbeit mit der örtlich zuständigen Abwehrstelle der Wehrmacht zu klären.

Auch bei der Neuanschaffung von Verschlußmöglichkeiten empfiehlt es sich – von der zentralen Anschaffung durch das Reichs- und Preußische Ministerium des Innern* abgesehen –, der Abwehrstelle der Wehrmacht Gelegenheit zur Äußerung zu geben.

Die Behälter sollen durch ihr Gewicht oder durch gute Verankerung am Aufstellungsort gegen Diebstahl gesichert sein.

N. f. D.-Sachen dürfen auch in sicher verschließbaren Holzschränken und Fächern aufbewahrt werden.

Geheimsachen können erforderlichenfalls in verschließbaren Räumen auch in festen Holzschränken mit Kunstschlössern und geeigneten Scharnieren untergebracht werden, wenn die Räumlichkeiten unter festem Verschluß stehen.

Unter festem Verschluß ist die Sicherung der Räume – je nach den Verhältnissen – durch Beschlagen der Türen mit Eisenblech, durch Anbringen von Sicherheitsschlössern und Stabeisen an Türen, Fenstern usw. zu verstehen.

Geheime Reichssachen sind stets in Panzerschränken unterzubringen. In eisernen Schränken und Kästen dürfen sie nur in Ausnahmefällen und wenn die betreffende Räumlichkeit unter dauernder Bewachung steht, verwahrt werden.

Von einer dauernden Bewachung kann nur dann die Rede sein, wenn die zu bewachenden Räume ununterbrochen unter der Beobachtung des Wachpersonals stehen.

In Grenzgebieten ist bei der Herausgabe von VS und ihrer Aufbewahrung ganz besondere Vorsicht anzuwenden.

18. Für die sichere Aufbewahrung der Gebrauchsschlüssel zu VS-Behältern (Panzerschränke usw) sind diejenigen verantwortlich, denen die Behälter dienstlich zugewiesen sind. Sie müssen zum Aufbewahren und Verwalten von VS befugt sein. Die Schlüssel müssen jederzeit in ihrem persönlichen Gewahrsam sein. Ersatzschlüssel sind

* in der allgemeinen VSA: Reichsministerium des Innern

in versiegelten Umschlägen vom Dienststellenleiter unter persönlichem Verschluß zu halten. Gebrauchs= und Ersatzschlüssel sind in den VS=Verzeichnissen nachzuweisen. Bei Verlust eines Geheimschlüssels ist sofort das dazugehörige Schloß zu ändern. Bei vorübergehendem Verlust kann die Änderung unterbleiben, wenn durch den Dienststellenleiter einwandfrei festgestellt ist, daß der Schlüssel nicht in unrechte Hände gekommen sein kann. Ein entsprechender Vermerk ist dann in die Akten aufzunehmen.

Stets ist nach den Bestimmungen über Maßnahmen bei Verlust von VS zu verfahren.

Die Ersatzschlüssel der bei den Ämtern vorhandenen VS-Behälter sind beim Bbv aufzubewahren. Ausnahmen in besonders begründeten Fällen nur mit Gehehmigung der Eis Abt des RVM (L).

Die Ersatzschlüssel der VS-Behälter der äußeren Dienststellen sind beim Vorstand des vorgesetzten Amts im VS-Behälter aufzubewahren.

II. Bearbeiterkreis

19. Der Kreis der Personen, denen innerhalb der Behörden VS zugänglich gemacht werden dürfen, ergibt sich aus dem Grad des Geheimhaltungsbedürfnisses.

a) Geheime Sachen sollen über den zuständigen Bearbeiterkreis hinaus nicht bekannt werden.

b) Geheime Reichssachen sind nur dem auf das engste begrenzten und bezeichneten Personenkreis – in der Regel nur Beamten des höheren Dienstes und Offizieren bzw. den besonders hierzu ernannten Bearbeitern – zugänglich zu machen.

Schreib= und Registraturarbeiten von VS sind grundsätzlich von besonders beauftragten Personen auszuführen. Solche Personen müssen nach Alter, Persönlichkeit und Verhältnissen (Familienverhältnisse, geldliche Lage usw.) eine Gewähr für besondere Zuverlässigkeit bieten.

Die mit Schreib=, Vervielfältigungs= und Registraturarbeiten von VS beschäftigten Personen sind unbeschadet der auch diesen gemäß Ziffer 11 alljährlich zu wiederholenden Unterweisung besonders zu verpflichten (Muster siehe Anlage 3).

Diese Verpflichtung ist zu den Personal= usw. Akten zu nehmen.

a) A l l e mit VS befaßten Personen müssen nach Persönlichkeit, Alter, Wirtschafts- und Familienverhältnissen eine besondere Gewähr für Zuverlässigkeit bieten. Grundsätzlich sind zur Bearbeitung von VS nur männliche Beamte heranzuziehen. Für Kanzleiarbeiten dürfen, wenn geeignete männliche Kräfte nicht zur Verfügung stehen, bis auf weiteres weibliche Kräfte herangezogen werden. Angestellte dürfen nur in Ausnahmefällen und nur unter Verantwortung des Bbv mit VS beschäftigt werden.

b) A l l e (vorübergehend oder dauernd) mit VS befaßten Bediensteten sind eingehend über die sie angehenden Bestimmungen dieser Vorschrift und über die Pflicht zur Geheimhaltung zu belehren. Hierbei sind sie auch auf die Gefahren für Volk und Reich aufmerksam zu machen, die durch leichtfertige Behandlung von VS oder durch Mißbrauch der VS-Bezeichnungen entstehen können, und daß die Pflicht, Dienstgeheimnisse zu wahren, auch nach dem Ausscheiden aus dem Dienst fortbesteht. Mit ihnen ist alsbald eine Verpflichtungsverhandlung nach Anlage 3 a aufzunehmen. Das Urstück hiervon ist zu den Akten des Bbv, Abschrift zu den Personalakten des Betreffenden zu nehmen. Eine solche Verpflichtungsverhandlung soll mit jedem Bediensteten grundsätzlich nur e i n m a l aufgenommen werden,

Wenn von vornherein feststeht, daß ein Bediensteter nur vorübergehend mit VS beschäftigt wird, die nicht des höchsten Geheimschutzes bedürfen, kann nach dem Ermessen des Bbv an Stelle der Verpflichtungsverhandlung nach Anl 3 a eine einfache Verhandlung über die vorgenommene Belehrung nach Anl 3 c aufgenommen werden.

Die Verpflichtung wird vorgenommen

bei Dezernenten, anderen oberen Beamten der Gbl, der RBD, der RBauD, der RZÄ Berlin und München, den Werkdirektoren, den Leitern von privaten Eisenbahnen und den Amtsvorständen durch den Präsidenten,

bei den in den RAW beschäftigten oberen Beamten durch den Werkdirektor,

bei den in den Ämtern beschäftigten oberen Beamten durch den Amtsvorstand,

bei den anderen Beamten der Gbl, der RBD und des RZA Berlin durch den Bbv,

bei den anderen Beamten der RBauD und des RZA München durch den besonders beauftragten Dezernenten,
beim Leiter der EObl durch die Eisenbahnabteilungen des RVM (L),
bei den Beamten der EObl durch den Abwehrbeauftragten,
bei den Bediensteten der Ämter und nachgeordneten Dienststellen durch den Amtsvorstand.

c) Wird ein Bediensteter mit der Bearbeitung von VS betraut, so hat sich der Auftraggeber zu vergewissern, daß der Bedienstete wie vorstehend verpflichtet wurde.

d) Bei der ersten Bestellung der Bbv und ihrer Vertreter ist unabhängig von dem vorstehend vorgeschriebenen Verfahren durch den vorgesetzten Präsidenten eine weitere Verpflichtungsverhandlung nach Anlage 3 b aufzunehmen.

e) VS werden in der Regel bearbeitet:
bei den Gbl durch den Bbv, seine Vertreter und die Bbv-Bearbeiter,
bei den RBD und dem RZA Berlin:
durch den Bbv, seine Vertreter und Hilfsarbeiter und sein Büro,
bei den RBauD durch den besonders beauftragten Dezernenten und sein Büro,
beim RZA München:
durch den hierzu besonders beauftragten Dezernenten,
bei den EObl:
durch den Abwehrbeauftragten und gegebenenfalls e i n e n von ihm hierzu beauftragten Beamten des gehobenen mittleren Dienstes,
bei de Ämtern:
*durch den Amtsvorstand, seinen Vertreter und e i n e n *) mit Zustimmung des Bbv hierzu beauftragten Beamten des gehobenen mittleren Dienstes,*

**) Mit Zustimmung des Bbv darf ein weiterer Beamter ständig mit VS beschäftigt werden. Die Beschäftigung weiterer Kräfte mit VS bei den Ämtern bedarf der Genehmigung der Eis Abt des RVM (L).*

bei den Dienststellen:
durch den Dienststellenvorsteher persönlich, nötigenfalls durch e i n e n vom Amtsvorstand hierfür bestimmten besonderen Vertreter.

Ist es im dringenden dienstlichen Interesse erforderlich, Beamte des einfachen mittleren oder unteren Dienstes zur Mit- oder Hilfsarbeit heranzuziehen, so muß dies der Bbv gehemigen.

In diesem Rahmen kann bei den RBD der Bearbeiterkreis nach dem dienstlichen Bedürfnis erweitert werden. Hierbei ist sicherzustellen, daß bei Abwesenheit der Bearbeiter die VS gemäß Nummer 17 verschlossen sind. gRs sind im allgemeinen nur in den Räumen des Bbv-Büros zu bearbeiten. Ausnahmen sind nur mit Zustimmung des Bbv zulässig.

f) Für die Bearbeitung von gRs ist nötigenfalls ein besonderer Arbeitsraum zur Verfügung zu halten, der während seiner Benutzung gegen jeglichen unbefugten Zutritt gesichert sein muß.

g) Gemäß Randnummer 16 der WEO trägt der Bbv die Verantwortung dafür, daß die Leistungsfähigkeit der Eisenbahnen erhalten bleibt und die Forderungen der Wehrmacht erfüllt werden. Federführung und Mitwirkung des Bbv bei der Erledigung dieser Aufgaben regeln die Nummern 22 und 23 der Geschäftsanweisung für den Bbv. Um dem Bbv, dem allein die Forderungen der Reichsverteidigung in ihrem ganzen Umfang bekannt sind, den entscheidenden Einfluß auch bei den Angelegenheiten der Reichsverteidigung zu sichern, bei denen er nur mitwirkt, und um die Beachtung der in dieser Anweisung gegebenen Weisungen sicherzustellen, muß der gesamte VS-Schriftverkehr der Gbl, der RBD und des RZA Berlin bei ihm im Eingang und im Ausgang zusammenlaufen. Er führt und verwaltet alle zugehörigen Akten und Unterlagen. Deshalb muß der VS-Schriftverkehr, auch wenn er aus sachlichen Gründen (z B in besonderen technischen Angelegenheiten) nicht im Bbv-Büro bearbeitet wird, in der Schriftwechselkartei des Bbv geführt werden, die hiernach sich ergebenden Geschäftszeichen erhalten und darf nur in die Akten des Bbv aufgenommen werden. Für die kanzleimäßige Erledigung dieser Sachen kommt nur die Kanzlei des Bbv in Frage.

Für den Schriftwechsel der GDW gilt vorstehendes sinngemäß.

Beim RZA München übernimmt die nach dieser Nummer sonst dem Bbv obliegenden Aufgaben der besonders beauftragte Dezernent des RZA München, bei den EObl der Abwehrbeauftragte.

Für die RBauD gelten die besonderen Weisungen.

III. Nachweisung der VS

20. VS werden durch Brief- und Tagebücher, Aktenverzeichnisse und Quittungen nachgewiesen.

Briefbücher, Tagebücher und Akten für VS sind durch Verzeichnisse nachzuweisen, die selbst als VS zu behandeln sind.

VS werden im Geschäftsbereich der Deutschen Reichsbahn wie folgt nachgewiesen:

a) für den Schriftwechsel in VS-Angelegenheiten durch
Schriftwechselkarteien,
Quittungs- und Einschreibebücher,
Empfangsscheine (bei gRs);

b) für die Akten
durch die Aktenbestandskartei;

c) für Dienstvorschriften, Druckschriften, Karten, das geheimzuhaltende Gerät, die Gebrauchs- und Ersatzschlüssel usw
durch Bestandsnachweisungen.

Diese Nachweisungen, die ebenfalls als VS zu behandeln sind, sind von den Stellen zu führen, denen die Verwaltung dieser Gegenstände übertragen ist.

IV. Verausgabung von VS

21. Die Weitergabe von VS innerhalb der Behörde hat in verschlossenen Mappen (Aktentaschen) oder in verschlossenen Briefumschlägen (stets undurchsichtiges Papier) mit persönlicher Anschrift zu erfolgen. Für Kontrollzwecke ist der Briefumschlag auf der Rückseite mit einer Siegelmarke zu versehen, über die der Name des Absenders mit Tintenstift eigenhändig zu schreiben ist.

Geheime Reichssachen dürfen nur durch besonderen Boten oder „von Hand zu Hand" und nur gegen Quittung weitergegeben werden.

Eine äußerliche Unterscheidung der Versandmappen (Aktentaschen) je nachdem, ob sie für g-Sachen oder gRs bestimmt sind, gefährdet die Sicherheit des Verschlußsachenverkehrs und hat daher zu unterbleiben.

Auf jeder Quittung muß die Sache eindeutig nach Aufschrift und Prüfnummer oder Briefbuchnummer bezeichnet sein. Der Unterschrift des Empfängers ist das Datum hinzuzufügen.

Bei großen Verwaltungs- und Kommandobehörden kann, wenn der Umfang des Schriftverkehrs es erfordert, im Geschäftsgang innerhalb abgeschlossener Arbeitsgebiete bei Weitergabe von Hand zu Hand auf Quittungen verzichtet werden.

VS dürfen nicht in den für die übrigen für den Geschäftsverkehr vorgesehenen Geheimmappen weitergeleitet werden.

gRs sollen nach Möglichkeit an Bedienstete außerhalb des Arbeitsbereichs des Bbv nicht abgegeben werden. Müssen sie abgegeben werden, so ist hierzu in jedem Fall ein schriftlicher Auftrag des Bbv erforderlich.

Werden VS an Reichsbahnbeamte außerhalb des Arbeitsbereichs des Bbv abgegeben, so haftet der Empfänger für sichere Aufbewahrung. Hat der Empfänger nicht die Möglichkeit, die VS ordnungsgemäß und nach Maßgabe dieser Anweisung zu verschließen, so hat er sie stets rechtzeitig an die ausgebende Stelle zur Aufbewahrung außerhalb der Dienststunden zurückzugeben. Auf diese Verpflichtung ist durch besonderen Schutzzettel (Muster siehe Anlage 9) hinzuweisen. Die ausgebende Stelle hat die Rückgabe täglich zu überwachen. Beamten außerhalb des ständig mit VS befaßten Bearbeiterkreises ist es verboten, VS in die Wohnung mitzunehmen.

Für die Ausgabe von VS an Einzelpersonen außerhalb der Reichsbahn und an fremde Behörden ist in jedem Fall die Gehehmigung der Eisenbahnabteilungen des RVM (L) erforderlich.

Im Verkehr des Bbv mit der Transportkommandantur gilt diese Gehehmigung im Rahmen des dienstlichen Bedürfnisses ein für allemal als erteilt.

V. Wechsel der Verwalter von VS

22. Wechselt der VS-Verwalter einer Dienststelle, so sind die VS nach den Verzeichnissen, Empfangsscheinen und Quittungen zu übergeben. Diese Übergabe ist aktenkundig zu machen. Diese Bestimmung gilt auch im Falle der Beurlaubung des VS-Verwalters.

23. Bei plötzlichem längeren Ausfall einer Person, die VS in Besitz hat, hat sich der VS-Verwalter, dessen Vertreter oder der Leiter der Dienststelle in den Besitz der Geheim-Schlüssel und der VS zu setzen. Es ist sofort eine Prüfung nach Nummer 24 vorzunehmen.

VI. Prüfung der Verschlußsachen

24. Einmal im Jahre sind die VS von einem an ihrer Verwaltung unbeteiligten Beamten des höheren Dienstes oder Offizier zu prüfen. An die nächsthöhere Behörde ist Vollzugsmeldung zu richten. Außer den zeitlich vorausbestimmten Prüfungen sind auch noch unvermutete Stichproben über das Vorhandensein der geheimen Reichssachen anzusetzen.

Die Prüfung der Verschlußsachen hat der Abwehrbeauftragte vorzunehmen. Seine Tätigkeit ist von dem Abwehrbeauftragten der nächsthöheren Dienststelle zu prüfen. Sofern Abwehrbeauftragte nicht bestellt sind, tritt an ihre Stelle der Behördenleiter oder der von ihm zu diesem Zwecke besonders bestimmte Beamte des höheren Dienstes.

Werden bei den Prüfungen Unregelmäßigkeiten festgestellt, so ist der vorgesetzten Dienststelle sofort das Veranlaßte zu melden.

Es werden geprüft, abweichend von den für die normalen Geschäftsprüfungen bei der Reichsbahn geltenden Weisungen:

durch den Bbv (als Beauftragter des Präsidenten) oder seine Vertreter:

alle bei der Gbl, der RBD (bzw dem RZA Berlin), den privaten Eisenbahnen und den Vorständen der Ämter seines Dienstbereichs verwalteten VS,

durch den besonders beauftragten Dezernenten der RBauD und des RZA München:

alle bei den RBauD und beim RZA München verwalteten VS,

durch den Abwehrbeauftragten der EOBl:
alle bei der EOBl und der ihr nachgeordneten Stellen verwalteten VS,

durch den Amtsvorstand:
alle bei den Dienststellen seines Dienstbereichs verwalteten VS.

Die Prüfung der g-Sachen kann sich auf Stichproben beschränken.

Die Prüfung der von seinen Vertretern und seinem Büro verwalteten VS ist durch den Bbv persönlich, und zwar im Januar j Js durchzuführen. Eine Niederschrift über das Ergebnis dieser Prüfung (Anlage 5) ist den Eisenbahnabteilungen des RVM (L) bis zum 15. Februar j Js vorzulegen.

Außerdem hat sich der Bbv von dem Vorhandensein der wichtigsten Unterlagen (EAV, Leistungskarten, Handbuch, Mob-Kalender u ä) vierteljährlich persönlich zu überzeugen. Hierüber ist ein Nachweis einfachster Form zu führen.

Neben diesen zeitlich vorausbestimmten Prüfungen behalten sich die Eisenbahnabteilungen des RVM (L) besondere Prüfungen vor.

VII. Vernichtung von VS

25. Sofern VS vernichtet werden, so sind sie von einer Person des zugelassenen Bearbeiterkreises vor einem Zeugen, der ebenfalls dem zugelassenen Bearbeiterkreis angehören muß, auf Vollständigkeit zu prüfen und in dessen Gegenwart durch den sogenannten „elektrischen Wolf“ oder durch Feuer zu vernichten. Über die Vernichtung ist eine Verhandlung aufzunehmen, die zu den Akten geht. Außerdem ist dies im Briefbuch zu vermerken.

VS dürfen nur auf Anordnung des Bbv vernichtet werden.
Bei VS, die zu den Akten des Bbv zu nehmen sind, kann durch einen Zusatz bestimmt werden, wann sie zu vernichten sind:
z B »A (1 Jahr)«, »A (3 Jahre)«, »A (10 Jahre)«.

An Stelle einer besonderen Verhandlung kann bei g-Sachen auch ein Vermerk in der Schriftwechselkartei oder Aktenbestandskartei treten, der von zwei Beteiligten zu zeichnen ist.

26. Tritt unabwendbare Gefahr ein, daß VS in die Hände Unberufener fallen, z B im Kriege und bei Unruhen, so sind sie rechtzeitig und gründlich, möglichst durch Feuer, zu vernichten. Möglichst vollständige Vernichtungsverhandlung ist nachträglich aufzustellen.

(Ziffer 27 gestrichen; Neufassung siehe unten):

27. Falls bei einer nicht auffindbaren VS der Verdacht des dauernden oder vorübergehenden Verlustes besteht, sind sofort alle Maßnahmen zur Wiedererlangung und Feststellung des Schuldigen zu ergreifen.

Jeder, auch besonders der zeitweilige Verlust von VS, schließt Spionageverdacht in sich. Dies verpflichtet den Dienststellenleiter zu besonders gründlicher und energischer Untersuchung des Falles. Der Abwehrbeauftragte der vorgesetzten Behörde ist sofort zu benachrichtigen, gleichfalls, sofern es sich um eine Reichsverteidigungs- oder Spionage-Sache handelt, das zuständige Wehrkreiskommando bzw. Marinestationskommando (Abwehrstelle), in allen Fällen außerdem die zuständige Staatspolizeistelle.

Es wird nochmals und ausdrücklichst darauf aufmerksam gemacht, daß auch bei nur zeitweiligem Verlust von VS unverzüglich der Abwehrbeauftragte der vorgesetzten Behörde zu benachrichtigen ist.

(Deckblatt Nr. 33 vom März 1944): **Nummer 27 streichen und dafür einkleben:**

Ist eine VS nicht auffindbar und ihr dauernder oder zeitweiliger Verlust anzunehmen, so sind sofort geeignete Maßnahmen zu treffen, mit dem Ziel, die vermißte VS wieder herbeizuschaffen, den Verantwortlichen festzustellen und – im Falle des vorübergehenden Verlustes – den Verbleib der VS in der Zwischenzeit zu klären.

Die Dienststellenleiter sind zu besonders gründlicher und energischer Untersuchung verpflichtet. Wo es der Umfang der Behörde zuläßt, ist die Untersuchung dem Abwehrbeauftragten selbst zu übertragen. Anderenfalls ist die Beteiligung des Abwehrbeauftragten sicherzustellen und ihm das Ergebnis der Untersuchung mitzuteilen.

Sofort zu benachrichtigen ist die zuständige Staatspolizeistelle, außerdem – wenn es sich um VS militärischen Inhalts handelt – die zuständige Abwehrstelle, ferner in allen Fällen der Abwehrbeauftragte der vorgesetzten Behörde.

Die Pflicht zu diesen Benachrichtigungen ist unabhängig davon, ob Spionageverdacht gegeben erscheint oder nicht. Von der Benachrichtigung kann ausnahmsweise nur dann abgesehen werden, wenn die Untersuchung sofort ergibt, daß es sich nur um einen vermeintlichen Verlust handelt, z B wenn die VS irrtümlich an falscher Stelle gesucht worden oder in Wirklichkeit schon ordnungsgemäß vernichtet worden ist. Ergibt sich von vornherein Spionageverdacht, so sind weitere Feststellungen nur im Einvernehmen mit der zuständigen Staatspolizeistelle zu treffen oder dieser zu überlassen.
Das Untersuchungsergebnis ist außerdem dahingehend zu prüfen, ob grundsätzliche Mängel in der Behandlung, Verwaltung und Aufbewahrung der VS. hervorgetreten sind. Derartige Mängel sind unverzüglich abzustellen.

Die Verantwortung für die sachgemäße Durchführung der Ermittlungen in seinem Bereich trägt der Bbv als Beauftragter des Abwehrdienstes der Wehrmacht so lange, bis die für derartige Untersuchungen zuständigen Stellen ihre Arbeit aufgenommen haben (Kriminalpolizei, Gestapo, Staatsanwaltschaft). Die weiteren Maßnahmen richten sich nach den Weisungen dieser Stellen. Der zuständigen Abwehrstelle oder den von den zuständigen Behörden mit der Untersuchung beauftragten Stellen ist jede der Klarstellung des Falles dienende Unterstützung zu geben.

Bei jedem (auch zweitweiligen) Verlust von VS ist vom Bbv nach Benachrichtigung der zuständigen Stellen sofort Meldung an die Eisenbahnabteilungen des RVM (L) zu erstatten.

Bei vorübergehendem Verlust einer VS ist stets ohne Rücksicht auf die Dauer des Verlustes sofort zu klären, wie der vorübergehende Verlust eingetreten ist, wo die VS sich befunden hat und ob Unbefugte die VS einsehen konnten oder eingesehen haben.

28. Jeder Verlust einer VS muß durch Entscheidung eines Vorgesetzten oder durch richterliches Erkenntnis zum Abschluß gebracht werden. **Jeder Behördenchef und Vorgesetzte, der bei Verlust von VS eine Entscheidung über die Schuldfrage zu treffen hat, muß sich bewußt sein, daß Nachsicht und Milde der ausländischen Spionage Vorschub leisten.**

C. Der Verschlußschriftverkehr

I. Herstellung von VS-Schreiben

29. Jede Aufzeichnung, bildnerische oder zeichnerische Darstellung, die ihrem Inhalt nach eine VS ist, muß von ihrer Entstehung bis zu ihrer Vernichtung stets nachweisbar sein. Alles Zwischenmaterial, das lediglich der Bearbeitung dient und nicht in den Geschäftsgang gegeben wird, ist unter Verschluß zu halten und nach Erledigung vom Bearbeiter durch Feuer zu vernichten. Wenn durch die Geschäftsordnungen zur Entlastung der Bearbeiter das Vernichten von Zwischenmaterial anders geregelt wird, so muß unbedingt die Einsichtnahme durch Personen außerhalb des zulässigen Bearbeiterkreises und eine mißbräuchliche Benutzung ausgeschlossen bleiben.

Bei der Vernichtung von Zwischenmaterial findet Nummer 25 keine Anwendung.

30. Anlagen müssen die Briefbuchnummer des zuständigen Schreibens tragen. Auf der ersten Seite des Schreibens ist die Zahl der Anlagen zu vermerken.

31. Der die Vervielfältigung einer VS veranlassende Bearbeiter hat
   a) die Zahl der anzufertigenden Reinschriften, Durchschläge, Abzüge usw auf dem Entwurf schriftlich festzusetzen;
   b) darüber zu wachen, daß über diese Zahl hinaus keine Vorratsstücke angefertigt werden;
   c) darüber zu wachen, daß das für die Vervielfältigung benutzte Durchschlagpapier unter vorschriftsmäßigem Verschluß aufbewahrt oder durch Feuer vernichtet wird, ferner, daß das sonstige Arbeitsmaterial ebenfalls unter Verschluß gehalten und nach Beendigung der Arbeit vernichtet oder unbrauchbar gemacht wird.

Werden Vervielfältigungen in einer Kanzlei usw. hergestellt, gehen die Pflichten zu b) und c) auf den Leiter der Kanzlei usw. über. Die Geschäftsordnungen müssen für die Sicherung der Vervielfältigungsarbeiten in Kanzleien usw. besondere Bestimmungen enthalten. Das Personal, das zum Vervielfältigen von VS herangezogen wird, ist anläßlich seiner Unterweisung über das Verbot der Anfertigung überzähliger Abdrucke besonders zu unterrichten.

a) Als Vervielfältigung im Sinne dieser Nummer ist auch jede Anfertigung von mehreren Schreiben gleichen Inhalts an mehrere Empfänger anzusehen.

b) Für die Anfertigung von Vervielfältigungen von VS kommt im allgemeinen die Kanzlei des Bbv in Frage (vgl Nummer 19).

c) Wenn VS wegen ihres Umfangs, ihrer Eigenart oder aus anderen Gründen in einer offenen Kanzlei oder Druckerei vervielfältigt oder gedruckt werden müssen, hat der verantwortliche Beamte dafür zu sorgen, daß die zum Druck verwendeten Drucksätze, Platten, Hektographenblätter, Druckschablonen und dergleichen und die dabei anfallenden Probeabzüge, Fehldrucke usw nicht mißbräuchlich weiterverwendet, sondern unbrauchbar gemacht oder vernichtet werden.

d) Zum Druck von VS sind in der Regel reichsbahneigene Druckereien heranzuziehen. Muß ausnahmsweise eine Privatdruckerei herangezogen werden, was nur mit Genehmigung der Eisenbahnabteilungen des RVM (L) zulässig ist, so ist die Druckerei zu verpflichten, alle erforderlichen Vorkehrungen nach Vorstehendem zu treffen. Die auftraggebende Stelle hat diese Vorkehrungen dauernd zu überwachen.

Geheime Reichssachen dürfen nur in reichsbahneigenen Druckereien gedruckt werden.

32. Die Herstellung von Auszügen oder Abschriften von Geheimen Reichssachen ist grundsätzlich untersagt.

33. Bei jeder Besprechung über Dinge, die ihrer Art nach als gRs zu behandeln sind, ist das Anfertigen von Niederschriften und das Mitschreiben von Stichwörtern über den Stoff den Teilnehmern zu verbieten.

Das Verbot bezieht sich nicht auf den Verhandlungsleiter oder seinen Schriftführer. Ferner bezieht es sich nicht auf Maßnahmen, die im Verlauf der Verhandlung den Teilnehmern zur Durchführung unmittelbar auferlegt werden.

34. Vervielfältigungen von gRs sind mit Prüfnummern zu versehen. In den Verteilern sind die Prüfnummern anzuführen.

Die Vervielfältigungen von gRs oder die Begleitschreiben zu ihnen müssen einen Verteiler enthalten, aus dem alle Empfänger, Prüfnummern und die Gesamtauflage ersehen werden können. Der Verteiler kann bei geringer Auflage oder kleinem Empfängerkreis mit der Anschrift des Begleitschreibens oder der Vervielfältigung selbst verbunden werden.

35. Wenn eine Dienststelle von einer ihr zugesandten gRs aus dringendem dienstlichen Bedürfnis Abschriften oder Auszüge machen muß, so ist die Genehmigung der herausgebenden Stelle einzuholen. Diese Abschriften oder Auszüge sind ebenfalls mit Prüfnummern zu versehen, die aus der Prüfnummer des Ursprungsschreibens und zugefügten Kennzahlen zusammenzusetzen sind, z. B. 23^4.

II. Registraturen

36. G-Sachen und gRs sind in besondere Brief- und Tagebücher einzutragen, die selbst dementsprechende VS sind.

An die Stelle der Briefbücher treten bei der Reichsbahn die Schriftwechselkarteien.

37. In jeder Registratur sind für die Führung dieser Bücher und für die vorgeschriebene Aufbewahrung der VS-Vorgänge besondere Beamte sowie ihre Stellvertreter verantwortlich zu bestellen.

38. Wo es räumlich und personell möglich und dienstlich erwünscht ist, sollen für den VS-Schriftverkehr besondere Registraturen und Kanzleien eingerichtet werden.

a) Die Akten sind getrennt zu führen für

1. offene Sachen,

2. geheime Sachen,

3. geheime Reichssachen.

Offene Sachen können durch alle offenen Karteien und Kanzleien laufen.

b) Bei den Gbl, den RBD und beim RZA Berlin werden die gesamten VS durch die Aktei des Bbv, beim RZA München durch den besonders beauftragten Dezernenten, bei der EObl durch den Abwehrbeauftragten

verwaltet. Für die RBauD gelten die besonderen Weisungen.
Bei den mit VS befaßten Ämtern verwaltet der Amtsvorstand selbst die geheimen Akten; die geheimen Kanzleiarbeiten sind durch den bearbeitenden Beamten des gehobenen mittleren Dienstes s e l b s t *zu erledigen.*
Bei den mit VS befaßten Dienststellen liegt die Verwaltung der geheimen Akten und die Erledigung der geheimem Schreibarbeiten bei dem Dienststellenvorsteher p e r s ö n l i c h *oder seinem hierzu bestimmten Vertreter ob.*

c) Alle VS, soweit sie nicht zu einem vorhandenen Vorgang gehören und dort überwacht werden, sind sofort nach Eingang in die Schriftwechselkartei einzutragen. Hierbei sind die »Dienstvorschrift über das Aktenwesen«, die Bestimmungen der Verfügungen HV 21 Nr 7704/1927 vom 27. 12. 1927 und 21 G/Bmag 8 pers vom 10. 8. 1933 zu beachten. Es sind getrennte Karten zu führen für:
a) offene Sachen,
b) Geheimsachen,
c) geheime Reichssachen.
Die Kartei für Geheimsachen und geheime Reichssachen führt beim Büro des Bbv der dazu besonders bestimmte Beamte seines Büros, beim RZA München der besonders beauftragte Dezernent, bei den EObl der Abwehrbeauftragte und bei den Ämtern — soweit erforderlich — der Amtsvorstand. Diese Karteien sind unter sicherem Verschluß zu halten.

39. Nähere Anweisungen zu den Vorschriften der Ziffern 37 und 38 werden von dem Dienststellenleiter erlassen und sollen in den Geschäftsordnungen der Dienststellen enthalten sein.

III. Versendung von VS

40. Nfd- und Geheimsachen sind als Einschreibebriefe, Einschreibepäckchen oder in versiegelten Wertpaketen (Wertangabe mehr als 500 *RM*) zu versenden. Läßt die Art umfangreicher Sendungen ein Zerlegen in einzelne Postpakete nicht zu, so sind

sie als Frachtgut, in besonderen Fällen als Passagiergut oder unter der Begleitung besonders beauftragter Personen zu versenden.

G. Rs. sind stets durch Kurier oder als Wertsendung zu verschicken (Wertangabe mindestens 1 050 *RM*).

Es empfiehlt sich, dementsprechend die Wertangabe – und zwar bis zum Betrage von 1 500 *RM* – zu wechseln und nicht starr und in jedem Falle die Summe von 1 050 *RM* zu wählen.

Für das Versenden von g-Sachen und gRs kommt bei den RBD und dem RZA Berlin nur die Kanzlei des Bbv in Frage.

Beim Verkehr von Stellen der Reichsbahn untereinander ist wie folgt zu verfahren:

a) Geheimsachen sind im allgemeinen als Einschreibebrief oder Wertpaket mit der Post zu versenden. Die Beförderung als »EDS mit Zug« kommt nur da in Frage, wo diese Art der Beförderung als ausreichend sicher angesehen werden kann; der Versand in Kursmappen ist dabei unzulässig.

b) GRs sind, soweit sie nicht nach c) durch Kurier versandt werden müssen, als Wertsendung mit der Post zu befördern.

c) Geheime Reichssachen von besonderer Wichtigkeit sind durch Kuriere oder Personen des Bearbeiterkreises zu verschicken. Hierzu gehören alle Druckvorschriften und Schreiben, die grundsätzliche Anordnungen für die Landesverteidigung enthalten oder deren Inhalt eines besonderen Schutzes bedarf, sowie auch alle Unterlagen, die unmittelbaren und umfassenden Aufschluß über den Stand der Mob-Vorbereitungen oder über die Leistungsfähigkeit größerer Teile des Reichseisenbahnnetzes geben.

Bei der Auswahl der Kuriere ist Nummer 19 sinngemäß zu beachten.

41. Bei Versendung durch die Post sind VS wie folgt zu verpacken:

a) Geheimsachen und nfD-Sachen brauchen nur einen Briefumschlag zu haben, der undurchsichtig und fest beschaffen sein muß. Auf den Umschlag ist die Briefbuchnummer ohne die VS-Bezeichnung zu setzen. Die Geheimsachen und nfD-Sachen sind stets mit der Anschrift des Behördenleiters oder, falls hierum ausdrücklich ersucht ist, des zuständigen Sachbearbeiters der Empfangsdienststelle und dem Zusatz „oder Vertreter im Amt" zu versehen.

Das Geschäftszeichen (Aktenzeichen) der Reichsbahn darf auf dem Umschlag nicht vermerkt werden.

Alle Stellen haben die bei ihnen im Gebrauch befindlichen Umschläge auf ihre Durchsichtigkeit zu prüfen und gegebenenfalls vorhandene Mängel abzustellen.

Das Papier für Umschläge muß

1. eine mittlere Reißlänge von 3600 m bei 80 Doppelfalzungen besitzen,
2. ohne Natronzellstoff – am besten aus 60 % Sulfitzellstoff und 40 % Holzschliff – hergestellt werden,
3. lesbar mit Schreibmaschine bedruckbar sein, jedoch
4. so braun oder dunkel gefärbt sein, daß eine kräftige Schreibmaschinenschrift auf einem Briefblatt, das unmittelbar anliegend zwischen zwei Bogen des betreffenden Umschlagpapiers gelegt wird, nicht mehr lesbar ist, wenn die Bogen mit einer unmittelbar dahinterstehenden 40-Watt-Lampe durchleuchtet werden.

   Jede Lieferung von Umschlägen hat mit der schriftlichen Versicherung der Lieferfirma zu erfolgen, daß die Umschläge aus Papieren hergestellt sind, die diesen Vorschriften entsprechen.

Besondere Aufmerksamkeit ist darauf zu verwenden, daß umfangreiche Schriftstücke nur in der Größe nach passenden Umschlägen versandt werden.

Zu große Umschläge werden leicht an den vom Inhalt frei gelassenen Stellen beschädigt. Die Sicherheit der Beförderung wird dadurch gefährdet.

Zu der V. S.-Bezeichnung gehören auch Abkürzungen wie: RV, Abw usw. Sie dürfen deshalb auch auf dem Außenumschlag nicht verzeichnet sein.

b) GRs sind in zwei Briefumschlägen, von denen der äußere undurchsichtig und von besonderes fester Beschaffenheit sein muß, zu verpacken. Auf dem Außenumschlag ist nur die Anschriften entsprechend wie zu a) und die Briefbuchnummer ohne die VS-Bezeichnung anzubringen. Der innere Umschlag ist mit seiner Rückseite (Klappenseite) an die Innenseite des äußeren Briefumschlages (Anschriftenseite) fest anzukleben. Mit Tintenstift ist auf ihn Anschrift und Kopfstempel sowie Briefbuchnummer aller einliegenden Schreiben zu setzen. Er enthält auch die VS-Bezeichnung. Außerdem sind die Briefe mit den postseitig vorgeschriebenen Siegeln zu versehen.

Wertpakete sind zweifach zu verpacken, die innere Umhüllung ist fest zu verschnüren und zu versiegeln.

Mit Rücksicht auf die Sonderstellnug des Bahnbevollmächtigten und die Eigenarten des Geschäftsgang bei der Reichsbahn ist beim Verkehr von Stellen der Reichsbahn untereinander wie folgt zu verfahren:

a) für g-Sachen und gRs sind stets zwei völlig unverletzte neue Umschläge zu verwenden, die undurchsichtig sein müssen. Das Geschäftszeichen (Aktenzeichen) darf auch auf dem inneren Umschlag nicht vermerkt werden. Beim Verkehr von Stellen der Reichsbahn untereinander ist auf dem inneren Umschlag ein Schutzvermerk nicht anzubringen. Die Bestimmung, daß der innere Umschlag an den äußeren Umschlag anzukleben ist, gilt beim Versand von geheimen Reichssachen auch für den Verkehr von Stellen der Reichsbahn untereinander. Auf einwandfreien Verschluß der Umschläge ist zu achten; die Verschlußklappen beider Umschläge sind mit Siegelmarken oder Siegel zu verschließen. Der äußere Umschlag soll den Bahnbevollmächtigten nicht als Absender erkennen lassen. Die auf dem äußere Umschlag anzubringenden Siegel, Siegelmarken und Klebemarken mit der Einschreibnummer dürfen daher das Wort »Bbv« oder »Bbv-Büro« nicht enthalten. Der äußere Umschlag soll die einfache Anschrift der empfangenden Stelle tragen, während der innere Umschlag die näheren Angaben über den Empfänger erhalten soll. Hier ist je nachdem, ob der innere Umschlag

1. von einem besonders damit beauftragten Beamten,

2. von dem Empfänger persönlich oder seinem Vertreter,

3. nur von dem Empfänger persönlich (bei seiner Abwesenheit auch nicht von seinem Vertreter)

geöffnet werden soll, die entsprechende Anschrift eines der nachstehenden Beispiele zu wählen:

außen — *Einschreiben!*

An
Reichsbahn-Betriebsamt
in ....

innen — *zu 1.* *kommt nicht in Betracht s Nummer 42, Zusatzbestimmung b*

zu 2. *<u>Persönlich!</u>*
An den Vorstand des BA
— oder Vertreter —
in ....

zu 2. *<u>Persönlich!</u>*
An den Vorstand des BA
Herrn Reichsbahnrat ....
in ....

außen *<u>Einschreiben!</u>*
An
die Reichsbahndirektion
in ....

innen *zu 1.*
An
den Bahnbevollmächtigten
der Reichsbahndirektion
in ....

zu 2. *<u>Persönlich!</u>*
An
den Bahnbevollmächtigten
der Reichsbahndirektion
— oder Vertreter —
in ....

zu 3. *<u>Persönlich!</u>*
An
den Bahnbevollmächtigten
Herrn Vizepräsidenten ....
der Reichsbahndirektion
in ....

außen *Einschreiben!*

An
die Reichsbahndirektion
in ....

innen *zu 1.*

An
den Herrn Präsidenten
der Reichsbahndirektion
in ....

zu 2. *Persönlich!*

An
den Herrn Präsidenten
der Reichsbahndirektion
— oder Vertreter —
in ....

zu 3. *Persönlich!*

An
den Reichsbahndirektionspräsidenten
Herrn ....
in ....

außen *Einschreiben!*

An
die Deutsche Reichsbahn
Eisenbahnabteilungen
des Reichsverkehrsministeriums
Berlin W 8
Voßstr. 35

innen *An*
die Deutsche Reichsbahn
Eisenbahnabteilungen
des Reichsverkehrsministeriums (L)
Berlin W 8
Voßstr. 35

b) Mit einem Umschlagpaar ist jeweils nicht mehr als eine gRs zu verschicken.
G-Sachen dürfen bis zu 6 Stück in einem Umschlagpaar verschickt werden. Wenn von dieser Möglichkeit Gebrauch gemacht wird, muß ein Inhaltsverzeichnis nach Anlage 8 beigelegt sein.

c) Als Paket sind g-Sachen und gRs stets mit 2 Hüllen zu versehen. Die Anschrift lautet wie unter a) angegeben. Beide Hüllen sind mit knotenlosem Bindfaden zu verschnüren. Bei Beförderung durch die Post als Wertpaket sind die Enden den Bindfadens der inneren, bei Beförderung als »EDS mit Zug« auch die der äußeren Verschnürung zu versiegeln oder zu plombieren.

d) Beim Versand von VS-Druckschriften, Plänen oder anderen VS-Unterlagen ist stets (auch bei Kuriersendungen) ein Anschreiben beizufügen, das den genauen Inhalt der Sendung (einschließlich etwaiger Prüfnummern) angibt.

e) G-Sachen und gRs dürfen an Tagen vor Sonn- und Feiertagen grundsätzlich nicht abgesandt werden.

f) Auf größte Vorsicht und Beschränkung im Fernsprechverkehr über geheime Dinge ist zu achten. Gespräche über solche Dinge an öffentlichen Orten sind unzulässig. Jeder mit der Bearbeitung von VS betraute Beamte muß sich darüber klar sein, daß Unvorsichtigkeit in Gesprächen den Verrat solcher Angelegenheiten sehr begünstigt und somit den ausländischen Nachrichtendienst unterstützt.

42. Einschreibe- und Wertbriefe dürfen nur von Personen geöffnet werden, deren persönliche Anschrift sie tragen, bzw. von ihrem Vertreter im Amt.

a) Bei den Gbl, den RBD und dem RZA Berlin ist der Vorstand des Präsidialbüros zu verpflichten, alle Eingänge der in dieser Anweisung behandelten Art unverzüglich dem auf dem inneren Umschlag verzeichneten Empfänger (Pr, Bbv — bei dessen Abwesenheit seinem Vertreter oder dem Vorstand oder ersten Bürobeamten des Bbv Büros —) persönlich gegen Empfangsbescheinigung zuzustellen. Es kann auch vereinbart werden, daß sich der Vorstand oder erste Bürobeamte des Bbv Büros täglich einmal zu einer bestimmten Zeit und darüber hinaus nach Anruf beim Vorstand des Präsidialbüros zur Empfangnahme der für den Bbv bestimmten Eingänge einfindet.

Bei der Obl trifft der Abwehrbeauftragte und beim RZA München der besonders beauftragte Dezernent entsprechende Maßnahmen.

b) Bei den Ämtern und Dienststellen ist nur der Vorstand selbst (bei Abwesenheit sein Vertreter) zum Öffnen berechtigt.

43. Jeder Sendung von gRs ist ein Empfangsschein beizufügen, der sofort nach Empfang der Sendung vollzogen an die Absendestelle zurückzusenden ist. Die Empfangsbescheinigung ist von dem in der Anschrift genannten Empfänger oder Vertreter im Amt persönlich zu vollziehen. Bei Ausbleiben von Empfangsbescheinigungen ist von der Absendestelle spätestens 10 Tage nach Abgang der Sendung anzumahnen.

Empfangsscheine können fortfallen, wenn der Empfang bei der Versendung am Ort durch eine für die Art der VS empfangsberechtigte Person – bei persönlichen Schreiben durch die in der Anschrift genannte Person – im Quittungsbuch bestätigt wird.

Muster für den Empfangsschein siehe Anlage 7.

44. Jede Sendung ist bei Ihrem Empfang sofort zu öffnen und auf ihre Vollständigkeit hin zu prüfen. Ferner ist zu prüfen, ob die Verpackung unversehrt ist oder ob sich Spuren unbefugten Öffnens feststellen lassen.

45. Bei ganzem oder teilweisem Verlust von VS sowie bei Spuren unbefugten Öffnens ist nach den Bestimmungen der Nummern 27 und 28 zu verfahren. Das Packmaterial ist in diesem Fall sicherzustellen und der zuständigen Staatspolizeistelle zu übersenden.

Anlage 1

Auszug aus dem Reichsstrafgesetzbuch in der Fassung des Gesetzes zur Änderung der Vorschriften des Strafrechts und des Strafverfahrens vom 24. 4. 1934 (RGBl I, S. 341 ff)

1 a Abschnitt Landesverrat

§ 88

Staatsgeheimnisse im Sinne dieser Vorschriften sind Schriften, Zeichnungen, andere Gegenstände, Tatsachen oder Nachrichten darüber, deren Geheimhaltung vor einer ausländischen Regierung für das Wohl des Reichs, insbesondere im Interesse der Landesverteidigung, erforderlich ist.

Verrat im Sinne der Vorschriften dieses Abschnitts begeht, wer mit dem Vorsatz, das Wohl des Reichs zu gefährden, das Staatsgeheimnis an einen anderen gelangen läßt, insbesondere an eine ausländische Regierung oder an jemand, der für eine ausländische Regierung tätig ist, oder öffentlich mitteilt.

§ 89

Wer es unternimmt [1)], ein Staatsgeheimnis zu verraten, wird mit dem Tode bestraft.

Ist der Täter ein Ausländer, so kann auf lebenslanges Zuchthaus erkannt werden.

(händisch gestrichen) ~~Konnte die Tat keine Gefahr für das Wohl des Reichs herbeiführen, so kann auf lebenslanges Zuchthaus oder auf Zuchthaus nicht unter fünf Jahren erkannt werden.~~

[1)] *§ 87: Unternehmen im Sinne des Strafgesetzbuchs ist die Vollendung und der Versuch.*

§ 90

Wer es unternimmt, sich ein Staatsgeheimnis zu verschaffen, um es zu verraten, wird mit dem Tode oder lebenslangem Zuchthaus bestraft.

(händisch gestrichen) ~~Auf zeitige Zuchthausstrafe kann erkannt werden, wenn die Tat keine Gefahr für das Wohl des Reichs herbeiführen konnte.~~

§ 90 a

Wer durch Fälschung oder Verfälschung Schriften, Zeichnungen oder andere Gegenstände, die im Falle ihrer Echtheit Staatsgeheimnisse wären, herstellt, um sie zu verraten, wird mit Zuchthaus bestraft.

Ebenso wird bestraft, wer Gegenstände, Tatsachen oder Nachrichten darüber, von denen er weiß, daß sie falsch, verfälscht oder unwahr sind und die im Falle der Echtheit oder Wahrheit Staatsgeheimnisse wären, verrät, ohne sie als falsch zu bezeichnen.

Falschen, verfälschten oder unwahren Gegenständen, Tatsachen oder Nachrichten (Abs 2, 3) stehen Staatsgeheimnisse gleich, die der Täter irrtümlich für falsch, verfälscht oder unwahr hält.

In besonders schweren Fällen ist die Strafe in den Fällen der Abs 1 und 2 lebenslanges Zuchthaus oder Zuchthaus nicht unter fünf Jahren, in den Fällen des Abs 3 Zuchthaus nicht unter fünf Jahren.

§ 90 b

Wer frühere Staatsgeheimnisse, die den ausländischen Regierungen, vor denen sie geheimzuhalten waren, bereits bekanntgeworden oder bereits öffentich mitgeteilt worden sind, öffentlich mitteilt oder erörtert und dadurch das Wohl des Reichs gefährdet, wird mit Gefängnis nicht unter drei Monaten bestraft.

Dasselbe gilt für Gegenstände, Tatsachen oder Nachrichten der im § 90 a, Abs 2, 4 bezeichneten Art, die bereits den ausländischen Regierungen bekanntgeworden oder öffentlich mitgeteilt worden sind.

Die Tat wird nur auf Antrag der Reichsregierung verfolgt. Die Zurücknahme des Antrags ist zulässig.

§ 90 c

Wer zu einer ausländischen Regierung oder zu einer Person, die für eine ausländische Regierung tätig ist, in Beziehung tritt oder mit ihr Beziehungen unterhält, welche die Mitteilung von Staatsgeheimnissen oder von

Gegenständen, Tatsachen oder Nachrichten der im § 90 a, Abs 2, 4 bezeichneten Art zum Gegenstande haben, wird mit Gefängnis bestraft.

Ebenso wird bestraft, wer für eine ausländische Regierung tätig ist und zu einem anderen in Beziehungen der im Abs 1 bezeichneten Art tritt oder solche Beziehungen mit einem anderen unterhält.

§ 82, Abs 2, Satz 2 [1]) findet Anwendung.

[1]) *§ 82, Abs 2, Satz 2: Tritt der Täter durch eine schriftliche Erklärung zu einer ausländischen Regierung in Beziehungen, so ist die Tat vollendet, wenn er die Erklärung abgesandt hat.*

§ 90 d

Wer es unternimmt, ein Staatsgeheimnis an einen anderen gelangen zu lassen und dadurch fahrlässig das Wohl des Reichs gefährdet, wird mit Gefängnis bestraft.

Ebenso wird bestraft, wer es unternimmt, sich ein Staatsgeheimnis zu verschaffen und dadurch fahrlässig das Wohl des Reichs gefährdet.

§ 90 e

Wer fahrlässig ein Staatsgeheimnis, das ihm kraft seines Amtes oder seiner dienstlichen Stellung oder eines von amtlicher Seite erteilten Auftrags zugänglich war, an einen anderen gelangen läßt und dadurch das Wohl des Reichs gefährdet, wird mit Gefängnis bis zu drei Jahren bestraft.

Die Tat wird nur auf Antrag der Reichsregierung verfolgt. Die Zurücknahme des Antrags ist zulässig.

§ 90 f

Wer öffentlich oder als Deutscher im Ausland durch eine unwahre oder gröblich entstellte Behauptung tatsächlicher Art eine schwere Gefahr für das Ansehen des deutschen Volkes herbeiführt, wird mit Zuchthaus bestraft.

§ 90 g

Ein Beauftragter des Reichs, der ein Staatsgeschäft mit einer ausländischen Regierung vorsätzlich zum Nachteil des Reichs führt, wird mit dem Tode bestraft.

Wenn die Tat nur einen unbedeutenden Nachteil für das Reich herbeigeführt hat, schwerere Folgen auch nicht herbeiführen konnte, kann auf Zuchthaus erkannt werden.

§ 90 h

Wer es unternimmt, ein Beweismaterial über ein Rechtsverhältnis zwischen dem Reich und einem ausländischen Staate zu fälschen, verfälschen, vernichten, beschädigen, beseitigen oder unterdrücken und dadurch das Wohl des Reichs gefährdet, wird mit Zuchthaus bestraft.

In besonders schweren Fällen ist auf Zuchthaus nicht unter fünf Jahren oder auf lebenslanges Zuchthaus zu erkennen.

§ 90 i

Ein Deutscher, der von einer ausländischen Regierung oder von jemand, der für eine ausländische Regierung tätig ist, für eine Handlung, die das Wohl des Reichs gefährdet, ein Entgelt fordert, sich versprechen läßt oder annimmt, wird, soweit nicht nach anderen Vorschriften eine schwerere Strafe verwirkt ist, mit Zuchthaus bis zu zehn Jahren bestraft.

Wird das Entgelt durch eine schriftliche Erklärung gefordert oder angenommen, so ist die Tat vollendet, wenn der Täter die Erklärung abgesandt hat.

Die Tat wird nur auf Antrag der Reichsregierung verfolgt. Die Zurücknahme des Antrags ist zulässig.

§ 91

Wer mit dem Vorsatz, einen Krieg oder Zwangsmaßregeln gegen das Reich oder andere schwere Nachteile für das Reich herbeizuführen, zu einer ausländischen Regierung oder zu jemand, der für eine ausländische Regierung tätig ist, in Beziehung tritt, wird mit dem Tode bestraft.

Wer mit dem Vorsatz, schwere Nachteile für einen Reichsangehörigen herbeizuführen, in Beziehungen der im Abs 1 bezeichneten Art tritt, wird mit lebenslangem Zuchthaus oder mit Zuchthaus nicht unter fünf Jahren bestraft.

§ 91 a

Ein Deutscher, der während eines Krieges gegen das Reich in der feindlichen Kriegsmacht dient oder gegen das Reich oder dessen Bundesgenossen Waffen trägt, wird mit dem Tode oder mit lebenslangem Zuchthaus oder mit Zuchthaus nicht unter fünf Jahren bestraft.

§ 91 b

Wer im Ausland oder als Deutscher im Ausland es unternimmt, während eines Krieges gegen das Reich oder in Beziehung auf einen drohenden Krieg der feindlichen Macht Vorschub zu leisten oder der Kriegsmacht des Reichs oder seiner Bundesgenossen einen Nachteil zuzufügen, wird mit dem Tode oder mit lebenslangem Zuchthaus bestraft.

Wenn die Tat nur einen unbedeutenden Nachteil für das Reich und seine Bundesgenossen und nur einen unbedeutenden Vorteil für die feindliche Macht herbeigeführt hat, schwerere Folgen auch nicht herbeiführen konnte, so kann auf Zuchthaus nicht unter zwei Jahren erkannt werden.

§ 92

Wer ein Verbrechen des Landesverrats nach den §§ 89 bis 90 a, 90 f bis 91 b mit einem anderen verabredet, wird mit Zuchthaus bestraft.

Ebenso wird bestraft, wer zu einem der im Abs 1 bezeichneten Verbrechen auffordert, sich erbietet oder eine solche Aufforderung oder ein solches Erbieten annimmt. Erklärt der Täter die Aufforderung, das Erbieten oder die Annahme schriftlich, so ist die Tat vollendet, wenn er die Erklärung abgesandt hat.

Nach den Vorschriften der Abs 1, 2 wird nicht bestraft, wer freiwillig seine Tätigkeit aufgibt und bei Beteiligung mehrerer das Verbrechen verhindert.

§ 92 a

Wer während eines Krieges gegen das Reich oder bei drohender Kriegsgefahr einen Vertrag mit einer Behörde über Bedürfnisse der Kriegsmacht des Reichs oder seiner Bundesgenossen nicht oder in einer Weise erfüllt, die geeignet ist, den Zweck der Leistung zu vereiteln oder zu gefährden, wird mit Gefängnis nicht unter einem Jahre bestraft. Dasselbe gilt in Zeiten gemeiner Not für einen Vertrag mit einer Behörde über Lieferung oder Beförderung von Lebensmitteln oder anderen zur Behebung der gemeinen Not erforderlichen Gegenständen.

Ebenso werden unterverpflichtete Unternehmer, Vermittler und Bevollmächtigte des Leistungspflichtigen bestraft, die durch Verletzung ihrer Vertragspflicht die Erfüllung oder die gehörige Erfüllung vereiteln oder gefährden.

Wer die Tat fahrlässig begeht, wird mit Gefängnis bis zu zwei Jahren bestraft.

§ 92 b

Wer einem von der Reichsregierung zur Sicherung der Landesverteidigung erlassenen Gebot oder Verbot zuwiderhandelt, wird mit Geldstrafe bestraft.

Wird die Zuwiderhandlung während eines Krieges gegen das Reich oder bei drohender Kriegsgefahr begangen, so ist die Strafe Gefängnis.

§ 92 c

Dem Krieg im Sinne der §§ 91 bis 92 b wird jede gegen das Reich gerichtete Unternehmung fremder Streitkräfte gleichgeachtet.

§ 92 d

Wer vorsätzlich über amtliche Ermittlungen oder Verfahren wegen eines in diesem Abschnitt bezeichneten Verbrechens oder Vergehens ohne Erlaubnis der zuständigen Behörde Mitteilungen in die Öffentlichkeit bringt, wird mit Gefängnis bestraft.

§ 92 e

Wer vorsätzlich in einer Festung, einem Reichskriegshafen oder einer anderen Anlage der Wehrmacht, auf einem Schiff der Reichsmarine oder innerhalb der deutschen Hoheitsgewässer gegenüber einer Behörde, einem Beamten oder einem Soldaten über seinen Namen, seinen Stand, seinen Beruf, sein Gewerbe, seinen Wohnort oder seine Staatsangehörigkeit eine unrichtige Angabe macht oder die Angabe verweigert, wird mit Geldstrafe bestraft.

Ist nach den Umständen anzunehmen, daß der Aufenthalt an dem Orte oder die unrichtige Angabe oder die Verweigerung der Angabe mit dem Zweck des Verrats oder der Ausspähung zusammenhängt, so ist die Strafe Gefängnis bis zu einem Jahr.

Einer Festung, einem Reichskriegshafen oder einer anderen Anlage der Wehrmacht stehen gleich amtlich bekanntgemachte Sicherungsbereiche sowie gewerbliche Anlagen, in denen Gegenstände für den Bedarf der inländischen Wehrmacht hergestellt, ausgebessert oder aufbewahrt werden.

Die Tat ist nur strafbar, wenn die Behörde, der Beamte oder der Soldat befugt war, die im Abs 1 bezeichneten Angaben zu verlangen.

§ 92 f

Wer ohne Erlaubnis der zuständigen Wehrmachtbehörde innerhalb eines amtlich bekanntgemachten Sicherungsbereichs oder von einem Gebäude, in dem Waffen oder anderer Bedürnisse der Wehrmacht gelagert werden, oder von einer anderen Anlage der Wehrmacht Aufnahmen macht oder in Verkehr bringt, wird mit Geldstrafe bestraft.

§ 93

Wegen der in diesem Abschnitt mit Strafe bedrohten Handlungen kann erkannt werden
neben der wegen eines Verbrechens erkannten Strafe
auf Geldstrafe von unbegrenzter Höhe oder auf Einziehung des Vermögens;
neben der wegen eines Vergehens erkannten Freiheitsstrafe
auf Geldstrafe;
neben der Gefängnisstrafe
auf die Unfähigkeit zur Bekleidung öffentlicher Ämter auf die Dauer von einem bis zu fünf Jahren und auf den Verlust der aus öffentlichen Wahlen hervorgegangenen Rechte;
neben jeder Freiheitsstrafe
auf die Zulässigkeit von Polizeiaufsicht.

Neben der Zuchthausstrafe ist die Sicherungsverwahrung anzuordnen, wenn die öffentliche Sicherheit es erfordert.

Auszug aus dem Gesetz zur Änderung des Strafgesetzbuchs vom 2. 7. 1936 (RGBl I. S 532)

§ 139

Wer von dem Vorhaben eines Hochverrats oder Landesverrats, einer Wehrmittelbeschädigung, eines Verbrechens wider das Leben, eines Münzverbrechens, eines Raubes, Menschenraubes oder gemeingefährlichem Verbrechen glaubhaft Kenntnis erhält und es unterläßt, der Behörde oder dem Bedrohten hievon zur rechten Zeit Anzeige zu machen, wird mit Gefängnis bestraft. Ist die Tat nicht versucht worden, so kann von Strafe abgesehen werden.

In besonders schweren Fällen kann auf Zuchthaus und, wenn die geplante Tat mit dem Tode bedroht ist, auch auf lebenslanges Zuchthaus oder auf Todesstrafe erkannt werden.

§ 353 b

Ein Beamter oder früherer Beamter, der unbefugt ein ihm bei Ausübung seines Amtes anvertrautes oder zugänglich gewordenes Geheimnis offenbart und dadurch wichtige öffentliche Interessen gefährdet, wird mit Gefängnis, in besonders schweren Fällen mit Zuchthaus bis zu zehn Jahren bestraft; hat der Täter mit der eingetretenen Gefährdung fahrlässig nicht gerechnet, so ist auf Gefängnis bis zu zwei Jahren oder auf Geldstrafe zu erkennen.

Einem Beamten steht eine für eine Behörde tätige Person gleich, die auf die gewissenhafte Erfüllung ihrer Dienstpflicht durch Handschlag oder zur Verschwiegenheit besonders verpflichtet worden ist.

Der Versuch ist strafbar.

Die Tat wird nur mit Zustimmung der dem Täter vorgesetzten Berhörde und, wenn er nicht mehr in seinem

Amt oder seiner Stellung ist, mit Zustimmung der letzten vorgesetzten Behörde verfolgt. Die Verfolgung von Personen, die zur Verschwiegenheit besonders verpflichtet worden sind, tritt nur auf Anordnung des Reichsministers der Justiz ein.

§ 353 c

Wer, abgesehen von dem Fall des § 353 b, unbefugt ein amtliches Schriftstück, das als geheim oder vertraulich bezeichnet worden ist, oder dessen wesentlichen Inhalt ganz oder zum Teil einem anderen mitteilt und dadurch wichtige öffentliche Interessen gefährdet, wird mit Gefängnis bestraft.

Ebenso wird bestraft, wer unbefugt einem anderen eine Mitteilung weitergibt, zu deren Geheimhaltung er von einer zuständigen Stelle besonders verpflichtet worden ist, und dadurch wichtige öffentliche Interessen gefährdet.

In besonders schweren Fällen ist die Strafe Zuchthaus bis zu zehn Jahren.

Hat der Täter mit der Gefährdung fahrlässig nicht gerechnet, so ist auf Gefängnis bis zu zwei Jahren oder auf Geldstrafe zu erkennen.

Der Versuch ist strafbar.

Die Tat wird nur auf Anordnung des Reichsministers der Justiz verfolgt.

(Einklebeblatt) Hinter § 353 c einfügen:

§ 143 a

(in der Fassung des § 1 der Verordnung vom 25. 11. 1939 – RGBl. I S. 231 – und des § 5 des Gesetzes zur Änderung des Reichsstrafgesetzbuches vom 4. 9. 41 – RGBl. I S. 549 –).

(1) Wer vorsätzlich Wehrmittel oder eine Einrichtung, die der deutschen Landesverteidigung dient, zerstört, unbrauchbar macht, beschädigt, preisgibt oder beiseiteschafft und dadurch vorsätzlich oder fahrlässig die Schlagfertigkeit der deutschen Wehrmacht gefährdet, wird mit Gefängnis nicht unter sechs Monaten bestraft. In schweren Fällen ist auf Todesstrafe oder auf lebenslanges oder zeitiges Zuchthaus zu erkennen.

(2) Ebenso wird bestraft, wer vorsätzlich Wehrmittel oder eine solche Einrichtung oder den dafür bestimmten Werkstoff fehlerhaft herstellt oder liefert oder eine fehlerhafte Herstellung oder Lieferung wissentlich begünstigt und dadurch vorsätzlich oder fahrlässig die Schlagfertigkeit der deutschen Wehrmacht gefährdet.

(3) Der Versuch ist strafbar.

(4) Wer leichtfertig handelt und dadurch fahrlässig die Schlagfertigkeit der deutschen Wehrmacht gefährdet, wird mit Gefängnis bestraft.

Auszug aus der Verordnung zur Ergänzung der Strafvorschriften zum Schutz der Wehrkraft des deutschen Volkes vom 25. November 1929 (RGBl I S. 2319)

§ 2

Störung eines wichtigen Betriebes.

(1) Wer das ordnungsgemäße Arbeiten eines für die Reichsverteidigung oder die Versorgung der Bevölkerung wichtigen Betriebes dadurch stört oder gefährdet, daß er eine dem Betrieb dienende Sache ganz oder teilweise unbrauchbar macht oder außer Tätigkeit setzt, wird mit Zuchthaus, in besonders schweren Fällen mit dem Tode bestraft.

(2) In minder schweren Fällen ist die Strafe Gefängnis.

§ 3

Teilnahme an einer wehrfeindlichen Verbindung.

(1) Wer an einer wehrfeindlichen Verbindung teilnimmt oder sie unterstützt, wird mit Zuchthaus, in minder schweren Fällen mit Gefängnis, bestraft.

(2) Nach dieser Vorschrift wird nicht bestraft, wer das Fortbestehen der Verbindung verhindert oder einer Dienststelle des Staates von ihrem Bestehen Kenntnis gibt. Das gilt auch für den, der sich freiwillig und ernstlich darum bemüht, wenn nicht sein Bemühen, sondern ein anderer Umstand zur Folge hat, daß die Verbindung nicht fortbesteht.

§ 5

Gefährdung der Wehrmacht befreundeter Staaten.

(1) Wer im Inland für einen fremden militärischen Nachrichtendienst zum Nachteil eines anderen Staates Nachrichten über militärische Angelegenheiten sammelt oder weitervermittelt oder einen Nachrichtendienst über solche Angelegenheiten bildet, unterhält oder unterstützt, wird mit Zuchthaus, in minder schweren Fällen mit Gefängnis, bestraft.

(2) Die Tat wird nur auf Anordnung des Reichsministers der Justiz verfolgt.

Auszug aus der Kriegssonderstrafrechtsverordnung vom 17. August 1938 (RGBl I S 1455) in der Fassung der Ergänzungs- und Änderungsverordnungen vom 1. 11. 39, 27. 2. und 10. 10. 40 (RGBl 1939 I S 2131, 1940 I S 445 und 1362)

Sondertatbestände

§ 2 Spionage

(1) Wegen Spionage wird mit dem Tode bestraft, wer heimlich oder unter falschem Vorwand in dem Kriegsgebiet der deutschen oder einer verbündeten Wehrmacht Nachrichten einzieht oder einzuziehen sucht in der Absicht, sie dem Feinde oder zu dessen Nutzen einem anderen mitzuteilen. Daneben kann auf Einziehung des Vermögens erkannt werden.

(2) In minder schweren Fällen kann auf Zuchthaus oder Gefängnis erkannt werden.

(3) Neben der Todes- und der Zuchthausstrafe ist die Einziehung des Vermögens zulässig.

Einklebeblatt: Anlage 2 mit der Überschrift streichen und ersetzen durch:

Anlage 2

(zu Nr. 15)

Auszug aus der Verordnung gegen Bestechung und Geheimnisverrat nichtbeamteter Personen vom 3. Mai 1917 (RGBl S 393) in der Fassung der Verordnung vom 22. Mai 1943 (RGBl I, S 347, 352)

§ 1

(1) Wer, ohne Beamter zu sein, bei einer Behörde oder eine Körperschaft des öffentlichen Rechts oder, sofern sich der Staat ihrer für die staatliche Wirtschaftslenkung bedient, bei einer berufsständischen Organisation, einer Personenvereinigung des Handelsrechts, einem Kartell oder einem wirtschaftlichen Verbande haupt- oder nebenamtlich beschäftigt oder ehrenamtlich tätig ist, kann auf die gewissenhafte Erfüllung seiner Obliegenheiten durch Handschlag verpflichtet werden.

(2) Bei Behörden bestimmt der vorgesetzte Minister, bei sonstigen Organisationen der Minister, dem die Aufsicht über die Organisationen zusteht, wer die Verpflichtung vorzunehmen hat und in welcher Form die Verpflichtung erfolgen soll. Der Minister kann die Befugnis, diese Bestimmungen zu treffen, auf unterstellte Behörden oder Dienststellen, mit Ausnahme der Behörden und Dienststellen der unteren Stufe, übertragen.

(3) Bei der Verpflichtung sollen die zu verpflichtenden Personen auf die Bestimmungen dieser Verordnung hingewiesen werden. Über die Verpflichtung wird ein Protokoll aufgenommen, das der Verpflichtete unterzeichnet.

(4) Wer nach § 2 der Allgemeinen Tarifordnung für Gefolgschaftsmitglieder im öffentlichen Dienst (ATO) durch Gelöbnis, Unterzeichnung einer Erklärung oder Berufung auf ein früheres Gelöbnis oder eine frühere schriftliche Erklärung verpflichtet worden ist, steht während der Geltungsdauer dieser Verpflichtung einem nach Abs 1 Verpflichteten gleich.

§ 6

(1) Wer gemäß § 1 verpflichtet worden ist, wird, soweit nicht nach anderen Bestimmungen einen schwerere Strafe verwirkt ist, mit Gefängnis und mit Geldstrafe oder mit einer dieser Strafen bestraft, wenn er die infolge seiner Tätigkeit erlangten Kenntnisse oder Maßnahmen der Behörden oder der Organisationen dazu mißbraucht, sich oder einem anderen einen Vermögensvorteil zu verschaffen oder einem anderen einen Schaden zuzufügen.

(2) Die Strafverfolgung tritt nur mit Zustimmung des im § 1 Abs 2 bezeichneten Ministers oder der von ihm beauftragten Stelle ein.

§ 7

(1) Wer gemäß § 1 verpflichtet worden ist, wird mit Geldstrafe oder mit Gefängnis bestraft, wenn er Geschäfts- oder Betriebsgeheimnisse eines Dritten, die infolge seiner Tätigkeit zu seiner Kenntnis gelangt sind, unbefugt offenbart.

(2) Neben der Strafe kann auf Verlangen des Verletzten auf eine an ihn zu erlegende Buße erkannt werden. Eine erkannte Buße schließt die Geltendmachung eines weiteren Entschädigungsanspruches aus.

Anlage 3
(zu Nr 19)

Muster einer Verpflichtungserklärung für „besonders beauftragtes Personal"

Ort, Tagesangabe

Verhandlung über die Verpflichtung des (Dienstgrad usw Name)
als besonders beauftragte Person im Sinne der Nummer 19 der VS-Anweisung

Der (Dienstgrad oder Amtsbezeichnung, Vor und Zuname) erklärt:

Ich bin durch Verfügung des .... mit der Hilfeleistung bei der registratur- und kanzleimäßigen Bearbeitung von Verschlußsachen beauftragt worden.

Durch (Amtsbezeichnung, Name, Dienststellung des belehrenden Beamten) bin ich eingehend unterrichtet und belehrt worden:

1. über die Vorschriften für die Behandlung von Verschlußsachen in der Verwaltung und die entsprechenden Sonderbestimmungen der Geschäftsordnung der (Dienststelle) unter ausdrücklichem Hinweis darauf, daß diese Vorschriften „Gebote oder Verbote der Reichsregierung" im Sinne des § 92 b RStGB n F sind;
2. über die §§ 88 bis 93 RStGB in der Fassung vom 24. April 1934, über die §§ 139, 353 b und 353 c RStGB in der Fassung vom 2. Juli 1936 und über die Verordnung gegen Bestechung und Geheimnisverrat nichtbeamteter Personen vom 3. Mai 1917 / 12. Februar 1920 (letzteres nur bei Angestellten).

Ich kenne die angeführten Bestimmungen und Gesetze und bin mit der Pflichten bewußt, die mir aus der mir übertragenen Aufgabe erwachsen. Ich verspreche, sie nach bestem Wissen und Können wahrzunehmen. Mir ist bekannt, daß die Pflicht der Geheimhaltung auch nach meinem Ausscheiden aus dem Dienst weiterbesteht.

v g u

....
(Vor- und Zuname)

g w o

....
(Der Vernehmende)

Gesehen:

....
Dienststellenleiter

Anlage 3 a

(zu Nr 19)

Muster einer Verpflichtungsverhandlung

Ort, Tagesangabe

Verhandlung über die Verpflichtung

des ....

(Amtsbezeichnung, Name)

Der .... *erklärt:*

Ich bin durch Verfügung des .... *mit der verantwortlichen — büromäßigen — akteimäßigen — kanzleimäßigen *) Bearbeitung von Verschlußsachen beauftragt worden.*

Durch ....

(Amtsbezeichnung, Name, Dienststellung des belehrenden Beamten)

bin ich eingehend unterrichtet und belehrt worden:

über die Vorschriften für die Behandlung von Verschlußsachen in der Verwaltung unter ausdrücklichem Hinweis darauf, daß diese Vorschriften »Gebote und Verbote der Reichsregierung« im Sinne des § 92 b RStGB n F sind;

über die §§ 88 bis 93 RStGB in der Fassung vom 24. April 1934, über die §§ 139, 353 b und 353 c RStGB in der Fassung vom 2. Juli 1936 und über die Verordnung gegen Bestechung und Geheimnisverrat nichtbeamteter Personen vom 3. Mai 1917 / 12. Februar 1920 (letzteres nur bei Angestellten).

Ich kenne die angeführten Bestimmungen und Gesetze und bin mir der Pflichten bewußt, die mir aus der mir übertragenen Aufgabe erwachsen. Ich verspreche, sie nach bestem Wissen und Können wahrzunehmen.

Mir ist bekannt, daß die Pflicht der Geheimhaltung auch nach meinem Ausscheiden aus dem Dienst weiterbesteht.

Nach dem Vorlesen anerkannt

....

(Vor- und Zuname)

Bestätigt

....

(Der Vernehmende)

**) Nichtzutreffendes ist zu durchstreichen.*

1100 03/1 Verpflichtungsverhandlung A 4 h 6 a

Anlage 3 b
(zu Nr 19)

Ort, Tagesangabe

Verpflichtungsverhandlung

Der .... *in* ....

ist gemäß Verfügung des

$$\frac{\textit{Herrn Reichsverkehrsministers}}{\textit{Präsidenten der Reichsbahndirektion}}$$ *vom* ....

$$\frac{\textit{zum Bahnbevollmächtigten}}{\textit{Vertreter des Bahnbevollmächtigten}}$$ *bestellt.*

Nachdem er von der »Geschäftsanweisung für den Bahnbevollmächtigten« Kenntnis genommen hat, ist er auf die Pflichten des ihm übertragenen Amtes, besonders auf die Bestimmungen in §§ 5, Randnummer 15 und 16 und § 11, Randnummer 42 der Wehrmacht-Eisenbahn-Ordnung ausdrücklich hingewiesen worden.
Herr .... *erklärt, daß er von dem Inhalt jener Geschäftsanweisung Kenntnis genommen habe und nach deren Bestimmungen verfahren, auch die Bestimmungen im § 11, Randnummer 42 der Wehrmacht-Eisenbahn-Ordnung genau beachten werde.*

Nach Vorlesen anerkannt

....

Bestätigt

Der Präsident der Reichsbahndirektion

....

1100 03/2 Verpflichtungsverhandlung A 4 h 6 a

Anlage 3 c
(zu Nr 19)

Ort, Tagesangabe

Verhandlung

Der ....
(Amtsbezeichnung, Name)

wird vorübergehend mit VS beschäftigt. Er erklärt:

Ich bin durch ....
(Amtsbezeichnung, Name und Dienststellung des belehrenden Beamten)

über die Pflichten belehrt worden, die mir — besonders hinsichtlich der Geheimhaltung — aus der mir übertragenen Aufgabe erwachsen.

Nach dem Vorlesen anerkannt

....
(Vor- und Zuname)

Bestätigt

....
(Der Vernehmende)

1100 03/3 Verpflichtungsverhandlung A 4 h 6 a

Anlage 4
(zu Nr 22)

Muster einer Übergabeverhandlung

Ort, Tagesangabe

Übergabeverhandlung

Heute werden die Geschäfte des ....

.... übergeben.

Die Verschlußsachen sowie die Schlüssel und Ersatzschlüssel der VS=Behälter waren vollzählig zur Stelle. Die Prüfungsverhandlung nach Muster Anlage 5 der Verschluß=sachen=Anweisung ist beigefügt.

Ausstellungen:

Der Übergebende

....
(Amtsbezeichnung, Name)

Der Übernehmende

....
(Amtsbezeichnung, Name)

Gesehen

....
(Amtsbezeichnung, Name, Dienststellung des Dienststellenleiters)

1100 04 Übergabeverhandlung A 5 h 6 a

Anlage 5
(zu Nr 24)

Muster einer Verhandlung über Prüfung der Verschlußsachen

Ort, Tagesangabe

Verhandlung
über die Prüfung der Verschlußsachen des/der ....
....
nach Nr 24 der Verschlußsachen-Anweisung am ....

Heute wurden die Verschlußsachen geprüft.

1. Brief- und Tagebücher, Akten und Vernichtungsmappen waren nach den Verzeichnissen vollzählig zur Stelle. Die an Bearbeiter verausgabten Akten sind dort nachgeprüft worden, im übrigen waren sie durch Quittung belegt. Alle Akten waren vorschriftsmäßig angelegt.

2. Stichproben:

a) Die Briefbuchnummern .... wurden verfolgt und ihr Verbleib mit allen Anlagen den Eintragungen im Tagebuch entsprechend festgestellt.

b) Bei den Akten .... stimmten Inhalt und Inhaltsverzeichnis überein.

3. Ausstellungen:

Der Verwaltende	Der Prüfende
....	....
(Amtsbezeichnung, Name)	(Amtsbezeichnung, Name)

Gesehen

....
(Amtsbezeichnung, Name, Dienststellung des Dienststellenleiters)

1100 05 Verhandlung über Prüfung der Verschlußsachen A 5 h 6 a

Anlage 6
(zu Nr 25)

Muster einer Vernichtungsverhandlung

Ort, Tagesangabe

Vernichtungsverhandlung

Heute wurden auf Vollständigkeit geprüft und durch Feuer vernichtet [1]:
(Benennung der VS nach herausgebender Stelle, deren Tagebuchnummer, eigener Tagebuchnummer, Zahl der Anlagen oder Aufschrift und Prüfnummer)

Der Verantwortliche	Der Zeuge
....	....
(Amtsbezeichnung, Name)	(Amtsbezeichnung, Name)

[1] gegebenenfalls die anordnende Verfügung anführen

1100 06 Vernichtungsverhandlung A 5 q 6 a

Anlage 7
(zu Nr 43)

Sofort als offene Sache mit gewöhnlichem Brief
an Absendestelle zurück!

Empfangsschein

Verf .... *vom* .... *19*..... *Prüf-Nr* ....
Schr

mit .... *Anlage*..... *Prüf-Nr* ....

am .... *19*.... *erhalten.*

...., *den* .... *19*....

(Dienststempel)

....

(Dienststelle und Unterschrift)

1100 07 Empfangsschein A 6 q 6 a

Anlage 8
(zu Nr 41)

Dieser Umschlag enthält .... Verschlußsachen, und zwar
(Anzahl)

Geschäftszeichen	*Tag*
....	....
....	....
....	....
....	....
....	....
....	....
....	....
....	....
....	....
....	....
....	....
....	....

Bbv Büro
der Rbd ....

Etwa beim Öffnen festgestellte Umstimmigkeiten sofort mit der Absendestelle des Bbv Büros aufklären.

1100 08 Inhaltsverzeichnis A 6 h 6 a

Anlage 9
(zu Nr 21)

Achtung!

Diese Sache darf nicht abgeworfen werden!

Weitergabe nur von Hand zu Hand entweder persönlich oder durch einen zuverlässigen Beamten!

Außerhalb der Dienststunden nicht im Büro liegenlassen!

Zur Aufbewahrung über Nacht an die Aktei des Bbv (Zimmer ...) zurückgeben!

Empfänger haftet für sichere Aufbewahrung, solange die Sache in seinem Besitz ist! Aufbewahrung in verschlossenen Geheimmappen gilt nicht als sichere Aufbewahrung in diesem Sinne!

1100 09 Schutzzettel A 6 q 6 c rot

Anmerkungen zum Stempel „Nur für den Dienstgebrauch“ (zu Ziffer 8 Verschlußsachenanweisung)

Der Geheimhaltungsgrad „Nur für den Dienstgebrauch“ war in der ersten Ausgabe der Verschlußsachenanweisung (1935) noch nicht enthalten; er wurde durch das (undatierte) Deckblatt 18 a eingeführt, wahrscheinlich zwischen 1935 und 1938.

Auch in späteren Ausgaben, in die die Änderungen (Deckblätter) eingearbeitet waren (1941, 1943), gab es in Ziffer 8 **keine** Vorgaben zu Stempeln für diesen Geheimhaltungsgrad. Dennoch finden sich auf Dokumenten und Drucksachen dieser Zeit häufig Stempel oder Eindrucke der folgenden Form:

> **Nur für den Dienstgebrauch!**
> Dies ist ein geheimer Gegenstand im Sinne des §88 RStGB. in der Fassung des Gesetzes vom 24. April 1934 (RGBl. I S. 341 ff). Mißbrauch wird nach den Bestimmungen dieses Gesetzes bestraft, sofern nicht andere Strafbestimmungen in Frage kommen.

bzw. ab 1941 und vor allem in Drucksachen:

> Dies ist ein geheimer Gegenstand im Sinne des § 88 Reichsstrafgesetzbuchs (Fassung v. 24. April 1934). Mißbrauch wird nach den Bestimmungen dieses Gesetzes bestraft, sofern nicht andere Strafbestimmungen in Frage kommen.

Eine entsprechende Vorgabe gab es in Ziffer 8 der geheimen „Verschlußsachen-Anweisung für die NSDAP, ihre Gliederungen und angeschlossenen Verbände“ vom 1. Juli 1938. Diese VSA der NSDAP ist im übrigen weitestgehend deckungsgleich mit der „allgemeinen“ VSA des Reichsinnenministers.

Die Deutsche Reichsbahn legte für ihren Verantwortungsbereich ein eigenes Muster fest (siehe hinten, Ziffer 5 der DV 1100 c).

Für die Wehrmacht existierte als H. Dv. 99 / M. Dv. Nr. 9 / L. Dv. 99 die „Verschlußsachen-Vorschrift. Gültig für die Wehrmacht“, die nicht als „geheim“, sondern „Nur für den Dienstgebrauch“ eingestuft war. In dieser Vorschrift lautete der in „Verschlußschriften“ (Drucksachen in höherer Auflage; auch Karten, Pläne usw.) anzubringende Hinweis knapp: „Dies ist ein geheimer Gegenstand. Mißbrauch ist strafbar.“ - und zwar für alle Geheimhaltungsgrade.

(undatiertes zweiseitiges Merkblatt)

Geheim!

Anweisung

für die Behandlung von Verschlußsachen (VS.)

1. Verschlußsachen (VS.), die der Bedeutung ihres Inhalts entsprechend durch **roten Stempelaufdruck** als „Nur für den Dienstgebrauch“, „Geheim“ oder „Geheime Reichssache“ gekennzeichnet werden, sind Schriftstücke, Drucksachen, Karten usw., die aus dienstlichen oder politischen Gründen sowohl bei der Bearbeitung wie bei der Versendung erhöhtem Geheimschutz bedürfen.
2. Von der VS.-Bezeichnung, insbesondere der Kennzeichnung „Geheime Reichssache“ ist **sparsamster Gebrauch** zu machen.
3. Für die vorschriftsmäßige Durchführung des gesamten Verschlußsachenverkehrs ihrer Dienststelle sind die Dienststellenleiter verantwortlich.
4. Behördenangestellte, die mit der Bearbeitung oder Beförderung von VS. beauftragt werden, sind auf Geheimhaltung besonders zu verpflichten, sämtliche Behördenangehörigen jährlich über die einschlägigen Bestimmungen zu belehren.
5. Verschlußsachen sind unter dauerndem Verschluß zu halten (Eisenschränke, feste Holzschränke mit Kunstschloß), **„Geheime Reichssachen“ stets in Panzerschränken** unterzubringen.
6. Abschriften von VS. sind grundsätzlich nur in der jeweils benötigten Menge anzufertigen, „Geheime Reichssachen“ müssen entsprechend der Anzahl der gefertigten Stücke im Kopf **durchlaufend numeriert** sein. Die Herstellung von Auszügen oder Abschriften von Geheimen Reichssachen ist nur mit Genehmigung der herausgebenden Stelle zulässig.
7. Weitergabe von VS. innerhalb der Behörde nur von Hand zu Hand oder in verschlossenen Mappen; „Geheime Reichssachen“ dürfen nur von Hand zu Hand oder in **Mappen mit Kunstschloß** und gegen Quittung an einen bestimmten Empfänger weitergeleitet werden.

8. Versendung durch die Post erfolgt in undurchsichtigen Umschlägen aus festem Papier unter Einschreiben oder in versiegelten Wertpaketen von mehr als 500 RM an einen namentlich zu benennenden Empfänger oViA. „Geheime Reichssachen“ sind durch Kurier oder als Wertsendung zwischen 1050 und 1500 RM **in zwei Umschlägen** zu befördern. Der **Außenumschlag darf keinerlei Verschlußbezeichnung** aufweisen. Auf ihm ist nur die Anschrift anzubringen mit dem Zusatz „oder Vertreter im Amt“. Der innere Umschlag ist mit seiner Rückseite (Klappenseite) an die Innenseite des Außenbriefumschlags (Anschriftenseite) festzukleben. Auf den Innenumschlag ist mit **Tintenstift** Anschrift, Absender sowie Tagebuchnummer mit VS.-Bezeichnung der einliegenden Schriftstücke zu setzen. Die Briefe sind mit den von der Post vorgeschriebenen Siegeln zu versehen.
9. VS. sind von dem Empfangsberechtigten sofort auf Vollständigkeit und Unversehrtheit der Verpackung zu prüfen, unvollständige, beschädigte oder in Verlust geratene **sofort** dem Dienststellenleiter zu melden.
10. Für VS. sind besondere Tagebücher, Akten usw. zu führen, die selbst ebenso wie das sonstige Verschlußgerät (Stempel, Schlüssel usw.) als VS. zu behandeln sind.
11. VS. dürfen nur auf Anordnung der vorgesetzten Dienststelle von dem Bearbeiter in Gegenwart eines Zeugen und nach Fertigung einer zu den Akten gehenden Verhandlung vernichtet werden.
12. „„Geheim“ und „Geheime Reichssachen“ sind Staatsgeheimnis im Sinne des § 88 RStGB in der Fassung des Gesetzes vom 24. 4. 1934 (RGBl. I S. 341 ff.). Verstöße gegen die Verschlußbestimmungen müssen daher strengstens geahndet werden.

    Jeder, auch besonders der zeitweilige Verlust von VS. schließt Spionageverdacht in sich. Es ist deshalb bei Verlust sofort der Abwehrbeauftragte der vorgesetzten Behörde sowie die zuständige Staatspolizei(leit)stelle zu benachrichtigen. Sofern es sich um eine Reichsverteidigungs- oderr Spionagesache handelt, ist ferner die zuständige militärische Abwehrstelle zu unterrichten.

Reichsdruckerei

2961 42 2B

Deutsche Reichsbahn - DV 1100 c - nfD-Vorschrift 1941
Neusatz 2018 nach dem Exemplar der Historischen Sammlung der DB

Deutsche Reichsbahn

1100 c

Anweisung für die Behandlung von Sachen, die nur für den Dienstgebrauch bestimmt sind (nfD-Sachen)

nur für den Dienstgebrauch

gültig vom 1. April 1941 an

(Reichsadler)

1941
Reichsdruckerei Berlin

1100 c

[innen: Wiederholung des Außentitels, jedoch ohne grüne Streifen]

(S. 3)

Geschäftsführung und Druck: Der Bevollmächtigte
des Reichsbahn-Zentralamts Berlin

Verteilungsplan

alle Stellen, welche die DV 1100, 1100 a oder 1100 b erhalten
alle darüber hinaus mit nfD-Sachen befaßten Stellen

Berichtigungen [Tabelle; leer]

[Seite 4 vakat]

A. Allgemeines

1. Sachen, die „nur für den Dienstgebrauch" bestimmt sind (nfD=Sachen), sind Sachen, die Unbefugten nicht ausgehändigt oder zur Einsicht überlassen werden dürfen. Über ihren Inhalt ist Fremden gegenüber Stillschweigen zu bewahren. Die Pflicht zur Verschwiegenheit besteht auch nach dem Ausscheiden aus dem Dienst weiter. **Begriff**
2. Zu den nfD=Sachen gehören: **nfD**

   Bahnhofspläne,
   Pläne und Erläuterungen zu Neubauten und Umbauten von Bahnhöfen, Strecken, Bahnbetriebswerken, Kraftwerken usw,
   Pläne von Brücken, Wasserversorgungsanlagen, Bekohlungsanlagen und Erläuterungen dazu,
   Pläne von Verladeeinrichtungen, Rampen usw,
   Pläne von Fernmeldeeinrichtungen,
   Bildfahrpläne,
   Buchfahrpläne,
   Bahnhofsbücher,
   Betriebspläne für Nebenbahnen usw,
   Anhang zu den Fahrdienstvorschriften,
   Fahrzeitentafeln,
   Strecken= und Höhenpläne,
   Pläne von Lokomotivbehandlungs= und Öltankanlagen,
   Pläne von Verpflegungs=, Trink= und Tränkanlagen,
   Sicherungs= und Stellwerkspläne,
   Zeichnungen von Wagen mit Sondereinrichtung für eisenbahnwehrmachtliche Zwecke,
   Kartographische Darstellungen, soweit sie als Verschlußsachen gelten (Erl RVM 67 Lve 222 vom 17. 4. 1940, zu § 8),
   Übersichtskarten und Wirtschaftskarten der RBD=Bezirke,
   Streckenbelastungskarten,
   Sonderzugfahrpläne

   und

   Sachen, für die der Schutzvermerk besonders angeordnet wird.

Kenn-zeichnung

3. nfD-Sachen sind an auffallender Stelle durch roten Stempelaufdruck „nur für den Dienstgebrauch" zu kennzeichnen.
4. Für die im Vervielfältigungs- und Druckverfahren hergestellten nfD-Sachen ist schwarzer Aufdruck des Schutzvermerks zugelassen.
5. Im Schriftverkehr mit Stellen außerhalb der Reichsbahn ist auf nfD-Sachen und dem dazugehörigen Schriftwechsel nachstehender roter Stempel anzubringen:

> **nur für den Dienstgebrauch!**
> 1. Diese Sache darf Unbefugten nicht zugänglich sein. Mißbrauch wird nach dem Reichsstrafgesetzbuch bestraft.
> 2. Versand als »Einschreiben«.
> 3. Empfänger haftet für sichere Aufbewahrung.

6. Bei Schreiben, die mit Rücksicht auf ihren Inhalt oder die Anlage als nfD-Sache zu behandeln sind, ist dem Geschäftszeichen die Abkürzung »nfD/« voranzusetzen, zB

   31 B 6 nfD/Bav 17.
7. nfD-Sachen in Buchform sind durch roten Einband oder Umschlag mit 2 etwa 4 mm breiten grünen Querstreifen im Abstand von 3 cm (von Außenkante zu Außenkante der Streifen) gekennzeichnet. Zwischen den grünen Querstreifen tragen sie den Aufdruck »nur für den Dienstgebrauch« und auf der ersten Innenseite des Umschlags einen Schutzvermerk mit Erläuterungen wie bei dieser Anweisung.

Unter-weisung

8. Alle Stellen, die diese Anweisung erhalten, unterweisen die ihnen unterstellten Bediensteten, die nfD-Sachen behandeln oder benutzen, in erforderlichem Umfang. Dien Bediensteten sind dabei auf die DA 019 »ADA«, § 12 und die DV 186 »Dilo«, § 4 besonders hinzuweisen. Sie bestätigen durch Namensunterschrift, daß sie unterwiesen sind.

Anmerkung zur Allgemeinen Dienstanweisung für die Reichsbahnbeamten (ADA)=DV 019, gültig vom 1. April 1938 an, eingearbeitet das 1. Berichtigungsblatt vom 14. Februar 1940. § 12 lautet:

§ 12 Amtsverschwiegenheit. Öffentliche Mitteilungen –

(1) Der Beamte hat – auch nach Beendigung seines Beamtenverhältnisses – über die ihm bei seiner amtlichen Tätigkeit bekannt gewordenen Angelegenheiten, deren Geheimhaltung durch Gesetz oder dienstliche Anordnung vorgeschrieben oder ihrer Art nach erforderlich ist, Verschwiegenheit gegenüber jedermann zu bewahren. Von dieser Amtspflicht kann ihn keinerlei andere persönliche Bindung befreien.

Erlangt ein Beamter anläßlich seines Dienstes Kenntnis von Postsendungen und Telegrammen oder ihrem Inhalt, so hat er auch hierüber Verschwiegenheit zu bewahren.

Auch andere dienstliche Angelegenheiten sollen nicht in Gegenwart Unbeteiligter, besonders nicht in der Öffentlichkeit besprochen werden.

(2) Der Beamte darf ohne Genehmigung der Reichsbahndirektion über Angelegenheiten, die der Amtsverschwiegenheit unterliegen, weder vor Gericht noch außergerichtlich aussagen oder Erklärungen abgeben. Dies gilt auch für die Aussagen vor Parteigerichten und Parteidienststellen.

(3) Erfährt der Beamte, daß er als gerichtlicher oder außergerichtlicher Sachverständiger ein Gutachten erstatten soll, das die Belange der Reichsbahn berührt, so hat er rechtzeitig vorher, in geeigneten Fällen also vor Zustellung der Bestellung durch das Gericht, die Genehmigung der Reichsbahndirektion einzuholen. Gutachten hat er außerdem auf Verlangen der Reichsbahndirektion vorzulegen.

(4) Der Beamte hat – auch nach Beendigung seines Beamtenverhältnisses – auf Verlangen des Dienstvorgesetzten oder des letzten Dienstvorgesetzten amtliche Schriftstücke, Zeichnungen, bildliche Darstellungen und dgl und Aufzeichnungen über dienstliche Vorgänge sowie Wiedergaben solcher herauszugeben. Die gleiche Verpflichtung trifft seine Hinterbliebenen und seine Erben.

(5) Bei Aufsätzen oder bei Vorträgen über Fragen, die auch die Reichsbahn berühren, muß der Reichsbahnbeamte die Belange der Deutschen Reichsbahn berücksichtigen und deshalb nach Form und Inhalt die nötige Zurückhaltung üben. In Zweifelsfällen dient es zur Vermeidung einer dienststrafrechtlichen Verfolgung des Beamten seiner eigenen Sicherung, sich vorher des Einverständnisses der Reichsbahndirektion zu vergewissern. Diese holt in geeigneten Fällen die Entscheidung des Reichsverkehrsministers ein.

Veröffentlichungen und Vorträge über bestehende oder geplante Anlagen und Einrichtungen der Reichsbahn, sowie Veröffentlichungen und Vorträge, die die Landesverteidigung berühren können, bedürfen in jedem Falle der Zustimmung der Reichsbahndirektion. Diese holt gegebenenfalls die Entscheidung des Reichsverkehrsministers ein.

Vorstehende Anordnungen gelten entsprechend für Mitteilungen von Reichsbahnbeamten, die andere verwerten sollen.

(6) In eigenen Angelegenheiten darf ein Beamter eine amtliche Auskunft nicht selbst erteilen. Zuständig dafür ist sein Dienstvorgesetzter.

Anmerkung zur Dienst- und Lohnordnung für die Arbeiter der Deutschen Reichsbahn (Dilo)=DV 186, gültig vom 1. April 1938 an in der Fassung vom 1. Juli 1940. § 4 lautet:

§ 4 Gehorsamspflicht, Schweigepflicht, Annahme von Geschenken

(1) – *Gehorsam* – Jeder Arbeiter hat die ihm übertragenen Dienstobliegenheiten den gesetzlichen Bestimmungen und den Dienstvorschriften entsprechend gewissenhaft wahrzunehmen und die dienstlichen Anordnungen des Leiters der Reichsbahnstelle oder der kraft besonderer Anordnung ihm gegenüber zur Erteilung von dienstlichen Weisungen berechtigten Beamten oder sonstigen Gefolgschaftsmitglieder zu befolgen, soweit gesetzlich nichts anderes vorgeschrieben ist. Die Bindung an Gesetze und an solche dienstlichen Anordnungen geht jeder anderen Gehorsamsbindung vor.

(2) Beim Vollzug einer dienstlichen Anordnung trifft die Verantwortung denjenigen, der die Anordnung gegeben hat. Der Arbeiter darf Anordnungen, die – ihm erkennbar – den Strafgesetzen zuwiderlaufen würden, nicht befolgen. Er soll das Nichtbefolgen sofort dem Anordnenden melden und, wenn dieser auf der Ausführung besteht, die Anordnung alsbald zur Kenntnis des höheren Dienstvorgesetzten bringen.

(3) – *Dienstweg* – Anfragen, Anzeigen, Gesuche und Beschwerden sind auf dem Dienstweg anzubringen. Beschwerden gegen den Leiter der Reichsbahnstelle dürfen auch bei dessen unmittelbarem Vorgesetzten angebracht werden.

(4) – *Kameradschaftlichkeit* – Der Arbeiter hat mit seinen Arbeitskameraden verträglich zusammenzuwirken. Er ist verpflichtet, die Arbeit beurlaubter oder vorübergehend erkrankter Arbeitskameraden in angemessenen Grenzen mit zu übernehmen.

(5) – *Verhalten nach außen* – Der Arbeiter soll im Verkehr mit dem Publikum höflich und zuvorkommend aber bestimmt auftreten. Er hat auch außerhalb des Dienstes sich der Achtung würdig zu erweisen, die seine Stellung als Arbeiter im öffentlichen Dienst erfordert.

(6) – *Verschwiegenheit* –

a) Der Arbeiter ist verpflichtet, über die ihm durch seine dienstliche Tätigkeit bekannt gewordenen Angelegenheiten, deren Geheimhaltung durch Gesetz oder dienstliche Anordnung vorgeschrieben oder ihrer Natur nach erforderlich ist, Verschwiegenheit gegenüber jedermann zu bewahren. Von dieser Pflicht kann ihn keine andere persönliche Bindung befreien. Er darf dienstlich erlangte Kenntnisse über solche Angelegenheiten ohne Genehmigung der Reichsbahndirektion weder unmittelbar noch mittelbar außerdienstlich verwenden.

b) Ohne ausdrückliche Genehmigung des Leiters der Reichsbahnstelle oder eines höheren Dienstvorgesetzten darf der Arbeiter weder sich noch einem anderen von dienstlichen Schriften oder Druckstücken, Zeichnungen oder anderen bildlichen Darstellungen, von chemischen Stoffen oder Werkstoffen oder von den Herstellungsverfahren, von Maschinenteilen oder anderen geformten Körpern zu außerdienstlichen Zwecken Kenntnis oder Abschriften oder Ab- oder Nachbildungen oder Proben oder Probestücke verschaffen.
Diesem Verbot unterliegen die Arbeiter nicht bezüglich der sie persönlich betreffenden Mitteilungen, wenn nicht deren Geheimhaltung durch Gesetz oder dienstliche Anordnung vorgeschrieben oder ihrer Natur nach erforderlich ist.

c) Der Arbeiter hat auf Verlangen der Reichsbahn amtliche Schriftstücke, Zeichnungen, bildliche Darstellungen und dgl und Aufzeichnungen über dienstliche Vorgänge sowie von Wiedergaben solcher herauszugeben.

d) Die Verpflichtungen nach Abs a bis c bestehen auch nach Beendigung des Dienstverhältnisses fort. Die Verpflichtung nach Abs c) trifft auch die Hinterbliebenen und Erben des Arbeiters.

(7) – *Geschenke* – Der Arbeiter darf – auch nach Beendigung seines Dienstverhältnisses – Belohnungen oder Geschenke für dienstliche Verrichtungen nicht annehmen. Der Reichsverkehrsminister kann Ausnahmen zulassen.

(8) Bestechungsversuche hat der Arbeiter dem Leiter der Reichsbahnstelle unverzüglich und unaufgefordert mitzuteilen.

Ausführungsbestimmungen

1. Der Arbeiter hat den Leiter der Reichsbahnstelle während der Dauer des Dienstverhältnisses wahrheitsgemäß über seine persönlichen Verhältnisse zu unterrichten, deren Kenntnis für die Reichsbahn nach gesetzlichen oder sonstigen Vorschriften notwendig ist, und alle Änderungen (auch Wohnungswechsel) unverzüglich anzuzeigen. Hierbei sind etwa vorhandene Schriftstücke vorzulegen, z B Wehrpaß, Geburtsurkunden, Belege über Ruhegeld- oder Rentenbezüge. Beantwortet der Arbeiter Fragen des Leiters der Reichsbahnstelle oder bei dienstlich angeordneten Untersuchungen Fragen des Arztes wissentlich falch, so kann dies als wichtiger Grund angesehen werden, der die fristlose Entlassung rechtfertigt.
2. Soll ein Arbeiter bei Verdacht einer strafbaren Handlung körperlich durchsucht werden, so hat er sich, wie jedes andere Gefolgschaftsmitglied, der Durchsuchung im geschlossenen Raum in Gegenwart eines Zeugen zu unterziehen. Er muß dabei auch zulassen, daß seine Behältnisse geöffnet werden.

9. nfD=Sachen sind im allgemeinen in sicher verschließbaren Holzschränken oder Fächern aufzubewahren. In bewachten Diensträumen dürfen sie auch außerhalb von verschließbaren Holzschränken aufbewahrt werden. Als bewacht gelten Räume, die ständig besetzt sind oder die in Gebäuden oder Gebäudeteilen liegen, die von Fremden ohne Nachweis der Berechtigung nicht betreten werden können. In solchen Räumen ist bei dienstlicher Notwendigkeit auch das Aushängen von Bildfahrplänen ohne Beiblatt und von Bahnhofsplänen zulässig. **Aufbewahrung**

10. Für sichere Aufbewahrung der den Bediensteten ausgehändigten nfD=Unterlagen haben diese selbst zu sorgen.

B. Schriftverkehr und Verwaltung

11. Bei der Anfertigung von nfD=Sachen in Kanzleien und Druckereien der Reichsbahn ist dafür zu sorgen, daß die zum Druck verwendeten Drucksätze, Platten, Abziehblätter, Schablonen und dergleichen und die dabei anfallenden Probeabzüge, Fehldrucke usw nicht mißbräuchlich weiterbenutzt, sondern unbrauchbar gemacht oder vernichtet werden. **Anfertigung**

Mit Privatdruckereien sind die erforderlichen Sicherheitsmaßnahmen vorher vertraglich zu vereinbaren.

12. nfD=Sachen sind unter „Einschreiben" zu versenden. **Versand**

Beim Versand von Druckschriften, Plänen oder anderen nfD=Unterlagen ist stets ein Anschreiben mit dem Stempelabdruck oder der Aufschrift „Einschreiben" beizufügen, das den genauen Inhalt der Sendung angibt.

Der massenweise Versand der Buchfahrpläne beim Fahrplanwechsel, der Versand der Nachträge und Berichtigungsblätter zu den Buchfahrplänen, ferner der Versand der Sonderzugfahrpläne – ausgenommen der Reisen nach Sondervorschriften – wird als nicht eingeschriebene EDS zugelassen. An Stelle des Anschreibens ist jeder Sendung ein Empfangsschein beizugeben, mit dem die Empfangsstelle den Eingang sofort zu bestätigen hat. Bei den Sonderzugfahrplänen ersetzen der auf ihnen vermerkte Verteiler und die Aufforderung zur Empfangsbestätigung den Empfangsvordruck. Die Absendestelle überwacht die Bestätigung des Eingangs anhand der Verteilungspläne.

Nachweis 13. nfD-Sachen im Schriftwechsel sind in der offenen Schriftwechselkartei nach den für den allgemeinen Geschäftsverkehr geltenden Grundsätzen einzutragen.

Über die Ausgabe von nfD-Unterlagen an die Bediensteten sind Nachweisungen nach der DV 209 (Drucksachenvorschrift, Anlage 12) zu führen. Bei Rückgabe der Sachen hat sich der Bedienstete davon zu überzeugen, daß seine Empfangsbestätigung gelöscht wird.

Vernichtung 14. nfD-Sachen, die vernichtet werden sollen, sind im allgemeinen durch den elektrischen Wolf zu zerstören oder zu verbrennen. Größere Mengen können auch in verschlossenen Kisten, verbleiten Säcken oder in verschlossenen Wagenladungen vertrauenswürdigen Firmen zugeführt und dort unter Aufsicht eingestampft werden.

Hierüber sind kurze Aufschreibungen zu führen.

Verlust 15. Bei jedem (auch zeitweiligen) Verlust von nfD-Sachen sind sofort alle Maßnahmen zu ihrer Wiedererlangung und zur Feststellung des Schuldigen zu treffen. Jeder, der eine nfD-Sache verliert oder das Fehlen einer solchen feststellt, hat darüber eine schriftliche Erklärung oder Meldung abzugeben. Diese ist mit Stellungnahme auf dem Dienstweg dem Bahnbevollmächtigten vorzulegen.

Schließt der Verlust Spionageverdacht in sich, so ist der Bahnbevollmächtigte als Abwehrbeauftragter sofort auf dem schnellsten Weg zu benachrichtigen.

Prüfung 16. Bei den Geschäftsprüfungen ist festzustellen, ob nach dieser Anweisung verfahren wird.

C. Strafbestimmungen

17. Mißbrauch von nfD-Sachen wird nach dem Reichsstrafgesetzbuch neuer Fassung, § 92 b bestraft. Dieser lautet:

„Wer einem von der Reichsregierung zur Sicherung der Landesverteidigung erlassenen Gebot oder Verbot zuwiderhandelt, wird mit Geldstrafe bestraft.

Wird die Zuwiderhandlung während eines Krieges gegen

das Reich oder bei drohender Kriegsgefahr begangen, so ist die Strafe Gefängnis."

Wer bei Verstößen gegen die Bestimmungen über die Behandlung von nfD-Sachen vorsätzlich das Wohl des Reichs gefährdet, hat zu gegenwärtigen, daß er auch nach dem Reichsstrafgesetzbuch, I a Abschnitt Landesverrat verfolgt und bestraft wird.

Soweit nicht die Vorschriften des Reichsstrafgesetzbuches Anwendung finden, sind Verstöße nach den Disziplinarvorschriften oder der »Verordnung gegen Bestechung und Geheimnisverrat nichtbeamteter Personen« strafbar.

Reichsdruckerei.

622 41 2B

Deutsche Reichsbahn
Reichsbahndirektion Nürnberg
Der Bahnbevollmächtigte
30 Bbv L 1 g/Bmav (n f D)*

Nur für den Dienstgebrauch!

Ausführungsbestimmungen
der Reichsbahndirektion Nürnberg
zur
DV 1100 c „Anweisung für die Behandlung von Sachen,
die nur für den Dienstgebrauch bestimmt sind (nfD-Sachen)"
Gültig vom 1. April 1941 an

Zu Ziffer 2:
Der Erlaß RVM 67 Lve 222 vom 17. 4. 40 ist in der Anlage im Wortlaut wiedergegeben.

Zu Ziffer 5:
An Stellen außerhalb der Reichsbahn dürfen nfD-Sachen nur mit Zustimmung des Bahnbevollmächtigten der Reichsbahndirektion abgegeben werden. Die Zustimmung ist unter Vorlage des Begleitschreibens an die empfangende Stelle und der abzugebenden Unterlagen einzuholen. Der besondere Stempelabdruck wird bei Zustimmung durch den Bahnbevollmächtigten angebracht.

Zu Ziffer 8:
Ich weise auf diese Bestimmungen besonders hin, da erfahrungsgemäß vielen Bediensteten die einschlägigen Bestimmungen der ADA und der Dilo nicht genügend bekannt sind. Die erfolgte Unterrichtung gemäß Ziffer 8 der DV 1100 c ist auf den mitgesandten Formblättern zu bestätigen. Die Bestätigung ist zu den Personalpapieren zu nehmen.

---

* Anmerkung zum Geschäftszeichen: Das Aktenstück wurde für das Dezernat 30 (Bahnbevollmächtigter) im Büro des Bahnbeauftragten (L) vom Mitarbeiter mit dem Arbeitsanteil 1 bearbeitet. Die Ursprungsakte (Bmav) war geheim (g/Bmav), der hier vorliegende Auszug hatte indes „nur" der Schutzvermerk „nur für den Dienstgebrauch" (nfD) und gehört thematisch zum Militärischen. Der Aktenplan kennt zwar eine Aktengruppe „Bm" = „Militärtransporte, Militärtransportordnung (MTO)", Aktenplanplanpositionen „Bma" oder - noch tiefer staffelnd - „Bmav" sind dagegen nicht aufgeführt. In der Rbd Nürnberg hat man also im Geschäftsbereich des Bahnbevollmächtigten das Anlegen der Unterakte „Bmav" für erforderlich gehalten - das System des Aktenplans war offen genug dafür.

Zu Ziffer 11:
Die Betrauung von Privatdruckereien mit Druckaufträgen für nfD=Sachen durch die Ämter und Dienststellen bedarf der Genehmigung durch den Bahnbevollmächtigten der Reichsbahndirektion.

Zu Ziffer 12:
Die Überwachung des Eingangs der Empfangsbestätigungen für Sonderzugfahrpläne geschieht wie in der Sammlung betrieblicher Vorschriften (S b V) geregelt.

Zu Ziffer 14: Vernichtung der nfD=Sachen
Nach Ziffer 37 der DAzD* sind am 3. und 18. jedes Monats die betrieblichen Unterlagen an das Amt einzusenden. Diesen Unterlagen sind auch alle übrigen nfD=Sachen, die vernichtet werden sollen, beizugeben. Das Amt sorgt zunächst für die gesicherte Lagerung. Im Januar und Juli werden die nfD=Sachen, soweit sie zur Untersuchung von Unregelmäßigkeiten nicht mehr benötigt sind, nach einem vom Bahnbevollmächtigten festgelegten Umlaufplan gesammelt. Die zur Vernichtung bestimmten nfD=Sachen sind daher in verschließbare Kisten zu packen.

Nürnberg, Juli 1941

Reichsbahndirektion Nürnberg
Der Bahnbevollmächtigte
J V: Unglaube

---

* DazD = Dienstanweisung zur Durchführung der Militärtransporte im Mobilmachungsfalle

Anlage

Der Reichsverkehrsminister
Reichsautobahnen
Direktion
67 Lve 222
RAB 67 Lv 61

Berlin W 8, den 17. April 1940
Voßstraße 35

An die
Reichsbahndirektionen,
Reichsautobahndirektionen,
Generalbetriebsleitungen,
Reichsbahn-Zentralämter,
Obersten Bauleitungen für Elektrisierungen
in Leipzig und Salzburg,
Elektrische Oberbetriebsleitung in Innsbruck
sowie die
Reichsbevollmächtigten für Bahnaufsicht,
Obersten Bauleitungen und Bauleitung Villach,
Generaldirektion der Ostbahn in Krakau,
nachrichtlich
an den
Reichsprotektor in Böhmen und Mähren.
Gruppe Verkehrswesen
– je besonders –

Betr

Verordnung über die Veröffentlichung kartographischer Darstellungen (Kart Veröff VO)

In der Anlage übersende ich 2 Abdrucke der „Verordnung für die Veröffentlichung kartographischer Darstellungen (Kart Veröff VO)" vom 6. Februar 1940 und der „Ersten Durchführungsbestimmungen zur Verordnung über die Veröffentlichung kartographischer Darstellungen" vom 6. Februar 1940 (RGBl I Seiten 194 – 296) zur Kenntnis und Beachtung.

Danach dürfen kartographische Darstellungen jeder Art vom Gebiet des Großdeutschen Reiches, die der Öffentlichkeit zugänglich sind, keine Eintragung enthalten, deren Bekanntgabe geeignet ist, das Gemeinwohl zu schädigen.

Ich ersuche, dafür Sorge zu tragen, daß künftig hiernach verfahren wird. Zu den „Ersten Durchführungsbestimmungen" ordne ich zusätzlich folgendes an:

Zu §§ 6 und 7
Die Durchführung der Verordnung und der Durchführungsbestimmungen ist Sache der Dienststellen, die Darstellungen im Sinne der Verordnung herstellen oder herstellen lassen. Die Mitwirkung der Bahnbevollmächtigten und Abwehrbeauftragten der Obersten Bauleitungen und der Bauleitung Villach in ihrer Eigenschaft als Abwehrbeauftragte ist auf Zweifelsfälle zu beschränken. Ebenso ist meine Entscheidung nur in besonders gelagerten Ausnahmefällen herbeizuführen.

Zu § 8
Die „nur für den Dienstgebrauch" bestimmten kartographischen Darstellungen fallen nicht unter diese Verordnung. Sie sind durch roten Stempelaufdruck als solche zu kennzeichnen und gelten als Verschlußsachen.

Diese Verordnung nebst Durchführungsbestimmungen ist alljährlich einmal in Erinnerung zu bringen.

Die Runderlasse des Reichministers des Innern vom 11. Mai 1937 – VI A 032/6812 g – und vom 13. März 1939 – VI a 058/39 — 6812 g –, bekanntgegeben mit meinen Erlassen vom 2. September 1937 – L 2 g/ Bmam 210 –, vom 28. Juni 1939 – 87 g/ Bmam 210 –, vom 21. Dezember 1937 – (g) RAB 87 Gm 8 – und vom 28. Juli 1939 (g) RAB 87 Gm 8 – werden hier mit aufgehoben.

Reichsautobahnen
Direktion
gez: Rudolphi

Der Reichsverkehrsminister
Im Auftrag
gez: Meilicke

Anlage

zu **67 Lve 222** v. 17. 4. 40
RAB 67 Lv 61

Verordnung über die Veröffentlichung kartographischer Darstellungen (Kart Veröff VO) vom 6. Februar 1940

Auf Grund des Gesetzes über die Neuordnung des Vermessungswesens vom 3. Juli 1934 (Reichsgesetzbl I S. 534) wird im Einvernehmen mit dem Oberkommando der Wehrmacht verordnet:

§ 1

Kartographische Darstellungen jeder Art vom Gebiet des Großdeutschen Reichs, die der Oeffentlichkeit durch Kauf, Verleih, Ausstellung, Aushang oder auf sonstige Weise zugänglich sind, dürfen keine Eintragungen enthalten, deren Bekanntgabe geeignet ist, das Gemeinwohl zu schädigen. Wer eine kartographische Darstellung, die der Oeffentlichkeit zugänglich gemacht werden soll, herstellt, druckt oder verlegt, ist dafür verantwortlich, daß Inhalt und Umfang der Darstellung den Vorschriften dieser Verordnung und ihrer Durchführungsbestimmungen nicht entgegenstehen.

§ 2

Seit dem 1. Januar 1933 hergestellte kartographische Darstellungen mit Eintragungen, die gemäß § 1 dieser Verordnung untersagt sind, dürfen der Öffentlichkeit nicht mehr zugänglich gemacht werden. Ausgenommen sind deutsche Admiralitätskarten.

§ 3

Auf allen kartographischen Veröffentlichungen sind der Name, der Verlagsort oder Wohnort des Verlegers, Druckers oder Herstellers sowie das Erscheinungsjahr anzugeben.

§ 4

(1) Bei gesetzlich vorgeschriebener Offenlegung von Karten und Plänen, auf denen militärische Bauten oder Anlagen oder wehrwirtschaftliche Betriebe verzeichnet sind, sind unbeschadet anderer gesetzlicher Bestimmungen besondere Sicherungsvorkehrungen zu treffen.

(2) Die Bestimmungen des Gesetzes über die Einsicht in gerichtliche öffentliche Bücher und Register vom 30. September 1036 (Reichsgesetzbl I S 853) bleiben unberührt.

§ 5

Wer den Vorschriften dieser Verordnung vorsätzlich zuwiderhandelt, wird mit Gefängnis nicht unter drei Monaten bestraft. Handelt der Täter fahrlässig, so ist die Strafe Gefängnis bis zu zwei Jahren oder Geldstrafe.

Berlin, den 6. Februar 1940

Der Reichsminister des Innern
In Vertretung: gez Dr Stuckart

Erste Durchführungsbestimmungen zur Verordnung über die Veröffentlichung kartographischer Darstellungen Vom 6. Februar 1940

Zur Durchführung der Verordnung über die Veröffentlichung kartographischer Darstellungen (Kart-Veröff VO) vom 6. Februar 1940 ordne ich im Einvernehmen mit dem Oberkommando der Wehrmacht an:

§ 1

(1) Zu den kartographischen Darstellungen gehören alle amtlichen und nichtamtlichen Karten, Pläne, Stadtpläne, Ortspläne, Kartenskizzen, Risse, Atlanten usw – auch soweit sie Büchern, Schriftwerken oder sonstigen Veröffentlichungen zur Veranschaulichung beigefügt sind.

(2) Kartographische Darstellungen müssen so entworfen und kartentechnisch ausgearbeitet sein, daß sie keinen Einblick in Zweckbestimmung, Anzahl, Umfang, Größe und Beschaffenheit sowie örtliche und allgemeine wehr- oder betriebstechnische Zusammenhänge militärischer Anlagen und Bauten oder wehrwirtschaftlicher Betriebe vermitteln.

(3) Kartenskizzen, Verkehrs-, Plakat-, Relief- und Bildkarten sowie wirtschaftsgeographische Karten u dgl dürfen insbesondere keine Anhaltspunkte über Standorte, Erzeugungsmengen, Kapazitäten, Beschäftigungsziffern oder Absatzmengen kriegswichtiger industrieller Werke geben.

§ 2

Je nach den obwaltenden Verhältnissen sind die Anlagen, Betriebe, Gebäude, topographischen Gegenstände usw

a) überhaupt nicht darzustellen;

b) nur unvollständig oder andeutungsweise oder unverfänglich in einer Form darzustellen, die ein Erkennen der wirklichen Zweckbestimmung und Zusammenhänge auch bei aufmerksamem Lesen ausschließt;

c) soweit die Gegenstände im Grundriß oder durch Signaturen dargestellt werden dürfen, nicht durch Schriftzusätze zu erläutern.

§ 3

Es ist verboten darzustellen:

a) Befestigungs- und Munitionsanlagen, Tanklager der Wehrmacht, Militärflugplätze und die dazugehörigen Anlagen;

b) nichtöffentliche Bahnen oder Straßen oder Wege, die vom Hauptverkehrsnetz zu militärischen Anlagen und Bauten oder wehrwirtschaftlichen Betrieben hinführen;

c) Wasser- und Gasfernleitungen, Kabel- und Hochspannungsfreileitungen, militärische Funkanlagen;

d) militärische Baurampen an Reichsautobahnen;

e) trigonometrische Punkte jeder Art.

§ 4

(1) Militärische Hafenanlagen dürfen nur in dem Umfang wiedergegeben werden, wie sie in den für die Öffentlichkeit freigegebenen Admiralitätskarten dargestellt sind.

(2) Von Bahnhofsanlagen dürfen nur die Umgrenzungen des Bahnhofsgeländes und das Empfangsgebäude dargestellt werden, nicht aber Einzelheiten der Anlagen. Von den Gleisanlagen dürfen nur die durchgehenden Gleise signaturmäßig wiedergegeben werden. Anschlußgleise sind an der Umrandungslinie des Bahnhofs beginnend zu zeichnen. Nicht zu übernehmen sind die Gleisentwicklung der Bahnhöfe (Rangieranlagen), Ladestraßen, Rampen, Drehscheiben, Bahnbetriebswerke (Lokomotivschuppen, Lokomotivbehandlungsanlagen), Wasserstationen und Bahnkraftwerke.

(3) Bei militärischen Anlagen und Bauten sowie wehrwirtschaftlichen Betrieben, die durch ihre ungewöhnliche Form allgemein oder durch den Grundriß einzelner Gegenstände auf die Art des Betriebes oder der Anlage schließen lassen, dürfen die elektrischen Zentralen, Gasbehälter, Kühltürme, Hochöfen, Wasserwerke u dgl nicht dargestellt werden. Sind solche Anlagen, Bauten oder Betriebe in den bisherigen Karten nicht dargestellt und in der Öffentlichkeit einzeln oder versteckt angelegt, so ist lediglich ihre örtliche Grundstücksumgrenzung aufzunehmen.

(4) Bei Wehren, Stauanlagen, Schleusen und ähnlichen tiefbau- oder wasserbautechnischen Anlagen dürfen – besonders in großmaßstäblichen Karten – nur diejenigen Einzelheiten aufgenommen werden, die für den Verkehr allgemein von Bedeutung sind. Bei den Binnenwasserstraßen dürfen Einzelheiten nur insoweit

dargestellt werden, als die in dem der Öffentlichkeit zugänglichen „Führer auf den deutschen Schiffahrtsstraßen" enthalten sind.

(5) Militärische Anlagen und Bauten, sowie wehrwirtschaftliche Betriebe, die in Wohngebieten liegen oder im Anschluß an Wohngebiete entstehen, sind in der Darstellungsform der Umgebung anzugleichen.

§ 5

(1) Schriftzusätze sind untersagt für militärische und militärisch art- und zweckverwandte Gebäude und Anstalten, z B Kasernen, Kommandantur, Wehrkreiskommando, Sicherheitsstand, Munitionsanstalt, Pulvermagazin, Verpflegungs- und Bekleidungsamt, Polizeischule, Arbeitslager, Barackenlager u dgl.

(2) Bei wehrwirtschaftlichen Betrieben, z B bei Fabriken, Gruben, Hütten- und Werkanlagen sind jegliche, die Art des Gebäudes kennzeichnenden Zusätze wegzulassen: wie Gaswerk, Elektrizitätswerk, Laboratorium, Funkanlage, Maschinenhaus, Motorenprüfstand, Schalthaus, Umformer, Stollen, Hochofen, Erzwäsche, Gießerei, Erdölbohrturm, Erdöllager, Ölbehälter, Großtankanlage, Wasserturm, Pumpwerk u dgl. Ausgenommen sind Objekte, die aus navigatorischen Gründen in den deutschen Admiralitätskarten enthalten sein müssen. Eine Übernahme in irgendwelche andere Karten ist verboten.

(3) Ebenso sind für bahnbetriebstechnische Gebäude und Einrichtungen Schriftzusätze zu unterlassen. Lediglich der Bahnhofsanlage darf der Name des Bahnhofs zugesetzt werden.

§ 6

Bei amtlichen, der Öffentlichkeit zugänglichen kartographischen Darstellungen, die Behörden selbst herstellen oder herstellen lassen, sowie bei nichtamtlichen kartographischen Darstellungen, die Behörden für Dritte herstellen, sind diese Behörden dafür verantwortlich, daß Inhalt und Umfang der Darstellungen den Erfordernissen der Verordnung und Durchführungsbestimmungen genügen.

§ 7

In Zweifelsfällen erteilen die zuständigen Wehrkreis- und Marinestationskommandos Auskunft. Zuständig ist jeweils das Wehrkreis- oder Marinestationskommando, in dessen Bezirk der Verlagsort oder Wohnort des Verlegers, Druckers oder Herstellers liegt. Für Seekarten ist in allen Fragen das Oberkommando der Kriegsmarine (Amtsgruppe Nautik) zuständig.

§ 8

Kartographische Darstellungen, die vor dem 1. Januar 1933 der Öffentlichkeit zugänglich gemacht worden sind, sind nach Maßgabe der Verordnung und der Durchführungsbestimmungen zu bereinigen, sobald sie neu aufgelegt oder im Zuge der Laufendhaltung berichtigt oder umgearbeitet werden. Ausgenommen sind deutsche Admiralitätskarten.

§ 9

(1) Wer Einsicht in offengelegte Karten oder Pläne begehrt, in denen der öffentlichen Kenntnis vorzuenthaltende Eintragungen verzeichnet sind, hat in jedem Fall ein berechtigtes Interesse glaubhaft zu machen.

(2) Als weitere Sicherungsvorkehrungen kommen in Betracht:

a) Die Unbedenklichkeit der Person des Antragstellers ist zu prüfen; seine Personalien sind festzustellen.

b) Der Antragsteller ist darüber zu belehren, daß er zur Verantwortung gezogen werden kann, wenn durch sein Verschulden gewisse der öffentlichen Kenntnis entzogene Planeintragungen in weiteren Kreisen bekannt werden. Unterschriftliche Bestätigung der Belehrung kann gefordert werden.

c) Die Einsichtnahme ist durch besonders beauftragte Beamte zu überwachen.

d) Über die Personen, die Einsicht genommen haben, ist eine Liste zu führen.

Berlin, den 6. Februar 1940

Der Reichsminister des Innern
In Vertretung:
gez Dr Stuckart

Anmerkungen zu den Verschlußsachenvorschriften

Die Vorschriften selbst sind glücklicherweise in einzelnen Exemplaren erhalten geblieben; der überwiegende Teil des geheimen Schriftgutes dagegen wurde vernichtet.

Ulrich Roeske schreibt zur archivischen Überlieferung von Reichsbahnakten*: „Außerdem gab es an der Spitze der DRG zwei ‚Gruppen', die dem Generaldirektor bzw. seinem Stellvertreter direkt unterstanden: ... Gruppe L (L = Landesverteidigung): 1935 für Eisenbahnmilitärische Angelegenheiten gebildet: Zusammenarbeit mit der Wehrmacht vor allem in Transport-, Material-, Organisations-, Bau- und Bahnschutzangelegenheiten." ... „In unterschiedlicher Breite werden bis auf geringe Ausnahmen alle Aufgabengebiete widergespiegelt. Wenn auch die Verluste infolge des Zweiten Weltkrieges nicht so gravierend sind wie bei den anderen Verkehrsbereichen, so ist doch aus einem ganzen Strukturteil, der sog. ‚Gruppe L' (Eisenbahnmilitärische Angelegenheiten), fast gar nichts überliefert. Diese Verluste werden nur zu einem kleinen Teil durch die Sammlungen Sarter (vgl. R 5 Anhang 1) und Kreidler (vgl. R 5 Anhang 2) ausgeglichen."

Eugen Kreidler äußert sich so:

„Für die Angelegenheiten der Landesverteidigung im Reichsverkehrsministerium war die Gruppe L, die dem Reichsverkehrsminister unmittelbar unterstand, zuständig. Sie hatte fünf Referate: L 1 = Transportangelegenheiten, L 2 = Organisation, L 3 = Maschinentechnische und Stoffangelegenheiten, L 4 = Schutzangelegenheiten (Luftschutz und Bahnschutz) und L 5 = Transport- und Bauangelegenheiten. ... Eine Geschäftsanweisung hatte diese Gruppe nicht. Ihre Hauptaufgabe war die Mitwirkung bei der Transportbearbeitung und Befehlsgebung sowie die Sicherstellung des erforderlichen Leermaterials für Truppenbewegungen. ...

Bei den Eisenbahndirektionen waren für die Angelegenheiten der Landesverteidigung die Bevollmächtigten für Miltärangelegenheiten (Bahnbevollmächtigte [Bbv]) zuständig *[Wehrmachtseisenbahnordnung (WEO) § 5, Ziff. 13]*. Sie galten in ihrem Arbeitsbereich als unmittelbare Beauftragte des Präsidenten ihrer Direktionen. Bahnbevollmächtigter einer Reichsbahndirektion war stets deren Betriebsleiter, sein erster Vertreter der Güterzugfahrplandezernent. Zur Unterstützung standen ihm besondere Dezernenten für die Schutzangelegenheiten - Luftschutz und Bahnschutz *[Dezernent 36]* - und für Transportangelegenheiten

---

* Roeske: *Reichsbahnakten* ... In: *Mitteilungen aus dem Bundesarchiv*

[Dezernent 37] zur Verfügung. Bei einigen Direktionen wurden im Mai 1940 zur Entlastung des Betriebsleiters in Fragen der Landesverteidigung besondere Dezernante *[Dezernat 38]* eingerichtet *[Erlaß 2 Opd vom 17. 4. 1940 betr. Einrichtung eines Dezernats 38. Es handelt sich um die Reichsbahndirektionen Berlin, Essen, Halle/Saale und Köln]*. Die Geschäftssachen wurden im Bbv-Büro mit den Gruppen Personalkartei, Verwaltungsdienst, Transportgruppe, Luft- und Gasschutz, Abwehr und Bahnschutz bearbeitet. Im Bbv-Büro wurden die gesamten Verschlußsachen der Direktion registriert und aufbewahrt.

Auch die Zentralämter und Generalbetriebsleitungen hatten Bahnbevollmächtigte. Bei den Oberbetriebsleitungen - den späteren Generalbetriebsleitungen - wurden die Bahnbevollmächtigten erst im Februar 1940 eingerichtet. Hierzu wurden die Oberbetriebsleiter bestimmt. Sie erhielten wohl alle einschlägigen Erlasse der Gruppe L, hatten aber kein Weisungsrecht gegenüber den Bahnbevollmächtigten der Reichsbahndirektionen. Zwischen den Oberbetriebsleitungen und Mineis (L) beim Transportchef bestand enge Zusammenarbeit vor allem bei der Planung von größeren Truppenbewegungen. Die Bahnbevollmächtigten waren gleichzeitig Abwehrbeauftragte und verantwortlich für die Geheimhaltung. Der gesamte Geschäftsverkehr mit den Transportkommandanturen und anderen Wehrmachtsstellen lief über die Bahnbevollmächtigten. Innerhalb der Reichsbahn ist den Bahnbevollmächtigten immer wieder eine übertriebene Geheimhaltung vorgeworfen worden. Dem ist entgegenzuhalten, daß es dem Wesen militärischer Vorbereitungen und Maßnahmen widerspricht, daß der Kreis der Beteiligten einen engen Rahmen überschreitet. Es darf auch nicht übersehen werden, daß die Geheimhaltungsbestimmungen im Kriege immer mehr verschärft und bei Verstößen immer höhere Strafen ausgesprochen wurden. Bis zum Kriege waren alle Angelegenheiten der Landesverteidigung ausschließlich Sache der Bahnbevollmächtigten."* ... „Durch die übersteigerte Geheimhaltung, die über das militärische und staatspolitisch erforderliche Maß oft weit hinausging, wurde die Zusammenarbeit der Beteiligten stark gehemmt. ... Nicht zuletzt war damit der sachlichen Kritik weitgehend der Boden entzogen. So hat beispielsweise Göring in der Sitzung des Reichsverteidigungsrates am 18. 10. 1938 erklärt, die Verhandlungen und Beschlüsse des Reichsverteidigungsrates und des Reichsverteidigungsausschusses seien ganz geheim und dürften auch innerhalb der Ressorts nur bekanntgegeben werden, soweit dies zur Durchführung der Aufgaben nötig sei.

* Kreidler: *Die Eisenbahnen im Zweiten Weltkrieg*, S. 207 ff.

Während des Krieges wurden die Geheimhaltungsbestimmungen verschärft. Hitlers diesbezüglicher Befehl Nr. 1 vom 11. 1. 1940 lautet: ‚1. Niemand, keine Dienststelle, kein Offizier dürfen von einer geheimzuhaltenden Sache erfahren, wenn sie nicht aus dienstlichen Gründen unbedingt davon Kenntnis haben müssen. 2. Keine Dienststelle und kein Offizier dürfen von einer geheimzuhaltenden Sache mehr erfahren, als für die Durchführung ihrer Aufgabe unbedingt erforderlich ist.'"*

Kreidler zitiert nicht die beiden weiteren Punkte dieses grundsätzlichen Befehls: „3. Keine Dienststelle und kein Offizier dürfen von einer geheimzuhaltenden Sache bzw. dem für sie notwendigen Teil früher erfahren, als dies für die Durchführung ihrer Aufgabe unbedingt erforderlich ist. 4. Das gedankenlose Weitergeben von Befehlen, deren Geheimhaltung von entscheidender Bedeutung ist, laut irgendwelcher allgemeiner Verteilerschlüssel ist verboten."**

Bei der rigiden Anwendung der Geheimhaltungsvorschriften und dem (im Vergleich zu anderen Organisationseinheiten) überschaubaren Bestand an Geheimakten ist es nachvollziehbar, daß nur sehr wenig Schriftgut überliefert ist. Ein großer Teil wurde vorschriftsgemäß – spätestens bei Feindannäherung – vernichtet.

Kleine Hinweise können lediglich die Geschäftszeichen überlieferter offener Akten bieten, soweit sich aus ihnen erkennen läßt, daß ihr Ursprung in einer geheimen Akte lag (siehe oben, Seite 918, Fußnote).

Schließlich sei noch der Hinweis gegeben, daß nur die Akten des Reichsverkehrsministeriums und der Hauptverwaltung letztlich ins Bundesarchiv gelangt sind, nicht aber die Akten anderer Verwaltungsebenen.

Da die Reichsbahndirektionen örtliche Stellen waren, wurden ihre Akten gegebenenfalls den Staatsarchiven zugeführt und sind heute dort zu finden. Die Vorlage für den Neusatz der oben abgedruckten Verschlußsachenanweisung etwa stammt aus dem Landesarchiv Sachsen-Anhalt, Abteilung Dessau, wo das abgelieferte Schriftgut der Reichsbahndirektionen Magdeburg und Halle archiviert ist.

---

* Kreidler: *Die Eisenbahnen im Zweiten Weltkrieg*, S. 192

** OKW: *Verschlußsachen-Vorschrift. Gültig für die Wehrmacht. Vom 1. 8. 43 (n.f.D.)*, S. 5

Systematik der Betriebsstellennummern und der betrieblichen Abkürzungen

Nach der Auflösung der Ländereisenbahnen und der Schaffung der Deutschen Reichsbahn=Gesellschaft entstand das Bedürfnis nach Vereinheitlichung in einigen Bereichen, unter anderem für Zwecke der Statistik, Abrechnung und Planung. Allgemeine technische Entwicklungen trugen dazu bei, unter anderem durch Neuerungen bei den damals noch relativ jungen Lochkarten. Die Zeit war reif für mehr zahlenbasierte Arbeit, zum Beispiel auch bei der Nummerung von Betriebsstellen.

Die Herkunft der *noch heute verwendeten* Betriebsstellennummern ist inzwischen verblaßt, denn in den über 90 Jahren seit ihrer ersten Festlegung gab es Namens=, Gebiets= und Zuständigkeitsänderungen. Nur mit geographischen und geschichtlichen Kenntnissen läßt sich die Logik des Systems noch erhellen. *Es basiert auf dem Alphabet* und der danach vorgenommenen Numerierung der Eisenbahndirektionen. Allerdings haben die Umbenennung von Cassel in Kassel 1926, die Gründung Wuppertals und der damit verbundene Wegfall des eigenständigen Namens Elberfeld 1930, die Eingemeindung Altonas mit dem Groß=Hamburg=Gesetz 1937 oder auch die Abtrennung Schlesiens mit Breslau und Oppeln nach dem II. Weltkrieg die alphabetische Basis ebenso verstellt wie die mehrmaligen Änderungen im Saargebiet und dem Trierer Raum.

Die Auflösungen der Direktionen, unter anderem Augsburg, Kassel, Münster und Wuppertal Anfang der 70er Jahre und die über 40jährige Trennung von der Deutschen Reichsbahn in der DDR haben auch dazu beigetragen, das ursprüngliche System weitgehend in Vergessenheit geraten zu lassen. Wenn im Laufe der Zeit die jeweils tagesaktuellen Listen von Direktionen rein alphabetisch waren, kam wohl kaum jemand auf die Idee, daß es einen Zusammenhang von Direktion und Betriebsstellennummer geben könne.

Die Übersicht auf den folgenden Seiten macht das ursprüngliche Nummernsystem und die alphabetische Basis wieder sichtbar; die Wechsel von den Reichsbahndirektionen (DRG, DR) zu Bundesbahndirektionen (DB) wird dabei nicht weiter vertieft.

Nr.	Name	DS 100 *Morsez.*
01	**Altona** später: **Hamburg**	**A** *hmb*
02	**Augsburg**	– *au*
03	**Berlin**	**B** *bln*
04	**Breslau**	– *bsl*
05	**Cassel** später: **Kassel**	– *ksl*
06 *07*	**Dresden** Dresden Schmalspur	**D** *dre*
08	**Elberfeld** später: **Wuppertal**	– *wt*
09	**Erfurt** ab 1992: **16**	**U** *erf*
10	**Essen**	**E** *esn*
11	**Frankfurt am Main**	**F** *frt*
12	**Halle an der Saale** ab 1992: **24** + **25**	**L** *hl*
13	**Hannover**	**H** *han*
14 *37*	**Karlsruhe**	**R** *kar*
15	**Köln**	**K** *köl*
16	**Königsberg (Pr)**	– *kbg*
17	**Ludwigshafen** (1938: Linz (Donau))	– *li*
18	**Magdeburg** *(ab 1992: 24, Halle)*	– –
19	**Mainz**	– *mz*
20	**München**	**M** *mch*
21	**Münster (Westf)**	– *mst*
22	**Nürnberg**	**N** *nür*
23	**Oldenburg (Oldb)** (1938: Villach)	– *vl*

Nr.	Name	DS 100 *Morsez.*
24	**Oppeln**	— *op*
25	**Osten** in Frankfurt a d Oder	— *ost*
26	**Regensburg**	— *re*
27	**Schwerin** ab 1992: **27** + **28**	**W** *sch*
28	**Stettin** *DR (DDR): Greifswald*	— *stn*
29	**Stuttgart**	**T** *stg*
30	**Saarbrücken** → **25** (1922: Trier)	**S** *sbr*
31 *32*	*1938: Wien*	— *wn*

unterstrichen: Geschäftsführende Direktionen für das Werkstättenwesen (GDW)

Für die Privat= und Kleinbahnen standen dreistellige Nummern von 400 bis 599 an der Stelle der Direktionnummern der Reichsbahn / Bundesbahn.

Die ursprünglich fünfstelligen Bahnhofsnummern erhielten später im Zuge zunehmender elektronischer Verarbeitung Prüfziffern.

Der 1933 noch existierende Bahnhof Altona Hbf mit der Nummer 01 093 bekam zwar mit der Eingemeindung Altonas nach Hamburg im Jahre 1937 durch das Groß=Hamburg=Gesetz den Namen Hamburg=Altona, er behielt aber seine Bahnhofsnummer. Heute lautet sie 01 093=4.

München Hbf hatte von Anfang an die Nummer 20 347, heute ist es, nur um die Prüfziffer ergänzt, 20 347=1.

Kamen bei der Auflösung etlicher Bundesbahndirektionen Anfang der 70er Jahre Betriebsstellen zu einer anderen Direktion, wurden sie nicht umgenummert. So läßt sich zum Beispiel noch heute erkennen, daß Düsseldorf Hbf (08 094=5) zur Direktion Wuppertal gehörte oder Appelhülsen (21 007=0) zur Direktion Münster.

Etwas anders sah es bei der Wiedervereinigung von Deutscher Reichsbahn (DDR) und Deutscher Bundesbahn aus: einige Direktionen bekamen ihre alten Nummern zurück, etwa Berlin die 03 und Dresden die 06, andere erhielten nach dem II. Weltkrieg freigewordene Nummernkreise, zum Beispiel Halle die 23 und die 24 oder Erfurt die 16.

Die betrieblichen Abkürzungen nach der DS 100

Bis in die frühen 80er Jahre hinein folgten die Abkürzungen für Betriebsstellen einer Systematik, die auf einzelnen Strecken aufbaute und von diesen die Morse- bzw. Fernschreibkennungen der Zugmeldestellen verwendete. Jede Direktion gab ihr Verzeichnis der Abkürzungen des Fernschreibdienstes bekannt. Weitgehend gleiche Abkürzungen wurden in der DV/DS 407 III genutzt, dem für jede Direktion vorhandenen Anhang III zur Dienstvorschrift für die Ermittlung der Betriebsleistungen. Dies geschah – ungeachtet der Trennung nach 1945 – bei der Deutschen Bundesbahn und der Deutschen Reichsbahn (DDR) überwiegend gleich, soweit nicht ohnehin die Vorkriegssystematik weiter angewandt werden konnte.

Dabei gab es Dopplungen: wenn auch nicht auf *einer* Strecke oder *einer* Telegraphenlinie, so doch mit anderen Direktionen. So wurde die Abkürzung „Bn" sowohl für Bentheim Nord als auch für Borken (Westf) WLE [beides Bahnhöfe in der Direktion Münster (Westf)], aber auch für den großen Rangierbahnhof Hamburg-Billwerder Rbf [Direktion Hamburg] verwendet; in der Direktion Magdeburg galt „Bn" für den Bahnhof Brandenburg Hbf und in der Direktion Cottbus für die Ausweichanschlußstelle Block Buchwäldchen.

Andererseits war nicht immer Eindeutigkeit gewährleistet, sondern je nach Strecke konnte eine Betriebsstelle eine andere Abkürzung tragen, etwa Lünen Hbf [BD Münster] einmal Ln [Strecke Lünen Hbf – Gronau (Westf)] und einmal Lhb [Strecke Lünen Hbf – Münster (Westf) Hbf]. Das kann am zuständigen Stellwerk für die Strecke gelegen haben.

Exkurs: Stellwerksbezeichnungen

Mit der damaligen Technik war es bei größeren Bahnhöfen durchaus üblich, daß es mehrere Fahrdienstleiterstellwerke (Befehlsstellwerke) gab. „Die ‚Anweisung für das Entwerfen von Eisenbahnstationen mit besonderer Berücksichtigung der Stellwerke (Anw Entw), Neudruck der Ausgabe 1905 mit den bis 1. 6. 1927 eingetretenen Änderungen' erläutert dazu: „§ 41 (Stellwerksgebäude) [...] § 42 (Lageplan) Abs. 2 [...] Jeder Bezirk erhält eine Buchstabenbezeichnung. *Bei Befehlsstellwerken entspricht sie dem telegraphischen Rufzeichen der Station.*

Wo Station und Befehlsstellwerk verschiedene Rufzeichen haben, erhält das Befehlsstellwerk die Bezeichnung seines eigenen Rufzeichens. Die übrigen Stellwerke werden in der Regel bezeichnet mit dem ersten Buchstaben vom telegraphischen Rufzeichen der Station und einem zweiten oder dritten Buchstaben, der die Lage oder Bedeutung des Stellwerks kennzeichnet, z B Gw = Großheringen-West, Bot = Breslau Ostturm, Mg = Münster Güterschuppen."*

Der Internetseite „Drehscheibe online" war zu entnehmen, daß die „letzte Veröffentlichung der alten Abkürzungen [..] sich im ‚Abkürzungsverzeichnis des Betriebsmaschinendienstes für Bahnhofsnamen und Betriebsstellen' vom 27.05.1979 ZTL 210.2102 Zlo [finden]".**

Die Bezeichnung der Stellwerke wurde regional und auch zeitlich unterschiedlich gehandhabt***, so daß die folgenden Ausführungen zwar Indizien liefern können, aber nicht für immer und überall in Deutschland gelten. Aus eigener Erfahrung kann der Verfasser für den Nordteil der alten Rbd Magdeburg und für die Bundesbahndirektionen Köln und Essen sprechen.

Durch die zunehmende Zahl großer Fernstell- und Fernsteuerbereiche, die von Betriebszentralen aus bedient werden, sind viele Stellwerke nicht mehr erforderlich. Sie wurden abgebrochen oder sich selbst überlassen und sind im Verfall begriffen. Teils werden sie inzwischen auch anders genutzt, wenn der Zugang ohne Querung der betriebenen Gleise möglich ist.

Bei Bahnhöfen mit mehreren Stellwerken deutete, wenn es möglich und sinnvoll war, der *letzte* Buchstabe an, ob es sich um ein Fahrdienstleiter- oder ein Weichenwärterstellwerk handelte; bei dreibuchstabigen Abkürzungen wies der *mittlere* Buchstabe oft darauf, ob das Stellwerk zum Personen- oder zum Güterbahnhof gehörte: Hagen Hbf hatte früher die Stellwerke Hpf und Hpw (Hagen Personenbahnhof Fahrdienstleiter bzw. Weichenwärter), in der Nachbarschaft standen Hgf (Hagen Güterbahnhof Fahrdienstleiter) und Hgw (Hagen Güterbahnhof Weichenwärter). Im Rangierbahnhof Hagen-Vorhalle heißen die Fahrdienstleiterstellwerke noch heute Vof und Vwf, und in Wuppertal-Vohwinkel konnte man bis vor wenigen Monaten das Stellwerk Vpf für Vohwinkel Personenbahnhof Fahrdienstleiterstellwerk ausmachen.

---

* https://www.drehscheibe-online.de/foren/read.php?017,5704222

** https://www.drehscheibe-online.de/foren/read.php?017,4695661

*** http://stellwerke.de/liste/seite3_a.html

Gelegentlich war die geographische Lage in die Bezeichnung einbezogen, etwa bei On = Osterburg Nord (das südlich gelegene Befehlsstellwerk hieß Ob) oder Msf und Mnf = Magdeburg Süd Fahrdienstleiter bzw. Magdeburg Nord Fahrdienstleiter; in Hagen-Vorhalle Vof = Vorhalle Ost Fahrdienstleiter und Vwf = Vorhalle West Fahrdienstleiter.

Nach größeren Umbauten bei der Deutschen Bundesbahn, die nur ein Stellwerk übrig ließen, gab es oft die Kombination aus Beginn des Ortsnamens und dem „f" für Fahrdienstleiter. Die Zusammenlegungen politischer Gemeinden wurden dabei eher *nicht* nachvollzogen: so hießen beispielsweise in Wuppertal die Stellwerke weiterhin Of = Oberbarmen Fahrdienstleiter, Ef = Elberfeld Fahrdienstleiter und Vpf = Vohwinkel Personenbahnhof Fahrdienstleiter, und das, obwohl die Städte Barmen, Elberfeld, Cronenberg und Vohwinkel schon 1929 zusammengeschlossen, 1930 die neue Stadt in Wuppertal umbenannt wurde und der Bahnhof Wuppertal-Elberfeld seit Mitte der 90er Jahre Wuppertal Hbf heißt.

Bis vor wenigen Jahren stand in Krefeld-Uerdingen noch ein Stellwerk aus der Reichsbahnzeit mit der Frakturinschrift „Uerdingen am Rhein" und der Bezeichnung Uf. Inzwischen ist es abgebrochen.

Auch die Eingemeindung von Vorhalle nach Hagen 1929 schlug sich nicht in den Stellwerksbezeichnungen nieder, siehe oben; ebensowenig die von Rheindahlen und Rheydt nach Mönchengladbach mit den Stellwerken Mf = Mönchengladbach [Hbf] Fahrdienstleiter, aber weiter Rf = Rheindahlen Fahrdienstleiter (und Ro = Rheindahlen Ost) und Rheydt Hbf mit Rpf und Rpn sowie Rheydt-Odenkirchen mit Of.*

Im Bereich der Deutschen Reichsbahn (DDR) wurden dagegen oft die Stellwerke innerhalb eines Bahnhofs durchnumeriert und die Funktion als Buchstabe davorgesetzt, zum Beispiel W 1 = Wärterstellwerk 1, B 3 = Befehlsstellwerk 3, R 2 = Rangierstellwek 2.

Es existierten also weit mehr Stellwerke als Betriebsstellen (Bahnhöfe, Haltepunkte, Abzweigstellen usw.), und die Abkürzungen für diese Betriebsstellen waren uneinheitlich.

* Odenkirchen wurde 1929 zusammen mit Rheydt, München-Gladbach, Giesenkirchen und Schelsen zur neuen kreisfreien Stadt Gladbach-Rheydt vereinigt. Diese Stadt wurde 1933 wieder aufgelöst, jedoch verblieben Odenkirchen, Giesenkirchen und Schelsen bei Rheydt und der Bahnhof wurde in Rheydt-Odenkirchen umbenannt. Dieser Name wurde mit der erneuten Eingemeindung von Rheydt nach Mönchengladbach (nun nicht mehr München-Gladbach) zum 1. Januar 1975 aber nicht wieder geändert.

Bei der Deutschen Bundesbahn gab es Anfang der 80er Jahre ein Projekt namens „Integrierte Transportsteuerung" (ITS), das seiner Zeit gemäß auf die voranschreitende elektronische Datenverarbeitung setzte. Dafür war eine *eindeutige, überschneidungsfreie* Benennung aller Betriebsstellen nötig, und dem genügte das alte System nicht mehr. Deshalb wurden die - heute noch gültigen - Abkürzungen geschaffen, die mit dem Kennbuchstaben der damaligen Direktion beginnen. Große bzw. bedeutende Betriebsstellen erhielten kurze Buchstabenkombinationen, kleinere hatten daher mehr Buchstaben.

Beispiele: AA = Hamburg-Altona; AH = Hamburg Hbf; ABLZO = Buchholz (Nordheide) Vorbahnhof oder EE = Essen Hbf; EDO = Dortmund Hbf; EDG = Duisburg Hbf; EDWD = Duisburg-Wedau; EDMEA = Abzw Duisburg-Meiderich Süd.

Für wichtige Bahnstellen im Ausland (man wollte ja *alle* Betriebsstellen in der EDV verarbeiten können) verwendete man die führenden Buchstaben X und später auch Z. Der zweite Buchstabe gab das Land an.

Beispiele: XAL = Österreich [Austria] / Linz Hbf; XLBET = Luxemburg / Bettembourg; XID = Italien / Domodossola; XBM = Belgien / Montzen; XCM = Sowjetunion / Moskau; XPWP = Polen / Warszawa Praga.

Betriebsstellen der Nichtbundeseigenen Eisenbahnen (NE-Bahnen) waren für den Wechselverkehr DB - NE wichtig und erhielten ihre Abkürzungen nach der geographischen Lage der zugehörigen Bundesbahndirektion. Beispiele: ENHW = Neheim-Hüsten West; HCN = Celle Nord; RHLB = Bad Herrenalb; TDH = Dettenhausen.

Im Zuge der Wiedervereinigung von Deutscher Bundesbahn und Deutscher Reichsbahn (DDR) erhielten auch die Reichsbahnbetriebsstellen Abkürzungen nach dieser neueren Systematik. Weil etliche Buchstaben für die Direktionen schon vergeben waren, etwa E für Essen, H für Hannover und S für Saarbrücken, erhielten die Rbd Halle das L, die Rbd Erfurt das U und die Rbd Schwerin das W. Die Reichsbahndirektionen Berlin und Dresden konnten mit den noch freien Buchstaben B und D versorgt werden; die Reichsbahndirektionen Cottbus, Greifswald und Magdeburg wurden aufgelöst.

Schon die Vorkriegsdirektionen der Deutschen Reichsbahn waren territorial *nicht deckungsgleich mit Regierungsbezirken oder Ländern*, das hat sich später nicht geändert. Deshalb war und ist es auch nicht möglich, in solche Abkürzungen die Zugehörigkeit zu politischen Gebieten einzuarbeiten. Die Systematik ist aus dem Eisenbahnbetrieb für den Eisenbahnbetrieb gewachsen.

Das derzeit gültige Regelwerk der Deutschen Bahn AG gibt keine direkten Hinweise mehr auf die ehemaligen Direktionen, es heißt nur relativ farblos „Örtlichkeit in ... [Baden, Sachsen o. ä.], ehem. RB DB Netz ...", wobei die Regionalbereiche Netz anscheinend zunächst die ursprünglichen Direktionsbezirke umfaßt haben. Durch Neugliederungen ist auch diese zeitweise Zuordnung heute nur noch Geschichte.

Zum Unterschied von Betrieb und Verkehr

Die vorstehenden Ausführungen beziehen sich auf *betriebliche* Belange. So ist auch der Begriff des Bahnhofs im Sinne der Eisenbahn-Bau- und Betriebsordnung (EBO) bzw. der Fahrdienstvorschrift (DV/DS 408) zu verstehen, als *Bahnanlage mit mindestens einer Weiche, auf der Züge beginnen, enden, kreuzen, überholen oder mit Gleiswechsel wenden dürfen.* Das ist etwas anderes als etwa ein architektonischer oder ein verkehrlicher Bahnhofsbegriff. In der Architektur ist meist das Empfangsgebäude gemeint, während im verkehrlichen Sinne auch ein Haltepunkt (also eine Bahnanlage ohne Weichen) als Bahnhof bezeichnet werden kann. *

Deshalb folgt auch das IBNR, das Internationale Verzeichnis der Bahnhofsnummern, einer anderen Systematik nach verkehrlichen Gesichtspunkten. Im IBNR finden sich zum Beispiel Bushaltestellen, die mit der Eisenbahn gar nichts (mehr) zu tun haben. Sofern dort früher einmal Eisenbahnverkehr betrieben wurde, ist er eingestellt und die Bahnanlagen können längst abgebaut sein.

Wenn auf Fahrkarten des Reiseverkehrs der Weg durch abgekürzte Ortsnamen angdedeutet ist, werden auch dazu nicht die betrieblichen Abkürzungen verwendet, sondern Kfz-Kennzeichen oder Eigenkreationen der Verkehrsträger.

Das DIUM **, ist zwar bei seinen Bahnhofsnummern oft gleichlaufend mit den betrieblichen Bahnstellennummern, aber nicht immer. Im Zweifel haben verkehrliche Belange (etwa der „Verrechnungsbahnhof") Vorrang.

---

* Gevelsberg Hbf und Mülheim (Ruhr) Hbf haben keine Weichen, sind also betrieblich Haltepunkte.

** Distancier international uniforme marchandises: liste des gares ... = Einheitlicher Entfernungszeiger für den internationalen Güterverkehr: Verzeichnis der Güterverkehrsstellen...)

Streckennummern - verschiedene Systeme

Für die Numerierung von Eisenbahnstrecken existieren verschiedene Systeme - je nach Blickwinkel des Nutzers und deshalb unterschiedlich. Hier seien die bekanntesten erwähnt.

Betrieblich sind die vierstelligen VzG-Streckennummern der STREDA sehr wichtig. STREDA steht dabei für *Streckendatenbank* und VzG für *Verzeichnis der örtlich zulässigen Geschwindigkeiten*. Auch geplante, im Bau befindliche, stillgelegte, abgebaute, veräußerte und nicht gebaute Strecken sind enthalten, soweit für die Eisenbahn Rechte oder Rechtsverpflichtungen bestehen. Die VzG-Streckennummern sind eindeutig und verändern sich im Gegensatz zu den Kursbuchstreckennummern *nicht* im Laufe der Zeit. Sie werden deshalb auch außerhalb der Deutschen Bahn AG bei Ausschreibungen von Bauleistungen, Planung von Bauten, Raumordnung usw. verwendet.

Die meist dreistelligen Kursbuchstreckennummern folgten dagegen *verkehrlichen* Belangen. Sie sollten dem Kursbuchnutzer die Orientierung in den Fahrplantabellen erleichtern, sie deuteten Magistralen an und die örtliche Lage. Von wichtigen Verkehrsknoten ausgehend, führten die Strecken sternförmig (im Uhrzeigersinn geordnet) zu anderen bedeutenden Zielpunkten. Die Grundstrecken erhielten die Endziffer 0. Die abgehenden Seitenstrecken trugen in der ersten und zweiten Stelle die gleichen Ziffern wie die Grundstrecke, in der dritten Stelle wurde die laufende Numerierung der Abzweigungen fortgesetzt. **Beispiel:** *München* - Ingolstadt - Donauwörth (- Stuttgart) 910 ; - Ingolstadt - Würzburg 920 ; - Landshut - Regensburg 930 ; - Mühldorf 940, - Rosenheim - Salzburg 950 ; - Weilheim - Innsbruck 960 ; in Weilheim abzweigend nach Schongau 962. Inzwischen gibt es keine gedruckten Kursbücher mehr. Zwar existieren die Kursbuchstreckennummern noch in Datenbanken, aber sie sind bei weitem nicht mehr so präsent wie in den papiernen Fahrplantabellen.

Sowohl betriebliche als auch verkehrliche Aspekte (z. B. Zugläufe) sind in den La-Streckennummern verarbeitet. „La" steht dabei für die *Zusammenstellung der vorübergehenden Langsamfahrstellen und anderen Besonderheiten.*

Grundsätze und Richtlinien zur Schreibweise von Bahnhofsnamen

Dieser Beitrag stammt von Erich Preuß (1940 - 2014) und erschien unter anderem in dem Sammelwerk „Das große Archiv der deutschen Bahnhöfe" im Gera=Nova=Verlag, München, 1995 ff. Freundlicherweise hat mir Herr Preuß vor seinem Tode noch die Verwendung des vollständigen Aufsatzes gestattet.

1. **Punkte** werden hinter Bahnhofsnamen und Zusätzen nicht gesetzt. Es heißt also „München Hbf" und nicht „München Hbf.".
2. **Bindestriche** kommen nur bei Doppelnamen in Frage, sofern es sich um zwei verschiedene Orte handelt, auch wenn im Laufe der Zeit infolge der Ausdehnung der Orte eine räumliche Trennung nicht mehr besteht, zum Beispiel: Schirgiswalde-Kirschau.
3. **Vor dem Ortsnamen stehende Zusätze** wie Bad, Ostseebad usw. werden *nicht* durch Bindestriche mit dem Ortsnamen verbunden.
   Es heißt daher richtig Bad Breisig oder Lutherstadt Eisleben.
   Der falsche Bindestrich ist der häufigste Fehler.
   Bei Dresden-Neustadt ist er indes richtig, weil Neustadt ein Ortsteil in Dresden ist. Bei Hildesheim-Ost ist er zuviel, denn Ost ist kein Stadtteil, sondern eine Himmelsrichtung. Genauso falsch ist es, Hauptbahnhof oder Haltepunkt durch einen Bindestrich mit dem Ortsnamen zu verbinden.
   So hatte man zu schreiben Berlin Ostbahnhof und nicht Berlin-Ostbahnhof. Als auf den Bahnsteigen Bänke mit entsprechender Holzanschrift aufgestellt worden waren, mußte der Bindestrich abgeschlagen werden, zumal die Fügung Berlin-Ost in der offiziellen Lesart verpönt war.
4. **Zusätze hinter Ortsnamen** zur Unterscheidung von gleichnamigen Orten werden in runde Klammern gesetzt. Hierbei ist zu beachten, daß Abkürzungen wie „b" (bei), „Kr" (Kreis) sowie die in Klammern stehenden Abkürzungen von Ortsnamen, Namen von Flüssen usw. *keinen* Punkt erhalten, also Hoppenrade (Meckl) und nicht Fürth (Odenw.), Coswig (Bez Dresden) oder Bernau (a Chiemsee).
   Häufig wird unzulässig abgekürzt wie Frankfurt (O), Halle (S) Hbf.
   Im Bahnhofsverzeichnis des Kursbuches der Deutschen Bahn AG finden wir Uneinheitliches, wie oft auch die Schreibweise der Bahnhofsnamen nicht mit

der in der Fahrplantabelle übereingeht.
In der Mehrzahl werden die Abkürzungen korrekt gedruckt wie z.B. Heidkrug (b Delmenh). Daneben finden wir aber auch Mühlen (b. Horb).

5. Der **Zusatz zum Zusatz** wird durch ein Komma getrennt.
   Nicht totzukriegen ist die Schreibweise Moßbach (b Neustadt/Orla). Bereits 1959 wurde sie in einer DDR-Fachzeitschrift kritisiert und findet sich noch ganz genau so im Kursbuch 1996/97.
   Richtig wäre Moßbach (b Neustadt, Orla). Der Verzicht auf den Schrägstrich soll die Lesbarkeit derart langer Fügungen erleichtern. Der Schrägstrich innerhalb der Klammer hingegen macht den Teil zu wichtig, der nur den Ortsnamen ergänzen soll.
   Bei der Deutschen Bahn AG herrschen für solche Fügungen - zum Teil falsche! - Schreibweisen vor: Reuth (b Plauen/Vogtl),
   Raindorf (b Fürth Bay), Steinach (b Rod T),
   Struthuten (Neunkirchen, Kr. Siegen), Oberau (b. Garmisch-P).
6. **Zusätze zur näheren Bezeichnung** bei mehreren Bahnhöfen an einem Ort wie Hbf, Süd, Vorstadt werden *nicht* durch Bindestriche mit dem Ortsnamen verbunden.
7. Für einige Zusätze gelten **feststehende Abkürzungen** wie Hbf, ob Bf, unt Bf - **nie kürzt die Eisenbahn Bahnhof mit „Bhf" ab!**
8. **Ortsnamen mit ß** dürfen nicht mit ss geschrieben werden, also nicht Weissenfels. Doch es sind zwischenzeitliche Änderungen zu beachten. Beispielsweise schrieb sich Sassnitz einst mit Doppel-s, dann mit ß und seit 1992 wieder mit ss.

Systematik der Buchfahrpläne der DB (Fahrzeiten= und Geschwindigkeitshefte)

Die Buchfahrplanhefte der Deutschen Bundesbahn (Fahrzeiten= und Geschwindigkeishefte) folgten bis in die 90 er Jahre hinein einem numerischen Schema, das auf den verbliebenen zehn Bundesbahn=direktionen basierte. Der Verfasser dankt an dieser Stelle besonders Herrn Lokomotivbetriebsinspektor Georg Allmacher, Aachen, für die Erläuterungen.

Auf der Lok mußten jeweils *beide* Hefte des Buchfahrplans für die Fahrt benutzt werden: das Geschwindigkeitsheft (GeH) und das Fahrzeitenheft (FztH). Sie bildeten *gemeinsam „den"* Buchfahrplan.

Die zehn Bundesbahndirektionen waren dabei wie folgt genummert:

0	Hamburg	A
1	Hannover	H
2	Essen	E
3	Köln	K
4	Frankfurt am Main	F
5	Saarbrücken	S
6	Karlsruhe	R
7	Stuttgart	T
8	München	M
9	Nürnberg	N

Bei den vierstellig genummerten Geschwindigkeitsheften (GeH) erschien diese „Direktionskennzahl" dabei an der *letzten* Stelle, bei den dreistellig genummerten regionalen Fahrzeitenheften (FztH) dagegen an der *ersten* Stelle. Für die über=regionalen, vierstellig genummerten Fahrzeitenheften für die Fernzüge waren sie entbehrlich und wurden nicht verwendet.

Es sei noch erwähnt, daß Buchfahrplanhefte zum ersten nach der Traktionsart - Diesel und elektrisch - unterschieden wurden und zum zweiten innerhalb dieser Gruppen wiederum gereiht waren. Das hatte praktische Gründe: um die einzel=nen Hefte nicht zu dick und zu unhandlich werden zu lassen; möglicherweise auch, um beim Neudruck (Berichtigungen oder Ersatzstücke) die Kosten niedrig zu halten.

I. Geschwindigkeitshefte (vierstellig) - 20** bis 24**

Stellen 1 und 2	Geschwindigkeit
	20 = 140 km / h und mehr
	2001 - 2009 : 160 km/h
	2010 - 2019 : 140 km/h im Norden
	2020 - ? : 140 km/h im Süden
	21 = 120 km / h und weniger
	22 = 100 km / h und weniger (meist nur Gz)
Stelle 3	Reihennummer innerhalb einer Direktion
	1 bis 4 Draht
	5 bis 9 Diesel
	da es mehr als 10 Strecken mit gleicher zulässiger Geschwindigkeit in einer Direktion geben kann
Stelle 4	Direktion

also zum Beispiel - lies von hinten nach vorn:

- 2013 = Kölner [3] Heft, 1. Reihe Ellok [1] für 140 km/h und mehr [20]
- 2152 = Essener [2] Heft, 1. Reihe Diesel [5] für 120 km/h und weniger [21]
- 2020 = Hamburger [0] Heft, 2. Reihe Ellok [2] für 140 km/h und mehr [20]
- 2211 = Hannoveraner [1] Heft, 1. Reihe Ellok [1] für 100 km/h und weniger [22]

II. Fahrzeitenhefte überregional (vierstellig) - 25**

2500	ICE
2501	EC ; zwei- und dreistellige Zugnummern bis 199
2502	Fernzüge Nr 200 bis 499
2503 / 2504	nicht vergeben, da Züge 300 bis 499 in Heft 2502 enthalten sind
2505	Fernzüge Nr 500 bis 699
2506	nicht vergeben, da Züge 600 bis 699 in Heft 2505 enthalten sind
2507	Fernzüge Nr 700 bis 899 - außer ICE -
2508	nicht vergeben, da Züge 800 bis 899 in Heft 2507 enthalten sind
2509	Züge Nr 900 bis 999 (z. B. Kurs-IC Mainz-Wiesbaden ; BW-IC)
2510	Züge Nr 1000 bis 1299 (z. B. Autoreisezüge)

III. Fahrzeitenhefte regional (d. h. direktionsintern oder zwischen zwei benachbarten Direktionen) - (dreistellig) - *10 bis *99

Stelle 1	herausgebende Direktion
Stelle 2	Zuggattung
Stelle 3	Reihe innerhalb der Direktion (mit 0 beginnend!)

*10 bis *20		Eilzüge	
	z. B.	310 = Kölner Eilzugplan, 1. Reihe	
	z. B.	212 = Essener Eilzugplan, 3. Reihe	
*21 bis *29		Personenzüge (Nahverkehrszüge)	
	z. B.	223 = Essener Pz-Plan, 4. Reihe	
	z. B.	922 = Nürnberger Pz-Plan, 3. Reihe	
*30		Leerreisezüge	
	z. B.	430 = Frankfurter Lr-Plan	
*40		S-Bahn-Pläne	
	z. B.	240 = S-Bahnen im Direktionsbezirk Essen	
	z. B.	340 = S-Bahnen im Direktionsbezirk Köln	
*50		Nahgüterzüge	
*60 und *61		dazugehörige Geschwindigkeitshefte	
*70		nicht vergeben	
*80		VZB-Strecken*, Pz-Pläne	
	z. B.	280 = Essener Pz-Pläne für die VzB-Nebenbahnen	
*81 und *82		VZB-Strecken, Pz- und Gz-Pläne	
*90 und *91		Güterzüge auf Z-Linien	100 km/h
*94 und 95		Güterzüge auf Z-Linien	90 km/h
*96		Güterzüge auf Z-Linien	80 km/h
*98		Lz** und Hilfszüge	60 km/h oder 80 km/h (direktionsweise verschieden)
*99		Hilfszüge	bis 140 km/h; Last max. 150 t

* VZB = Vorschrift für den Zugleitbetrieb; Anwendung auf Nebenbahnen.

** Lz = Lokomotivzug = einzeln fahrende oder mit anderen Loks zusammengekuppelte Lokomotive ohne anhängende Wagen

Dienstvorschrift (DV) oder Druckschrift (DS) ?

Dienstvorschriften, Anordnungen und Weisungen, Verzeichnisse, Schriften von unterrichtendem oder erläuterndem Inhalt usw. folgen einem thematischen System, welches *nicht* decklungsgleich mit dem System der Schriftgutverwaltung ist, das zur Vorbereitung der fertigen Veröffentlichung greift. An der Erstellung eine Dienstvorschrift usw. sind oft mehrere Abteilungen beteiligt, damit mehrere aktenführende Stellen, die ihre Materialien *nach ihren eigenen Bedürfnissen* registrieren und verwalten, also auch ihre eigenen Aktenzeichen verwenden. Die zwischen den Abteilungen abgestimmten Vorarbeiten fließen dann in das Endprodukt bei der federführenden Stelle ein.

Darüber hinaus hat man bei der Eisenbahn frühzeitig entschieden, daß die Vorschriften usw. numeriert werden sollten, die Numerierung aber durchaus Lücken aufweisen durfte. Dadurch finden sich Spuren der Schriftgutverwaltung nur in den Geschäftszeichen der Einführungsverfügungen.

Ein „Verzeichnis der Dienstvorschriften" gibt es leider nicht, nur Drucksachen- bzw. Druckschriftenverzeichnise. In diesem Zusammenhang steht auch die Umbenennung von „DV" in „DS" im Jahre 1979.

Im Amtsblatt der Deutschen Bundesbahn 24/1979 wurde die Umstellung des Begriffs „Dienstvorschrift" (DV) in „Druckschrift" (DS) verfügt:

236 - Vorschriftenwesen der DB

Änderung des Sammelbegriffs „Vorschrift" in „Druckschrift"

Nach den Bestimmungen für die Gestaltung von Vorschriften (Anhang III zur Drucksachenvorschrift) werden unter dem Sammelbegriff „Vorschriften" sämtliche für das Unternehmen DB zur einheitlichen, rationellen Regelung des Dienstbetriebes notwendigen und für den gesamten DB-Bereich geltenden Druckschriften in der Drucksachenkartei der geschäftsführenden BD Hannover katalogisiert. Daraus ergibt sich, daß derzeit

- alle geltenden Druckschriften unter dem Sammelbegriff „Vorschriften" mit der Kennzeichnung „DV" - Drucksachenverzeichnis charakterisiert werden,
- effektive Vorschriften jedoch nur ein Teil aller Druckschriften sind und

- Geschäftsanweisungen, Richtlinien, Verzeichnisse, Bedienungsanweisungen, Beschreibungen usw. hingegen den größeren Teil der Druckschriften ausmachen.

Um die Anzahl der effektiven Vorschriften - sie sind aus Titel und Gliederung eindeutig erkennbar - als Teilbereich neben dem anderen größeren Teil der Druckschriften zu verdeutlichen, ist anstelle des Sammelbegriffs „Vorschrift" mit Kennzeichnung „DV" = Drucksachenverzeichnis künftig der Sammelbegriff „Druckschrift" mit Abkürzung „DS" anzuwenden.

Bei der Neuausgabe der z. Z. in Überarbeitung befindlichen Bestimmungen für die Gestaltung von Vorschriften -DV 209/III - (künftig: Bestimmungen für die Gestaltung von Druckschriften - DS 2091111 -) wird dies entsprechend Berücksichtigung finden.

HVB vom 15. Mai 1979 - 2A.828 Oav 65 - An alle Stellen

Das numerische System der Dienstvorschriften

Dienstvorschriften im engeren Sinne waren als Themengruppen in zehn numerische Blöcke unterteilt; zur einfachen Unterscheidung hatten sie verschiedenfärbige Umschläge. Die Nummern der Grundvorschriften waren in der Regel dreistellig, Teilhefte erhielten kleine Buchstaben zur Unterscheidung, Anhänge römische Zahlen.

Hauptgruppen der Dienstvorschriften und Umschlagfarbe:

- 001 bis 099 - grau - Personal
- 100 bis 199 - grün - Allgemeine Verwaltung
- 200 bis 299 - braun - Finanzen
- 300 bis 399 - rot - Betrieb (Gesetze, Vorschriften des VDEV/VMEV)
- 400 bis 499 - rot - Betrieb (andere Vorschriften)
- 500 bis 599 - blau - Verkehr und Tarif (Gesetze usw. wie oben)
- 600 bis 699 - blau - Verkehr und Tarif (Kundmachungen des DEVV)
- 700 bis 799 - blau - Verkehr und Tarif (andere Vorschriften)
- 800 bis 899 - violett - Bau
- 900 bis 999 - gelb - Maschinentechnik und Werkstätten

Einige Dienstvorschriften lagen außerhalb dieses Systems, etwa die allgemeine Verschlußsachenanweisung (DV 1100 a)* oder die NfD-Vorschrift (DV 1100 c)**.

---

* siehe Seite 855 ff.

** siehe Seite 909 ff.

Nach 1939 wurden Vorschriften für den Betrieb von Eisenbahnen in besetzten Gebieten vierstellig numeriert. So erhielten Vorschriften für die Österreichischen Eisenbahnen eine 1 vorangestellt und Vorschriften für den Bereich der ehemaligen Polnischen Staatsbahnen eine 2.

Auswahl aus Dienstvorschriften / Druckschriften

- 019	ADA	Allgemeine Dienstanweisung für die ...beamten
- 101	Smlg HPfl	Sammlung von Verfügungen in Haftpflichtangelegenheiten
- 101/I	Haftpflichtr.	Richtlinien für Ermittlungen in Haftpflichtschadensfällen
- 140	AktVo	Dienstvorschrift über das Aktenwesen
- 140 I		Aktenplan [für die Zentral- und Direktionsebene]
- 176	Schriftvo	Dienstvorschrift für den Schriftverkehr der Dienststellen *
- 186	Dilo	Dienst- und Lohnordnung für die Arbeiter der Deutschen Reichsbahn
- 187	AO/Arb	Arbeitsordnung für die Arbeiter der Deutschen Bundesbahn
- 301	Signalbuch	Signalbuch
- 407	VBL	Vorschrift zur Ermittlung der Betriebsleistungen
- 408	FV	Fahrdienstvorschrift[en]
- 417	Naweba	DV über Namen und Wegweiser auf den Bahnhöfen
- 423	Buvo	Betriebsunfallvorschrift
- 455		Richtlinien für die Bearbeitung der Fahrtberichte
- 476	Fernschreibv.	Dienstvorschrift über den ...bahn-Fernschreibdienst
- 480	Fernsprechv.	Dienstvorschrift über den ...bahn-Fernsprechdienst
- 600	PAV	Personenabfertigungsvorschrift
- 601	PBV	Personenbeförderungsvorschrift
- 607	GBV (W)	Güterbeförderungsvorschriften f. d. Wagenladungsverkehr

* DV 176, Schriftvo, von 1932 bis 1960 gültig; abgelöst durch die DV für den Schriftverkehr der Dienststellen des Außendienstes (DV Schriftverkehr), die von 1960 bis 1992 galt, nie außer Kraft gesetzt wurde, aber durch Zeitablauf ungültig wurde. Vollabdruck im vorliegenden Buch ab Seite 795

Das folgende Schriftstück aus dem Archiv des Verfassers soll der geneigten Leserschaft nicht vorenthalten bleiben; es spricht für sich selbst.

Deutsche Bundesbahn Hannover, den 2.8.1954
Bundesbahndirektion Hannover
1 A F 50 Staod

An die Herren Abteilungsleiter, Dezernenten, Hilfsarbeiter, Bürovorstände und Mitglieder der Ausschüsse und Arbeitsgemeinschaften (nach anl besonderen Verteiler) sowie die Herren Amtsvorstände

\- je besonders -

Betreff
Vereinfachung des Vorschriftenwesens

1 Anlage

Auf der Präsidentenkonferenz am 29.6.1954 ist erneut die Frage der Vereinfachung des Vorschriftenwesens (Zurückstellung der zahlreichen, in Arbeit befindlichen Dienstvorschriften von der Bearbeitung, Beschränkung der Vorschriftengebung auf Rahmenvorschriften, Verzicht auf dieRegelung von Einzelfällen usw) zur Sprache gekommen.
Wir bitten, die in der Drucksachenvorschrift (DV 209) als Anhang IV abgedruckte Richtlinien für Aufbau, Ausstattung, Herstellung und Änderung von Vorschriften zu beachten, in denen unter Ziffer 8 bestimmt ist, daß womöglich nur allgemeine Grundsätze aufzustellen, nicht aber unwichtige Sonderfälle zu regeln sind. Dort ist bezüglich der Ermessensfreiheit auch gesagt, daß der Entscheidung und Selbstverantwortung der Dienststellen und der Bediensteten Spielraum zu lassen ist, soweit es die Einheitlichkeit des Dienstbetriebes zuläßt.
Da diese und andere in den Richtlinien niedergelegten Grundsätze oft nicht beachtet werden, hat der Vorstand der DB im September 1953 einen Erlaß über die Vereinfachung des Vorschriftenwesens herausgegeben, von dem Sonderdrucke hergestellt und in Einzelfällen ausgegeben worden sind.
Wir überreichen nunmehr allen in der Anschrift Genannten einen Abdruck zum Handgebrauch; weitere Abdrucke und Sonderdrucke des Anhangs IV der Drucksachenvorschrift können bei F 50 (Fernruf 5155) abgefordert werden.

gez Brendel

[Dienstsiegel] ; Beglaubigungsvermerk

Deutsche Bundesbahn Offenbach (Main), den 16. September 1953
Der Vorstand
2.823 Oav 8

An die
Generalbetriebsleitungen Süd Stuttgart
und West Bielefeld, Bundesbahndirektionen,
Bundesbahn-Zentralämter Minden (Westf)
und München, das Bundesbahn-Sozialamt
Frankfurt (Main) und das Hauptwagenamt
Frankfurt (Main)

(mit Abdruck für die Prüfungsämter)

- je besonders -

Betreff
Vereinfachung des Vorschriftenwesens

Die Vorschriften sollen Hilfsmittel zur bestmöglichen Arbeitserledigung sein. Sie werden ihre Aufgabe um so besser erfüllen, je einfacher, kürzer, übersichtlicher und klarer sie sind. Obwohl hierauf immer wieder hingewiesen worden ist, sind die Vorschriften in den letzten Jahren umfangreicher und zahlreicher geworden.

Das Vorschriftenwesen wird nur dann wirksam vereinfacht werden können, wenn die Stellen des ausführenden Dienstes nicht durch übertriebene Wünsche nach Ergänzung oder Änderung der Vorschriften der Vereinfachung entgegenwirken und wenn die mit der Fortentwicklung der Vorschriften betrauten Stellen ihre Bemühungen vor allem darauf richten, die Vorschriften von allen entbehrlichen Einzelbestimmungen zu befreien. Von der Einführung völlig neuer Vorschriften sollte möglichst abgesehen werden. Änderungen sollten nur in ganz dringend notwendigen Fällen durchgeführt werden.

Anhang IV der Drucksachenvorschrift enthält die Bestimmungen im einzelnen, wie die Vorschriften zu vereinfachen und leicht faßlich zu gestalten sind. Leider werden die Bestimmungen nicht genügend beachtet. Wir machen deshalb erneut auf folgendes aufmerksam:

I. ALLGEMEINES

1. Es muß vermieden werden, daß einzelne Bedienstete eine zu große Anzahl von Vorschriften lesen und sich einprägen müssen. Die Verteilungspläne müssen deshalb sorgfältig aufgestellt werden.

Hierbei ist genau zu prüfen, ob ein zwingendes Bedürfnis dafür besteht, daß die in den bisherigen Verteilungsplänen genannten Dienststellen die Vorschriften erhalten. Jede Dienststelle soll nur die Vorschriften erhalten, die sie für ihren Dienstbereich unbedingt braucht. Es ist deshalb wichtig, daß die BD'en die Bedarfsanmeldungen der Ämter und Dienststellen schärfstens nachprüfen.

2. Die Vorschriften sollen wo möglich nur allgemeine Grundsätze aufstellen, nicht aber unwichtige Sonderfälle regeln.

3. Selbstverständliches und Bedeutungsloses darf nicht in einer Vorschrift stehen.

4. Die Vorschriften müssen kurz gefaßt sein, in klarer, allgemein verständlicher Sprache, so daß der Leser den Grundgedanken versteht, ohne an anderer Stelle nachschlagen zu müssen. Hinweise auf andere Bestimmungen, nachträgliche Erklärungen und Erläuterungen sind möglichst zu vermeiden. Wiederholungen aus anderen Vorschriften, sofern sie nicht völlig vermieden werden können, sind auf ein Mindestmaß zu beschränken.

5. Abkürzungen sind in den Vorschriften einzuschränken. Es sind nur zugelassen

a) die allgemein gebräuchlichen Abkürzungen (für Maße, Gewichte usw. und für Ausdrücke wie "z.B.", "usw."),

b) die in den Abkürzungsverzeichnissen vorgesehenen Wörter in der vorgeschriebenen Kurzform, aber nur dann, wenn es wegen der Übersichtlichkeit oder Raumausnutzung nötig ist.

6. Bei der Neuausgabe und bei der Erstausgabe von Vorschriften sind Einführungsbestimmungen vorzuheften, aus denen sich ergibt, welche Vorschriften durch die neuen aufgehoben werden und welche Änderungen getroffen worden sind.

7. Vom 1. April bis 30. September dürfen neue Vorschriften oder Berichtigungsblätter nicht herausgegeben, verteilt oder eingeführt werden, damit die Dienststellen im Sommerhalbjahr von den damit zusammenhängenden Arbeiten entlastet werden. Ausnahmen für ganz besonders dringende Fälle oder solche, die Vereinfachungen bringen, kann nur die HVB genehmigen (2.823 Oav 5 vom 14. April 1953).

8. Alle Vorschriften sind im Entwurf - vor Übersendung an die BD München, die bei allen Entwürfen zu Vorschriften nach Verfügung 2.823 Aaf 2 vom 3. Juni 1953 mitwirkt - der Gesellschaft für deutsche

Sprache e.V. Lüneburg, Schillerstraße 11, zur Überprüfung auf Sprachreinheit zuzuleiten, die kostenlos Vorschläge für die sprachliche Gestaltung macht (2S HB 7 Aav 2 vom 29. August 1951).

II. Ausstattung und Herstellung

1. Der Titel der Vorschrift ist mit besonderer Sorgfalt klar, kurz und so treffend wie möglich zu wählen.

2. Kurzbezeichnungen sind nur für Vorschriften zu verwenden, die viel gebraucht werden und sich an einen großen Teil der Bediensteten wenden, und auch nur dann, wenn sie aus den Bestandteilen der natürlichen Sprache gebildet werden, z.B. "Drucksachenvorschrift" für die Dienstvorschrift 209 "Dienstvorschrift über Drucksachen, Schreib- und Zeichenstoffe". Wenn dies nicht möglich und eine Abkürzung nicht zu umgehen ist, können die anfangsbuchstaben eines zu langen Namens zu einem Buchstabenzeichen vereinigt werden (z.B. "BO" für "Eisenbahn-Bau- und Betriebsordnung"); die einzelnen Buchstaben sollen nicht zu einem Wort zusammengezogen, sondern stets großgeschrieben werden.

3. Abschnitte sind laufend als § 1 usw. zu bezeichnen. Neben dem Paragraphen steht eine im Druck hervorgehobene Überschrift, die einfach und klar gefaßt sein muß. Die einzelnen Absätze werden mit Nummern in Klammern, z.B. (2) bezeichnet. Ihr Inhalt kann durch Einziehung und, z.B. bei Aufzählungen, durch Kleinbuchstaben weiter gegliedert werden.

4. Im Interesse der Übersichtlichkeit einer Dienstvorschrift ist der Inhalt der einzelnen Bestimmungen am äußeren Rande durch Stichwörter zu kennzeichnen.

5. Auf jeder rechten Druckseite des Wortlauts sind oben rechts, auf jeder linken links die Paragraphen in Klammern anzugeben.

6. Erläuterungen zu Vordrucken sind nicht in der Vorschrift, sondern auf dem Vordruck zu geben.

III. Änderungen

1. Änderungen dürfen nur angeordnet werden, wenn es unbedingt nötig ist. Vorschriften dürfen nicht schon deshalb ergänzt und geändert werden, weil im Einzelfall Zweifel entstanden sind. Insbesondere ist als Grund für Ergänzungen und Änderungen nicht anzuerkennen, daß Einzelfälle vorgekommen sind, die durch die Vorschrift nicht oder nicht vollständig erfaßt werden. Solche Einzelfälle hat die Bundesbahndirektion zu regeln.

2. Häufige Berichtigungen machen viel Arbeit und erschweren die Übersicht. Deshalb sollen Anregungen, die zurückgestellt werden können, zunächst gesammelt und dann gemeinsam durchgeführt werden.

3. Änderungen und Ergänzungen ordnet die Stelle an, die die Vorschrift eingeführt hat (HVB, BfV usw.). Sie setzt in ihrer Anordnung den künftigen Wortlaut fest.

4. Die anordnende Stelle bestimmt, ob der Übersichtlichkeit wegen ganze Abschnitte, Paragraphen oder Seiten neu zu fassen sind.
Sie verfügt zugleich, wann die Änderung in Kraft tritt. Zwischen der Herausgabe der Verfügung und dem Inkrafttreten der Änderung soll ein möglichst großer Zeitraum liegen.

5. Änderungen werden in der Regel ohne besondere Verfügung durch Ausgabe von Berichtigungsblättern, bei den Dienstvorschriften zu deutschen und Auslandstarifen durch Nachträge durchgeführt.
Neuausgaben von Vorschriften und wichtigere Berichtigungsblätter sind in den Amtsblättern anzukündigen.

Wir ersuchen, auch den Vorsitzenden und Mitgliedern von Fachausschüssen und Arbeitsgemeinschaften einen Abdruck dieser Verfügung auszuhändigen und ihnen aufzugeben, die Verfügung un den Anhang IV der Drucksachenvorschrift bei der Aufstellung von Vorschriften genauestens zu beachten.

Ein Florabzug liegt bei.

gez. Dr.-Ing. Frohne

[Dienstsiegel] ; Beglaubigungsvermerk

(Weitere Abdrucke vorstehender Verfügung können bei F50 angefordert werden.)

Die Telefonie der Eisenbahn

Die Eisenbahn unterhielt ein eigenes Fernsprechnetz. In diesem Netz unterschied man das erweiterte Betriebsfernsprechnetz, das Betriebsfernsprechnetz im engeren Sinne (Betriebsfernsprechverbindungen) und das Netz für die elektrische Zugförderung (Starkstromnetz). Zum Betriebsfernsprechnetz im engeren Sinne gehörten die Fahrdienstverbindungen (Fd), die Streckenfernsprechverbindungen (Fs) und die Bahnhofsverbindungen (Fo). Das erweiterte Betriebsfernsprechnetz (Basa) umfaßte Hauptverbindungen (Fh), Fernverbindngen (Ff), Nahverbindungen (Fn), Bezirksverbindungen (Fb) und Anschlußverbindungen (Fa) sowie Postanschlußverbindungen (Fp), letztere auch zur Vermittlung vom Basa- ins Postfernsprechnetz.

Das Kürzel „Basa" steht für „Bahn-Selbstanschlußanlage". Mit dieser Fernsprechtechnik war die Deutsche Reichsbahn seit den 20er Jahren ein Vorreiter in Sachen Selbstwählferndienst. Während die Reichspost noch weitgehend Ferngespräche mit der Hand vermittelte, konnten Mitarbeiter der Eisenbahn ihre Gesprächsteilnehmer ohne Vermittlung durch Selbstwahl erreichen, auch in ferngelegenen Regionen.

Die hier skizzierte Basa-Technik wurde bis Anfang der 1990er Jahre betrieben und danach durch neuere Entwicklungen abgelöst.

Im Gegensatz zum Fernsprechnetz der Deutschen Bundespost, das für jeden Ort von überall her die gleiche Vorwahl hat, mußten Basa-Verbindungen schrittweise über Knotenvermittlungsstellen aufgebaut werden (Staffelwahl). Die Staffelwahl wurde übrigens auch in anderen Sondernetzen verwendet (Polizei, Militär).

Das Basa-Netz basierte auf Haupt-, Stern- und Querverbindungen, mit denen im Weit- oder im Bezirksverkehr die Teilnehmer erreichbar waren. Im Weitverkehr sprach man mit Teilnehmern außerhalb des eigenen Direktionsbezirks, im Bezirksverkehr innerhalb. Dem Weitverkehr dienten die Basa des Großnetzes an den Sitzen des Verkehrsministeriums, der Reichbahndirektionen, der Reichsbahnzentralämter usw. mit dreistelligen, mit 9 beginnenden Kennzahlen. Die Basa an den Standorten der Anfang der 70er Jahre aufgelösten Bundesbahndirektionen behielten ihre mit der 9 beginnende Kennzahl und bekamen zusätzlich eine Kennzahl des Bezirksverkehrs der aufnehmenden Direktion.

Das Basa=Netz der Deutschen Reichsbahn (DDR) arbeitete mit zweistelligen, ebenfalls mit der 9 beginnenden Kennzahlen für ihr Großnetz. Nach 1990 erielten die Direktionsitze wieder dreistellige Kennzahlen.

Im Bezirksverkehr hatten die Hauptbasa dreistellige, mit 8 beginnende Kenn=zahlen und konnten ohne den Umweg über die Großbasa der eigenen Direktion direkt angewählt werden. Unterbasa wurden über die Hauptbasa angewählt. Von der Unterbasa in die eigene Hauptbasa gelangte man in der Regel durch Tasten=druck. Den eigenen Direktionssitz (sowohl für Teilnehmer dort als auch zum Großknoten) erreichte man in der Regel mit der Kennzahl 812, gelegentlich auch mit der Großbasavorwahl mit einer 8 statt der 9 an erster Stelle.

Die Vorwahlen der Unterbasa begannen regelmäßig mit einer 7.

Darüber hinaus gab es Querverbindungen zwischen örtlich nahen Basa auch über Direktionsgrenzen hinweg. Dadurch war es z. B. bei überlasteten oder gestörten Leitungen des Weitverkehrs möglich, den gewünschten Teilnehmer - nur eben über einen anderen Weg - zu erreichen. Diese Querverbindungen begannen ebenfalls meist mit der 7.

Länderübergreifend kam später das UIC=Fernsprechnetz hinzu, dessen Netz=mittelpunkte (Wien, Prag, Utrecht, Brüssel, Bern usw.) mit vierstelligen Vorwahlen erreichbar waren (9043 Österreich, 9042 [damals] Tschechoslowakei, 9031 Nieder=lande, 9033 Belgien, 9041 Schweiz usw.).

Groß= und Hauptbasa wurden angesagt („Frankfurt", „Hamburg", „Puttgarden"), die Unterbasa sandten als Kennung Morsezeichen. Die Kenntnis von Morsezeichen war daher sehr nützlich. Man machte auch zweckmäßigerweise beim Wählen kurze Pausen, um sich zu vergewissern, ob man noch auf dem richtigen Wege war.

Einige Beispiele sollen die Staffelwahl verdeutlichen.

Ein Teilnehmer aus Köln (Direktionssitz, Großbasa=Kennzahl 943) konnte einen Teilnehmer in Minden (Sitz eines Bundesbahn=Zentralamts, Großbasa=Kennzahl 948) erreichen, indem er 948 - *Teilnehmer* wählte. Ein Teilnehmer aus Düsseldorf=Unterrath dagegen (im Bezirk Köln, Hauptbasa=Düsseldorf 821, Unterbasa .724) mußte zunächst mit Tastendruck in die Hauptbasa Düsseldorf, dann den Großbasaknoten Köln anwählen (aus der eigenen Direktion 812), dann weiter den Großbasaknoten Minden und dort den Anschluß, also 812 - 948 - *Teil=nehmer*. Wollte der Mindener Teilnehmer seinen Gesprächspartner in Düssel=dorf=Unterrath zurückrufen, wählte er 943 - 821.724 - *Teilnehmer*.

Ein Anrufer aus Frankfurt (M) Flughafen konnte einen Teilnehmer auf dem Fährschiff „Deutschland" durch 812-947-868.711-*Teilnehmer* anwählen: über die Großbasa am eigenen Direktionssitz - Großbasa Hamburg - Hauptbasa Puttgarden. Unterbasa Fährschiff „Deutschland - *Teilnehmer*.

Zwischen benachbarten Orten gab es oft Querverbindungen auch über Direktionsgrenzen hinweg; in der Regel war die Kennzahl zweistellig und begann mit einer 7. So konnte man etwa, wenn die Verbindung von Hagen zur Knotenbasa am Direktionssitz Essen gestört war, mit der Querwahl 73 nach Schwelm (Direktion Köln, ex Wuppertal) gelangen und von dort über 848 direkt nach Aachen. Der Regelweg wäre 812-943-848-*Teilnehmer* gewesen (Essen - Köln - Aachen).

Selbst über Ländergrenzen hinweg funktionierte das, zum Beispiel von Aachen aus mit der 70 nach Montzen, mit der 71 nach Welkenraedt (beide in Belgien) und mit der 72 nach Maastricht in den Niederlanden.

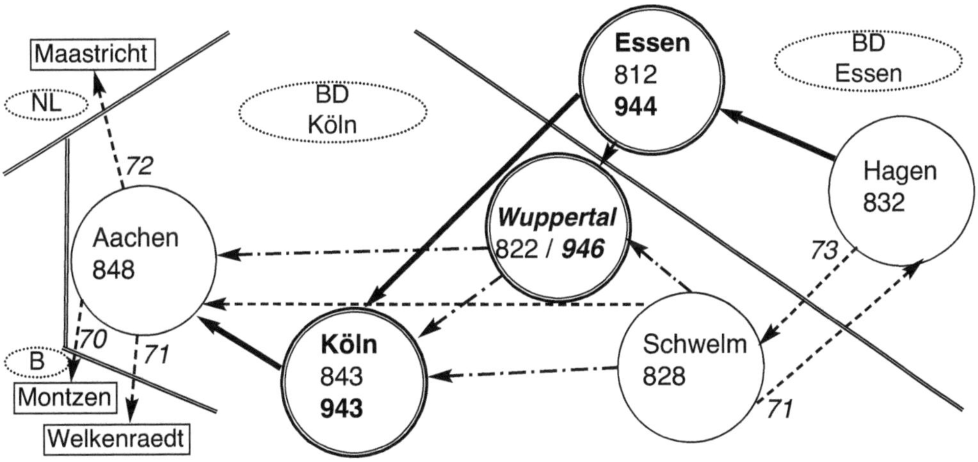

In der Basa der Bundesbahn waren einige Rufnummern nach Funktionen vergeben, zum Beispiel die 1000 und die 11 oder 1111 mit der Vermittlung/Auskunft/Entstörung (damit man notfalls sogar bei Ausfall der Wählscheibe durch „Gabelwählen" noch die Verbindung herstellen konnte), die 8111 mit der Zeitansage, die 365 (ggf. 1365 oder 3365) mit der Lokleitung, die 391 mit dem Leiter des Bahnhofs, die 395 mit dem Leiter der Bahnmeisterei usw.

Zur Benutzung des Basa-Netzes waren deshalb neben Fernsprechwegweisern verkehrsgeographische Kenntnisse bis hin zur Lage der Bahnstellen in den (ggf. aufgelösten) Direktionen sehr hilfreich.

Fahrtberichte

Die Deutsche Reichsbahn und die Deutsche Bundesbahn ließen für ihre Züge durch den Zugführer Fahrtberichte führen, Einzelheiten zum Ausfüllen und das Vordruckmuster enthielten die Fahrdienstvorschriften. * In diesen Fahrtberichten wurden Ankunfts-, Abfahrt- und Durchfahrzeiten vermerkt („der Zeitpunkt, zu dem der Zug ... am gewöhnlichen Halteplatz zum Stillstand gekommen ist" bzw. „(a) der Zug anfährt, (b) der durchfahrende Zug mit der Spitze am Empfangsgebäude vorbeifährt"), und auch Unregelmäßigkeiten, z. B. außerplanmäßiges Halten, Langsamfahrt (auch Stutzen vor Signalen), Aushändigen von Befehlen, Fahren auf Ersatzsignal, Zurücklassen von Wagen, Platzmangel und übermäßiges Platzangebot, Mängel in der Reinigung, Lüftung, Wasserversorgung, Beleuchtung und Heizung, unbefugtes Ziehen der Notbremse, mit Meldekarte erstattete Meldungen und etliches mehr. Bei Zugfahrten in mehreren Direktionsbezirken wurden Teilberichte geführt.

Zum Zweck der Fahrtberichte heißt es in der Vorschrift (DV 455):

1. Der Fahrtbericht gibt ein Bild über den tatsächlichen Verlauf der Zugfahrt und alle Umstände und Ursachen, die den Lauf des Zugs beeinträchtigt haben. Darüber hinaus sollen besondere Vorkommnisse vermerkt werden, die sich während der Zugfahrt ereignet haben, auch ohne daß der Zuglauf gestört worden ist.
2. Der Fahrtbericht zeigt den betriebsüberwachenden und -leitenden Stellen,
   a) ob Fahrplan und Zugbildung den tatsächlichen Bedürfnissen entsprechen,
   b) wo Mängel an den Betriebsanlagen und -mitteln sind,
   c) andere Ursachen für Zugverspätungen und Unregelmäßigkeiten.
3. Aufgabe der Fahrtberichtsbearbeitung ist, die Abweichungen vom planmäßigen Zuglauf und ihre Ursachen aus den Fahrtberichten zu erkennen, ihnen nachzugehen und sie auszuwerten, sowie die besonderen Vorkommnisse zu verfolgen. Die Untersuchungen sollen in erster Linie klären, damit Maßnahmen zur Verhütung ähnlicher Unregelmäßigkeiten getroffen werden können.**

---

* z. B. DB: *DV 408 - Fahrdienstvorschriften (FV), Ausgabe 1960*, in § 48 und Anlage 25.

** Das heißt, der Zweck war es, Probleme zu erkennen und zu lösen; nicht, Schuldige zu finden - eine heute leider sehr beliebte Übung.

Die Fahrtberichte gingen an die Direktionen und dort zum Betriebsbüro, in dem eine dem Betriebsleiter unterstellte „Fahrtberichtsstelle“ eingerichtet war. Dort wurden sie nach der DV 455 - Richtlinien für die Bearbeitung der Fahrtberichte - statistisch und fachlich bearbeitet. Zur Verfolgung von Unregelmäßigkeiten wurden sie urschriftlich gegen Rückgabe (besonders überwacht) den Ämtern zugeleitet, die ihrerseits die Informationen von den Dienststellen des Außendienstes einholten und mit dem Bericht an die Direktion zurückgaben. Die begleitenden Vordrucke (ebenfalls urschriftlich gegen Rückgabe) hatten das Aktenzeichen „Bauz“ * bereits vorgedruckt, es wurde vorn mit dem Bearbeiterzeichen und hinten mit der laufenden Nummer des Schriftwechselnachweises für Fahrtberichte zum Geschäftszeichen ** erweitert.

Die Fahrtberichtsstelle hatte so viele Schränke (Gestelle), daß die Fahrtberichte nach Strecken und innerhalb dieser nach Zugnummern geordnet abgelegt („eingefächert“) werden konnten, damit die Fahrtberichte der Reise-, Güter- und Sonderzüge sowie der Lz, Lpaz usw. der einzelnen Strecken leicht greifbar waren, rasch eingesehen und ausgewertet werden konnten. Außerdem waren Fächer für den Schriftwechsel mit Dezernaten der eigenen Direktion, RAW, Reichspost, Mitropa usw. vorhanden.

Das Blaubuch

Die „Statistischen Angaben über die Deutsche Reichsbahn im Geschäftsjahr ...“ (später „über die Deutsche Bundesbahn“) erschienen in einem blauen Umschlag und führten deshalb den Kurznamen „Blaubuch“; zunächst wohl umgangssprachlich, später auch als Klammervermerk im Titel. Im Blaubuch wurden sowohl gesetzlich vorgeschriebene als auch von der Eisenbahn selbst als nötig angesehene Statistiken zusammengefaßt - vom Umfang des Betriebsgebiets über finanzielle Ergebnisse, Baukosten, Anlagekapital, Bahnbetriebsunfälle, Betriebs- und Verkehrsleistungen und Fahrzeugpark bis zum Personal- Wohnungs- und Sozialwesen.

Seit 1934 war die Abgabe des Blaubuchs an eine breitere Öffentlichkeit nicht mehr vorgesehen. In einer Verfügung vom 23. Juni 1934 hieß es zur Ausgabe

---

* siehe Aktenplan: Betrieb / Allgemeines / Unregelmäßigkeiten im Betriebe / Zugverspätungen.

** zum Unterschied von Akten- und Geschäftszeichen siehe S. 110 ff.

von 1933: „Die Druckstücke sind nur zum Dienstgebrauch bestimmt. Abgabe an Interessenten kommt grundsätzlich nicht in Frage, auch nicht gegen Bezahlung. Von Hinweisen an Außenstehende auf das Vorhandensein dieser Drucksache ist abzusehen."

Spätere Ausgaben erhielten auf dem Titel den Schutzvermerk „Nur *zum* Dienstgebrauch" bzw. später bei der Deutschen Bundesbahn „Nicht für Dritte", und das bis zum Ende des Blaubuchs. So war es zwar nicht förmlich nach den Verschlußsachenbestimmungen („Nur *für den* Dienstgebrauch", später „VS - Nur für den Dienstgebrauch") zu behandeln, aber doch nur einem eingeschränkten Personenkreis zugänglich.

Im gemeinsamen Aktenplan der DB und der DR von 1992 gibt es zum Blaubuch das eigene Aktenzeichen Aüb.

Durch tiefgreifende strukturellen Änderungen der Privatisierung waren die Zahlen nicht mehr in der gewohnten Weise darstellbar. Die Bundestagsdrucksache 13/6711 vom 13.01.1997 führt dazu aus:

„Die in «Verkehr in Zahlen» veröffentlichten Daten zur Eisenbahnstatistik stammen überwiegend aus dem «Blaubuch» der DB AG bzw. methodisch korrespondierenden Angaben des Statistischen Bundesamtes. ... Die geänderte Methodik hat unvermeidbar zur Folge, daß die Vergleichbarkeit der Daten eingeschränkt ist. ...

Die Vergleichbarkeit verkehrsstatistischer Daten zum Personennah- und Fernverkehr der Bahnen sind seit der Deutschen Einheit - auch für Zwecke der Darstellung in «Verkehr in Zahlen» - durch eine Reihe von Faktoren beeinträchtigt: So waren die Erhebungs- und Aufbereitungsmethodiken der Deutschen Bundesbahn zu denen der Deutschen Reichsbahn nicht kompatibel.

Die Herausgabe des «Blaubuches», d. h. der DB-internen Geschäftsstatistik (und wesentlicher Datenquelle für «Verkehr in Zahlen»), wurde eingestellt.

Die im Rahmen der Privatisierung der Bahnen vorgenommene Einführung der Geschäftsbereiche Nah- und Fernverkehr ließ die bisherige methodische Abgrenzung/Konvention obsolet werden. Während es für den Personenverkehr als Gesamtmenge eine Auskunftspflicht nach der Verordnung über eine Eisenbahnstatistik (BGBl. I S. 749) vom 8. August 1965 gibt, erfolgt die Bereitstellung von Daten zum Nah- bzw. Fernverkehr auf freiwilliger Basis. Eine Verpflichtung der Bahnen bzw. der Deutschen Bahn AG (DB AG), die Angaben zum Personennah- bzw. Fernverkehr in einer bestimmten methodischen Abgrenzung zuzuliefern, ist nicht gegeben."

Wichtige Daten aus der Entwicklung der deutschen Eisenbahnen

I. Vorgeschichte der Eisenbahnen

1769 James Watt erhält das Patent für die erste brauchbare ortsfeste Dampfmaschine.

1805 Richard Trevithick baut die erste Dampflokomotive der Welt für den Schienenbetrieb.

1814 George Stephenson baut seine erste Dampflokomotive.

24. 4. 1815 Das erste im deutschen Eisenbahnwesen erteilte Patent auf die Dauer von 25 Jahren geht an Josef von Baader für einen Wagen, der sowohl auf Schienen als auch auf der Straße fahren könne.

II. Frühzeit der Eisenbahnen

1825 Friedrich Harkort veröffentlicht einen Aufsatz in der westfälischen Zeitung „Hermann" über die Anlage von Eisenbahnen.

1826 Eröffnung der Eisenbahn Stockton - Darlington in England.

30. 9. 1827 Eröffnung der ersten kontinentalen Eisenbahn, und zwar der ersten Teilstrecke der Eisenbahn Linz - Budweis mit Pferdebetrieb.

1830 Eröffnung der Eisenbahn Liverpool - Manchester in England.

1833 Friedrich List veröffentlicht seine Schriften „Die Eisenbahn von Minden nach Köln" und „Über ein sächsisches Eisenbahnsystem als Grundlage eines allgemeinen deutschen Eisenbahnsystems" mit einem Entwurf für ein deutsches Eisenbahnnetz.

1. 1. 1834 Gründung des deutschen Zoll= und Handelsvereins.

7. 12. 1835 Erste deutsche Eisenbahn, Strecke Nürnberg - Fürth, eröffnet (Ludwigs=Bahn), Spurweite 1.435 mm.

11. 7. 1836 Erste Güterbeförderung auf der Eisenbahn von Nürnberg nach Fürth.

28. 9. 1836	Erlaß der Fundamentalbestimmungen für sämtliche Eisenbahn=statuten in Bayern; damit wurde für alle bayerischen Eisenbahnen die gleiche (aus England stammende) Spurweite von 1.435 mm angeordnet.
1837	Eröffnung der Teilstrecke Leipzig - Althen der ersten sächsischen Eisenbahn (Leipzig - Dresden).
	Erste große Eisenbahnbrücke bei Riesa über die Elbe fertiggestellt.
1838	Erste brauchbare Lokomotive deutscher Herkunft „Saxonia" für die Eisenbahn von Leipzig nach Dresden.
	Eröffnung der ersten preußischen Eisenbahn von Berlin nach Potsdam.
3. 11. 1838	Gesetz über die Eisenbahnunternehmungen in Preußen.
1. 12. 1838	Erste deutsche Staatseisenbahn, Strecke Braunschweig - Wolfen=büttel, eröffnet.
21. 12. 1838	Erste Eisenbahnstrecke in Westdeutschland von Düsseldorf nach Erkrath.
1838	Baubeginn der Badischen Rheintalbahn (auch „Badische Haupt=bahn; Staatsbahn) mit 1.600 mm Spurweite von Mannheim über Heidelberg, Karlsruhe, Offenburg und Freiburg im Breisgau in Richtung Schweizer Grenze.
1839	Erster deutscher Eisenbahntunnel: Eröffnung der Gesamtstrecke Leipzig - Dresden und Inbetriebnahme des 513 m langen Eisen=bahntunnels bei Oberau.
12. 9. 1840	Eröffnung der ersten Teilstrecke der badischen Staatsbahn von Mannheim nach Heidelberg.
1842	Erste Eisenbahn in Schlesien von Breslau nach Ohlau.
11. 10. 1842	Verein für Eisenbahnkunde gegründet.
1843	Erste Eisenbahnverbindung Deutschlands mit dem Ausland (Belgien) von Aachen nach Herbesthal.
25. 8. 1844	Erste Staatseisenbahn in Bayern (Ludwigs=Süd=Nord=Bahn) von Nürnberg nach Bamberg.
22. 10.1845	Eröffnung der ersten württembergischen Eisenbahn (Staatsbahn) von Cannstatt nach Untertürkheim.
1846	Erste hessische Staatsbahn von Heidelberg über Darmstadt nach Frankfurt (Main).

1846 Verband der Preußischen Eisenbahnen gegründet,
[seit 1847 „Verein Deutscher Eisenbahn=Verwaltungen" (VDEV)],
[seit 1932 „Verein mitteleuropäischer Eisenbahnverwaltungen" (VMEV)].

1847 - 1849 Bau der Pfälzischen Ludwigsbahn von Ludwigshafen nach Bexbach. *[Ludwigshafen hieß noch Rheinschanze, die Pfalz war eine Exklave Bayerns, die bayerisch=preußische Grenze lag bei Bexbach.]*

1848 Der Verein Deutscher Eisenbahn=Verwaltungen gibt die Normalbestimmungen über die Personen=, Gepäck=, Equipagen=, Pferde= und Viehbeförderung heraus.

1850 Erste preußische Staatsbahnstrecke von der preußisch=bayerischen Grenze bei Bexbach nach Neunkirchen (Saar).

1. 7. 1850 Das vom VDEV herausgegebene Vereins=Reglement für den Gütervekehr tritt in Kraft.

1851 Erste sächsische Staatsbahn zwischen Dresden und Bodenbach eröffnet. - Zwischen Plauen und Zwickau wird der Gölzschtal=Viadukt fertiggestellt und damit die Verbindung des bayerischen mit dem norddeutschen Eisenbahnnetz hergestellt.
Durchgehende Eisenbahnverbindung zwischen Deutschland und Österreich auf der Strecke Dresden - Prag - Wien eröffnet.

1852 Verbindung des badischen und des norddeutschen Eisenbahnnetzes durch die Strecke Frankfurt (Main) - Gießen hergestellt.
Verbindung des deutschen und des französischen Eisenbahnnetzes bei Neunkirchen (Saar) - Forbach hergestellt.

27. 7. 1852 Der - bis heute gültige! - Staatsvertrag zwischen der Schweizerischen Eidgenossenschaft und dem Grossherzogtum Baden betreffend die Weiterführung der badischen Eisenbahnen über schweizerisches Gebiet wird abgeschlossen. Er tritt nach Genehmigung durch die Bundesversammlung am 14. August 1852 und dem Austausch der Ratifikationsurkunden am 22. April 1853 am gleichen Tag in Kraft.

1853 Verbindung des badischen mit dem württembergischen Eisenbahnnetz durch die Strecke Bietigheim - Bruchsal hergestellt.

1854 Verbindung des bayerischen mit dem württembergischen Eisenbahnnetz durch die Strecke Augsburg - Ulm hergestellt.

1854 / 1855 Umspurung der badischen Rheintalbahn von 1.600 mm auf Normalspur (1.435 mm).

	1855	Anschluß des deutschen Eisenbahnnetzes an die schweizerischen Eisenbahnen bei Basel. Der Verein Deutscher Eisenbahn-Verwaltungen gibt die Normalbestimmungen für die wechselseitige Wagenbenutzung im Bereich der dem Übereinkommen über den direkten Güterverkehr beigetretenen Eisenbahnverwaltungen heraus.
	1856	Verbindung der deutschen mit den holländischen Eisenbahnen bei Emmerich hergestellt.
	1861	Der Deutsche Bund empfiehlt den deutschen Ländern die Einführung des Allgemeinen Deutschen Handelsgesetzbuchs. Das Gesetzbuch wird in einigen Ländern eingeführt.
	1865	Das Vereins-Reglement für die Beförderung von Personen, Reisegepäck, Leichen, Fahrzeugen und lebenden Tieren auf den Bahnen des Vereins Deutscher Eisenbahn-Verwaltungen tritt in Kraft. Herausgabe der Technischen Vereinbarungen des VDEV über den Bau und die Betriebseinrichtungen der Eisenbahnen.
	1867	Die erste oldenburgische Staatsbahn wird zwischen Oldenburg und Bremen eröffnet.
	1869	Das Allgemeine Deutsche Handelsgesetzbuch wird im Norddeutschen Bund eingeführt.
3. 6.	1870	Bahnpolizei-Reglement für die Eisenbahnen im Norddeutschen Bund.
10. 6.	1870	Betriebs-Reglement für die Eisenbahnen im Norddeutschen Bund.

III. Staatsbahnzeit

16. 4.	1871	Verfassung des Deutschen Reiches. Das Allgemeine Deutsche Handelsgesetzbuch wird im Deutschen Reich eingeführt.
20. 4.	1871	Erste deutsche Fahrplankonferenz in München (spätere Europäische Fahrplankonferenz).
10. 5.	1871	Das Deutsche Reich erwirbt durch den Friedensvertrag mit Frankreich die elsässisch-lothringischen Eisenbahnen und gründet die Reichseisenbahnen in Elsaß-Lothringen.

1. 6. 1871	Reichshaftpflichtgesetz für Personenschäden bei dem Betriebe von Eisenbahnen, Bergwerken usw. (RHG), ab 7. 6. 1871 in Kraft.
22. 12. 1871	Einheitliches Betriebs- und Bahnpolizeireglement für die deutschen Eisenbahnen.
27. 6. 1873	Reichs-Eisenbahn-Amt als Aufsichtsbehörde errichtet.
1874 / 1875	Das Reichs-Eisenbahn-Amt veröffentlicht Entwürfe für ein Reichs-Eisenbahn-Gesetz.
1875	Bayern verstaatlicht die Ostbahn-Gesellschaft.
4. 1. 1875	Einheitliche Signalordnung für die Eisenbahnen Deutschlands; in Kraft getreten am 1. 4. 1875.
21. 12. 1875	Preußisches Eisenbahn- und Postgesetz.
1876 - 1887	Preußen verstaatlicht 35 private Eisenbahngesellschaften.
1876	Sachsen verstaatlicht die Leipzig-Dresdner Eisenbahnen.
	Preußen ermächtigt seine Staatsregierung durch Gesetz vom 4. Juni, die preußischen Staatsbahnen an das Deutsche Reich zu verkaufen.
	Die Vereins-Reglements für den Personen- und den Güterverkehr werden zum Betriebs-Reglement des VDEV zusammengefaßt.
1877	Die Generalkonferenz sämtlicher deutscher Eisenbahnverwaltungen beschließt den Normaltarif. Es entsteht als ständige Einrichtung die Ständige Tarifkommission der Deutschen Eisenbahnverwaltungen.
7. 2. 1878	Ständige Tarifkommission der Deutschen Eisenbahnverwaltungen in Berlin eingerichtet.
1. 5. 1878	Zeitschrift „Archiv für Eisenbahnwesen" gegründet.
31. 5. 1879	Erste elektrische Lokomotive der Welt, erbaut von Werner von Siemens.
1880	Gründung des Preußischen Staatsbahnwagenverbandes.
1884	Die Vereinbarung über die Technische Einheit im Eisenbahnwesen tritt in Kraft.
1885	Gründung des Internationalen Eisenbahn-Kongreß-Verbandes.
26. 2. 1886	Deutscher Eisenbahn-Verkehrsverband (DEVV) gegründet.
1890	Der Übergang vom Privat- zum Staatsbahnsystem in Preußen ist im wesentlichen beendet.
14. 10. 1890	Staatsvertrag über das Internationale Übereinkommen über den Eisenbahnfrachtverkehr abgeschlossen.

	1892	Die Betriebsordnung für die Haupteisenbahnen Deutschlands ersetzt das Bahnpolizei-Reglement vom 3. Juni 1870, die Verkehrsordnung für die Eisenbahnen Deutschlands und das Betriebs-Reglement für die Eisenbahnen Deutschlands von 1876.
1. 1.	1893	Das Internationale Übereinkommen über den Eisenbahnfrachtverkehr tritt in Kraft.
	1893	Die Mitteleuropäische Zeit wird eingeführt.
1. 4.	1895	Neue Verwaltungs- und Finanzordnung der Preußischen Staatsbahnen (Verkleinerung der Direktionsbezirke, Wegfall der Betriebsämter, Einrichtung von nach Fachrichtungen getrennten Inspektionen).
23. 6.	1896	Preußen und Hessen gründen die Preußisch-Hessische Eisenbahngemeinschaft (Staatsvertrag) als eine Betriebs- und Finanzgemeinschaft.
	1902	Gründung des Internationalen Eisenbahntransportkomitees.
1. 4.	1909	Erweiterung des Preußischen Staatswagenverbandes zum Deutschen Staatswagenverband.
1. 4.	1907	Verwaltungsreform der Bayerischen Staatsbahn unter Anwendung der Prinzipien der Preußischen Verwaltung.
	1916	Errichtung einer Kriegsbetriebsleitung mit drei Generalbetriebsleitungen in Berlin, Essen und Frankfurt (Main).
	1917	Einführung einer Beförderungssteuer. Vorschlag zur Bildung einer Betriebs- und Finanzgemeinschaft der badischen, preußisch-hessischen und württembergischen Staatsbahnen.
	1917/1918	Der Deutsche Reichstag befaßt sich mit der Vereinheitlichung der deutschen Staatseisenbahnen.
	1918	Heidelberger Programm: Erweiterung des Vorschlags zur Bildung einer Betriebs- und Finanzgemeinschaft auf alle deutschen Staatsbahnen.
	1918	Waffenstillstand.

IV. Reichsbahnzeit

1919	Vertrag von Versailles. Die Reichseisenbahnen in Elsaß-Lothringen fallen an Frankreich zurück.
11. 8. 1919	Verfassung des Deutschen Reiches („Weimarer Verfassung").
1. 10. 1919	Errichtung des Reichsverkehrsministeriums.
10. 3. 1920	Staatsvertrag über den Übergang der Staatsbahnen auf das Reich zwischen den acht deutschen Ländern mit Staatsbahnbesitz und dem Reich; am 1. 4. in Kraft getreten. Die Reichseisenbahnen sind geschaffen [„Verreichlichung"]. Das Reichsverkehrsministerium übernimmt die Verwaltung der Reichseisenbahnen unter Bildung der Zweigstellen Preußen-Hessen, Bayern, Sachsen, Württemberg und Baden. Das Reichs-Eisenbahn-Amt wird aufgelöst.
1921	Die Zweigstellen Sachsen, Württemberg und Baden des Reichsverkehrsministeriums werden aufgelöst. Beginn der Inflation in Deutschland.
1922	Die Generaldirektionen und die Eisenbahndirektionen erhalten einheitlich die Bezeichnung Reichsbahndirektion.
11. 1. 1923	Frankreich und Belgien besetzen das Ruhrgebiet.
1. 3. 1923	Errichtung der französisch-belgischen Eisenbahn-Regie. Die Reichsbahndirektion Essen verlegt ihren Sitz nach Hamm.
1923	Die Reichseisenbahnen werden zu den Reparationsverpflichtungen des Reiches herangezogen (Dawes-Plan).
15. 11. 1923	Ende der Inflation in Deutschland. Einführung der Rentenmark.
1924	Einführung des Abteilungssystems bei den Reichsbahndirektionen.
12. 2. 1924	Verordnung über die Schaffung des „Unternehmens Deutsche Reichsbahn (DR)".
3. 4. 1924	Der Reichsverkehrsminister wird zum Generaldirektor des „Unternehmens Deutsche Reichsbahn" bestellt und ein Direktorium des Unternehmens gebildet.
30. 8. 1924	Gesetz über die Deutsche Reichsbahn-Gesellschaft (Reichsbahngesetz).
11. 10. 1924	Das Betriebsrecht geht auf die Deutsche Reichsbahn-Gesellschaft über. Die Geschäftsordnung der Deutschen Reichsbahn-Gesellschaft tritt in Kraft. Generaldirektor wird der frühere RVM Rudolf Oeser.

Nov. 1924	Auflösung der französisch-belgischen Eisenbahn-Regie. Rückverlegung des Rbd-Sitzes von Hamm nach Essen.
1. 2. 1925	Werkstättenwesen neu geordnet, Werkstättenbezirke mit geschäftsführenden Direktionen für das Werkstättenwesen (GDW) gebildet.
4. 6. 1926	Am Tag nach dem Tode des Generaldirektors Rudolf Oesers wird sein bisheriger ständiger Stellvertreter (seit 1. Juli 1925) Dr.-Ing. e.h. Julius Dorpmüller (* 1869) vom Verwaltungsrat der Deutschen Reichsbahn-Gesellschaft zum Generaldirektor gewählt.
1927	Organisationseinheiten der Ämterinstanz erhalten einheitlich die Bezeichnungen Reichsbahn-Betriebsamt, -Maschinenamt, -Verkehrsamt, -Neubauamt und -Ausbesserungswerk. *Seit dem 20. 1. ist die amtliche Schreibung von Cassel nun Kassel;* Umbenennung der Reichsbahndirektion Cassel in Kassel.
1929/1930	Geschäftsverteilung in der Ämterinstanz wird einheitlich geregelt, im Betriebsamt werden Betrieb und Bau zusammengefaßt; soweit noch nicht vorhanden, neue Verkehrsämter gebildet.
20. 1. 1930	Haager Abkommen (Young-Plan) abgeschlossen, darin ist das Gesetz zur Änderung des Reichsbahngesetzes enthalten.
13. 3. 1930	Neue Fassung des Reichsbahngesetzes (am 17. 5. in Kraft getreten), Reparationsschuldverschreibung durch Reparationssteuer ersetzt.
1. .4. 1930	Reichsbahndirektion Würzburg aufgelöst. Reichsbahndirektion Elberfeld in Wuppertal umbenannt *(aus den Städten Barmen, Elberfeld, Cronenberg, Ronsdorf, Beyenburg und Vohwinkel war 1929 eine gemeinsame Stadt gegründet worden, die 1930 den Namen Wuppertal erhielt).*
1931	Reichsbahndirektion Magdeburg aufgelöst.
1. 9. 1933	Gruppenverwaltung Bayern wird aufgelöst, Reichsbahn-Zentralamt München errichtet.
1. 1. 1934	Sozialversicherungsstelle der Reichsbahndirektion München in Rosenheim gebildet. Neue Geschäftsordnung der Deutschen Reichsbahn-Gesellschaft. Reichsbahndirektion Oldenburg aufgelöst.
1. 1. 1935	Reichsbahndirektion Saarbrücken errichtet und mit der Reichsbahndirektion Trier vereinigt.

1. 8.	1936	Vier Reichsbahn=Zentralämter (seit 1. 11. 1930) in Berlin, und zwar - das Reichsbahn=Zentralamt für Bau= und Betriebstechnik, - das Reichsbahn=Zentralamt für Maschinenbau, - das Reichsbahn=Zentralamt für Einkauf und - das Reichsbahn=Zentralamt für Rechnungswesen, werden in einem „Zentralamt Berlin" vereinigt.
10. 2.	1937	Gesetz zur Neuregelung der Verhältnisse der Reichsbank und der Deutschen Reichsbahn (Eingliederung der Reichsbahn=Hauptverwaltung in das Reichsverkehrsministerium). Der bisherige Generaldirektor der Deutschen Reichsbahn=Gesellschaft, Dr.=Ing. e.h. Julius Dorpmüller, wird in Personalunion Reichsverkehrsminister; die bisherigen Reichsbahn=Vorstände werden Ministerialdirektoren.
31. 3.	1937	Reichsbahndirektion Ludwigshafen aufgelöst.
1. 4.	1937	Reichsbahndirektion Altona in Hamburg umbenannt. *(Groß=Hamburg=Gesetz von 1937, Eingemeindung der preußischen Stadt Harburg=Wilhelmsburg und der schleswig=holsteinischen Städte Altona und Wandsbek sowie der bis dahin selbständigen hamburgischen Stadt Bergedorf.)*
1. 7.	1937	Reichsbahn=Baudirektion Berlin errichtet.
1. 1.	1938	Versuchs= und Vermessungswesen neu geordnet, Versuchs= und Vermessungsämter gebildet. Die neueste Fassung des Internationalen Übereinkommens über den Personen= und Gepäckverkehr und des Internationalen Übereinkommens über den Güterverkehr tritt in Kraft. Reichsbahn=Baudirektion München errichtet.
	1938	Oberbetriebsleitung Süd von Würzburg nach München verlegt.
4. 7.	1939	Gesetz über die Deutsche Reichsbahn (Reichsbahngesetz), am 12. 7. in Kraft getreten.
5. 7.	1939	Verwaltungsordnung der Deutschen Reichsbahn tritt in Kraft.
1. 4.	1940	Die Oberbetriebsleitungen werden in Generalbetriebsleitungen umgewandelt, das Hauptwagenamt wird aus dem Reichsbahn=Zentralamt in Berlin herausgelöst und der Generalbetriebsleitung Ost in Berlin angegliedert.
1. 7.	1940	Reichsbahn=Zentralamt für Sozial= und Personalwesen errichtet.

8. 5.	1945	Deutschland kapituliert. Reichsverkehrsministerium stellt seine Tätigkeit ein.
5. 7.	1945	Reichsverkehrsminister und Generaldirektor der Deutschen Reichsbahn Dr.-Ing. e.h. Julius Dorpmüller in Malente gestorben.

V. Nachkriegszeit

1945 - 1949		Besatzungszeit mit Militärregierungen der Besatzungszonen; die Eisenbahnverwaltung wird - teils auf der Grundlage der alten Strukturen, teils nach abweichenden Vorgaben der Besatzer - neu organisiert. Mit der Besetzung Deutschlands durch die Alliierten geht die Einheit der Deutschen Reichsbahn verloren. Der Wiederaufbau ist in jeder der vier Besatzungszonen Deutschlands verschieden. Das deutsche Eisenbahnnetz wird in vier getrennte Zonennetze aufgeteilt.
19. 7.	1945	US-Zone: Errichtung der „Oberbetriebsleitung United States Zone (OBL US-Zone) mit Sitz in Frankfurt (Main).
27. 7.	1945	Deutsche Zentral-Verwaltung des Verkehrs in Berlin (Ost) eingerichtet.
1. 8.	1945	Sowjetische Zone: Errichtung der „Deutschen Zentralverwaltung des Verkehrs" in dem sowjetisch besetzten Gebiet mit Sitz in Berlin.
20. 8.	1945	Britische Zone: Errichtung der „Reichsbahn-Generaldirektion in der Britischen Besatzungszone" (RBGD) mit Sitz in Bielefeld.
1. 9.	1945	Übernahme des Eisenbahnverkehrs in der sowjetischen Zone in deutsche Verwaltung auf „Befehl Nr. 8" der Sowjetischen Militär-Administration in Deutschland (SMAD).
8. 1.	1946	Französische Zone: Errichtung der „Oberdirektion der Deutschen Eisenbahnen in der französischen Besatzungszone" in Speyer.
1. 4.	1947	Eisenbahnen des Saarlandes selbständig.
11. 12.	1947	Hauptverwaltung der Eisenbahnen von Bielefeld nach Offenach (Main) verlegt.
12. 10.	1948	Erstes Geisbildstellwerk in Düsseldorf-Derendorf
25. 1.	1949	Deutsche Schlafwagen- und Speisewagengesellschaft (DSG) gegründet; tätig ab 1. 4. 1950.

VI. Bundesbahnzeit

24. 5. 1949 Das Grundgesetz für die Bundesrepublik Deutschland tritt in Kraft.

7. 9. 1949 Der erste Bundestag tritt erstmalig zusammen.

Der Wirtschaftsrat und der Länderrat des Vereinigten Wirtschaftsgebietes werden aufgelöst.

Die Deutsche Reichsbahn im Vereinigten Wirtschaftsgebiet wird in Deutsche Bundesbahn umbenannt.

20. 9. 1949 Die Bundesminister werden ernannt, darunter der Bundesminister für Verkehr.

21. 9. 1949 Das Besatzungsstatut tritt in Kraft, die Militärregierung wird beendet und durch die Alliierte Hohe Kommission ersetzt.

Der Verwaltungsrat des Vereinigten Wirtschaftsgebietes wird aufgelöst, die Verwaltungen des Vereinigten Wirtschaftsgebeites werden den zuständigen Bundesministerien unterstellt, die Verwaltung für Verkehr dem Bundesminister für Verkehr.

Die Betriebsvereinigung der Südwestdeutschen Eisenbahnen wird dem Bundesminister für Verkehr unterstellt.

6. 10. 1949 Die Verwaltung für Verkehr geht im Bundesministerium für Verkehr auf.

15. 10. 1949 Das Gemeinschaftsabkommen der Hauptverwaltung der Deutschen Bundesbahn mit der Generaldirekion der Südwestdeutschen Eisenbahnen vom 23. September 1949 tritt in Kraft.

25. 5. 1950 Errichtung der Zentralstelle für Betriebswirtschaft im Werkstättendienst in Frankfurt (Main).

1. 1. 1951 Die Hauptverwaltung der Deutschen Bundesbahn und die Generaldirektion der Südwestdeutschen Eisenbahnen bilden eine Finanz- und Wirtschaftsgemeinschaft.

15. 2. 1951 Errichtung des Amts für den internationalen Personen-, Gepäck- und Expreßgutverkehr in Frankfurt (Main).

2. 3. 1951 Gesetz über die vermögensrechtlichen Verhältnisse der Deutschen Bundesbahn (Bundesbahn-Vermögensgesetz) erlassen.

29. 3. 1951 Allgemeines Eisenbahngesetz erlassen.

1. 4. 1951 Die überbezirkliche Lenkung des Betriebs-, Betriebsmaschinen- und Beförderungsdienstes der Südwestdeutschen Eisenbahnen

geht auf die Generalbetriebsleitung Süd über. – Das Hauptprüfungs=amt der Deutschen Bundesbahn in Offenbach (Main) und das Hauptprüfungsamt der Südwestdeutschen Eisenbahnen werden zum Hauptprüfungsamt der Deutschen Bundesbahn zusammen=gefaßt.

18. 12. 1951 Das Bundesbahngesetz vom 13. Dezember 1951 tritt in Kraft.

1. 6. 1952 Der Vorstand der Deutschen Bundesbahn übernimmt seine Ge=schäfte.

31. 7. 1952 Der Bundesminister für Verkehr genehmigt die Vorläufige Ver=waltungsordnung der Deutschen Bundesbahn. Sie gilt vom 1. Juni 1952 an bis zum 31. März 1953.

1. 4. 1953 Verwaltungsordnung der Deutschen Bundesbahn tritt in Kraft.

1. 10. 1953 Sitz des Vorstandes und der Hauptverwaltung der Deutschen Bundes=bahn von Offenbach (Main) nach Frankfurt (Main) verlegt.

1. 1. 1955 DB=Emblem (DB) für die Deutsche Bundesbahn.

1. 10. 1955 Zugpostfunk eingeführt.

3. 6. 1956 Dritte Klasse in Reisezügen abgeschafft.

1. 1. 1957 Eingliederung der Eisenbahnen des Saarlandes in die DB.

1. 6. 1958 Einrichtung der Zentralstelle für Bahnstromversorgung (ZBV) bei der BD Frankfurt (Main). Die ZBV nimmt für den Gesamtbereich der DB die Aufgaben der Bahnstromversorgung und der Planung für den Energiebedarf der elektrischen Zugförderung wahr.

5. 7. 1959 Beendigung der wirtschaftlichen Übergangszeit im Saarland.

1. 1. 1960 Zusammenlegung der Direktionsbezirke Trier und Saarbrücken mit Direktionssitz in Saarbrücken; Auflösung der Bundesbahn=direktion Trier.

Errichtung der Verkehrskontrolle für den internationalen Verkehr in Trier.

Der Deutsche Eisenbahn=Verkehrsverband (DEVV) nimmt seine seit Kriegsende unterbrochene Tätigkeit wieder auf.

1. 1. 1962 Organisation des Versuchswesens neu geregelt durch Zusammen=legung der Versuchsstellen im Bereich der BZA Minden (Westf) und München zu je einer „Bundesbahn=Versuchsanstalt“ in Minden (Westf) und München, die dem jeweiligen BZA unterstellt ist.

1. 1. 1962 Bodenseeschiffahrt der Deutschen Bundesbahn, an deren Verwaltung die Bundesbahndirektionen Augsburg, Karlsruhe und Stuttgart beteiligt waren, neu organisiert. Die gesamte Verwaltung der Bodenseeschiffahrt und auch das Personal, die Schiffe, Häfen, Schiffslandestellen und Werften werden der BD Karlsruhe unterstellt. Die örtliche Leitung und Überwachung des Schiffsbetriebes wird in einem neuen Amt „Bodensee-Schiffsbetriebe" in Konstanz zusammengefaßt.

2. 10. 1963 5.000 km Strecke elektrifiziert (Recklinghausen).

1. 1. 1964 Eisenbahnkreuzungsgesetz vom 14. August 1963 und Eisenbahnkreuzungsverordnung vom 2. September 1964 treten in Kraft.

1. 1. 1965 Neuordnung des Werkstättendienstes. Auflösung der Geschäftsführenden Direktionen für das Werkstättenwesen (GDW). Die Ausbesserungswerke werden den Bundesbahndirektionen, in denen sie liegen, unterstellt. Die Zentralstelle für den Werkstättendienst (ZW) in Frankfurt (Main) übernimmt die Gesamtleitung und -verantwortung für den Werkstättendienst in technischer und wirtschaftlicher Hinsicht.

25. 7. 1966 Zentralstelle für Betriebswirtschaft (ZfB) wird bei der BD Frankfurt (Main) eingerichtet. Sie erledigt ihre zentralen und überbezirklichen Aufgaben nach den allgemeinen Weisungen und Aufträgen der HVB.

1. 10. 1968 Im Zuge der Neuordnung des kommerziellen Dienstes werden die Bundesbahn-Verkehrsämter in „Generalvertretungen" (GV) umgewandelt.

5. 2. 1969 Transfracht, Tochtergesellschaft der Deutschen Bundesbahn für den Containerverkehr, gegründet.

1. 10. 1969 Entwurfs- und Planungsabteilung, zunächst organisatorisch der BD Frankfurt (Main) angegliedert, wird eingerichtet - tätig für die gesamte der DB, Aufgabe: für bau- und signaltechnische Anlagen überbezirklicher Planungsprogramme sowie für Großanlagen mit Ausstrahlung in größere Netzbereiche die Vorarbeit zu leisten.

11. 2. 1969 Kombiverkehr GmbH & Co. KG, Gesellschaft für den kombinierten Verkehr Schiene - Straße, gegründet. *(Gründung durch 56 Straßentransporteure und Kraftwagenspediteure als Kommanditisten; seit 2002 ist die DB AG an der KVG beteiligt.)*

1. 10. 1969	Erste „Rollende Landstraße" für Lastkraftwagen mit Fahrer auf der Relation Köln - Ludwigsburg (in beide Richtungen) in einer Nacht.
1. 2. 1970	Zentrale Verkaufsleitung (ZVL) in Frankfurt (Main), die der HVB unmittelbar unterstellt ist, wird eingerichtet. Gleichzeitig wird das „Amt für internationalen Personenverkehr" (Tarifamt) aufgelöst, seine Aufgaben gehen auf die ZVL über. Die Zentralstelle für Betriebswirtschaft und Datenverarbeitung (ZfB), die bisher eine Sonderabteilung der BD Frankfurt (Main) war, wird als selbständige, der HVB unmittelbar unterstellte zentrale Stelle in Frankfurt (Main) eingerichtet.
1. 1. 1971	Zentrale Transportleitung (ZTL) in Mainz eingerichtet und in zeitlichen Stufen voll ausgebaut. Als selbständige Stellen zu diesem Zeitpunkt aufgelöst und unter Sitzverlegung in die ZTL eingegliedert werden die Oberbetriebsleitungen Süd in Stuttgart und West in Essen sowie das Hauptwagenamt in Frankfurt (Main). Außerdem werden die Zentralstelle für Bahnstromversorgung (ZBV), die Entwurfs- und Planungsabteilung und die Zentrale Kartenabteilung, bisher Sonderabteilungen der Bundesbahndirektion Frankfurt (Main), in die ZTL eingegliedert. Zentralstelle für den Werkstättendienst (ZW), bisher dem Bundesbahn-Sozialamt angegliedert, wird als fachlich selbständige Stelle personell und verwaltungstechnisch der ZTL einverleibt. Der ZTL angeschlossen wird der „Deutsche Eisenbahn-Verkehrs-Verband (DEVV)" unter Sitzverlegung von Essen nach Mainz.
21. 3. 1971	Neufassung des Eisenbahnkreuzungsgesetzes.
Mai 1971	Einrichtung der Zentralstelle der Omnibus-Verkehrsgemeinschaft Bahn/Post (OVG) mit Sitz in Frankfurt (Main).
1. 6. 1971	Einrichtung des Prüfungsamtes für zentrale Stellen der DB (PaZ) beim Bundesbahn-Sozialamt (BSA).
1. 1. 1972	Einrichtung der Sozialverwaltung Süd in Rosenheim.
30. 4. 1972	Bundesbahndirektion Mainz wird aufgelöst.
31. 5. 1972	Bundesbahndirektion Augsburg wird aufgelöst.
1. 2. 1973	Neugliederung der HVB von bisher 6 Abteilungen und 2 Gruppen in 4 Abteilungen mit je 2 bzw. 3 Fachbereichen.

10. 8. 1973	Baubeginn in Laatzen (südlich Hannovers) für die Neubaustrecke (NBS) Hannover - Würzburg.
1. 2. 1974	Einrichtung der Sozialverwaltungen Nord in Münster (Westf), West in Wuppertal und Mitte in Kassel.
31. 12. 1974	Bundesbahndirektionen Kassel, Münster (Westf) und Wuppertal aufgelöst.
1. 1. 1975	Einrichtung der Zentralen Abrechnungsstelle für den Personen-, Gepäck- und Expreßgutverkehr (ZAV) in Kassel.
1. 9. 1975	Einrichtung der „Zentralen Steuerstelle" bei der BD Frankfurt (Main).
26. 9. 1975	10.000 km Strecke elektrifiziert (Villingen).
1. 6. 1976	Bundesbahndirektion Regensburg aufgelöst.
1. 6. 1976	Einrichtung von regionalen Verkaufsgesellschaften in den Verkaufsräumen Oberbayern, Niedersachsen-Mitte und Rhein-Sieg-Wupper-Erft.
20. 8. 1976	Baubeginn der Neubaustrecke Mannheim - Stuttgart.
1. 1. 1977	Verlegung der ZVL von Frankfurt (Main) nach Mainz.
26. 10.1977	Letzte Fahrt einer Dampflokomotive bei der Deutschen Bundesbahn *(Regelfahrplan; spätere Sonderfahrten hier außer Betracht.)*
1. 5. 1979	Neuordnung der bautechnischen Dienststellen des Außendienstes (Bahnmeistereien, Bm, und Hochbaumeistereien, Hbm).
29. 5. 1979	Einführung des doppelklassigen IC-Systems im Einstundentakt.
1. 6. 1980	Einführungsphase für das Knotenpunktsystem im Güterverkehr gilt als beendet.
10. 7. 1984	Der Bundesminister für Verkehr genehmigt die Auflösung der - Zentralen Verkaufsleitung mit Werbeamt - Zentralen Transportleitung mit Zentralstelle für den Werkstättendienst - Zentralstelle für Betriebswirtschaft und Datenverarbeitung Einrichtung der - Zentralstelle Absatz - Zentralstelle Produktion - Zentralstelle Technik - Zentralstelle Datenverarbeitung - Zentralstelle Rechnungswesen.

31. 1. 1985 Auflösung der Zentralstelle für Betriebswirtschaft und Datenverarbeitung

1. 2. 1985 Einrichtung der
- Zentralstelle Datenverarbeitung in Zuordnung zum Fachbereich Organisation / Datenverarbeitung der HVB
- Zentralstelle Rechnungswesen in Zuordnung zum Fachbereich Rechnungswesen der HVB.

30. 4. 1985 Auflösung der
- Zentralen Transortleitung mit der angegliederten Zentralstelle für den Werkstättendienst
- Zentralen Verkaufsleitung

1. 5. 1985 Einrichtung der Zentralstelle Absatz mit den Fachbereichen Marketing, Verkauf Personenverkehr und Verkauf Güterverkehr.
Einrichtung der
- Zentralstelle Produktion mit den Fachbereichen Produktion sowie Infrastrukturplanung und Systemtechnik
- Zentralstelle Technik mit den Fachbereichen Maschinentechnik, Werke, Bautechnik sowie Neubaustrecken.

26. 11. 1985 Vorstellung des neuen ICE (Intercity Experimental) als Versuchs= und Prototyp eines künftigen Hochgeschwindigkeitszuges.

1. 1. 1986 Auflösung aller Betriebs=, Maschinen= und Neubauämter.

1. 5. 1987 Eingliederung der Generalvertretungen (GV) in die Bundesbahndirektionen (BD).

Nov. 1989 Überraschende Durchlässigkeit, dann praktischer Wegfall der innerdeutschen Grenze. DB und DR (DDR) arbeiten rasch zusammen, stellen Grenzübergänge wieder her, nehmen Sonderverkehre auf und erweitern die Fahrpläne beträchtlich.

3. 10. 1990 Deutsche Einheit. Die Deutsche Bundesbahn und die Deutsche Reichsbahn (DDR) sind nun getrennte Sondervermögen des Bundes; verwaltungstechnisch und betrieblich verschmelzen sie immer weiter und bereiten sich auf ihre Auflösung zum Ende 1993 vor.

31. 12. 1993 Deutsche Reichsbahn und Deutsche Bundesbahn hören auf zu bestehen; die Deutsche Bahn AG wird gegründet.

Jan. 1994 Eintrag der DB AG ins Handelsregister.
Für das Unternehmen entfällt die Ablieferpflicht an staatliche Archive.

Quellenverzeichnis

1. Arbeitsgemeinschaft für Ausbildungshilfsmittel (Hrsg.)/im Auftrag der Hauptverwaltung der Deutschen Bundesbahn: *Organisation der Deutschen Bundesbahn. Leitfaden zum Lehrfach a 3 für Dienstanfängerlehrgänge.* [Eisenbahn-Lehrbücherei der Deutschen Bundesbahn, Band 3]. 4. Aufl., Josef Keller Verlag, Starnberg, 1958
2. Breiter, Josef Robert (Bearbeiter); Ausschuß für wirtschaftliche Verwaltung [AWV] beim Kuratorium für Wirtschaftlichkeit [RKW] (Hrsg.): *Schriftgutkunde. Grundsätzliches über Arbeitsgut, Aufbau, Ordnung, Arbeitsweisen, Arbeitsmittel und Benutzung von Schriftgutverwaltungen.* Zweite, durchgesehene Aufl., Forkel-Verlag, Stuttgart, 1949.
3. Buchborn, Johannes: *Der Sozialdienst bei der Deutschen Bundesbahn. Eisenbahn-Lehrbücherei der Deutschen Bundesbahn, Band 5.* 5. Auflage, Josef Keller Verlag, Starnberg, 1966.
4. Deutsche Bundesbahn (Hrsg.): *137. Geschäftsanweisung für die Bundesbahndirektionen (GA BD). Gültig vom 1. Juli 1958 an.* Geschäftsführung: Hauptverwaltung der Deutschen Bundesbahn. Druck: Bundesbahndirektion Mainz. [Druckerei] G. H. Fix, Landau (Pfalz), 1958.
5. Deutsche Bundesbahn (Hrsg.): *138. Geschäftsanweisung für die Büros der Bundesbahndirektionen (Büroordnung BD). Gültig vom 1. Juli 1958 an.* Geschäftsführung: Hauptverwaltung der Deutschen Bundesbahn. Druck: Bundesbahndirektion Mainz. [Druckerei] G. H. Fix, Landau (Pfalz), 1958.
6. Deutsche Bundesbahn (Hrsg.): *139. Geschäftsanweisung für die Behandlung der Geschäftssachen bei den Bundesbahndirektionen (Geschäftssachenanweisung BD). Gültig vom 1. Juli 1958 an.* Geschäftsführung: Hauptverwaltung der Deutschen Bundesbahn. Druck: Bundesbahndirektion Mainz. [Druckerei] G. H. Fix, Landau (Pfalz), 1958.
7. Deutsche Bundesbahn, Deutsche Reichsbahn (Hrsg.): *DS 140 00 01. Aktenzeichen verwenden - Aktenplan - Gültig vom 01. Juli 1992 an.* Frankfurt am Main, 1992. Geschäftsführende Stelle: Z ZD O 3102 Frankfurt/M. Eingeführt mit Schreiben der Z ZD O 310.2 Ovv (140 00 01) vom 25.06.1992]
8. Deutsche Bundesbahn (Hrsg.): *140 01. Aktenplan. Gültig vom 1. Januar 1954 an.* Druckhaus Schmidt & Co., Mainz, 1953.
9. Deutsche Bundesbahn (Hrsg.): *140. Dienstvorschrift über das Aktenwesen (Aktenvorschrift). Gültig vom 1. Januar 1954 an.* Druckhaus Schmidt & Co., Mainz 1953. Geschäftsführung: Bundesbahndirektion Kassel. Druck: Bundesbahndirektion Mainz.
10. Deutsche Bundesbahn (Hrsg.): *143. Geschäftsanweisung für die Behandlung der Geschäftssachen bei den Bundesbahn-Ausbesserungswerken (Geschäftssachenanweisung AW). Gültig vom 1. Januar 1965 an.* Geschäftsführung: Hauptverwaltung der Deutschen Bundesbahn. Druck: Bundesbahndirektion Karlsruhe. Karlsruhe, 1965.
11. Deutsche Bundesbahn (Hrsg.): *174. Geschäftsanweisung für die Behandlung der Geschäftssachen bei den Bundesbahnämtern (Geschäftssachenanweisung Ämter). Gültig vom 1. März 1960 an.* Geschäftsführung: Hauptverwaltung der Deutschen Bundesbahn. Druck: Bundesbahndirektion Karlsruhe. Karlsruhe, 1960.
12. Deutsche Bundesbahn (Hrsg.): *176. Dienstvorschrift für den Schriftverkehr der Dienststellen des Außendienstes (DV Schriftverkehr). Gültig vom 1. März 1960 an.* Geschäftsführung: Hauptverwaltung der Deutschen Bundesbahn. Druck: Bundesbahndirektion Karlsruhe.
13. Deutsche Bundesbahn, BD Münster (Hrsg.): *407 III. Örtliche Ausführungsbestimmungen, Streckenverzeichnis und Kilometertafeln zur Vorschrift für die Ermittlung der Betriebsleistungen - Schienenverkehr - (Anh. III zur VBL A(1), gültig vom 1. April 1974 an.*

14. Deutsche Bundesbahn, BD Hamburg (Hrsg.): *407 III. Örtliche Ausführungsbestimmungen, Streckenverzeichnis und Kilometertafeln zur Vorschrift für die Ermittlung der Betriebsleistungen - Schienenverkehr - (Anh. III zur VBL A(1), gültig vom 1. Oktober 1973 an.*
15. Deutsche Bundesbahn (Hrsg.): *408. Fahrdienstvorschriften (FV). Gültig vom 1. Juni 1960 an.* Geschäftsführung: Bundesbahn-Zentralamt Minden (Westf). Druck: Bundesbahndirektion Hannover. [Ohne Verlags- und Druckereiangaben]. [Hannover, 1960].
16. Deutsche Reichsbahn (Hrsg.): *019. Allgemeine Dienstanweisung für die Reichsbahnbeamten (ADA).* Gültig ab 1. April 1938. Geschäftsführung: RVM. Druck: Rbd Stuttgart.
17. Deutsche Reichsbahn (Hrsg.): *176. Dienstvorschrift für den Schriftverkehr der Dienststellen (Schriftvo), gültig vom 1. März 1932 an (Ausgabe 1940).* Nur für den Dienstgebrauch. Geschäftsführung: Eisenbahnabteilungen des RVM. Druck: Reichsbahndirektion Karlsruhe. [Druckerei] C. F. Müller, Karslruhe, 1940.
18. Deutsche Reichsbahn (Hrsg.): *186. Dienst- und Lohnordnung für die Arbeiter der Deutschen Reichsbahn (Dilo), gültig vom 1. April 1938 an (Fassung vom 1. Juli 1941).* Geschäftsführung: RVM. Druck: Rbd Breslau. Druck von Wilh. Gottl. Korn in Breslau, 1941.
19. Deutsche Reichsbahn, Reichsbahndirektion Cottbus (Hrsg.): *407 III. Anhang III zur Dienstvorschrift für die Ermittlung der Betriebsleistungen (Anhang III zur VBL), Örtliche Ausführungsbestimmungen, Streckentafeln und Kilometertafeln der Reichsbahndirektion Cottbus, gültig vom 1. Januar 1982.* [Ohne Verlags- und Druckereiangaben]. [Cottbus, 1981]
20. Deutsche Reichsbahn, Reichsbahndirektion Dresden (Hrsg.): *Zusatzbestimmungen zur DV 455 „Richtlinien für die Bearbeitung der Fahrtberichte" Ausgabe 1941. Eingeführt durch Verfügung der Reichsbahndirektion Dresden 30 B 21 Bzf vom 3. Mai 1941.* [Ohne Verlags- und Druckereiangaben]. [Dresden, 1941].
21. Deutsche Reichsbahn, Reichsbahndirektion Magdeburg (Hrsg.): *407 III. Anhang III zur Dienstvorschrift für die Ermittlung der Betriebsleistungen (Anhang III zur VBL), gültig vom 1. Juni 1974 an.* [Ohne Verlags- und Druckereiangaben]. [Magdeburg, 1974]
22. Deutsche Reichsbahn (Hrsg.): *455. Richtlinien für die Bearbeitung der Fahrtberichte. Gültig vom 1. Februar 1941 an.* Geschäftsführung: Reichsbahndirektion Frankfurt (Main). Druck: Reichsbahndirektion Wien. [Druckerei] Carl Ueberreuter in Wien, 1941.
23. Deutsche Reichsbahn (Hrsg.): *476. Dienstvorschrift für den Fernschreibdienst (Fernschreibvorschrift). Gültig vom 1. August 1942.* [Ohne Verlags- und Druckereiangaben].
24. Deutsche Reichsbahn (Hrsg.): *480. Dienstvorschrift für den Reichsbahn-Fernsprechdienst (Fernsprechvorschrift). Gültig vom 1. März 1943 an.* [Ohne Verlags- und Druckereiangaben].
25. Deutsche Reichsbahn (Hrsg.): *733. Amtliches Bahnhofsverzeichnis 1938 der Deutschen Reichsbahn und der deutschen Privatbahnen sowie der Kleinbahnen mit Güterverkehr (Bfv). Gültig vom 1. Oktober 1938.* Geschäftsführung und Druck: Rb-Zentralamt, Berlin, 1937.
26. Deutsche Reichsbahn (Hrsg.): *733. Amtliches Bahnhofsverzeichnis 1944 der Deutschen Reichsbahn, der Böhmisch-Mährischen Bahnen, der Privatbahnen sowie der Kleinbahnen mit Güterverkehr und der Ostbahn (Bfv). Gültig vom 1. Juni 1944.* Geschäftsführung und Druck: Rb-Zentralamt, Berlin, 1942.
27. Deutsche Reichsbahn (Hrsg.): *907. Verzeichnis der Maschinenämter, Bahnbetriebswerke, Bahnbetriebswagenwerke, Lokomotivbahnhöfe, Bahnhofsschlossereien und Hilfszüge. Gültig vom 1. April 1939 an. Nur für den Dienstgebrauch.* Geschäftsführung: Reichsbahn-Zentralamt Berlin. Druck: Reichsbahndirektion Hannover, 1939.
28. Deutsche Reichsbahn-Gesellschaft (Hrsg.): *140. Dienstvorschrift über das Aktenwesen nebst Einführungsbestimmungen. Gültig vom 1. Januar 1928.* Berlin 1927. Gedruckt in der Reichsdruckerei. Geschäftsführung: Rbd Breslau. Verfügung der Hauptverwaltung, der Generaldirektor, vom 21. November 1927 - 2.604 b 68 („Reichsbahn" vom 30. November 1927 Nr. 48)]

29. Deutsche Reichsbahn=Gesellschaft (Hrsg.): 174. *Geschäftsanweisung für die Büros der Reichs=bahn=Ämter (Büroordnung Ämter). Gültig vom 1. Februar 1932 ab.* Geschäftsführung: Hauptver=waltung. Druck: Reichsbahndirektion Stuttgart. Druckerei der Verkehrsanstalten, Stuttgart, 1932.
30. Deutsche Reichsbahn=Gesellschaft, Reichsbahndirektion Berlin (Hrsg.): *Geschäftsanweisung für den Bürodienst bei der Reichsbahndirektion Berlin, enthaltend*
A. Geschäftsanweisung für die Reichsbahndirektionen [gült. ab 1. 6. 1927]
B. Geschäftsanweisung für die Büros der Reichsbahndirektionen (Büroordnung) [gült. ab 1. 5. 1930)
C. Richtlinien für den Gang der Geschäftssachen und die Formen ihrer Erledigung [gült. ab 1. 8. 1930]
D. Dienstvorschrift über das Aktenwesen nebst Einführungsbestimmungen [gült. ab 1. 1. 1928]
Gültig vom 1. Januar 1931 an. Gedruckt in der Reichsdruckerei. Berlin, 1930.
31. Deutscher Bundestag: *Drucksache 13/6711 vom 13.01.1997*
32. Eisenbahnabteilungen des Reichsverkehrsministeriums (Bearb.): *Organisation der Deutschen Reichsbahn. Nur für amtliche Zwecke! Veröffentlichung oder Weitergabe verboten!* Gedruckt in der Reichsdruckerei. Berlin, 1941.
33. Favreau, Dr. E. A. (Hrsg.): *Vollständiges Fremd= und Sach=Wörterbuch.* Dritte Auflage, Carl Heymann, Berlin, 1852.
34. Fieseler, Franz (Hrsg.): *Leitfaden für den Verwaltungsdienst. Herausgegeben in Zusam=menarbeit mit mehreren Fachkräften von Franz Fiedler, Personalbüro der BD Essen.* Selbstverlag des Herausgebers, Essen, 1959.
35. Fieseler, Franz (Hrsg.): *Leitfaden für den Verwaltungsdienst. Herausgegeben in Zusam=menarbeit mit mehreren Fachkräften von Franz Fiedler, Personalbüro der BD Essen.* Selbstverlag des Herausgebers, Essen, 1962.
36. Fieseler, Franz, Essen; Geyer, Hermann, BSA; Kübler, Fritz, HVB: *Leitfaden für den Ver=waltungsdienst. 10. vollständig überarbeitete und erweiterte Auflage.* Verlag der GdED, Frankfurt (Main), 1981.
37. Fritsch, K.: *Handbuch der Eisenbahngesetzgebung im Deutschen Reiche und in Preußen.* Dritte, umgearbeitete Auflage, Verlag von Julius Springer, Berlin, 1930.
38. Gall, Lothar; Pohl, Manfred: *Die Eisenbahn in Deutschland. Von den Anfängen bis zur Gegenwart.* Beck, München, 1999.
39. Gewerkschaft der Eisenbahner Deutschlands [GdED] (Hrsg.): *Der Ratgeber. Einführung II. „Aufgaben und Organisation der DB" Stand: März 1991.* Zukunft Verlag, Neumarkt/Ober=pfalz, 1991.
40. Geyer, Hermann; Kübler, Fritz: *Die mündliche Prüfung im Prüfungsfach „Verwaltungsdienst". Eine Sammlung von Fragen und Antworten für die Laufbahnprüfungen im einfachen und mittleren Bundesbahndienst.* 3. überarbeitete Auflage. Verlag der GdED, Frankfurt (Main), 1971.
41. Geyer, Hermann (BSA); Kübler, Fritz (HVB): *Die mündliche Prüfung im Prüfungsfach „Verwaltungsdienst". Eine Sammlung von Fragen und Antworten für die Laufbahnprüfun=gen im einfachen und mittleren Bundesbahndienst.* 7. überarbeitete und erweiterte Auflage. Verlag der GdED, Frankfurt (Main), 1981. [mit Einbesserungen aus der Zeit nach 1981]
42. Guntermann, F.: *Leitfaden für Ausbildung und Prüfung im Finanzdienst. Grundriß des Fi=nanz=, Wirtschafts= und Rechnungswesens bei der Deutschen Bundesbahn.* 14., verbesserte Aufl., Stand: Dezember 1980. Verlag: Wirtschafts= und Sozialeinrichtungen der GDBA, GmbH, Frankfurt am Main, 1980.
43. H. C. Schaack=Verlag (Hrsg): *Wichtige Abkürzungen für den Eisenbahndienst.* Schaack=Verlag, Bonn/Druckhaus Schmidt & Co, Mainz, ohne Jahresangabe [ermittelt: 1949]
44. Hoffmann, Heinz: *Behördliche Schriftgutverwaltung. Ein Handbuch für das Ordnen, Regi=strieren, Aussondern und Archivieren von Akten der Behörden.* 2. Aufl., Harald Boldt Ver=lag im R. Oldenbourg Verlag [Schriften des Bundesarchivs: 43], München, 2000.

45. http://stellwerke.de/index.html
46. http://web.hs-merseburg.de/~nosske/EpocheII/e2x_d.html
47. http://www.devk.de/unternehmen/geschichte/index.jsp?icid=hp-navi
48. Kopper, Christoper: *Die Bahn im Wirtschaftswunder. Deutsche Bundesbahn und Verkehrspolitik in der Nachkriegsgesellschaft.* Campus Verlag, Frankfurt/New York, 2007.
49. Kreidler, Eugen: *Die Eisenbahnen im Zweiten Weltkrieg. Studien und Dokumente zur Geschichte des Zweiten Weltkriegs, herausgegeben vom Arbeitskreis für Wehrforschung in Stuttgart.* Autorisierte Sonderausgabe. Nikol Verlagsgesellschaft, Hamburg, 2001.
50. Ottmann, Karl; Ritzau, Hans-Joachim: *Deutsche Eisenbahn-Geschichte - im Spiegel persönlicher Erinnerungen von Karl Ottmann, - im Porträt Mitteldeutschlands von Hans Joachim Ritzau.* Ritzau KG - Verlag Zeit und Eisenbahn, Landsberg - Pürgen, 1975.
51. Ottmann, Karl †: *Preußens Eisenbahngeschichte als Basis verkehrswirtschaftlicher Grundsätze auch für die Gegenwart.* In: Ottmann, Karl u. a.: *Preußens Eisenbahngeschichte ... [Die Eisenbahnszene gestern - heute: Band 4].* Ritzau KG - Verlag Zeit und Eisenbahn, Pürgen, 1995.
52. Ottmann, Karl: *Die Geschichte der deutschen Eisenbahnen im Spiegel persönlicher Erinnerungen.* In: Ottmann, Karl; Ritzau, Hans Joachim: *Deutsche Eisenbahnen im Zeitenwandel - Eisenbahngeschichte aktuell [Die Eisenbahnszene gestern - heute: Band 5].* Ritzau KG - Verlag Zeit und Eisenbahn, Pürgen, 1998.
53. Riemann, Kurt: *Organisation der DB.* [Bundesbahn-Sozialamt, Frankfurt (Main)]. Eisenbahn-Fachverlag, Heidelberg und Mainz, 1982. - siehe auch Eintrag 1
54. Roeske, Ulrich: *Zur Geschichte der Eisenbahnen: Die Reichsbahnakten im Bestand R 5 - Reichsverkehrsministerium, Teil 1: Organisationsgeschichte.* In: *Mitteilungen aus dem Bundesarchiv.* 13. Jahrgang [2005], Heft 1, S. 35 ff.
55. Roeske, Ulrich: *Zur Geschichte der Eisenbahnen: Die Reichsbahnakten im Bestand R 5 - Reichsverkehrsministerium, Teil 2: Organisationsentwicklung, Bestandsgeschichte, Quellenwert.* In: *Mitteilungen aus dem Bundesarchiv.* 13. Jahrgang [2005], Heft 2, S. 56 ff.
56. Rösler, Harald: *Bürokunde und ein Blick ins Archiv.* Re di Roma Verlag, Remscheid, 2015
57. Sarter, Adolf; Kittel, Theodor: *Die Deutsche Bundesbahn. Ihr Aufbau und ihre Arbeitsgrundlagen.* Verkehrswissenschaftliche Lehrmittelgesellschaft, Frankfurt am Main, 1952.
58. Scharf, Hans-Wolfgang: *Eisenbahnen zwischen Oder und Weichsel. Die Reichsbahn im Osten bis 1945.* Eisenbahn-Kurier-Verlag, Freiburg, 1981.
59. Schneider, Dr. Erwin: *Fremdwörter und kaufmännische Fachausdrücke. Ihre Abstammung, Aussprache, Erklärung und Verdeutschung.* Fünfte Auflage, Verlag von Wilhelm Violet, Stuttgart, o. J. [um 1920].
60. Schnitzius, Sebastian: *Entwicklung der Eisenbahn im Trierer Raum.* [Hrsg.: Deutsche Bundesbahn, Bahnhof Trier Hbf]. Druckerei Ensch, Trier, Auflage: 2000 Stück. ohne Verlagsangabe, [Trier, 1984].
61. Verband Deutscher Eisenbahn-Fachschulen (Hrsg.): *Finanz- und Rechnungswesen der Deutschen Reichsbahn.* Verlag Beamtenpresse, Berlin, 1939.
62. www.bahnstatistik.de
63. www.drehscheibe-online.de

www.buerokunde.de

Vom Autor des vorliegenden Buches ist im gleichen Verlag erschienen:

2015: ISBN 978-3-86870-856-1 – 272 Seiten, gebunden – 34,90 €

2019: ISBN 978-3-96103-525-0 – 272 Seiten, Paperback – 11,95 €

Während es zum rechtlichen Rahmen der öffentlichen Verwaltung Literatur zuhauf gibt, ist Material zu grundlegenden organisatorisch-arbeitstechnischen Fragen, zu ganz praktischen Dingen, selten. Noch viel seltener, weit verstreut – und auch dann nur angerissen – sind solche Veröffentlichungen zum Thema für die Privatwirtschaft.
Die Fertigkeiten werden stillschweigend vorausgesetzt, oder man vertraut darauf, daß der Neuling sie sich schon irgendwie aneignen wird; der „ganze Aktenkram“ gilt sowieso als irgendwie lästige Nebensache.
So stehen Neulinge vor Fragen wie: „Warum macht der Kollege das so und nicht anders?“, „Was bedeuten die kryptischen Kürzel, warum stehen sie an dieser Stelle und in dieser Farbe?“, „Was ist eine kaufmännische Sortierung ?“, ja selbst „Wie heißt denn dieses Gerät?“ für Blockhefter, Registraturlocher oder Paginiermaschine.
Deshalb soll diese Handreichung als Lehr- und vor allem als Nachschlagewerk für die tägliche Praxis dienen und dabei auch Bekanntes auffrischen oder unter neuen Aspekten beleuchten.
Nähern wir uns also dem Thema ohne Berührungsangst, durchaus kritisch – und vor allem: neugierig und aufgeschlossen.